全国计算机技术与软件专业技术资格（水平）考试参考用书

软件设计师考试同步辅导
——考点串讲、真题详解与强化训练

全国计算机专业技术资格考试办公室推荐

葛武滇 严云洋 何光明 主编

清华大学出版社
北京

内容简介

本书是按照最新颁布的全国计算机技术与软件专业技术资格(水平)考试大纲和指定教材编写的考试用书。全书分为13章，内容包括：计算机系统知识、程序语言基础知识、操作系统知识、系统开发和运行、网络基础知识、多媒体基础知识、数据库技术、数据结构、算法设计和分析、面向对象技术、标准化和软件知识产权基础知识、计算机专业英语和考前模拟卷。每章分为备考指南、考点串讲、真题详解和强化训练四大部分，帮助读者明确考核要求，把握命题规律与特点，掌握考试要点和解题方法。

本书紧扣考试大纲，具有应试导向准确、考试要点突出、真题分析详尽、针对性强等特点，非常适合参加软件设计师考试的考生使用，也可作为高等院校或培训班的教材。

图书在版编目(CIP)数据

软件设计师考试同步辅导——考点串讲、真题详解与强化训练/葛武滇，严云洋，何光明主编. --北京：清华大学出版社，2011.4
(全国计算机技术与软件专业技术资格(水平)考试参考用书)
ISBN 978-7-302-25400-3

Ⅰ. ①软…　Ⅱ. ①葛…　②严…　③何…　Ⅲ. ①软件设计—工程技术人员—资格考试—自学参考资料
Ⅳ. ①TP311.5

中国版本图书馆CIP数据核字(2011)第058562号

责任编辑：魏　莹
装帧设计：山鹰工作室
责任校对：王　晖
责任印制：王秀菊
出版发行：清华大学出版社　　**地　　址：**北京清华大学学研大厦A座
http://www.tup.com.cn　　**邮　　编：**100084
社　总　机：010-62770175　　**邮　　购：**010-62786544
投稿与读者服务：010-62776969，c-service@tup.tsinghua.edu.cn
质　量　反　馈：010-62772015，zhiliang@tup.tsinghua.edu.cn
印　装　者：北京鑫海金澳胶印有限公司
经　　销：全国新华书店
开　　本：185×260　**印　张：**31.5　**字　数：**758千字
版　　次：2011年4月第1版　**印　次：**2011年4月第1次印刷
印　　数：1～4000
定　　价：56.00元

产品编号：041030-01

前　言

全国计算机技术与软件专业技术资格(水平)考试是我国国家人力资源和社会保障部、工业和信息化部领导下的国家考试，其目的是科学、公正地对全国计算机与软件专业技术人员进行职业资格、专业技术资格认定和专业技术水平测试。它自实施起至今已经历了20多年，其权威性和严肃性得到社会及用人单位的广泛认同，并为推动我国信息产业特别是软件产业的发展和提高各类IT人才的素质培养做出了积极的贡献。

为了更好地服务于考生，引导考生尽快掌握计算机的先进技术，并顺利通过软件设计师考试，我们将多年的培训辅导和真题阅卷经验进行浓缩，结合最新考试大纲与计算机新技术的发展，并在深入剖析历年真题的基础上，组织编写了本书。

本书具有如下特色。

(1) 全面揭示命题特点。通过分析研究最近几年考题，统计出各章所占的分值和考点的分布情况，引导考生把握命题规律。

(2) 突出严谨性与实用性。按照2009年最新考试大纲和《软件设计师教程(第3版)》编写，结构与官方教程同步，内容严谨，应试导向准确。

(3) 考点浓缩，重点突出。精心筛选考点，突出重点与难点，针对性强。同时对于考试中出现的而指定教材没有阐述的知识点进行了必要的补充。

(4) 例题典型，分析透彻。所选例题出自最新真题，内容权威，例题分析细致深入，解答准确完整，以帮助考生增强解题能力，突出实用性。

(5) 习题丰富，附有答案。每章提供了一定数量的习题供考生自测，并配有参考答案与解析，有利于考生巩固所学知识、提高解题能力。

(6) 全真试题实战演练。提供2套考前模拟试卷供考生考前进行实战演练。试题题型、考点分布、题目难度与真题相当，便于考生熟悉考试方法、试题形式，全面了解试题的深度和广度。

本书特别适合参加计算机技术与软件专业技术资格(水平)考试的考生使用，也可作为相应培训班的教材，以及大、中专院校师生的教学参考书。

本书由葛武滇、严云洋、何光明主编。此外，参与本书组织、编写和资料搜集的还有云邈、陈海燕、王珊珊、王宏华、张居晓、史国川、乔正洪、徐卫军、邓丽萍、陈科燕、李佐勇、陈智、吴涛涛、王程凌等，在此一并表示感谢。同时在编写本书的过程中，还参考了许多相关的书籍和资料，在此也对这些参考文献的作者表示感谢。

由于作者水平有限，书中难免存在错漏和不妥之处，敬请读者批评指正。联系邮箱：iteditor@126.com。

编　者

目　录

第 1 章 计算机系统知识

1.1 备考指南

1.1.1 考纲要求

根据考试大纲中相应的考核要求，在“**计算机系统知识**”模块上，要求考生掌握以下方面的内容。

1. 数值及其转换

二进制、十进制和十六进制等常用数制及其相互转换

2. 计算机内数据的表示

- 数的表示(原码、反码、补码、移码表示，整数和实数的机内表示，精度和溢出)
- 非数值表示(字符和汉字表示、声音表示、图像表示)、校验方法和校验码

3. 算术运算和逻辑运算

- 计算机中的二进制数运算方法
- 逻辑代数的基本运算

4. 其他数学基础知识

5. 计算机系统的组成、体系结构的分类及特性

- CPU 和存储器的组成、性能和基本工作原理
- 常用 I/O 设备、通信设备的性能以及基本工作原理
- I/O 接口的功能、类型和特性
- CISC/RISC、流水线操作、多处理机、并行处理

6. 存储系统

- 虚拟存储器的基本工作原理、多级存储体系

- RAID 的类型和特性

7. 可靠性与系统性能评测的基础知识
- 诊断和容错
- 系统可靠性分析评价
- 计算机系统性能评测方式

1.1.2 考点统计

“计算机系统知识”模块，在历次软件设计师考试试卷中出现的考核知识点及分值分布情况如表 1.1 所示。

表 1.1 历年考点统计表

年份	题号	知识点	分值
2010 年下半年	上午：1～6	输入输出控制方法、补码运算、字长、寄存器、存储器的组织、磁盘操作	6 分
	下午：无	无	0 分
2010 年上半年	上午：1～6、20	寄存器、可靠度的计算、中断的概念、逻辑表达式、指令的执行、计算机字长、补码	7 分
	下午：无	无	0 分
2009 年下半年	上午：1～6	CPU 的组成和部件、浮点数、校验码、cache 的性能、CISC 和 RISC 的区别	6 分
	下午：无	无	0 分
2009 年上半年	上午：1～6	校验码、计算机数据表示、硬盘容量、存储器方式、总线分类	6 分
	下午：无	无	0 分

1.1.3 命题特点

纵观历年试卷，本章知识点是以选择题的形式出现在试卷中。在历次考试上午试卷中，所考查的题量大约为 6 道选择题，所占分值为 6 分(约占试卷总分值 75 分中的 8%)。本章试题主要考查考生是否掌握了相关的理论知识，难度中等。

1.2 考点串讲

1.2.1 数据表示与校验码

一、数据表示

各种数据在计算机中表示的形式称为机器数，其特点是数的符号用 0、1 表示。机器数对应的实际数值称为该数的真值。机器数又分为无符号数和带符号数两种。无符号数表示正数，在机器数中没有符号位。对于带符号数，机器数的最高位是表示正、负的符号位，其余二进制位表示数值。带符号的机器数可采用原码、反码、补码、移码等编码方法。机器数的这些编码方法称为码制。

1. 原码、反码、补码和移码

1) 原码

在原码表示中，机器数的最高位是符号位，0 代表正号，1 代表负号，余下各位是数的绝对值。零有两个编码，即$[+0]_{原}$＝00000000，$[-0]_{原}$＝10000000。原码表示方法的优点在于数的真值和它的原码表示之间的对应关系简单，相互转换容易，用原码实现乘除运算的规则简单。缺点是用原码实现加减运算很不方便。

2)　反码

在反码表示中，机器数的最高位是符号位，0 代表正号，1 代表负号。当符号位为 0 时，其余几位即为此数的二进制值；但若符号位为 1 时，则要把其余几位按位取反，才是它的二进制值。零有两个编码，即$[+0]_{反}$＝00000000，$[-0]_{反}$＝11111111。

3)　补码

在补码表示中，机器数的最高位是符号位，0 代表正号，1 代表负号。当符号位为 0(即正数)时，其余几位即为此数的二进制值；但若符号位为 1(即负数)时，其余几位不是此数的二进制值，需把它们按位取反，且最低位加 1，才是它的二进制值。零有唯一的编码，即$[+0]_{补}$=$[-0]_{补}$=00000000。补码表示的两个数在进行加法运算时，只要结果不超出机器所能表示的数值范围，可以把符号位与数值位同等处理，运算后的结果按 2 取模后，得到的新结果就是本次加法运算的结果。

4)　移码

移码表示法是在数 X 上增加一个偏移量来定义的，常用于表示浮点数中的阶码。如果机器字长为 n，规定偏移量为 2^{n-1}，则移码定义为：若 X 是纯整数，则$[X]_{移}=2^{n-1}+X(-2^{n-1}\leqslant X<2^{n-1})$；若 X 是纯小数，则$[X]_{补}=1+X(-1\leqslant X<1)$。

2. 定点数和浮点数

1)　定点数

所谓定点数，就是小数点的位置固定不变的数。小数点的位置通常有两种约定方式：定点整数(纯整数，小数点在最低有效数值位之后)和定点小数(纯小数，小数点在最高有效数值位之前)。

2)　浮点数

浮点数是小数点位置不固定的数，它能表示更大范围的数。浮点数的表示格式如图 1.1 所示。在浮点表示法中，阶码通常为带符号的纯整数，尾数为带符号的纯小数。

阶　符	阶　码	数 符	尾　数

图 1.1　浮点数的表示格式

浮点数通常表示成

$$N = M \cdot R^E$$

式中：M 称为尾数，R 称为基数，E 称为阶码。因此，若表示一个浮点数，要给出尾数 M，它决定了浮点数的表示精度；同时要给出阶码 E，它指出了小数点在数据中的位置，决定了浮点数的表示范围(若表示范围超出了计算机的表达范围，就称为溢出)。

3)　工业标准 IEEE 754

IEEE 754 是由 IEEE 制定的有关浮点数的工业标准，被广泛采用。该标准的表示形式如下

$$(-1)^S 2^E (b_0 b_1 b_2 b_3 \cdots b_{P-1})$$

式中：$(-1)^S$ 为该浮点数的数符，当 S 为 0 时表示正数，S 为 1 时表示负数；E 为指数(阶码)，用移码表示；$(b_0 b_1 b_2 b_3 \cdots b_{P-1})$ 为尾数，其长度为 P 位，用原码表示。

二、校验码

计算机系统运行时，各个部件之间要进行数据交换，有两种方法可以确保数据在传送过程中正确无误，一是提高硬件电路的可靠性：二是提高代码的校验能力，包括查错和纠错。通常使用校验码的方法来检测传送的数据是否出错。码距是校验码中的一个重要概念，所谓码距，是指一个编码系统中任意两个合法编码之间至少有多少个二进制位不同。

1. 奇偶校验

奇偶校验是一种简单有效的校验方法。其基本思想是，通过在编码中增加一位校验位来使编码中1的个数为奇数(奇校验)或者为偶数(偶校验)，从而使码距变为2。对于奇校验，它可以检测代码中奇数位出错的编码，但不能发现偶数位出错的情况，即当合法编码中奇数位发生了错误，也就是编码中的1变成0或0变成1，则该编码中1的个数的奇偶性就发生了变化，从而可以发现错误。

常用的奇偶校验码有3种：水平奇偶校验码、垂直奇偶校验码和水平垂直校验码。

2. 海明码

海明码的构成方法是：在数据位之间插入 k 个校验码，通过扩大码距来实现检错和纠错。设数据位是 n 位，校验位是 k 位，则 n 和 k 必须满足 $2^k-1 \geqslant n+k$ 的关系。

3. 循环冗余校验码

循环冗余校验码(CRC)广泛应用于数据通信领域和磁介质存储系统中。它利用生成多项式为 k 个数据位产生 r 个校验位来进行编码，其编码长度为 $k+r$。CRC 的代码格式如图 1.2 所示。

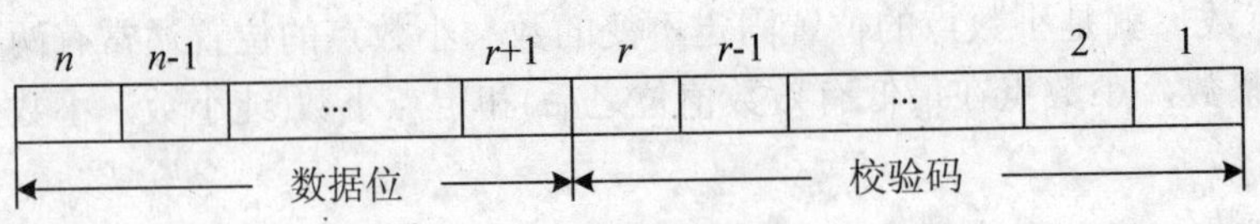

图 1.2　CRC 的代码格式

由此可知，循环冗余校验码是由两部分组成的，左边为信息码(数据)，右边为校验码。若信息码占 k 位，则校验码就占 $n-k$ 位。其中，n 为 CRC 码的字长，所以 CRC 码又称为(n, k)码。校验码是由信息码产生的，校验码位数越长，该代码的校验能力就越强。在求 CRC 编码时，采用的是模 2 运算。模 2 运算加减运算的规则是按位运算，不发生借位和进位。

1.2.2　计算机系统硬件基本组成

一、计算机系统硬件的基本组成

计算机的基本硬件系统由运算器、控制器、存储器、输入设备和输出设备五大部件组成。运算器、控制器等部件被集成在一起统称为中央处理单元(Central Processing Unit，CPU)。CPU 是硬件系统的核心，用于数据的加工处理，能完成各种算术、逻辑运算及控制功能。存储器是计算机系统中的记忆设备，分为内部存储器和外部存储器。前者速度高、容量小，一般用于临时存放程序、数据及中间结果。后者容量大、速度慢，可以长期保存程序和数据。输入设备和输出设备合称为外部设备(简称外设)，输入设备用于输入原始数据及各种命令，输出设备则用于输出计算机运行的结果。

二、中央处理单元

1. CPU 的组成

CPU 主要由运算器、控制器、寄存器组和内部总线等部件组成，主要功能有指令控制、操作控制、时间控制和数据加工。

1) 运算器

运算器由算术逻辑单元(Arithmetic and Logic Unit，ALU)、累加寄存器、数据缓冲寄存器和状态条件寄存器组成，它是数据加工处理部件，完成计算机的各种算术和逻辑运算。相对控制器而言，运算器接受控制器的命令而进行动作，即运算器所进行的全部操作都是由控制器发出的控制信号来指挥的，所以它是执行部件。运算器有如下两个主要功能。

- 执行所有的算术运算，如加、减、乘、除等基本运算及附加运算。
- 执行所有的逻辑运算并进行逻辑测试，如与、或、非、零值测试或两个值的比较等。

下面简要介绍运算器的各组成部件及其功能。

(1) 算术逻辑单元。ALU 是运算器的重要组成部件，负责处理数据，实现对数据的算术运算和逻辑运算。

(2) 累加寄存器(AC)。AC 通常简称为累加器，它是一个通用寄存器。其功能是当运算器的算术逻辑单元执行算术或逻辑运算时，为 ALU 提供一个工作区。

(3) 数据缓冲寄存器(DR)。在对内存储器进行读写操作时，用 DR 暂时存放由内存储器读写的一条指令或一个数据字，并将不同时间段内读写的数据隔离开来。

(4) 状态条件寄存器(PSW)。PSW 保存由算术指令和逻辑指令运行或测试的结果建立的各种条件码和内容，主要分为状态标志和控制标志，如运算结果进位标志(C)、运算结果溢出标志(V)、运算结果为 0 标志(Z)、运算结果为负标志(N)、中断标志(I)、方向标志(D)和单步标志等。这些标志通常分别由一位触发器保存，反映了当前指令执行完成之后的状态。通常，一个算术操作产生一个运算结果，而一个逻辑操作则产生一个判决。

2) 控制器

运算器只能完成运算，而控制器用于控制整个 CPU 的工作，它决定了计算机运行过程的自动化。它不仅要保证程序的正确执行，而且要能够处理异常事件。控制器一般包括指令控制逻辑、时序控制逻辑、总线控制逻辑和中断控制逻辑等几个部分。

(1) 指令寄存器(IR)。当 CPU 执行一条指令时，先把它从内存储器读取到缓冲寄存器中，再送入 IR 暂存，指令译码器根据 IR 的内容产生各种微操作指令，控制其他的组成部件工作，从而完成所需的功能。

(2) 程序计数器(PC)。PC 具有寄存信息和计数两种功能，又称为指令计数器。程序的执行分两种情况，一种是顺序执行，另一种是转移执行。在程序开始执行前，将程序的起始地址送入 PC，该地址在程序加载到内存时确定，因此 PC 的内容即是程序第一条指令的地址。执行指令时，CPU 将自动修改 PC 的内容，以便使其保持的总是将要执行的下一条指令的地址。由于大多数指令都是按顺序来执行的，所以修改的过程通常只是简单地对 PC 加 1。当遇到转移指令时，后继指令的地址根据当前指令的地址加上一个向前或向后转移的位移量得到，或者根据转移指令给出的直接转移的地址得到。

(3) 地址寄存器(AR)。AR 保存当前 CPU 所访问的内存单元的地址。由于内存和 CPU 存在操作速度上的差异，所以需要使用 AR 保持地址信息，直到内存的读/写操作完成为止。

(4) 指令译码器(ID)。指令分为操作码和地址码两部分，为了能执行任何给定的指令，必须对操作码进行分析，以便识别所完成的操作。指令译码器就是对指令中的操作码字段进行分析和解释，识别该指令规定的操作，向操作控制器发出具体的控制信号，控制各部件工作，从而完成所需的功能。

3) 寄存器组

寄存器组可分为专用寄存器和通用寄存器。运算器和控制器中的寄存器是专用寄存器，其作用是固定的。通用寄存器用途广泛并可由程序员规定其用途，其数目因处理器的不同而有所差异。

2. 多核 CPU

核心(Die)又称为内核，是 CPU 最重要的组成部分。多核即在一个单芯片上面集成两个甚至更多个处理器内核，其中每个内核都有自己的逻辑单元、控制单元、中断处理器、运算单元，一级 cache、二级 cache 共享或独有，其部件的完整性和单核处理器内核相比完全一致。

1.2.3 存储系统

一、存储器的层次结构

计算机的三层存储体系结构如图 1.3 所示。

三层存储结构是高速缓存(cache)、主存储器(MM)和辅助存储器(外存储器)。若将 CPU 内部寄存器也看做是存储器的一个层次，那么存储器的层次分为四层。若有些计算机没有高速缓存，那么存储器的层次分为两层，即只有主存和辅存。

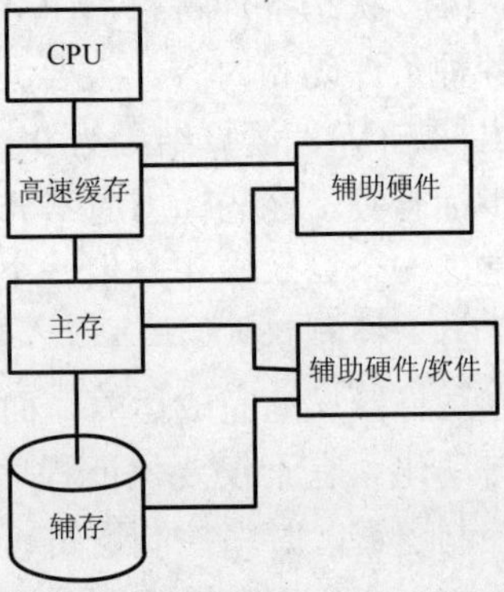

图 1.3 存储器层次结构示意图

二、存储器的分类

1. 按位置分类

存储器按位置分类，可分为内存和外存。

- 内存(主存)：用来存储当前运行所需要的程序和数据，速度快，容量小。
- 外存(辅存)：用来存储目前不参与运行的数据，容量大但速度慢。

2. 按材料分类

存储器按材料分类，可分为磁存储器、半导体存储器和光存储器。

- 磁存储器：用磁性介质做成的，如磁芯、磁泡、磁盘、磁带等。
- 半导体存储器：根据所用元件又可分为双极型和 MOS 型；根据是否需要刷新又可分为静态和动态两类。
- 光存储器：由光学、电学和机械部件等组成，如光盘存储器。

3. 按工作方式分类

存储器按工作方式分类，可分为读写存储器和只读存储器。

- 读写存储器：既能读取数据也能存入数据的存储器。
- 只读存储器：根据数据写入方式，又可细分为固定只读存储器、可编程只读存储器、可擦除可编程只读存储器、电擦除可编程只读存储器和闪速存储器。

4. 按访问方式分类

存储器按访问方式分类，可分为按地址访问的存储器和按内容访问的存储器。

5. 按寻址方式分类

存储器按寻址方式分类，可分为随机存储器、顺序存储器和直接存储器。

- 随机存储器(Random Access Memory，RAM)：这种存储器可对任何存储单元存入或读取数据，访问任何一个存储单元所需时间都是相同的。
- 顺序存储器(Sequentially Addressed Memory，SAM)：访问数据所需时间与数据所在存储位置有关，磁带是典型的顺序存储器。
- 直接存储器(Direct Addressed Memory，DAM)：介于随机存取和顺序存取之间的一种寻址方式。磁盘是一种直接存取控制器，它对磁道的寻址是随机的，而在一个磁道内，则是顺序寻址。

三、相联存储器

相联存储器是一种按内容访问的存储器。其工作原理是把数据或数据的某一部分作为关键字，将该关键字与存储器中的每一单元进行比较，找出存储器中所有与关键字相同的数据字。

相联存储器可用在高速缓冲存储器中，在虚拟存储器中用来做段表、页表或快表存储器，还可以用在数据库和知识库中。

四、高速缓存

高速缓存(cache)是位于 CPU 和主存之间的高速存储子系统。采用高速缓存的主要目的是提高存储器的平均访问速度，使存储器的速度与 CPU 的速度相匹配。cache 的存在对程序员是透明的。其地址变换和数据块的替换算法均由硬件实现。通常 cache 被集成到 CPU 内，以提高访问速度，其主要特点是容量小、速度快、成本高。

1. cache 的组成

cache 由两部分组成：控制部分和 cache 存储器部分。cache 存储器部分用来存放主存的部分复制信息。控制部分的功能是：判断 CPU 要访问的信息是否在 cache 存储器中，若在即为命中，若不在则没有命中。命中时直接对 cache 存储器寻址；未命中时，要按照替换原则，决定主存的一块信息放到 cache 的哪一块里面。

2. cache 中的地址映像方法

因为处理机访问都是按主存地址访问的，而应从 cache 存储器中读写信息，因此就需要地址映像，即把主存中的地址映射成 cache 存储器中的地址。地址映像的方法有三种：直接映像、全相联映像和组相联映像。

直接映像就是主存的块与 cache 中块的对应关系是固定的。主存中的块只能存放在

cache 存储器的相同块号中。因此，只要主存地址中的主存区号与 cache 中的主存区号相同，则表明访问 cache 命中。一旦命中，以主存地址中的区内块号立即可得到要访问的 cache 中的块。这种方式的优点是地址变换很简单，缺点是灵活性差。

全相联映像允许主存的任一块可以调入 cache 的任何一块的空间中。在地址变换时，利用主存地址高位表示的主存块号与 cache 中的主存块号进行比较，若相同则为命中。这种方式的优点是主存的块调入 cache 的位置不受限制，十分灵活；其缺点是无法从主存块号中直接获得 cache 的块号，变换比较复杂，速度比较慢。

组相联映像是前面两种方式的折中。具体做法是将 cache 中的块再分成组。组相联映像就是规定组采用直接映像方式而块采用全相联映像方式。这种方式下，通过直接映像方式来决定组号，在一组内再用全映像方式来决定 cache 中的块号。由主存地址高位决定主存区号，与 cache 中区号比较可决定是否命中。主存后面的地址即为组号，但组块号要根据全相联映像方式，由记录可以决定组内块号。

3. 替换算法

选择替换算法的目标是使 cache 获得最高的命中率。常用的替换算法有如下几种。

- 随机替换(RAND)算法：用随机数发生器产生一个要替换的块号，将该块替换出去。
- 先进先出(FIFO)算法：将最先进入的 cache 信息块替换出去。
- 近期最少使用(LRU)算法：将近期最少使用的 cache 中的信息块替换出去。这种算法较先进先出算法要好些，但此法也不能保证过去不常用的将来也不常用。
- 优化替换(OPT)算法：先执行一次程序，统计 cache 的替换情况。有了这样的先验信息，在第二次执行该程序时便可以用最有效的方式来替换，达到最优的目的。

4. cache 的性能分析

若 H 为 cache 的命中率，t_c 为 cache 的存取时间，t_m 为主存的访问时间，则 cache 的等效访问时间 t_a 为

$$t_a = Ht_c + (1-H)t_m$$

使用 cache 比不使用 cache 的 CPU 访问存储器的速度提高的倍数 r 可以用下式求得

$$r = t_m / t_a$$

五、虚拟存储器

虚拟存储器是由主存、辅存、存储管理单元及操作系统中存储管理软件组成的存储系统。程序员使用该存储系统时，可以使用的内存空间可以远远大于主存的物理空间，但实际上并不存在那么大的主存，故称其为虚拟存储器。虚拟存储器的空间大小取决于计算机的访存能力而不是实际外存的大小，实际存储空间可以小于虚拟地址空间。从程序员的角度看，外存被看做逻辑存储空间，访问的地址是一个逻辑地址(虚地址)，虚拟存储器使存储系统既具有相当于外存的容量又有接近于主存的访问速度。

虚拟存储器的访问也涉及虚地址与实地址的映像、替换算法等，这与 cache 中的类似。前面我们讲的地址映像以块为单位，而在虚拟存储器中，地址映像以页为单位。设计虚拟存储系统需考虑的指标是主存空间利用率和主存的命中率。

六、外存储器

外存储器用来存放暂时不用的程序和数据，并且以文件的形式存储。CPU 不能直接访

问外存中的程序和数据，将其以文件为单位调入主存后方可访问。外存由磁表面存储器(如磁盘、磁带)及光盘存储器构成。

1. 磁盘存储器

磁盘存储器由盘片、驱动器、控制器和接口组成。盘片用来存储信息；驱动器用于驱动磁头沿盘面径向运动以寻找目标磁道位置，驱动盘片以额定速率稳定旋转，并且控制数据的写入和读出；控制器接收主机发来的命令，将它转换成磁盘驱动器的控制命令，并实现主机和驱动器之间数据格式的转换及数据传送，以控制驱动器的读写操作；接口是主机和磁盘存储器之间的连接逻辑。

磁盘容量有两种指标：一种是非格式化容量，它是指一个磁盘所能存储的总位数；另一种是格式化容量，它是指各扇区中数据区容量的总和。计算公式分别如下

非格式化容量=面数×(磁道数/面)×内圆周长×最大位密度

格式化容量=面数×(磁道数/面)×(扇区数/道)×(字节数/扇区)

2. 光盘存储器

(1) 光盘存储器的类型。根据性能和用途，可分为只读型光盘、只写一次型光盘和可擦除型光盘。

(2) 光盘存储器的组成及特点。光盘存储器由光学、电学和机械部件等组成。特点是记录密度高，存储容量大，采用非接触式读写信息，信息可长期保存，采用多通道记录时数据传输率可超过 200MB/s，制造成本低，对机械结构的精度要求不高，存取时间较长。

七、磁盘阵列技术

磁盘阵列是由多台磁盘存储器组成的、快速、大容量且高可靠的外存子系统。现在常见的廉价冗余磁盘阵列(Redundant Array of Inexpensive Disks，RAID)，就是一种由多块廉价磁盘构成的冗余阵列。虽然 RAID 包含多块磁盘，但是在操作系统下是作为一个独立的大型存储设备出现的。RAID 技术分为几种不同的等级，分别可以提供不同的速度、安全性和性价比，如表 1.2 所示。

表 1.2　廉价冗余磁盘阵列(RAID)

RAID 级	说　明
RAID-0	RAID-0 是一种不具备容错能力的磁盘阵列
RAID-1	RAID-1 是采用镜像容错技术改善可靠性的一种磁盘阵列
RAID-2	RAID-2 是采用海明码进行错误检测的一种磁盘阵列
RAID-3	RAID-3 减少了用于检验的磁盘存储器的台数，从而提高了磁盘阵列的有效容量。一般只有一个检验盘
RAID-4	RAID-4 是一种可独立地对组内各磁盘进行读写的磁盘阵列，该阵列也只用一个检验盘
RAID-5	RAID-5 是对 RAID-4 的一种改进，它不设置专门的检验盘。同一台磁盘上既记录数据，也记录检验信息。这就解决了前面多台磁盘机争用一台检验盘的问题
RAID-6	RAID-6 磁盘阵列采用两级数据冗余和新的数据编码以解决数据恢复问题，在两个磁盘出现故障时仍然能够正常工作。在进行写操作时，RAID-6 分别进行两个独立的校验运算，形成两个独立的冗余数据，并写入两个不同的磁盘

1.2.4 输入输出技术

一、常见的内存与接口的编址方式

1. 内存与接口地址独立的编址方法

内存地址与接口地址完全独立且相互隔离，在使用中内存用于存放程序和数据，而接口就用于寻址外设。这种编址方法的优点是在编程序和读程序时很易使用和辨认；缺点就是用于接口的指令太少，功能太弱。

2. 内存与接口地址统一编址的方法

内存地址与接口地址统一在一个公共的地址空间，在这些地址空间里拿一些地址分配给接口使用而剩下的就可以归内存使用。这种编址方法的优点是原则上用于内存的指令全部都可以用于接口。其缺点就在于整个地址空间被分成两部分，一部分分配给接口使用，另一部分分配给内存使用，这经常会导致内存地址不连续；再就是用于内存的指令和用于接口的指令是完全一样的，这在读程序时就要根据参数定义表仔细加以辨认。

二、CPU 与外设之间的数据传送方式

CPU 与外设之间的数据传送方式有如下几种。

1. 直接程序控制

这种方式是指在完成数据的输入/输出中，整个输入输出过程是在 CPU 执行程序的控制下完成的。这种方式还可以分为如下几种。

- 无条件传送方式：无条件地与 CPU 交换数据。
- 程序查询方式：先通过 CPU 查询外设状态，准备好之后再与 CPU 交换数据。程序查询方式有两大缺点：降低了 CPU 的效率；对外部的突发事件无法作出实时响应。优点在于这种思想很易理解，同时实现这种工作方式也很容易。

2. 中断控制

这种方式利用中断机制，当 I/O 系统与外设交换数据时，CPU 无须等待，也不必查询 I/O 状态即可以抽身出来处理其他任务，因此提高了系统效率。

(1) 中断处理方法。中断处理方法有多中断信号线法、中断软件查询法、菊花链法、总线仲裁法及中断向量表法。

(2) 中断优先级控制。在进行优先级控制时解决以下两种情况。

- 当不同优先级的多个中断源同时提出中断请求时，CPU 应优先响应优先级最高的中断源。
- 当 CPU 正在对某一个中断源服务时，又有比它优先级更高的中断源提出中断请求，CPU 应能暂时中断正在执行的中断服务程序而转去对优先级更高的中断源服务，服务结束后再回到原先被中断的优先级较低的中断服务程序继续执行。

3. 直接存取方式

这种方式是在存储器与 I/O 设备间直接传送数据，即在内存与 I/O 设备之间传送一个数据块的过程中，不需要 CPU 的任何干涉，是一种完全由 DMA(Direct Memory Access，直接内存存取)硬件完成 I/O 操作的方式。

4. 输入/输出处理机

输入/输出处理机(IOP)是一个专用处理机，用于完成主机的输入/输出操作。IOP 根据主机的 I/O 命令，完成对外设数据的输入/输出。它的数据传送方法有三种：字节多路方式、选择传送方式和数组多路方式。

1.2.5 总线结构

一、总线的定义与分类

广义地讲，任何连接两个以上电子元器件的导线都可以称为总线，通常分为如下三类。

(1) 内部总线。用于芯片一级的互连，分为芯片内总线和元件级总线。芯片内总线用在集成电路芯片内部各部分的连接，元件级总线用于一块电路板内各元器件的连接。

(2) 系统总线。用于插件板一级的互连，用于构成计算机各组成部分(CPU、内存和接口等)的连接。

(3) 外部总线。又称通信总线，用于设备一级的互连，通过该总线和其他设备进行信息与数据交换。

二、系统总线

系统总线是微处理器芯片对外引线信号的延伸或映射，是微处理器与片外存储器及 I/O 接口传输信息的通路。系统总线有时也称内总线。目前比较流行的内总线如下。

(1) ISA(Industry Standard Architecture)总线：它是工业标准总线，向上兼容更早的 PC 总线，在 PC 总线 62 个插座信号的基础上，再扩充另一个具有 36 个信号的插座构成 ISA 总线。它主要包括 24 条地址线、16 条数据线等。

(2) EISA(Extended Industry Standard Architecture)总线：它是在 ISA 总线的基础上发展起来的 32 位总线。该总线定义 32 位地址线、32 位数据线，以及其他控制信号线、电源线等共 196 个连接点。总线传输速率达 33MB/s。该总线利用总线插座与 ISA 总线相兼容。

(3) PCI(Peripheral Component Interconnection)总线：当前最流行的总线之一，它是由 Intel 公司推出的一种局部总线。它定义了 32 位数据总线，且可扩展为 64 位。PCI 总线的传输速率至少为 133MB/s，64 位 PCI 总线的传输速率为 266MB/s。PCI 总线的工作与处理器相互独立。PCI 总线上的设备是即插即用的。

三、外部总线

外总线的标准有七八十种之多，常见的外总线标准有如下几种。

(1) RS-232-C：一条串行外总线，主要特点是，所需传输线比较少，最少只需 3 条线即可实现全双工通信。传输距离远，用电平传送为 15m，电流环传送为 1km。有多种可供选择的传输速率，具有较好的抗干扰性。

(2) SCSI(Small Computer Standard Interface)总线：一条并行外总线，广泛用于连接硬盘、光盘等。该接口早期是 8 位的，后来发展成 16 位。传输速率有 5MB/s～16MB/s。今天的传输速率已高达 320MB/s。该总线上最多可接 63 种外设，传输距离可达 20m。

(3) USB(Universal Serial Bus)总线：USB 是 1995 年 Microsoft、Compaq、IBM 等公司

联合制定的一种新的PC串行通信协议。USB由4条信号线组成，可以经过集线器进行树状连接，最多可达5层。该总线上可接127个设备。最大的优点在于它支持即插即用技术并支持热插拔。

(4) IEEE-1394：一种串行外总线，由6条信号线组成，可接63个设备，传输速率从400MB/s、800MB/s、1600MB/s直到3.2GB/s，最大优点在于支持即插即用并支持热插拔。

1.2.6 指令系统

一、指令系统

指令系统指的是一个CPU所能够处理的全部指令的集合，是一个CPU的根本属性。一条指令一般包括两个部分：操作码和地址码。操作码指明操作的类型，地址码主要指明操作数及运算结果存放的地址。

1. 寻址方式

表示指令中操作数所在的方法称为寻址方式。常见的寻址方式有如下几种。

- 立即寻址：操作数作为指令的一部分而直接写在指令中，这种操作数称为立即数。
- 寄存器寻址：指令所要的操作数已存储在某寄存器中，或把目标操作数存入寄存器。
- 直接寻址：指令所要的操作数存放在内存中，在指令中直接给出该操作数的有效地址。
- 寄存器间接寻址：操作数在存储器中，操作数的有效地址用SI、DI、BX和BP四个寄存器之一来指定。
- 寄存器相对寻址：操作数在存储器中，其有效地址是一个基址寄存器(BX、BP)或变址寄存器(SI、DI)的内容和指令中的8位/16位偏移量之和。
- 基址加变址寻址方式：操作数在存储器中，其有效地址是一个基址寄存器(BX、BP)和一个变址寄存器(SI、DI)的内容之和。
- 相对基址加变址寻址：操作数在存储器中，其有效地址是一个基址寄存器(BX、BP)的值、一个变址寄存器(SI、DI)的值和指令中的8位/16位偏移之和。

2. CISC和RISC

CISC(Complex Instruction Set Computer，复杂指令集计算机)的基本思想是：进一步增强原有指令的功能，用更为复杂的新指令取代原先由软件子程序完成的功能，实现软件功能的硬化，导致机器的指令系统越来越庞大而复杂。

RISC(Reduced Instruction Set Computer，精简指令集计算机)的基本思想是：通过减少指令总数和简化指令功能，降低硬件设计的复杂度，使指令能单周期执行，并通过优化编译，提高指令的执行速度，采用硬线控制逻辑，优化编译程序。

RISC的关键技术如下。

(1) 重叠寄存器窗口技术。在伯克利的RISC项目中，首先采用了重叠寄存器窗口(Overlapping Register Windows)技术。

(2) 优化编译技术。RISC使用了大量的寄存器，如何合理分配寄存器、提高寄存器的使用效率及减少访存次数等，都应通过编译技术的优化来实现。

(3) 超流水及超标量技术。这是 RISC 为了进一步提高流水线速度而采用的技术。

(4) 硬布线逻辑与微程序在微程序技术中相结合。

二、指令的流水处理

1. 指令控制方式

指令控制方式有顺序方式、重叠方式和流水方式三种。

(1) 顺序方式。顺序方式是指各条机器指令之间顺序串行地执行，执行完一条指令后才取下一条指令，而且每条机器指令内部的各个微操作也是顺序串行地执行。

(2) 重叠方式。重叠方式是指在解释第 x 条指令的操作完成之前，就可开始解释第 x+1 条指令。通常采用的是一次重叠，即在任何时候，指令分析部件和指令执行部件都只有相邻两条指令在重叠解释。

(3) 流水方式。流水技术是把并行性或并发性嵌入到计算机系统里的一种形式，它把重复的顺序处理过程分解为若干子过程，每个子过程能在专用的独立模块上有效地并发工作，如图 1.4 所示。

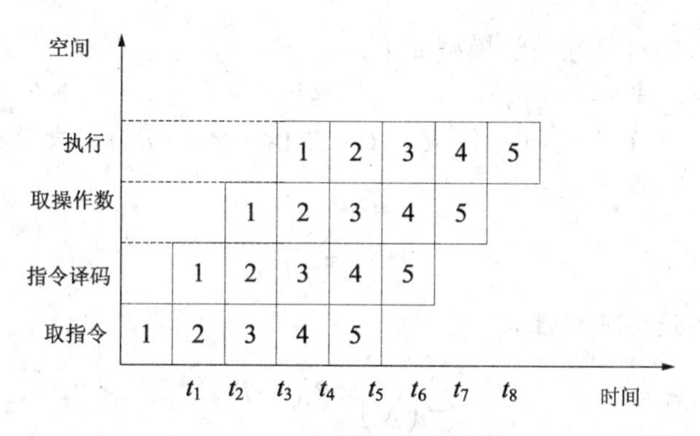

图 1.4　流水处理的时空图

在概念上，“流水”可以看成是“重叠”的延伸。差别仅在于“一次重叠”只是把一条指令解释分解为两个子过程，而“流水”则是分解为更多的子过程。

2. 吞吐率和流水建立时间

吞吐率是指单位时间里流水线处理机流出的结果数。对指令而言，就是单位时间里执行的指令数。如果流水线的子过程所用时间不一样，则吞吐率 p 应为最长子过程的倒数，即

$$p = 1/\max\{\Delta t_1, \Delta t_2, \cdots, \Delta t_m\}$$

流水线开始工作，须经过一定时间才能达到最大吞吐率，这就是建立时间。若 m 个子过程所用时间一样，均为Δt_0，则建立时间 $T_0=m\Delta t_0$。

1.2.7　可靠性与系统性能评测

一、计算机可靠性

1. 计算机可靠性概述

计算机系统的可靠性是指从它开始运行(t=0)到某个时刻 t 这段时间内能正常运行的概

率，用 $R(t)$表示。

失效率是指单位时间内失效的元件数与元件总数的比例，用 λ 表示。当 λ 为常数时，可靠性与失效率的关系为 $R(t)=\mathrm{e}^{-\lambda t}$。

两次故障之间系统能正常工作的时间的平均值称为平均无故障时间(MTBF)，即 MTBF=1/ λ。

通常用平均修复时间(MTRF)来表示计算机的可维修性，即计算机的维修效率，指从故障发生到机器修复平均所需要的时间。计算机的可用性是指计算机的使用效率，它以系统在执行任务的任意时刻能正常工作的概率 A 来表示，即

$$A=\frac{\mathrm{MTBF}}{\mathrm{MTBF}+\mathrm{MTRF}}$$

计算机的 RAS 技术是指用可靠性 R、可用性 A 和可维修性 S 这三个指标衡量一个计算机系统。但在实际应用中，引起计算机故障的原因除了元器件以外还与组装工艺、逻辑设计等因素有关。

2. 计算机可靠性模型

常见的计算机系统可靠性数学模型如下。

- 串联系统。可靠性 $R=R_1R_2\cdots R_N$，失效率 $\lambda=\lambda_1+\lambda_2+\cdots+\lambda_N$。
- 并联系统。可靠性 $R=1-(1-R_1)\times(1-R_2)\times\cdots\times(1-R_N)$，失效率为

$$\mu=\frac{1}{\frac{1}{\lambda}\sum_{j=1}^{N}\frac{1}{j}}$$

- N 模冗余系统。可靠性为

$$R=\sum_{i=n+1}^{N}\binom{j}{N}\times R_0^i(1-R_0)^{N-i}$$

提高计算机的可靠性一般采取两项措施：一是提高元器件质量，改进加工工艺与工艺结构，完善电路设计；二是发展容错技术。

二、计算机系统的性能评价

1. 性能评测常用方法

性能评测常用方法如下。

- 时钟频率：计算机的时钟频率在一定程度上反映了机器速度。一般来讲，主频越快，速度越快。
- 指令执行速度：速度是计算机的主要性能指标之一，在计算机发展初期，曾用加法指令的运算速度来衡量计算机的速度。
- 等效指令速度法：统计各类指令在程序中所占的比例，并进行折算。设某类指令 i 在程序中所占比例为 ω_i，执行时间为 t_i，则等效指令时间为

$$T=\sum_{i=1}^{n}(\omega_i\times t_i)$$

式中：n 为指令的种类数。

- 数据处理速率(PDR)法：采用计算 PDR 值的方法来衡量机器性能，PDR 值越大，机器性能越好，PDR 与每条指令和每个操作数的平均位数以及每条指令的平均运算速度有关。
- 核心程序法：把应用程序中用得最频繁的那部分核心程序作为评价计算机性能的标准程序，在不同的机器上运行，测得其执行时间，作为各类机器性能评价的依据。

2. 基准测试程序

基准测试程序法是目前一致承认的测试性能的较好方法，有多种多样的基准程序，常见的基准测试程序有如下 4 种。

- 整数测试程序。
- 浮点测试程序。
- SPEC 基准测试程序。
- TPC 基准程序。

1.3 真题详解

综合知识试题

试题 1 （2010 年下半年试题 1）

在输入输出控制方法中，采用__(1)__可以使得设备与主存间的数据块传送无需 CPU 干预。

(1) A．程序控制输入/输出　　B．中断　　C．DMA　　D．总线控制

参考答案：(1) C。

要点解析：DMA(Direct Memory Access)技术通过硬件控制将数据块在内存和输入/输出设备间直接传送，不需要 CPU 的任何干涉，只需 CPU 在过程开始启动与过程结束时的处理，实际操作由 DMA 硬件直接执行完成，CPU 在传送过程中可做别的事情。

试题 2 （2010 年下半年试题 2）

若某计算机采用 8 位整数补码表示数据，则运算__(2)__将产生溢出。

(2) A．−127+1　　B．−127−1　　C．127+1　　D．127−1

参考答案：(2) C。

要点解析：8 位整数补码的表示范围位−128~+127。$[-128]_{补}$=10000000，$[127]_{补}$=01111111。对于选项 C，很明显 127+1=128 超过了 8 位整数的表示范围。我们也可以通过计算来证明：

```
 01111111
+00000001
---------
 10000000
```

两个正数相加的结果是−128，产生错误的原因就是溢出。

试题 3 (2010 年下半年试题 3)

若内存容量为 4GB，字长为 32，则 (3) 。

(3) A．地址总线和数据总线的宽度都为 32

B．地址总线的宽度为 30，数据总线的宽度为 32

C．地址总线的宽度为 30，数据总线的宽度为 8

D．地址总线的宽度为 32，数据总线的宽度为 8

参考答案：(3) A。

要点解析：在同一时间处理二进制数的位数叫字长。32 位 CPU 就是在同一时间内可处理字长为 32 位的二进制数据。地址总线的宽度决定了内存容量，如果地址总线宽度为 32，则存储容量为 2^{32}=4GB。

试题 4 (2010 年下半年试题 4)

设用 2K×4 位的存储器芯片组成 16K×8 位的存储器(地址单元为 0000H～3FFFH，每个芯片的地址空间连续)，则地址单元 0BIFH 所在芯片的最小地址编号为 (4) 。

(4) A．0000H　　B．0800H　　C．2000H　　D．2800H

参考答案：(4) B。

要点解析：一个 2K×4 位的存储器芯片的容量为 1KB，要组成 16K×8 位的存储器(容量为 16KB)，需要 16 块 2K×4 位的存储器芯片，地址单元为 0000H~03FFH、0400H~07FFH、0800H~0BFFH、C00H~0FFFH、1000H~13FFH，……

地址单元 0BIFH 所在芯片的最小地址编号为 0800H。

试题 5 (2010 年下半年试题 5)

编写汇编语言程序时，下列寄存器中程序员可访问的是 (5) 。

(5) A．程序计数器(PC)　　B．指令寄存器(OR)

C．存储器数据寄存器(MDR)　　D．存储器地址寄存器(MAR)

参考答案：(5) A。

要点解析：为了保证程序能够连续地执行下去，CPU 必须具有某些手段来确定一条指令的地址。程序计数器(PC)的作用就是控制下一指令的位置，包括控制跳转。

试题 6 (2010 年下半年试题 6)

正常情况下，操作系统对保存有大量有用数据的硬盘进行 (6) 操作时，不会清除有用数据。

(6) A．磁盘分区和格式化　　B．磁盘格式化和碎片整理

C．磁盘清理和碎片整理　　D．磁盘分区和磁盘清理

参考答案：(6) C。

要点解析：计算机中存放信息的主要存储设备就是硬盘，但是硬盘不能直接使用，必须对硬盘进行分割，分割成的一块一块的硬盘区域就是磁盘分区。磁盘分区后，必须经过格式化才能够正式使用。磁盘格式化是在物理驱动器(磁盘)的所有数据区上写零的操作过程。磁盘清理是清除没用的文件，以节省磁盘空间。磁盘碎片整理，是通过系统软件或者专业的磁盘碎片整理软件对电脑磁盘在长期使用过程中产生的碎片和凌乱的文件重新整理，释放出更多的磁盘空间，可提高电脑的整体性能和运行速度。

试题7 (2010年上半年试题1)

为实现程序指令的顺序执行，CPU__(1)__中的值将自动加1。

(1) A．指令寄存器OR) B．程序计数器(PC)

C．地址寄存器(AR) D．指令译码器(ID)

参考答案：(1) B。

要点解析：为了保证程序指令能够连续地执行下去，CPU必须具有某些手段来确定下一条指令的地址。而程序计数器正起到这种作用，所以通常又称为指令计数器。在程序开始执行前，必须将它的起始地址，即程序的一条指令所在的内存单元地址送入PC，因此程序计数器(PC)的内容即是从内存提取的第一条指令的地址。当执行指令时，CPU将自动修改PC的内容，即每执行一条指令PC增加一个量，这个量等于指令所含的字节数，以便使其保持的总是将要执行的下一条指令的地址。由于大多数指令都是按顺序来执行的，所以修改的过程通常只是简单地对PC加1。

试题8 (2010年上半年试题2)

某计算机系统由下图所示的部件构成，假定每个部件的千小时可靠度都为R，则该系统的千小时可靠度为__(2)__。

(2) A. $R+2R/4$ B．$R+R^2/4$ C．$R(1-(1-R)^2)$ D．$R(1-(1-R)^2)^2$

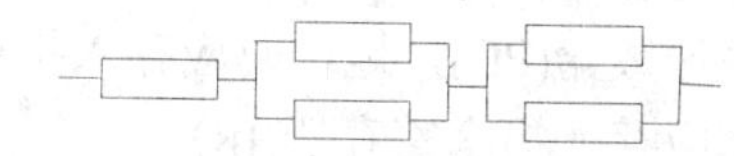

参考答案：(2) D。

要点解析：由子系统构成串联系统时，其中任何一个子系统失效就足以使系统失效，其可靠度等于各子系统可靠度的乘积；构成并联系统时，只要有一个子系统正常工作，系统就能正常工作。设每个子系统的可靠性分别以R_1、R_2、…、R_N表示，则并联系统的可靠度由下式来求得

$$R=1-(1-R_1)(1-R_2)\cdots(1-R_N)$$

因此，本系统的可靠度为$R(1-(1-R)^2)^2$。

试题9 (2010年上半年试题3)

以下关于计算机系统中断概念的叙述中，正确的是__(3)__。

(3) A．由I/O设备提出的中断请求和电源掉电都是可屏蔽中断

B．由I/O设备提出的中断请求和电源掉电都是不可屏蔽中断

C．由I/O设备提出的中断请求是可屏蔽中断，电源掉电是不可屏蔽中断

D．由I/O设备提出的中断请求是不可屏蔽中断，电源掉电是可屏蔽中断

参考答案：(3) C。

要点解析：按照是否可以被屏蔽，可将中断分为两大类：不可屏蔽中断(又叫非屏蔽中断)和可屏蔽中断。不可屏蔽中断源一旦提出请求，CPU必须无条件响应，而对可屏蔽中断源的请求，CPU可以响应，也可以不响应。典型的非屏蔽中断源的例子是电源掉电，一旦出现，必须立即无条件地响应，否则进行其他任何工作都是没有意义的。典型的可屏蔽中断源的例子是打印机中断，CPU对打印机中断请求的响应可以快一些，也可以慢一些，因为让打印机等待是完全可以的。

试题 10 （2010 年上半年试题 4）

与 $\overline{A} \oplus B$ 等价的逻辑表达式是__(4)__。（⊕ 表示逻辑异或，+表示逻辑加）

(4) A．$A+\overline{B}$　　B．$A\oplus \overline{B}$　　C．$A\oplus B$　　D．$AB+\overline{AB}$

参考答案：(4) B。

要点解析：用真值表验证。

		选项 A	选项 B	选项 C	选项 D	$\overline{A}\oplus B$
A	B	$A+\overline{B}$	$A\oplus \overline{B}$	$A\oplus B$	$AB+\overline{AB}$	
0	0	1	1	0	1	1
0	1	0	0	1	1	0
1	0	1	0	1	1	0
1	1	1	1	0	1	1

从上表可知，$\overline{A}\oplus B$ 与 $A\oplus \overline{B}$ 等价。

试题 11 （2010 年上半年试题 5）

计算机指令一般包括操作码和地址码两部分，为分析执行一条指令，其__(5)__。

(5) A．操作码应存入指令寄存器(IR)，地址码应存入程序计数器(PC)

B．操作码应存入程序计数器(PC)，地址码应存入指令寄存器(IR)

C．操作码和地址码都应存入指令寄存器(IR)

D．操作码和地址码都应存入程序计数器(PC)

参考答案：(5) C。

要点解析：程序被加载到内存后开始运行，当 CPU 执行一条指令时，先把它从内存储器取到缓冲寄存器 DR 中，再送入 IR 暂存，指令译码器根据 IR 的内容产生各种微操作指令，控制其他的组成部件工作，完成所需的功能。

试题 12 （2010 年上半年试题 6）

关于 64 位和 32 位微处理器，不能以 2 倍关系描述的是__(6)__。

(6) A．通用寄存器的位数　　B．数据总线的宽度

C．运算速度　　D．能同时进行运算的位数

参考答案：(6) C。

要点解析：计算机系统的运算速度受多种因素的影响，64 位微处理器可同时对 64 位数据进行运算，但不能说其速度是 32 位微处理器的 2 倍。

试题 13 （2010 年上半年试题 20）

若某整数的 16 位补码为 $FFFF_H$(H 表示十六进制)，则该数的十进制值为__(20)__。

(20) A．0　　B．−1　　C．$2^{16}-1$　　D．$-2^{16}+1$

参考答案：(20) B。

要点解析：根据补码定义，数值 X 的补码记作$[X]_{补}$，如果机器字长为 n，则最高位为符号位，0 表示正号，1 表示负号，正数的补码与其原码和反码相同，负数的补码则等于其反码的末尾加 1。如果已知 X 的补码为 $FFFF_H$，对应的二进制数为 1111111111111111，则 X

的反码为1111111111111110，X的原码为1000000000000001，对应的十进制数为-1。

试题14 (2009年下半年试题1)

以下关于CPU的叙述中，错误的是__(1)__。

(1) A．CPU产生每条指令的操作信号并将操作信号送往相应的部件进行控制
B．程序计数器PC除了存放指令地址，也可以临时存储算术/逻辑运算结果
C．CPU中的控制器决定计算机运行过程的自动化
D．指令译码器是CPU控制器中的部件

参考答案：(1) B。

要点解析：本题主要考查CPU的组成及其部件的功能。

CPU的功能主要包括程序控制、操作控制、时间控制和数据处理。CPU主要由运算器、控制器、寄存器组和内部总线等部件组成。CPU产生每条指令的操作信号并将操作信号送往相应的部件进行控制，因此说法A正确。

CPU中的控制器用于控制整个CPU的工作，它决定了计算机运行过程中的自动化，因此说法C正确。

程序计数器PC具有寄存信息和计数两种功能，又称为指令计数器。程序的执行分为两种情况，顺序执行和转移执行。在程序执行前，将程序的起始地址送入PC，该地址在程序加载到内存时确定，执行指令时，CPU将自动修改PC的内容，当指令按照顺序执行时，PC加1。如果是转移指令，后继指令的地址根据当前指令的地址加上一个向前或向后转移的位移量得到。因此PC没有临时存储算术/逻辑运算结果的功能。因此说法B错误。

CPU中的控制器包括指令寄存器(IR)、程序计数器(PC)、地址寄存器(AR)和指令译码器(ID)。因此说法D正确。

综上所述，答案为B。

试题15 (2009年下半年试题2)

以下关于CISC(Complex Instruction Set Computer，复杂指令集计算机)和RISC(Reduced Instruction Set Computer，精简指令集计算机)的叙述中，错误的是__(2)__。

(2) A．在CISC中，其复杂指令都采用硬布线逻辑来执行
B．采用CISC技术的CPU，其芯片设计复杂度更高
C．在RISC中，更适合采用硬布线逻辑执行指令
D．采用RISC技术，指令系统中的指令种类和寻址方式更少

参考答案：(2) A。

要点解析：本题考查CISC和RISC的区别。

CISC的基本思想是：进一步增强原有指令的功能，用更为复杂的新指令取代原来由软件子程序完成的功能，是软件功能的硬化，导致机器指令系统越来越庞大而复杂。其弊端主要有：指令集过分繁杂；指令系统过分庞大，难以优化编译使之生成真正高效的目标代码；强调完善的中断控制，设计复杂，研制周期长；芯片种类繁多，出错率大。

RISC的基本思想是：通过减少指令总数和简化指令功能，降低硬件设计的复杂度，使指令能单周期执行，并通过优化编译，提高指令的执行速度，采用硬线控制逻辑，优化编译程序。因此可知答案为A。

试题 16 (2009 年下半年试题 3~4)

浮点数的一般表示形式为 $N=2^E\times F$，其中 E 为阶码，F 为尾数。以下关于浮点表示的叙述中，错误的是 (3) 。两个浮点数进行相加运算，应首先 (4) 。

(3) A．阶码的长度决定浮点表示的范围，尾数的长度决定浮点表示的精度

B．工业标准 IEEE 754 浮点数格式中阶码采用移码、尾数采用原码表示

C．规格化指的是阶码采用移码、尾数采用补码

D．规格化表示要求将尾数的绝对值限定在区间[0.5,1)

(4) A．将较大的数进行规格化处理

B．将较小的数进行规格化处理

C．将这两个数的尾数相加

D．统一这两个数的阶码

参考答案：(3) C；(4) D。

要点解析：本题主要考查浮点数的表示。

浮点数所能表示的数值范围主要由阶码决定，所表示数值的精度由尾数决定。为了充分利用尾数来表示更多的有效数字，通常采用规格化浮点数。规格化就是将尾数的绝对值限定在区间[0.5,1)。工业标准 IEEE 754 中阶码用移码来表示，尾数用原码表示。所以第 3 题答案为 C。

当两个浮点数进行相加操作时，首先要进行对阶操作，即使两个数的阶码相同，对阶操作就是把阶码小的数的尾数右移，答案为 D。

试题 17 (2009 年下半年试题 5)

以下关于校验码的叙述中，正确的是 (5) 。

(5) A．海明码利用多组数位的奇偶性来检错和纠错

B．海明码的码距必须大于等于 1

C．循环冗余校验码具有很强的检错和纠错能力

D．循环冗余校验码的码距必定为 1

参考答案：(5) A。

要点解析：本题考查校验码，主要考查海明码和循环冗余校验码。

海明码是由贝尔实验室的Richard Hamming 设计的，它是利用奇偶性来检错和纠错的校验方法。其构成方法是：在数据位值间插入*k*个校验位，通过扩大码距来实现检错和纠错。

循环冗余检验码(Cyclic Redundancy Check，CRC)广泛用在数据通信领域和磁介质存储系统中，它利用生成多项式为 k 个数据位产生 r 个校验位来进行编码，其编码长度为 $k+r$。其由两部分组成，左边为信息码(数据)，右边为检验码。若信息码占 k 位，则检验码占 $n-k$ 位。其中，n 为 CRC 码的字长，所以又称为(n, k)码。检验码由信息码产生，校验码位数越长，该代码的校验能力就越强。

试题 18 (2009 年下半年试题 6)

以下关于 cache 的叙述中，正确的是 (6) 。

(6) A．在容量确定的情况下，替换算法的时间复杂度是影响 cache 命中率的关键因素

B．cache 的设计思想是在合理成本下提高命中率

C．cache 的设计目标是容量尽可能与主存容量相等

D．CPU 中的 cache 容量应大于 CPU 之外的 cache 容量

参考答案：(6) B。

要点解析：cache 的性能是计算机系统性能的重要方面。命中率是 cache 的一个重要指标，但不是最主要的指标。cache 设计的主要目标是在成本允许的情况下达到较高的命中率，使存储系统具有最短的平均访问时间。cache 的命中率和 cache 容量的关系是：cache 容量越大，则命中率越高，随着容量的增加，其失效率接近 0%(命中率接近 100%)。但是，增加 cache 容量意味着增加 cache 的成本和增加 cache 的命中时间。

试题 19　(2009 年上半年试题 1)

海明校验码是在 n 个数据位之外增设 k 个校验位，从而形成一个 $k+n$ 位的新的码字，使新的码字的码距比较均匀地拉大。n 与 k 的关系是__(1)__。

(1) A．$2^k-1\geqslant n+k$　　B．$2n-1\leqslant n+k$　　C．$n=k$　　D．$n-1\leqslant k$

参考答案：(1) A。

要点解析：海明码的构成方法是：在数据位之间插入 k 个校验码，通过扩大码距来实现检错和纠错。设数据位是 n 位，校验位是 k 位，则 n 和 k 必须满足关系：$2^k-1\geqslant n+k$ 。

试题 20　(2009 年上半年试题 2)

假设某硬盘由 5 个盘片构成(共有 8 个记录面)，盘面有效记录区域的外直径为 30cm，内直径为 10cm，记录位密度为 250 位/mm，磁道密度为 16 道/mm，每磁道分 16 个扇区，每扇区 512 字节，则该硬盘的格式化容量约为__(2)__MB。

(2) A．$\dfrac{8*(30-10)*10*250*16}{8*1024*1024}$　　B．$\dfrac{8*(30-0)*10*16*16*512}{2*1024*1024}$

C．$\dfrac{8*(30-10)*10*250*16*16}{8*1024*1024}$　　D．$\dfrac{8*(30-10)*16*16*512}{2*1024*1024}$

参考答案：(2) B。

要点解析：磁盘容量有两种指标，一种是非格式化容量，指一个磁盘所能存储的总位数；另一种是格式化容量，指各扇区中数据区容量总和。计算公式分别为

非格式化容量=面数*(磁道数/面)*内圆周长*最大位密度

格式化容量=面数*(磁道数/面)*(扇区数/道)*(字节数/扇区)

本题目求的是格式化容量，套用第二个公式即可。

试题 21　(2009 年上半年试题 3)

__(3)__是指按内容访问的存储器。

(3) A．虚拟存储器　B．相联存储器　C．高速缓存(cache)　D．随机访问存储器

参考答案：(3) B。

要点解析：存储器按访问方式可分为按地址访问和按内容访问。相联存储器的工作原理是把数据或者数据的某一部分作为关键字，将该关键字与存储器中的每一个单元进行比较，找出存储器中所有与关键字相同的数据字。显然，相联存储器是按内容访问的存储器。其他存储器都是按地址访问的。

试题 22 （2009 年上半年试题 4）

处理机主要由处理器、存储器和总线组成，总线包括 (4) 。

(4) A．数据总线、地址总线、控制总线　　B．并行总线、串行总线、逻辑总线
C．单工总线、双工总线、外部总线　　D．逻辑总线、物理总线、内部总线

参考答案：(4) A。

要点解析：总线按功能分类可分为地址总线 AB(Address Bus)、数据总线 DB(Data Bus)和控制总线 CB(Control Bus)，通常所说的总线都包括上述三个组成部分，分别用来传送地址信息、数据信息和控制信息。而并行总线和串行总线是计算机并行通信和串行通信时用的总线结构。内部总线、外部总线都包括数据总线、地址总线和控制总线的。因此选项 A 是正确的。

试题 23 （2009 年上半年试题 5）

计算机中常采用原码、反码、补码和移码表示数据，其中，±0 编码相同的是 (5) 。

(5) A．原码和补码　B．反码和补码　C．补码和移码　D．原码和移码

参考答案：(5) C。

要点解析：原码、反码、补码以及移码是计算机的数据表示形式，需掌握牢固。

+0 和−0 的表示比较特殊，在此总结如下。

原码：　$[+0]_{原}$=0 0000000　$[-0]_{原}$=1 0000000

反码：　$[+0]_{反}$=0 0000000　$[-0]_{反}$=1 1111111

补码：　$[+0]_{补}=[-0]_{补}$=0 0000000

移码：　$[+0]_{移}=[-0]_{移}$=1 0000000

试题 24 （2009 年上半年试题 6）

某指令的流水线由 5 段组成，第 1、3、5 段所需时间为 Δt，第 2、4 段所需时间分别为 $3\Delta t$、$2\Delta t$，如下图所示，那么连续输入 n 条指令时的吞吐率(单位时间内执行的指令个数)TP 为 (6) 。

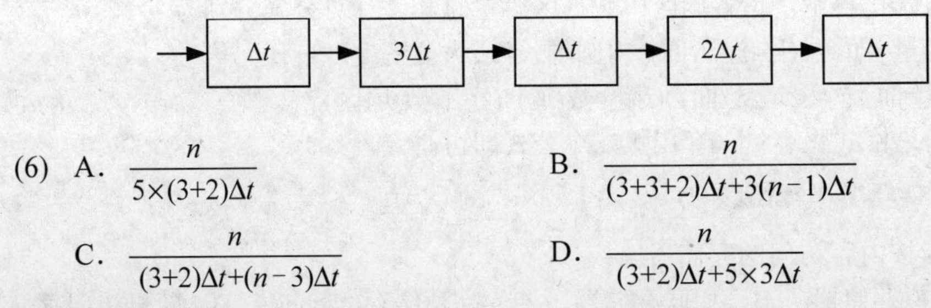

(6) A. $\dfrac{n}{5\times(3+2)\Delta t}$　　B. $\dfrac{n}{(3+3+2)\Delta t+3(n-1)\Delta t}$

C. $\dfrac{n}{(3+2)\Delta t+(n-3)\Delta t}$　　D. $\dfrac{n}{(3+2)\Delta t+5\times3\Delta t}$

参考答案：(6)B。

要点解析：吞吐率是指单位时间里流水线处理机流出的结果数。对指令而言即为单位时间里执行的指令数。对于这一题，流水线的子过程所用时间不同，所以指令第一次执行时间应该为$(1+3+1+2+1)\Delta t$，从第二次开始，指令在流水操作中应该看最长子过程所用时间，一共有$(n-1)$次，所以总时间为$(1+3+1+2+1)\Delta t+3(n-1)\Delta t$。

本题中连续输入 n 条指令，所以完成这 n 个任务所需的时间为：$(1+3+1+2+1)\Delta t+3(n-1)\Delta t$，

所以吞吐率为 $\dfrac{n}{(3+3+2)\Delta t+3(n-1)\Delta t}$。

1.4　强化训练

1.4.1　综合知识试题

试题 1

计算机在进行浮点数的相加(减)运算之前先进行对阶操作，若 x 的阶码大于 y 的阶码，则应将__(1)__。

(1) A．x 的阶码缩小至与 y 的阶码相同，且使 x 的尾数部分进行算术左移
　　B．x 的阶码缩小至与 y 的阶码相同，且使 x 的尾数部分进行算术右移
　　C．y 的阶码扩大至与 x 的阶码相同，且使 y 的尾数部分进行算术左移
　　D．y 的阶码扩大至与 x 的阶码相同，且使 y 的尾数部分进行算术右移

试题 2

在 CPU 中，__(2)__可用于传送和暂存用户数据，为 ALU 执行算术逻辑运算提供工作区。

(2) A．程序计数器　　B．累加寄存器
　　C．程序状态寄存器　　D．地址寄存器

试题 3

下面关于校验方法的叙述，__(3)__是正确的。

(3) A．采用奇偶校验可检测数据传输过程中出现一位数据错误的位置并加以纠正
　　B．采用海明校验可检测数据传输过程中出现一位数据错误的位置并加以纠正
　　C．采用海明校验，校验码的长度和位置可随机设定
　　D．采用 CRC 校验，需要将校验码分散开并插入数据的指定位置中

试题 4

在计算机体系结构中，CPU 内部包括程序计数器(PC)、存储器数据寄存器(MDR)、指令寄存器(IR)和存储器地址寄存器(MAR)等。若 CPU 要执行的指令为：MOV R0，#100(即将数值 100 传送到寄存器 R0 中)，则 CPU 首先要完成的操作是__(4)__。

(4) A．100→R0　　B．100→MDR　　C．PC→MAR　　D．PC→IR

试题 5

cache 用于存放主存数据的部分复制，主存单元地址与 cache 单元地址之间的转换工作由__(5)__完成。

(5) A．硬件　　B．软件　　C．用户　　D．程序员

试题 6

内存按字节编址，地址从 90000H 到 CFFFFH，若用存储容量为 16K×8b 的存储器芯片

构成该内存，至少需要__(6)__片。

(6) A. 2　　B. 4　　C. 8　　D. 16

试题 7

内存采用段式存储管理有许多优点，但“__(7)__”不是其优点。

(7) A. 分段是信息的逻辑单位，用户不可见
B. 各段程序的修改互不影响
C. 地址变换速度快、内存碎片少
D. 便于多道程序共享主存的某些段

试题 8

下面关于在 I/O 设备与主机间交换数据的叙述，__(8)__是错误的。

(8) A. 中断方式下，CPU 需要执行程序来实现数据传送任务
B. 中断方式和 DMA 方式下，CPU 与 I/O 设备都可同步工作
C. 中断方式和 DMA 方式下，快速 I/O 设备更适合采用中断方式传递数据
D. 若同时接到 DMA 请求和中断请求，CPU 优先响应 DMA 请求

试题 9

CPU 中的数据总线宽度会影响__(9)__。

(9) A. 内存容量的大小　　B. 系统的运算速度
C. 指令系统指令数量　　D. 寄存器的宽度

试题 10

计算机内存一般分为静态数据区、代码区、栈区和堆区，若某指令的操作数之一采用立即数寻址方式，则该操作数位于__(10)__。

(10) A. 静态数据区　　B. 代码区　　C. 栈区　　D. 堆区

试题 11

有四级指令流水线，分别完成取指、取数、运算、传送结果四步操作。若完成上述操作的时间依次为 9ns、10ns、6ns、8ns，则流水线的操作周期应设计为__(11)__ns。

(11) A. 6　　B. 8　　C. 9　　D. 10

试题 12

利用高速通信网络将多台高性能工作站或微型机互连构成机群系统，其系统结构形式属于__(12)__计算机。

(12) A. 单指令流单数据流(SISD)　　B. 多指令流单数据流(MISD)
C. 单指令流多数据流(SIMD)　　D. 多指令流多数据流(MIMD)

试题 13

设指令由取指、分析、执行 3 个子部件完成，每个子部件的工作周期均为 Δt，采用常规标量单流水线处理机。若连续执行 10 条指令，则共需时间__(13)__ Δt。

(13) A. 8　　B. 10　　C. 12　　D. 14

试题 14

某指令流水线由 5 段组成，各段所需要的时间如下图所示。

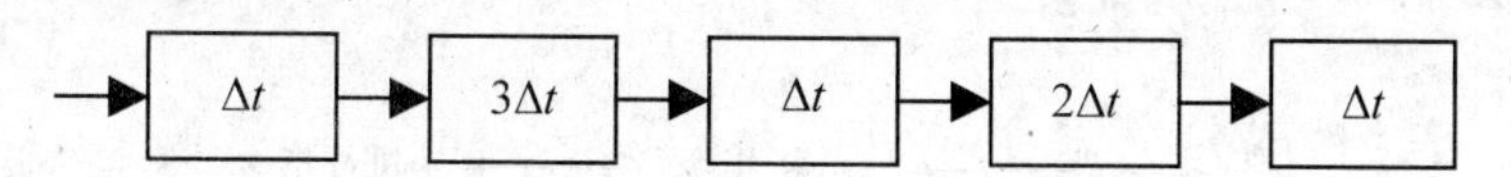

连续输入 10 条指令时的吞吐率为 (14) 。

(14) A．10/70Δt　　B．10/49Δt　　C．10/35Δt　　D．10/30Δt

1.4.2　综合知识试题参考答案

【试题 1】答　案：D

分　析：本题考查的是浮点数的加减运算，要经过如下几个步骤。

① 对阶，即使两个数的阶码相同。

② 求尾数和(差)。

③ 结果规格化并判断溢出。若运算结果所得的尾数不是规格化的数，则需要进行规格化处理。当尾数溢出时，需要调整阶码。

④ 舍入。在对结果右规时，尾数的最低位将因溢出而丢掉。

⑤ 溢出判别。以阶码为准，若阶码溢出，则运算结果溢出；若阶码下溢(小于最小值)，则结果为 0；否则结果正确无溢出。

【试题 2】答　案：B

分　析：程序寄存器(PC)、累加寄存器(AC)、程序状态寄存器(PSW)和地址寄存器(AR)都是 CPU 中常用的寄存器，其功能分别如下。

PC——具有寄存信息和计数两种功能。在程序执行之前，将程序的起始地址送入 PC，该地址在程序加载到内存时确定，因此 PC 的内容是程序第一条指令的地址；执行指令时，CPU 将自动修改 PC 的内容，以便使其保持的总是将要执行的下一条指令的地址。

AC——一个通用的寄存器，其功能是当运算器的算术逻辑单元执行算术或逻辑运算时，为 ALU 提供一个工作区。由此答案显然是 B。

PSW——保存由算术指令和逻辑指令运行或测试的结果建立的各种条码内容，主要分为状态标志和控制标志。通常，一个算术操作产生一个运算结果，一个逻辑操作则产生一个判决。

AR——保存当前 CPU 所访问的内存单元的地址。由于内存和 CPU 存在着操作速度上的差异，所以需要使用 AR 保持地址信息，直到内存的读/写操作完成为止。

【试题 3】答　案：B

分　析：由奇偶校验码的工作原理可知，这种校验方法只能检测一位的错误，并不能像海明校验那样既可以检测数据传输过程中出现一位数据错误的位置且加以纠正，由此可知 A 错 B 对。另外，海明码对于信息位与校验位的放置是有约定的，不能随机设定，所以 C 错。对于 CRC 码，其校验位都是置于编码的最后部分(最右端)的，所以 D 也是错误的。

【试题 4】答　案：C

分　析：本题还是考查 CPU 的控制器中的几个常用寄存器的作用，当然还要清楚指令的执行步骤，如下图：

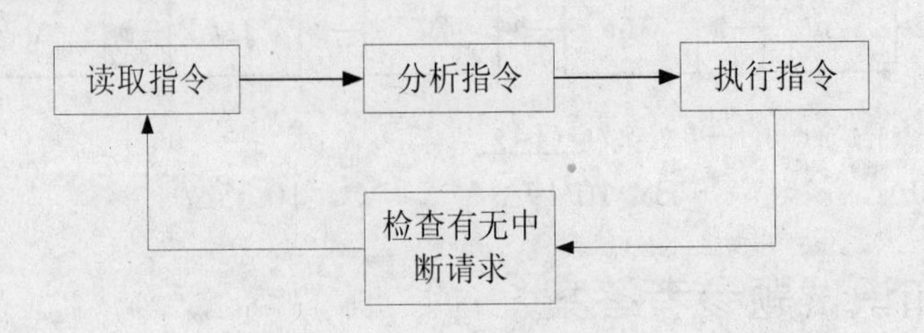

无中断请求，执行下一条指令

读取指令时，先将 PC 中的指令地址送到地址寄存器中，然后才能读取主存的内容，并传至 IR 中，然后 PC 中变为下一条指令的地址。所以 CPU 要想执行指令 MOV R0,＃100，首先要把 PC 中的内容送到地址寄存器中。

【试题 5】答　案：A

分　析：本题考查的是基本的概念，主存单元地址与 cache 单元地址之间的转换工作是由硬件完成的。

【试题 6】答　案：D

分　析：地址区间大小：CFFFFH-90000H+1H=40000H，$(40000H)_{10}=2^{18}$，题目中内存是按字节编址的，所以空间大小应为 2^{8}KB(256KB)，所以要用到 256K/16K=16 块存储器芯片。

【试题 7】答　案：C

分　析：本题考查段式虚拟存储器的相关知识。

段式虚拟存储器，以程序的逻辑结构形成的段(如某一独立程序模块、子程序等)作为主存分配依据的一种管理方式。为实现段式管理，需建立段表；在段地址变换机构及软件的控制下，可将程序的虚拟地址变换为主存的实地址。段式管理的优点是段的界限分明；支持程序的模块化设计；易于对程序段的编译、修改和保护；便于多道程序的共享。主要缺点是因为段的长度不一，主存利用率不高，产生大量内存碎片，造成浪费；段表庞大，查表速度慢。由此可知，C 选项显然不对。

【试题 8】答　案：C

分　析：I/O 设备与主机间交换数据主要有 5 种方式：程序查询方式、程序中断方式、DMA 方式、通道方式、IOP，需要考生重点掌握的是中断方式和 DMA 方式，且 DMA 传送方式的优先级高于中断方式。

① 中断方式。I/O 系统与主机之间交换数据时，当 I/O 系统完成了数据传输后则以中断信号通知 CPU。CPU 保护现场并转入 I/O 中断服务程序完成与 I/O 系统的数据交换。可以看出，中断不仅要求 CPU 停下来，而且还要 CPU 处理断点和现场，以及 CPU 与外设的数据传送，CPU 付出很多代价。

② DMA 方式。使用 DMAC 来控制和管理数据传输。在进行 DMA 时，CPU 放弃对系统总线的控制而由 DMAC 控制总线并提供存储器地址及必须的读写控制信号，实现外设与存储器之间的数据交换。可以看出，DMA 请求时 CPU 暂停一下即可，不需要对断点和现

场进行处理，并且是由 DMA 控制外设与主存之间的数据传送，无需 CPU 的干预，整个过程只是借用 CPU 一点时间。

综上所述，本题选项 C 是正确的，快速 I/O 设备更适合采用 DMA 方式传递数据。

【试题 9】答　案：B

分　析：总线按传输的信号的功能可分为以下三类。

地址总线：指出数据的来源与去向。地址总线是从 CPU 向外传输的单向总线。其宽度决定了 CPU 可以访问的物理地址空间，即 CPU 能使用的内存容量。

数据总线：传送系统中的数据或指令，其宽度和 CPU 的字长有关，负责整个系统的数据流量的大小。数据总线是 CPU 与主存储器和 I/O 接口之间数据相互传送的双向通道。提供模块间传输数据的路径，数据总线的位数决定微处理器结构的复杂度及总体性能。

控制总线：传送控制信号，也是双向通道，CPU 通过控制总线向外界发出命令信号，外界通过控制总线向 CPU 传送状态信息。

综上，CPU 中的数据总线宽度与系统的运算速度有关。

【试题 10】答　案：B

分　析：首先要明白内存中的各个区概念。

静态数据区(全局区)：全局变量和静态变量存储时放在一块区域，初始化的全局变量和静态变量在一块区域，未初始化的全局变量和未初始化的静态变量在相邻的另一块区域，该区域在程序结束后由操作系统回收。

代码区：存放函数体的二进制代码。

栈区：由编译器自动分配释放，存放函数的参数值、局部变量的值等。其操作方式类似于数据结构中的栈。

堆区：一般由程序员分配释放，若程序员不释放，程序结束时可能由操作系统回收。

对于操作数的寻址方式也有多种，在考点里已做介绍，题目中操作数采用立即数寻址方式，立即数寻址是在指令的地址码部分直接给出执行本条指令所需要的源操作数。优点是：节省了数据存储单元，指令的执行速度快。缺点是：只能用于源操作数的寻址，数据的长度不能太长。

综上所述，立即数寻址的操作数是程序代码的一部分，因此应该存放在代码区。

【试题 11】答　案：D

分　析：由流水线处理机的主要指标可知，流水线的操作周期取决于基本操作时间最长的一个。对于本题取决于取消这个最长子过程所用的时间，为 10ns。

【试题 12】答　案：D

分　析：高速通信网络将多台高性能工作站或微型机互联成集群系统，也就是采用了多处理机形式，多处理机的系统结构为多指令多数据流形式的。

【试题 13】答　案：C

分　析：计算如下：

$(\Delta t+\Delta t+\Delta t)+(10-1)\times\Delta t=12\Delta t$

【试题 14】答　案：C

分　析：吞吐率是指单位时间里流水线处理机流出的结果数。对指令而言即为单位时间里执行的指令数。对于这一题，流水线的子过程所用时间不同，所以指令第一次执行时间应该为$(1+3+1+2+1)\Delta t$，从第二次开始，指令在流水操作中应该看最长子过程所用时间，一共有$(n-1)$次，所以总时间为$(1+3+1+2+1)\Delta t+3(n-1)\Delta t$。

本题中连续输入 10 条指令，所以完成这 10 个任务所需的时间为$(1+3+1+2+1)\Delta t+3(10-1)\Delta t=35\Delta t$，所以吞吐率为 $10/35\Delta t$。

第 2 章

程序语言基础知识

2.1 备考指南

2.1.1 考纲要求

根据考试大纲中相应的考核要求，在“**程序语言基础知识**”模块上，要求考生掌握以下方面的内容。

1. 汇编、编译、解释系统的基础知识和基本工作原理
2. 程序设计语言的基本成分(数据、运算、控制和传输)，程序调用的实现机制
3. 各类程序设计语言的主要特点和适用情况

2.1.2 考点统计

“**程序语言基础知识**”模块，在历次软件设计师考试试卷中出现的考核知识点及分值分布情况如表 2.1 所示。

表 2.1 历年考点统计表

年 份	题 号	知 识 点	分 值
2010 年下半年	上午：20～22、48～50	变量和常量的概念、编译过程、有限自动机、可视化程序设计的概念、汇编语言	6 分
	下午：无	无	0 分
2010 年上半年	上午：21、22、48～50	后缀式、语法分析、编译和解释语言处理程序的不同、标记语言、正规表达式	5 分
	下午：无	无	0 分
2009 年下半年	上午：20～22、48～50	数据类型、指针变量、中间代码、编译系统、存储空间、分析树	6 分
	下午：无	无	0 分

续表

年 份	题 号	知识点	分 值
2009年上半年	上午：20～22、48～50	参数传递、程序语言、编译移植、有限自动机、正规式、上下文无关文法	6分
	下午：无	无	0分

2.1.3 命题特点

纵观历年试卷，本章知识点是以选择题的形式出现在试卷中。在历次考试上午试卷中，所考查的题量大约为6道选择题，所占分值为6分(约占试卷总分值75分中的8%)。本章试题主要考查考生是否掌握了相关的理论知识，难度中等。有限自动机是本章的重点，也是难点。

2.2 考点串讲

2.2.1 程序语言概述

一、程序设计语言的基本概念

1. 低级语言和高级语言

1) 低级语言

通常称机器语言和汇编语言为低级语言。机器语言是指用0、1字符串组成的机器指令序列，是最基本的计算机语言；汇编语言是指用符号表示指令的语言。

2) 高级语言

高级语言是从人类的逻辑思维角度出发、面向各类应用的程序语言，抽象程度大大提高，需要经过编译成特定机器上的目标代码才能执行。这类语言与人们使用的自然语言比较接近，大大提高了程序设计的效率。

2. 编译程序和解释程序

用某种高级语言或汇编语言编写的程序称为源程序，源程序不能直接在计算机上执行。如果源程序是使用汇编语言编写的，则需要一个称为汇编程序的翻译程序将其翻译成目标程序后才能执行。如果源程序是使用某种高级语言编写的，则需要相应的解释程序或编译程序对其进行翻译，然后才能在机器上运行。

3. 程序设计语言的定义

程序设计语言的定义一般都涉及语法、语义和语用等方面。

(1) 语法：由程序设计语言的基本符号组成程序中的各个语法成分(包括程序)的一组规则，其中由基本字符构成的符号(单词)书写规则称为词法规则，由符号(单词)构成语法成分的规则称为语法规则。程序语言的语法可通过形式语言进行描述。

(2) 语义：程序语言中按语法规则构成的各个语法成分的含义，可分为静态语义和动态语义。

(3) 语用：表示构成语言的各个记号和使用者的关系，涉及符号的来源、使用和影响。

(4) 语境：理解和实现程序设计语言的环境，包括编译环境和运行环境。

4. 程序设计语言的分类

1) 命令式程序设计语言

命令式程序设计语言是基于动作的语言，在这种语言中，计算被看做是动作的序列。命令式语言族开始于 FORTRAN，PASCAL 和 C 语言，体现了命令式程序设计的关键思想。

2) 面向对象的程序设计语言

面向对象的程序设计在很大程度上应归功于从模拟领域发展而来的 Simula，Simula 提出了对象和类的概念。C++、Java 和 Smaltalk 是面向对象程序设计语言的代表。

3) 函数式程序设计语言

函数式程序设计语言是一类以 λ-演算为基础的语言。该语言的代表是 LISP，其中大量使用了递归。

4) 逻辑型程序设计语言

逻辑型程序设计语言是一类以形式逻辑为基础的语言。该语言的代表是建立在关系理论和一阶谓词理论基础上的 PROLOG。

二、程序设计语言的基本成分

1. 数据成分

程序语言的数据成分是指一种程序语言的数据类型。

1) 常量和变量

按照程序运行时数据的值能否改变，将数据分为常量和变量。程序中的数据对象可以具有左值和(或)右值，左值是指存储单元(或地址、容器)，右值是指具体值(或内容)。变量具有左值和右值，在程序运行过程中其右值可以改变；常量只有右值，在程序运行过程中其右值不能改变。

2) 全局量和局部量

按数据的作用域范围，数据可分为全局量和局部量。系统为全局变量分配的存储空间在程序运行的过程中一般是不改变的，而为局部变量分配的存储单元是动态改变的。

3) 数据类型

按照数据组织形式的不同可将数据分为基本类型、用户定义类型、构造类型及其他类型。C(C++)的数据类型如下。

- 基本类型：整型(int)、字符型(char)、实型(float、double)和布尔类型(bool)。
- 特殊类型：空类型(void)。
- 用户定义类型：枚举类型(enum)。
- 构造类型：数组、结构和联合。
- 指针类型：type *。
- 抽象数据类型：类类型。

其中，布尔类型和类类型是 C++在 C 语言的基础上扩充的。

2. 运算成分

程序语言的运算成分是指允许使用的运算符号及运算规则。大多数高级程序语言的基本运算可以分成算术运算、关系运算和逻辑运算，有些语言还提供位运算。运算符号的使用与数据类型密切相关。为了确保运算结果的唯一性，运算符号要规定优先级和结合性，必要时还要使用圆括号。

3. 控制成分

控制成分指明语言允许表述的控制结构，程序员使用控制成分来构造程序中的控制逻辑。

1) 顺序结构

在顺序结构中，计算过程从所描述的第一个操作开始，按顺序依次执行后续的操作，直到执行完序列的最后一个操作。顺序结构内也可以包含其他控制结构。

2) 选择结构

选择结构提供了在两种或多种分支中选择执行其中一个分支的逻辑。基本的选择结构是指定一个条件 P，然后根据条件的成立与否决定控制流走计算 A 还是走计算 B，从两个分支中选择一个执行。选择结构中的计算 A 或计算 B 还可以包含顺序、选择和重复结构。程序语言中通常还提供简化了的选择结构，也就是没有计算 B 的分支结构。

3) 循环结构

循环结构描述了重复计算的过程，通常包括 3 个部分：初始化、需要重复计算的部分和重复的条件。其中初始化部分有时在控制的逻辑结构中不进行显式的表示。循环结构主要有两种形式：while 型重复结构和 do-while 型重复结构。

4. C(C++)语言提供的控制语句

C(C++)语言提供的控制语句如下。

(1) 复合语句。复合语句用于描述顺序控制结构。复合语句是一系列用“{”和“}”括起来的声明和语句，其主要作用是将多条语句组成一个可执行单元。复合语句是一个整体，要么全部执行，要么一条语句也不执行。

(2) if 语句和 switch 语句。这两种语句用于实现选择结构。

① if 语句实现的是双分支的选择结构，其一般形式如下。

```
if(表达式)语句1;else 语句2;
```

其中，语句 1 和语句 2 可以是任何合法的 C(C++)语句，当语句 2 为空语句时，可以简化为：

```
if(表达式) 语句;
```

使用 if 语句时，需要注意的是 if 和 else 的匹配关系。C 语言规定，else 总是与离它最近的尚没有 else 与其匹配的 if 相匹配。

② switch 语句描述了多分支的选择结构，其一般形式如下。

```
switch(表达式){
    case 常量表达式1: 语句1;
    case 常量表达式2: 语句2;
    ...
```

```
    case 常量表达式 n: 语句 n;
    default: 语句 n+1;
}
```

执行 switch 语句时，首先计算表达式的值，然后用所得的值与列举的常量表达式值依次比较，若任一常量表达式都不能与所得的值相匹配，则执行 default 的“语句 *n*+1”，然后结束 switch 语句。

表达式可以是任何类型，常用的是字符型或整型表达式。多个常量表达式可以共用一个语句组。语句组可以包括任何可执行语句，且无须用“{”和“}”括起来。

(3) 循环语句。C(C++)语言提供了 3 种形式的循环语句用于描述循环计算的控制结构。

① while 语句。while 语句描述了先判断条件再执行循环体的控制结构，其一般形式是：

```
while(条件表达式) 循环体语句;
```

② do-while 语句。do-while 语句描述了先执行循环体再判断条件的控制结构，其一般格式是：

```
do
    循环体语句;
while(条件表达式);
```

③ for 语句。for 语句的基本格式是：

```
for(表达式 1;表达式 2;表达式 3) 循环体语句;
```

5. 函数

函数是程序模块的主要成分，它是一段具有独立功能的程序。函数的使用涉及 3 个概念：函数定义、函数声明和函数调用。

(1) 函数定义：包括函数首部和函数体两个部分。函数的定义描述了函数做什么和怎么做。

(2) 函数声明：函数应该先声明后引用。函数声明定义了函数原型。声明函数原型的目的在于告诉编译器传递给函数的参数个数、类型以及函数返回值的类型，参数表中仅需要依次列出函数定义中参数的类型。函数原型可以使编译器检查源程序中对函数的调用是否正确。

(3) 函数调用：当需要在一个函数(称为主调函数)中使用另一个函数(称为被调函数)实现的功能时，便以函数名字进行调用，称为函数调用。调用函数和被调用函数之间交换信息的方法主要有两种：一种是由被调用函数把返回值返回给主调函数，另一种是通过参数带回信息。函数调用时实参和形参间交换信息的方法有传值调用和引用调用两种。

- 传值调用(Call by Value)。若实现函数调用时实参向形式参数传递相应类型的值(副本)，则称为传值调用。这种方式下形式参数不能向实际参数传递信息。在 C 语言中，要实现被调用函数对实际参数的修改，必须用指针作形参。即调用时需要先对实参进行取地址运算，然后将实参的地址传递给指针形参，本质上仍属于传值调用。这种方式实现了间接内存访问。
- 引用调用(Call by Reference)。引用是 C++中增加的数据类型，当形式参数为引用类型时，形参名实际上是实参的别名，函数中对形参的访问和修改实际上就是针对相应实际参数所作的访问和改变。

2.2.2 语言处理程序基础

一、汇编语言基本原理

1. 汇编语言

汇编语言是为特定的计算机或计算机系统设计的面向机器的符号化的程序设计语言。用汇编语言编写的程序称为汇编语言源程序。汇编语言源程序由若干条语句组成。一个程序中可以有3类语句：指令语句、伪指令语句和宏指令语句。

(1) 指令语句：又称为机器指令语句，汇编后能产生相应的机器代码，被CPU直接识别并执行相应的操作。指令语句可分为传送指令、算术运算指令、逻辑运算指令、移位指令、转移指令和处理机控制指令等。

(2) 伪指令语句：指示汇编程序在对源程序进行汇编时完成某些工作。与指令语句的区别是：伪指令语句经汇编后不产生机器代码，另外，伪指令语句所指示的操作是在源程序被汇编时完成的，而指令语句的操作必须在程序运行时完成。

(3) 宏指令语句：将多次重复使用的程序段定义为宏。宏的定义必须按照相应的规定进行，每个宏都有相应的宏名。

2. 汇编程序

汇编程序的功能是将用汇编语言编写的源程序翻译成机器指令程序。它一般至少需要两次扫描源程序才能完成翻译过程。第一次扫描的主要工作是定义符号的值并创建一个符号表(ST)，另外，有一个固定的机器指令表MOT1，其中记录了每条机器指令的记忆码和指令的长度；第二次扫描的任务是产生目标程序，除了使用前一次扫描所产生的符号表(ST)外，还要使用机器指令表(MOT2)。在第二次扫描过程中，可执行汇编语句应被翻译成对应的二进制代码机器指令。这一过程涉及两个方面的工作：一是把机器指令助记符转换成二进制机器指令操作码，这可通过查找MOT2来实现；二是求出操作数区各操作的值(用二进制表示)。

二、编译程序基本原理

编译程序的功能是把用高级语言书写的源程序翻译成与之等价的目标程序。编译过程划分成词法分析、语法分析、语义分析、中间代码生成、代码优化和目标代码生成六个阶段，实际的编译器可能会将其中的某些阶段结合在一起进行处理。

1) 词法分析阶段

词法分析阶段的任务是对源程序从前到后(从左到右)逐个字符进行扫描，从中识别出一个个“单词”符号。“单词”符号是程序设计语言的基本语法单位，如关键字、标识符等。词法分析程序输出的“单词”常常采用二元组的方式，即单词类别和单词自身的值。

2) 语法分析阶段

语法分析的任务是在词法分析的基础上，根据语言的语法规则将单词符号序列分解成各类语法单位，如“表达式”、“语句”和“程序”等。词法分析和语法分析本质上都是对源程序的结构进行分析。

过程(函数)说明和过程(函数)调用是程序中一种常见的语法结构。过程说明和调用语句的翻译，有赖于形式参数和实际参数结合的方式以及数据空间的分配方式。需要分配存储空间的对象有基本数据类型、结构化数据类型和连接数据(如返回地址、参数等)。分配的依据是名字的作用域和生存期的定义规则。分配的策略有静态存储分配和动态存储分配两大类。

- 如果在编译时就能确定目标程序运行时所需要的全部空间大小，则在编译时就安排好目标程序运行时的全部数据空间，并确定每个数据对象的存储位置。这种分配策略为静态存储分配。
- 如果一个程序语言允许递归过程和可变数据结构，那么就需要采用动态存储分配技术。动态存储分配策略的实现有栈分配和堆分配两种方式。

3)　语义分析阶段

语义分析阶段主要是审查源程序是否存在语义错误，并收集类型信息供后面的代码生成阶段使用，只有语法和语义都正确的源程序才能翻译成正确的目标代码。语义分析的一个主要工作是进行类型分析和检查。

描述程序语义的形式化方法主要有属性文法、公理语义、操作语义和指称语义等，其中属性文法是对上下文无关文法的扩充。目前广泛使用的静态语义分析方法是语法制导翻译，其基本思想是将语言结构的语义以属性的形式赋予代表此结构的文法符号，而属性的计算以语义规则的形式赋予文法的产生式。在语法分析的推导或归纳的步骤中，通过语义规则实现对属性的计算，以达到对语义的处理。

4)　中间代码生成阶段

中间代码是一种结构简单且含义明确的记号系统，可以有多种形式。中间代码生成阶段的工作就是根据语义分析的输出生成中间代码。语义分析和中间代码生成所依据的是语言的语义规则。

实际上，中间代码起着编译器前端和后端分水岭的作用，使用中间代码有利于提高编译程序的可移植性。常用的中间代码有后缀式、三元式、四元式和树等形式。

- 后缀式：把运算符写在运算对象的后面。例如，a*b 的后缀式为 ab*。这种表示法的优点是根据运算对象和运算符的出现次序进行计算，不需要使用括号，也便于用栈实现求值。
- 三元式：由运算符 OP、第一运算对象 ARG1 和第二运算对象 ARG2 组成。例如，x:=a+b 的三元式为：① (+, a, b) ② (:=, ①, x)。
- 四元式：组成成分为运算符 OP、第一运算对象 ARG1、第二运算对象 ARG2 和运算结果 RESULT。例如，x:=a+b 的四元式为：① (+, a, b, t) ② (:=, t, _, x)。

5)　代码优化阶段

代码优化阶段的任务是对前一阶段产生的中间代码进行变换或进行改造，目的是使生成的目标代码更为高效，即省时间和省空间。优化过程可以在中间代码生成阶段进行，也可以在目标代码生成阶段进行。

6)　目标代码生成阶段

目标代码生成阶段的任务是把中间代码变换成特定机器上的绝对指令代码、可重定位的指令代码或汇编指令代码。这是编译的最后阶段，它的工作与具体的机器密切相关。

7) 符号表管理

符号表管理阶段的任务是在符号表中记录源程序中各个符号的必要信息，以辅助语义的正确性检查和代码生成。符号表的建立可以始于词法分析阶段，也可以放到语法分析阶段，但符号表的使用有时会延续到目标代码的运行阶段。

8) 出错处理

用户编写的源程序中的错误大致可分为静态错误和动态错误。动态错误也称动态语义错误，指程序中包含的逻辑错误。静态错误是指编译阶段发现的程序错误，可分为语法错误和静态语义错误。出错处理程序的任务包括检查错误、报告出错信息、排错、恢复编译工作。

三、解释程序的基本原理

解释程序是一种语言处理程序，在词法、语法和语义分析方面与编译程序的工作原理基本相同，但在运行用户程序时，它直接执行源程序或源程序的内部形式(中间代码)。因此，解释程序并不产生目标程序，这是它和编译程序的主要区别。

解释程序的结构通常可以分成两部分：第一部分是分析部分，包括通常的词法分析、语法分析和语义分析程序，经语义分析后把源程序翻译成中间代码，中间代码常采用逆波兰表示形式；第二部分是解释部分，用来对第一部分产生的中间代码进行解释执行。

2.2.3 文法和有限自动机

一、文法和语言的形式描述

1. 文法的定义

描述语言语法结构的形式规则称为文法。文法 G 是一个四元组，可表示为 $G=(V_N, V_T, P, S)$，其中 V_T 是一个非空有限集，其中的每个元素称为一个终结符；V_N 是一个非空有限集，其每个元素称为非终结符。$V_N \cap V_T = \phi$。P 是产生式的有限集合，每个产生式是形如 $\alpha \to \beta$ 的规则，其中 α 称为产生式的左部，β 称为产生式的右部。$S \in V_N$，称为开始符号，它至少要在一条产生式中作为左部出现。

2. 文法的分类

乔姆斯基把文法分成四种类型，即 0 型、1 型、2 型和 3 型。

- 0 型文法也称为短语文法，其能力相当于图灵机。
- 1 型文法也称为上下文有关文法，这种文法意味着对非终结符的替换必须考虑上下文，并且一般不允许替换成 ε 串，此文法对应于线性有界自动机。
- 2 型文法是上下文无关文法，对非终结符的替换无须考虑上下文，它对应于下推自动机。
- 3 型文法等价于正规式，因此也称为正规文法或线性文法，它对应于有限状态自动机。

3. 句子和语言

设有文法 $G=(V_N, V_T, P, S)$

- 推导和直接推导：从文法的开始符号 S 出发，反复使用产生式，将产生式左部的

非终结符替换为右部的文法符号序列，直至产生一个终结符的序列时为止。若有产生式 $\alpha \to \beta \in P$，$\gamma, \delta \in V^*$，则 $\gamma\alpha\delta \Rightarrow \gamma\beta\delta$ 称为文法 G 中的一个直接推导。

- 直接归约和归约：若文法 G 中有一个直接推导 $\alpha \Rightarrow \beta$，则称 α 是 β 的一个直接归约；若文法 G 中有一个推导 $\gamma \overset{*}{\underset{G}{\Rightarrow}} \delta$，则称 γ 是 δ 的一个归约。
- 句型和句子：若文法 G 的开始符号为 S，那么，从开始符号 S 能推导出的符号串称为文法的一个句型，即 α 是文法 G 的一个句型，当且仅当有如下推导 $S \overset{*}{\underset{G}{\Rightarrow}} \alpha$，$\alpha \in V^*$。若 X 是文法 G 的一个句型，且 $X \in V_T^*$，则称 X 是文法 G 的一个句子。
- 语言：从文法 G 的开始符号出发，所能推导出的句子的全体称为文法 G 产生的语言，记为 $L(G)$。

4. 文法的等价

若文法 G_1 与文法 G_2 产生的语言是相同的，即 $L(G_1)=L(G_2)$，则称这两个文法是等价的。

二、词法分析

1. 正规表达式和正规集

对于字母表 Σ，其上的正规式及其表示的正规集可以递归定义如下。

(1) ε 是一个正规式，它表示集合 $L(\varepsilon)=\{\varepsilon\}$。

(2) 若 a 是 Σ 上的字符，则 a 是一个正规式，它所表示的正规集为 $\{a\}$。

(3) 若正规式 r 和 s 分别表示正规集 $L(r)$ 和 $L(s)$，则：

- $r|s$ 是正规式，表示集合 $L(r) \cup L(s)$。
- $r \cdot s$ 是正规式，表示集合 $L(r)L(s)$。
- r^* 是正规式，表示集合 $(L(r))^*$。
- (r) 是正规式，表示集合 $L(r)$。

仅由有限次地使用上述三个步骤定义的表达式才是 Σ 上的正规式，其中运算符“|”、“.”、“*”分别称为“或”、“连接”和“闭包”。若两个正规式表示的正规集相同，则认为两者等价。

2. 有限自动机

有限自动机是一种识别装置的抽象概念，它能够正确地识别正规集。

1) 确定的有限自动机

一个确定的有限自动机(DFA)是个五元组：(S, Σ, f, s_0, Z)，其中：

- S 是一个有限集，其每个元素称为一个状态。
- Σ 是一个有限字母表，其每个元素称为一个输入字符。
- f 是从 $S \times \Sigma \to S$ 上的单值部分映像。
- $s_0 \in S$ 是唯一的一个开始状态。
- Z 是非空的终止状态集合，$Z \subseteq S$。

一个 DFA 可以用两种直观的方式表示：状态转换图和状态转换矩阵。状态转换图简称为转换图，它是一个有向图。DFA 中的每个状态对应转换图中的一个节点，DFA 中的每个转换函数对应图中的一条有向弧，若转换函数为 $f(A, a)=Q$，则该有向弧从节点 A 出发，进

入节点 Q，字符 a 是弧上的标记。状态转换矩阵可以用一个二维数组 M 表示，矩阵元素的行下标表示状态，列下标表示输入字符，$M[A, a]$的值是当前状态为 A、输入为 a 时，应转换到的下一状态。在转换矩阵中，一般以第一行的行下标所对应的状态作为初态，而终态则需要特别指出。

2) 不确定的有限自动机

一个不确定的有限自动机(NFA)也是一个五元组，它与确定的有限自动机的区别如下。

- f 是从 $S\times \Sigma \to 2^S$ 上的映像。对于 S 中的一个给定状态及输入符号，返回一个状态的集合。
- 有向弧上的标记可以是 ε。

显然，DFA 是 NFA 的特例。

实际上，对于每个 NFA M，都存在一个 DFA N，且 $L(M)=L(N)$。

对于任何两个有限自动机 $M1$ 和 $M2$，如果 $L(M1)=L(M2)$，则称 $M1$ 和 $M2$ 是等价的。

3. NFA 到 DFA 的转换

设 NFA $N=(S, \Sigma, f, s_0, Z)$，与之等价的 DFA $M=(S', \Sigma, f', q_0, Z')$，用子集法将非确定的有限自动机确定化的算法步骤如下。

(1) 求出 DFA M 的初态 q_0，此时 S'仅含初态 q_0，并且没有标记。

(2) 对于 S'中尚未标记的状态 $q_i=\{s_{i1}, s_{i2}, \cdots, s_{im}\}$和 $s_{ij}\in S\ (j=1,2,\cdots,m)$进行如下处理。

① 标记 q_i。

② 对于每个 $a\in\Sigma$，令 $T=f(s_{i1}, s_{i2}, \cdots, s_{im}, a)$，$q_j=\varepsilon\_\text{CLOSURE}(T)$。

③ 若 q_i 尚不在 S'中，则将 q_j 作为一个未加标记的新状态添加到 S'，并把状态转换函数 $f'(q_i, a)=q_j$ 添加到 DFA M。

(3) 重复步骤(2)，直到 S'中不再有未标记的状态时为止。

(4) 令 $Z'=\{q|q\in S'且q\cap Z\neq\phi\}$。

注：若 I 是 NFA N 的状态集合的一个子集，其中 $\varepsilon\_\text{CLOSURE}(I)$ 的定义如下。

① 状态集 I 的 $\varepsilon\_\text{CLOSURE}(I)$ 是一个状态集。

② 状态集 I 的所有状态属于 $\varepsilon\_\text{CLOSURE}(I)$。

③ 若 s 在 I 中，那么从 s 出发经过任意条 ε 弧到达的状态 s'都属于 $\varepsilon\_\text{CLOSURE}(I)$。

从NFA转换得到的DFA不一定是最简化的，可以通过等价变换将DFA进行最小化处理。

三、正规式与有限自动机之间的转换

(1) 对于 Σ 上的 NFA M，可以构造一个 Σ 上的正规式 R，使得 $L(R)=L(M)$。

构造过程分两步进行。

① 在 M 的状态转换图中加两个节点 x 和 y。

② 按图 2.1 所示的方法逐步消去 M 中的除 x 和 y 的所有节点。

(2) 对于 Σ 上的每一个正规式 R，可以构造一个 Σ 上的 NFA M，使得 $L(M)=L(R)$。

构造过程分两步进行。

① 对于正规式 R，可用图 2.2 所示的拓广状态图表示。

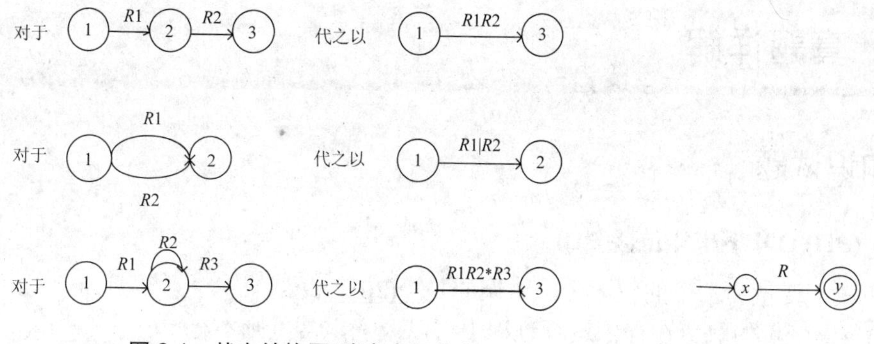

图 2.1　状态转换图(消去中间节点)

图 2.2　拓广状态图

② 通过对正规式 R 进行分裂并加入新的节点，逐步把图转变成每条弧上的标记是 Σ 上的一个字符或 ε，转换规则如图 2.3 所示。

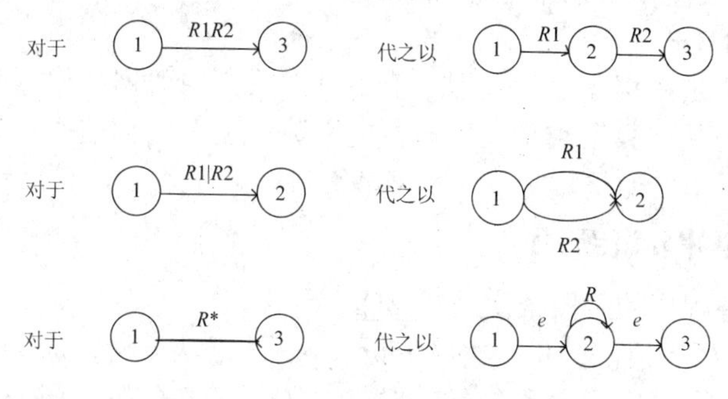

图 2.3　状态转换图(加入新节点)

四、词法分析器的构造

词法分析器的构造过程如下。

(1) 用正规式描述语言中的单词构成规则。

(2) 为每个正规式构造一个 NFA，用于识别正规式所表示的正规集。

(3) 将构造出的 NFA 转换成等价的 DFA。

(4) 对 DFA 进行最小化处理，使其最简。

(5) 根据 DFA 构造词法分析器。

五、语法分析

语法分析的任务是根据语言的语法规则，分析单词串是否构成短语和句子，同时检查和处理程序中的语法错误。根据产生语法树的方向，语法分析可分为自顶向下和自底向上两类。

所谓自顶向下的分析是对给定的符号串，试图自顶向下地为其构造一棵语法树，或者说从文法的开始符号出发，为其构造一个最左推导。

所谓自底向上的分析是对给定的符号串，试图自底向上地为其构造一棵语法树，或者说从给定的符号串本身出发，试图将其归约为文法的开始符号。

算符优先文法属于自底向上的分析法，它利用各个算符间的优先关系和结合规则来进行语法分析，特别适用于分析各种表达式。算符优先文法的任何产生式的右部都会出现两个非终结符相邻的情况，且任何一对终结符之间至多只有 3 种算符关系“>”、“<”和“=”之一成立。

2.3 真题详解

综合知识试题

试题 1 (2010 年下半年试题 20)

以下关于变量和常量的叙述中，错误的是__(20)__。

(20) A．变量的取值在程序运行过程中可以改变，常量则不行
B．变量具有类型属性，常量则没有
C．变量具有对应的存储单元，常量则没有
D．可以对变量赋值，不能对常量赋值

参考答案：(20) B。

要点解析：常量是在程序运行过程中值不可以改变的数据。根据数组的组织类型的不同，可以将数据分为基本数据类型、用户自定义数据类型、构造类型等。变量具有类型属性，常量也有数据类型，如整数常量、字符串常量等。

试题 2 (2010 年下半年试题 21)

编译程序分析源程序的阶段依次是__(21)__。

(21) A．词法分析、语法分析、语义分析　B．语法分析、词法分析、语义分析
C．语义分析、语法分析、词法分析　D．语义分析、词法分析、语法分析

参考答案：(21) A。

要点解析：词法分析是编译过程的第一个阶段，其任务是对源程序从前到后(从左到右)逐个字符地扫描，从中识别出一个个“单词”符号。语法分析的任务是在词法分析的基础上，根据语言的语法规则将单词符号序列分解成各类语法单位。如果源程序中没有语法错误，语法分析后就能正确地构造其语法树。语义分析阶段的主要任务是检查源程序是否包含静态语义错误，并收集类型信息供后面的代码生成阶段使用。

试题 3 (2010 年下半年试题 22)

下图所示的有限自动机中，0 是初始状态，3 是终止状态，该自动机可以识别__(22)__。

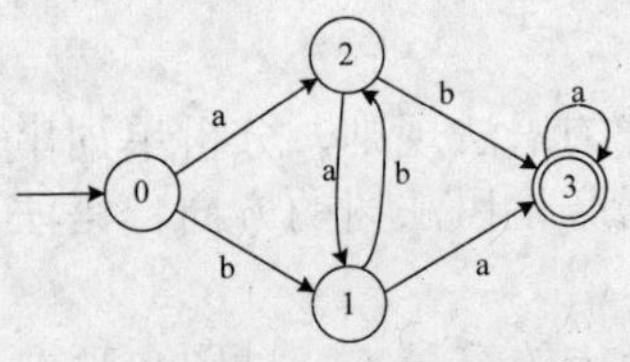

(22) A．abab　B．aaaa　C．bbbb　D．abba

参考答案：(22) B。

要点解析：从初始状态到终止状态有多条路径。在状态 0 输入 a 到达状态 2；在状态 2 可输入 a 或 b，输入 a 到达状态 1，输入 b 到达状态 3；状态 3 下输入 a 还回到状态 3；在状态 1 可输入 a 或 b，输入 a 到达状态 3，输入 b 到达状态 2。

试题 4 (2010 年下半年试题 48)

下图所示为两个有限自动机 Ml 和 M2 (A 是初态、C 是终态)，__(48)__。

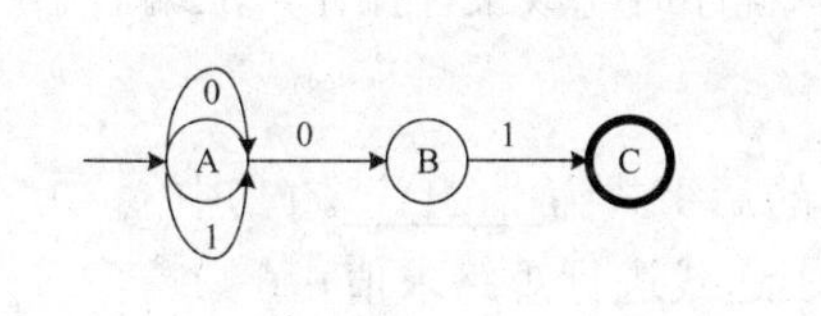

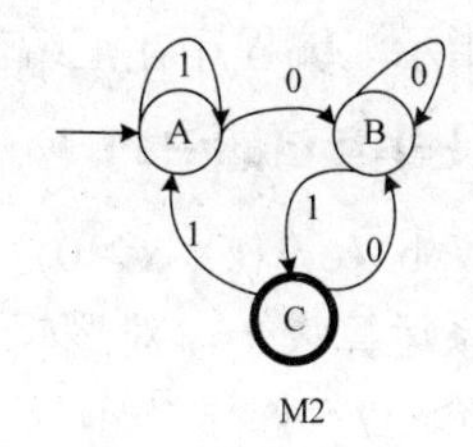

(48) A．M1 和 M2 都是确定的有限自动机

B．M1 和 M2 都是不确定的有限自动机

C．M1 是确定的有限自动机，M2 是不确定的有限自动机

D．M1 是不确定的有限自动机，M2 是确定的有限自动机

参考答案：(48) D。

要点解析：确定有限自动机对每一个可能的输入只有一个状态的转移。非确定有限自动机对每一个可能的输入可以有多个状态转移，接受到输入时从这多个状态转移中非确定地选择一个。有限自动机 M1 在状态 A 时，输入 0 可以回到状态 A，也可以到达状态 B，可见 M1 是不确定的。有限自动机 M2 的每个状态下的输入都只有一个转移状态。

试题 5　(2010 年下半年试题 49)

以下关于可视化程序设计的叙述中，错误的是__(49)__。

(49) A．可视化程序设计使开发应用程序无需编写程序代码

B．可视化程序设计基于面向对象的思想，引入了控件和事件驱动

C．在可视化程序设计中，构造应用程序界面就像搭积木

D．在可视化程序设计中，采用解释方式可随时查看程序的运行效果

参考答案：(49) A。

要点解析：可视化(Visual)程序设计是一种全新的程序设计方法，它主要是让程序设计人员利用软件本身所提供的各种控件，像搭积木一样构造应用程序的各种界面。

可视化程序设计以“所见即所得”的编程思想为原则，力图实现编程工作的可视化，即随时可以看到结果，程序与结果的调整同步。

可视化编程语言的特点主要表现在两个方面：一是基于面向对象的思想，引入了控件的概念和事件驱动；二是程序开发过程一般遵循以下步骤，即先进行界面的绘制工作，再基于事件编写程序代码，以响应鼠标、键盘的各种动作。

可视化程序设计最大的优点是设计人员可以不用编写或只需编写很少的程序代码，就能完成应用程序的设计，这样就能极大地提高设计人员的工作效率。

试题 6　(2010 年下半年试题 50)

以下关于汇编语言的叙述中，错误的是__(50)__。

(50) A．汇编语言源程序中的指令语句将被翻译成机器代码

B．汇编程序先将源程序中的伪指令翻译成机器代码，然后再翻译指令语句

C．汇编程序以汇编语言源程序为输入，以机器语言表示的目标程序为输出

D．汇编语言的指令语句必须具有操作码字段，可以没有操作数字段

参考答案：(50) B。

要点解析：汇编程序的功能是将汇编语言所编写的源程序翻译成机器指令程序。汇编语言源程序语句可分为指令语句、伪指令语句和宏指令语句。指令语句汇编后产生相应的机器

代码；伪指令语句指示汇编程序在汇编源程序时完成某些操作，汇编后不产生机器代码。

试题 7 (2010 年上半年试题 21)

逻辑表达式“a∧b∨c∧(b∨x＞0)”的后缀式为__(21)__。(其中∧、∨分别表示逻辑与、逻辑或，＞表示关系运算大于，对逻辑表达式进行短路求值)

(21) A. abcbx0＞∨∧∧∨　　B. ab∧c∨b∧x0>∨
　　C. ab∧cb∧x>0∨∨　　D. ab∧cbx0> ∨∧∨

参考答案：(21) D。

要点解析：后缀式把运算符写在运算对象后面。“逻辑与运算”的优先级高于“逻辑或运算”。对于逻辑表达式“a∧b∨c∧(b∨x>0)”，从运算符的优先级方面考虑，需先对“a∧b”求值，然后对“c∧(b∨x>0)”求值，最后进行“∨”运算，因此后缀式为“ab∧cbx0>∨∧∨”。

试题 8 (2010 年上半年试题 22)

编译程序对 C 语言源程序进行语法分析时，可以确定__(22)__。

(22) A. 变量是否定义(或声明)　　B. 变量的值是否正确
　　C. 循环语句的执行次数　　D. 循环条件是否正确

参考答案：(22) A。

要点解析：语法分析是编译过程的一个逻辑阶段。语法分析的任务是在词法分析的基础上将单词序列组合成各类语法短语，如“程序”、“语句”、“表达式”等。语法分析程序判断源程序在结构上是否正确。题目中，只有选项 A 在语法分析时可以确定。

试题 9 (2010 年上半年试题 48)

以下关于高级语言程序的编译和解释的叙述中，正确的是__(48)__。

(48) A. 编译方式下，可以省略对源程序的词法分析、语法分析
　　B. 解释方式下，可以省略对源程序的词法分析、语法分析
　　C. 编译方式下，在机器上运行的目标程序完全独立于源程序
　　D. 解释方式下，在机器上运行的目标程序完全独立于源程序

参考答案：(48) C。

要点解析：编译和解释是语言处理的两种基本方式。编译过程包括词法分析、语法分析、语义分析、中间代码生成、代码优化和目标代码生成阶段，以及符号表管理和出错处理模块。解释过程在词法、语法和语义分析方面与编译程序的工作原理基本相同，但是在运行用户程序时，它直接执行源程序或源程序的内部形式。

这两种语言处理程序的根本区别是：在编译方式下，机器上运行的是与源程序等价的目标程序，源程序和编译程序都不再参与目标程序的执行过程；而在解释方式下，解释程序和源程序(或其某种等价表示)要参与到程序的运行过程中，运行程序的控制权在解释程序。解释器翻译源程序时不产生独立的目标程序，而编译器则需将源程序翻译成独立的目标程序。

试题 10 (2010 年上半年试题 49)

标记语言用一系列约定好的标记来对电子文档进行标记，以实现对电子文档的语义、结构及格式的定义。__(49)__不是标记语言。

(49) A．HTML　　B．XML　　C．WML　　D．PHP

参考答案：(49) D。

要点解析：HTML(Hypertext Marked Language，超文本标记语言)，用于互联网的信息表示。用 HTML 编写的超文本文档称为 HTML 文档，它能够独立于各种操作系统平台。

XML(Extensible Markup Language，可扩展的标记语言)丰富了 HTML 的描述功能，可以描述非常复杂的 Web 页面，如复杂的数字表达式、化学方程式等。XML 的特点是结构化、自描述、可扩展和浏览器自适应等。

用于 WAP 的标记语言就是 WML(Wireless Markup Language)，其语法跟 XML 一样，是 XML 的子集。

PHP(Hypertext Preprocessor)是一种在服务器端执行的、嵌入 HTML 文档的脚本语言，其语言风格类似于 C 语言，被网站编程人员广泛运用。

试题 11　(2010 年上半年试题 50)

对于正规式 0*(10*1)*0*，其正规集中字符串的特点是__(50)__。

(50) A．开头和结尾必须是 0　　B．1 必须出现偶数次
　　C．0 不能连续出现　　D．1 不能连续出现

参考答案：(50) B。

要点解析：闭包运算符“*”将其运算对象进行若干次连接，因此 0*表示若干个 0 构成的串，而(10*1)*则表示偶数个 1 构成的串。

试题 12　(2009 年下半年试题 20)

许多程序设计语言规定，程序中的数据都必须具有类型，其作用不包括__(20)__。

(20) A．便于为数据合理分配存储单元
　　B．便于对参与表达式计算的数据对象进行检查
　　C．便于定义动态数据结构
　　D．便于规定数据对象的取值范围及能够进行的运算

参考答案：(20) B。

要点解析：不同程序设计语言所提供的数据类型不尽相同。数据是程序操作的对象，具有名称、类型、存储类、作用域和生存期等属性，使用时要为它分配内存空间。

数据名称由用户命名，类型说明数据占用内存的大小和存放形式，存储类说明数据在内存中的位置和生存期；作用域说明数据可以使用的范围；生存期说明数据占用内存的时间。

试题 13　(2009 年下半年试题 21)

以下关于 C/C++语言指针变量的叙述中，正确的是__(21)__。

(21) A．指针变量可以是全局变量也可以是局部变量
　　B．必须为指针变量与指针所指向的变量分配相同大小的存储空间
　　C．对指针变量进行算术运算是没有意义的
　　D．指针变量必须由动态产生的数据对象来赋值

参考答案：(21) A。

要点解析：存放地址的变量称为指针变量。指针变量是一种特殊的变量，它不同于一般的变量，一般变量存放的是数据本身，而指针变量存放的是数据的地址。选项 A 显然是

正确的。对于选项B，指针变量和指针所指向的变量存放的内容是不一样的，只要分配够用就行了，不需要分配一样大小的存储空间。对于选项C，指针变量加1便指向下一个存储单元，是有意义的。另外指针变量可以静态地定义。

试题14 (2009年下半年试题22)

将高级语言源程序翻译为机器语言程序的过程中常引入中间代码。以下关于中间代码的叙述中，错误的是__(22)__。

(22) A．不同的高级程序语言可以产生同一种中间代码

B．使用中间代码有利于进行与机器无关的优化处理

C．使用中间代码有利于提高编译程序的可移植性

D．中间代码与机器语言代码在指令结构上必须一致

参考答案：(22) D。

要点解析：中间代码生成阶段的工作是根据语义分析的输出生成中间代码。中间代码是一种简单且含义明确的记号系统，可以有若干种形式，它们的共同特征是与具体的机器无关。

试题15 (2009年下半年试题48)

以下关于编译系统对某高级语言进行翻译的叙述中，错误的是__(48)__。

(48) A．词法分析将把源程序看作一个线性字符序列进行分析

B．语法分析阶段可以发现程序中所有的语法错误

C．语义分析阶段可以发现程序中所有的语义错误

D．目标代码生成阶段的工作与目标机器的体系结构相关

参考答案：(48) C。

要点解析：在词法分析阶段，源程序可以简单地被看作是一个多行的字符串。这一阶段的任务是对源程序从前到后(从左到右)逐个字符进行扫描，从中识别出一个个“单词”符号；语法分析的任务是在词法分析的基础上，根据语言的语法规则将单词符号序列分解为各类语法单位，检查其中的语法错误；语义分析阶段主要检查源程序是否包含语义错误，但是一般编译器难以检查出动态语义错误，显然C选项描述的是错误的；目标代码生成是编译器工作的最后一个阶段。这一阶段的任务是把中间代码变化为特定机器上的绝对指令代码、可重定位的指令代码或汇编指令代码，这个阶段的工作与具体的机器密切相关。

试题16 (2009年下半年试题49)

若一个程序语言可以提供链表的定义和运算，则其运行时的__(49)__。

(49) A．数据空间适合采用静态存储分配策略

B．数据空间必须采用堆存储分配策略

C．指令空间需要采用栈结构

D．指令代码必须放入堆区

参考答案：(49) B。

要点解析：链表一般使用动态分配策略。数组空间往往使用静态存储分配策略。

内存中供用户使用的存储空间可以分为三部分：程序区、静态存储区和动态存储区。动态存储区又分为栈区和堆区。

程序区：用来存放程序代码的内存区。

静态存储区：用来存储程序中的全局变量和局部变量。

栈区：程序运行过程中存放临时数据，可用来保存函数调用时的现场和返回地址，也可以用来存放形式参数变量和自动局部变量等。

堆区：一个自由存储区域，程序通过动态存储分配函数来使用它，用于诸如链表等的存储。

试题 17 (2009 年下半年试题 50)

由某上下文无关文法 M[S]推导出某句子的分析树如右图所示，则错误叙述的是__(50)__。ε

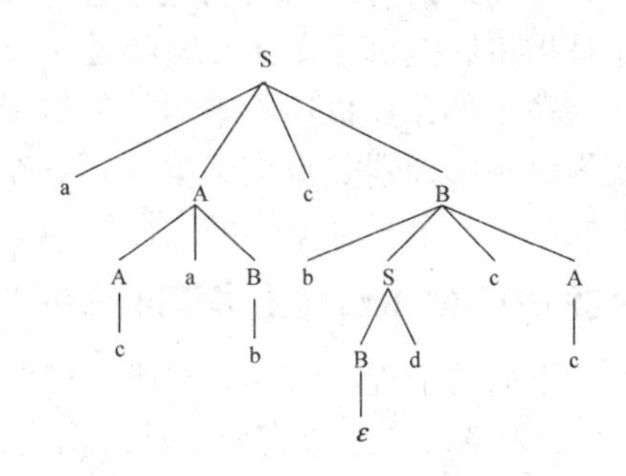

(50) A．该文法推导出的句子必须以“a”开头

B．acabcbdcc 是该文法推导出的一个句子

C．“$S \rightarrow aAcB$”是该文法的一个产生式

D．a、b、c、d 属于该文法的终结符号集

参考答案：(50) A。

要点解析：上图是某上下文无关文法 M[S]推导出某句子的分析树，看图只要稍作推导就可推出“acabcbdcc”是该文法推导出的一个句子；看该分析树的第一层分支即可知“$S \rightarrow aAcB$”是该文法的一个产生式；而 a、b、c、d 因为在图中是分析树的叶子，都是该文法的终结符号；右边的 B 分支下有 $S \rightarrow Bd$，$B \rightarrow \varepsilon$，所以该文法推导出的句子不一定是“a”开头，因此 A 选项是不正确的。

试题 18 (2009 年上半年试题 20)

函数调用时，基本的参数传递方式有传值与传地址两种，__(20)__。

(20) A．在传值方式下，形参将值传给实参

B．在传值方式下，实参不能是数组元素

C．在传地址方式下，形参和实参间可以实现数据的双向传递

D．在传地址方式下，实参可以是任意的变量和表达式

参考答案：(20) C。

要点解析：首先看 A 选项，传值方式下，对应的实参和形参是两个独立的实体，占用不同的内存单元，调用函数时，系统把实参值复制一份给形参，便断开二者的联系，形参值的改变对实参无影响。因此，“传值”是单向的，只能由实参传递给形参。

B 选项，形参为传值方式下的简单变量，实参可以是与其同类型的常量、变量、数组元素或表达式。

C 选项，在传地址方式下，函数调用时，系统将实参的地址传递给形参，即这时参数传递的不是数据本身，而是数据在内存中的地址。所以在函数被调用中，任何对形参的访问，都被认为是对实参的间接访问。实参与形参占用相同的存储单元，传递方式是双向的，形参值的改变将影响实参值。故 C 选项正确。

D 选项，形参为传地址方式时，实参如果为常量或表达式，则传址无效，相当于传值方式。

试题 19 (2009 年上半年试题 21)

已知某高级语言源程序 A 经编译后得到机器 C 上的目标程序 B，则__(21)__。

(21) A．对 B 进行反编译，不能还原出源程序 A

B．对 B 进行反汇编，不能得到与源程序 A 等价的汇编程序代码

C．对 B 进行反编译，得到的是源程序 A 的变量声明和算法流程

D．对 A 和 B 进行交叉编译，可以产生在机器 C 上运行的动态链接库

参考答案：(21)A。

要点解析：高级语言源程序经过编译变成可执行文件，反编译就是其逆过程，但通常不能把可执行文件变成高级语言源代码，只能转换成汇编程序。

将高级语言编出来的程序进行编译，生成可以被计算机系统直接执行的文件。反汇编即是指将这些执行文件反编译还原成汇编语言或其他高级语言。

在一种计算机环境中运行的编译程序，能编译出在另外一种环境下运行的代码，我们就称这种编译器支持交叉编译。这个编译过程就叫交叉编译。简单地说，就是在一个平台上生成另一个平台上的可执行代码。

试题 20 (2009 年上半年试题 22)

下面关于程序语言的叙述，错误的是__(22)__。

(22) A．脚本语言属于动态语言，其程序结构可以在运行中改变

B．脚本语言一般通过脚本引擎解释执行，不产生独立保存的目标程序

C．PHP、JavaScript 属于静态语言，其所有成分可在编译时确定

D．C 语言属于静态语言，其所有成分可在编译时确定

参考答案：(22)C。

要点解析：脚本语言，又叫动态语言，是一种编程语言控制软件的应用程序。脚本语言与编程语言有很多相似地方，其函数与编程语言比较类似，也涉及变量，它与编程语言最大的区别是编程语言的语法和规则更为严格和复杂一些。脚本语言一般都有相应的脚本引擎来解释执行，一般需要解释器才能运行。Python、JavaScript、ASP、PHP、PERL、Nuva 都是脚本语言。另外，脚本语言是一种解释性的语言，它不像 C/C++等可以编译成二进制代码，以可执行文件的形式存在。

试题 21 (2009 年上半年试题 48)

右图所示有限自动机的特点是__(48)__。

(48) A．识别的 0、1 串是以 0 开头且以 1 结尾

B．识别的 0、1 串中 1 的数目为偶数

C．识别的 0、1 串中 0 后面必须是 1

D．识别的 0、1 串中 1 不能连续出现

参考答案：(48) D。

要点解析：从初始态 q_0 输入 0 仍然到 q_0 或者输入 1 到达终态 q_1，从 q_1 还可以输入 0 重新到达初始态 q_0，所以这个有限自动机识别的 0、1 串不一定是以 0 开头的，1 的数目的奇偶性也没办法确定，0 后面也可以是 0，所以选项 A、B、C 都是错误的。从 q_0 输入 1 到达终态 q_1 后，或者串结束，或者输入 0 再到 q_0，所以这个串中的 1 不会连续出现，选项 D 是正确的。

试题 22 (2009 年上半年试题 49)

由 a、b 构造且仅包含偶数个 a 的串的集合用正规式表示为__(49)__。

(49) A．$(a^*a)^*b^*$　　B．$(b^*(ab^*a)^*)^*$　　C．$(a^*(ba^*)^*b)^*$　　D．$(a|b)^*(aa)^*$

参考答案：(49) B。

要点解析：本题主要考查考生对正规表达式的理解。a^*表示由 0 个或多个 a 构成的符号串集合，a|b 表示符号串 a、b 构成的集合，ab 表示符号串 ab 构成的集合。aaab∈(a*a)*b*，aabab∈(a*(ba*)*b)*，aaa∈(a|b)*(aa)*，其中包含奇数个 a，不符合题目要求。

试题 23　(2009 年上半年试题 50)

程序语言的大多数语法现象可用上下文无关文法描述。对于一个上下文无关文法 G=(N，T，P，S)，其中 N 是非终结符号的集合，T 是终结符号的集合，P 是产生式集合，S 是开始符号。令集合 V= N∪T，那么 G 所描述的语言是__(50)__的集合。

(50) A．从 S 出发推导出的包含 V 中所有符号的串
　　B．从 S 出发推导出的仅包含 T 中符号的串
　　C．N 中所有符号组成的串
　　D．T 中所有符号组成的串

参考答案：(50) B。

要点解析：若 V∈N∪V，根据上下文无关文法的特性，V 总可以被字符串 N∪V 自由地替换。但当 V= N∪T 时，由于非终结符的不唯一性，要构成等式成立，必须要N∪T 中的符号串收缩为终结符，即都是 T 的集合。所以上下文无关文法 G 描述的语言是从 S 出发推导出的仅包含 T 中符号的串的集合。

2.4　强化训练

2.4.1　综合知识试题

试题 1

程序设计语言一般都提供多种循环语句，例如实现先判断循环条件再执行循环体的 while 语句和先执行循环体再判断循环条件的 do-while 语句。关于这两种循环语句，在不改变循环体的条件下，__(1)__是正确的。

(1)　A．while 语句的功能可由 do-while 语句实现
　　B．do-while 语句的功能可由 while 语句实现
　　C．若已知循环体的次数，则只能使用 while 语句
　　D．循环条件相同时，do-while 语句的执行效率更高

试题 2

下列叙述中错误的是__(2)__。

(2)　A．面向对象程序设计语言可支持过程化的程序设计
　　B．给定算法的时间复杂性与实现该算法所采用的程序设计语言无关
　　C．与汇编语言相比，采用脚本语言编程可获得更高的运行效率
　　D．面向对象程序设计语言不支持对一个对象的成员变量进行直接访问

试题 3

编译程序对高级语言源程序进行翻译时，需要在该程序的地址空间中为变量指定地址，这种地址称为__(3)__。

(3) A．逻辑地址　B．物理地址　C．接口地址　D．线性地址

试题 4

__(4)__是指在运行时把过程调用和响应调用所需要执行的代码加以结合。

(4) A．绑定　B．静态绑定　C．动态绑定　D．继承

试题 5

高级语言源程序的编译过程分若干个阶段，分配寄存器属于__(5)__阶段的工作。

(5) A．词法分析　B．语法分析　C．语义分析　D．代码生成

试题 6

编译器对高级语言源程序的处理过程可以划分为词法分析、语法分析、语义分析、中间代码生成、代码优化、目标代码生成几个阶段，其中，__(6)__并不是每种编译器都必需的。

(6) A．词法分析和语法分析　B．语义分析和中间代码生成
C．中间代码生成和代码优化　D．代码优化和目标代码生成

试题 7

给定文法 G[S]及其非终结符 A，FIRST(A)定义为：从 A 出发能推导出的终结符号的集合(S 是文法的起始符号，为非终结符)。对于文法 G[S]:

```
S→[L] | a
L→L, S| S
```

其中，G[S]包含的 4 个终结符号分别为：a , [ ]

则 FIRST(S)的成员包括__(7)__。

(7) A．a　B．a、[　C．a、[和]　D．a、[、]和,

试题 8

设某上下文无关文法如下：S→11 | 1001 | S0 |SS，则该文法所产生的所有二进制字符串都具有的特点是__(8)__。

(8) A．能被 3 整除　B．0、1 出现的次数相等
C．0 和 1 的出现次数都为偶数　D．能被 2 整除

试题 9

已知某文法 G[S]:S→0S0 S→1，从 S 推导出的符号串可用__(9)__($n \geq 0$) 描述。

(9) A．$(010)^n$　B．0^n10^n
C．1^n　D．01^n0

试题 10

有限自动机(FA)可用于识别高级语言源程序中的记号(单词)，FA 可分为确定的有限自动机(DFA)和不确定的有限自动机(NFA)。若某 DFA D 与某 NFA M 等价，则__(10)__。

(10) A．DFA D 与 NFA M 的状态数一定相等

B．DFA D 与 NFA M 可识别的记号相同

C．NFA M 能识别的正规集是 DFA D 所识别正规集的真子集

D．DFA D 能识别的正规集是 NFA M 所识别正规集的真子集

试题 11

某确定性有限自动机(DFA)的状态转换图如图所示，令 d=0|1|2|…|9，则以下字符串中，能被该 DFA 接受的是__(11)__。

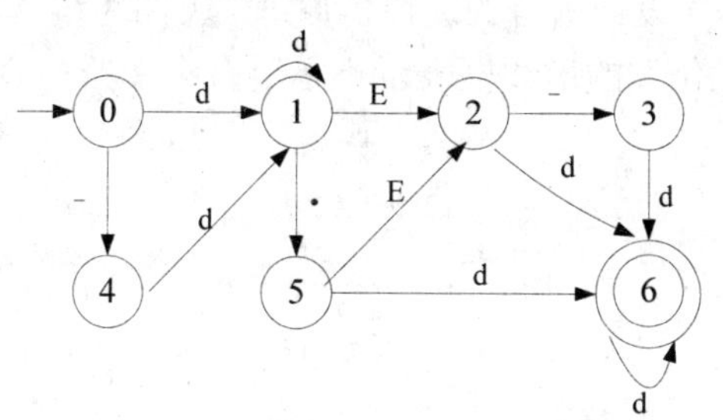

(11) A．3857　　B．1.2E+5　　C．−123.67　　D．0.576E10

2.4.2　综合知识试题参考答案

【试题 1】答　案：B

分　析：do-while 语句的循环体至少执行一次，即执行 1～*n* 次，而 while 语句的循环体可以不执行，也可以执行 *n* 次，因此 do-while 语句的功能可由 while 语句实现。

【试题 2】答　案：C

分　析：本题考查程序设计语言的基本概念问题。C 选项明显是错误的，脚本语言与汇编语言不是一个意义层面上的语言，而且汇编语言是接近计算机硬件的语言，运行效率是非常高的。

【试题 3】答　案：A

分　析：本题主要考查“逻辑地址”和“物理地址”的区别。

逻辑地址(Logical Address) 是指由程序产生的与段相关的偏移地址部分。例如，你在进行 C 语言指针编程中，可以读取指针变量本身值(&操作)，实际上这个值就是逻辑地址，它是相对于当前进程数据段的地址，和绝对物理地址不相干。

线性地址(Linear Address) 是逻辑地址到物理地址变换之间的中间层。

物理地址(Physical Address) 是指出现在 CPU 外部地址总线上的寻址物理内存的地址信号，是地址变换的最终结果地址。

本题中将高级语言程序编译以后产生的仍然是一种程序，只有当程序调入到内存执行时，逻辑地址才会转换成物理地址。

【试题 4】答　案：C

分　析：函数调用与函数本身的关联，以及成员访问与变量内存地址间的联系，称为绑定。在计算机语言中有两种主要的绑定方式：静态绑定和动态绑定。

静态绑定发生于数据结构和数据结构间，程序执行之前，有编译时绑定，通过对象调用，因此不能运用任何运行期的信息。它针对函数调用与函数的主体，或变量与内存中的区块；动态绑定则是运行时绑定，通过地址实现，只用到运行期的可用信息。题目中把过

程调用和响应调用所需要执行的代码加以结合发生在编译后，所以属于动态绑定。

【试题 5】答　案：D

分　析：目标代码生成是指把(优化后的)中间代码变换成特定机器上的低级语言代码，有赖于硬件系统结构和机器指令含义。分配寄存器涉及物理层面，编译过程中只有目标代码生成涉及物理层面。

【试题 6】答　案：C

分　析：本题考查程序设计语言的编译器原理。下图为编译程序的工程过程，其中“中间代码生成”和“代码优化”的虚线框表示不是所有编译器都会有这两个阶段。

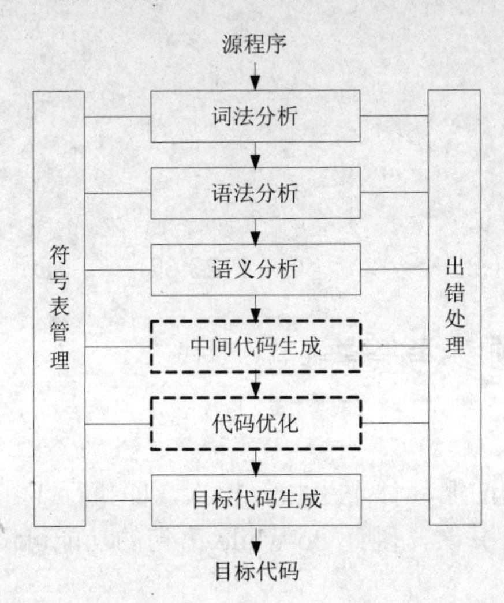

【试题 7】答　案：B

分　析：由 S→[L] | a 得 S→[L]和 S→a，所以 FIRST(S)={[，a}。

【试题 8】答　案：A

分　析：本题考查上下文无关文法产生的字符串集合。

由于 S→11，选项 B 显然不正确。

由 S→11 和 S→0S 有 S→011，选项 C 不正确。

由 S→11，二进制 11 为十进制 3，不能被 2 整除，选项 D 不正确。

【试题 9】答　案：B

分　析：推导树如右图所示。

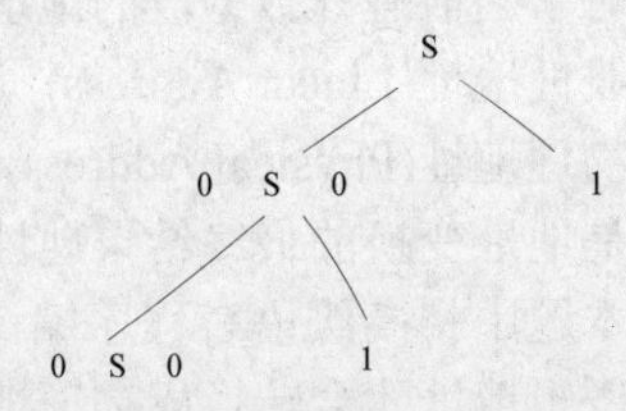

可以看出 $S\rightarrow 1$ 就结束了，所以不可能产生 $1''$(选项 C、D 被排除)。也不可能产生 010010010…这样的式子，还是因为 $S\rightarrow 1$ 就结束了，不会有多个 1 这样的式子。

【试题 10】答　案：B

分　析：本题考查 DFA 和 NFA 的相关知识。

有限自动机的确定化：对于任一个 NFA M，都可以构造其对应的 DFA M'，使这两个自动机接受相同的字符串集合：$L(M')=L(M)$。所以选项 B 正确。

【试题 11】答　案：C

分　析：如题图，从初态 0 开始走各种能走的路线到达终态 6，加上条件 d=0|1|2|…|9，很容易得出-123.67，路线是 $0\rightarrow 4\rightarrow 1\rightarrow 5\rightarrow 6$。

第3章 操作系统知识

3.1 备考指南

3.1.1 考纲要求

根据考试大纲中相应的考核要求，在“**操作系统知识**”模块上，要求考生掌握以下方面的内容。

1. 操作系统的内核
2. 处理机管理
3. 存储管理
4. 设备管理
5. 文件管理
6. 作业管理
7. 网络操作系统和嵌入式操作系统的基础知识
8. 操作系统的配置

3.1.2 考点统计

“**操作系统知识**”模块，在历次软件设计师考试试卷中出现的考核知识点及分值分布情况如表3.1所示。

表3.1 历年考点统计表

年 份	题 号	知 识 点	分 值
2010年下半年	上午：23～28	进程的PV操作、文件读取时间的计算、多级索引存储结构	6分
	下午：无	无	0分

续表

年份	题号	知识点	分值
2010年上半年	上午：23～28	进程的信箱通信方式、死锁、页面置换算法、磁盘移臂调度算法	6分
	下午：无	无	0分
2009年下半年	上午：23～28	系统软件和应用软件的区别、磁盘的写回方式、UNIX系统的索引技术访问文件、PV操作	6分
	下午：无	无	0分
2009年上半年	上午：23～28	死锁、文件系统、移臂调度算法	6分
	下午：无	无	0分

3.1.3 命题特点

纵观历年试卷，本章知识点是以选择题的形式出现在试卷中。在历次考试的上午试卷中，所考查的题量大约为6道选择题，所占分值为6分(约占试卷总分值75分中的8%)。本章试题以理论为主，难度适中。

3.2 考点串讲

3.2.1 操作系统基础知识

一、操作系统的定义和作用

1. 操作系统的定义

操作系统(Operating System，OS)是计算机系统中的一个系统软件，它管理和控制计算机系统的硬件和软件资源，合理地组织计算机的工作流程，控制程序的执行，并且向用户提供一个良好的工作环境和友好的接口。

2. 操作系统的作用

操作系统具有如下作用。

(1) 通过资源管理，提高计算机系统的效率。

(2) 改善人机界面，向用户提供友好的工作环境。

3. 操作系统的特征

操作系统主要有并发性、共享性、虚拟性和不确定性4个基本特征。

4. 操作系统的功能

操作系统具有以下功能。

- 处理机管理。处理机管理实际上是指对处理机执行“时间”的管理，采用多道程序等技术将CPU真正合理地分配给每个任务。常用的资源管理单位有进程和线程。
- 文件管理。文件管理(信息管理)包括：文件存储空间管理、目录管理、文件的读写管理和存取控制、软件管理等。
- 存储管理。存储管理主要是对主存空间进行管理。
- 设备管理。设备管理的目标是方便设备使用，提高CPU与I/O设备的利用率。

- 作业管理。作业管理包括任务、界面管理、人机交互等。

二、操作系统的类型

1. 批处理操作系统

批处理操作系统分为单道批处理和多道批处理两种。

(1) 单道批处理操作系统。“单道”的含义是指一次只有一个作业装入内存执行。当一个作业运行结束后，随即自动调入同批的下一个作业运行。

(2) 多道批处理操作系统。多道批处理操作系统允许多个作业装入内存执行，在任意一个时刻，作业都处于开始点和终止点之间。每当运行中的一个作业因输入/输出操作需要调用外部设备时，就把 CPU 及时交给另一道等待运行的作业，从而将主机与外部设备的工作由串行改变为并行，进一步避免了因主机等待外设完成任务而白白浪费宝贵的 CPU 时间。

2. 分时操作系统

分时操作系统是将 CPU 的工作时间划分为许多很短的时间片，轮流为各个终端用户服务。UNIX 系统是典型多用户、多任务的分时操作系统。

3. 实时操作系统

实时操作系统可分为如下两类。

(1) 实时控制系统。主要用于生产过程的自动控制，实验数据的自动采集，武器的控制，包括火炮自动控制、飞机自动驾驶、导弹的制导系统。

(2) 实时信息处理系统。主要用于实时信息处理，如飞机订票系统、情报检索系统。

4. 网络操作系统

网络操作系统是使联网的计算机能方便而有效地共享网络资源，为网络用户提供所需各种服务的软件和有关协议的集合。其功能主要包括：高效、可靠的网络通信；对网络中共享资源进行的有效管理；提供电子邮件、文件传输、共享硬盘、打印机等服务；网络安全管理；提供互操作能力。

5. 分布式操作系统

分布式操作系统是网络操作系统的更高级形式，它保持网络系统所拥有的全部功能，同时又具有透明性、可靠性和高性能。网络操作系统与分布式操作系统最大的差别是：网络操作系统的用户必须知道网址，而分布式系统用户则不必知道计算机的确切地址；分布式操作系统负责整个系统的资源分配，通常能很好地隐藏系统内部的实现细节，如对象的物理位置、并发控制等，这些对用户都是透明的。

6. 微机操作系统

微机操作系统是指配置在微型计算机上的操作系统。常用的微机操作系统有 DOS、Windows、OS/2、SCO UNIX 和 Linux 等。其中，Linux 操作系统是一个遵循标准操作系统界面的免费操作系统。

7. 嵌入式操作系统

嵌入式操作系统运行在嵌入式智能芯片环境中，对整个智能芯片及其控制的各种部件和装置等资源进行统一协调、处理、指挥和控制。

3.2.2 处理机管理

一、基本概念

1. 前趋图

前趋图是一个有向无循环图；由节点和节点间的有向边组成，节点代表各程序段的操作，而节点间的有向边表示两程序段操作之间存在的前趋关系(“→”)。两程序段 P_i 和 P_j 的前趋关系表示成 $P_i \rightarrow P_j$，其中 P_i 是 P_j 的前趋，P_j 是 P_i 的后继，其含义是 P_i 执行完毕才能执行 P_j。

2. 进程

进程通常是由程序、数据及进程控制块(PCB)组成的。进程的程序部分描述了进程需要完成的功能，进程数据集合部分包括程序执行时所需的数据及工作区。

进程控制块是进程的描述信息和控制信息，是进程动态特性的集中反映，也是进程存在的唯一标志。进程控制块包含的主要内容有进程标识符、状态、位置信息、控制信息、队列指针、优先级、现场保护区及其他信息。PCB 是操作系统中最主要的数据结构之一，既是进程存在的标志和调度的依据，又是进程可以被打断并能恢复运行的基础。操作系统通过 PCB 管理进程，一般 PCB 是常驻主存的，尤其是调度信息必须常驻主存。

3. 进程的状态及其转换

三态模型中最基本的状态有 3 种：运行、就绪和阻塞。

- 运行：进程正在处理机上运行。对于单处理机系统，处于运行状态的进程只有一个。
- 就绪：进程具备运行条件，但尚未运行。
- 阻塞：进程因发生某事件而暂停执行时的状态。

在进程运行过程中，由于自身进展情况及外界环境的变化，这 3 种基本状态可以在一定的条件下相互转换。进程的状态及转换如图 3.1 所示。

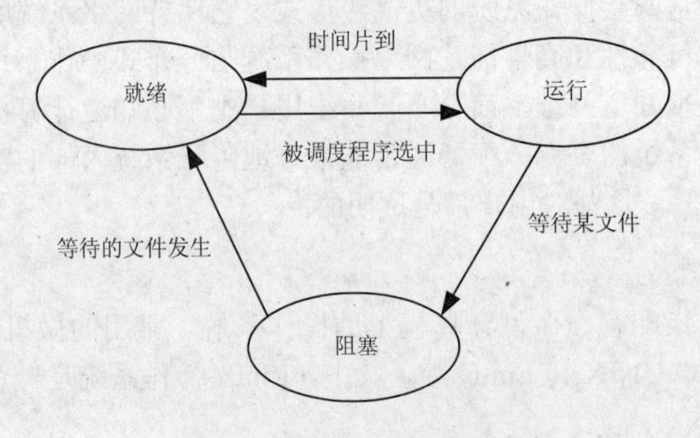

图 3.1 进程的状态及其转换图

五态模型在三态模型的基础上增加了新建态和终止态。

二、进程的控制

进程控制就是对系统中所有进程从创建到消亡的全过程实施有效的控制。为此，操作系统设置了一套控制机构，该机构的主要功能包括创建一个新进程，撤销一个已经运行完的进程，改变进程的状态，实现进程间的通信。进程控制是由操作系统内核中的原语实现的。内核是计算机系统硬件的首次延伸，是基于硬件的第一层软件扩充，它为系统对进程进行控制和管理提供了良好的环境。

原语是指由若干条机器指令组成的，用于完成特定功能的程序段。原语的特点是在执行时不能被分割，即原子操作要么都做，要么都不做。内核中所包含的原语主要有进程控制原语、进程通信原语、资源管理原语以及其他方面的原语。属于进程控制方面的原语有进程创建原语、进程撤销原语、进程挂起原语、进程激活原语、进程阻塞原语以及进程唤醒原语等。不同的操作系统内核所包含的功能不同，但大多数操作系统的内核都包含支撑功能和资源管理的功能。

三、进程间的通信

1. 同步与互斥

同步是合作进程间的直接制约问题，互斥是申请临界资源进程间的间接制约问题。

1)　同步

相互合作的进程需要在某些确定点上协调它们的工作，当一个进程到达这些点后，除非另一个进程已经完成某些操作，否则就不得不停下来等待这些操作结束。这就是进程间的同步。

2)　互斥

在多道程序系统中，各进程可以共享各类资源，但有些资源一次只能供一个进程使用，称为临界资源。这就产生了进程间的间接制约问题：互斥。

3)　临界区管理的原则

临界区是进程中对临界资源实施操作的那段程序。互斥临界区管理的原则是：有空即进，无空则等；有限等待，让权等待。

2. 信号量与 P、V 操作

信号量机制主要有整型信号量、记录型信号量、信号量集机制。

1)　整型信号量与 P、V 操作

信号量是一个整型变量，根据控制对象的不同赋不同的值。信号量可分为两类。

- 公用信号量：实现进程间的互斥，初值=1 或资源的数目。
- 私用信号量：实现进程间的同步，初值=0 或某个正整数。

信号量 S 的物理意义为：S≥0，表示某资源的可用数；S<0，其绝对值表示阻塞队列中等待该资源的进程数。

P、V 操作是实现进程同步与互斥的常用方法。

P 操作定义：S:=S−1，若 S≥0，则执行 P 操作的进程继续执行；否则，若 S<0，则置该进程为阻塞状态，并将其插入阻塞队列。

V 操作定义：S:=S+1，若 S>0，则执行 V 操作的进程继续执行；否则，若 S≤0，则从阻塞状态唤醒一个进程，并将其插入就绪队列，执行 V 操作的进程继续执行。

2) 利用P、V操作实现进程的互斥

令信号量的初值为1，当进程进入临界区时执行P操作，退出临界区时执行V操作。

3) 利用P、V操作实现进程的同步

进程的同步是由于进程间合作而引起的相互制约的问题。要实现进程的同步，可用一个信号量与消息联系起来。当信号量的值为0时表示消息未产生，当信号量的值为非0时表示希望的消息已经存在。假定用信号量S表示某条消息，进程可以通过调用P操作测试消息是否达到，调用V操作通知消息已经准备好。

3. 高级通信原语

P、V操作是用来协调进程间关系的，编程较困难、效率低，通信对用户不透明，生产者每次只能向缓冲区放一个消息，消费者只能从缓冲区中取一个消息。所以交换的信息量多时要引入高级通信原语。进程高级通信的类型主要有如下几种。

(1) 共享存储系统：相互通信的进程共享某些数据结构或存储区，以实现进程之间的通信。

(2) 消息传递系统：进程间的数据交换以消息为单位，程序员直接利用系统提供的一组通信命令(原语)来实现通信。如Send(A)、Receive(A)。

(3) 管道通信：所谓管道，是指用于连接两个进程之间的一个打开的共享文件(pipe 文件)。向管道(共享文件)提供输入的发送进程(即写进程)，以字符流的形式将大量的数据送入管道；而接收进程可从管道的另一端接收大量的数据。由于通信时采用管道，所以叫管道通信。

四、管程

管程是由一些共享数据、一组能为并发进程执行的作用在共享数据上的操作的集合、初始代码以及存取权组成的。采用这种方式管理共享资源可以借助数据结构及在其上实施操作的若干过程来进行，对共享资源的申请和释放可以通过过程在数据结构上的操作来实现。

五、进程调度

1. 调度方式

调度方式是指当有更高优先级的进程到来时如何分配CPU。调度方式分为可剥夺式和不可剥夺式两种。可剥夺式是指当有更高优先级的进程到来时，强行将正在运行的进程所占用的CPU分配给高优先级的进程；不可剥夺式是指当有更高优先级的进程到来时，必须等待正在运行的进程自动释放占用的CPU，然后将CPU分配给高优先级的进程。

2. 进程调度算法

常用的进程调度算法有先来先服务、时间片轮转、优先级调度和多级反馈调度算法。

1) 先来先服务

先来先服务(FCFS)是按照作业提交或进程变为就绪状态的先后次序分配CPU。即每当进入进程调度时，总是将就绪队列队首的进程投入运行。FCFS主要用于宏观调度，其特点是比较有利于长作业，而不利于短作业；有利于CPU繁忙的作业，而不利于I/O繁忙的作业。

2) 时间片轮转

时间片轮转的基本思路是通过时间片轮转，提高进程并发性和响应时间，从而提高资源利用率。时间片轮转算法主要用于微观调度，其设计目标是提高资源利用率。

3) 优先级调度

优先级调度分为静态优先级和动态优先级两种。

- 静态优先级：进程的优先级是在创建时就已确定好了，直到进程终止都不会改变。
- 动态优先级：在创建进程时赋予一个优先级，在进程运行过程中还可以改变，以便获得更好的调度性能。

4) 多级反馈调度

多级反馈调度算法是在时间片轮转算法和优先级调度算法的基础上改进的。其优点是：照顾短进程，提高系统吞吐量，缩短平均周转时间；照顾I/O型进程以获得较好的I/O设备利用率，缩短响应时间；不必估计进程的执行时间，动态调节优先级。

六、死锁

所谓死锁是指两个以上的进程互相都因要求对方已经占有的资源，导致无法运行下去的现象。死锁是系统的一种出错状态，不仅浪费大量的系统资源，甚至会导致整个系统的崩溃，所以死锁是应该尽量预防和避免的。

1. 产生死锁的原因

产生死锁的原因是资源竞争及进程推进顺序非法。

2. 产生死锁的4个必要条件

产生死锁的4个必要条件如下。

- 互斥条件：进程对其要求的资源进行排他性控制，即一次只允许一个进程使用。
- 请求保持条件：零星地请求资源，即已获得部分资源后又请求资源被堵塞。
- 不可剥夺条件：进程已获得资源在未使用完之前不能被剥夺，只能在使用完时由自己释放。
- 环路条件：发生死锁时，在进程资源有向图中必构成环路，其中每个进程占有下一个进程申请的一个或多个资源。

3. 死锁的处理

下面介绍死锁的处理策略。

- 死锁的预防。根据产生死锁的4个必要条件，只要使其中之一不能成立，死锁就不会出现。为此，可以采取下列预防措施：预先静态分配法和资源有序分配法。
- 死锁的避免。最著名的死锁避免算法是Dijkstra提出的银行家算法，其思想是：对于进程发出的每一个系统可以满足的资源请求命令加以检测，如果发现分配资源后，系统可能进入不安全状态，则不予分配；若分配资源后系统仍处于安全状态，则分配资源。与死锁预防相比，这种策略提高了资源的利用率，但增加了系统的开销。
- 死锁的检测。这种方法对资源的分配不加限制，即允许死锁发生。但系统定时地运行一个“死锁检测”程序，判断系统是否发生死锁，若检测到有死锁，则设法加以解除。
- 死锁的解除。检测到死锁发生后，常采用资源剥夺法和撤销进程法解除死锁。

七、线程

线程是比进程更小的能独立运行的基本单位。在引入线程的操作系统中，线程是进程中的一个实体，是系统独立分配和调度的基本单位。线程自己基本上不拥有资源，只拥有一点在运行中必不可少的资源(如程序计数器、一组寄存器和栈)，但它可与同属一个进程的其他线程共享该进程所占用的全部资源。一个线程可以创建和撤销另一个线程，同一个进程中的多个线程之间可以并发执行。线程也同样有就绪、等待和运行 3 种基本状态。

3.2.3 存储管理

一、基本概念

1. 存储器的结构

存储器的功能是保存数据，存储器的发展方向是高速度、大容量和小体积。一般存储器的结构有“寄存器—主存—外存”结构或“寄存器—缓存—主存—外存”结构。

2. 地址重定位

地址重定位是指程序的逻辑地址被转换成主存的物理地址的过程。在可执行文件装入时需要解决可执行文件中地址(指令和数据)和主存地址的对应关系，由操作系统中的装入程序 Loader 和地址重定位机构来完成。地址重定位分为静态地址重定位和动态地址重定位。

- 静态地址重定位：是指当用户程序被装入主存时已经实现了逻辑地址到物理地址的变换，在程序执行期间不再发生变化。
- 动态地址重定位：是指在程序运行期间完成逻辑地址到物理地址的变换。其实现依赖于硬件地址变化机构，如基地址寄存器(BR)。

二、存储管理方案

存储管理的主要目的是解决多个用户使用主存的问题，其存储管理方案主要包括分区存储管理、分页存储管理、分段存储管理、段页式存储管理以及虚拟存储管理。

1. 固定分区

固定分区是一种静态分区方式，在系统生成时已将主存分成若干个分区，每个分区的大小可以不等，但分区大小固定不变，每个分区装一个且只能装一个作业。操作系统通过主存分配情况表管理主存。

2. 可变分区

可变分区是一种动态分区方式，存储空间的划分是在作业装入时进行的，故分区的个数是可以变的，分区的大小刚好等于作业的大小。

引入可变分区方法，使主存分配有较大的灵活性，也提高了主存的利用率。但是可变分区会引起碎片的产生。解决碎片的方法是拼接(或称紧凑)，即向一个方向(例如向低地址端)移动已分配的作业，使那些零散的小空闲区在另一方向连成一片。分区的拼接技术一方面要求能够对作业进行重定位，另一方面系统在拼接时要耗费较多的时间。

系统利用空闲分区表来管理主存中的空闲分区，请求和释放分区可以采用最佳适应算法、最差适应算法、首次适应算法和循环首次适应算法 4 种分配策略。

3. 可重定位分区

可重定位分区是解决碎片问题的简单而又行之有效的方法。其基本思想是移动所有已分配好的分区，使之成为连续区域。由于移动分区是要付出代价的，所以通常是在用户请求空间得不到满足时进行。移动已分配的分区会导致地址发生变化，所以会产生地址重定位的问题。

三、分页存储管理

1. 纯分页存储管理

1) 分页原理

系统将进程的地址空间划分成若干个大小相等的区域，称为页。同样地，将主存空间划分成与页相同大小的若干物理块，称为块或页框。在为进程分配主存时，将进程中若干页分别装入多个不相邻接的块中。

2) 地址结构

分页系统的地址结构如图 3.2 所示，它由两部分组成：前一部分为页号 P；后一部分为偏移量 W，即页内地址。图中的地址长度为 32 位，其中 0～11 位为页内地址(每页的大小为 4KB)，12～31 位为页号，所以允许地址空间的大小最多为 1MB 个页。

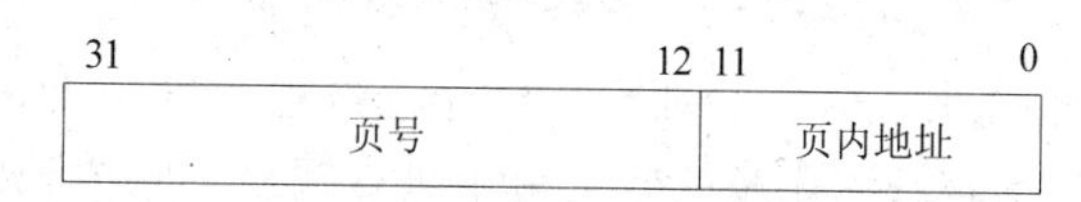

图 3.2　分页系统的地址结构

3) 页表

在将进程的每一页离散地分配到主存的多个物理块中后，系统应能保证在主存中找到每个页面所对应的物理块。为此，系统为每个进程建立了一张页面映射表，简称页表。每个页在页表中占一个表项，记录该页在主存中对应的物理块号。进程在执行时，通过查找页表就可以找到每页所对应的物理块号。可见，页表的作用是实现从页号到物理块号的地址映射。

地址变换机构的基本任务是利用页表把用户程序中的逻辑地址变换成主存中的物理地址，实际上就是将用户程序中的页号变换成主存中的物理块号。为实现地址变换功能，在系统中设置页表寄存器，用来存放页表的地址和页表的长度。

2. 快表

在地址映射过程中，页式存储管理至少需要两次访问主存。第一次访问页表，得到数据的物理地址；第二次才是存取数据。为了提高访问主存的速度，可以采取两种方法：一种是在地址映射机制中增加一组高速寄存器保存页表，这需要大量的硬件开销，经济上不可行；另一种方法是在地址映射机制中增加一个小容量的联想寄存器(相联存储器)，它由一组高速存储器组成，称为快表。快表用来存放当前访问最频繁的少数活动页的页号及相关信息。

在快表中，除了逻辑页号、物理页号外，还增加了几位：特征位表示该行是否为空；访问位表示该页是否被访问过，这是为了淘汰那些用得很少甚至不用的页面而设置的。

快表只存放当前进程最活跃的少数几页。当某一用户程序需要存取数据时，根据该数据所在逻辑页号在快表中找出对应的物理页号，然后与页内地址拼接成物理地址；如果在快表中没有相应的逻辑页号，则地址映射仍然通过主存中的页表进行，得到物理地址后需将该物理块号填到快表的空闲单元中。若无空闲单元，则根据淘汰算法淘汰某一行，再填入新得到的页号。实际上查找快表和查找主存页表是并行进行的，一旦在快表中找到相符的逻辑页号就停止查找主存页表。

四、分段存储管理

1. 基本原理

在分段存储管理方式中，作业的地址空间按程序自身的逻辑关系划分为若干个程序段，每个段是一组完整的逻辑信息。每个段都有自己的段名，且有一个段号。段号从 0 开始，每一段也从 0 开始编址，段内地址是连续的，各段长度是不等的。

分段系统的逻辑地址由段号(名)和段内地址两部分组成，如图 3.3 所示。在该地址结构中，允许一个作业最多有 64K 个段，每个段的最大长度为 64KB。

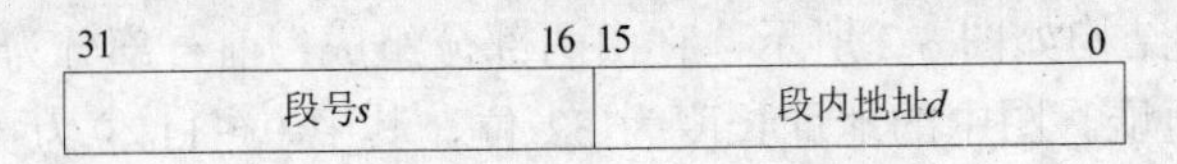

图 3.3　分段的地址结构

在分段式存储管理系统中，为每个段分配一个连续的分区，而进程中的各个段可以离散地分配到主存中不同的分区中。在系统中为每个进程建立一张段映射表，简称为“段表”。段表实现了从逻辑段到物理主存区的映射。

2. 分段系统的地址变换

为了实现从逻辑地址到物理地址的变换功能，系统中设置了段表寄存器，用于存放段表基址和段表长度。在进行地址变换时，系统对逻辑地址中的段号与段表长度进行比较。

段是信息的逻辑单位，因此分段系统的一个突出优点是易于实现段的共享，即允许若干个进程共享一个或多个段，而且对段的保护也十分简单。在分页系统中，虽然也能实现程序和数据的共享，但远不如分段系统来得方便。

五、段页式存储管理

段页式存储管理结合了段式存储管理和页式存储管理的优点，克服了两者的缺点。其基本原理是：先将整个主存划分成大小相同的存储块，将用户程序按程序的逻辑关系分为若干个段，并为每个段赋予一个段名，再将每个段划分成若干个页，以页架为单位离散分配。

在段页式系统中，其地址结构由段号、段内页号及页内地址三部分组成，如图 3.4 所示。因此，系统中需同时配置段表和页表。由于允许将一个段中的页进行离散分配，因而使段表的内容略有变化：它不再是段的主存基址和段长，而是页表始址和页表长度。

段号s	段内页号p	页内地址w

图 3.4　段页式管理的地址结构

在段页式系统中，为了便于实现地址变换，需要配置一个段表寄存器，存放段表基址和段表长度。

在进行地址变换时，首先利用段号 s，将它与段表长度 TL 进行比较。若 s<TL，表示未越界，于是利用段表基址和段号来求出该段对应的段表项在段表中的位置，从中得到该段的页表基址，并利用逻辑地址中的段内页号 p 来获得对应页的页表项位置，从中读出该页所在的物理块号 b，再利用块号 b 和页内地址构成物理地址。

六、虚拟存储管理

1. 虚拟存储器的引入

1) 局部性原理

局部性表现为时间局部性和空间局部性两个方面。

- 时间局部性：是指最近被执行的指令可能再次被执行，最近被访问的存储空间很可能在不久的将来还要被访问。产生时间局部性的原因是在程序中存在着大量的循环操作。
- 空间局部性：是指程序在一段时间内访问的地址可能集中在一定的范围内，其典型原因是程序的顺序执行。

2) 虚拟存储器的定义

根据局部性原理，一个作业在运行之前，没有必要把作业全部装入主存，而仅将当前要运行的那部分页面或段先装入主存启动运行，其余部分暂时留在磁盘上。

程序在运行时如果它所要访问的页(段)已调入主存，便可继续执行下去；但如果程序所要访问的页(段)尚未调入主存(称为缺页或缺段)，程序应利用操作系统所提供的请求调页(段)功能，将它们调入主存，以使进程能继续执行下去。

如果此时主存已满，无法再装入新的页(段)，则还要再利用页(段)的置换功能，将主存中暂时不用的页(段)调出至磁盘上，腾出足够的主存空间后，再将所要访问的页(段)调入主存，使程序继续执行下去。这样，便可使一个大的用户程序在较小的主存空间中运行，也可使主存中同时装入更多的进程并发执行。从用户角度看，该系统所具有的主存容量，将比实际主存容量大得多，人们把这样的存储器称为虚拟存储器。

3) 虚拟存储器的功能

虚拟存储器具有请求调入功能和置换功能，能仅把作业的一部分装入主存便可运行作业，能从逻辑上对主存容量进行扩充。其逻辑容量由主存和外存容量之和以及 CPU 可寻址的范围来决定，其运行速度接近于主存速度。所以说，虚拟存储技术是一种性能非常优越的存储器管理技术，被广泛地应用于大、中、小型机和微型机中。

4) 虚拟存储器的实现

请求分页系统：是在分页系统的基础上，增加了请求调页功能和页面置换功能所形成的页式虚拟存储系统。请求分页系统中的每个页表项包括页号、物理块号、状态位、访问字段、修改位和外存地址。

请求分段系统：是在分段系统的基础上，增加了请求调段和分段置换功能所形成的段式虚拟存储系统。它允许只装入若干段(而非全部段)的用户程序和数据，就可以启动运行，以后再通过调段功能和置换功能将不运行的段调出，同时调入将要运行的段，置换时以段为单位。

请求段页式系统：是在段页式系统的基础上，增加了请求调页和页面置换功能形成的段页式虚拟存储系统。

5) 虚拟存储器的特征

虚拟存储器的特征包括离散性、多次性、对换性和虚拟性。

2. 请求分页管理的实现

请求分页系统是在纯分页系统的基础上，增加了请求调页功能、页面置换功能所形成的页式虚拟存储系统，是目前常用的一种虚拟存储器方式。

请求分页的页表机制是在纯分页的页表机制上形成的，由于只将应用程序的一部分调入主存，还有一部分仍在磁盘上，故需在页表中再增加若干项，如状态位、访问字段和辅存地址等供程序(数据)在换进、换出时参考。

请求分页系统中的地址变换机构，是在分页系统的地址变换机构的基础上增加了某些功能，如产生和处理缺页中断、从主存中换出一页实现虚拟存储。

在请求分页系统中，每当所要访问的页面不在主存时，便要产生一个缺页中断，请求操作系统将所缺的页调入主存，这是由缺页中断机构完成的。缺页中断与一般中断的主要区别如下。

(1) 缺页中断在指令执行期间产生和处理中断信号，而一般中断是在一条指令执行完，下一条指令开始执行前检查和处理中断信号。

(2) 发生缺页中断时，返回到被中断指令的开始重新执行该指令，而一般中断返回到下一条指令执行。

(3) 一条指令在执行期间，可能会产生多次缺页中断。

3. 页面置换算法

请求分页系统的核心问题是选择合适的页面置换算法。常用的页面置换算法如下。

(1) 最佳(Optimal)置换算法。它是一种理想化的算法，即选择那些永不使用的，或者在最长时间内不再被访问的页面将其置换出去。这种算法的性能最好，但在实际上难以实现，通常用来评价其他算法。

(2) 先进先出(FIFO)置换算法。该算法总是淘汰最先进入主存的页面，即选择在主存中驻留时间最久的页面予以淘汰。这是一种最直观，也是性能最差的算法，它有 BELADY 异常现象，即如果对一个进程未分配它所要求的全部页面，有时就会出现分配的页面数增多但缺页率反而提高的异常现象。

(3) 最近最久未使用(LRU)置换算法。该算法是选择最近最久未使用的页面予以淘汰，在实现时需要硬件的支持(寄存器或栈)。

(4) 最近未用置换算法。该算法将最近一段时间未引用过的页面换出，是一种 LRU 的近似算法。

3.2.4 设备管理

一、设备管理概述

1. 设备的分类

1) 按数据组织分类

按数据组织分类，设备可分为块设备和字符设备。

2) 按资源分配的角度分类

按资源分配的角度分类，设备可分为独占设备、共享设备和虚拟设备。

3) 按数据传输率分类

按数据传输率分类，设备可分为低速设备、中速设备和高速设备。

4) 其他分类方法

按输入输出对象分类，设备可分为人机通信设备和机机通信设备。

按是否可交互分类，设备可分为非交互设备和交互设备。

2. 设备管理的目标、任务与功能

1)　设备管理的目标

设备管理的目标主要是提高设备的利用率，为用户提供方便统一的界面。

2)　设备管理的任务

设备管理的任务是保证在多道程序环境下，当多个进程竞争使用设备时，按一定策略分配和管理各种设备，控制设备的各种操作，完成输入/输出设备与主存之间的数据交换。

3)　设备管理的功能

设备管理的主要功能如下。

- 动态地掌握并记录设备的状态。
- 设备分配和释放。
- 缓冲区管理。
- 实现物理 I/O 设备的操作。
- 提供设备使用的用户接口。
- 设备的访问和控制。
- I/O 缓冲和调度。

二、I/O 软件

I/O 设备管理软件一般分为 4 层：中断处理程序、设备驱动程序、与设备无关的系统软件和用户层 I/O 软件。至于一些具体分层时细节上的处理，是依赖于系统的，没有严格的划分，只要有利于设备独立这一目标，就可以为了提高效率而设计不同的层次结构。

三、设备管理采用的相关缓冲技术

1. 通道技术

引入通道的目的是使数据的传输独立于 CPU，使 CPU 从繁重的 I/O 工作中解脱出来。设置通道后，CPU 只需向通道发出 I/O 命令，通道收到命令后，从主存中取出本次 I/O 要执行的通道程序并执行，仅当通道完成 I/O 任务后，才向 CPU 发出中断信号。

根据信息交换方式的不同，将通道分为字节多路通道、数组选择通道和数组多路通道 3 种。

2. 直接存储访问方式

直接存储访问(Direct Memory Access，DMA)是指数据在主存和 I/O 设备间传送一个数据块的过程中，不需要 CPU 的任何干涉，只需要 CPU 在过程开始启动与过程结束时的处理，

实际操作由DMA硬件直接执行完成，CPU在此传送过程中可做别的事情。

3. 缓冲技术

缓冲技术可提高外设的利用率，尽可能使外设处于忙状态。缓冲技术可以分为硬件缓冲和软件缓冲技术。硬件缓冲是利用专门的硬件寄存器作为缓冲，软件缓冲是通过操作系统来管理的。引入缓冲的主要原因有以下几个方面。

(1) 缓和CPU与I/O设备间速度不匹配的矛盾。

(2) 减少对CPU的中断频率，放宽对中断响应时间的限制。

(3) 提高CPU和I/O设备之间的并行性。

在所有的I/O设备与处理机之间，都使用了缓冲区来交换数据，所以操作系统必须组织和管理好这些缓冲区。缓冲可以分为单缓冲、双缓冲、多缓冲和环形缓冲。

4. Spooling技术

所谓Spooling技术实际上是用一类物理设备模拟另一类物理设备的技术，是使独占使用的设备变成多台虚拟设备的一种技术，也是一种速度匹配技术。Spooling系统是由“预输入程序”、“缓输出程序”、“井管理程序”以及输入/输出井组成的。

Spooling系统的工作过程是操作系统初启后激活Spooling预输入程序，使它处于捕获输入请求状态，一旦有输入请求消息，Spooling输入程序立即得到执行，把装在输入设备上的作业输入到硬盘的输入井中，并填写好作业表以便在作业执行中要求输入信息时，可以随时找到它们的存放位置。当作业需要输出数据时，可以先将数据送到输出井，当输出设备空闲时，由Spooling输出程序把硬盘上输出井的数据送到慢速的输出设备上。

Spooling系统中拥有一张作业表用来登记进入系统的所有作业的作业名、状态与预输入表位置等信息。每个用户作业拥有一张预输入表用来登记该作业的各个文件的情况。输入井中的作业有以下4种状态。

- 提交状态：作业的信息正从输入设备上预输入。
- 后备状态：作业预输入结束但未被选中执行。
- 执行状态：作业已被选中，在运行过程中，它可从输入井中读取数据信息，也可向输出井写信息。
- 完成状态：作业已经撤离，该作业的执行结果等待缓输出。

四、磁盘调度

磁盘是可被多个进程共享的设备。操作系统应采用一种适当的调度算法，以使各进程对磁盘的平均访问时间最小。磁盘调度分为移臂调度和旋转调度两类，并且是先进行移臂调度，然后再进行旋转调度。由于访问磁盘最耗时的是寻道时间，因此，磁盘调度的目标是使磁盘的平均寻道时间最少。

1. 磁盘驱动调度

一般可采用以下4种磁盘调度算法。

(1) 先来先服务(FCFS)磁盘调度算法。这是最简单的磁盘调度算法。它根据进程请求访问磁盘的先后次序进行调度。优点是公平、简单，且每个进程的请求都能依次得到处理，不会出现某进程的请求长期得不到满足的情况。此算法由于未对寻道进行优化，因此平均寻道时间可能较长。

(2) 最短寻道时间优先(SSTF)磁盘调度算法。SSTF 算法要求访问的磁道与当前磁头所在的磁道距离最近，使得每次的寻道时间最短，但这种调度算法却不能保证平均寻道时间最短。

(3) 扫(SCAN)描算法。SCAN 算法也是一种寻道优化的算法，它克服了 SSTF 算法的缺点，不仅考虑访问磁道与磁头当前位置的距离，更优先考虑了当前的移动方向。这种算法磁头移动的规律颇似电梯的运行，故又常称为电梯调度算法。

(4) 单向扫描(CSCAN)调度算法。SCAN 算法存在这样的问题：当磁头刚从里向外移动过某一磁道时，恰有一进程请求访问此磁道，这时该进程必须等待磁头从里向外，然后再从外向里扫描完所有要访问的磁道后，才处理该进程的请求，致使该进程的请求被严重地推迟。为了减少这种延迟，CSCAN 算法规定了磁头作单向移动。

2. 旋转调度算法

系统应该选择延迟时间最短的进程对磁盘的扇区进行访问。当有若干等待进程请求访问磁盘上的信息时，旋转调度应考虑以下 3 种情况。

(1) 进程请求访问的是同一磁道上的不同编号的扇区。

(2) 进程请求访问的是不同磁道上的不同编号的扇区。

(3) 进程请求访问的是不同磁道上具有相同编号的扇区。

3.2.5 文件管理

一、文件与文件系统

1. 文件

文件是具有符号名的、在逻辑上具有完整意义的一组相关信息项的集合。信息项是构成文件内容的基本单位，可以是一个字符，也可以是一个记录，记录可以等长，也可以不等长。一个文件包括文件体和文件说明。

在文件管理中，一个非常关键的问题就是文件的命名。不同操作系统的文件命名规则有所不同，即文件名字的格式和长度因系统而异。

2. 文件系统

所谓文件管理系统，就是操作系统中实现文件统一管理的一组软件和相关数据的集合。专门负责管理和存取文件信息的软件机构，简称文件系统。文件系统的功能包括：按名存取、统一的用户接口、并发访问和控制、安全性控制、优化性能、差错恢复。

3. 文件类型

可以按不同的标准对文件进行分类。

- 按文件的性质和用途分类，可以分为系统文件、库文件和用户文件。
- 按信息保存期限分类，可以分为临时文件、档案文件和永久文件。
- 按文件的保护方式分类，可以分为只读文件、读写文件、可执行文件和不保护文件。
- UNIX 系统将文件分为普通文件、目录文件和特殊文件。
- 目前常用的文件系统类型有 FAT、VFAT、NTFS、EXT2、HPFS 等。

文件分类的目的是对不同文件进行管理，提高系统效率和用户界面的友好性。

二、文件的结构和组织

文件的结构是指文件的组织形式，从用户角度所看到的文件组织形式，称为文件的逻辑结构；从实现角度看文件在存储器上的存放方式，常称为文件的物理结构。

1. 文件的逻辑结构

文件的逻辑结构可以分为两类：一类是有结构的记录式文件，它是由一个以上的记录构成的文件；另一类是无结构的流式文件，它是由一串顺序字符流构成的文件。

(1) 有结构的记录式文件。记录文件根据长度可分为定长和不定长两种。

(2) 无结构的流式文件。无结构的流式文件通常采用顺序访问方式，并且每次读写访问可以指定任意数据长度，其长度以字节为单位。

2. 文件的物理结构

文件的物理结构是指文件的内部组织形式，也就是文件在物理存储设备上的存放方法。常用的文件物理结构有以下 3 种。

(1) 连续结构。连续结构也称顺序结构。这是一种最简单的物理结构，它把逻辑上连续的文件信息依次存放在连续编号的物理块中。只要知道文件在存储设备上的起始地址(首块号)和文件长度(总块数)，就能很快地进行存取。这种结构的缺点是不便于记录的增加或删除操作。

(2) 链接结构。链接结构也叫串联结构。它是将逻辑上连续的文件信息存放在不连续的物理块中，每个物理块设有一个指针指向其下一个物理块。只要指明文件的第一个物理块号，就可以利用链指针检索整个文件。

(3) 索引结构。采用索引结构将逻辑上连续的文件信息存放在不连续的物理块中，系统为每个文件建立一张索引表。索引表记录了文件信息所在的逻辑块号对应的物理块号，并将索引表的起始地址放在文件对应的文件目录项中。

UNIX 文件系统采用的是 3 级索引结构，文件系统中 inode 是基本的构件，它表示文件系统树型结构的节点(注：树型结构也称树型结构或树状结构)。UNIX 有直接、一级间接、二级间接、三级间接 4 种寻址方式。

三、文件目录

系统为每个文件设置一个描述性数据结构——文件控制块(File Control Block，FCB)，文件目录就是文件控制块的有序集合。

1. 文件控制块

文件控制块(FCB)是系统为管理文件而设置的一个数据结构。FCB 是文件存在的标志，它记录了系统管理文件所需要的全部信息。FCB 通常应包括以下 3 类信息。

(1) 基本信息类：如文件名、文件的物理位置、文件长度、文件块数等。

(2) 存取控制信息类：如文件的存取权限。

(3) 使用信息类：如文件的建立日期、最后一次修改的日期、最后一次访问的日期，当前使用的信息和目录文件等。

2. 目录结构

文件目录结构的组织方式直接影响到文件的存取速度，关系到文件的共享性和安全性。常见的目录结构有 3 种：一级目录结构、二级目录结构和多级目录结构。目前大多数操作系统(如 UNIX、DOS 等)都采用多级目录结构，又称树型目录结构。

1)　一级目录结构

一级目录的整个目录组织是一个线性结构，在整个系统中只需建立一张目录表，系统为每个文件分配一个目录项(文件控制块)。它主要用在单用户环境中。

2)　二级目录结构

二级目录结构是由主文件目录(Master File Directory，MFD)和用户目录(User File Directory，UFD)组成的。在主文件目录中，每个用户文件目录都占有一个目录项，其目录项中包括用户名和指向该用户目录文件的指针。用户目录由用户所有文件的目录项组成。

3)　多级目录结构

在多道程序设计系统中常采用多级目录结构，这种目录结构就像一棵倒置的有根树，所以也称为树型目录结构。从树根向下，每一个节点是一个目录，叶节点是文件。MS-DOS 和 UNIX 等操作系统均采用多级目录结构。

四、存取方法和存取空间的管理

1. 文件的存取方法

文件的存取方法是指读写文件存储器上的一个物理块的方法。通常有顺序存取、随机存取和按键存取等。

(1) 顺序存取，就是按从前到后的次序依次访问文件的各个信息项。对于记录式文件，是按物理记录的排列顺序来存取的。

(2) 随机存取，又称直接存取，即允许用户随意存取文件的任意一个物理记录。

(3) 按键存取，是直接存取法的一种，它不是根据记录的编号或地址来存取文件中的记录，而是根据文件中各记录的某个数据项内容来存取记录的，这种数据项称为“键”。因此，将这种存取法称为按键存取。

2. 文件存储空间的管理

外存空间空间管理的数据结构通常称为磁盘分配表。常用的空闲空间管理方法有空闲区表、位示图、空闲块链和成组链接法 4 种。

1)　空闲区表

将外存空间上一个连续未分配区域称为空闲区。操作系统为磁盘外存上所有空闲区建立一张空闲表，每个表项对应一个空闲区，空闲表中包含序号、空闲区的第一块号、空闲块的块数等信息。它适用于连续文件结构。

2)　位示图

这种方法是在外存上建立一张位示图，记录文件存储器的使用情况。每一位对应文件存储器上的一个物理块，取值 0 和 1 分别表示空闲和占用。这种方法的主要特点是位示图的大小由磁盘空间的大小(物理块总数)决定，位示图的描述能力强，适合各种物理结构。

3)　空闲块链

每个空闲物理块中都有指向下一个空闲物理块的指针，所有空闲物理块构成一个链表，链表的头指针放在文件存储器的特定位置上(如管理块中)。

4) 成组链接法

在 UNIX 系统中，将空闲块分成若干组，每 100 个空闲块为一组，每组的第一个空闲块登记了下一组空闲块的物理盘块号和空闲块总数，假如一个组的第一个空闲块号等于 0，就意味着该组是最后一组，即无下一组空闲块。

五、文件的使用

操作系统在操作级(命令级)和编程级(系统调用和函数)向用户提供文件的服务。操作系统在操作级向用户提供的命令有目录管理类命令、文件操作类命令(如复制、删除和修改)、文件管理类命令(如设置文件权限)等。操作系统在编程级向用户提供的系统调用主要有以下 6 种。

- 创建文件：如 create(文件名，参数表)。
- 删除文件：如 delete(文件名)。
- 打开文件：如 open(文件名，参数表)。
- 关闭文件：如 close(文件名)。
- 读文件：如 read(文件名，参数表)。
- 写文件：如 write(文件名，参数表)。

六、文件的共享和保护

1. 文件的共享

文件共享是指不同用户进程使用同一文件。文件共享有多种形式，采用文件名和文件说明分离的目录结构有利于实现文件共享。常见的文件链接有硬链接和符号链接两种。

2. 文件的保护

文件系统对文件的保护常采用存取控制方式进行。所谓存取控制，就是不同的用户对文件的访问有不同的权限，以防止文件被未经文件主同意的用户访问。

1) 存取控制矩阵

理论上，存取控制可用存取控制矩阵，它是一个二维矩阵，一维列出计算机的全部用户，另一维列出系统中的全部文件。存取控制矩阵在概念上是简单清楚的，但实际上却有困难。当一个系统用户数和文件数很大时，二维矩阵要占很大的存储空间，验证过程也将耗费许多系统时间。

2) 存取控制表

存取控制表是按用户对文件访问权限的差别对用户进行分类，由于某一文件往往只与少数几个用户有关，所以这种分类方法可使存取控制表大为简化。UNIX 系统就是使用这种存取控制表方法，它把用户分成 3 类，包括文件主、同组用户和其他用户，每类用户的存取权限为可读、可写、可执行以及它们的组合。

3) 用户权限表

用户权限表是以用户或用户组为单位将用户可存取的文件集中起来存入表中，表中每个表目表示该用户对相应文件的存取权限，这相当于存取控制矩阵一行的简化。

4) 密码

在创建文件时，由用户提供一个密码，在文件存入磁盘时用该密码对文件内容加密。

进行读取操作时，要对文件进行解密，只有知道密码的用户才能读取文件。

七、系统的安全与可靠性

1. 系统的安全

一般从 4 个级别上对文件进行安全性管理：系统级、用户级、目录级和文件级。

(1) 系统级安全管理的主要任务是不允许未经授权的用户进入系统，从而也防止了他人非法使用系统中的各类资源(包括文件)。系统级管理的主要措施有注册与登录。

(2) 用户级安全管理是通过对所有用户分类和对指定的用户分配访问权，不同的用户对不同文件设置不同的存取权限来实现。有的系统将用户分为超级用户、系统操作员和一般用户。

(3) 目录级安全管理是为了保护系统中各种目录而设计的，与用户权限无关。为保证目录的安全，规定只有系统核心才具有写目录的权利。

(4) 文件级安全管理是通过系统管理员或文件主对文件属性的设置来控制用户对文件的访问。通常可设置的属性有只执行、隐含、只读、读写、共享、系统。

2. 文件系统的可靠性

文件系统的可靠性是指系统抵抗和预防各种物理性破坏和人为性破坏的能力。如果文件系统被破坏了，在很多情况下是无法恢复的。

3.2.6　作业管理

一、作业管理和作业控制

作业是系统为完成一个用户的计算任务(或一次事务处理)所做的工作总和。操作系统中用来控制作业的进入、执行和撤销的一组程序称为作业管理程序，这些控制功能通过把作业细化为作业进程来实现。

作业由程序、数据和作业说明书三部分组成。作业说明书包括作业基本情况、作业控制的描述、作业资源要求的描述，它体现了用户的控制意图。

1. 作业控制

用户作业可以采用脱机和联机两种方式控制作业的运行。在脱机控制方式中，作业运行的过程是无须人工干预的，因此用户必须将自己的意图用作业控制语言(JCL)编写成作业说明书连同作业一起提交给计算机系统。在联机控制方式中，操作系统向用户提供了一组联机命令，用户可以通过终端输入命令，将自己的意图告诉计算机，以控制作业的运行过程，因此整个作业的运行过程需要人工干预。

2. 作业状态及其转换

作业的状态分为 4 种：提交、后备、执行和完成。

(1) 提交：作业提交给计算机中心，通过输入设备送入计算机系统的过程状态称为提交状态。

(2) 后备：作业通过 Spooling 系统输入到计算机系统的后备存储器(磁盘)中，随时等待作业调度程序调度时的状态。

(3) 执行：一旦作业被作业调度程序选中，为其分配了必要的资源，并为其建立了相应的进程后，该作业便进入了执行状态。

(4) 完成：当作业正常结束或异常终止时，作业进入完成状态。此时由作业调度程序对该作业进行善后处理。如撤销作业的作业控制块，收回作业所占的系统资源，将作业的执行结果形成输出文件放到输出井中，由 Spooling 系统控制输出。

3. 作业控制块和作业后备队列

所谓作业控制块(JCB)，是记录与该作业有关的各种信息的登记表。作业控制块是作业存在的唯一标志，包括用户名、作业名、状态标志等信息。

由于在输入井中有较多的后备作业，为了便于作业调度程序调度，通常将作业控制块排成一个或多个队列，这些队列称为作业后备队列，即作业后备队列是由若干个作业控制块组成的。

二、作业调度

1. 作业调度算法

常见的作业调度算法如下。

- 先来先服务(FCFS)：按作业到达先后进行调度，即启动等待时间最长的作业。
- 短作业优先(SJF)：以要求运行时间长短进行调度，即启动要求运行时间最短的作业。
- 响应比高优先(HRN)：定义响应比 HRN=作业响应时间/作业执行时间，其中作业响应时间是作业进入系统后的等待时间与作业的执行时间之和。
- 优先级调度算法：可由用户指定作业优先级，优先级高者先调度。
- 均衡调度算法：根据系统的运行情况和作业本身的特性对作业进行分类。作业调度程序轮流地从这些不同类别的作业中挑选执行。这种算法力求均衡地使用系统的各种资源，既注意发挥效率，又使用户满意。

2. 作业调度算法性能的衡量指标

在一个以批量处理为主的系统中，通常用平均周转时间或平均带权周转时间来衡量调度性能的优劣。假设作业 $J_i(i=1，2，\cdots，n)$的提交时间为 t_{si}，执行时间为 t_{ri}，作业完成时间为 t_{oi}，则作业 J_i 的周转时间 T_i 和周转系数 W_i 分别定义为

$$T_i=t_{oi}-t_{si}\ (i=1，2，\cdots，n)$$

$$W_i=T_i/t_{ri}\quad (i=1，2，\cdots，n)$$

n 个作业的平均周转时间 T 和平均带权周转时间 W 分别定义为

$$T=\frac{1}{n}\sum_{i=1}^{n}T_i\ ,\qquad W=\frac{1}{n}\sum_{i=1}^{n}W_i$$

从用户的角度来说，总是希望自己的作业在提交后能立即执行，这意味着当等待时间为 0 时作业的周转时间最短，即 $T_i=t_{ri}$。但是作业的执行时间 t_{ri} 并不能直观地衡量出系统的性能，而带权周转时间 W_i 却能直观地反映系统的调度性能。从整个系统的角度来说，不可能满足每个用户的这种要求，而只能是系统的平均周转时间或平均带权周转时间最小。

三、用户界面

用户界面是计算机中实现用户与计算机通信的软件和硬件部分的总称。用户界面也称

为用户接口或人机界面。

3.2.7　操作系统实例

一、网络操作系统

计算机网络系统除了硬件，还需要有系统软件，两者结合构成计算机网络的基础平台。操作系统是最重要的软件。网络操作系统是网络用户和计算机网络之间的一个接口，它除了应具备通常操作系统应具备的基本功能外，还应有联网功能，支持网络体系结构和各种网络通信协议，提供网络互联功能，支持有效、可靠安全的数据传送。

一般来说，网络操作系统可以分为以下 3 类。

(1) 集中模式。集中式网络操作系统是由分时操作系统加上网络功能演变而来的，系统的基本单元是由一台主机和若干台与主机相连的终端构成，将多台主机连接起来形成了网络，信息的处理和控制是集中的。UNIX 就是这类系统的典型例子。

(2) 客户机/服务器模式。客户机/服务器模式是流行的网络工作模式。该种模式的网络可分为两个部分：服务器和客户机。服务器是网络的控制中心，其任务是向客户机提供一种或多种服务。服务器可有多种类型，如提供文件或打印服务的文件服务器等。客户机是用于本地处理和进行服务器访问的站点，在客户机中包含本地处理软件和访问服务器上服务程序的软件接口。

(3) 对等模式。采用这种模式的操作系统网络中，各个站点是对等的。它既可以作为客户去访问其他站点，又可以作为服务器向其他站点提供服务；在网络中既无服务处理中心，也无控制中心，或者说网络的服务和控制功能分布在各个站点上。

目前，流行的网络操作系统主要有以下几种。

- Microsoft 公司的 Windows NT Server 操作系统。
- Novell 公司的 NetWare 操作系统。
- IBM 公司的 LANServer 操作系统。
- UNIX 操作系统。
- Linux 操作系统。

二、嵌入式操作系统

嵌入式操作系统是指在嵌入式系统中的操作系统。嵌入式操作系统运行在嵌入式智能芯片环境中，对整个智能芯片以及它所操作、控制的各种部件装置等资源进行统一协调、调度、指挥和控制。

嵌入式操作系统具有占用空间小、执行效率高、方便进行个性化定制和软件要求固化存储等特点。

嵌入式系统开发环境通常配有源码级可配置的系统模块设计、丰富的同步原语、可选择的调度算法、可选择的主存分配策略、定时器与计数器、多方式中断处理支持、多种异常处理选择、多种通信方式支持、标准 C 语言库、数学运算库和开放式应用程序接口等。较著名的嵌入式操作系统有 Windows CE、VxWorks、pSOS、Palm OS 等。

三、UNIX 操作系统

UNIX 操作系统是一种多用户、多任务的分时操作系统。它由最内层的硬件提供基本服务，内核提供全部应用程序所需的各种服务。

1. UNIX 文件系统

UNIX 文件系统采用树型带交叉勾连的目录结构，根目录即为“/”，非叶节点是目录文件，叶节点可以是目录文件，也可以是文件或特殊文件。目录是一个包含目录项的文件，在逻辑上可以认为每一个目录项都包含一个文件名，同时还包含说明该文件属性的信息。某些 UNIX 文件系统限制文件名的最大长度为 14 个字符，BSD 版本则将这种限制扩展到了 255 个字符。

UNIX 文件系统结构由四部分组成：引导块、超级块、索引节点区和数据存储区。

- 引导块：占据文件系统的开头，通常占用一个物理块，包含引导代码段。
- 超级块：描述文件系统的状态。
- 索引节点区：第一个索引节点就是文件系统的根索引节点，当执行 mount 命令后，该文件系统的目录结构就可以从这个根索引节点开始进行存取。
- 数据存储区：专门存放数据的区域。

2. 进程管理

UNIX 中的进程由进程控制块(PCB)、正文段和数据段组成。PCB 由常驻主存的基本进程控制块 proc 和非常驻主存的进程扩充控制块 user 两部分组成。正文段可供多个进程共享。系统设置一张正文表 text，每个正文段都占据一个表项，用来指明正文段在主存和磁盘中的位置。数据段是进程执行时用到的数据段，若进程执行时的程序是非共享的，则也构成数据段的一部分。

传统的 UNIX 进程控制子系统有进程同步、进程通信、存储管理和进程调度几大功能。进程调度采用动态优先数调度算法，进程的优先数随着进程的执行情况而变化。UNIX 系统中优先数的确定方法有两种：设置方法和计算方法。

3. 存储管理

UNIX 早期的版本采用“对换技术”扩充主存容量，进程可以被换出到对换区，也可以从对换区换进到主存。高版本的 UNIX 主存管理采用分页式虚拟存储机制，对换技术作为一种辅助手段，并采用二次机会页面替换算法。

4. 设备管理

UNIX 系统中的文件等同于系统中可用的任何资源。UNIX 的设计者们遵循一条这样的规则：UNIX 系统中可以使用的任何计算机资源都用一种统一的方法表示。它们选择用“文件”这个概念作为一切资源的抽象表示方法。

UNIX 系统包括两类设备：块设备和字符设备。UNIX 设备管理的主要特点如下。

(1) 块设备与字符设备具有相似的层次结构。这是指对它们的控制方法和所采用的数据结构、层次结构几乎相同。

(2) 将设备作为一个特殊文件，并赋予一个文件名。这样，对设备的使用类似于对文件的存取，具有统一的接口。

(3) 采用完善的缓冲区管理技术。引入“预先读”、“异步写”和“延迟写”方式，进一步提高了系统效率。

在 UNIX 系统中，“|”符号表示管道。一个管道总是连接两条命令。若将左边的标准输出命令和右边的标准输入命令相连，则左边命令的输出结果就直接成为右边命令的输入。这个功能使得用户可以在不改动程序本身的前提下使多个程序通过标准输入/输出设备进行数据传递。

5. shell 程序

在 UNIX 中，任何一个存放一条或多条命令的文件都称为 shell 程序或 shell 过程。shell 向用户提供了输入/输出的转向命令，可以在不改变应用程序本身的情况下自由地改变其数据的输入源和输出目的地。其中，“>”、“>>”表示输出转向，“<”表示输入转向。

shell 不但负责管理命令行界面，而且 shell 自己也是一个编程的环境。实际上，可以将命令按照命令行的格式写入一个文件，再将其权限设置为可执行，就可以像普通命令一样执行它了。这个文件通常称为脚本。熟悉 DOS 的用户自然想到 shell 脚本相当于 DOS 的批处理文件，而且 shell 脚本中也同样支持如 if、for 和 case 等程序控制流程，甚至还支持变量和函数定义。shell 实际上是一种编程语言。利用 shell 语言可以编写出功能很强的 shell 程序，并可将程序段组合起来。

3.3 真题详解

综合知识试题

试题 1 (2010 年下半年试题 23～25)

进程 P1、P2、P3、P4 和 P5 的前趋图如下：

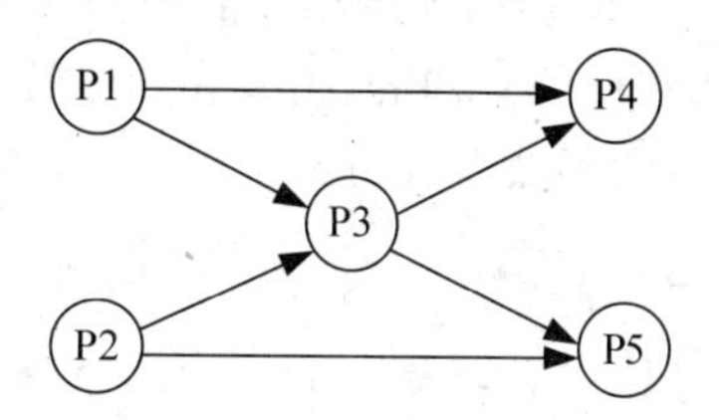

若用 PV 操作控制进程 P1～P5 并发执行的过程，则需要设置 6 个信号 S1、S2、S3、S4、S5 和 S6，且信号量 S1～S6 的初值都等于 0。下图中 a 和 b 处应分别填写__(23)__，c 和 d 处应分别填写__(24)__，e 和 f 处应分别填写__(25)__。

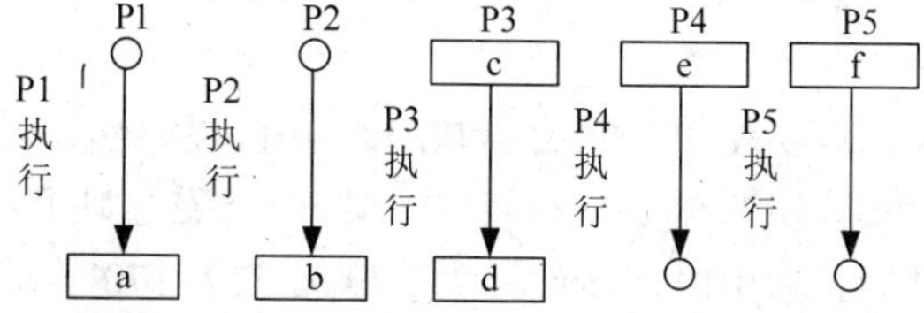

(23) A．P(S1)P(S2)和 P(S3)P(S4)

B．P(S1)V(S2)和 P(S2)V(S1)
C．V(S1)V(S2)和 V(S3)V(S4)
D．P(S1)P(S2)和 V(S1)V(S2)

(24) A．P(S1)P(S2)和 V(S3)V(S4)
B．P(S1)P(S3)和 V(S5)V(S6)
C．V(S1)V(S2)和 P(S3)P(S4)
D．P(S1)V(S3)和 P(S2)V(S4)

(25) A．P(S3)P(S4)和 V(S5)V(S6)
B．V(S5)V(S6)和 P(S5)P(S6)
C．P(S2)P(S5)和 P(S4)P(S6)
D．P(S4)V(S5)和 P(S5)V(S6)

参考答案：(23) C；(24) B；(25) C。

要点解析：利用 PV 操作实现进程的同步时，进程可以通过 P 操作测试消息是否到达，调用 V 操作通知消息已经准备好。根据题意，将信号量标在图上，为：

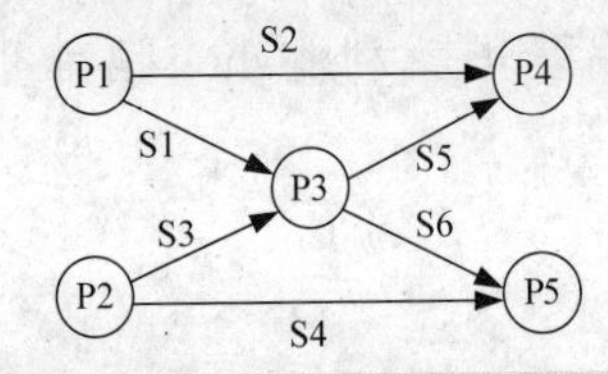

试题 2 （2010 年下半年试题 26）

某磁盘磁头从一个磁道移至另一个磁道需要 10ms。文件在磁盘上非连续存放，逻辑上相邻数据块的平均移动距离为 10 个磁道，每块的旋转延迟时间及传输时间分别为 100ms 和 2ms，则读取一个 100 块的文件需要__(26)__ms 时间。

(26) A．10 200　　B．11 000　　C．11 200　　D．20 200

参考答案：(26) D。

要点解析：磁盘磁头从一个数据块移动到相邻的数据块需要的时间为 10ms×10=100ms，每块的旋转延迟时间及传输时间分别为 100ms 和 2ms，则读取一个块的平均时间为 202ms，读取一个 100 块的文件需要的时间为 20 200ms。

试题 3 （2010 年下半年试题 27~28）

某文件系统采用多级索引结构，若磁盘块的大小为 512 字节，每个块号需占 3 字节，那么根索引采用一级索引时的文件最大长度为__(27)__K 字节；采用二级索引时的文件最大长度为__(28)__K 字节。

(27) A．85　　B．170　　C．512　　D．1024
(28) A．512　　B．1024　　C．14 450　　D．28 900

参考答案：(27) A；(28) C。

要点解析：一级索引需要使用一个磁盘块来保存直接索引的块号。由题目知，磁盘块的大小为 512 字节，每个块号需占 3 字节，则一个磁盘块可以保存的块号的个数为 512/3=170。所以，采用一级索引时，文件最大长度为 512×170B=85KB；采用二级索引时的文件最大长度为 85KB×170=14 450KB。

试题 4 （2010 年上半年试题 23）

如果系统采用信箱通信方式，当进程调用 Send 原语被设置成“等信箱”状态时，其原因是＿(23)＿。

(23) A．指定的信箱不存在　　B．调用时没有设置参数
C．指定的信箱中无信件　　D．指定的信箱中存满了信件

参考答案:(23) D。

要点解析：为了实现进程间的通信，可以设立一个通信机构——信箱，以发送信件以及接收回答信件为进程间通信的基本方式。采用信箱通信的最大好处是，发送方和接收方不必直接建立联系，没有处理时间上的限制。发送方可以在任何时间发信，接收方也可以在任何时间收信。 为了实现信箱通信，必须提供相应的原语，如创建信箱原语、撤销信箱原语、发送信件原语和接收信件原语等。Send 原语是发送原语，当进程调用 Send 原语被设置成“等信箱”状态时，意味着指定的信箱存满了信件，无可用空间。

试题 5 （2010 年上半年试题 24）

若在系统中有若干个互斥资源 R，6 个并发进程，每个进程都需要 2 个资源 R，那么使系统不发生死锁的资源 R 的最少数目为＿(24)＿。

(24) A．6　　B．7　　C．9　　D．12

参考答案：(24) B。

要点解析：若资源 R 的数目为 6，6 个进程并发执行，操作系统为每个进程分配 1 个资源 R，此时已无可供分配的资源 R，而每个进程还都需要 1 个资源 R，则这 6 个进程由于请求的资源 R 得不到满足而死锁。对于选项 B，操作系统为每个进程分配 1 个资源 R 后，系统还有 1 个可供分配的资源 R，能满足其中的 1 个进程对资源 R 的要求，该进程运行完毕释放占有的资源 R，从而使其他进程也能得到所需的资源 R 并运行完毕。

试题 6 （2010 年上半年试题 25~26）

某进程有 5 个页面，页号为 0～4，页面变换表如下所示。表中状态位等于 0 和 1 分别表示页面不在内存或在内存。若系统给该进程分配了 3 个存储块，当访问的页面 3 不在内存时，应该淘汰表中页号为(25)的页面。假定页面大小为 4K，逻辑地址为十六进制 2C25H，该地址经过变换后，其物理地址应为十六进制＿(26)＿。

页　号	页 帧 号	状 态 位	访 问 位	修 改 位
0	3	1	1	0
1	—	0	0	0
2	4	1	1	1
3	—	0	0	0
4	1	1	1	1

(25) A．0　　B．1　　C．2　　D．4
(26) A．2C25H　　B．4096H　　C．4C25H　　D．8C25H

参考答案：(25) A；(26) C。

要点解析：页面变换表中状态位等于 0 和 1 分别表示页面不在内存或在内存，所以 0、2 和 4 号页面在内存。当访问的页面 3 不在内存时，系统应该首先淘汰未被访问的页面，因

为根据程序的局部性原理，最近未被访问的页面下次被访问的概率更小；如果页面最近都被访问过，应该先淘汰未修改过的页面，因为未修改过的页面内存与辅存一致，故淘汰时无需写回辅存，使系统页面置换代价小。经上述分析，0、2 和 4 号页面都是最近被访问过的，但 2 和 4 号页面都被修改过而 0 号页面未修改过，故应该淘汰 0 号页面。

根据题意，页面大小为 4KB，逻辑地址为十六进制 2C25H，其页号为 2，页内地址为 C25H，查页表后可知页帧号(物理块号)为 4，该地址经过变换后，其物理地址应为页帧号 4 拼上页内地址 C25H，即十六进制 4C25H。

试题 7 (2010 年上半年试题 27~28)

假设某磁盘的每个磁道划分成 9 个物理块，每块存放 1 个逻辑记录。逻辑记录 R0，R1，…，R8 存放在同一个磁道上，记录的安排顺序如下表所示。

物 理 块	1	2	3	4	5	6	7	8	9
逻辑记录	R0	R1	R2	R3	R4	R5	R6	R7	R8

如果磁盘的旋转速度为 27ms/周，磁头当前处在 R0 的开始处。若系统顺序处理这些记录，使用单缓冲区，每个记录处理时间为 3ms，则处理这 9 个记录的最长时间为__(27)__；若对信息存储进行优化分布后，处理 9 个记录的最少时间为__(28)__。

(27) A．54ms　　B．108ms　　C．222ms　　D．243ms

(28) A．27ms　　B．54ms　　C．108ms　　D．216ms

参考答案：(27) C；(28) B。

要点解析：

试题(27)分析：系统读记录的时间为 27/9=3ms。系统读出并处理记录 R1 之后，将转到记录 R3 的开始处，所以为了读出记录 R2，磁盘必须再转一圈，需要 27ms(转一圈)的时间。这样，处理 9 个记录的总时间应为 222ms，为处理前 8 个记录(即 R1，R2，…，R8)的总时间再加上读 R9 的时间：8×27ms+6ms=222ms。

试题(28)分析：对信息进行分步优化的结果如下所示。

物 理 块	1	2	3	4	5	6	7	8	9
逻辑记录	R1	R6	R2	R7	R3	R8	R4	R9	R5

从上表可以看出，当读出记录 R1 并处理结束后，磁头刚好转至 R2 记录的开始处，立即就可以读出并处理，因此处理 9 个记录的总时间为：

9×[3ms(读记录)+3ms(处理记录)]=9×6ms=54ms。

试题 8 (2009 年下半年试题 23~24)

操作系统是裸机上的第一层软件，其他系统软件(如__(23)__等)和应用软件都是建立在操作系统基础上的。下图①②③分别表示__(24)__。

(23) A．编译程序、财务软件和数据库管理系统软件

B．汇编程序、编译程序和 Java 解释器

C．编译程序、数据库管理系统软件和汽车防盗程序

D．语言处理程序、办公管理软件和气象预报软件

(24) A．应用软件开发者、最终用户和系统软件开发者

B．应用软件开发者、系统软件开发者和最终用户

C．最终用户、系统软件开发者和应用软件开发者

D．最终用户、应用软件开发者和系统软件开发者

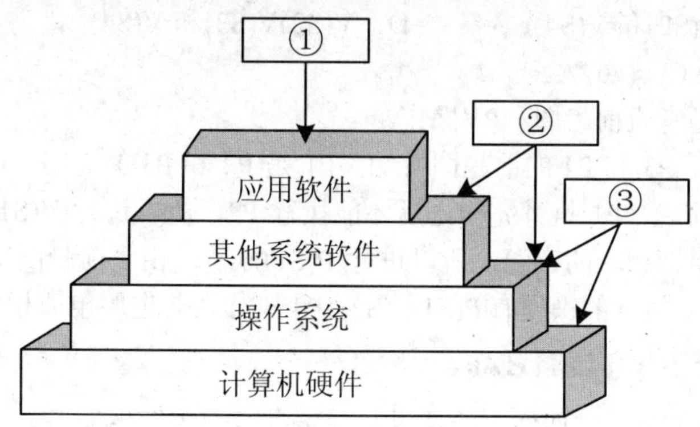

参考答案：(23) B；(24) D。

要点解析：本题主要考查系统软件和应用软件的区别。

应用软件是专门为某一应用目的而编制的软件，一般包括文字处理软件、信息处理软件、辅助设计软件、实时控制软件。

系统软件主要负责数据是如何输入、输出的以及对硬件的管理等，主要有：

- 操作系统：如 DOS、Windows、UNIX 等。
- 数据库管理系统：如 FoxPro、DB2、Access、SQL Server 等。
- 编译软件：VB、C++、Java 等。

应用软件是为最终用户服务的，因此①应为最终用户，而②是工作在其他系统软件和操作系统基础上，应该为应用软件开发者，而③是工作在操作系统和计算机硬件上，应为系统软件开发者。

试题 9 （2009 年下半年试题 25~26）

进程 P1、P2、P3 和 P4 的前趋图如下。

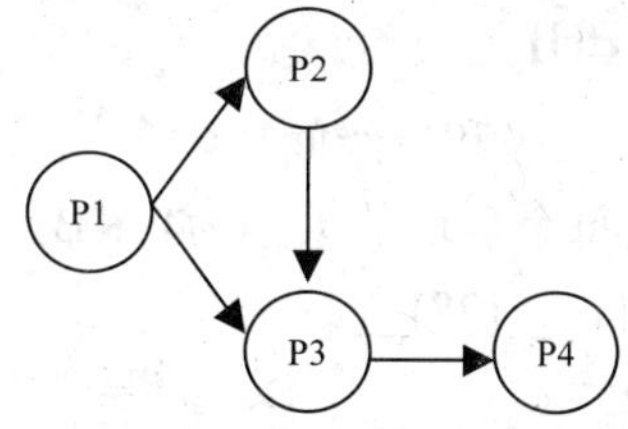

若用 PV 操作控制这几个进程并发执行的过程，则需要设置 4 个信号量 S1、S2、S3 和 S4，且信号量初值都等于 0。下图中 a 和 b 应分别填写__(25)__，c 和 d 应分别填写__(26)__。

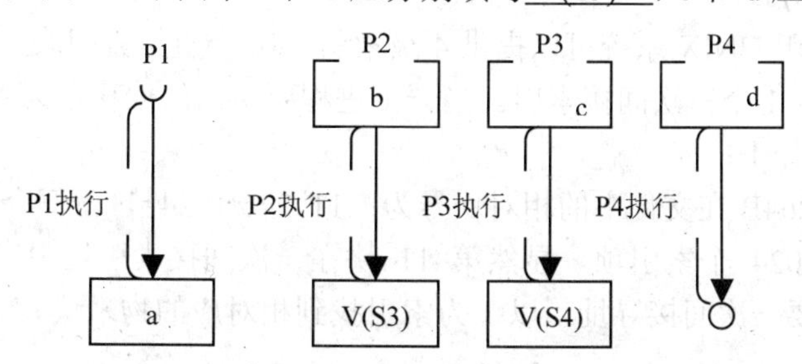

(25) A．P(S1)P(S2)和 P(S3)　　B．P(S1)P(S2)和 V(S1)
C．V(S1)V(S2)和 P(S1)　　D．V(S1)V(S2)和 V(S3)

(26) A．P(S1)P(S2)和 P(S4)　　B．P(S2)P(S3)和 P(S4)
C．V(Sl)V(S2)和 V(S4)　　D．V(S2)V(S3)和 V(S4)

参考答案：(25) C；(26) A。

要点解析：本题考查前趋图和PV操作。

由进程 P1、P2、P3 和 P4 的前趋图可知，P1 是 P2 和 P3 的前趋，P1 和 P2 又是 P3 的前趋，P3 是 P4 的前趋。P1 执行完毕之后才能执行 P2，所以进行 V(S1)和 V(S2)操作。P2 要想执行就必须先申请相应的资源，所以进行 P(S1)操作。由于前趋图 P3 的前趋有两个，所以执行 P3 之前需要执行的操作有 P(S1)P(S2)。P4 执行之前也要申请相应的资源，即 P(S4)。

试题 10 (2009 年下半年试题 27)

若系统正在将＿(27)＿文件修改的结果写回磁盘时系统发生崩溃，则对系统的影响相对较大。

(27) A．空闲块　　B．目录　　C．用户数据　　D．用户程序

参考答案：(27) B。

要点解析：当文件处于“未打开”状态时，文件需占用三种资源：一个目录项；一个磁盘索引节点项；若干个盘块。

当文件被引用或“打开”时，须再增加三种资源：一个内存索引节点项，它驻留在内存中；文件表中的一个登记项；用户文件描述符表中的一个登记项。

由于对文件的读写管理，必须涉及上述各种资源，因而对文件的读写管理，又在很大程度上依赖于对这些资源的管理，故可从资源管理观点上来介绍文件系统。这样，对文件的管理就必然包括：① 对索引节点的管理；② 对空闲盘块的管理；③ 对目录文件的管理；④ 对文件表和描述符表的管理；⑤ 对文件的使用。

因此如果目录文件在写回磁盘时发生异常，对系统的影响是很大的。对于空闲块、用户数据和程序并不影响系统的工作，因此不会有较大的影响。

试题 11 (2009 年下半年试题 28)

UNIX系统采用直接、一级、二级和三级间接索引技术访问文件，其索引节点有13个地址项(i_addr[0]~i_addr[12])。如果每个盘块的大小为1 KB，每个盘块号占4B，则进程A访问文件F中第11 264字节处的数据时，＿(28)＿。

(28) A．可直接寻址　　B．需要一次间接寻址
C．需要二次间接寻址　　D．需要三次间接寻址

参考答案：(28) B。

要点解析：由于 UNIX 系统可以提供 4 级索引：10 个直接索引块，1 个一次间接索引，1 个二次间接索引，1 个三次间接索引。当一个进程要访问的偏移量为 11 264B 时，需要访问磁盘的次数计算如下：

偏移量为 11 264B 在文件中的相对块号为：11 246/1024=11。每个盘块号占 4B，一个索引块可以存放 1024 个索引项。显然第 11 块在一次间接索引块中，且占有的索引项为 11-10=1。故只需要一次间接寻址，以 1 为索引找到相对应的物理块。

试题 12 （2009 年上半年试题 23~24）

在Windows XP 操作系统中，用户利用“磁盘管理”程序可以对磁盘进行初始化、建卷，__(23)__。通常将“C:\Windows\myprogram.exe”文件设置成只读和隐藏属性，以便控制用户对该文件的访问，这一级安全管理称之为__(24)__安全管理。

(23) A．但只能使用 FAT 文件系统格式化卷

B．但只能使用 FAT32 文件系统格式化卷

C．但只能使用 NTFS 文件系统格式化卷

D．可以选择使用 FAT、FAT32 或 NTFS 文件系统格式化卷

(24) A．文件级　　B．目录级　　C．用户级　　D．系统级

参考答案：(23) D；(24) A。

要点解析：对于固定磁盘来说，Microsoft Windows XP 支持下列三种文件系统：FAT、FAT32 和 NTFS。

对于第 24 题，“C:\Windows\myprogram.exe”其实就是文件“myprogram.exe”的绝对路径，所以把“C:\Windows\myprogram.exe”文件设置成只读和隐藏属性属于文件级安全管理。

试题 13 （2009 年上半年试题 25）

在移臂调度算法中，__(25)__算法可能会随时改变移动臂的运动方向。

(25) A．电梯调度和先来先服务　　B．先来先服务和最短寻找时间优先

C．单向扫描和先来先服务　　D．电梯调度和最短寻找时间优先

参考答案：(25) B。

要点解析：常用的移臂调度算法如下。

① 先来先服务算法：该算法实际上不考虑访问者要求访问的物理位置，而只是考虑访问者提出访问请求的先后次序，故有可能随时改变移动臂的方向。

② 最短寻找时间优先算法：该算法总是从等待访问者中挑选寻找时间最短的那个请求先执行的，而不管访问者到来的先后次序，故也有可能随时改变移动臂的方向。

③ 电梯调度算法：该算法是从移动臂当前位置开始沿着臂的移动方向去选择离当前移动臂最近的那个访问者，如果沿臂的移动方向无请求访问时，就改变臂的移动方向再选择。

④ 单向扫描算法：该算法的基本思想是，不考虑访问者等待的先后次序，总是从 0 号柱面开始向里道扫描，按照各自所要访问的柱面位置的次序去选择访问者。在移动臂到达最后一个柱面后，立即快速返回到 0 号柱面，返回时不为任何的访问者提供服务。在返回到 0 号柱面后，再次进行扫描。

试题 14 （2009 年上半年试题 26~27）

设系统中有 R 类资源 m 个，现有 n 个进程互斥使用。若每个进程对 R 资源的最大需求为 w，那么当 m、n、w 取下表的值时，对于下表中的 a～e 五种情况，__(26)__两种情况可能会发生死锁。对于这两种情况，若将__(27)__，则不会发生死锁。

	a	b	c	d	e
m	2	2	2	4	4
n	1	2	2	3	3
w	2	1	2	2	3

(26) A．a 和 b　　B．b 和 c　　C．c 和 d　　D．c 和 e

(27) A. n加1 或w加1　　B. m加1 或w减1
C. m减1 或w加1　　D. m减1 或w减1

参考答案：(26) D；(27) B。

要点解析：对于a，有R类资源2个，只有1个进程，它需要2个该类资源即可完成，故不会发生死锁。对于b，考虑最坏的情况，R类资源有2个，2个进程各分得1个R类资源，能顺利做完，不会发生死锁。对于c，同样考虑最坏的情况，2个进程各分得1个R类资源，由于该2个进程需要2个该类资源才能做完，并且已经没有多余的R类资源，故发生死锁。对于d，考虑最坏的情况，R类资源有4个，3个进程各分得1个R类资源，剩下的1个资源任意分配各3个进程中的1个，使其顺利做完，然后释放该进程所占用的资源，使其他进程也能顺利做完，故不会发生死锁。对于e，考虑最坏情况，同样3个进程各分得1个资源，剩下1个资源分配给任意1个进程都不能使其做完，因为进程做完需要3个该类资源，故会发生死锁。

在第26题分析的基础上，对于c和e，资源数加1或者进程做完所需的最大资源数减1都能使其顺利完成，不会发生死锁。

试题 15 （2009 年上半年试题 28）

某文件系统采用链式存储管理方案，磁盘块的大小为1024字节。文件Myfile.doc由5个逻辑记录组成，每个逻辑记录的大小与磁盘块的大小相等，并依次存放在121、75、86、65和114号磁盘块上。若需要存取文件的第5120逻辑字节处的信息，应该访问__(28)__号磁盘块。

(28) A. 7　　B. 85　　C. 65　　D. 114

参考答案：(28) D。

要点解析：每个逻辑记录的大小与磁盘块的大小相等(1024字节)，而需要存取文件的第5120逻辑字节处的信息，由计算得5120=1024*5，即该处信息在第5个逻辑记录上，对应的是114号磁盘块。

3.4 强化训练

3.4.1 综合知识试题

试题 1

在 Windows Server 2003 下若选择安全登录，则首先需要按__(1)__组合键。

(1) A. Shift+Alt+Esc　　B. Ctrl+Alt+Tab　　C. Ctrl+Shift　　D. Ctrl+Alt+Del

试题 2

假设系统中有三类互斥资源 R_1、R_2 和 R_3，可用资源数分别为 8、7 和 4。在 T_0 时刻系统中有 P_1、P_2、P_3、P_4 和 P_5 五个进程，这些进程对资源的最大需求量和已分配资源数如表所示。在 T_0 时刻系统剩余的可用资源数分别为__(2)__。如果进程按__(3)__序列执行，那么系统状态是安全的。

(2) A. 0、1 和 0　　B. 0、1 和 1　　C. 1、1 和 0　　D. 1、1 和 1

(3) A. $P_1 \to P_2 \to P_4 \to P_5 \to P_3$　　B. $P_2 \to P_1 \to P_4 \to P_5 \to P_3$

C．$P_4 \rightarrow P_2 \rightarrow P_1 \rightarrow P_5 \rightarrow P_3$　　　　D．$P_4 \rightarrow P_2 \rightarrow P_5 \rightarrow P_1 \rightarrow P_3$

资源 进程	最大需求量 R_1 R_2 R_3	已分配资源数 R_1 R_2 R_3
P1	6 4 2	1 1 1
P2	2 2 2	2 1 1
P3	8 1 1	2 1 0
P4	2 2 1	1 2 1
P5	3 4 2	1 1 1

试题 3

某火车票销售系统有 n 个售票点，该系统为每个售票点创建一个进程 $P_i(i=1,2,\ldots,n)$。假设 $H_j(j=1,2,\ldots,m)$单元存放某日某车次的剩余票数，Temp 为 P_i 进程的临时工作单元，x 为某用户的订票张数。初始化时系统应将信号量 S 赋值为__(4)__。P_i 进程的工作流程如下图所示，若用 P 操作和 V 操作实现进程间的同步与互斥，则图中 a、b 和 c 应分别填入__(5)__。

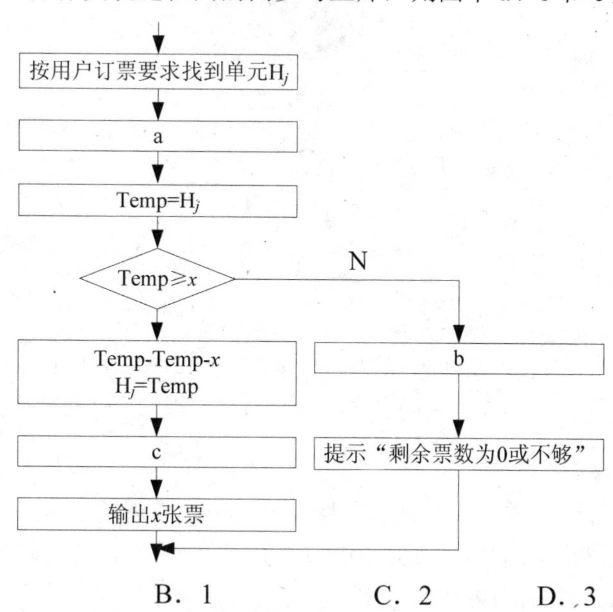

(4) A．0　　B．1　　C．2　　D．3

(5) A．P(S)、V(S)和 V(S)　　B．P(S)、P(S)和 V(S)
C．V(S)、P(S)和 P(S)　　D．V(S)、V(S)和 P(S)

试题 4

某虚拟存储系统采用最近最少使用(LRU)页面淘汰算法。假定系统为每个作业分配 3 个页面的主存空间，其中一个页面用来存放程序。现有某作业的部分语句如下。

```
Var A: Array[1..128,1..128] OF integer;
i,j: integer;
FOR i:=1 to 128 DO
     FOR j:=1 to 128 DO
          A[i,j]:=0;
```

设每个页面可存放 128 个整数变量，变量 i、j 放在程序页中，矩阵 A 按行序存放。初始时，程序及变量 i、j 已在内存，其余两页为空。在上述程序片段执行过程中，共产生 __(6)__ 次缺页中断。最后留在内存中的是矩阵 A 的最后 __(7)__。

(6) A．64　　B．128　　C．256　　D．512

(7) A．2 行　　B．2 列　　C．1 行　　D．1 列

试题 5

在某计算机中，假设某程序的 6 个页面如下图所示，其中某指令“COPY A TO B”跨两个页面，且源地址 A 和目标地址 B 所涉及的区域也跨两个页面。若地址为 A 和 B 的操作数均不在内存，计算机执行该 COPY 指令时，系统将产生 __(8)__ 次缺页中断；若系统产生三次缺页中断，那么该程序应有 __(9)__ 个页面在内存。

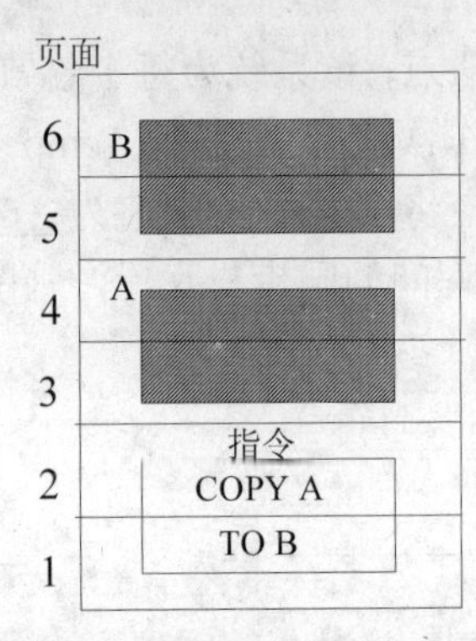

(8) A．2　　B．3　　C．4　　D．5

(9) A．2　　B．3　　C．4　　D．5

试题 6

在操作系统设备管理中，通常临界资源不能采用 __(10)__ 分配算法。

(10) A．静态优先级　　B．动态优先级　　C．时间片轮转　　D．先来先服务

试题 7

某软盘有 40 个磁道，磁头从一个磁道移至另一个磁道需要 5ms。文件在磁盘上非连续存放，逻辑上相邻数据块的平均距离为 10 个磁道，每块的旋转延迟时间及传输时间分别为 100ms 和 25ms，则读取一个 100 块的文件需要 __(11)__ 时间。

(11) A．17 500ms　　B．15 000ms　　C．5000ms　　D．25 000ms

试题 8

某文件管理系统为了记录磁盘的使用情况，在磁盘上建立了位示图(bitmap)。若系统中字长为 16 位，磁盘上的物理块依次编号为：0、1、2、…，那么 8192 号物理块的使用情况在位示图中的第 __(12)__ 个字中描述。

(12) A．256　　B．257　　C．512　　D．513

试题 9

在下图所示的树型文件系统中，方框表示目录，圆圈表示文件，“/”表示路径中的分隔符，“/”在路径之首时表示根目录。图中， __(13)__。假设当前目录是 A2，若进程 A 以

如下两种方式打开文件 f2：

方式①　fd1=open("__(14)__/f2",o_RDONLY);

方式②　fd1=open("/A2/C3/f2",o_RDONLY);

那么，采用方式①的工作效率比方式②的工作效率高。

(13) A．根目录中文件 f1 与子目录 C1、C2 和 C3 中文件 f1 一定相同

B．子目录 C1 中文件 f2 与子目录 C3 中文件 f2 一定相同

C．子目录 C1 中文件 f2 与子目录 C3 中文件 f2 一定不同

D．子目录 C1 中文件 f2 与子目录 C3 中文件 f2 可能相同也可能不相同

(14) A．/A2/C3　　B．A2/C3　　C．C3　　D．f2

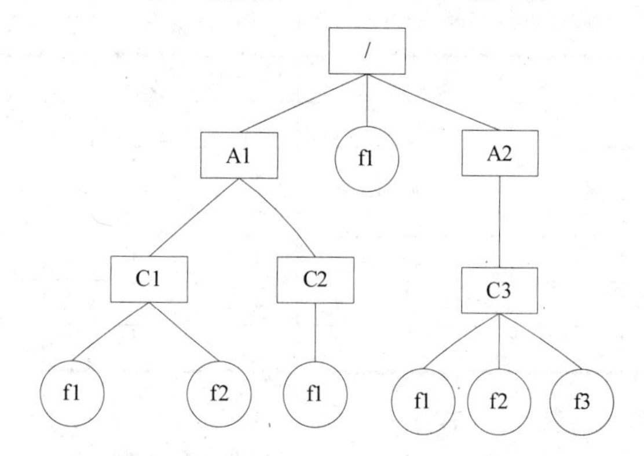

3.4.2　综合知识试题参考答案

【试题 1】答　案：(1) D

分　析：这是常识问题，在 Windows Server 2003 下安全登录，首先需要按 Ctrl+Alt+Del 组合键。

【试题 2】答　案：(2) C　　(3) D

分析：所谓安全状态，是指系统能按照某种顺序如 $<P_1,P_2,\cdots,P_n>$ 来为每个进程分配其所需资源，直至最大需求，使每个进程都可顺利完成。通常称 $<P_1,P_2,\cdots,P_n>$ 序列为安全序列。若系统不存在这样一个安全序列，则称该系统处于不安全状态。

先看第 2 题，首先求剩下的资源数。

$R_1=8-(1+2+2+1+1)=1$

$R_2=7-(1+1+1+2+1)=1$

$R_3=4-(1+1+1+1)=0$

可知在 T_0 时刻系统剩余的可用资源数分别为 1、1 和 0，且系统不再为 R_3 分配资源，所以不能一开始就运行需要分配 R_3 资源的进程。由题表可知，进程 P_1、P_2、P_5 都需要再分配一个 R_3 资源，所以排除 A 选项和 B 选项。

现在看 3 题的 C 选项 $P_4\to P_2\to P_1\to P_5\to P_3$。如果进程可以完成就设置标志 T，如下表所示。

因为系统的可用资源数为(1，1，0)，而进程 P4 只需要一个 R1 资源；进程 P2 可以设置完成标志 T，因为进程 P4 运行完毕将释放所有资源，此时系统的可用资源数应为(2，3，

1)，而进程 P2 只需要(0，1，1)；进程 P2 运行完毕将释放所有资源，此时系统的可用资源数应为(4，4，2)，进程 P1 不能设置完成标志 T，因为进程 P1 需要资源 R1 的数目为 5，系统只能提供 4 个 R1 资源，所以序列无法进行下去。所以 C 选项的序列是不安全的。

资源/进程	可用			需求			已分			可用+已分			标志
	R_1	R_2	R_3	R_1	R_2	R_3	R_1	R_2	R_3	R_1	R_2	R_3	
P4	1	1	0	1	0	0	1	2	1	2	3	1	T
P2	2	3	1	0	1	1	2	1	1	4	4	2	T
P1	4	4	2	5	3	1	1	1	1				

D 选项的序列是安全的，如下表所示。

资源/进程	可用			需求			已分			可用+已分			标志
	R_1	R_2	R_3	R_1	R_2	R_3	R_1	R_2	R_3	R_1	R_2	R_3	
P4	1	1	0	1	0	0	1	2	1	2	3	1	T
P2	2	3	1	0	1	1	2	1	1	4	4	2	T
P5	4	4	2	2	3	1	1	1	1	5	5	3	T
P1	5	5	3	5	3	1	1	1	1	6	6	4	T
P3	6	6	4	6	0	1	2	1	0	8	7	4	T

【试题 3】答　案：(4) B　　(5) A

分　析：本题考查 PV 操作的相关知识，在计算机操作系统中，PV 操作是进程管理中的难点。

利用信号量和 PV 操作实现进程互斥的一般模型是：

```
进程P1          进程P2          ……          进程Pn
……              ……                          ……
P(S);           P(S);                       P(S);
临界区;         临界区;                     临界区;
V(S);           V(S);                       V(S);
……              ……                          ……
```

其中信号量 S 用于互斥，初值为 1。

使用 PV 操作实现进程互斥时应该注意以下几点。

(1) 每个程序中用户实现互斥的 P、V 操作必须成对出现，先做 P 操作，进临界区，后做 V 操作，出临界区。若有多个分支，要认真检查其成对性。

(2) P、V 操作应分别紧靠临界区的头尾部，临界区的代码应尽可能短，不能有死循环。

(3) 互斥信号量的初值一般为 1。

对于 4 题，有多个售票点，为了让每个售票点在售票时对剩余票数进行互斥操作，需设立一个互斥信号，其初值为 1。

对于 5 题，当某个售票点有售票请求时对信号进行 P 操作。根据流程图，对 Temp 进行判断，若 Temp≥x，则接受售票请求，否则拒绝售票请求。所以 a 处是 P 操作，b 和 c 处是 V 操作，A 选项正确。

【试题 4】答　案：(6) B　　(7) A

分　析：系统为每个作业分配 3 个页面的主存空间，其中一个页面用来存放程序。二维数组 A[128][128]共有 128 行 128 列，即每行有 128 个整型变量。由题知，每个页面可存放 128 个整型变量且矩阵 A 按行序存放，所以正好可以存放矩阵 A 的一行数据。这样进入内存的数据序列为：第 1 行、第 2 行、第 3 行、……。当第 3 行数据进入内存时，内存中的 3 个页面已满，需要进行页面淘汰。本题中采用的是最近最少使用页面淘汰算法，每次淘汰最久未被访问的页面。因为用来存放程序的页面时时都在调用，是不会被淘汰的，第 1 行相对第 2 行数据来说是最久未使用过的，所以淘汰第 1 行数据。当第 4 行数据进入内存时淘汰第 2 行数据，以此类推，所以最后留在内存中的是矩阵 A 的最后 2 行。由于每次调入一行数据，产生一次缺页中断，共有 128 行数据，所以有 128 次缺页中断。

【试题 5】答　案：(8) C　　(9) B

分　析：本题考查页面中断处理。

在请求分页系统中，每次需要访问的页面不在主存中时，便要产生一个缺页中断，请求操作系统将所缺的页面调入主存，这是由缺页中断机构完成的。

由题目知，地址为 A 和 B 的操作数均不在内存，计算机执行该 COPY 指令时，系统会去访问 A 的源地址和 B 的目标地址，即 3～6 页，所以系统将产生 4 次缺页中断。

整个程序有 6 个页面，若产生 3 次缺页中断，则该程序有 3 个页面在内存。

【试题 6】答　案：(10) C

分　析：临界资源是指每次仅允许一个进程访问的共享资源，即临界资源是互斥使用的。常见临界资源的硬件有打印机、磁带机等，软件有消息缓冲队列、变量、数组、缓冲区等。每个进程中访问临界资源的那段程序称为临界区。每次只准许一个进程进入临界区，进入后不允许其他进程进入。

时间片轮转调度是一种最古老、最简单、最公平且使用最广的算法。每个进程被分配一个时间段，称作它的时间片，即该进程允许运行的时间。如果在时间片结束时进程还在运行，则 CPU 将被剥夺并分配给另一个进程。如果进程在时间片结束前阻塞或结束，则 CPU 当即进行切换。也就是说，在同一时间内，多个进程快速地流转使用资源，与前面提到的临界资源不符合，所以临界资源不能采用这个分配算法。

【试题 7】答　案：(11) A

分　析：本题考查存放在磁道上的文件的读取时间计算。访问一个数据块的时间应为寻道时间加旋转延迟时间及传输时间，题目中给的条件比较全面，只需计算一下。

由题可知，每块的旋转延迟时间及传输时间共需 100ms +25ms =125ms，磁头从一个磁道移至另一个磁道需要 5ms，但逻辑上相邻数据块的平均距离为 10 个磁道，即读完一个数据块到下一个数据块寻道时间需要 50ms。因此访问一个数据块的时间应为 125ms+50ms =175ms，所以读取一个 100 块的文件共需要 17 500ms。

【试题 8】答　案：(12) D

分　析：位示图是利用二进制的一位来表示文件存储空间中的一个物理块的使用情况，当其值为“0”时，表示对应物理块为空闲；为“1”时表示已分配。8192/16=512.0625，物理块从 0 开始编号，所以 8192 号物理块应放在位示图中的第 513 个字中。

【试题 9】答　案：(13) D　　(14) C

分　析：本题考查树型文件目录结构的相关知识。

树型文件目录结构也就是多级目录结构：这种结构像一个倒置的有限树，从树根向下，每一个节点是一个目录，叶节点是文件。采用这种目录结构的文件系统，用户要访问一个文件时，必须指出文件所在的路径名，路径名是从根目录开始到该文件的通路上所有各级目录名拼接起来得到的。所以这种目录结构的文件系统容许不同用户的文件具有相同的文件名，所以第 13 题答案为选项 D。

对于第 14 题，确定了当前目录是 A2，要打开的文件是 f2，由图中树型目录可知，采用相对路径的方式时效率更高一些，故答案为选项 C。

第 4 章 系统开发和运行

4.1 备考指南

4.1.1 考纲要求

根据考试大纲中相应的考核要求，在“**系统开发和运行**”知识模块上，要求考生掌握以下方面的内容。

1. 软件工程知识
- 软件开发生命周期与软件生命周期模型
- 软件开发方法
- 软件开发项目管理
- 软件开发工具与软件开发环境

2. 系统分析基础知识
- 系统分析的主要步骤
- 结构化分析方法

3. 系统设计基础知识
- 概要设计与详细设计的基本任务
- 系统设计的基本原理
- 系统模块结构设计
- 结构化设计方法
- 面向数据结构的设计方法
- 系统详细设计
- 系统实施知识
- 系统实施的基本内容
- 程序设计方法

- 程序设计的基本模块
- 系统测试
- 系统转换

4. 系统运行和维护知识
- 系统可维护性的概念
- 系统维护的类型
- 系统评价的概念和类型

5. 软件质量管理基础知识
- 软件质量特性(ISO/IEC 9126 软件质量模型)
- 软件质量保证
- 软件复杂性的概念及度量方法(McCabe 度量法)
- 软件评审(设计质量评审、程序质量评审)
- 软件容错技术

6. 软件过程改进基础知识
- 软件能力成熟度模型 CMM
- 统一(UP)与极限编程(XP)的基本概念

4.1.2 考点统计

“系统开发和运行”知识模块，在历次软件设计师考试试卷中出现的考核知识点及分值分布情况如表 4.1 所示。

表 4.1 历年考点统计表

年 份	题 号	知 识 点	分 值
2010 年下半年	上午：15～19、29～36	软件开发模型、PERT 图、敏捷开发方法、风险分析、冗余技术、过程改进、软件复杂性度量、McCabe 度量法、可维护性评价指标、软件测试的概念、黑盒测试技术的分类	13 分
	下午：试题一	数据流图(DFD)的应用	15 分
2010 年上半年	上午：15～19、29～36	基于构件的软件开发、面向对象软件开发过程、白盒测试方法、Gantt 图和 PERT 图、软件变更管理、软件系统模块划分、能力成熟度集成模型 CMMI 的等级、统一过程、程序的基本控制结构、软件配置管理、软件测试、McCabe 度量法	13 分
	下午：试题一	数据流图(DFD)的应用	15 分
2009 年下半年	上午：15～19、29～36	构建系统时影响人数确定的因素、风险预测、系统开发计划的组成、CMM、McCabe 度量法、极限编程、ISO/IEC 9126 软件质量模型、DFD、面向对象开发方法、系统设计目标、测试路径覆盖、软件测试分类、软件维护	13 分
	下午：试题一	数据流图(DFD)的应用	15 分
2009 年上半年	上午：15～19、29～36	PERT 图、软件风险、系统文档的作用、敏捷方法、RUP、CMM、McCabe 度量法、ISO/IEC 9126 软件质量模型、软件的可维护性、分支覆盖、软件维护	13 分
	下午：试题一	数据流图(DFD)的应用	15 分

4.1.3 命题特点

纵观历年试卷，本章知识点是以选择题和综合分析题的形式出现在试卷中的。在历次考试上午试卷中，所考查的题量大约为 13 道选择题，所占分值为 13 分(约占试卷总分值 75 分中的 17%)；在下午试卷中，所考查的题量为 1 道综合分析题，所占分值为 15 分(约占试卷总分值 75 分中的 20%)。本章试题理论与实践应用并重，难度中等偏难。数据流图的应用是下午考试必考的内容，要重点掌握。

4.2　考点串讲

4.2.1　软件工程基础知识

一、软件工程概述

1. 软件生存周期

同任何事物一样，软件也有一个孕育、诞生、成长、成熟、衰亡的生存过程，我们称其为计算机软件的生存周期。通常，软件生存周期包括可行性分析、项目开发计划、需求分析、设计(概要设计和详细设计)、编码、测试、维护等活动。

2. 软件开发模型

软件开发模型有如下几种。

(1) 瀑布模型：该模型给出了软件生存周期各阶段的固定顺序，上一阶段完成后才能进入到下一阶段，整个过程就像流水下泻，故称之为瀑布模型。瀑布模型为软件的开发和维护提供一种有效的管理模式，对保证软件产品的质量有重要的作用。但是这种模型缺乏灵活性，无法通过开发活动来澄清本来不够明确的需求，这将可能导致直到软件开发完成时才发现所开发的软件并非是用户所需要的，此时必须付出高额的代价才能纠正这一偏差。

(2) 演化模型：在获取一组基本的需求后，通过快速分析构造出该软件的一个初始可运行版本，这个初始的软件通常称为原型，然后根据用户在使用原型的过程中提出的意见和建议对原型进行改进，获得原型的新版本。重复这一过程，最终可得到令用户满意的软件产品。该模型是用于对软件需求缺乏准确认识的情况。

(3) 螺旋模型：将瀑布模型和演化模型相结合就成了螺旋模型。这种模型综合了瀑布模型和演化模型的优点，并增加了风险分析。螺旋模型包括 4 个方面的活动：制订计划、风险分析、实施工程、客户评估。

(4) 喷泉模型：主要用于描述面向对象的开发过程。该模型具有迭代和无间隙特性。迭代意味着模型中的开发活动常常需要重复多次，在迭代中不断完善软件系统。无间隙是指在开发活动之间不存在明显的边界，允许开发活动交叉、迭代地进行。

3. 软件开发方法

软件开发方法有如下几种。

1)　结构化方法

结构化方法由结构化分析、结构化设计、结构化程序设计构成，它是一种面向数据流的开发方法。结构化分析是根据分解与抽象的原则，按照系统中数据处理的流程，用数据流图来建立系统的功能模型，从而完成需求分析工作。

结构化方法总的指导思想是自顶向下、逐层分解，它的基本原则是功能的分解与抽象。它是软件工程中最早出现的开发方法，特别适合于数据处理领域的问题，但是不适合解决大规模的、特别复杂的项目，且难以适应需求的变化。

2) Jackson 方法

Jackson 方法是一种面向数据结构的开发方法。因为一个问题的数据结构与处理该数据结构的控制结构有着惊人的相似之处，该方法就是根据这一思想而形成了最初的 JSP (Jackson Structure Programming)方法。首先描述问题的输入、输出数据结构，分析其对应性，然后推出相应的程序结构，从而给出问题的软件过程描述。

JSP 方法是以数据结构为驱动的，适合于小规模的项目。当输入数据结构与输出数据结构之间没有对应关系时，难以应用此方法。基于 JSP 方法的局限性，又发展了 JSD (Jackson System Development)方法，它是 JSP 方法的扩充。

3) 原型化方法

并非所有的需求都能够预先定义，而且反复修改是不可避免的。开发原型化系统首先确定用户需求，开发原始模型，然后征求用户对初始原型的改进意见，并根据意见修改原型。原型化开发比较适合于用户需求不清、业务理论不确定、需求经常变化的情况。当系统规模不是很大也不太复杂时，采用该方法是比较好的。

4) 面向对象开发方法

面向对象开发方法包括面向对象分析、面向对象设计和面向对象实现。面向对象开发方法有 Booch 方法、Coad 方法和 OMT 方法等。为了统一各种面向对象方法的术语、概念和模型，1997 年推出了统一建模语言(Unified Modeling Language，UML)。它是面向对象的标准建模语言，通过统一的语义和符号表示，使各种方法的建模过程和表示统一起来，已成为面向对象建模的工业标准。

二、软件需求分析

1. 需求分析的任务

需求分析主要是确定待开发软件的功能、性能、数据、界面等要求。具体来说有下面几点。

(1) 确定软件系统的综合要求，包括系统界面、功能、性能、安全性、保密性、可靠性、运行等方面的要求。

(2) 分析软件系统的数据要求，包括基本数据元素、数据元素之间的逻辑关系、数据量、峰值等。

(3) 导出系统的逻辑模型，在结构化方法中可用数据流图来描述，在面向对象分析方法中可以用类模型来描述。

(4) 修正项目开发计划。

(5) 如有必要，可开发一个原型系统以验证用户的需求。

2. 软件需求的分类

下面介绍软件需求的分类。

(1) 功能需求，是指所开发的软件必须具备什么样的功能。

(2) 非功能需求，是指产品必须具备的属性或品质，如可靠性、性能响应时间、容错性和扩展性等。

(3) 设计约束，也称为限制条件、补充规约，这通常是对解决方案的一些约束说明。

3. 软件需求分析方法

需求分析方法由对软件的数据域和功能域的系统分析过程及其表示方法组成。它定义了表示系统逻辑视图和物理视图的方式。大多数的需求分析方法是由数据驱动的，数据域具有数据流、数据内容和数据结构 3 种属性，通常一种需求分析方法总要利用其中一种或几种属性。

三、软件开发项目管理

1. 成本估算

1) 成本估算方法

常见的成本估算方法有自顶向下估算方法、自底向上估算方法、差别估算方法，还有专家估算法、类推估算法、算式估算法。

2) 成本估算模型

常用的软件成本估算模型有 Putnam 模型和 COCOMO 模型。

Putnam 模型是一种动态多变量模型，它是假设在软件开发的整个生存期中工作量有特定的分布。

结构性成本模型 COCOMO 是最精确、最易于使用的成本估算模型之一。该模型可以分为如下几种。

- 基本 COCOMO 模型。它是一个静态单变量模型，对整个软件系统进行估算。
- 中级 COCOMO 模型。它是一个静态多变量模型，将软件系统模型分为系统和部件两个层次，系统由部件构成，它把软件开发所需人力(成本)看作是程序大小和一系列“成本驱动属性”的函数。
- 详细 COCOMO 模型。它将软件系统模型分为系统、子系统和模块 3 个层次，它除包括中级模型所考虑的因素外，还考虑在需求分析、软件设计等每一步的成本驱动属性的影响。

2. 风险分析

1) 风险识别

风险识别是试图系统化地确定对项目计划的威胁。风险识别的一个方法是建立风险条目检查表。该检查表可以用于识别风险，并使得人们集中来识别下列常见的、已知的及可预测的风险：产品规模、商业影响、客户特性、过程定义、开发环境等。

2) 风险预测

风险预测又称风险估算，它从两个方面评估一个风险：风险发生的可能性或概率；风险发生所产生的后果。通常项目计划人员与管理人员、技术人员一起，进行 4 种风险预测活动：建立一个尺度或标准，以反映风险发生的可能性；描述风险的后果；估计风险对项目和产品的影响；标注风险预测的整体精确度，以免产生误解。

3) 风险评估

在进行风险评估时，建立了如下形式的三元组：

$$(r_i, l_i, x_i)$$

式中，r_i 为风险；l_i 为风险发生的概率；x_i 为风险产生的影响。

一个对风险评估很有用的技术就是定义风险参照水准。对于大多数软件项目来说，成本、进度和性能就是3种典型的风险参照水准。

在风险评估过程中，需要执行以下步骤。

(1) 定义项目的风险参考水平值。

(2) 建立每一组与每一个参考水平值之间的关系。

(3) 预测一组临界点以定义项目终止区域。

(4) 预测什么样的风险组合会影响参考水平值。

4) 风险控制

一个有效的策略必须考虑3个问题：风险避免；风险监控；风险管理及意外事件计划。如果软件项目组对于风险采取主动的方法，则避免是最好的策略。

3. 进度管理

软件开发项目的进度安排有两种方式：系统最终交付日期已经确定，软件开发部门必须在规定期限内完成；系统最终交付日期只确定了大致的年限，最后交付日期由软件开发部门确定。

进度安排的常用图形描述方法有甘特(Gantt)图和计划评审技术(PERT)图。

1) Gantt 图

Gantt 图中横坐标表示时间，纵坐标表示任务，图中的水平线段则表示对一个任务的进度安排，线段的起点和终点对应在横坐标上的时间分别表示该任务的开始时间和结束时间，线段的长度表示完成该任务所需的时间。

Gantt 图能清晰地描述每个任务从何时开始，到何时结束以及各个任务之间的并行性，但是它不能清晰地反映出各任务之间的依赖关系，难以确定整个项目的关键所在，也不能反映计划中有潜力的部分。

2) PERT 图

PERT 图是一个有向图，用箭头表示任务，它可以表示完成该任务所需的时间；箭头指向节点表示流入节点的任务的结束，并开始流出节点的任务，这里把节点当成事件。只有当流入该节点的所有任务都结束时，节点所表示的事件才出现，流出节点的任务才可以开始。事件本身不消耗时间和资源，它仅表示某个时间点。一个事件有一个事件号和出现该事件的最早时刻和最迟时刻。每个任务还有一个松弛时间，表示在不影响整个工期的前提下，完成该任务有多少机动余地。

PERT 图不仅给出了每个任务的开始时间、结束时间和完成该任务所需的时间，还给出了任务之间的关系，即哪些任务完成后才能开始另外一些任务，以及如期完成整个工程的关键路径。松弛时间则反映了完成某些任务时可以推迟其开始时间或延长其所需的完成时间。但是 PERT 图不能反映任务之间的并行关系。

4. 人员管理

可以按软件项目对软件人员分组，如需求分析组、设计组、编码组、测试组、维护组等，为了控制软件的质量，还可以有质量保证组。

程序设计小组的组织形式可以有多种，如主程序员组、无主程序员组、层次式程序员组等。

四、软件配置管理

软件配置管理(Software Configure Management，SCM)用于整个软件工程过程。其目标是标识变更、控制变更、确保变更正确地实现、报告有关变更。SCM 是一组管理整个软件生存期各阶段中变更的活动。

1. 基线

基线是软件生存期中各开发阶段的一个特定点，它的作用是把开发各阶段工作的划分更加明确化，使本来连续的工作在这些点上断开，以便于检查与肯定阶段成果。因此基线作为一个检查点，在开发过程中，当采用的基线发生错误时，可以知道所处的位置，返回到最近和最恰当的基线上。

2. 软件配置项

软件配置项(SCI)是软件工程中产生的信息项，它是配置管理的基本单位，对已经成为基线的 SCI，虽然可以修改，但必须按照一个特殊的、正式的过程进行评估，确认每一处修改。

3. 版本控制

表达系统不同版本的一种表示方法如图 4.1 所示。

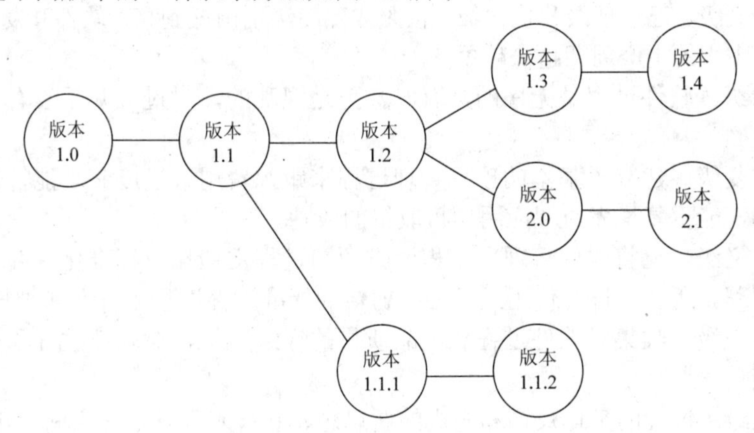

图 4.1　系统不同版本的一种表示方法

4. 变更控制

变更控制是一项最重要的软件配置任务。为有效地实现变更控制，须借助于配置数据库和基线的概念。配置数据库可以分为 3 类：开发库、受控库和产品库。

五、软件工具和软件开发环境

1. 软件工具

软件工具可以分为如下几类。

(1) 软件开发工具，包括需求分析工具、设计工具和编码与排错工具。

(2) 软件维护工具，包括版本控制工具、文档分析工具、开发信息库工具、逆向工程工具和再工程工具。

(3) 软件管理和支持工具，包括项目管理工具、配置管理工具和软件评价工具。

2. 软件开发环境

软件开发环境是支持软件产品开发的软件系统。它由软件工具集和环境集成机制构成，前者用来支持软件开发的相关过程、活动和任务；后者为工具集成和软件开发、维护和管理提供统一的支持，它通常包括数据集成、控制集成和界面集成。

软件开发环境的特征是：环境的服务是集成的；环境应支持小组工作方式，并为其提供配置管理；环境的服务可用于支持各种软件开发活动。

集成型开发环境是一种把支持多种软件开发方法和开发模型的软件工具集成在一起的软件开发环境。这种环境具有开放性和可剪裁性。开放性为环境外的工具集成到环境中来提供了方便，可剪裁性可根据不同的应用和不同的用户需求进行剪裁，以形成特定的开发环境。

六、软件过程管理

1. 软件过程能力评估的意义

软件过程能力评估是改进软件过程和降低软件风险的需要。

2. 软件能力成熟度模型简介

软件能力成熟度模型 CMM 将软件组织的过程能力分成 5 个成熟度级别：初始级、可重复级、已定义级、已管理级和优化级。按照成熟度级别由低到高，软件开发生产精度越来越高，每单位工程的生产周期越来越短。

(1) 初始级。软件过程是无序的，有时甚至是混乱的，对过程几乎没有定义，成功取决于个人努力。

(2) 可重复级。建立了基本的项目管理过程来跟踪费用、进度和功能特性；制定了必要的过程纪律，能重复早先类似应用项目取得的成功。

(3) 已定义级。已将软件管理和工程两方面的过程文档化、标准化，并综合成该组织的标准软件过程。所有项目均使用经批准、剪裁的标准软件过程来开发和维护软件。

(4) 已管理级。收集对软件过程和产品质量的详细度量，对软件过程和产品都有定量的理解和控制。

(5) 优化级。过程的量化反馈和先进的新思想、新技术促使过程不断改进。

3. 统一过程

统一过程(UP)模型是一种“用例和风险驱动，以架构为中心，迭代并且增量”的开发过程，由 UML 方法和工具支持。迭代的意思是将整个软件开发项目划分为许多个小的“袖珍项目”，每个“袖珍项目”都包含正常软件项目的所有元素：计划、分析和设计、构造、集成和测试，以及内部和外部发布。

统一过程包括 5 个阶段：初始阶段、精化阶段、构建阶段、移交阶段、产生阶段。前 4 个技术阶段由主要里程碑所终止。

(1) 初始阶段——生命周期目标。

(2) 精化阶段——生命周期架构。

(3) 构建阶段——初始运作功能。

(4) 移交阶段——产品发布。

统一过程的典型代表是RUP(Rational Unified Process)。RUP是UP的商业扩展，完全兼容UP，但比UP更完整、更详细。

4. 敏捷方法

敏捷开发的总体目标是通过“尽可能早地、持续地对有价值的软件的交付”使客户满意。

敏捷过程的典型方法很多，主要有极限编程、水晶法、并列争求法、自适应软件开发几种。下面主要介绍极限编程法。

极限编程(XP)。XP是一种轻量级(敏捷)、高效、低风险、柔性、可预测的、科学的软件开发方式。它由价值观、原则、实践和行为4个部分组成，彼此相互依赖、关联，并通过行为贯穿于整个生存周期。

4个价值观：沟通、简单性、反馈和勇气。

5个原则：快速反馈、简单性假设、逐步修改、提倡更改和优质工作。

12个最佳实践：计划游戏(快速制订计划、随着细节的不断变化而完善)、小型发布(系统的设计要能够尽可能早地交付)、隐喻(找到合适的比喻传达信息)、简单设计(只处理当前的需求，使设计保持简单)、测试先行(先写测试代码，然后再编写程序)、重构(重新审视需求和设计，重新明确地描述它们以符合新的和现有的需求)、结队编程、集体代码所有制、持续集成(可以按日甚至按小时为客户提供可运行的版本)、每周工作40个小时、现场客户和编码标准。

七、软件质量管理与质量保证

软件质量是指反映软件系统或软件产品满足规定或隐含要求的能力的特征和特性全体。软件质量保证是为保证软件系统或软件产品充分满足用户要求的质量而进行的有计划、有组织的活动，其目的是生产该质量的软件。

1. 软件质量特性

ISO/IEC 9126软件质量模型由3个层次组成：第一层是质量特性，第二层是质量子特性，第三层是度量指标。该模型的质量特性和质量子特性的含义如下。

(1) 功能性：与一组功能及其指定的性质的存在有关的一组属性。功能是指能满足规定或隐含需求的那些功能。

- 适合性：与规定任务能否提供一组功能以及这组功能能否适合有关的软件属性。
- 准确性：与能否得到正确的或相符的结果或效果有关的软件属性。
- 互用性：与同其他指定系统进行交互操作的能力有关的软件属性。
- 依从性：使软件服从有关的标准、约定、法规及类似规定的软件属性。
- 安全性：与避免对程序及数据的非授权故意或意外访问的能力有关的软件属性。

(2) 可靠性：与在规定的一段时间内和规定的条件下，软件维持其性能水平有关的能力。

- 成熟性：与由软件故障引起失效的频度有关的软件属性。
- 容错性：与在软件错误或违反指定接口情况下，维持指定的性能水平的能力有关的软件属性。
- 易恢复性：与在故障发生后重新建立其性能水平并恢复直接受影响数据的能力，

以及为达此目的所需的时间有关的软件属性。

(3) 易使用性：与为使用所需的努力和由一组规定的或隐含的用户对如此使用所做的评价有关的一组属性。

- 易理解性：与用户为理解逻辑概念及其应用范围所花的努力有关的软件属性。
- 易学性：与用户为学习其应用(例如操作控制、输入、输出)所需努力有关的软件属性。
- 易操作性：与用户为进行操作或操作控制所需努力有关的软件属性。

(4) 效率：与在规定条件下，软件的性能水平与所用资源量之间的关系有关的一组属性。

- 时间特性：与响应和处理时间以及软件执行其功能时的吞吐量有关的软件属性。
- 资源特性：与软件执行其功能时所使用的资源量以及使用资源的持续时间有关的软件属性。

(5) 可维护性：与进行规定的修改所需努力有关的一组属性。

- 易分析性：与为诊断缺陷或失效原因，或为判定待修改的部分所需努力有关的软件属性。
- 易改变性：与进行修改、调试或适应环境变化所需努力有关的软件属性。
- 稳定性：与修改造成未预料后果的风险有关的软件属性。
- 易测试性：与确认修改软件所需努力有关的软件属性。

(6) 可移植性：与软件从一种环境转移到另一环境的能力有关的一组属性。

- 适应性：与软件无需采用有别于为该软件准备的处理和手段就能适应规定的环境有关的软件属性。
- 易安装性：与在指定环境下安装软件所需努力有关的软件属性。
- 一致性：使软件服从与可移植性有关的标准或约定的软件属性。
- 易替换性：与软件在该软件环境中用来替代指定的其他软件的可能和努力有关的软件属性。

2. 软件质量保证

软件质量保证包括与以下7个主要活动相关的各种任务。

(1) 应用技术方法：软件质量保证首先从一组技术方法和工具开始，这些方法和工具帮助分析人员形成高质量的规格说明和高质量的设计。

(2) 进行正式的技术评审：是一种由技术人员实施的程式化会议，其唯一的目的是揭露质量问题。

(3) 测试软件：软件测试组合了多种测试策略，这些测试策略带有一系列有助于有效地检测错误的测试用例设计方法。

(4) 标准的实施：多数情况下，标准由客户或某些章程确定。与标准是否一致的评估可以被软件开发者作为正式技术评审的一部分来进行。

(5) 控制变更：变更控制过程通过对变更的正式申请、评价变更的特性和控制变更的影响等直接提高软件的质量。变更控制应用于软件开发期间和较后的软件维护阶段。

(6) 度量：包括某些技术上的和面向管理的度量。

(7) 记录保存和报告：为软件质量保证提供收集和传播软件质量保证信息的过程。评审、监察、变更控制、测试和其他软件质量保证活动的结果必须变成项目历史记录的一部分，并且应当把它传播给需要知道这些结果的开发人员。

3. 软件复杂性

软件复杂性主要表现为程序的复杂性。程序的复杂性主要指模块内程序的复杂性。程序复杂性主要有以下两种度量方法。

(1) 代码行度量法。度量程序的复杂性，最简单的方法就是统计程序的源代码行数。此方法的基本考虑是统计一个程序的源代码行数，并以源代码行数作为程序复杂性的度量。

(2) McCabe 度量法。McCabe 复杂性度量又称为环路度量，它认为程序的复杂性很大程度上取决于控制的复杂性。单一的顺序程序结构最为简单，循环和选择所构成的环路越多，程序就越复杂。

根据图论，在一个强连通的有向图 G 中，环的个数 $V(G)$ 由以下公式给出

$$V(G)=m-n+2p$$

式中，$V(G)$ 为有向图 G 中的环路数；m 为图 G 中弧的个数；n 为图 G 中的节点数；p 为图 G 中的强连通分量个数。

4. 软件评审

通常，把“质量”理解为“用户满意程度”。为了使用户满意，必须满足如下两个必要条件。

(1) 设计的规格说明书符合用户的要求，这称为设计质量。

(2) 程序按照设计规格说明所规定的情况正确执行，这称为程序质量。

设计质量评审的对象是在需求分析阶段产生的软件需求规格说明、数据需求规格说明，在软件概要设计阶段产生的软件概要设计说明书等。

程序质量评审通常是从开发者的角度进行评审，与开发技术直接相关。它是着眼于软件本身的结构、与运行环境的接口以及变更带来的影响而进行的评审活动。

5. 软件容错技术

1) 容错软件定义

归纳容错软件的定义，有以下 4 种。

- 规定功能的软件，在一定程度上对自身错误的作用(软件错误)具有屏蔽能力，则称此软件为具有容错功能的软件，即容错软件。
- 规定功能的软件，在一定程度上能从错误状态自动恢复到正常状态，则称之为容错软件。
- 规定功能的软件，在因错误而发生错误时，仍然能在一定程度上完成预期的功能，则把该软件称为容错软件。
- 规定功能的软件，在一定程度上具有容错能力，则称之为容错软件。

2) 容错的一般方法

实现容错的主要手段是冗余。冗余是指对于实现系统规定功能是多余的那部分资源，包括硬件、软件、信息和时间。由于加入了这些资源，有可能使系统的可靠性得到较大的提高。通常冗余技术分为 4 类：结构冗余、信息冗余、时间冗余和冗余附加技术。

4.2.2 系统分析

一、系统分析概述

1. 系统分析的目的和任务

系统分析的主要任务是对现行系统进一步调查，将调查所得到的文档资料集中，对组织内部整体管理状况和信息处理过程进行分析，为系统开发提供所需资料，并提交系统方案说明书。

最后，提出信息系统的各种设想和方案，并对所有的设想和方案进行分析、研究、比较、判断和选择，获得一个最优的新系统的逻辑模型，并在用户理解计算机系统的工作流程和处理方式的情况下，将它明确地表达成书面资料——系统分析报告，即系统方案说明书。

2. 系统分析的步骤

系统分析的过程一般如下。

(1) 认识、理解当前的现实环境，获得当前系统的“物理模型”。

(2) 从当前系统的“物理模型”抽象出当前系统的“逻辑模型”。

(3) 对当前系统的“逻辑模型”进行分析和优化，建立目标系统的“逻辑模型”。

(4) 对目标系统的逻辑模型具体化(物理化)，建立目标系统的物理模型。

系统分析阶段的主要工作步骤如下。

(1) 对当前系统进行详细调查，收集数据。

(2) 建立当前系统的逻辑模型。

(3) 对现状进行分析，提出改进意见和新系统应达到的目标。

(4) 建立新系统的逻辑模型。

(5) 编写系统方案说明书。

二、结构化分析方法

结构化分析方法(Structure Analysis，SA)是一种面向数据流的需求分析方法，适用于分析大型数据处理系统，是一种简单、实用的方法，现在已经得到广泛的使用。

结构化分析方法的基本思想是自顶向下逐层分解。SA 方法的分析结果由以下几部分组成：一套分层的数据流图、一本数据词典、一组小说明和补充材料。

1. 基本概念

1) 数据流图

数据流图或称数据流程图(DFD)是一种便于用户理解、分析系统数据流程的图形工具。它摆脱了系统的物理内容，精确地在逻辑上描述系统的功能、输入、输出和数据存储等，是系统逻辑模型的重要组成部分。

2) 数据字典

数据流图描述了系统的分解，但没有对图中各成分进行说明。数据字典就是为数据流图中的每个数据流、文件、加工，以及组成数据流或文件的数据项作出说明。

数据字典有 4 类条目：数据流条目、数据存储条目、加工条目和数据项条目。

数据字典管理：主要是把字典条目按照某种格式组织后存储在字典中，并提供排序、查找、统计等功能。

3) 加工逻辑的描述

常用的加工逻辑描述方法有结构化语言、判定表和判定树 3 种。其中结构化语言是一种介于自然语言和形式化语言之间的半形式化语言，是自然语言的一个受限子集。结构化语言没有严格的语法，它的结构通常可分为内外两层。外层有严格的语法，而内层的语法比较灵活，可以接近自然语言的描述。

2. DFD 的基本成分

DFD 的基本成分及其图形表示方法如图 4.2 所示。

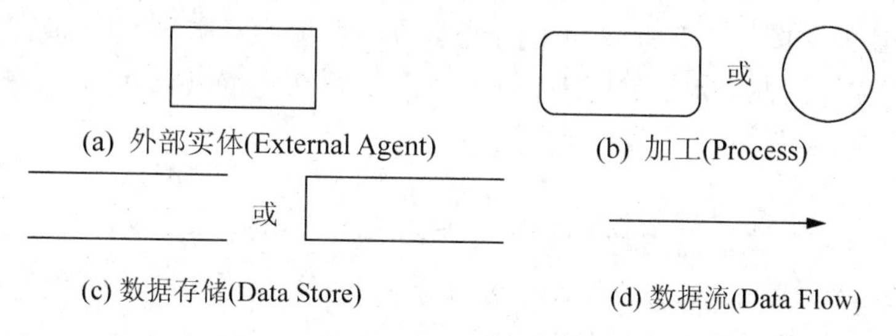

图 4.2　DFD 的基本成分

(1) 外部实体。外部实体是指存在于软件系统之外的人员或组织，它指出系统所需数据的发源地和系统所产生的数据的归宿地。

(2) 加工。加工描述了输入数据流到输出数据流之间的变换，也就是输入数据流经过什么处理后变成了输出数据流。每个加工都有一个名字和编号。编号能反映出该加工位于分层 DFD 中的哪个层次和哪张图中，也能够看出它是哪个加工分解出来的子加工。

(3) 数据存储。数据存储用来表示存储的数据，每个数据存储都有一个名字。

(4) 数据流。数据流由一组固定成分的数据组成，表示数据的流向。值得注意的是，DFD 中描述的是数据流，而不是控制流。除了流向数据存储或从数据存储流出的数据流不必命名外，每个数据流都必须有一个合适的名字，以反映该数据流的含义。

3. 分层数据流图的画法

(1) 画系统的输入和输出。把整个软件系统看作一个大的加工，然后根据系统从哪些外部实体接收数据流，以及系统发送数据流到哪些外部实体，就可以画出系统的输入和输出图，这张图称为顶层图。

(2) 画系统的内部。将顶层图的加工分解成若干个加工，并用数据流将这些加工连接起来，使得顶层图中的输入数据经过若干个加工处理后变换成顶层图的输出数据流。这张图称为 0 层图。从一个加工画出一张数据流图的过程实际上就是对这个加工的分解。

可以用下述的方法来确定加工：在数据流的组成或值发生变化的地方应画一个加工，这个加工的功能就是实现这一变化；也可根据系统的功能确定加工。

确定数据流的方法：当用户把若干个数据看作一个单位来处理(这些数据一起到达，一起加工)时，可把这些数据看成一个数据流。

对于一些以后某个时间要使用的数据可以组织成一个数据存储来表示。

(3) 画加工的内部。把每个加工看作一个小系统，该加工的输入/输出数据流看成小系统的输入/输出数据流。于是可以用与画 0 层图同样的方法画出每个加工的 DFD 子图。

对第(3)步分解出来的 DFD 子图中的每个加工，重复第(3)步的分解，直至图中尚未分解的加工都足够简单(也就是说这种加工不必再分解)为止。至此，就得到了一套分层数据流图。

4. 对图和加工进行编号

对于一个软件系统，其数据流图可能有许多层，每一层又有许多张图。为了区分不同的加工和不同的 DFD 子图，应该对每张图和每个加工进行编号，以利于管理。

1) 父图与子图

假设分层数据流图里的某张图(记为图 A)中的某个加工可用另一张图(记为图 B)来分解，则称图 A 是图 B 的父图，图 B 是图 A 的子图。在一张图中，有些加工需要进一步分解，有些加工则不必分解。因此，如果父图中有 *n* 个加工，那么它可以有 0～*n* 张子图(这些子图位于同一层)，但每张子图都只对应于一张父图。

2) 编号

- 顶层图只有一张，图中的加工也只有一个，所以不必编号。
- 0 层图只有一张，图中的加工号可以分别是 0.1、0.2、…，或者是 1、2、…。
- 子图号就是父图中被分解的加工号。
- 图的加工号由图号、圆点和序号组成。

5. 应注意的问题

(1) 适当地为数据流、加工、数据存储、外部实体命名，名字应反映该成分的实际含义，避免空洞的名字。

(2) 画数据流而不要画控制流。

(3) 每条数据流的输入或者输出都是加工。

(4) 一个加工的输出数据流不应与输入数据流同名，即使它们的组成成分相同。

(5) 允许一个加工有多条数据流流向另一个加工，也允许一个加工有两个相同的输出数据流流向两个不同的加工。

(6) 保持父图与子图平衡。也就是说，父图中某加工的输入/输出数据流必须与它的子图的输入/输出数据流在数量和名字上相同。值得注意的是，如果父图的一个输入(或输出)数据流对应于子图中几个输入(或输出)数据流，而子图中组成这些数据流的数据项全体正好是父图中的这一个数据流，那么它们仍然算是平衡的。

(7) 在自顶向下的分解过程中，若一个数据存储首次出现时只与一个加工有关，那么这个数据存储应作为这个加工的内部文件而不必画出。

(8) 保持数据守恒。也就是说，一个加工所有输出数据流中的数据必须能从该加工的输入数据流中直接获得，或者是通过该加工产生的数据。

(9) 每个加工必须既有输入数据流，又有输出数据流。

(10) 在整套数据流图中，每个数据存储必须既有读的数据流，又有写的数据流。但在某一张子图中可能是只有读没有写，或者是只有写没有读。

6. 补充和完善数据流

补充和完善数据流是数据流图最常出的题型，也是重点和难点。解答此类问题有一定的技巧，以一些常规的入口作为突破口，往往能事半功倍。

遇到这类问题，首先，要想到分层数据流图的数据流平衡原则，即父图和子图的输入/输出数据流一致，这是找出遗漏数据流非常重要的技巧。其次，每个加工至少有一个输入流和一个输出流，反映此加工的数据来源和结果，加工的输出数据流应该都有其对应的输入数据流。其三，要找出遗漏的数据流，最根本的依据还是说明。因为除了图之外，题目中最重要的部分就是说明，因为说明部分详细介绍了系统的功能，所以是找出所缺数据流的基本入口。

有时数据流平衡原则不作为解题的直接方法，而作为排除的手段，然后根据说明或其他方法找到图中遗漏的数据流。

7. 找出错误或多余的数据流

要找出错误或多余的数据流，解题方法可以参考完善数据流的方法。一般可以先进行上下层图的对照和分析，然后检查是否每个加工至少有一个输入流和一个输出流，是否加工的输出数据流都有其对应的输入数据流。而最根本的判断标准仍然是题目的说明部分。所以考生一定要耐心、认真地阅读题目中对系统功能的阐述和说明，然后解题时再次阅读说明，从中找到依据和突破口。

8. 找出多余的文件

在某层数据流图中，只画流程图各加工之间的公共数据文件时，如果一个文件仅仅作用于一个加工，即和该文件有关的输入/输出数据流只涉及一个加工，那么该文件可以作为局部文件出现在该加工的子图中，在父图中则可以省略。这个规则是为了使整个流程图的层次结构更为清晰、科学。当然这些文件如果画出，并不会造成理解错误。

另外，如果某层图只有一层细化图，即该层图没有子图，则不存在局部文件和外部文件之分，其中涉及的任何文件都不作为多余的文件。

9. 添加数据字典条目

此类题一般难度比较小，可以根据说明部分找出答案。同时还可以结合给出的数据流图，查看有关记录需要输入给哪些加工，这些加工输出哪些字段。

10. 系统分析报告

在系统分析报告中，数据流图、数据字典和加工说明这 3 个部分是主体，是系统分析报告中必不可少的组成部分。系统分析报告主要有以下 3 个作用。

(1) 描述了目标系统的逻辑模型，作为开发人员进行系统设计和实施的基础。

(2) 作为用户和开发人员之间的协议或合同，为双方的交流和监督提供基础。

(3) 作为目标系统验收和评价的依据。

一个完整的系统分析报告包括下述内容。

(1) 组织情况概述。

(2) 现行系统概述。

(3) 系统逻辑模型。

(4) 新系统在各个业务处理环节拟采用的管理方法、算法或模型。

(5) 与新的系统相配套的管理制度和运行机制的建立。

(6) 系统设计与实施的初步计划。

(7) 用户方负责人审批意见。

4.2.3 系统设计

一、系统设计的内容和步骤

系统设计的主要目的就是为系统制定蓝图，在各种技术和实施方法中权衡利弊，精心设计，合理使用各种资源，最终勾画出新系统的详细设计方案。

1. 概要设计的基本任务

1) 设计软件系统总体结构

设计软件系统总体结构的基本任务是采用某种设计方法，将一个复杂的系统按功能划分成模块；确定每个模块的功能；确定模块之间的调用关系；确定模块之间的接口，即模块之间传递的信息；评价模块结构的质量。

2) 数据结构及数据库设计

(1) 数据结构的设计。在需求分析阶段，已经通过数据字典对数据的组成、操作约束和数据之间的关系等方面进行了描述，确定了数据的结构特性，在概要设计阶段要加以细化，详细设计阶段则规定具体的实现细节。在概要设计阶段，宜使用抽象的数据类型。

(2) 数据库的设计。数据库的设计是指数据存储文件的设计，主要指以下几方面。

- 概念设计。在数据分析的基础上，采用自底向上的方法从用户角度进行视图设计，一般用 ER 模型来表述数据模型。
- 逻辑设计。ER 模型是独立于数据库管理系统(DBMS)的，要结合具体的 DBMS 特征来建立数据库的逻辑结构。
- 物理设计。物理设计就是设计数据模式的一些物理细节，如数据项存储要求、存取方法和索引的建立等。

3) 编写概要设计文档

文档主要有概要设计说明书、数据库设计说明书、用户手册以及修订测试计划。

4) 评审

对设计部分是否完整地实现了需求中规定的功能、性能等要求，设计方法的可行性，关键的处理及内外部接口定义的正确性、有效性、各部分之间的一致性等都一一进行评审。

2. 详细设计的基本任务

详细设计的基本任务如下。

(1) 对每个模块进行详细的算法设计。用某种图形、表格和语言等工具将每个模块处理过程的详细算法描述出来。

(2) 对模块内的数据结构进行设计。

(3) 对数据库进行物理设计，即确定数据库的物理结构。

(4) 其他设计。根据软件系统的类型，还可能要进行以下设计。

- 代码设计。
- 输入/输出格式设计。

- 用户界面设计。

(5) 编写详细设计说明书。

(6) 评审。对处理过程的算法和数据库的物理结构都要评审。

二、系统设计的基本原理

1. 抽象

抽象是一种设计技术，重点说明一个实体的本质方面，而忽略或者掩盖不很重要或非本质的方面。在进行模块化设计时也可以有多个抽象层次，最高抽象层次的模块用概括的方式叙述问题的解法，较低抽象层次的模块是对较高抽象层次模块对于问题解法描述的细化。

2. 模块化

模块化是指将一个待开发的软件分解成若干个小的、简单部分——模块，每个模块可独立地开发、测试，最后组装成完整的程序。模块化的目的是使程序的结构清晰，容易阅读、理解、测试和修改。

3. 信息隐蔽

信息隐蔽是开发整体程序结构时使用的法则，即将每个程序的成分隐蔽或封装在一个单一的设计模块中，定义每一个模块时尽可能少地显露其内部的处理。信息隐蔽原则对提高软件的可修改性、可测试性和可移植性都有重要的作用。

4. 模块独立

模块独立是指每个模块完成一个相对独立的特定子功能，并且与其他模块之间的联系简单。衡量模块独立程度的标准有两个：耦合和内聚。耦合是指模块之间联系的紧密程度。耦合度越高则模块的独立性越差。内聚是指模块内部各元素之间联系的紧密程度。内聚度越低，模块的独立性越差。因此，模块独立就是希望每个模块都是高内聚、低耦合的。

三、系统总体结构设计

1. 系统结构设计原则

系统结构设计应遵循如下原则。

- 分解-协调原则。
- 自顶向下原则。
- 信息隐蔽、抽象的原则。
- 一致性原则。
- 明确性原则。
- 模块之间的耦合尽可能小，模块的内聚度尽可能高。
- 模块的扇入系数和扇出系数要合理。
- 模块的规模适当。

2. 子系统划分

1) 划分原则

子系统划分要遵循如下原则。

- 子系统要具有相对独立性。
- 子系统之间数据的依赖性尽量小。
- 子系统划分的结果应使数据冗余较小。
- 子系统的设置应考虑今后管理发展的需要。
- 子系统的划分应便于系统分阶段实现。
- 子系统的划分应考虑到各类资源的充分利用。

2) 子系统结构设计

子系统结构设计的任务是确定划分后的子系统模块结构，并画出模块结构图。

3. 系统模块结构设计

1) 模块的概念

模块是组成系统的基本单位，它的特点是可以组合、分解和更换。系统中任何一个处理功能都可以看成是一个模块。根据模块功能具体化程度的不同，可以分为逻辑模块和物理模块。

一个模块要具备以下 4 个要素。

- 输入和输出：模块的输入来源和输出去向都是同一个调用者，即一个模块从调用者那里取得输入，进行加工后再把输出返回给调用者。
- 处理功能：指模块把输入转换成输出所做的工作。
- 内部数据：指仅供该模块本身引用的数据。
- 程序代码：指用来实现模块功能的程序。

前两个要素是模块的外部特性，后两个要素是模块的内部特性。在结构化设计中，主要考虑的是模块的外部特性，其内部特性只作必要了解，具体的实现将在系统实施阶段完成。

2) 模块结构图

模块结构图是结构化设计中描述系统结构的图形工具。作为一种文档，它必须严格地定义模块的名字、功能和接口，同时还应当在模块结构图上反映出结构化设计的思想。模块结构图由模块、调用、数据、控制和转接 5 种基本符号组成，如图 4.3 所示。

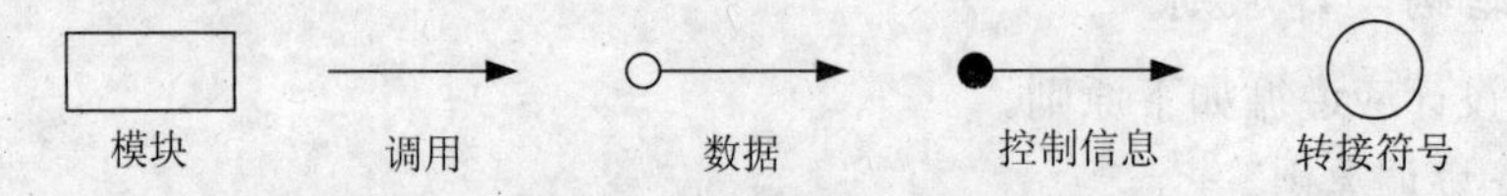

图 4.3 模块结构图的基本符号

- 模块：通常是指用一个名字就可以调用的一段程序语句。
- 调用：箭头总是由调用模块指向被调用模块，但是应该理解为被调用模块执行后又返回到调用模块。
- 数据：当一个模块调用另一个模块时，调用模块可以把数据传送到被调用模块供处理，而被调用模块又可以将处理的结构送回到被调用模块。
- 控制信息：模块间有时必须传送一些控制信息。控制信息与数据的主要区别是前者只反映数据的某种状态，不必进行处理。
- 转接符号：当模块结构图在一张纸上画不下，需要转接到另一张纸上，或者为了避免图上线条交叉时，都可以使用转接符号。

4. 数据存储设计

建立一个良好的数据组织结构和数据库，使整个系统都可以迅速、方便、准确地调用和管理所需的数据，是衡量信息系统开发工作好坏的主要指标之一。

数据结构组织和数据库或文件设计，就是要根据数据的不同用途、使用要求、统计渠道、安全保密性等，来决定数据的整体组织形式、表或文件的格式，以及决定数据的结构类别、载体、组织方式、保密级别等一系列问题。

一个好的数据结构和数据库应该充分反映数据发展变化的状况，充分满足组织的各级管理要求；同时还应该使得后继系统开发工作方便、快捷、系统开销小，易于管理和维护；还有就是要确定数据资源分布和安全保密属性。

四、结构化设计方法

结构化设计方法(SD)是一种面向数据流的设计方法，它可以与 SA 方法衔接。结构化设计方法的基本思想是将系统设计成由相对独立、功能单一的模块组成的结构。

1. 信息流的类型

在需求分析阶段，用 SA 方法产生了数据流图。面向数据流的设计能方便地将 DFD 转换成程序结构图。DFD 中从系统的输入数据流到系统的输出数据流的一连串连续变换形成了一条信息流。DFD 的信息流大体上可以分为两种类型：一种是变换流，另一种是事务流。

2. 变换分析

变换分析是从变换流型的 DFD 导出程序结构图。

(1) 确定输入流和输出流，孤立出变换中心。DFD 中从物理输入到逻辑输入的部分构成系统的输入流，从逻辑输出到物理输出的部分构成系统的输出流，位于输入流和输出流之间的部分就是变换中心。

(2) 第一级分解：主要是设计模块结构的顶层和第一层。

(3) 第二级分解：主要是设计中、下层模块。

(4) 事务分析：是从事务型 DFD 导出程序结构图。

(5) SD 方法的设计步骤：①查查并精化数据流图；②确定 DFD 的信息流类型(变换流或事务流)；③根据流类型分别实施变换分析或事务分析；④ 根据系统设计的原则对程序结构图进行优化。

五、面向数据结构的设计方法

面向数据结构的设计方法以数据结构作为设计的基础，根据输入/输出数据结构导出程序的结构，适用于规模不大的数据处理系统。Jackson 方法是一种典型的面向数据结构的设计方法。

1. Jackson 图

程序中的数据结构不外乎 3 种结构：顺序、选择和重复。Jackson 图同样也可用来表示程序结构，如图 4.4 所示。

2. Jackson 方法的设计步骤

Jackson 方法的设计步骤如下。

(1) 分析并确定输入和输出数据的逻辑结构，并用 Jackson 图表示。

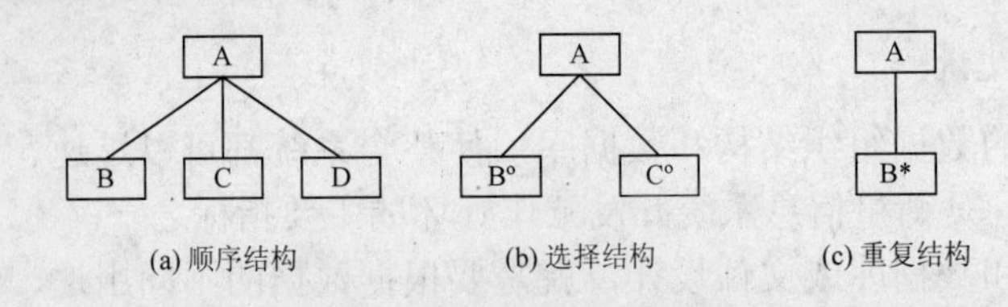

图 4.4　Jackson 数据结构图

(2) 找出输入数据结构与输出数据结构间有对应关系的数据单元。

(3) 用下述 3 条规则从描述数据结构的 Jackson 图导出描述程序结构的 Jackson 图。

- 为每对有对应关系的数据单元，按照它们在数据结构图中的层次在程序结构图的相应层次画一个处理框。
- 为输入数据结构图中剩余的每个数据单元，在程序结构图的相应层次上画一对应的处理框。
- 为输出数据结构图中剩余的每个数据单元，在程序结构图的相应层次上画一个处理框。

(4) 列出所有的操作，并把它们分配到程序结构图的适当位置上。

(5) 用伪码表示程序。

六、系统详细设计

1. 代码设计

代码是用来表征客观事物的一组有序的符号，以便于计算机和人工识别与处理。代码的类型指代码符号的表示形式，一般有数字型、字母型、数字字母混合型等。

代码设计应遵循以下基本原则：唯一性、合理性、可扩充性、简单性、适用性、规范性、系统性。

代码设计可以按照以下步骤进行：①确定代码对象；②考察是否已有标准代码；③根据代码的适用范围、使用时间和实际情况选择代码的种类与类型；④考虑检错功能；⑤编写代码表。

2. 输出设计

输出设计包括确定输出内容、确定输出设备与介质和确定输出格式。最终输出方式常用的只有两种：报表输出和图形输出。采用哪一种输出形式，应根据系统分析和管理业务的要求而定。

3. 输入设计

输入设计应遵循下述原则：最小量原则、简单性原则、早检验原则和少转换原则。

输入设计的内容包括确定输入数据内容、输入方式设计、输入格式设计和校对方式设计。

4. 处理过程设计

处理过程设计的关键是用一种合适的表达方法来描述每个模块的执行过程。这种表示方法应该简明、精确，并因此能直接导出用编程语言表示的程序。

1)　程序流程图

程序流程图即程序框图，是历史最久、流行最广的一种图形表示方法。程序流程图包括 3 种基本成分：加工步骤，用方框表示；逻辑条件，用菱形表示；控制流，用箭头表示。图形表示的优点是直观、形象、容易理解；缺点是表示控制的箭头过于灵活，另外，流程图只描述执行过程而不能描述有关数据。

2)　盒图(NS 图)

在 NS 图中，每个处理步骤用一个盒子表示，盒子可以嵌套。盒子只能从上头进入，从下头走出，除此之外别无其他出入口，所以盒图限制了随意的控制转移，保证了程序的良好结构。

3)　形式语言

形式语言是用来描述模块具体算法的、非正式的、比较灵活的语言。形式语言的优点首先是接近自然语言，所以易于理解；其次，它可以作为注释嵌套在程序中成为内部文档，提高程序的自我描述性；最后，因为是语言形式，易于被计算机处理，可用行编辑程序或字处理系统对形式语言进行编辑修改。

4)　决策树

决策树是一种图形工具，适合于描述加工中具有多个策略、每个策略和若干个条件有关的逻辑功能。

5)　决策表

决策表是一种图形工具，呈表形。决策表将比较复杂的决策问题简洁地描述出来。

5. 用户界面设计

用户界面设计是系统与用户之间的接口，也是控制和选择信息输入输出的主要途径。用户界面设计应坚持友好、简便、实用、易于操作的原则。

界面设计包括菜单方式、会话方式、操作提示方式以及操作权限管理方式等。

6. 安全控制设计

影响安全的因素有环境性因素和数据处理因素。要进行系统的安全控制，应针对影响系统安全的两个因素入手，相应地进行环境和数据处理两方面的有效控制，以保证系统安全有效地运行。

4.2.4　系统实施

一、系统实施概述

1. 系统实施的目的和任务

所谓系统实施指的是将系统设计阶段的结果在计算机上实现，将原来纸面上的、类似于设计图式的新系统方案转换成可执行的应用软件系统。系统实施阶段的主要任务如下。

- 按总体设计方案购置和安装计算机网络系统。
- 软件准备。
- 人员培训。
- 数据准备。
- 投入转换和试运行。

2. 系统实施的步骤

系统实施的步骤如下。

(1) 按总体设计方案购置和安装计算机网络系统。

(2) 建立数据库系统。

(3) 程序设计。

(4) 收集有关数据并进行录入工作，然后进行系统测试。

(5) 人员培训、系统转换和试运行。

二、程序设计

程序设计的主要依据是系统设计阶段的 HIPO(Hierarchy Plus Input-Process-Output，层次式输入—处理—输出)图以及数据库结构和编码设计。

1. 程序设计方法

程序设计的目的是为了实现开发者在系统分析和系统设计中提出的管理方法和处理构想。

1) 结构化程序设计方法

结构化程序设计方法主要强调以下 3 点。

- 模块内部程序各个部分要进行自顶向下的结构化划分。
- 各程序部分应按功能组合。
- 各程序部分的联系尽量使用调用子程序方式，不用或少用 GOTO 方式。

2) 快速原型式的程序设计方法

快速原型式的程序设计方法的具体实施方法是：首先，将 HIPO 图中类似带有普遍性的功能模块集中；其次，寻找有无相应、可用的软件工具，如果没有则可以考虑开发一个能够适合各子系统情况的通用模块；最后，用这些工具生成这些程序模块原型。利用现有的工具和原型方法可以很快地开发出所要的软件。

3) 面向对象程序设计方法

面向对象程序设计方法一般应与所设计的内容相对应。它是一个简单、直接的映射过程。

2. 程序设计基本模块

程序设计基本模块如下。

(1) 控制模块：主要包括主控制模块和各级控制模块。控制模块的主要功能是根据用户要求的信息，由用户确定处理顺序，然后控制转向各处理模块的入口。

(2) 输入模块：主要用来输入数据，输入方式有键盘输入和软盘输入等。

(3) 输入数据校验模块：该模块对已经输入计算机中的数据进行校验，以保证原始数据的正确性。校验的方法通常有重复输入校验和程序校验两种。

(4) 输出模块：用来将计算机的运行结果通过屏幕、打印机或磁盘、磁带等设备输出给用户。

(5) 处理模块：通常有文件更新模块、分类合并模块、计算模块、数据检索模块以及预测和优化模块。

3. 程序设计语言的选择

每种程序设计语言都有自己的特点，为一个特定的开发项目选择程序设计语言时通常可以考虑下列一些因素：应用领域、算法和计算的复杂性、软件运行的环境、用户需求、数据结构的复杂性、开发人员的水平等。

从应用领域来看，COBOL 适用于商业领域的应用；FORTRAN 适合于科学计算和工程计算的应用；PROLOG 和 LISP 适合于人工智能的应用；对于一些采用面向对象方法的应用系统通常可选用 C++或 Java；C 语言可应用于多种不同的领域，它原先是为辅助开发 UNIX 而设计的，主要用于开发系统软件，现在已经广泛应用于其他领域。

三、系统测试与调试

1. 系统测试的意义和目的

系统测试是为了发现错误而执行程序的过程。或者说，软件测试是根据软件开发各阶段的规格说明和程序的内部结构而精心设计一批测试用例(即输入数据及其预期的输出结果)，并利用这些测试用例去运行程序，以发现程序错误的过程。

系统测试应包括软件测试、硬件测试和网络测试。系统测试是保证系统质量和可靠性的关键步骤，是对系统开发过程中的系统分析、系统设计和实施的最后复查。根据测试的概念和目的，在进行信息系统测试时应遵循以下基本原则。

- 应尽早并不断地进行测试。
- 测试工作应该避免由原开发软件的人或小组承担。
- 设计测试方案的时候，不仅要确定输入数据，而且要根据系统功能确定预期的输出结果。
- 在设计用例时，不仅要设计有效合理的输入条件，也要包含不合理、失效的输入条件。
- 在测试程序时，不仅要检验程序是否做了该做的事，还要检验程序是否做了不该做的事。
- 严格按照测试计划来进行，避免测试的随意性。
- 妥善保存测试计划、测试用例，作为软件文档的组成部分，为维护提供方便。
- 测试用例都是精心设计出来的，可以为重新测试或追加测试提供方便。

2. 测试过程

测试是开发过程中一个独立且非常重要的阶段，测试过程基本上与开发过程平行进行。一个规范的测试过程通常包括制定测试计划、编制测试大纲、根据测试大纲设计和生成测试用例、实施测试和生成测试报告。

四、测试策略和测试方法

1. 软件测试策略

1) 单元测试

单元测试也称为模块测试。在模块编写完成且无法编译错误后就可以进行。如果选择机器测试，一般用白盒法，多个模块一起进行。

单元测试主要检查模块的以下 5 个特征。

- 模块接口。
- 局部数据结构。

- 重要的执行路径。
- 出错处理。
- 边界条件。

2) 组装测试

组装测试也称为集成测试。就是把模块按系统设计说明书的要求组合起来进行测试。组装测试有两种方法：一种是分别测试各个模块，再把这些模块组合起来进行整体测试，即非增量式集成；另一种是把下一个要测试的模块组合到已测试好的模块中，测试完后再将下一个需要测试的模块组合起来，进行测试，逐步把所有模块组合在一起并完成测试，即增量式集成。

3) 确认测试

确认测试的任务是进一步检查软件的功能和性能是否与用户要求的一样。首先进行有效性测试以及软件配置审查，然后进行验收测试和安装测试，经过管理部门的认可和专家的鉴定后，软件即可以交给用户使用。

4) 系统测试

系统测试是将已经确认的软件、计算机硬件、外设和网络等其他因素结合在一起，进行信息系统的各种组装测试和确认测试，其目的是通过与系统的需求相比较，发现所开发的系统与用户需求不符或矛盾的地方。常见的系统测试主要有恢复测试、安全性测试、强度测试、性能测试、可靠性测试和安装测试。

2. 测试方法

软件测试方法分为两种：静态测试和动态测试。

1) 静态测试

静态测试是指被测试程序不在机器上运行，而是采用人工检测和计算机辅助静态分析的手段对程序进行检测。

(1) 人工检测。人工检测是不依靠计算机而是靠人工审查程序或评审软件，包括代码检查、静态结构分析和代码质量度量等。

(2) 计算机辅助静态分析。利用静态分析工具对被测试程序进行特性分析，从程序中提取一些信息，以便检查程序逻辑的各种缺陷和可疑的程序构造。

2) 动态测试

动态测试是指通过运行程序发现错误。对软件产品进行动态测试时可以采用黑盒测试法和白盒测试法。

测试用例由测试输入数据和与之对应的预期输出结构组成。在设计测试用例时，应当包括合理的输入条件和不合理的输入条件。

(1) 用黑盒法设计测试用例

黑盒测试也称为功能测试，在完全不考虑软件的内部结构和特性的情况下，测试软件的外部特性。

常用的黑盒测试技术有等价类划分、边界值分析、错误推测和因果图等。

① 等价类划分。等价类划分法将程序的输入域划分为若干等价类，然后从每个等价类中选取一个代表性数据作为测试用例。每一类的代表性数据在测试中的作用等价于这一类中的其他值。这样就可以用少量代表性的测试用例取得较好的测试效果。等价类划分分

两种不同的情况：有效等价类和无效等价类。在设计测试用例时，要同时考虑这两种等价类。

② 边界值分析。输入的边界比中间更加容易发生错误，因此用边界值分析来补充等价类划分的测试用例设计技术。边界值分析选择等价类边界的测试用例，既注重于输入条件边界，又适用于输出域测试用例。

③ 错误推测。错误推测是基于经验和直觉推测程序中所有可能存在的错误，从而有针对性地设计测试用例的方法。其基本思想是：列举出程序中所有可能有的错误和容易发生错误的特殊情况，根据它们选择测试用例。

④ 因果图。因果图法是从自然语言描述的程序规格说明中找出因(输入条件)和果(输出或程序状态的改变)，通过因果图转换为判定表。

(2) 用白盒法设计测试用例

白盒测试也称为结构测试，根据程序的内部结构和逻辑来设计测试用例，对程序的路径和过程进行测试，检查是否满足设计的需要。

白盒测试常用的技术是逻辑覆盖、循环覆盖和基本路径测试。

① 逻辑覆盖。逻辑覆盖考查用测试数据运行被测程序时对程序逻辑的覆盖程度。主要的逻辑覆盖标准有语句覆盖、判定覆盖、条件覆盖、判定/条件覆盖、条件组合覆盖和路径覆盖 6 种。

② 循环覆盖。执行足够的测试用例，使得循环中的每个条件都得到验证。

③ 基本路径测试。基本路径测试法是在程序控制流图的基础上，通过分析控制流图的环路复杂性，导出基本可执行路径集合，从而设计测试用例。

五、调试

调试的任务就是根据测试时所发现的错误，找出原因和具体的位置，进行改正。调试主要由程序开发人员来进行，谁开发的程序就由谁来进行调试。常用的调试方法有试探法、回溯法、对分查找法、归纳法和演绎法。

六、系统文档

信息系统的文档，不但包括应用软件开发过程中产生的文档，还包括硬件采购和网络设计中形成的文档；不但包括有一定格式要求的规范文档，也包括建设过程中的各种来往文件、会议纪要、会计单据等资料形成的不规范文档；不但包括系统实施记录，也包括程序资料和培训教程等。

文档在系统开发人员、项目管理人员、系统维护人员、系统评价人员以及用户之间的多种作用总结如下。

(1) 用户与系统分析人员在系统规划和系统分析阶段通过文档进行沟通。这里的文档主要包括可行性研究报告、总体规划报告、系统开发合同和系统方案说明书等。有了文档，用户就能依此对系统分析员是否正确理解了系统的需求进行评价，如不正确，可以在已有文档的基础上进行修正。

(2) 系统开发人员与项目管理人员通过文档在项目期内进行沟通。这里的文档主要有系统开发计划(包括工作任务分解表、PERT 图、甘特图和预算分配表等)、系统开发月报以及系统开发总结报告等项目管理文件。有了这些文档，不同阶段之间的开发人员就可以进行工作的顺利衔接，同时还能降低因为人员流动带来的风险，因为接替人员可以根据文档理解前面人员的设计思路或开发思路。

(3) 系统测试人员与系统开发人员通过文档进行沟通。系统测试人员可以根据系统方案说明书、系统开发合同、系统设计说明书和测试计划等文档对系统开发人员所开发的系统进行测试。系统测试人员再将评估结果撰写成系统测试报告。

(4) 系统开发人员与用户在系统运行期间进行沟通。用户通过系统开发人员撰写的文档运行系统。这里的文档主要是用户手册和操作指南。

(5) 系统开发人员与系统维护人员通过文档进行沟通。这里的文档主要有系统设计说明书和系统开发总结报告。有的开发总结报告写得很详细，分为研制报告、技术报告和技术手册 3 个文档，其中的技术手册记录了系统开发过程中的各种主要技术细节。这样，即使系统维护人员不是原来的开发人员，也可以在这些文档的基础上进行系统的维护与升级。

(6) 用户与维修人员在运行维护期间进行沟通。用户在使用信息系统过程中，将运行过程中的问题进行记载，形成系统运行报告和维护修改建议。系统维护人员根据维护修改建议以及系统开发人员留下的技术手册等文档，对系统进行维护和升级。

七、系统转换

在进行新老系统转换以前，首先要进行新系统的试运行。系统试运行阶段的主要工作有：对系统进行初始化，输入各原始数据记录；记录系统运行的数据和状况；核对新系统输出和老系统输出的结果；对实际系统的输入方式进行考查；对系统实际运行、响应速度进行实际测试。

新系统运行成功之后，就可以在新系统和老系统之间互相转换。新老系统之间的转换方式有直接转换、并行转换和分段转换。

(1) 直接转换：就是在确定新系统运行无误后，立刻启用新系统，终止老系统运行。

(2) 并行转换：新、老系统并行一段时间，经过一段时间的考验以后，新系统正式代替老系统。

(3) 分段转换：又称逐步转换、向导转换、试点过渡法等。这种方法实际上是以上两种转换方式的结合。

4.2.5 系统运行和维护

一、系统维护概述

1. 系统可维护性的概念

系统可维护性定义为：维护人员理解、改正、改动和改进这个软件的难易程度。提高可维护性是开发管理信息系统所有步骤的关键目的，系统是否能够被很好地维护，可以用系统的可维护性这一指标来衡量。

(1) 系统的可维护性指标：可理解性、可测试性和可修改性。

(2) 维护与软件文档：文档是软件可维护性的决定因素。软件系统的文档可以分为用户文档和系统文档两类。

(3) 软件文档的修改：每当对数据、软件结构、模块过程或任何其他有关的软件特点有了改动时，必须立即修改相应的技术文档。

2. 系统维护的内容及类型

1) 硬件维护

硬件维护应由专职的硬件维护人员来负责，主要有两种类型的维护活动，一种是定期的设备保养性维护，另一种是突发性的故障维护。

2) 软件维护

软件维护主要是根据需求变化或硬件环境的变化对应用程序进行部分或全部的修改。软件维护的内容包括正确性维护、适应性维护、完善性维护和预防性维护等。

(1) 正确性维护。在软件交付使用后，必然会有一部分隐藏的错误被带到运行阶段来。这些隐藏下来的错误在某些特定的使用环境下就会暴露出来。为了识别和纠正软件错误、改正软件性能上的缺陷、排除实施中的误使用，应当进行的诊断和改正错误的过程就叫做正确性维护。

(2) 适应性维护。随着计算机的飞速发展，外部环境(新的硬、软件配置)或数据环境(数据库、数据格式、数据输入/输出方式、数据存储介质)可能发生变化，为了使软件适应这种变化而去修改软件的过程就叫做适应性维护。

(3) 完善性维护。在软件的使用过程中，用户往往会对软件提出新的功能与性能要求。为了满足这些要求，需要修改或再开发软件，以扩充软件功能、增强软件性能、改进加工效率、提高软件的可维护性。这种情况下进行的维护活动叫做完善性维护。

(4) 预防性维护。为了改进应用软件的可靠性和可维护性，为了适应未来的软硬件环境的变化，应主动增加预防性的新的功能，以使应用系统适应各类变化而不被淘汰。例如将专用报表功能改成通用报表生成功能，以适应将来报表格式的变化。这方面的维护工作量占整个维护工作量的4%左右。

3) 数据维护

数据维护主要是由数据库管理员来负责，主要负责数据库的安全性和完整性以及进行并发性控制。

3. 系统维护的管理和步骤

系统维护的管理和步骤如下。

(1) 提出维护或修改要求。

(2) 领导审查并做出答复，如同意修改则列入维护计划。

(3) 领导分配任务，维护人员修改。

(4) 验收维护成果并登记修改信息。

二、系统评价

1. 系统评价概述

信息系统的评价分为广义和狭义两种。广义的信息系统评价是指从系统开发的一开始到结束的每一阶段都需要进行评价。狭义的信息系统评价则是指在系统建成并投入运行之后所进行的全面、综合的评价。

按评价的时间与信息系统所处的阶段的关系，又可从总体上把广义的信息系统评价分成立项评价、中期评价和结项评价。

2. 系统评价的指标

从以下几方面综合考虑，建立起一套指标体系理论框架。

(1) 从信息系统的组成部分出发，信息系统是一个由人机共同组成的系统，所以可以按照运行效果和用户需求(人)、系统质量和技术条件(机)这两条线索构造指标。

(2) 从信息系统的评价对象出发，对于开发方来说，他们所关心的是系统质量和技术水平；对于用户方而言，关心的是用户需求和运行质量；系统外部环境则主要通过社会效益指标来反映。

(3) 从经济学角度出发，分别按系统成本、系统效益和财务指标 3 条线索建立指标。

4.3 真题详解

4.3.1 综合知识试题

试题 1 (2010 年下半年试题 15)

某项目组拟开发一个大规模系统，且具备了相关领域及类似规模系统的开发经验。下列过程模型中，(15) 最适合开发此项目。

(15) A．原型模型　B．瀑布模型　C．V 模型　D．螺旋模型

参考答案：(15)B。

要点解析：在瀑布模型中，软件开发的各项活动严格按照线性方式进行，当前活动接受上一项活动的工作结果，实施完成所需的工作内容。当前活动的工作结果需要进行验证，如果验证通过，则该结果作为下一项活动的输入，继续进行下一项活动，否则返回修改。瀑布模型要求每个阶段都要仔细验证。

快速原型模型的第一步是建造一个快速原型，实现客户或未来的用户与系统的交互，用户或客户对原型进行评价，进一步细化待开发软件的需求。快速原型通过逐步调整原型使其满足客户的要求，开发人员可以确定客户的真正需求是什么。第二步则在第一步的基础上开发客户满意的软件产品。

V 模型是在快速应用开发模型的基础上演变而来的，由于将整个开发过程构造成一个 V 字形而得名。V 模型强调软件开发的协作和速度，将软件实现和验证有机地结合起来，在保证较高的软件质量情况下缩短开发周期。

螺旋模型将瀑布模型和快速原型模型结合起来，强调了其他模型所忽视的风险分析，特别适合于大型复杂的系统。螺旋模型强调风险分析，但要求许多客户接受和相信这种分析，并做出相关反应是不容易的，因此，这种模型往往适用于内部的大规模软件开发。

试题 2 (2010 年下半年试题 16～17)

使用 PERT 图进行进度安排，不能清晰地描述 (16) ，但可以给出哪些任务完成后才能开始另一些任务。下面 PERT 图所示工程从 A 到 K 的关键路径是 (17) (图中省略了任务的开始和结束时刻)。

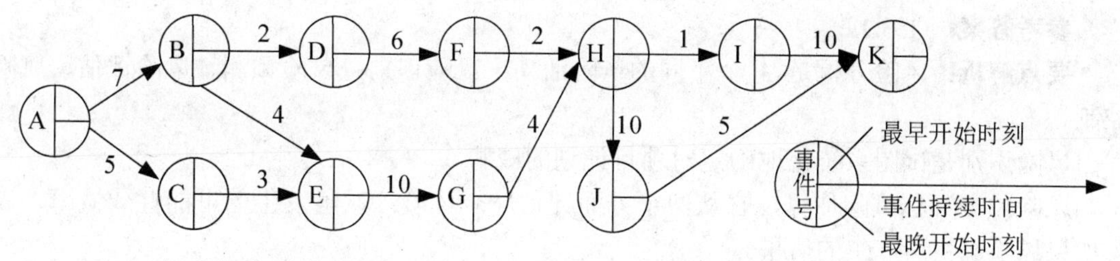

(16) A．每个任务从何时开始　　B．每个任务到何时结束
　C．各任务之间的并行情况　　D．各任务之间的依赖关系

(17) A．ABEGHIK　　B．ABEGHJK　　C．ACEGHIK　　D．ACEGHJK

参考答案：(16)C；(17)B。

要点解析：PERT 图给出了每个任务的开始时间、结束时间和完成该任务所需要的时间，同时还给出了任务之间的依赖关系，即哪些任务完成后才能执行另外一些任务。PERT 图的不足是不能反映任务之间的并行关系。

关键路径是松弛时间为 0 的任务完成过程所经历的路径。本题的图中没有给出松弛时间，因此关键路径是耗时最长的路径，即 A→B→E→G→H→J→K。

试题 3 (2010 年下半年试题 18)

敏捷开发方法 XP 是一种轻量级、高效、低风险、柔性、可预测的、科学的软件开发方法，其特性包含在 12 个最佳实践中。系统的设计要能够尽可能早交付，属于___(18)___最佳实践。

(18) A．隐喻　　B．重构　　C．小型发布　　D．持续集成

参考答案：(18)C。

要点解析：12 个最佳实践如下。

- 计划游戏(快速制订计划、随着细节的不断变化而完善)。
- 小型发布(系统的设计要能够尽可能早地交付)。
- 隐喻(找到合适的比喻传达信息)。
- 简单设计(只处理当前的需求，使设计保持简单)。
- 测试先行(先写测试代码，然后再编写程序)。
- 重构(重新审视需求和设计，重新明确地描述它们以符合新的和现有的需求)。
- 结队编程。
- 集体代码所有制。
- 持续集成(可以按日甚至按小时为客户提供可运行的版本)。
- 每周工作 40 个小时。
- 现场客户。
- 编码标准。

试题 4 (2010 年下半年试题 19)

在软件开发过程中进行风险分析时，___(19)___活动目的是辅助项目组建立处理风险的策略，有效的策略应考虑风险避免、风险监控、风险管理及意外事件计划。

(19) A．风险识别　　B．风险预测　　C．风险评估　　D．风险控制

参考答案：(19)D。

要点解析：风险分析是 4 个不同的风险活动：风险识别、风险预测、风险评估、风险控制。

风险识别是试图系统化地确定对项目计划的威胁。

风险预测又称风险估算，它从两个方面评估一个风险：风险发生的可能性或概率，以及如果风险发生所产生的后果。

风险评估是要估计风险影响的大小。

风险控制活动目的是辅助项目组建立处理风险的策略。

试题 5 （2010 年下半年试题 29）

冗余技术通常分为 4 类，其中__(29)__按照工作方法可以分为静态、动态和混合冗余。

(29) A．时间冗余　　B．信息冗余　　C．结构冗余　　D．冗余附加技术

参考答案：(29)C。

要点解析：实现容错的主要手段是冗余。通常冗余技术分为 4 类：结构冗余、信息冗余、时间冗余和冗余附加技术。

结构冗余是通常采用的冗余技术，按其工作方法可以分为静态、动态和混合冗余。

信息冗余通常采用奇偶码、循环码等冗余码制式以发现甚至纠正信息在运算或传输中出现的错误。

时间冗余是指以重复执行指令或程序来消除瞬时错误带来的影响。

冗余附加技术是指为实现上述冗余技术所需要的资源和技术，包括程序、指令、数据、存放和调动它们的空间和通道等。

试题 6 （2010 年下半年试题 30）

以下关于过程改进的叙述中，错误的是__(30)__。

(30) A．过程能力成熟度模型基于这样的理念：改进过程将改进产品，尤其是软件产品
B．软件过程改进框架包括评估、计划、改进和监控 4 个部分
C．软件过程改进不是一次性的，需要反复进行
D．在评估后要把发现的问题转化为软件过程改进计划

参考答案：(30)A。

要点解析：过程能力成熟度模型的基本思想是：由于问题是由人们管理软件过程的方法不当引起的，所以新软件技术的运用并不会自动提高软件的生产率和质量。其策略是：力图改进对软件过程的管理，而在技术方面的改进是其必然的结果。

试题 7 （2010 年下半年试题 31）

软件复杂性度量的参数不包括__(31)__。

(31) A．软件的规模　　B．开发小组的规模　　C．软件的难度　　D．软件的结构

参考答案：(31)B。

要点解析：软件复杂性度量的参数包括软件的规模、难度、结构和智能度。

规模：程序总共的指令数，或源程序的行数。

难度：通常由程序中出现的操作数的数目所决定的量来表示。

结构：通常用与程序结构有关的度量来表示。

智能度：即算法的难易程度。

试题 8 （2010 年下半年试题 32）

根据 McCabe 度量法，以下程序图的复杂性度量值为__(32)__。

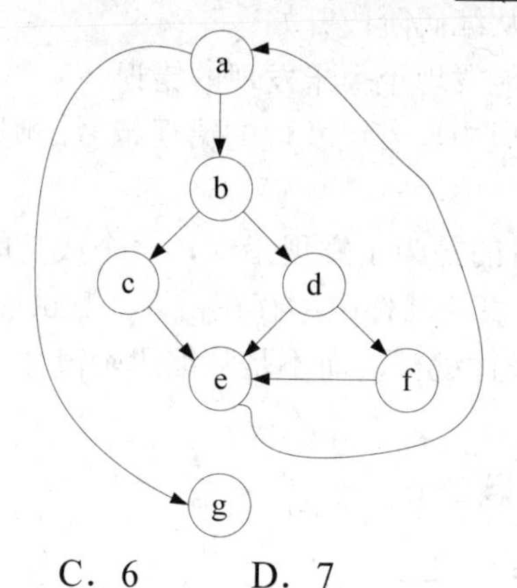

(32) A．4　　B．5　　C．6　　D．7

参考答案：(32)A。

要点解析：对于强连通的有向图，复杂性度量值为 $m-n+2p$，其中 m 是图中弧的个数，n 是图中的节点数，p 是图中强连通分量的个数。

题图中弧的个数为 9，节点的个数为 7，强连通分量的个数为 1，因此，可以计算题图的复杂性度量值为 4。

试题 9 （2010 年下半年试题 33）

软件系统的可维护性评价指标不包括__(33)__。

(33) A．可理解性　　B．可测试性　　C．扩展性　　D．可修改性

参考答案：(33)C。

要点解析：系统的可维护性指标包括可理解性、可测试性和可修改性。

试题 10 （2010 年下半年试题 34）

以下关于软件系统文档的叙述中，错误的是__(34)__。

(34) A．软件系统文档既包括有一定格式要求的规范文档，又包括系统建设过程中的各种来往文件、会议纪要、会计单据等资料形成的不规范文档

B．软件系统文档可以提高软件开发的可见度

C．软件系统文档不能提高软件开发效率

D．软件系统文档便于用户理解软件的功能、性能等各项指标

参考答案：(34)C。

要点解析：软件系统的文档主要包括用户文档和系统文档。用户文档主要描述系统功能和使用方法，用户可以通过用户文档理解软件的功能、性能等各项指标。系统文档描述系统设计、实现和测试等各方面的内容。软件系统文档还包括在软件开发过程中，由软件开发人员制定提交的一些工作计划或工作报告，使管理人员能够通过这些文档了解软件开发项目安排、进度、资源使用和成果等。可见，软件系统文档可以提高软件开发的可见度和开发效率。

试题 11 （2010 年下半年试题 35）

以下关于软件测试的叙述中，正确的是 (35) 。

(35) A．软件测试不仅能表明软件中存在错误，也能说明软件中不存在错误

B．软件测试活动应从编码阶段开始

C．一个成功的测试能发现至今未发现的错误

D．在一个被测程序段中，若已发现的错误越多，则残存的错误数越少

参考答案：(35)C。

要点解析：软件测试的目的是为了发现错误，一个成功的测试能发现至今未发现的错误。没有发现错误的测试并不表明软件中不存在错误。测试应贯穿在软件开发的各个阶段，测试过程基本上与开发过程平行进行，而不是从编码阶段才开始，所有测试都应能追溯到用户需求。

试题 12 （2010 年下半年试题 36）

不属于黑盒测试技术的是 (36) 。

(36) A．错误猜测　B．逻辑覆盖　C．边界值分析　D．等价类划分

参考答案：(36)B。

要点解析：黑盒测试也称为功能测试，在完全不考虑软件的内部结构和特性的情况下，测试软件的外部特性。常用的黑盒测试技术有等价类划分、边界值分析、错误推测和因果图等。逻辑覆盖是白盒测试中用到的方法。

试题 13 （2010 年上半年试题 15）

基于构件的软件开发，强调使用可复用的软件“构件”来设计和构建软件系统，对所需的构件进行合格性检验、 (15) ，并将它们集成到新系统中。

(15) A．规模度量　B．数据验证　C．适应性修改　D．正确性测试

参考答案：(15)C。

要点解析：基于构件的软件开发，主要强调在构建软件系统时复用已有的软件“构件”，在检索到可以使用的构件后，需要针对新系统的需求对构件进行合格性检验、适应性修改，然后集成到新系统中。

试题 14 （2010 年上半年试题 16）

采用面向对象方法开发软件的过程中，抽取和整理用户需求并建立问题域精确模型的过程叫 (16) 。

(16) A．面向对象测试　B．面向对象实现

C．面向对象设计　D．面向对象分析

参考答案：(16)D。

要点解析：采用面向对象的软件开发，通常有面向对象分析、面向对象设计、面向对象实现。面向对象分析是为了获得对应用问题的理解，其主要任务是抽取和整理用户需求并建立问题域精确模型。面向对象设计是采用协作的对象、对象的属性和方法说明软件解决方案的一种方式，强调的是定义软件对象和这些软件对象如何协作来满足需求，延续了面向对象分析。面向对象实现主要强调采用面向对象程序设计语言实现系统。面向对象测

试是根据规范说明来验证系统设计的正确性。

试题 15 (2010 年上半年试题 17)

使用白盒测试方法时，应根据 (17) 和指定的覆盖标准确定测试数据。

(17) A．程序的内部逻辑　　B．程序结构的复杂性

C．使用说明书　　D．程序的功能

参考答案：(17)A。

要点解析：白盒测试也称为结构测试，根据程序的内部结构和逻辑来设计测试用例，对程序的执行路径和过程进行测试，检查是否满足设计的需要。白盒测试常用的技术涉及不同覆盖标准，在测试时需根据制定的覆盖标准确定测试数据。

试题 16 (2010 年上半年试题 18～19)

进度安排的常用图形描述方法有 Gantt 图和 PERT 图。Gantt 图不能清晰地描述 (18) ；PERT 图可以给出哪些任务完成后才能开始另一些任务。下图所示的 PERT 图中，事件 6 的最晚开始时刻是 (19) 。

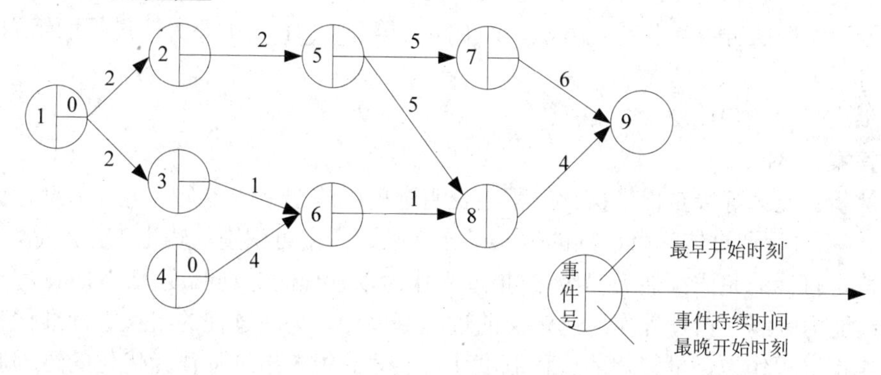

(18) A．每个任务从何时开始　　B．每个任务到何时结束

C．每个任务的进展情况　　D．各任务之间的依赖关系

(19) A．0　　B．3　　C．10　　D．11

参考答案：(18)D；(19)C。

要点解析：Gantt 图用水平条状图描述，它以日历为基准描述项目任务，可以清楚地表示任务的持续时间和任务之间的并行，但是不能清晰地描述各个任务之间的依赖关系。PERT 图是一种网络模型，描述一个项目任务之间的关系。可以明确表达任务之间的依赖关系，即哪些任务完成后才能开始另一些任务，以及如期完成整个工程的关键路径。

图中任务流 1→2→5→7→9 的持续时间是 15，1→2→5→8→9 的持续时间是 13，1→3→6→8→9 的持续时间是 8，4→6→8→9 的持续时间为 9。所以项目关键路径长度为 15。事件 6 在非关键路径上，其后的任务需要时间为 5，所以最晚开始时间=15-5=10。

试题 17 (2010 年上半年试题 29)

对于一个大型软件来说，不加控制的变更很快就会引起混乱。为有效地实现变更控制，需借助于配置数据库和基线的概念。 (29) 不属于配置数据库。

(29) A．开发库　　B．受控库　　C．信息库　　D．产品库

参考答案：(29)C。

要点解析： 软件变更控制是变更管理的重要内容，要有效进行变更控制，需要借助配置数据库和基线的概念。配置数据库一般包括开发库、受控库和产品库。

试题 18 (2010 年上半年试题 30)

软件设计时需要遵循抽象、模块化、信息隐蔽和模块独立原则。在划分软件系统模块时，应尽量做到__(30)__。

(30) A．高内聚高耦合　　B．高内聚低耦合
C．低内聚高耦合　　D．低内聚低耦合

参考答案： (30)B。

要点解析： 耦合性和内聚性是模块独立性的两个定性标准，在划分软件系统模块时，尽量做到高内聚、低耦合，提高模块的独立性。

试题 19 (2010 年上半年试题 31)

能力成熟度集成模型 CMMI 是 CMM 模型的最新版本，它有连续式和阶段式两种表示方式。基于连续式表示的 CMMI 共有 6 个(0～5)能力等级，每个能力等级对应到一个一般目标以及一组一般执行方法和特定方法，其中能力等级__(31)__主要关注过程的组织标准化和部署。

(31) A．1　　B．2　　C．3　　D．4

参考答案： (31)C。

要点解析： 能力等级 0 指未执行过程，表明过程域的一个或多个特定目标没有被满足；能力等级 1 指过程通过转化可识别的输入工作产品，产生可识别的输出工作产品，关注于过程域的特定目标的完成；能力等级 2 指过程作为以管理的过程制度化，针对单个过程实例的能力；能力等级 3 指过程作为已定义的过程制度化，关注过程的组织级标准化和部署；能力等级 4 指过程作为定量管理的过程制度化；能力等级 5 指过程作为优化的过程制度化，表明过程得到很好的执行且持续得到改进。

试题 20 (2010 年上半年试题 32)

统一过程(UP)定义了初启阶段、精化阶段、构建阶段、移交阶段和产生阶段，每个阶段以达到某个里程碑时结束，其中__(32)__的里程碑是生命周期架构。

(32) A．初启阶段　　B．精化阶段　　C．构建阶段　　D．移交阶段

参考答案： (32)B。

要点解析： 统一过程(UP)定义了初启阶段、精化阶段、构建阶段、移交阶段和产生阶段，每个阶段达到某个里程碑时结束。其中初启阶段的里程碑是生命周期目标，精化阶段的里程碑是生命周期架构，构建阶段的里程碑是初始运作功能，移交阶段的里程碑是产品发布。

试题 21 (2010 年上半年试题 33)

程序的 3 种基本控制结构是__(33)__。

(33) A．过程、子程序分程序　　B．顺序、选择和重复
C．递归、堆栈和队列　　D．调用、返回和跳转

参考答案： (33)B。

要点解析：程序的 3 种基本控制结构是顺序结构、选择结构和重复结构。

试题 22 （2010 年上半年试题 34）

__(34)__不属于软件配置管理的活动。

(34) A．变更标识　　B．变更控制　　C．质量控制　　D．版本控制

参考答案：(34)C。

要点解析：软件配置管理是一组管理整个软件生存期各阶段中变更的活动，主要包括变更标识、变更控制和版本控制。

试题 23 （2010 年上半年试题 35）

一个功能模块 M1 中的函数 F1 有一个参数需要接收指向整型的指针，但是在功能模块 M2 中调用 F1 时传递了一个整型值，在软件测试中，__(35)__最可能测出这一问题。

(35) A．M1 的单元测试　　B．M2 的单元测试

C．M 1 和 M2 的集成测试　　D．确认测试

参考答案：(35)C。

要点解析：单元测试侧重于模块中的内部处理逻辑和数据结构，所有模块都通过了测试之后，把模块集成起来仍可能会出现穿越模块的数据丢失、模块之间的相互影响等问题，因此，需要模块按系统设计说明书的要求组合起来进行测试，即集成测试，以发现模块之间协作的问题。

一个功能模块 M1 中的函数 F1 有一个参数需要接收指向整型的指针，但是在功能模块 M2 中调用 F1 时传递了一个整型值，这种模块之间传递参数的错误，在集成测试中最可能测试出来。

试题 24 （2010 年上半年试题 36）

某程序的程序图如下图所示，运用 McCabe 度量法对其进行度量，其环路复杂度是__(36)__。

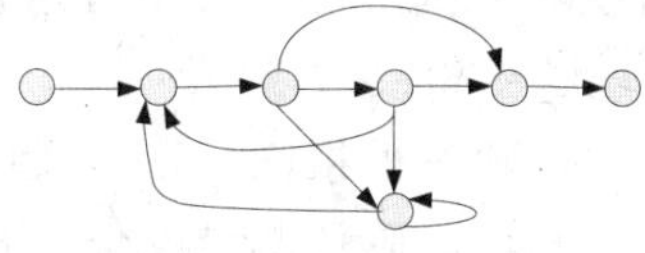

(36) A．4　　B．5　　C．6　　D．8

参考答案：(36)C。

要点解析：McCabe 度量法是一种基于程序控制流的复杂性度量方法。采用这种方法先画出程序图，然后采用公式 $V(G)=m-n+2$ 计算环路复杂度。其中，m 是图 G 中弧的个数，n 是图 G 中的节点数。图中节点数为 7，弧的个数为 11，所以环路复杂度为 11−7+2=6。

试题 25 （2009 年下半年试题 15）

在采用结构化方法进行系统分析时，根据分解与抽象的原则，按照系统中数据处理的流程，用__(15)__来建立系统的逻辑模型，从而完成分析工作。

(15) A．ER 图　　B．数据流图　　C．程序流程图　　D．软件体系结构

参考答案：(15)B。

要点解析：结构化分析的最终结果需要得到系统的数据流图、数据字典和加工处理说明。因此用在结构化方法进行系统分析时，是用数据流图(DFD)来建立系统的逻辑模型的。

试题 26 (2009 年下半年试题 16)

面向对象开发方法的基本思想是：尽可能按照人类认识客观世界的方法来分析和解决问题，__(16)__方法不属于面向对象方法。

(16) A．Booch　　B．Coad　　C．OMT　　D．Jackson

参考答案：(16)D。

要点解析：目前，国际上已经出现多种面向对象的方法，例如 Peter Coad 和 Edward Yourdon 的 OOA 和 OOD 方法、Booch 的 OOD 方法，OMT(Object Modeling Technique，面向对象建模技术)方法及 UML(Unified Modeling Language，统一建模语言)。

面向数据结构设计以数据结构作为设计的基础，它根据输入/输出数据结构导出程序的结构，适用于规模不大的数据处理系统，Jackson 方法是一种典型的面向数据结构的设计方法。

试题 27 (2009 年下半年试题 17)

确定构建软件系统所需要的人数时，无需考虑__(17)__。

(17) A．系统的市场前景　B．系统的规模　C．系统的技术复杂性　D．项目计划

参考答案：(17)A。

要点解析：构建软件系统所需要的人数，和系统的规模、技术复杂度、项目的计划都有关系，而与系统的市场前景没有任何关系，不需要加以考虑。

试题 28 (2009 年下半年试题 18)

一个项目为了修正一个错误而进行了变更。但这个错误被修正后，却引起以前可以正确运行的代码出错。__(18)__最可能发现这一问题。

(18) A．单元测试　　B．接受测试　　C．回归测试　　D．安装测试

参考答案：(18)C。

要点解析：单元测试也称为模块测试，在模块编写完成且无编译错误后就可以进行。单元测试侧重于模块中的内部处理逻辑和数据结构。

接受测试是经过集成测试之后，软件被集成起来，接口方面的问题已经解决，将进入软件测试的最后一个环节，即确认测试。确认测试的任务是进一步检查软件的功能和性能是否与用户的要求一样。

在软件生命周期中的任何一个阶段，只要软件发生了改变，就可能给该软件带来问题。软件的改变可能是源于发现了错误并做了修改，也有可能是因为在集成或维护阶段加入了新的模块。当软件中所含错误被发现时，如果错误跟踪与管理系统不够完善，就可能会遗漏对这些错误的修改；而开发者对错误理解的不够透彻，也可能导致所做的修改只修正了错误的外在表现，而没有修复错误本身，从而造成修改失败；修改还有可能产生副作用从而导致软件未被修改的部分产生新的问题，使本来工作正常的功能产生错误。同样，在有新代码加入软件的时候，除了新加入的代码中有可能含有错误外，新代码还有可能对原有的代码带来影响。因此，每当软件发生变化时，我们就必须重新测试现有的功能，以便确定修改是否达到了预期的目的，检查修改是否损害了原有的正常功能。同时，还需要补充新的测试用例来测试新的或被修改了的功能。为了验证修改的正确性及其影响就需要进行回归测试。

试题 29　(2009 年下半年试题 19)

风险预测从两个方面评估风险，即风险发生的可能性以及__(19)__。

(19) A．风险产生的原因　　B．风险监控技术

C．风险能否消除　　D．风险发生所产生的后果

参考答案：(19)D。

要点解析：风险预测，又称风险估算，它从两个方面评估一个风险：风险发生的可能性或概率，以及如果风险发生了所产生的后果。

试题 30　(2009 年下半年试题 29)

软件能力成熟度模型(CMM)的第 4 级(已定量管理级)的核心是__(29)__。

(29) A．建立基本的项目管理和实践来跟踪项目费用、进度和功能特性

B．组织具有标准软件过程

C．对软件过程和产品都有定量的理解和控制

D．先进的新思想和新技术促进过程不断改进

参考答案：(29)C。

要点解析：本题考查软件能力成熟度模型的概念。

软件过程能力成熟度模型将软件过程能力成熟度划分为如下 5 个等级。

(1) 初始级(Initial)。软件过程是无序的，有时甚至是混乱的，对过程几乎没有定义，项目的成功完全依赖个人努力和英雄式核心人物。

(2) 可重复级(Repeatable)。建立了基本的项目管理过程和实践来跟踪项目费用、进度和功能特性。制定了必要的过程纪律，能重复早先类似应用项目取得的成功。

(3) 已定义级(Defined)。已将软件管理和工程两方面的过程文档化、标准化，并综合成该组织的标准软件过程。所有的项目均使用经过批准、剪裁的标准软件过程来开发和维护软件。

(4) 已管理级(Managed)。收集对软件过程和产品质量的详细度量，对软件过程和产品都有定量的理解和控制。

(5) 优化级(Optimized)。过程的量化反馈和先进的新思想、新技术促使过程不断改进。

试题 31　(2009 年下半年试题 30)

软件系统设计的主要目的是为系统制定蓝图，__(30)__并不是软件设计模型所关注的。

(30) A．系统总体结构　　B．数据结构　　C．界面模型　　D．项目范围

参考答案：(30)D。

要点解析：系统设计的主要目的就是为系统制定蓝图，在各种技术和实施方法中权衡利弊，精心设计，合理使用各种资源，最终勾勒出新系统的详细设计方案。

系统设计的主要内容包括新系统的总体结构设计、代码设计、输出设计、输入设计、处理过程设计、数据存储设计、用户界面设计和安全控制设计等。根据题意可知，系统的总体结构、界面模型和数据结构都是系统设计的内容，而项目范围不是其考虑的范围。

试题 32　(2009 年下半年试题 31)

ISO/IEC 9126 软件质量模型中，可靠性质量特性包括多个子特性。一软件在故障发生

后，要求在90秒内恢复其性能和受影响的数据，与达到此目的有关的软件属性为__(31)__子特性。

(31) A．容错性　　B．成熟性　　C．易恢复性　　D．易操作性

参考答案：(31)C。

要点解析：容错性是指在软件错误或违反指定接口的情况下，与维持指定的性能水平的能力有关的软件属性。

成熟性是指与由软件故障引起失效的频度有关的软件属性。

易恢复性是指与在故障发生后，重新建立其性能水平并恢复直接受影响数据的能力，以及为达到此目的所需的时间有关的软件属性。

易操作性是指与用户为理解逻辑概念及其应用所付出的劳动有关的软件属性。

而本题题意是故障发生后要求在90秒内恢复性能和受影响的数据，因此属于易恢复性。

试题33（2009年下半年试题32）

某程序的程序图如下所示，运用McCabe度量法对其进行度量，其环路复杂度是__(32)__。

(32) A．2　　B．3　　C．4　　D．5

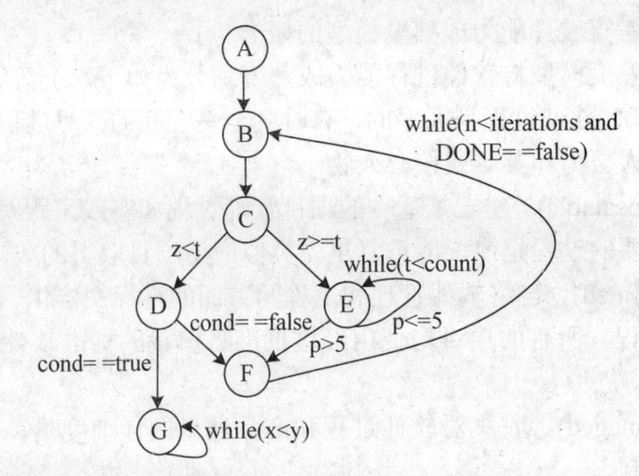

参考答案：(32)C。

要点解析：McCabe复杂性度量又称为环路度量，它认为程序的复杂性很大程度上取决于控制的复杂度。其公式为：$V(G)=m-n+2p$，其中V(G)是有向图G中的环路数，m是图G中弧的个数，n是图G中的节点数，p是G中强连通分量的个数。由图可知，$m=9$，$n=7$，$p=1$，因此可知V(G)=4。

试题34（2009年下半年试题33）

系统开发计划用于系统开发人员与项目管理人员在项目期内进行沟通，它包括__(33)__和预算分配表等。

(33) A．PERT图　　B．总体规划　　C．测试计划　　D．开发合同

参考答案：(33)A。

要点解析：系统开发人员与项目管理人员通过文档在项目期内进行沟通。系统开发计划中的文档主要包括工作任务分解表、PERT图、甘特图和预算分配表等。

试题35 （2009年下半年试题34）

改正在软件系统开发阶段已经发生而系统测试阶段还没有发现的错误，属于__(34)__维护。

(34) A．正确性　　B．适应性　　C．完善性　　D．预防性

参考答案：(34)A。

要点解析：本题考查软件维护的相关知识。

软件维护的内容包括正确性维护、完善性维护、适应性维护和预防性维护4方面。

正确性维护是指改正在系统开发阶段已经发生而系统测试阶段尚未发现的错误。

适应性维护是指使应用软件适应信息技术变化和管理需求变化而进行的修改。

完善性维护是指为扩充功能和改善性能而进行的修改。

预防性维护是指为了改进应用软件的可靠性和可维护性，为了适应未来的软硬件环境的变化，应主动增加预防性的新的功能，以使应用系统适应各种变化而不被淘汰。

试题36 （2009年下半年试题36）

极限编程(XP)由价值观、原则、实践和行为4个部分组成，其中价值观包括沟通、简单性、__(36)__。

(36) A．好的计划　　B．不断地发布　　C．反馈和勇气　　D．持续集成

参考答案：(36)C。

要点解析：极限编程(Extreme Programming，XP)是由KentBeck在1996年提出的。XP是一个轻量级的、灵巧的软件开发方法，同时它也是一个非常严谨和周密的方法。它的基础和价值观是交流、朴素、反馈和勇气，即任何一个软件项目都可以从4个方面入手进行改善：加强交流；从简单做起；寻求反馈；勇于实事求是。

试题37 （2009年下半年试题35）

某系统重用了第三方组件(但无法获得其源代码)，则应采用__(35)__对组件进行测试。

(35) A．基本路径覆盖　　B．分支覆盖　　C．环路覆盖　　D．黑盒测试

参考答案：(35)D。

要点解析：因为本题中重用的第三方组件无法获知其源代码，因此属于白盒测试的基本路径覆盖、分支覆盖和环路覆盖都不适用，而黑盒测试是在完全不考虑软件的内部结构和特性的情况下，测试软件的外部特性，因此可以达到测试的目的。

试题38 （2009年上半年试题15）

在采用面向对象技术构建软件系统时，很多敏捷方法都建议的一种重要的设计活动是__(15)__，它是一种重新组织的技术，可以简化构件的设计而无需改变其功能或行为。

(15) A．精化　　B．设计类　　C．重构　　D．抽象

参考答案：(15)D。

要点解析：本题考查软件过程管理中的敏捷方法。

在敏捷方法中重构指重新审视需求和设计，重新明确地描述它们以符合新的和现有的需求。而抽象是为了简化构件的设计且无需改变其功能。

试题39 （2009年上半年试题16）

一个软件开发过程描述了“谁做”、“做什么”、“怎么做”和“什么时候做”，RUP

用__(16)__来表述“谁做”。

(16) A．角色　　B．活动　　C．制品　　D．工作流

参考答案：(16)A。

要点解析：RUP(Rational Unified Process，统一软件开发过程)是一个面向对象且基于网络的程序开发方法论。其中定义了一些核心概念，如下。

角色：描述某个人或者一个小组的行为与职责。RUP 预先定义了很多角色。

活动：是一个有明确目的的独立工作单元。

工件：是活动生成、创建或修改的一段信息。

在本题中，显然“谁做”是指 RUP 中的角色。

试题 40 (2009 年上半年试题 17～18)

某项目主要由 A～I 任务构成，其计划图(如下图所示)展示了各任务之间的前后关系以及每个任务的工期(单位：天)，该项目的关键路径是__(17)__。在不延误项目总工期的情况下，任务 A 最多可以推迟开始的时间是__(18)__天。

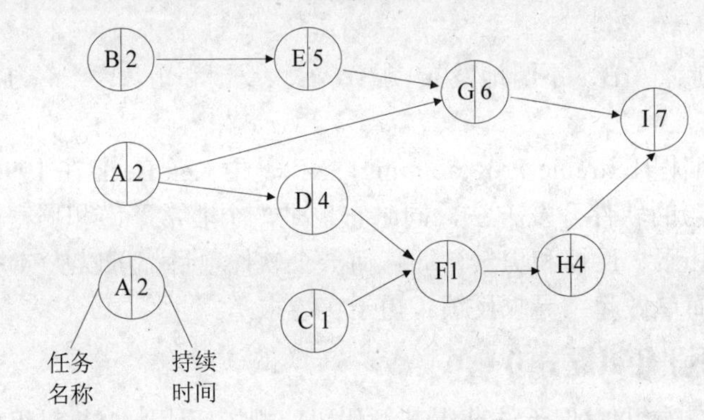

(17) A．A→G→I　　B．A→D→F→H→I
　　C．B→E→G→I　　D．C→F→H→I

(18) A．0　　B．2　　C．5　　D．7

参考答案：(17)C；(18)C。

要点解析：本题的有向图是进度安排的常用图形描述方法之一——项目计划评审技术(PERT)图。其关键路径为松弛时间为 0 的任务完成过程所经历的路径。在本题的图中没有给出松弛时间，所以关键路径是耗时最长的路径，即 B→E→G→I 这条路径。

对于 18 题，PERT 图中，每个节点称为一个事件。一个事件有一个事件号和出现该事件的最早时刻和最迟时刻。最早时刻表示在此时刻之前从该事件出发的任务不可能开始；最迟时刻是指从该事件出发的任务在此时刻之前开始，否则，整个工程就不能如期完成。

由图可知，此工程若从任务 A 开始，有两条可选路径：A→G→I(13 天)和 A→D→F→H→I(18 天)。这两条路径中前者所需时间较后者短，所以最迟开始时间为 18-13=5(天)。

试题 41 (2009 年上半年试题 19)

软件风险一般包含__(19)__两个特性。

(19) A．救火和危机管理　　B．已知风险和未知风险

C．不确定性和损失　　　　　　　　D．员工和预算

参考答案：(19)C。

要点解析：软件风险一般从两个方面来评估：一是风险发生的可能性或概率，即软件风险具有不确定性；二是如果风险发生后所产生的后果，即有无损失或者损失的大小。因此软件风险的特性为不确定性和损失。

救火模式是指软件项目组对风险不闻不问，直到发生了错误才赶紧采取行动，试图迅速地纠正错误。当补救的努力失败后，项目就处在真正的危机之中了，然后进行危机管理，所以 A 属于被动风险策略，而非软件风险的特性。

试题 42 (2009 年上半年试题 29)

软件能力成熟度模型(CMM)将软件能力成熟度自低到高依次划分为 5 级。目前，达到 CMM 第 3 级(已定义级)是许多组织努力的目标，该级的核心是__(29)__。

(29) A．建立基本的项目管理和实践来跟踪项目费用、进度和功能特性
B．使用标准开发过程(或方法论)构建(或集成)系统
C．管理层寻求更主动地应对系统的开发问题
D．连续地监督和改进标准化的系统开发过程

参考答案：(29)B。

要点解析：本题考查软件能力成熟度模型的概念。

试题 43 (2009 年上半年试题 30)

RUP 在每个阶段都有主要目标，并在结束时产生一些制品。在__(30)__结束时产生“在适当的平台上集成的软件产品”。

(30) A．初期阶段　　　B．精化阶段　　　C．构建阶段　　　D．移交阶段

参考答案：(30)C。

要点解析：RUP(Rational Unified Process，统一软件开发过程)是一个面向对象且基于网络的程序开发方法论。RUP 中的软件生命周期在时间上被分解为 4 个顺序的阶段，分别是：初始阶段(Inception)、精化阶段(Elaboration)、构建阶段(Construction)和移交阶段(Transition)。

初始阶段的目标是为系统建立商业案例并确定项目的边界。

精化阶段的目标是分析问题领域，建立健全的体系结构基础，编制项目计划，淘汰项目中最高风险的元素。

在构建阶段，所有剩余的构件和应用程序功能被开发并集成为产品，所有的功能被详细测试。

移交阶段的重点是确保软件对最终用户是可用的。在发布前做产品测试，然后基于用户反馈做少量的调整。

试题 44 (2009 年上半年试题 31)

根据 ISO/IEC 9126 软件质量度量模型定义，一个软件的时间和资源质量子特性属于__(31)__质量特性。

(31) A．功能性　　　B．效率　　　C．可靠性　　　D．易使用性

参考答案：(31)B。

要点解析：ISO/IEC 9126 定义了描述软件质量的 6 个特性和相应的子特性。其中，效

率特性是指在规定条件下，软件的性能水平与所用资源之间的关系有关的软件属性。它具有两个子特性，如下。

① 时间特性：与软件执行其功能时响应和处理时间以及吞吐量有关的软件属性。

② 资源特性：与在软件执行其功能时所使用的资源数量及其使用时间有关的软件属性。

试题 45 （2009 年上半年试题 32）

McCabe 度量法是通过定义环路复杂度，建立程序复杂性的度量，它基于一个程序模块的程序图中环路的个数。计算有向图 G 的环路复杂性的公式为：V(G)=m−n+2，其中 V(G) 是有向图 G 中的环路个数，m 是 G 中的有向弧数，n 是 G 中的节点数。如图所示程序图的程序复杂度是__(32)__。

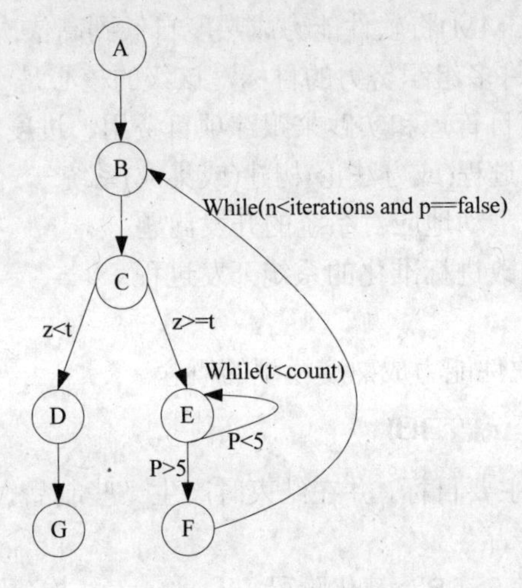

(32) A．2　　B．3　　C．4　　D．5

参考答案：(32)B。

要点解析：方法一，图中有分支的节点个数为 2 个，从而环路复杂度为 2+1=3。

方法二，依据题中给的公式，图中有向弧数 m 为 8 个，图中节点数 n 为 7 个，故 V(G)=m−n+2=3。

试题 46 （2009 年上半年试题 33）

在开发信息系统时，用于系统开发人员与项目管理人员沟通的主要文档是__(33)__。

(33) A．系统开发合同　　B．系统设计说明书

C．系统开发计划　　D．系统测试报告

参考答案：(33)C。

要点解析：本题考查系统文档的相关知识。

系统开发合同用于用户和系统分析人员之间的沟通。系统详细设计说明书和系统测试报告用于系统测试人员和系统开发人员之间的沟通。系统开发计划用于系统开发人员和项目管理人员之间的沟通。所以 C 正确。

试题 47 （2009 年上半年试题 34）

软件工程每一个阶段结束前，应该着重对可维护性进行复审。在系统设计阶段复审期间，应该从__(34)__出发，评价软件的结构和过程。

(34) A．指出可移植性问题以及可能影响软件维护的系统界面

B．容易修改、模块化和功能独立的目的

C．强调编码风格和内部说明文档

D．可测试性

参考答案：(34)B。

要点解析：软件的可维护性有易分析性、易改变性、稳定性和易测试性。软件的模块化和功能的独立性属于软件结构范畴，对应易分析性和稳定性，而容易修改显然说的是易改变性。

试题 48　(2009 年上半年试题 35)

当用分支覆盖法对以下流程图进行测试时，至少需要设计__(35)__个测试用例。

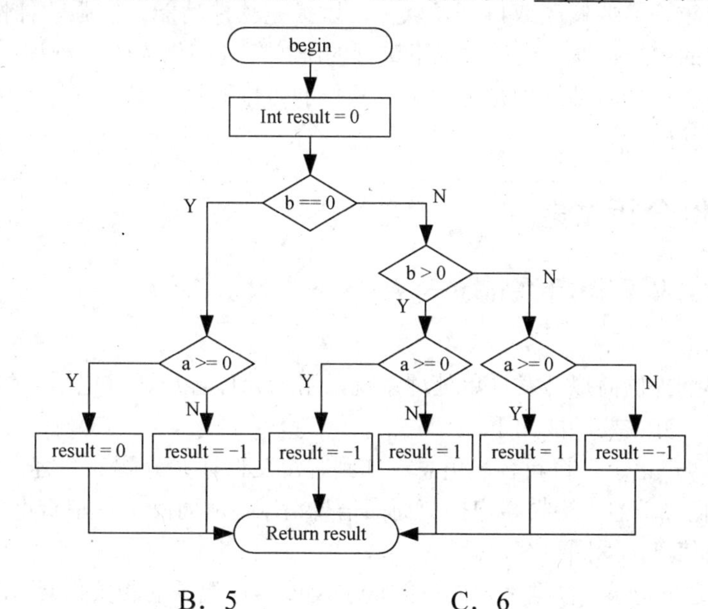

(35) A．4　　B．5　　C．6　　D．8

参考答案：(35)C。

要点解析：分支覆盖属于白盒测试中的逻辑覆盖，分支覆盖就是设计若干测试用例，运行所测程序，使得程序中每个判断的取真分支和取假分支至少经历一次。

令第一层的 b==0 判断节点的左分支为 1，右分支为 2；第二层的 b>0 判断节点的左分支为 3，右分支为 4；第三层左边 a>=0 判断节点的左分支为 5，右分支为 6；第三层中间 a>=0 判断节点的左分支为 7，右分支为 8；第三层右边 a>=0 判断节点的左分支为 9，右分支为 10；则进行分支覆盖的测试路径为 1、5；1、6；2、3、7；2、3、8；2、4、9；2、4、10。共 6 个测试用例。

试题 49　(2009 年上半年试题 36)

某银行为了使其网上银行系统能够支持信用卡多币种付款功能而进行扩充升级，这需要对数据类型稍微进行一些改变，这一状况需要对网上银行系统进行__(36)__维护。

(36) A．正确性　　B．适应性　　C．完善性　　D．预防性

参考答案：(36)B。

要点解析：正确性维护：在软件交付使用后，因开发时测试的不彻底、不完全，必然会有部分隐藏的错误遗留到运行阶段。这些隐藏下来的错误在某些特定的使用环境下就会暴露出来。为了识别和纠正软件错误、改正软件性能上的缺陷、排除实施中的误使用，应当进行的诊断和改正错误的过程就叫做正确性维护。

适应性维护：在使用过程中，外部环境(新的硬、软件配置)和数据环境(数据库、数据格式、数据输入/输出方式、数据存储介质)可能发生变化。为使软件适应这种变化，而去修改软件的过程就叫做适应性维护。某银行为了使其网上银行系统能够支持信用卡多币种付款功能而进行扩充升级，需要对数据类型进行一些改变，可见需要对网上银行系统进行适应性维护，因此选B。

完善性维护：在软件的使用过程中，用户往往会对软件提出新的功能与性能要求。为了满足这些要求，需要修改或再开发软件，以扩充软件功能、增强软件性能、改进加工效率、提高软件的可维护性。这种情况下进行的维护活动叫做完善性维护。

预防性维护：预防性维护是为了提高软件的可维护性、可靠性等，为以后进一步改进软件打下良好基础。

4.3.2 案例分析试题

试题1 (2010年下半年下午试题一)

【说明】

某时装邮购提供商拟开发订单处理系统，用于处理客户通过电话、传真、邮件或 Web 站点所下订单。其主要功能如下。

(1) 增加客户记录。将新客户信息添加到客户文件，并分配一个客户号以备后续使用。

(2) 查询商品信息。接收客户提交商品信息请求，从商品文件中查询商品的价格和可订购数量等商品信息，返回给客户。

(3) 增加订单记录。根据客户的订购请求及该客户记录的相关信息，产生订单并添加到订单文件中。

(4) 产生配货单。根据订单记录产生配货单，并将配货单发送给仓库进行备货；备好货后，发送备货就绪通知。如果现货不足，则需向供应商订货。

(5) 准备发货单。从订单文件中获取订单记录，从客户文件中获取客户记录，并产生发货单。

(6) 发货。当收到仓库发送的备货就绪通知后，根据发货单给客户发货；产生装运单并发送给客户。

(7) 创建客户账单。根据订单文件中的订单记录和客户文件中的客户记录，产生并发送客户账单，同时更新商品文件中的商品数量和订单文件中的订单状态。

(8) 产生应收账户。根据客户记录和订单文件中的订单信息，产生并发送给财务部门应收账户报表。

现采用结构化方法对订单处理系统进行分析与设计，获得如图 4.5 所示的顶层数据流图和图 4.6 所示 0 层数据流图。

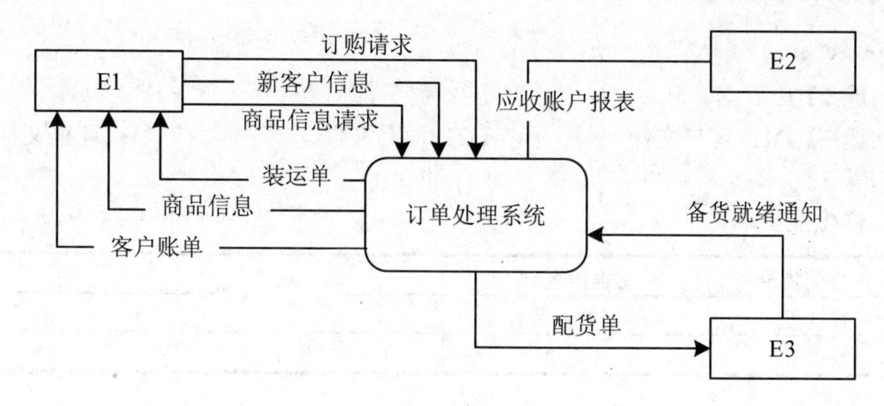

图 4.5　顶层数据流图

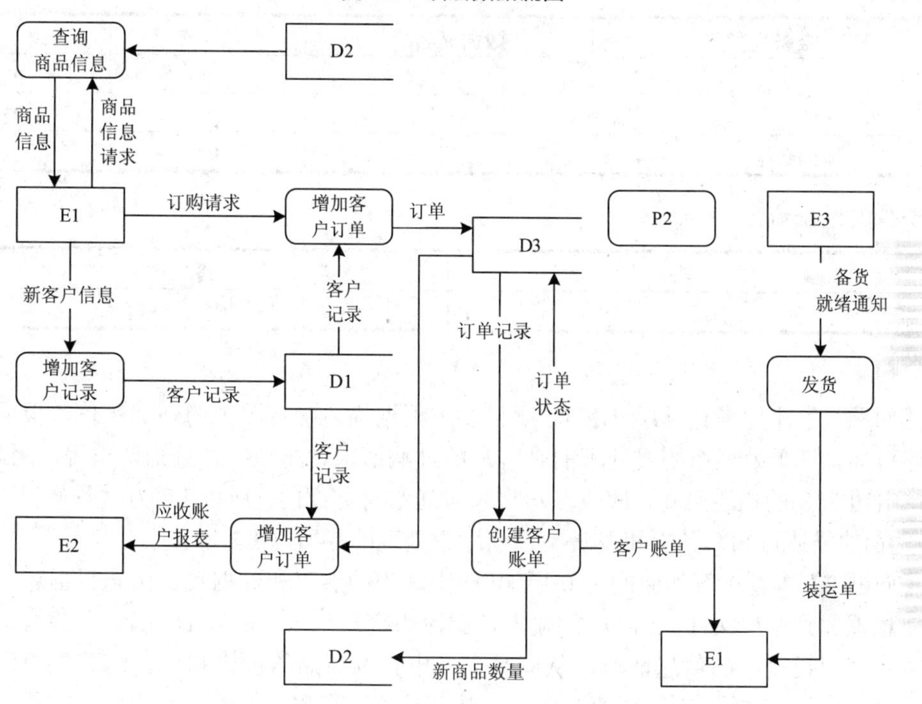

图 4.6　0 层数据流图

【问题 1】(3 分)

使用说明中的词语，给出图 4.5 中的实体 E1～E3 的名称。

【问题 2】(3 分)

使用说明中的词语，给出图 4.6 中的数据存储 D1～D3 的名称。

【问题 3】(9 分)

(1) 给出图 4.6 中处理(加工)P1 和 P2 的名称及其相应的输入/输出流。

(2) 除加工 P1 和 P2 的输入/输出流外，图 4.6 还缺失了 1 条数据流，请给出其起点和终点。

起　点	终　点

注：名称使用说明中的词汇，起点和终点均使用图 4.6 中的符号或词汇。

参考答案

【问题 1】E1：客户　　E2：财务部门　　E3：仓库

【问题 2】D1：客户文件　　D2：商品文件　　D3：订单文件

【问题 3】

P1：产生配货单

P1：产生配货单	数据流名称	起　点	终　点
输入数据流	订单记录	D3	P1
输出数据流	备货单	P1	E3

P2：准备发货单

P2：准备发货单	数据流名称	起　点	终　点
输入数据流	订单记录	D3	P2
	客户记录	D1	P2
输出数据流	发货单	P2	发货

缺少的数据流：

起　点	终　点
D1	创建客户账单

要点解析

【问题 1】本题考查顶层 DFD。题目要求根据描述确定图中的外部实体。根据题目信息描述可知，订单处理系统要处理的是客户的订购请求、商品信息查询请求等，因此 E1 为客户；由功能(8)的描述可知，应收账户报表发送给财务部门，所以 E2 为财务部门；根据功能(4)～(6)的描述可知，备货和发货是在仓库中处理的，所以 E3 为仓库。

【问题 2】本题考查如何确定 0 层 DFD 中缺失的加工和数据流。由题目描述可知，新客户信息添加到客户文件，而 D1 的输入数据流为客户记录，所以 D1 的名称为客户文件；系统接收客户提交商品信息请求，从商品文件中查询商品的价格和可订购数量等商品信息并返回给客户，D2 的输出数据流为商品数量和价格，所以 D2 的名称为商品文件；由题目知，客户订单添加到订单文件，从订单文件中获取订单记录，从客户文件中获取客户记录，并产生发货单，所以 D3 的名称为订单文件。

【问题 3】

对于问题(1)，由 0 层数据流图可以看出，其中缺少了产生配货单和准备发货单两个加工。

产生配货单：根据订单记录产生配货单，并将配货单发送给仓库进行备货；备好货后，发送备货就绪通知。如果现货不足，则需向供应商订货。

准备发货单：从订单文件中获取订单记录，从客户文件中获取客户记录，并产生发货单。

由此可以确定两个加工的输入数据流和输出数据流。

对于问题(2)，由题目知，创建客户账单的功能是根据订单文件中的订单记录和客户文件中的客户记录，产生并发送客户账单，同时更新商品文件中的商品数量和订单文件中的订单状态。题图中，创建客户账单的输入数据流只有订单记录，而没有客户记录，所以应添加一条从客户文件到创建客户账单的数据流。

试题 2 （2010 年上半年下午试题一）

【说明】

某大型企业的数据中心为了集中管理、控制用户对数据的访问并支持大量的连接需求，欲构建数据管理中间件，其主要功能如下。

(1) 数据管理员可通过中间件进行用户管理、操作管理和权限管理。用户管理维护用户信息，用户信息(用户名、密码)存储在用户表中；操作管理维护数据实体的标准操作及其所属的后端数据库信息，标准操作和后端数据库信息存放在操作表中；权限管理维护权限表，该表存储用户可执行的操作信息。

(2) 中间件验证前端应用提供的用户信息。若验证不通过，返回非法用户信息；若验证通过，中间件将等待前端应用提交操作请求。

(3) 前端应用提交操作请求后，中间件先对请求进行格式检查。如果格式不正确，返回格式错误信息；如果格式正确，则进行权限验证(验证用户是否有权执行请求的操作)，若用户无权执行该操作，则返回权限不足信息，否则进行连接管理。

(4) 连接管理连接相应的后台数据库并提交操作。连接管理先检查是否存在空闲的数据库连接，如果不存在，新建连接；如果存在，则重用连接。

(5) 后端数据库执行操作并将结果传给中间件，中间件对收到的操作结果进行处理后，将其返回给前端应用。

现采用结构化方法对系统进行分析与设计，获得如图 4.7 所示的顶层数据流图和图 4.8 所示的 0 层数据流图。

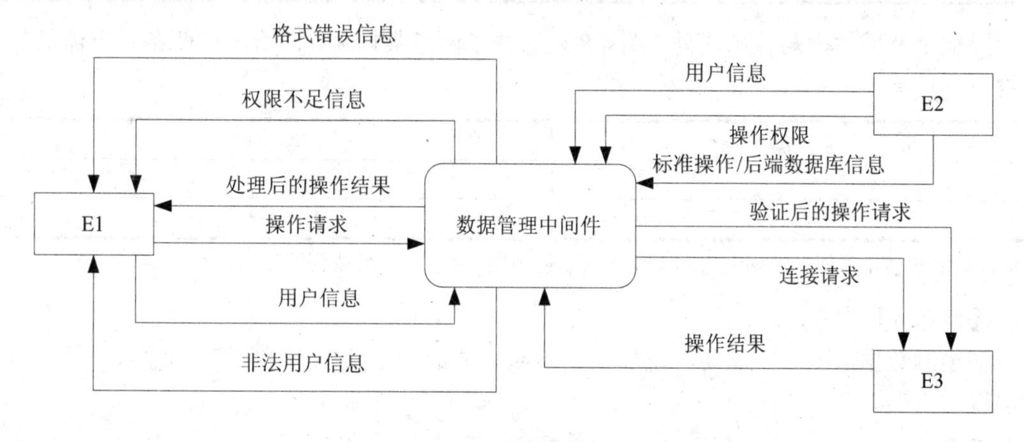

图 4.7　顶层数据流图

【问题 1】(3 分)

使用说明中的词语，给出图 4.7 中的实体 E1～E3 的名称。

【问题 2】(3 分)

使用说明中的词语，给出图 4.8 中的数据存储 D1～D3 的名称。

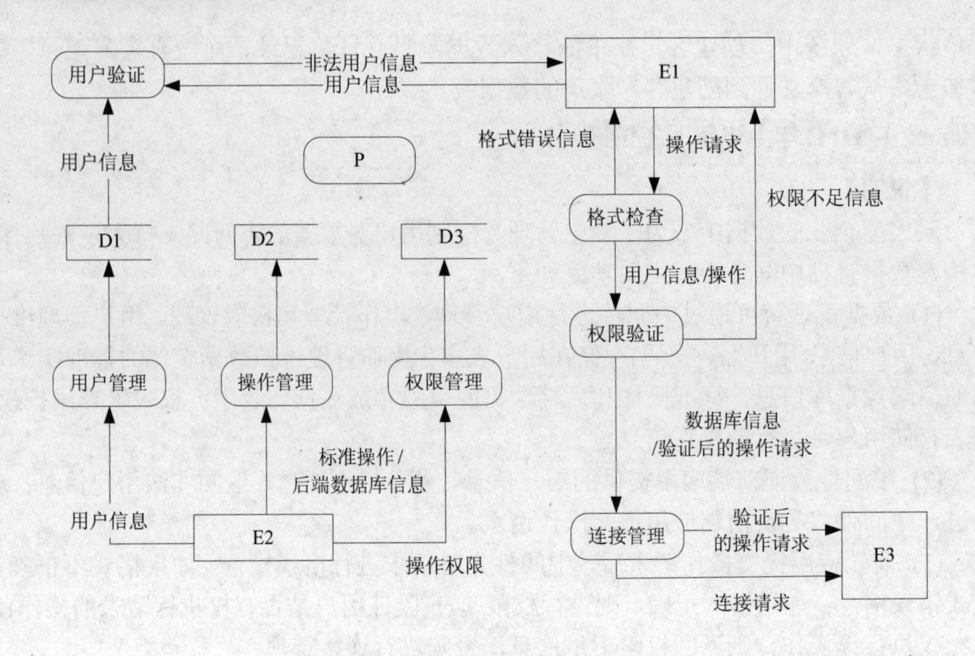

图 4.8　0 层数据流图

【问题 3】(6 分)

给出图 4.8 中加工 P 的名称及其输入、输出流。

	名　称	起　点	终　点
输入流			P
输出流		P	

除加工 P 的输入与输出流外，图 4.8 还缺失了两条数据流，请给出这两条数据流的起点和终点。

起　点	终　点

注：名称使用说明中的词汇，起点和终点均使用图 4.8 中的符号或词汇。

【问题 4】(3 分)

在绘制数据流图时，需要注意加工的绘制。请给出 3 种在绘制加工的输入、输出时可能出现的错误。

参考答案

【问题 1】E1：前端应用　　E2：数据管理员　　E3：后端数据库

【问题 2】D1：用户表　　D2：操作表　　D3：权限表

【问题 3】P 的名称：操作结果处理

	名 称	起 点	终 点
输入流	操作结果	E3	P
输出流	处理后的操作结果	P	E1

缺少的数据流：

起 点	终 点
D2	权限验证
D3	权限验证

【问题 4】

在绘制数据流图的加工时，可能出现的输入、输出错误有：

- 只有输入而无输出。
- 只有输出而无输入。
- 输入的数据流无法通过加工产生输出流。
- 输入的数据流与输出的数据流名称相同。

要点解析

本题考查数据流图(DFD)的应用。

【问题 1】

本题考查顶层 DFD。题目要求根据描述确定图中的外部实体。分析题目中的描述，并结合已经在顶层数据流图中给出的数据流进行分析。题目中有信息描述：数据管理员可通过中间件进行用户管理、操作管理和权限管理；前段应用提交操作请求；连接管理连接相应的后台数据库并提交操作。由此可知该中间件系统有数据管理员、前端应用和后端数据库三个外部实体。从图 4.6 中数据流和实体的对应关系可知，E1 为前端应用，E2 为数据管理员，E3 为后端数据库。

【问题 2】

本问题考查 0 层 DFD 中数据存储的确定。说明中描述：用户信息(用户名、密码)存储在用户表中；标准操作和后端数据库信息存放在操作表中；权限管理维护信息存放在权限表中。因此数据存储为用户表、操作表以及权限表。再根据图 4.8 可知 D1 的输入数据流从用户管理来，D2 输入数据流从操作管理来，D3 的输入数据流从权限管理来，所以 D1 为用户表，D2 为操作表，D3 为权限表。

【问题 3】

本题考查 0 层 DFD 中缺失的加工和数据流的确定。比较图 4.7 和图 4.8，可知顶层 DFD 中的操作结果和处理后的操作结果没有在 0 层 DFD 中体现。再根据描述“后端数据库执行操作并将结果传给中间件，中间件对收到的操作结果进行处理后，将其返回给前端应用”可知，需要有操作结果处理，因此 P 为操作结果处理，其输入流为从后端数据库 E3 来的操作结果，输出结果为处理后的操作结果，并返回给前端应用 E1。

考查完 P 及其输入输出流之后，对图 4.8 的内部数据流进行考查，以找出缺失的另外两条数据流。从图中可以看出 D2 和 D3 只有输入流没有输出流，这是常见 DFD 设计时的错误，所以首先考查D2和D3的输出流。描述中有“权限验证是验证用户是否有权执行请求的操作，若用户有权执行该操作，进行连接管理；连接管理连接相应的后台数据库并提交操作；权限表存储用户可执行的操作信息”。因此，权限验证有从权限表D3来的输入数据流。而要连接后端数据库，需要数据库信息，从权限验证的输出流中包含有数据库信息可知，权限验证需要获取到数据库信息，所以还需要从操作表D2来的输入流。

【问题4】

本问题考查在绘制数据流图中加工绘制时的注意事项。绘制加工时可能出现的错误有：加工的输入、输出时可能出现只有输入而无输出、只有输出而无输入、输入的数据流无法通过加工产生输出流以及输入的数据流与输出的数据流名称相同等错误。

试题3 （2009年下半年下午试题一）

阅读下列说明，回答问题1至问题4。

【说明】

现准备为某银行开发一个信用卡管理系统CCMS，该系统的基本功能为：

(1) 信用卡申请。非信用卡客户填写信用卡申请表，说明所要申请的信用卡类型及申请者的基本信息，提交CCMS。如果信用卡申请被银行接受，CCMS将记录该客户的基本信息，并发送确认函给该客户，告知客户信用卡的有效期及信贷限额；否则该客户将会收到一封拒绝函。非信用卡客户收到确认函后成为信用卡客户。

(2) 信用卡激活。信用卡客户向CCMS提交激活请求，用信用卡号和密码激活该信用卡。激活操作结束后，CCMS将激活通知发送给客户，告知客户其信用卡是否被成功激活。

(3) 信用卡客户信息管理。信用卡客户的个人信息可以在CCMS中进行在线管理。每位信用卡客户可以在线查询和修改个人信息。

(4) 交易信息查询。信用卡客户使用信用卡进行的每一笔交易都会记录在CCMS中。信用卡客户可以通过CCMS查询并核实其交易信息(包括信用卡交易记录及交易额)。

图4.9和图4.10分别给出了该系统的顶层数据流图和0层数据流图的初稿。

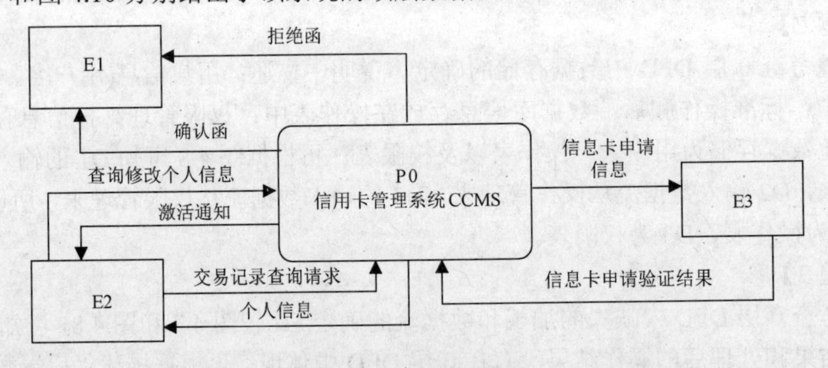

图4.9 顶层数据流图

【问题1】

根据说明，将图4.9中的E1～E3填充完整。

【问题2】

图4.9中缺少3条数据流，根据说明，分别指出这3条数据流的起点和终点。(注：数据流的起点和终点均采用图中的符号和描述)。

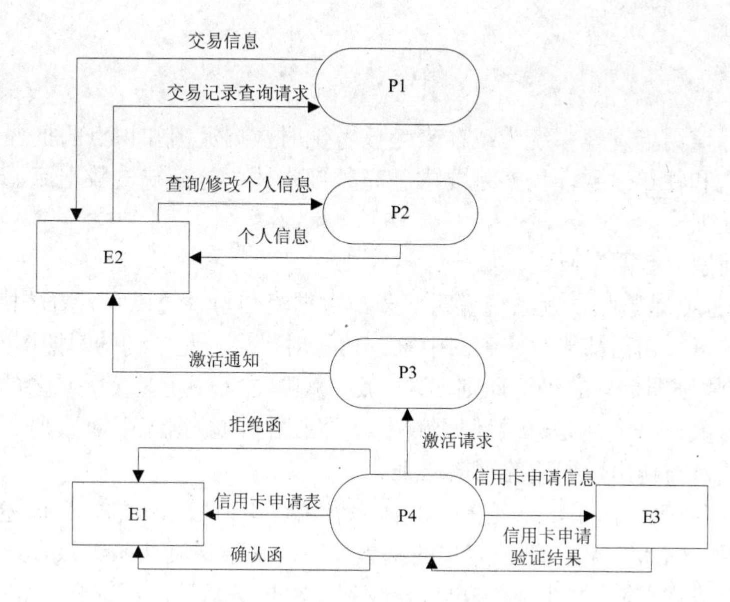

图 4.10　0 层数据流图

【问题 3】

图 4.10 中有两条数据流是错误的，请指出这两条数据流的名称，并改正。(注：数据流的起点和终点均采用图中的符号和描述)。

【问题 4】

根据说明，将图 4.10 中 P1～P4 的处理名称填充完整。

参考答案

【问题 1】E1：非信用卡客户　E2：信用卡客户　E3：银行

【问题 2】：

起　点	终　点
E1	P0 信用卡管理系统 CCMS
P0 信用卡管理系统	E2
E2	P0 信用卡管理系统 CCMS

【问题 3】：错误的数据流

起　点	终　点
P4	E1
P4	P3

改正后的数据流：

起　点	终　点
E1	P4
E2	P3

【问题 4】P1：交易信息查询　P2：信用卡客户信息管理　P3：信用卡激活

P4：信用卡申请。

要点解析

该题以银行信用卡管理系统为载体来考核考生对数据流图知识点的把握。从题目的问答形式上来看，和往年一致，仍然是要求补充外部实体、补充缺失数据流、找出错误数据流、补充加工处理。

解答这类问题，有两个原则，如下。

(1) 第一个原则是紧扣试题系统说明部分，数据流图与系统说明有着严格的对应关系，系统说明部分的每一句话都能对应到图中来，解题时可以一句一句的对照图来分析。

(2) 第二个原则即数据的平衡原则，这一点在解题过程中也是至关重要的。数据平衡原则有两方面的含义，一方面是分层数据流图父子图之间的数据流平衡原则，另一方面是每张数据流图中输入与输出数据流的平衡原则。

【问题 1】“说明”的第 1 条是关于非信用卡用户申请信用卡的，有描述“如果信用卡申请被银行接受，CCMS 将记录该客户的基本信息，并发送确认函给该客户，告知客户信用卡的有效期及信贷限额；否则该客户将会收到一封拒绝函”，再结合图 4.9，显然 E1 是非信用卡用户。从这一描述还可以看出，信用卡申请是要被银行审核的，银行接受申请后把申请验证结果发给 CCMS 系统，所以 E3 是银行。

“说明”的第 2 条和第 3 条信用卡客户的操作权限，对应图 4.9 中的 E2，所以 E2 是信用卡客户。

【问题 2】由“说明”的第 1 条可知，非信用卡用户是要先向 CCMS 提交申请的基本信息，然后 CCMS 才有反馈信息的，所以这里缺少一条由 E1 到 PO 的数据流。

信用卡客户向 CCMS 发出交易记录查询请求后，CCMS 还得把查询到的交易记录结果反馈给信用卡客户，所以这里缺少由 P0 到 E2 的数据流。

由“说明”的第 2 条“信用卡客户向 CCMS 提交激活请求，用信用卡号和密码激活该信用卡”可知，对应这一描述缺少一条由 E2 到 P0 的数据流。

【问题 4】我们先分析问题 4，如果问题 4 的结果出来后错误的数据流就比较明显了。显然 P1～P4 指的是“说明”中的 4 条。P1 显然对应的是第 4 条——交易信息查询，P2 对应的是第 3 条——信用卡客户信息管理，P3 对应的是第 1 条——信用卡激活，P4 对应的是第 1 条——信用卡申请。

【问题 3】知道了 E1～E3 以及 P1～P4 所代表的名称，找错误的数据流就比较简单了。比较明显的是 P4～E1 的信用卡申请这一条，这显然是错误了，而且也违背了数据平衡原则。应该是由非信用卡客户向 P4 发信用卡申请，即起点是 E1，终点是 P4。

“激活请求”是信用卡客户向 CCMS 发送的请求，而不是 P4 和 P3 之间的活动，所以这条由 P4～P3 的数据流是错误的，应修改为起点为 E2、终点为 P3 的数据流。

试题 4 (2009 年上半年下午试题一)

阅读下列说明，回答问题 1 和问题 2。

【说明】

假设某大型商业企业由商品配送中心和连锁超市组成，其中商品配送中心包括采购、财务、配送等部门。为实现高效管理，设计了商品配送中心信息管理系统，其主要功能描述如下。

(1) 系统接收由连锁超市提出的供货请求，并将其记录到供货请求记录文件。

(2) 在接到供货请求后，从商品库存记录文件中进行商品库存信息查询。如果库存满足供货请求，则给配送处理发送配送通知；否则，向采购部门发出缺货通知。

(3) 配送处理接到配送通知后，查询供货请求记录文件，更新商品库存记录文件，并向配送部门发送配送单，在配送货品的同时记录配送信息至商品配送记录文件。

(4) 采购部门接到缺货通知后，与供货商洽谈，进行商品采购处理，合格商品入库，并记录采购清单至采购清单记录文件、向配送处理发出配送通知，同时通知财务部门给供货商支付货款。

该系统采用结构化方法进行开发，得到待修改的数据流图，如图4.11所示。

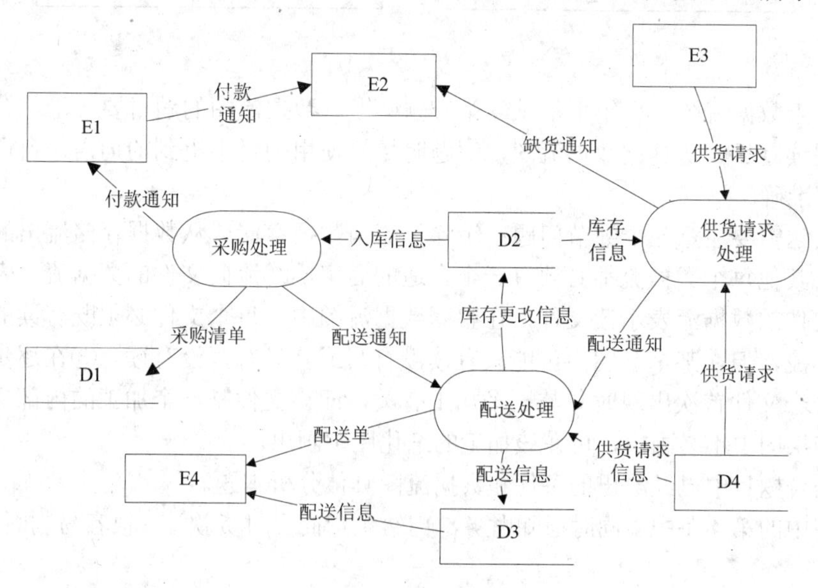

图4.11 数据流图

【问题1】(8分)

使用说明中的词语，给出图4.11中外部实体E1～E4的名称和数据存储D1～D4的名称。

【问题2】(7分)

图4.11中存在4处错误数据流，请指出各自的起点和终点；若将上述4条错误数据流删除，为保证数据流图的正确性，应补充3条数据流，请给出所补充数据流的起点和终点。(起点和终点请采用数据流图4.11中的符号或名称)

错误数据流

起点	终点

补充的数据流

起点	终点

参考答案

【问题1】 E1：财务部门 E2：采购部门

E3：连锁超市　　　　　　E4：配送部门
D1：采购清单记录文件　　D2：商品库存记录文件
D3：商品配送记录文件　　D4：供货请求记录文件

【问题 2】

错误数据流

起 点	终 点
D4	供货请求处理
供货请求处理	配送处理
D2	采购处理
E1	E2

补充的数据流

起 点	终 点
供货请求处理	D4
供货请求处理	配送部门
采购处理	D2

要点解析

本题考查数据流图，每年下午试卷第一题必考。数据流图的题目要善于从题目中找答案，仔细阅读题目、认真读数据流图，解题时尽量使用题目中提到的词语，自己想出的词语也许不够准确。

做这类题需要注意几个细节问题：①除了流向数据存储或从数据存储流出的数据流不必命名外，其他每个数据流都必须有一个合适的名字。②流向文件的数据流，表示写入数据，流出文件的数据流表示读文件，在整套数据流图中，每个文件必须既有读的数据流又有写的数据流，但在某个子图中可能只有读没有写或者只有写没有读。③在逐步精化的过程中，若一个文件首次出现时只与一个加工有关，即该文件是一个加工的内部文件，那么该文件在当层图中不必画出，可在该加工的细化图中画出。

下面结合题目中已经给出的条件和数据流图具体分析本题。

由说明中的第 4 条中“同时通知财务部门给供货商支付货款”，很容易判断出 E1 是财务部门。

由说明中的第 1 条知，连锁超市提出供货请求，所以 E3 只能是连锁超市。另外虽然 D4 也有可能是连锁超市，但是 D 是数据存储，不是外部实体，所以 E3 是连锁超市，而 D4 不是，事实上，那条线画错了。

由说明中的第 2 条知，接到供货请求，从商品库存记录文件中查询库存信息，所以 D2 必是商品记录库存文件无疑了。如果缺货，向采购部门发出缺货通知，所以 E2 必定是采购部门。

由说明中的第 3 条知，配送处理接收配送通知后，查询供货请求数据记录文件，更新商品库存记录文件，所以 D4 是供货请求数据记录文件，进一步证实 D2 是商品库存记录文件。同时也说明“供货请求处理”与 D4(供货请求数据记录文件)之间连线方向错误。配送处理还需要向配送部门发送配送单，所以 E4 必定是配送部门。

由说明中的第 3 条知，在配送货品的同时记录配送信息至商品配送记录文件，所以 D3 必定是商品配送记录文件。

由说明中的第 4 条知，采购部门进行商品采购处理，合格商品入库，并记录采购清单至采购清单记录文件，所以 D1 必定是采购清单记录文件。

4.4 强化训练

4.4.1 综合知识试题

试题 1

若一个项目由 9 个主要任务构成，其计划图(如下图所示)展示了任务之间的前后关系以及每个任务所需天数，该项目的关键路径是__(1)__，完成项目所需的最短时间是__(2)__天。

(1) A．A→B→C→D→I　　B．A→B→C→E→I
　　C．A→B→C→F→G→I　　D．A→B→C→F→H→I

(2) A．16　　B．17　　C．18　　D．19

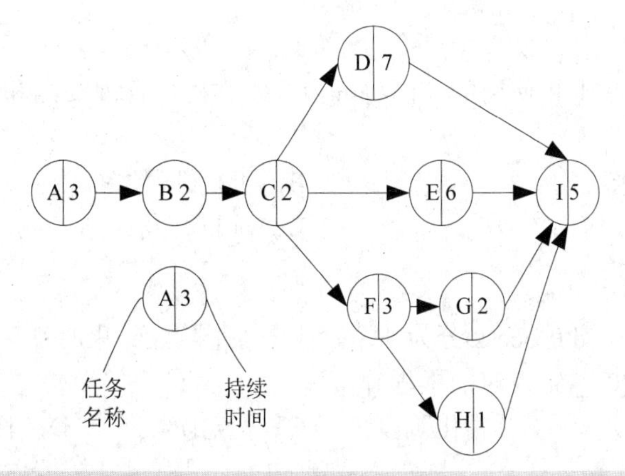

试题 2

在软件工程环境中进行风险识别时，常见的、已知的及可预测的风险类包括产品规模、商业影响等，与开发工具的可用性及质量相关的风险是__(3)__。

(3) A．客户特性　　B．过程定义　　C．开发环境　　D. 构建技术

试题 3

系统测试人员与系统开发人员需要通过文档进行沟通，系统测试人员应根据一系列文档对系统进行测试，然后将工作结果撰写成__(4)__，交给系统开发人员。

(4) A．系统开发合同　　B．系统设计说明书　　C．测试计划　　D. 系统测试报告

试题 4

某项目制定的开发计划中定义了 3 个任务，其中任务 A 首先开始，且需要 3 周完成，任务 B 必须在任务 A 启动 1 周后开始，且需要 2 周完成，任务 C 必须在任务 A 完成后才能开始，且需要 2 周完成。该项目的进度安排可用下面的甘特图__(5)__来描述。

(5)

A. 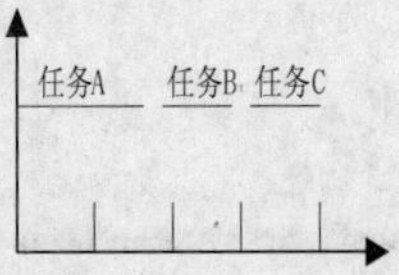 任务A 任务B 任务C

B. 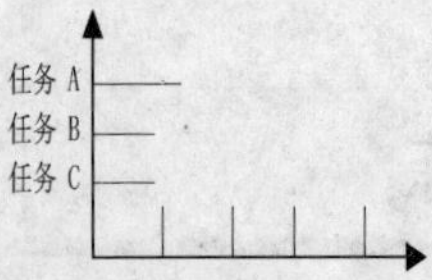 任务A 任务B 任务C

C. 任务A 任务B 任务C

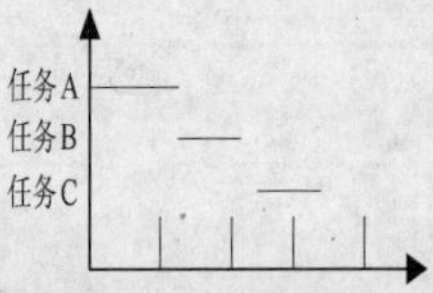

D. 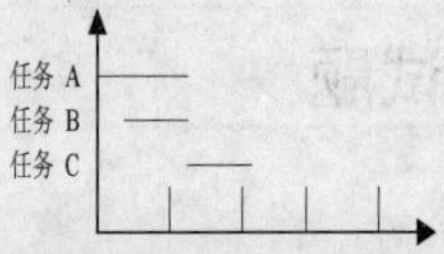 任务A 任务B 任务C

试题5

风险分析在软件项目开发中具有重要作用，包括风险识别、风险预测、风险评估和风险控制等。“建立风险条目检查表”是__(6)__时的活动，“描述风险的结果”是__(7)__时的活动。

(6) A．风险识别　B．风险预测　C．风险评估　D．风险控制

(7) A．风险识别　B．风险预测　C．风险评估　D．风险控制

试题6

软件文档按照其产生和使用的范围可分为开发文档、管理文档和用户文档。其中开发文档不包括__(8)__。

(8) A．软件需求说明　B．可行性研究报告
C．维护修改建议　D．项目开发计划

试题7

RUP(Rational Unified Process)分为4个阶段，每个阶段结束时都有重要的里程碑，其中生命周期架构是在__(9)__结束时的里程碑。

(9) A．初启阶段　B．精化阶段　C．构建阶段　D．移交阶段

试题8

软件能力成熟度模型(CMM)将软件能力成熟度自低到高依次划分为初始级、可重复级、定义级、管理级和优化级。其中__(10)__对软件过程和产品都有定量的理解与控制。

(10) A．可重复级和定义级　B．定义级和管理级
C．管理级和优化级　D．定义级、管理级和优化级

试题9

极限编程(XP)包含了策划、设计、编程和测试4个活动，其12个最佳实践中的“持续集成”实践在__(11)__活动中进行。

(11) A．策划和设计　B．设计和编程　C．设计和测试　D．编程和测试

试题10

UP(统一过程)是用例驱动的、以架构为核心、迭代和增量的软件过程框架，它提供了一种__(12)__的特性。

(12) A．演进　B．敏捷　C．测试驱动　D．持续集成

试题11

某公司采用的软件开发过程通过了CMM2认证，表明该公司__(13)__。

(13) A．开发项目成效不稳定，管理混乱

B．对软件过程和产品质量建立了定量的质量目标

C．建立了基本的项目级管理制度和规程，可对项目的成本、进度进行跟踪和控制

D．可集中精力采用新技术新方法，优化软件过程

试题 12

ISO/IEC 9126 软件质量模型中第一层定义了 6 个质量特性，并为各质量特性定义了相应的质量子特性。子特性__(14)__属于可靠性质量特性。

(14) A．准确性　　B．易理解性　　C．成熟性　　D．易学性

试题 13

系统的可维护性可以用系统的可维护性评价指标来衡量。系统的可维护性评价指标不包括__(15)__。

(15) A．可理解性　　B．可修改性　　C．准确性　　D．可测试性

试题 14

__(16)__是一种面向数据流的开发方法，其基本思想是软件功能的分解和抽象。

(16) A．结构化开发方法　　B．Jackson 系统开发方法

C．Booch 方法　　D．UML(统一建模语言)

试题 15

在软件设计和编码过程中，采取“__(17)__”的做法将使软件更加容易理解和维护。

(17) A．良好的程序结构，有无文档均可　　B．使用标准或规定之外的语句

C．编写详细正确的文档，采用良好的程序结构　　D．尽量减少程序中的注释

试题 16

某程序根据输入的 3 条线段长度，判断这 3 条线段能否构成三角形。以下 6 个测试用例中，__(18)__两个用例属于同一个等价类。

① 6、7、13　　② 4、7、10　　③ 9、20、35

④ 9、11、21　　⑤ 5、5、4　　⑥ 4、4、4

(18) A．①②　　B．③④　　C．⑤⑥　　D．①④

试题 17

在模拟环境下，常采用黑盒测试检验所开发的软件是否与需求规格说明书一致。其中有效性模测试属于__(19)__中的一个步骤。

(19) A．单元测试　　B．集成测试　　C．确认测试　　D．系统测试

试题 18

软件维护成本在软件成本中占较大比重。为降低维护的难度，可采取的措施有__(20)__。

(20) A．设计并实现没有错误的软件

B．限制可修改的范围

C．增加维护人员数量

D．在开发过程中就采取有利于维护的措施，并加强维护管理

试题 19

软件测试是软件开发中不可缺少的活动，通常__(21)__在代码编写阶段进行。检查软件的功能是否与用户要求一致是__(22)__的任务。

(21) A．验收测试　B．系统测试　C．单元测试　D．集成测试

(22) A．验收测试　B．系统测试　C．单元测试　D．集成测试

4.4.2 案例分析试题

试题 1

阅读以下说明和图，回答问题 1～问题 3。

【说明】

某营销企业拟开发一个销售管理系统，其主要功能描述如下。

(1) 接受客户订单，检查库存货物是否满足订单要求。如果满足，进行供货处理：即修改库存记录文件，给库房开具备货单并且保留客户订单至订单记录文件；否则进行缺货处理：将缺货订录单入缺货记录文件。

(2) 根据缺货记录文件进行缺货统计，将缺货通知单发给采购部门。

(3) 根据采购部门提供的进货通知单进行进货处理：即修改库存记录文件，并从缺货记录文件中取出缺货订单进行供货处理。

(4) 根据保留的客户订单进行销售统计，打印统计报表给经理。

现采用结构化方法对销售管理系统进行分析与设计，获得如图 4.12 所示的顶层数据流图和图 4.13 所示的 0 层数据流图。

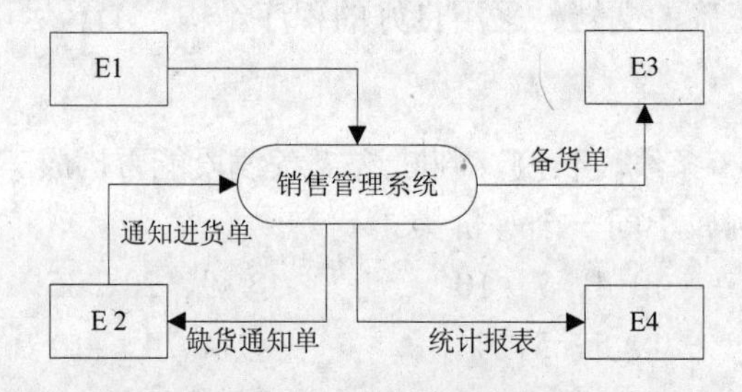

图 4.12　顶层数据流图

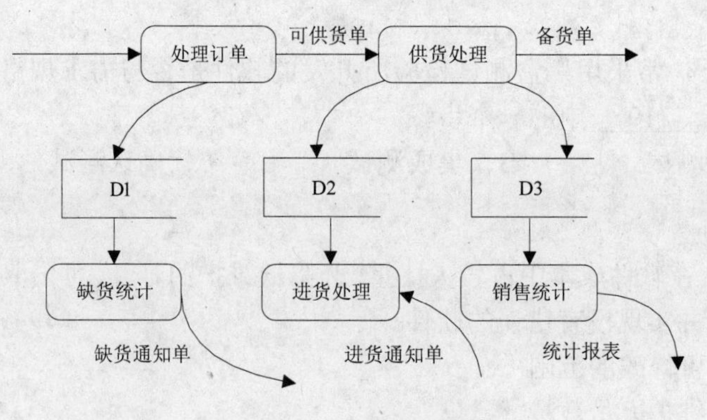

图 4.13　0 层数据流图

【问题 1】

使用说明中的词语，给出图 4.12 的外部实体 E1～E4 的名称。

【问题 2】

使用说明中的词语，给出图 4.13 的数据存储 D1～D3 的名称。

【问题 3】

数据流图 4.13 缺少了 4 条数据流，根据说明及数据流图 4.12 提供的信息，分别指出这 4 条数据流的起点和终点。

起　点	终　点

试题 2

阅读以下说明和图，回答问题 1～问题 4。

【说明】

某音像制品出租商店欲开发一个音像管理信息系统，管理音像制品的租借业务。需求如下。

(1) 系统中的客户信息文件保存了该商店的所有客户的用户名、密码等信息。对于首次来租借的客户，系统会为其生成用户名和初始密码。

(2) 系统中音像制品信息文件记录了商店中所有音像制品的详细信息及其库存数量。

(3) 根据客户所租借的音像制品的品种，会按天收取相应的费用。音像制品的最长租借周期为一周，每位客户每次最多只能租借 6 件音像制品。

(4) 客户租借某种音像制品的具体流程如下。

① 根据客户提供的用户名和密码，验证客户身份。

② 若该客户是合法客户，查询音像制品信息文件，查看商店中是否还有这种音像制品。

③ 若还有该音像制品，且客户所要租借的音像制品数小于等于 6 个，就可以将该音像制品租借给客户。这时，系统给出相应的租借确认信息，生成一条新的租借记录并将其保存在租借记录文件中。

④ 系统计算租借费用，将费用信息保存在租借记录文件中并告知客户。

⑤ 客户付清租借费用之后，系统接收客户付款信息，将音像制品租借给该客户。

(5) 当库存中某音像制品数量不能满足客户的租借请求数量时，系统可以接受客户网上预约租借某种音像制品。系统接收到预约请求后，检查库存信息，验证用户身份，创建相应的预约记录，生成预约流水号给该客户，并将信息保存在预约记录文件中。

(6) 客户归还到期的音像制品，系统修改租借记录文件，并查阅预约记录文件和客户信息文件，判定是否有客户预约了这些音像制品。若有，则生成预约提示信息，通知系统履行预约服务，系统查询客户信息文件和预约记录文件，通知相关客户前来租借音像制品。

【问题 1】

图 4.14 中只有一个外部实体 E1。使用说明中的词语，给出 E1 的名称。

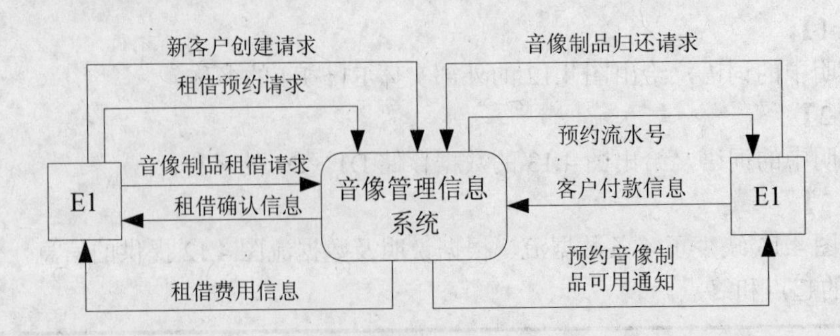

图 4.14　顶层数据流图

【问题 2】

使用说明中的词语，给出图 4.15 中的数据存储 D1～D4 的名称。

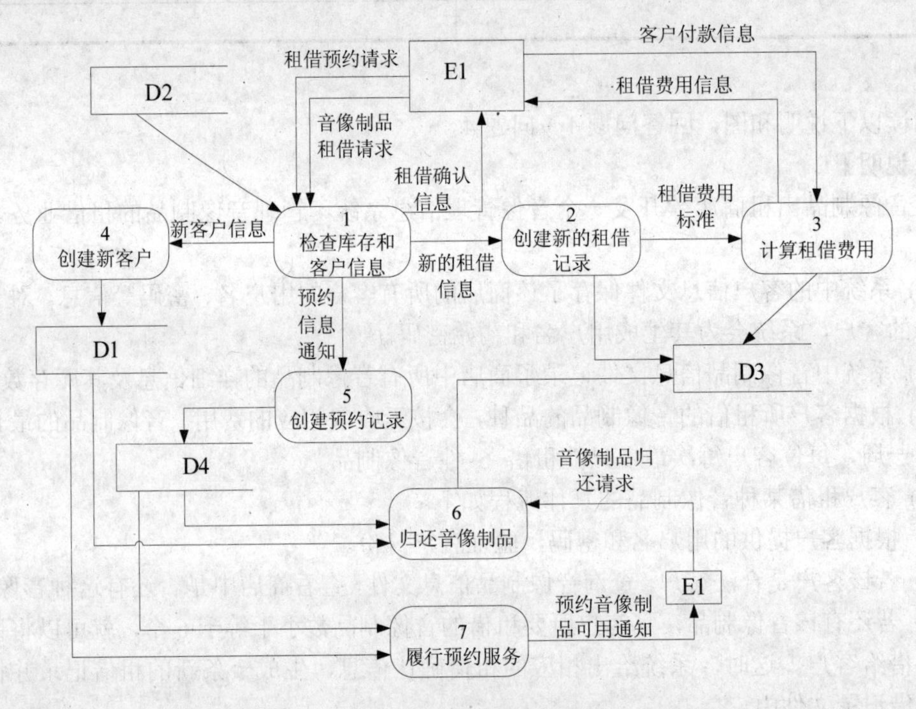

图 4.15　0 层数据流图

【问题 3】

数据流图 4.15 缺少了三条数据流，根据说明及数据流图 4.14 提供的信息，分别指出这三条数据流的起点和终点。

起　点	终　点

【问题 4】

在进行系统分析与设计时，面向数据结构的设计方法(如 Jackson 方法)也被广泛应用。简要说明面向数据结构设计方法的基本思想及其适用场合。

4.4.3　综合知识试题参考答案

【试题 1】答　案：(1)A　(2)A

分　析：本题的有向图是进度安排的常用图形描述方法之一——PERT 图。其关键路径为松弛时间为 0 的任务完成过程所经历的路径。在本题的图中没有给出松弛时间，所以关键路径是耗时最长的路径，即 A→B→C→D→I 这条路径，长度为 19。要完成这个项目有多条路径，其中 A→B→C→F→H→I 耗时最短，路径长度为 16。

【试题 2】答　案：(3)C

分　析：本题考查风险分类。

风险可以分为项目风险、技术风险和商业风险 3 类。由于项目在预算、进度、人力、资源、顾客和需求等方面的原因对软件项目产生的不良影响称为项目风险。软件在设计、实现、接口、验证和维护过程中可能发生的潜在问题，如规格说明的二义性、采用陈旧或尚不成熟的技术等，对软件项目带来的危害称技术风险。开发了一个没人需要的优质软件，或推销部门不知如何销售这一软件产品，或开发的产品不符合公司的产品销售战略等，称为商业风险。

其中技术风险包括团队对开发技术的把握程度，开发环境是否满足开发的需要，接口方面是否能处理好，维护方面等。与开发工具的可用性有关的显然属于开发环境范围。

【试题 3】答　案：(4)D

分　析：本题考查系统文档的相关知识。

系统开发合同用于用户和系统分析人员之间的沟通。

系统详细设计说明书、测试计划和系统测试报告都是用于系统测试人员和系统开发人员之间的沟通。它们之间的关系是这样的：系统测试人员根据系统方案说明书、系统设计说明书和测试计划等文档对系统开发人员所开发的系统进行测试，系统测试人员再将评估结果撰写成系统测试报告，反馈给系统开发人员。

【试题 4】答　案：(5)D

分　析：本题考查Gantt(甘特)图。

根据题意，任务 A 首先开始，且需要 3 周完成，任务 B 必须在任务 A 启动 1 周后开始，且需要 2 周完成，任务 C 必须在任务 A 完成后才能开始，且需要 2 周完成。可知，B 和 A 是同时完成的，且 C 在 A 和 B 完成后开始，显然，D 选项符合题意。

【试题 5】答　案：(6)A　(7)B

分　析：本题考查风险分析。

风险识别用来系统化地确定对项目估算、进度、资源分配等的威胁，其中一个重要方法就是建立风险条目检查表。

风险预测又称风险估算，软件项目管理人员可以从影响风险的因素和风险发生后带来的损失两方面来度量风险。为了对各种风险进行估算，必须建立风险度量指标体系；必须指明各种风险带来的后果和损失；必须估算风险对软件项目及软件产品的影响；必须给出风险估算的定量结果。也就是题目中的“描述风险的结果”。

【试题 6】答　案：(8)C

分　析：本题考查软件文档。

软件文档可以分为开发文档、管理文档和用户文档 3 大类。

开发文档包括：《功能要求》、《投标方案》、《需求分析》、《技术分析》、《系统分析》、《数据库文档》、《功能函数文档》、《界面文档》、《编译手册》、《QA 文档》、《项目总结》等。

管理文档包括：《产品简介》、《产品演示》、《疑问解答》、《功能介绍》、《技术白皮书》、《评测报告》等。

用户文档包括：《安装手册》、《使用手册》、《维护手册》、《用户报告》、《销售培训》等。

显然选项 C 属于用户文档。

【试题 7】答　案：(9)B

分　析：参考“真题详解”中试题 43 分析。

【试题 8】答　案：(10)C

分　析：参考“真题详解”中试题 30 分析。

【试题 9】答　案：(11)D

分　析：本题考查敏捷方法之一——极限编程。

极限编程的 12 个有效实践是：计划游戏、小型发布、隐喻、简单设计、测试先行、重构、结对编程、集体代码所有制、持续集成、每周工作 40 个小时、现场客户和编码标准。

其中持续集成团队每天尽可能多次地做代码集成，每次都确保系统运行的单元测试通过之后进行。因此是在“编程和测试”活动中进行的。

【试题10】答　案：(12)A

分　析：UP 中的软件生命周期在时间上被分解为 4 个顺序的阶段：初始阶段、精化阶段、构建阶段和交付阶段。每次这 4 个阶段结束后就产生一个中间版本，中间版本再次经历这 4 个阶段再产生一个软件版本，如此不断重复着 4 个阶段，直到产生最终版本为止。在这个过程中，软件功能一代一代逐步完善，这是演进的特性。

【试题 11】答　案：(13)C

分　析：CMM2(可重复级)就是建立了基本的项目级管理过程，可对项目的成本、进度进行跟踪和控制，生产的过程、标准、工作产品以及服务都是被严格定义和文档化的。基于以往管理类似的项目经验，计划和管理新项目，并可依据一定的标准重复利用类似的软件产品。CMM2 的核心就是重复利用。

CMM2由6个关键过程域(KPA)组成：需求管理(RM)、软件项目计划(SPP)、软件项目跟踪与监控(SPTO)、软件子合同管理(SSM)、软件质量保证(SQA)、软件配置管理(SCM)。

因此，该公司通过了CMM2认证，表明该公司建立了基本的项目级管理制度和规程，可对项目的成本、进度进行跟踪和控制。

【试题 12】答　案：(14)C

分　析：

可靠性是指在规定的一段时间内和规定的条件下，软件维持在其性能水平有关的能力。包括如下三个特性。

- 成熟性：与由软件故障引起失效的频度有关的软件属性。
- 容错性：与在软件故障或违反指定接口的情况下，维持规定的性能水平的能力有关的软件属性。

- 易恢复性：与在失效发生后，重建其性能水平并恢复直接受影响数据的能力以及为达此目的所需的时间和能力有关的软件属性。

【试题13】答　案：(15)C

分　析：软件的可维护性包括易分析性、易改变性、稳定性和易测试性。可知C不属于软件的可维护性。

【试题14】答　案：(16)A

分　析：结构化分析(Structured Analysis，SA)是一种面向数据流的需求分析方法，强调开发方法的合理性以及所开发软件的结构合理性。

Jackson方法是一种典型的面向数据结构的分析设计方法。从目标系统的输入、输出数据结构入手，导出程序框架结构，再补充其他细节，就可得到完整的程序结构图。

Booch方法：是一种面向对象的分析设计方法。包括以下步骤：在给定的抽象层次上识别类和对象；识别这些对象和类的语义；识别这些类和对象之间的关系；实现类和对象。

UML(统一建模语言)：是面向对象技术领域内占主导地位的标准建模语言。

【试题 15】答　案：(17)C

分　析：本题考查软件设计方法和编码风格。

为了使软件更加容易理解和维护，不仅要有良好的程序结构，还需要有详细的软件文档。在编写代码时，要尽量少地使用标准或规定之外的语句，且要尽量详细地写程序注释，否则，程序的可读性将很差。

【试题16】答　案：(18)B

分　析：本题考查黑盒测试的等价类划分。

判断6个测试用例中的数据能否构成三角形，分类如下。

- 两边和小于第三边：③④。
- 两边和等于第三边：①。
- 两边和大于第三边：②⑤⑥。
- 显然 B 选项③④属于同一个等价类。

【试题 17】答　案：(19)C

分　析：按照开发阶段划分软件测试可分为：单元测试、集成测试、系统测试、确认测试和验收测试。

单元测试又称模块测试，是针对软件设计的最小单位——程序模块，进行正确性检验的测试工作。其目的在于发现各模块内部可能存在的各种差错。单元测试需要从程序的内部结构出发设计测试用例。多个模块可以平行地独立进行单元测试。

集成测试，也叫组装测试或联合测试。在单元测试的基础上，按照设计时作出的层次模块图把它们连接起来组装成为子系统或系统，进行集成测试。

系统测试，是将通过确认测试的软件，作为整个基于计算机系统的一个元素，与计算机硬件、外设、某些支持软件、数据和人员等其他系统元素结合在一起，在实际运行环境下，对计算机系统进行一系列的组装测试和确认测试。系统测试的目的在于通过与系统的需求定义作比较，发现软件与系统的定义不符合或与之矛盾的地方。

确认测试又称有效性测试。任务是验证软件的功能和性能及其他特性是否与用户的要求一致。对软件的功能和性能要求在软件需求规格说明书中已经明确规定。它包含的信息就是软件确认测试的基础。

【试题 18】答　案：(20)D

分　析：本题考查软件维护的相关知识。

软件维护活动可以归纳为 4 种类型。

① 正确性维护。把诊断、校正软件错误的过程称之为正确性维护。

② 适应性维护。由于计算机技术的发展，外部设备和其他系统元素经常变更，为适应环境的变更而修改软件的活动称之为适应性维护。

③ 完善性维护。在使用系统过程中为满足用户提出的新功能、性能要求而进行的维护。

④ 预防性维护。为进一步改进可维护性、可靠性而进行的维护活动。

再看本题选项，选项 A 显然不对，设计并实现没有错误的软件是不可能的，选项 B 和 C 与降低软件维护的难度无关。选项 D 是正确的，开发过程中采取有利于维护的措施，如完善使用手册等。

【试题 19】答　案：(21)C　　　(22)A

分　析：验收测试是部署软件之前的最后一个测试操作。这时相关的用户和(或)独立测试人员根据测试计划和结果对系统进行测试和接收。它让系统用户决定是否接收系统。它是一项确定产品是否能够满足合同或用户所规定需求的测试。

4.4.4　案例分析试题参考答案

试题 1　答案与解析

答　案：

【问题1】E1：客户　　E2：采购部门　　E3：库房　　E4：经理

【问题2】D1：缺货记录文件　　D2：库存记录文件　　D3：订单记录文件

【问题3】

起　点	终　点
缺货记录文件或 D1	进货处理
订单记录文件或 D3	销售统计
库存记录文件或 D2	处理订单
进货处理	供货处理

分　析：

本题考查考生对数据流图的掌握情况。

关于数据流图的两大解题原则是：①数据平衡原则，即下层图的输入与输出应与上层图保持一致，也就是父图和子图之间的数据流必须保持一致。②系统功能描述与数据流图的一致性原则。这个原则是很多书籍上都忽视的一点，也是只有当应考时才会用到的重要原则。

下面运用这两个原则来解析本题。说明中的“接受客户订单，检查库存货物是否满足订单要求”，对应顶层数据流图中的E1到销售管理系统的名为“订单”数据流，可知E1就是客户。

根据说明中的“供货处理：即修改库存记录文件，给库房开具备货单并且保留客户订单至订单记录文件”可以看出E3是库房。由0层数据流图可知，D2和D3为库存记录文件和订单记录文件，但具体D2对应的是哪个文件还不能分析出来。

根据说明中的“根据缺货记录文件进行缺货统计，将缺货通知单发给采购部门”可知D1 为缺货记录文件。再结合顶层数据流图可知 E2 为采购部门。

根据说明中的“根据采购部门提供的进货通知单进行进货处理：即修改库存记录文件，并从缺货记录文件中取出缺货订单进行供货处理”可知 D2 为库存记录文件，因此 D3 为订单记录文件。

根据说明中的“根据保留的客户订单进行销售统计，打印统计报表给经理”可知，E4 为经理。

综上分析，可知 0 层数据流图中缺少从“库存记录文件”到“处理订单”的数据流、从“缺货记录文件”到“进货处理”的数据流、从“订单记录文件”到“销售统计”的数据流以及从“进货处理”到“供货处理”的数据流。

试题 2 答案与解析

答 案：

【问题1】E1：用户

【问题2】D1：客户信息文件　　D2：音像制品信息文件

　　　　D3：租借记录文件　　D4：预约记录文件

【问题3】

起 点	终 点
创建预约记录	客户
归还音像制品	履行预约服务
客户	创建新客户

【问题4】面向数据结构的设计方法的基本思想是：以数据结构作为设计的基础，它根据输入/输出数据结构导出程序的结构，适用于规模不大的数据处理系统。

分 析：

本题考查数据流图的基本操作，是每年的必考知识点。解题时要注意答题技巧，这类题目关键是要仔细阅读题目，同时把比较关键的信息标记一下，比如对象名、存储文件名等，非常利于答题。然后就是在看数据流图时把握两个数据平衡原则：

(1) 分层数据流图中，父图和子图的平衡——父图中某加工的输入输出数据流必须与它的子图的输入/输出数据流在数量和名字上保持一致。

(2) 每个加工既有输入数据流又有输出数据流，且一个加工所有输出数据流中的数据必须能够从该加工的输入数据流中直接获得。

【问题1】从题目中说明可知，“客户”是这个系统的重要对象，结合数据流图，所有的活动都和E1相关，所以E1的名称为客户。

【问题2】从题目的说明可知，本题的数据存储文件有客户信息文件、音像制品信息文件，租借记录文件和预约记录文件。由0层数据流图中的“创建新客户”后将信息保存在D1

中，显然D1是客户信息文件。根据“系统中音像制品信息文件记录了商店中所有音像制品的详细信息及其库存数量”，结合0层数据流图，可以判断出D2是音像制品信息文件。D3和“创建新的租借记录”、“计算租赁费用”和“归还音像制品”有关，在租借记录文件和预约记录文件中选择，显然D3是租借记录文件，那么D4就是预约记录文件。初步判断出来以后，再把这些数据存储文件放在图中一一检查，如果合理，那就没有错误了。

【问题3】

(1) 起点：创建预约记录，终点：用户{或者5→E1}(数据流名称：预约流水号，请参考说明5)。

(2) 起点：归还音乐制品，终点：履行预约服务{或者6→7}(数据流名称：预约提示信息，请参考说明6)。

(3) 起点：用户，终点：创建新用户 {或者E1→4}。

或者，起点：用户，终点：检查库存和客户信息{或者E1→1}。

补充数据流中缺少的数据流，关键还是要把握两个数据平衡原则。

首先看是否“每个加工既有输入数据流又有输出数据流”，比较容易发现“4创建新客户”只有输出流没有输入流，题目中的说明1又提到“对于首次来租借的客户，系统会为其生成用户名和初始密码”，所以这个处理与客户有关，也就是说从客户到“4创建新客户”有一条数据流；说明6中有“判定是否有客户预约了这些音像制品”，说明“客户”和“创建预约登记”之间应有一条数据流，预约登记一定是“客户”创建的，图中从“创建预约登记”到“客户”有输出流，所以这个数据流的起点是“创建预约登记”，终点是“客户”；再仔细阅读说明6，“客户归还到期的音像制品，系统修改租借记录文件，并查阅预约记录文件和客户信息文件，判定是否有客户预约了这些音像制品。若有，则生成预约提示信息，通知系统履行预约服务，系统查询客户信息文件和预约记录文件，通知相关客户前来租借音像制品”可知，“归还音像制品”和“履行预约服务”之间有输出数据流。

【问题4】面向数据结构的设计方法(如Jackson方法)就是用数据结构作为程序设计的基础，最终目标是得出对程序处理过程的描述，适合在详细设计时使用，即在完成了软件结构设计之后，可以使用面向数据结构的方法来设计每个模块的处理过程，常用于规模不大的数据处理系统。

第 5 章 网络基础知识

5.1 备考指南

5.1.1 考纲要求

根据考试大纲中相应的考核要求，在“**网络基础知识**”模块上，要求考生掌握以下方面的内容。

1. 计算机网络基础知识

- 网络体系结构
- 传输介质、传输技术、传输方法、传输控制
- 常用网络设备和各类通信设备的特点
- Client-Server 结构、Browser-Server 结构
- LAN(拓扑、存取控制、组网、网间连接)
- Internet 和 Intranet 基础知识以及应用
- 网络软件
- 网络管理、网络性能分析

2. 信息安全知识

- 信息系统安全基础知识
- 信息系统安全管理
- 保障完整性与可用性的措施
- 加密与解密机制基础知识
- 风险管理(风险分析、风险类型、抗风险措施和内部控制)
- 计算机安全相关的法律、法规基础知识

5.1.2 考点统计

“网络基础知识”模块，在历次软件设计师考试试卷中出现的考核知识点及分值分布情况如表 5.1 所示。

表 5.1 历年考点统计表

年份	题号	知识点	分值
2010 年下半年	上午：7~9、66~70	拒绝服务、ARP 攻击、网络监听、公钥加密体系、HTTP 协议操作方法、帧中继网、HTML 表格标记	8 分
	下午：无	无	0 分
2010 年上半年	上午：7~9、66~70	Outlook Express、计算机病毒、IP 地址计算、HTML 代码、POP3 服务	8 分
	下午：无	无	0 分
2009 年下半年	上午：7~9、66~70	网络安全体系设计、包过滤防火墙、数字证书、网络连接设备、HTML 网页设计	8 分
	下午：无	无	0 分
2009 年上半年	上午：7~9、66~70	漏洞扫描系统、数字签名、特洛伊木马、子网划分、默认路由、HTML 网页设计、XML 文档语法规范	8 分
	下午：无	无	0 分

5.1.3 命题特点

纵观历年试卷，本章知识点是以选择题的形式出现在试卷中。在历次考试上午试卷中，所考查的题量大约为 8 道选择题，所占分值为 8 分(约占试卷总分值 75 分中的 15%)。本章试题主要检查考生是否掌握了相关的理论知识，难度不高。

5.2 考点串讲

5.2.1 计算机网络的概念与 ISO/OSI 网络体系结构

一、计算机网络的概念

计算机网络是现代通信技术与计算机技术相结合的产物。计算机网络的主要功能有数据通信、资源共享、负载均衡和高可靠性。

1. 计算机网络的分类

计算机网络的分类方式很多，按照不同的分类原则，可以得到各种不同类型的计算机网络。例如，按通信距离可分为广域网、局域网和城域网；按信息交换方式可分为电路交换网、分组交换网和综合交换网；按网络拓扑结构可分为星型网、树型网、环型网和总线网；按通信介质可分为双绞线网、同轴电缆网、光纤网和卫星网等；按传输带宽可分为基带网和宽带网；按使用范围可分为公用网和专用网；按速率可分为高速网、中速网和低速网；按通信传播方式可分为广播式和点到点式。

2. 网络的拓扑结构

1) 总线结构

总线结构的特点为：总线拓扑结构中只有一条双向通路，便于进行广播式传送信息；总线拓扑结构属于分布式控制；节点的增删和位置的变动较容易；节点的接口通常采用无源电路；设备少，价格低，安装使用方便；对信号的质量要求高等。

2) 星型结构

星型结构中，使用中央交换处理单元以放射状连接到网中的各个节点。中央单元采用电路交换方式以建立所希望通信的两节点间专用的路径，通常用双绞线将节点与中央单元进行连接。特点为：维护管理容易；故障隔离和检测容易；网络延迟时间短等。

3) 环型结构

环型结构的信息传输线路构成一个封闭的环，各节点通过中继器连入网内，各中继器间首尾相接。信息单向沿环路逐点传送。特点为：环型网中信息的流动方向是固定的，两个节点仅有一条通路；有旁路设备；信息要串行穿过多个节点，系统响应速度慢等。

4) 树型结构

树型结构是总线结构的扩充形式，传输介质是不封闭的分支电缆，主要用于多个网络组成的分级结构中。其特点同总线网。

5) 分布式结构

分布式结构无严格的布点规定和形状，各节点之间有多条线路相连。其特点为：有较高的可靠性；资源共享方便，网络响应时间短；节点的路由选择和流量控制难度大，管理软件复杂；硬件成本高。

二、ISO/OSI 网络体系结构

国际标准化组织(ISO)提出了开放系统互连参考模型(OSI)，它是一个定义异种计算机连接标准的框架结构，共有 7 层，如图 5.1 所示。

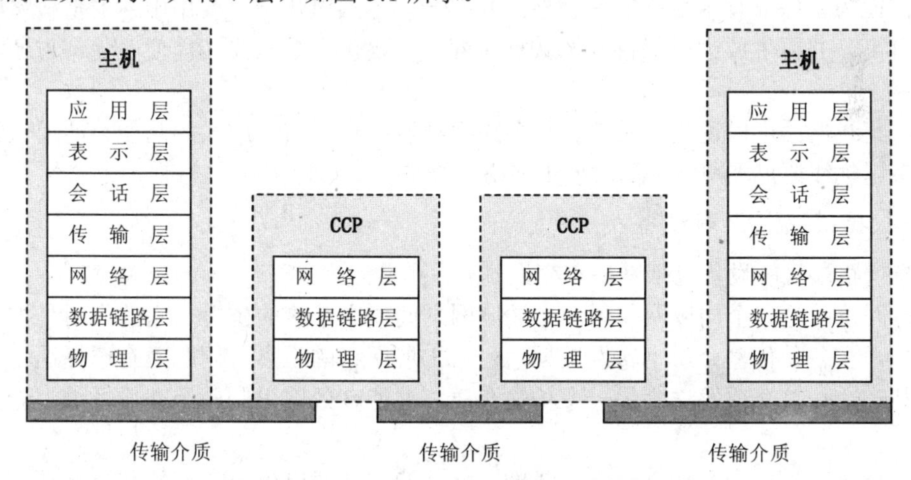

图 5.1　OSI 参考模型

(1) 物理层：OSI 的第一层。提供为建立、维护和拆除物理链路所需的机械、电气、功能和规程的特性；提供有关在传输介质上传输非结构的位流及物理链路故障检测指示。

(2) 数据链路层：负责在两个相邻节点间的线路上无差错地传送以帧为单位的数据，并进行流量控制。

(3) 网络层：为传输层实体提供端到端的交换网络数据传送功能，使得传输层摆脱路由选择、交换方式、拥塞控制等网络传输细节；可以为传输层实体建立、维持和拆除一条或多条通信路径；对网络传输中发生的不可恢复的差错予以报错。

(4) 传输层：为会话层实体提供透明、可靠的数据传输服务，保证端到端的数据完整性；选择网络层能提供最适宜的服务；提供建立、维护和拆除传输连接功能。

(5) 会话层：为彼此合作的表示层实体提供建立、维护和结束会话连接的功能；完成通信进程的逻辑名字与物理名字间的对应；提供会话管理服务。

(6) 表示层：为应用层进程提供解释所交换信息含义的一组服务。数据的压缩、解压缩、加密和解密等工作都由表示层负责。

(7) 应用层：提供 OSI 用户服务，即确定进程之间通信的性质，以满足用户需要以及提供网络与用户应用软件之间的接口服务，包括事务处理程序、电子邮件和网络管理程序等。

5.2.2 网络互连硬件

一、网络的设备

1. 网络传输介质互联设备

网络传输介质互联设备包括 T 型头、收发器、屏蔽或非屏蔽双绞线连接器 RJ-45、RS232 接口、DB-15 接口、VB35 同步接口、网络接口单元、调制解调器等(注：除“互联网”外，互联一般也可写成互连)。

2. 物理层互联设备

物理层互联设备包括中继器和集线器。

(1) 中继器：由于信号在网络传输介质中有衰减和噪声，使有用的数据信号变得越来越弱，因此为了保证有用数据的完整性，并在一定范围内传送，要用中继器把所接收到的弱信号分离，并再生放大以保持与原数据相同。主要优点是：安装简便、使用方便、价格便宜。

(2) 集线器：可以说是一种特殊的多路中继器，具有信号放大的功能。使用双绞线的以太网多用集线器扩大网络，同时便于网络的维护。

3. 数据链路层互联设备

数据链路层互联设备包括网桥和交换机。

(1) 网桥：是一个局域网与另一个局域网之间建立连接的桥梁、它的作用是扩展网络和过滤帧，在各种传输介质中转发数据信号，扩展网络的距离，同时又有选择地将有地址的信号从一个传输介质发送到另一个传输介质，并能有效地限制两个介质系统中无关紧要的通信。

(2) 交换机：是一个具有简化、低价、高性能和高端口密集特点的交换产品。交换技术允许共享型和专用型的局域网段进行带宽调整，以减轻局域网之间信息流通出现的瓶颈问题。

4. 网络层互联设备

网络层互联设备是路由器，其用于连接多个逻辑上分开的网络，具有很强的网络互联能力，且具有判断网络地址和选择路径的功能。路由器的缺点是由于工作在网络层，处理的信息比网桥要多，因而处理速度比网桥慢。

5. 应用层互联设备

应用层互联设备是网关，其功能体现在 OSI 模型的最高层，它将协议进行转换，将数据重新分组，以便在两个不同类型的网络系统之间进行通信。

二、网络的传输介质

(1) 有线介质。包括：双绞线、同轴电缆、光纤等。

(2) 无线介质。包括：微波、红外线和激光、卫星通信等。

三、组建网络

在一个局域网中，其基本组成部件为服务器、客户机、网络设备、通信介质、网络软件等。

(1) 服务器：局域网的核心。可进一步分为文件服务器、打印服务器和通信服务器。

(2) 客户机：客户机又称为用户工作站，是用户与网络应用接口设备。

(3) 网络设备：主要指一些硬件设备。

(4) 通信介质：数据的传输媒体。

(5) 网络软件：主要包括底层协议软件、网络操作系统等。

5.2.3 网络的协议与标准

一、网络的标准

1. 电信标准

国际电信联盟(ITU)主要由 ITU-R(无线通信部门)、ITU-T(电信标准部门)和 ITU-D(开发部门)三个部门组成。ITU-T 已经公布并使用的最重要的电信标准有：

(1) V 系列：主要针对调制解调器的标准。

(2) X 系列：该系列标准应用于广域网，可分为如下两组。

- X.1～X.39 标准：应用于终端形式、接口、服务设施和设备。最著名的标准是 X.25，规定了数据包装和传送的协议。
- X.40～X.199 标准：管理网络结构、传输、发信号等。

2. 国际标准

主要的国际标准化组织有：

- ISO——国际标准化组织。
- ANSI——美国国家标准研究所。
- NIST——美国国家标准和技术研究所。
- IEEE——电气和电子工程师协会。
- EIA——电子工业协会。

二、局域网协议

1. LAN 模型

ISO/OSI 的 7 层参考模型本身不是一个标准，在制定具体网络协议和标准时，要依据OSI/RM 参考模型作为“参照基准”。在 IEEE 802 局域网标准中，只定义了物理层和数据链路层两层，并把数据链路层分成逻辑链路控制(LLC)子层和介质访问控制(MAC)子层。

(1) 物理层：主要处理在物理链路上发送、传递和接收的非结构化的比特流。

(2) MAC：控制对传输介质的访问、介质的访问控制和对信道资源的分配，实现帧的寻址和识别，完成帧检测序列产生和检验等功能。

(3) LLC 层：提供可靠的信道、数据帧的封装和拆除，为高层提供网络服务的逻辑接口，能够实现差错控制和流量控制。

2. 以太网(IEEE 802.3 标准)

目前以太网主要包括 3 种类型。

- IEEE 802.3 中定义的标准局域网，速度为 10Mb/s，传输介质为细同轴电缆。
- IEEE 802.3u 中定义的快速以太网，速度为 100Mb/s，传输介质为双绞线。
- IEEE 802.3z 中定义的千兆以太网，速度为 1000Mb/s，传输介质为光纤或双绞线。

3. 令牌环网(IEEE 802.5)

令牌环是环型网中最普遍采用的介质访问控制，它是用于环型网结构的分布式介质访问控制，其流行性仅次于以太网。令牌环网的传输介质主要基于屏蔽双绞线、非屏蔽双绞线两种；拓扑结构可以有多种，如环型、星型、总线型；编码方法为差分曼彻斯特编码。

4. FDDI(光纤分布式数据接口)

FDDI 类似令牌环网的协议，用光纤作为传输介质，数据传速可达 100Mb/s，环路长度可扩展到 200km，连接的站点数可以达到 1000 个。它采用双环体系结构，两环上的信息反方向流动。双环中的一环称为主环，另一环称为次环。

三、广域网协议

1. 点对点协议

点对点协议(PPP)主要通过拨号或专线方式建立点对点连接发送数据，使其成为各种主机、网桥和路由器之间简单连接的一种共通的解决方案。它的优点在于简单、具备用户验证能力、可以解决 IP 分配等。

2. 数字用户线

xDSL 是各种数字用户线的统称，主要 DSL 技术和产品有：

- ADSL——不对称数字用户线。
- SDSL——单对线数字用户环路。
- IDSL——ISDN 用的数字用户线。
- RADSL——速率自适应非对称型数字用户线。
- VDSL——甚高速数字用户线。

3. 数字专线

数字数据网(Digital Data Network，DDN)是采用数字传输信道传输数据信号的通信网，可提供点对点、点对多点透明传输的数据专线出租线路，为用户传输数据、图像、声音等信息。数字数据网是以光纤为中继干线网络，组成 DDN 的基本单位是节点，节点间通过光纤连接，构成网状的拓扑结构。用户可采用固定连接的方式，直接进入电信的 DDN 网络。

4. 帧中继

帧中继(FR)是在用户网络接口之间提供用户信息流的双向传送，并保持顺序不变的一种承载业务。用户信息以帧为单位进行传输，并对用户信息流进行统计复用。帧中继提供一种简单的面向连接的虚电路分组服务，包括交换虚电路连接和永久虚电路连接。

5. 异步传输模式

异步传输模式(ATM)是一种面向分组的快速分组交换模式，使用了异步时分复用技术，将信息流分割成固定长度的信元。信元由信元头和信元体构成，信元头 5 个字节，信元体 48 个字节。

ATM 参考模型由 4 层构成。

- 用户层：由用户平面、控制平面和管理平面组成。
- ATM 适配层：负责将用户层的信息转换成 ATM 网络可用的格式。
- ATM 层：负责生成信元。
- 物理层：负责对信元进行编码，并将其交给物理介质。

6. X.25 协议

X.25 协议在本地和远程之间提供一个全双工、同步的透明信道，并定义了 3 个相互独立的控制层：物理层、链路层和分组层，它们分别对应于 ISO/OSI 的物理层、链路层和网络层。X.25 是在公共数据网上，以分组方式进行操作的 DTE 和 DCE 之间的接口。

四、TCP/IP 协议簇

TCP/IP 作为 Internet 的核心协议，被广泛应用于局域网和广域网中，目前已成为事实上的国际标准。TCP/IP 包含许多重要的基本特性，这些特性主要表现在 5 个方面：逻辑编址、路由选择、域名解析、错误检测与流量控制以及对应用程序的支持等。

1. TCP/IP 分层模型

TCP/IP 协议是 Internet 的基础和核心，和 OSI 参考模型一样，也是采用层次体系结构，从上而下分为应用层、传输层、网际层和网络接口层。

(1) 应用层：处在分层模型的最高层，用户调用应用程序来访问 TCP/IP 互联网络，以享受网络上提供的各种服务。

(2) 传输层：提供应用程序之间的通信服务。这种通信又叫端到端的通信。传输层既要系统地管理数据信息的流动，还要提供可靠的传输服务，以确保数据准确而有序地到达目的地。

(3) 网际层：又称为 IP 层，主要处理机器之间的通信问题。它接受传输层请求，传送某个具有目的地址信息的分组。该层主要完成：把分组封装到 IP 数据报中，填入数据报的首部，使用路由算法选择把数据报直接送到目标机或把数据报发送给路由器；处理接收到的数据报；适时发出 ICMP 的差错和控制报文，并处理收到的 ICMP 报文。

(4) 网络接口层：处在 TCP/IP 的最底层，主要负责管理为物理网络准备数据所需的全部服务程序和功能。该层包含设备驱动程序，也可能是一个复杂的使用自己的数据链路协议的子系统。

2. 网络接口层协议

TCP/IP 不包含具体的物理层和数据链路层，只定义了网络接口层作为物理层与网络层的接口规范。这个物理层可以是广域网，如 X.25 公用数据网；可以是局域网，如 Ethernet、Token-Ring 和 FDDI 等。任何物理网络只要按照这个接口规范开发网络接口驱动程序，都能够与 TCP/IP 集成起来。网络接口层处在 TCP/IP 的最底层，主要负责管理为物理网络准备数据所需的全部服务程序和功能。

3. 网际层协议——IP

IP 所提供的服务通常被认为是无连接的和不可靠的。事实上，在网络性能良好的情况下，IP 传送的数据能够完好无损地到达目的地。

IP 的主要功能包括将上层数据(如 TCP、UDP 数据)或同层的其他数据(如 ICMP 数据)封装到 IP 数据报中；将 IP 数据报传送到最终目的地；为了使数据能够在链路层上进行传输，对数据进行分段；确定数据报到达其他网络中的目的地的路径。

4. ARP 和 RARP

地址解析协议(Address Resolution Protocol，ARP)及反地址解析协议(RARP)是驻留在网际层中的另一个重要协议。ARP 的作用是将 IP 地址转换为物理地址，RARP 的作用是将物理地址转换为 IP 地址。

5. 网际层协议——ICMP

Internet 控制信息协议(Internet Control Message Protocol，ICMP)是网际层的另一个比较重要的协议。由于 IP 是一种尽力传送的通信协议，即传送的数据报可能丢失、重复、延迟或乱序，因此 IP 需要一种避免差错并在发生差错时报告的机制。ICMP 就是一个专门用于发送差错报文的协议。ICMP 定义了 5 种差错报文(源抑制、超时、目的不可达、重定向和要求分段)和 4 种信息报文(回应请求、回应应答、地址屏蔽码请求和地址屏蔽码应答)。IP 在需要发送一个差错报文时要使用 ICMP，而 ICMP 也是利用 IP 来传送报文的。

6. 传输层协议——TCP

TCP(Transmission Control Protocol，传输控制协议)是整个 TCP/IP 协议簇中最重要的协议之一。它在 IP 提供的不可靠数据服务的基础上，为应用程序提供了一个可靠的、面向连接的、全双工的数据传输服务。

TCP 采用了一个叫重发(Retransmission)的技术实现可靠传输。具体来说，在 TCP 传输过程中，发送方启动一个定时器，然后将数据包发出，当接收方收到这个信息就给发送方一个确认(Acknowledgement)信息。而如果发送方在定时器到点之前没收到这个确认信息，就重新发送这个数据包。

7. 传输层协议——UDP

用户数据报协议(User Datagram Protocol，UDP)是一种不可靠的、无连接的协议，可以保证应用程序进程间的通信。与同样处在传输层的面向连接的 TCP 相比较，UDP 是一种无连接的协议，它的错误检测功能要弱得多。可以这样说，TCP 有助于提供可靠性；而 UDP 则有助于提高传输的高速率性。

8. 应用层协议

随着计算机网络的广泛应用，人们也已经有了许多基本的、相同的应用需求。为了让不同平台的计算机能够通过计算机网络获得一些基本的、相同的服务，也就应运而生了一系列应用级的标准，实现这些应用标准的专用协议被称为应用级协议，相对于 OSI 参考模型来说，它们处于较高的层次结构，所以也称为高层协议。应用层的协议有 NFS、Telnet、SMTP、DNS、SNMP 和 FTP 等。

5.2.4 Internet 及应用

从用户的角度来看，整个 Internet 在逻辑上是统一的、独立的，在物理上则由不同的网络互联而成。从技术角度看，Internet 本身不是某一种具体的物理网络技术，它是能够互相传递信息的众多网络的一个统称，或者说它是一个网间网，只要人们进入了这个互联网，就是在使用 Internet。

一、Internet 地址

1. 域名

域名(Domain Name)通常是用户所在的主机名字或地址。域名格式是由若干部分组成，每个部分又称子域名，它们之间用“.”分开，每个部分最少由两个字母或数字组成。域名通常按分层结构来构造，每个子域名都有其特定的含义。通常情况，一个完整、通用的层次型主机域名由如下 4 部分组成：

计算机主机名.本地名.组名.最高层域名

2. IP 地址

Internet 地址是按名字来描述的，这种地址表示方式易于理解和记忆。实际上，Internet 中的主机地址是用 IP 地址来唯一标识的。

IP 地址的长度为 32 位，分为 4 段，每段 8 位，可以用十进制数和二进制数表示。二进制格式是计算机所认识的格式，十进制格式是由二进制格式“翻译”过去的。每段数字范围为 0～255，段与段之间用句点隔开。IP 地址由两部分组成，一部分为网络地址，另一部分为主机地址。

IP 地址分为 A、B、C、D、E5 类。

(1) A 类 IP 地址。由 1 个字节的网络地址和 3 个字节主机地址组成，网络地址的最高位必须是“0”，地址范围是 1.0.0.1～126.255.255.254。可用的 A 类网络有 126 个，每个网络能容纳 $2^{24}-2$ 个主机。

(2) B 类 IP 地址。由 2 个字节的网络地址和 2 个字节的主机地址组成，网络地址的最高位必须是“10”。可用的B类网络有16384个，每个网络能容纳65534主机。

(3) C类IP地址。由3个字节的网络地址和1个字节的主机地址组成，网络地址的最高位必须是“110”，范围是192.0.1.1～223.255.255.254。C类网络可达$2^{21}-2$个，每个网络能容纳254个主机。

(4) D类地址用于多点广播(Multicast)。第一个字节以“1110”开始，它是一个专门保留的地址。它并不指向特定的网络，目前这一类地址被用在多点广播(Multicast)中。多点广播地址用来一次寻址一组计算机，它标识共享同一协议的一组计算机。地址范围为224.0.0.1～239.255.255.254。

(5) E类IP地址。以“1111”开始，为将来使用保留。E类地址保留，仅做实验和开发用。

另外，全零地址(0.0.0.0)指任意网络。全“1”的IP地址(255.255.255.255)是当前子网的广播地址。

网络软件和路由器使用子网掩码来识别报文是仅存放在网络内部还是被路由转发到其他地方。在一个字段内，1的出现表明一个字段包含所有或部分网络地址，0表明主机地址位置。如C类地址的子网掩码为255.255.255.0。

3. NAT技术

因特网面临IP地址短缺的问题。解决这个问题有所谓长期的或短期的两种解决方案。长期的解决方案就是使用具有更大地址空间的IPv6协议，网络地址翻译(Network Address Translators，NAT)是许多短期的解决方案中的一种。NAT的实现主要有两种形式：动态地址翻译(Dynamic Address Translation)和 *m*：1翻译(这种技术也叫做伪装)。

4. IPv6简介

IPv6具有长达128位的地址空间，可以彻底解决IPv4地址不足的问题。

1) IPv6数据包的格式

IPv6数据包有一个40字节的基本首部(Base Header)，其后可允许有0个或多个扩展首部(Extension Header)，再后面是数据。每个IPv6数据包都是从基本首部开始。

2) IPv6的地址表示

一般来讲，一个IPv6数据包的目的地址可以是以下3种基本类型地址之一。

- 单播(Unicast)：传统的点对点通信。
- 多播(Multicast)：一点对多点的通信，数据包交付到一组计算机中的每一个。IPv6没有采用广播的术语，而是将广播看做多播的一个特例。
- 任播(Anycast)：这是IPv6增加的一种类型。任播的目的站是一组计算机，但数据包在交付时只交付给其中的一个，通常是距离最近的一个。

为了使地址表示简洁，IPv6使用冒号十六进制记法，它把每个16位用相应的十六进制表示，各组之间用冒号分隔，如：

235A：3C78：FFF0：0：73B：0：0：B5

冒号十六进制记法允许0压缩，即一连串连续的0可以用一对冒号来取代，但0压缩只能用一次。例如，上述的IPv6地址可以压缩为：

235A：3C78：FFF0：0：73B：0：：B5

二、Internet 服务

1. DNS 域名服务

Internet 中的域名地址和 IP 地址是等价的，它们之间是通过域名服务器来完成映射变换的。DNS 是一种分布式地址信息数据库系统，服务器中包含整个数据库的某部分信息，并供客户查询。域名系统采用的是客户机/服务器模式，整个系统由解析器和域名服务器组成。解析器是客户方，它负责查询域名服务器、解释从服务器返回来的应答、将信息返回给请求方等工作。域名服务器是服务器方，它通常保存着一部分域名空间的全部信息。

DNS 用的是 UDP 端口，端口号是 53。

2. 远程登录服务

远程登录服务是在 Telnet 协议的支持下，将用户计算机与远程主机连接起来，在远程主机上运行程序，将相应的屏幕显示传送到本地机器，并将本地的输入送给远程计算机。

Telnet 协议用的是 TCP 端口，端口号一般为 23。

3. 电子邮件服务

电子邮件就是利用计算机进行信息交换的电子媒体信件。电子邮件地址的一般格式为：用户名@主机名。E-mail 系统基于客户机/服务器模式，整个系统由 E-mail 客户软件、E-mail 服务器和通信协议 3 部分组成。所用协议有简单邮件传送协议(SMTP)和用于接收邮件的 POP3 协议，两者均利用 TCP 端口，SMTP 所用的端口号是 25，POP3 所用的端口号是 110。

4. WWW 服务

WWW 服务是一种交互式图形界面的 Internet 服务，具有强大的信息连接功能。WWW 浏览程序为用户提供基于超文本传输协议(HTTP)的用户界面，WWW 服务器的数据文件由超文本标记语言(HTML)描述，(HTML)利用统一资源定位地址(URL)指向超媒体链接，并在文本内指向其他网络资源。一个 URL 包括以下几部分：协议、主机域名、端口号(任选)、目录路径(任选)和一个文件名(任选)，其格式为 scheme://host.Domain[:port]Upath/filename。

WWW 使用的是一个众所周知的 TCP 端口，端口号为 80。

5. 文件传输服务

文件传输服务用来在计算机之间传输文件。FTP 是基于客户机/服务器模式的服务系统，它由客户软件、服务器软件和 FTP 通信协议 3 部分组成。FTP 在客户与服务器的内部建立两条 TCP 连接：一条是控制连接，主要用于传输命令和参数(端口号为 21)；另一条是数据连接，主要用于传送文件(端口号为 20)。

5.2.5　网络安全

计算机网络安全是指计算机、网络系统的硬件、软件以及系统中的数据受到保护，不因偶然的或恶意的原因而遭到破坏、更改、泄露，确保系统能连续和可靠地运行，使网络服务不中断。广义地说，凡是涉及网络上信息的保密性、完整性、可用性、真实性和可控性的相关技术和理论，都是网络安全所要研究的领域。

网络安全涉及的主要内容包括运行系统安全、信息系统的安全、信息传播的安全和信息内容的安全。信息系统对安全的基本需求有保密性、完整性、可用性、可控性和可核查性。

一、网络安全威胁

(1) 物理威胁。指的是计算机硬件和存储介质不受到偷窃、废物搜寻及歼敌活动的威胁。

(2) 网络攻击。计算机网络的使用对数据造成了新的安全威胁，攻击者可通过网络的电子窃听、入侵拨号入网、冒名顶替等方式进行入侵攻击、偷窃和篡改。

(3) 身份鉴别。由于身份鉴别通常是用设置口令的手段实现的，入侵者可通过口令圈套、密码破译等方式扰乱身份鉴别。

(4) 编程威胁。指通过病毒进行攻击的一种方法。

(5) 系统漏洞。也称代码漏洞，通常源于操作系统设计者有意设置的，目的是为了使用户在失去对系统的访问权时，仍有机会进入系统。入侵者可使用扫描器发现系统陷阱，从而进行攻击。

二、网络攻击手段

黑客(Hacker)常用的攻击手段主要有：口令入侵、放置特洛伊木马、DoS 攻击、端口扫描、网络监听、欺骗攻击、电子邮件攻击等。

1. 口令入侵

所谓口令入侵是指使用某些合法用户的账号和口令登录到目的主机，然后再实施攻击活动。使用这种方法的前提是必须先得到该主机上的某个合法用户的账号，然后再进行合法用户的口令的破译。

2. 放置特洛伊木马

在计算机领域里，有一类特殊的程序，黑客通过它来远程控制别人的计算机，把这类程序称为特洛伊木马程序。特洛伊木马程序一般分为主服务器端(Server)和客户端(Client)，服务器端是攻击者传到目标机器上的部分(用来在目标机器上监听等待客户端连接过来)；客户端是用来控制目标机器的部分，放在攻击者的机器上。

3. DoS 攻击

DoS 即拒绝服务，其攻击目的是使计算机或网络无法提供正常的服务。最常见的 DoS 攻击有计算机网络带宽攻击和连通性攻击。

分布式拒绝服务(DDoS)攻击指借助于客户机/服务器技术，将多个计算机联合起来作为攻击平台，对一个或多个目标发送 DoS 攻击，从而成倍地提高拒绝服务攻击的威力。

4. 端口扫描

端口扫描就是利用 Socket 编程与目标主机的某些端口建立 TCP 连接、进行传输协议的验证等，从而获知目标主机的扫描端口是否处于激活状态、主机提供了哪些服务、提供的服务中是否含有某些缺陷等。常用的扫描方式有 TCP connect()扫描、TCP SYN 扫描、TCP FIN 扫描、IP 段扫描和 FTP 返回攻击等。

5. 网络监听

网络监听是主机的一种工作模式，在这种模式下，主机可以接收到本网段在同一条物理通道上传输的所有信息，而不管这些信息的发送方和接收方是谁。

Sniffer 是一个著名的监听工具，可以监听到网上传输的所有信息。Sniffer 可以是硬件也可以是软件，主要用来接收在网络上传输的信息。

6. 欺骗攻击

欺骗攻击是攻击者创造一个易于误解的上下文环境，以诱使受攻击者进入并且做出缺乏安全考虑的决策。常见的欺骗攻击有 Web 欺骗、ARP 欺骗、IP 欺骗。

7. 电子邮件攻击

电子邮件攻击主要表现为向目标信箱发送电子邮件炸弹。所谓的邮件炸弹实质上就是发送地址不详且容量庞大的邮件垃圾。由于邮件信箱是有限的，当庞大的邮件垃圾到达信箱时，就会把信箱挤爆。

三、网络的信息安全

1. 信息的存储安全

信息的存储安全包括以下内容。

(1) 用户的标识与验证：限制访问系统的人员。

(2) 用户存取权限限制：限制进入系统的用户所能做的操作。

(3) 系统安全监控：建立一套安全监控系统，全面监控系统的活动。

(4) 病毒防治：网络服务器必须加装网络病毒自动检测系统。

由于计算机病毒具有隐蔽性、传染性、潜伏性、触发性和破坏性等特点，所以需要建立计算机病毒防治管理制度。

(5) 数据的加密：防止非法窃取或调用。

(6) 计算机网络安全：通过采用安全防火墙系统、安全代理服务器、安全加密网关等实现网络信息安全的最外一层防线。

2. 信息的传输安全

信息的传输加密是面向线路的加密措施，有以下 3 种。

(1) 链路加密：只对两个节点之间的通信信道线路上所传输的信息进行加密保护。

(2) 节点加密：加、解密都在节点中进行，即每个节点里装有加、解密的保护装置，用于完成一个密钥向另一个密钥的转换。

(3) 端—端加密：为系统网络提供从信息源到目的地传送的数据的加密保护，可以是从主机到主机、终端到终端、终端到主机或到处理进程，或从数据的处理进程到处理进程、而不管数据在传送过程中经过了多少中间节点，数据不被解密。

四、防火墙技术

所谓防火墙(Firewall)，是建立在内外网络边界上的过滤封锁机制，它认为内部网络是安全和可信赖的，而外部网络被认为是不安全和不可信赖的。防火墙的作用是防止不希望的、未经授权的数据包进出被保护的内部网络，通过边界控制强化内部网络的安全策略。

1. 防火墙的分类

可将防火墙分为如下几类。

(1) 包过滤型防火墙。包过滤型防火墙工作在网络层，对数据包的源及目的 IP 具有识别和控制作用，对于传输层，它只能识别数据包是 TCP 还是 UDP 及所用的端口信息。

(2) 应用代理网关防火墙。应用代理网关防火墙彻底隔断内网与外网的直接通信，内网用户对外网的访问变成防火墙对外网的访问，然后再由防火墙转发给内网用户。

(3) 状态检测技术防火墙。状态检测技术防火墙结合了代理防火墙的安全性和包过滤防火墙的高速度等优点，在不损失安全性的基础上将代理防火墙的性能提高了 10 倍。

2. 典型防火墙的体系结构

一个防火墙系统通常是由过滤路由器和代理服务器组成。典型防火墙的体系结构包括包过滤路由器、双宿主主机、被屏蔽主机、被屏蔽子网等。

五、加密与数字签名

1. 加密技术

数据加密的基本思想是通过变换信息的表示形式来伪装需要保护的敏感信息，使非授权者不能了解被加密的内容。需要隐藏的信息称为明文；产生的结果称为密文；加密时使用的变换规则称为密码算法。信息安全的核心是密码技术。根据密码算法所使用的加密密钥和解密密钥是否相同，可将密码体制分为对称或非对称密码体制。

1) 对称密钥密码体制

对称密钥加密体制中，发送和接收数据的双方必须使用相同的或对称的密钥对明文进行加密和解密运算。常用的对称加密算法有：DES、IDEA、TDEA、AES、RC2、RC4、RC5 等算法。

2) 公开密钥密码体制

公开密钥密码体制也叫非对称密钥加密。每个用户都有一对密钥：公开密钥和私有密钥。公钥对外公开，私钥由个人秘密保存；用其中一把密钥来加密，另一把密钥来解密。由于私钥带有个人特征，可以解决数据的签名验证问题。

2. 数字签名

数字签名是用于确认发送者身份和消息完整性的一个加密的消息摘要。数字签名应满足以下 3 点。

- 接收者能够核实发送者。
- 发送者事后不能抵赖对报文的签名。
- 接收者不能伪造对报文的签名。

数字签名可以利用对称密码体系(如 DES)、公钥密码体系或公证体系来实现。最常用的实现方法是建立在公钥密码体系和单向散列函数算法(如 MD5、SHA)的组合基础上。

5.2.6 使用 HTML 制作网页

一、HTML 简介

HTML(Hyper Text Mark-up Language，超文本标记语言)是 WWW 的描述语言。它是标准通用型标记语言(Standard Generalized Markup Language，SGML)的一个应用，是一种对文档进行格式化的标注语言。HTML 文档的扩展名通常是.html、.htm，文档中包含大量的标记，用以对网页内容进行格式化和布局，定义页面在浏览器中查看时的外观。

1. HTML 元素

HTML 是标准的 ASCII 文档。从结构上讲，HTML 由元素组成，绝大多数元素是“容器”，即它有起始标记和结束标记，起始标记和结束标记之间的部分是元素体。格式如下：

<标记名称>元素体</标记名称>

每一个元素都有名称和可选择的属性，元素的名称和属性都在起始标记内表明。

2. HTML 文档的组成

HTML 文档的基本结构如下。

```
<html>
<head>
<title> </title>
…
</head>
<body>
…
</body>
</html>
```

HTML 文档以<html>标记开始，以</html>标记结束，由文档头和文档体两部分构成。文档头由元素<head></head>标记，文档体由元素<body> </body>标记。

二、HTML 常用元素

1. 基本元素

1) 窗口标题

title 是 HTML 文档的标题，是对文档内容的概括。title 元素是文档头中唯一一个必须出现的元素。

格式为：

```
<title>窗口标题描述</title>
```

2) 页面标题

页面标题有 6 种，分别为 h1、h2、h3、h4、h5 和 h6，用于表示页面中的各种标题，标题号越小，字体越大。

格式为：

```
<hn >页面标题描述</hn> (n=1, 2, …, 6)
```

标题还具有对齐属性 align，其属性值有 left(标题居左)、center(标题居中)和 right(标题居右)。例如：

```
<h2 align="center">居中的二级页面标题</h2>
```

3) 字体

HTML 的字体包括字体大小、字体风格、字体颜色等。

① 字体大小。HTML 有 7 种字号，1 号最小，7 号最大，默认字号为 3。

设置默认字号的格式为：

```
<basefont size=字号>
```

设置文本字号的格式为：

```
<font size=字号>
```

② 字体风格。字体风格主要包括以黑体<b>、斜体<i>和下划线<u>为代表的物理风格以及特别强调<strong>、源代码<code>和示例<samp>等为代表的逻辑风格。如：

```
<b>这是黑体字</b>
```

③ 字体颜色。格式为：

```
<font color=#>
```

“#”可以是6位的十六进制数，也可以是black、navy和purple等英文颜色名称。如：

```
<font size="6" face="楷体" color="pink">6号的粉红色楷体文字</font>
```

4) 水平线

水平线一般用于分隔文本，其HTML标记为<hr>。可以指定水平线的对齐、颜色、阴影和高度等相关属性。例如：

```
<hr  align="center" color=blue  noshade  size="1">
```

表示设定水平线的格式为：居中对齐、蓝色、无阴影、高度为1。

5) 分行和禁止分行

表示在此处分行。<nobr>…</nobr>表示通知浏览器：其中的内容在一行内显示，若一行显示不了，则超出部分被裁减掉。

6) 分段

HTML分段完全依赖于分段元素<p>，格式为：

```
<p>段落文本</p>
```

<p>也可以设定对齐、风格等。例如：

```
<p align="left"  style="color:#FF0000 ">
```

表示该段落格式为：左对齐，字体颜色为红色。

7) 转义字符

HTML使用的字符集是ISO &859 Latin-1字符集，该字符集中有许多在标准键盘上无法输入的字符。对于这些字符只能使用转义字符。常见的需要转义的字符有“<”、“>”、“&”和引号等。

“<”的转义序列为<或<。

“>”的转义序列为>或>。

引号的转义序列为"或"。

8) 背景和文本颜色

窗口背景和文本可以使用以下标记指定：

```
<body background="image-URL"></body>
<body bgcolor="#" text="#" link="# " alink="# " vlink="# "></body>
```

background表示背景图片；image-URL代表背景图片的URL地址；bgcolor指背景颜

色，其中“#”后面是指定的十六进制的红、绿、蓝分量；text 表示文本颜色；link 表示链接颜色；alink 表示活动链接颜色；vlink 表示已访问过的链接颜色。

9) 图像

图像(Image)主要用于网页美工。其使用的基本格式为：

```
<img src="image-URL" width="#" height="#">
```

其中，image-URL 是图像文件的 URL 地址，width 和 height 表示图像文件的宽度和高度。

另外可选的图像属性还包括 alt、align 以及 vspace 和 hspace 等，其中 alt 是指图像的替代文字，align 指图像的对齐属性，vspace 和 hspace 表示文本与图像的纵向和横向间距。

10) 列表

列表(List)主要用于列举条目，常用的列表有 3 种格式，即无序列表、有序列表和自定义列表。

- 无序列表：以<ul>开始，每一列表条目用<li>引导，编号用黑点表示，最后是</ul>。
- 有序列表：以<ol>开始，每一列表条目用<li>引导，编号用数字表示，最后是</ol>。
- 自定义列表：以<dl>开始，每一列表条目用<dt>引导，编号用<dd>标记的内容表示，最后是</dl>。

2. 超文本链接

1) 统一资源定位器

用于指定访问文档的方法。一个 URL 的标准构成为：

```
Protocol://machine.name[:port]/directory/filename
```

其中，Protocol 是指访问该资源所采用的协议，它可以是 http、ftp 或 news(网络新闻资源)等；machine.name 是指存放资源的主机 IP 地址或域名；port 是指用于存放资源的主机的相关服务的端口号；directory 和 filename 是该资源的路径和文件名。

2) 指向一个目标

在 HTML 文档中用链接指向一个目标。其基本格式为：

```
<a href="URL">字符串</a>
```

字符串一般显示为带下划线的蓝色，当用鼠标单击这个字符串时，浏览器就会将 URL 处的资源显示在屏幕上。

3) 标记一个目标

如果 HTML 文档很长，一般需要在同一文档的不同部分之间建立链接。标识一个链接目标的方法为：

```
<a href="name">text</a>
```

其中，name 将放置该标记的地方标记为“name”，name 是一个全文唯一的标记串，text 部分可有可无。

做好标记后，可以用下列方法来指向它：

```
<a href="URL#name">text2</a>
```

URL 是放置标记的 HTML 文档的 URL，name 是标记名。单击 text2 则跳转到标记为 name 的那个部分了。

4) 图像链接

图像也可以建立超级链接。其格式为：

```
<a href="URL"><img src="URL"> </a>
```

3. 表格

表格(Table)通常用于组织和排列网页信息。一个表格由<table>开始，以</table>结束，表格的内容由<th>、<tr>和<td>定义。<th>是列标题标记，<tr>是行标记，<td>是列标记。表 5.2 中列出了 table 标签中的一些属性及其描述。

表 5.2　table 标签中的一些属性及其描述

属　性	描　述
align	规定表格相对周围元素的对齐方式
bgcolor	规定表格的背景颜色
border	规定表格边框的宽度
cellpadding	规定单元格边沿与其内容之间的空白
cellspacing	规定单元格之间的空白
width	规定表格的宽度
height	规定表格的高度

4. 框架

框架(Frame)的作用是将浏览器窗口分成多个区域，每个区域可以单独显示一个 HTML 文档，各个区域的文档可以有关联地显示相关内容。框架中可以放置相应的 HTML 页面，主要通过以下标记来完成。

(1) <frameset >标记：框架集标记，基本参数包括 frameborder、border 和 framespacing 等，主要用于定义整个框架集的行列及边界参数。

(2) <frame >标记：单独框架标记，基本参数包括 src 和 name 等，主要是指定填充该框架的 HTML 文档属性。

(3) <noframe>标记：当浏览器不支持框架时，就显示该标记中的内容。

5. 表单

表单(Form)是网页中一种重要的信息收集和交流工具，它在 Web 数据库技术中起到关键性的作用。

标记<form>提供表单的功能，由开始标记<form>和结束标记</form>组成，表单中可以设置文本框、按钮或下拉菜单等表单域元素。在开始标记中带有两个重要属性：action 和 method，分别指定了表单的动作和方法。

表 5.3 列出了表单常用的控件、常用属性及属性值。

表 5.3　表单常用的控件、常用属性及属性值

控 件 名	主要属性	属 性 值	控 件 名	主要属性	属 性 值
文本框	name	任意	下拉列表选项	type	option
	type	text		vlaue	任意

续表

控件名	主要属性	属性值	控件名	主要属性	属性值
文本框	value	任意(表单实际的值)	下拉列表选项	selected	selected(该选项默认被选中)
	size	数字(长度)	密码	name	任意
	maxlength	数字(最大长度)		type	password
文本域	name	任意		value	任意
	type	textarea	提交按钮	name	任意
	cols	数字(文本域列数)		type	sumbit
	rows	数字(文本域行数)		value	任意
单选按钮	name	任意	下拉列表选项	name	任意
	type	radio		type	reset
	value	任意(表单实际的值)		value	任意
	checked	checked(表示单选按钮默认选中)	文件框	name	任意
复选框	name	任意		type	file
	type	checkbook	图像	name	任意
	value	任意(表单实际的值)		type	image
	checked	checked(表示复选框默认选中)		src	URL(图片路径)
下拉列表框	name	任意	—	—	—
	type	select	—	—	—
	size	数字(下拉列表框高度)	—	—	—

5.3　真题详解

综合知识试题

试题 1　(2010 年下半年试题 7)

如果使用大量的连接请求攻击计算机，使得所有可用的系统资源都被消耗殆尽，最终计算机无法再处理合法用户的请求，这种手段属于__(7)__攻击。

(7) A. 拒绝服务　　B. 口令入侵　　C. 网络监听　　D. IP 欺骗

参考答案：(7)A。

要点解析：拒绝服务攻击不断对网络服务系统进行干扰，改变其正常的工作流程，执行无关的程序使系统响应减慢甚至瘫痪，影响正常用户的使用。口令入侵是指使用某些合法用户的账号和口令登录到主机，然后再实施攻击活动。网络监控是主机的一种工作模式，在这种模式下，主机可以接收本网段在同一物理通道上传输的所有信息，如果两台通信的主机没有对信息加密，只要使用某些网络监听工具就可以很容易地截取包括口令和账户在内的信息资料。IP 欺骗是黑客选定目标主机，找到一个被目标主机信任的主机，然后使得被信任的主机失去工作能力，同时采样目标主机发出的 TCP 序列号，猜出它的数据序列号，然后伪装成被信任的主机，同时建立起与目标主机基于地址验证的应用连接。

试题 2 (2010 年下半年试题 8)

ARP 攻击造成网络无法跨网段通信的原因是__(8)__。

(8) A．发送大量 ARP 报文造成网络拥塞

B．伪造网关 ARP 报文使得数据包无法发送到网关

C．ARP 攻击破坏了网络的物理连通性

D．ARP 攻击破坏了网关设备

参考答案：(8)B。

要点解析：入侵者接收到主机发送的 ARP Request 广播包，能够偷到到其他节点的(IP, MAC)地址，然后便把自己主机的 IP 地址改为合法的目的主机的 IP 地址，伪装成目的主机，然后发送一个 ping 给源主机，要求更新主机的 ARP 转换表，主机便在 ARP 表中加入新的 IP-MAC 对应关系，合法主机就失效了，入侵主机的 MAC 地址变成了合法的 MAC 地址。题目中 ARP 攻击造成网络无法跨网段通信的原因是入侵者把自己的 IP 地址改为了网关的 IP 地址，并使得主机更新了 IP-MAC 地址对应关系，主机发送的报文则被入侵者截获，无法到达网关。

试题 3 (2010 年下半年试题 9)

下列选项中，防范网络监听最有效的方法是__(9)__。

(9) A．安装防火墙　　B．采用无线网络传输　　C．数据加密　　D．漏洞扫描

参考答案：(9)C。

要点解析：当信息以明文形式在网络上传输时，监听并不是一件难事，只要将所使用的网络端口设置成(镜像)监听模式，便可以源源不断地截获网上传输的信息。但是，网络监听是很难被发现的，因为运行网络监听的主机只是被动地接收在局域局上传输的信息，不主动地与其他主机交换信息，也没有修改在网上传输的数据包。防范网络监听目前有这样几种常用的措施：从逻辑或物理上对网络分段，以交换式集线器代替共享式集线器，使用加密技术和划分虚拟局域网。

试题 4 (2010 年下半年试题 66～67)

公钥体系中，私钥用于__(66)__，公钥用于__(67)__。

(66) A．解密和签名　　B．加密和签名　　C．解密和认证　　D．加密和认证

(67) A．解密和签名　　B．加密和签名　　C．解密和认证　　D．加密和认证

参考答案：(66)A；(67)D。

要点解析：在公钥体系(亦即非对称密钥体制)中，每个用户都有一对密钥：公钥和私钥，公钥对外公开，私钥由个人秘密保存。因此通常采用公钥加密，私钥解密。认证技术用于辨别用户的真伪，有基于对称加密的认证方法，也有基于公钥的认证。在基于公钥的认证中，通信双方用对方的公钥加密，用各自的私钥解密。在签名中用私钥签名消息，公钥验证签名。

试题 5　(2010 年下半年试题 68)

HTTP 协议中，用于读取一个网页的操作方法为 (68) 。

(68) A．READ　　B．GET　　C．HEAD　　D．POST

参考答案：(68)B。

要点解析：HTTP 协议提供的操作较少，主要有 GET、HEAD 和 POST 等。GET 用于读取一个网页，HEAD 用于读取头信息，POST 用于把消息加到指定的网页上。

试题 6　(2010 年下半年试题 69)

帧中继作为一种远程接入方式有许多优点，下面的选项中错误的是 (69) 。

(69) A．帧中继比 X.25 的通信开销少，传输速度更快
B．帧中继与 DDN 相比，能以更灵活的方式支持突发式通信
C．帧中继比异步传输模式能提供更高的数据速率
D．租用帧中继虚电路比租用 DDN 专线的费用低

参考答案：(69)C。

要点解析：帧中继的帧长可变，数据传输速率在 2～45Mb/s 之间。异步传输模式把用户数据组织成 53 字节长的信元，由于信元长度固定，可以进行高速地处理和交换，典型的数据速率为 150Mb/s。可见，异步传输模式能提供更高的数据速率，选项 C 是错误的。

试题 7　(2010 年下半年试题 70)

HTML 文档中<table>标记的 align 属性用于定义 (70) 。

(70) A．对齐方式　　B．背景颜色　　C．边线粗细　　D．单元格边距

参考答案：(70)A。

要点解析：align 属性用于设置对齐方式，left、center、right 分别对应左、中、右。用 bgcolor 属性为表格的每个单元格设置背景颜色。用 border 属性定义边框的粗细，用 cellpadding 定义表项中文本域表框的距离，用 cellspacing 说明表格间距。

试题 8　(2010 年上半年试题 7)

Outlook Express 作为邮件代理软件有诸多优点，以下说法中，错误的是 (7) 。

(7) A．可以脱机处理邮件
B．可以管理多个邮件账号
C．可以使用通讯簿存储和检索电子邮件地址
D．不能发送和接收安全邮件

参考答案：(7)D。

要点解析：Outlook Express 能够发送和接收安全邮件。Outlook Express 可使用数字标识对邮件进行数字签名和加密。对邮件进行数字签名可以使收件人确认邮件确实是发送的，而加密邮件则保证只有期望的收件人才能阅读该邮件。

试题 9　(2010 年上半年试题 8～9)

杀毒软件报告发现病毒 Macro.Melissa，由该病毒名称可以推断病毒类型是 (8) ，这类病毒主要感染目标是 (9) 。

(8) A．文件型　　B．引导型　　C．目录型　　D．宏病毒

(9) A．EXE 或 COM 可执行文件　　B．Word 或 Excel 文件

C. DLL 系统文件　　　　D. 磁盘引导区

参考答案：(8)D；(9)B。

要点解析：Melissa 病毒是一种快速传播的能够感染那些使用 MS Word 97 和 MS Office 2000 的计算机宏病毒。即使不知道 Melissa 病毒是什么也没关系，因为前面有个 Macro，表明这是宏病毒。

试题 10 (2010 年上半年试题 66～68)

IP 地址块 222.125.80.128/26 包含了__(66)__个可用主机地址，其中最小地址是__(67)__，最大地址是__(68)__。

(66) A. 14　　B. 30　　C. 62　　D. 126

(67) A. 222.125.80.128　　B. 222.125.80.129
C. 222.125.80.159　　D. 222.125.80.160

(68) A. 222.125.80.128　　B. 222.125.80.190
C. 222.125.80.192　　D. 222.125.80.254

参考答案：(66)C；(67)B；(68)B。

要点解析：/26 表示 IP 地址中前 26 位是网络前缀，后 6 位是主机号，那么可分配的主机地址数是 2^6-2=64-2=62 个，可分配地址范围是 222.125.80.129~222.125.80.190。

试题 11 (2010 年上半年试题 69)

以下 HTML 代码中，创建指向邮箱地址的链接正确的是__(69)__。

(69) A. <a href="email:test@test.com">test@test.com</a>
B. <a href="emailto:test@test.com">test@test.com</a>
C. <a href="mail:test@test.com">test@test.com</a>
D. <a href="mailto:test@test.com">test@test.com</a>

参考答案：(69)D。

要点解析：创建指向邮箱地址的链接格式为：<a href="mailto:E-mail 地址"> 热点文本</a>。

试题 12 (2010 年上半年试题 70)

POP3 服务默认的 TCP 端口号是__(70)__。

(70) A. 20　　B. 25　　C. 80　　D. 110

参考答案：(70)D。

要点解析：POP3 的全名为"Post Office Protocol - Version 3"，即"邮局协议版本 3"。该协议主要用于支持使用客户端远程管理在服务器上的电子邮件。POP3 协议采用 C/S 构架，默认的传输协议为 TCP，默认的端口为 110。

试题 13 (2009 年下半年试题 7)

网络安全体系设计可从物理线路安全、网络安全、系统安全、应用安全等方面来进行。其中，数据库容灾属于__(7)__。

(7) A. 物理线路安全和网络安全　　B. 物理线路安全和应用安全
C. 系统安全和网络安全　　D. 系统安全和应用安全

参考答案：(7)D。

要点解析：网络安全技术措施包括机房及物理线路安全、网络安全、系统安全、应用安全和安全信任体系等。机房及物理线路安全需求包括机房安全、计算机通信线路安全、主要设备的防雷击措施等；网络安全需求包括路由设备安全、入侵检测、流量控制等；系统安全需求包括账户管理、访问控制、系统备份与恢复等；应用安全需求则包括数据库安全、Web 服务安全、邮件安全等。数据库容灾应属于系统安全和应用安全。

试题 14　(2009 年下半年试题 8)

包过滤防火墙对数据包的过滤依据不包括__(8)__。

(8)　A．源 IP 地址　　B．源端口号　　C．MAC 地址　　D．目的 IP 地址

参考答案：(8)C。

要点解析：包过滤防火墙也叫网络防火墙，一般是基于源地址、目的地址、应用、协议以及每个 IP 包的端口来做出通过与否的判断。故选择 C。

试题 15　(2009 年下半年试题 9)

某网站向 CA 申请了数字证书，用户通过__(9)__来验证网站的真伪。

(9)　A．CA 的签名　　B．证书中的公钥　　C．网站的私钥　　D．用户的公钥

参考答案：(9)A。

要点解析：数字证书采用公钥体制，它利用一对相互匹配的密钥进行加密和解密。每个用户设定一个仅为自己知道的私钥，用它进行解密和签名；同时设定一个公钥，并由本人公开，为一组用户所共享，用于加密和验证。在 X.509 标准中，数字证书主要包括：版本号、序列号、签名算法、发行者、有效期、主体名、公钥、发行者 ID、主体 ID、扩充域和认证机构的签名。签名是用 CA 私钥对证书的签名，用户可通过该签名验证网站的真伪。

试题 16　(2009 年下半年试题 66～67)

下列网络互联设备中，属于物理层的是__(66)__，属于网络层的是__(67)__。

(66)～(67)A．中继器　　B．交换机　　C．路由器　　D．网桥

参考答案：(66)A；(67)C。

要点解析：本题考查网络互联设备知识点。

物理层的互联设备有中继器(Repeater)和集线器(Hub)，数据链路层的互联设备有网桥(Bridge)和交换机(Switch)，网路层的互联设备是路由器。

试题 17　(2009 年下半年试题 68～70)

下图是 HTML 文件 test.html 在 IE 中的显示效果，实现图中①处效果的 HTML 语句是__(68)__，实现图中②处效果的 HTML 语句是__(69)__，实现图中③处效果的 HTML 语句是__(70)__。

(68) A．<TITLE>我的主页</TITLE>　　B．<HEAD>我的主页</HEAD>

C．<BODY>我的主页</BODY>　　D．<H1>我的主页</H1 >

(69) A．<HR>　　B．<LINE> </LINE>

C．<CELL> </CELL>　　D．<TR> </TR>

(70) A．<B>Welcome</B>　　B．<UL>Welcome</UL>

C．<I>Welcome</I>　　　　D．<H>Welcome</H>

参考答案：(66)A；(67)A；(68)C。

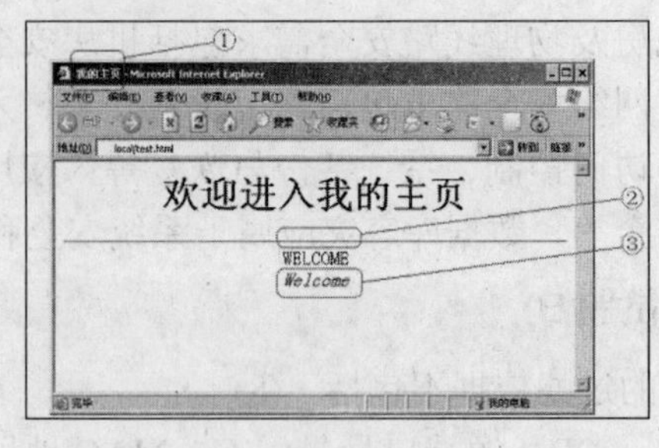

要点解析：本题考查HTML语言的基本标记知识。

创建一个HTML文档：<html></html>。

设置文档标题以及其他不在Web网页上显示的信息：<head></head>。

设置文档的可见部分：<body></body>。

将文档的题目放在标题栏中：<title></title>。

创建最大的标题：<h1></h1>。

加入一条水平线<hr>。

开始表格中的每一行：<tr></tr>。

粗体字<b></b>，斜体字<i></i>。

创建一个标有圆点的列表：<ul></ul>。

综上，很容易看出图中效果是什么语句的显示效果了。

试题 18 （2009 年上半年试题 7）

下面关于漏洞扫描系统的叙述，错误的是__(7)__。

(7) A．漏洞扫描系统是一种自动检测目标主机安全弱点的程序

B．黑客利用漏洞扫描系统可以发现目标主机的安全漏洞

C．漏洞扫描系统可以用于发现网络入侵者

D．漏洞扫描系统的实现依赖于系统漏洞库的完善

参考答案：(7)C。

要点解析：漏洞扫描系统是一种自动检测远程或本地主机安全性弱点的程序。通过使用漏洞扫描系统，系统管理员能够发现所维护的 Web 服务器的各种 TCP 端口分配、提供的服务、Web 服务软件版本和这些服务及软件呈现在因特网上的安全漏洞，及时发现并修补，以免网络攻击者利用系统漏洞进行攻击或窃取信息。可见，漏洞扫描并不能发现网络入侵者。

试题 19 （2009 年上半年试题 8）

网络安全包含了网络信息的可用性、保密性、完整性和网络通信对象的真实性。其中，数字签名是对__(8)__的保护。

(8) A．可用性　　B．保密性　　C．连通性　　D．真实性

参考答案：(8)D。

要点解析：数字签名是用于确认发送者身份和消息完整性的一个加密的消息摘要，是对真实性的保护。

试题 20　(2009 年上半年试题 9)

计算机感染特洛伊木马后的典型现象是__(9)__。

(9)　A．程序异常退出　　B．有未知程序试图建立网络连接
　　C．邮箱被垃圾邮箱填满　　D．Windows 系统黑屏

参考答案：(9)B。

要点解析：完整的木马程序一般由两个部分组成：一个是服务器程序，一个是控制器程序。计算机感染特洛伊木马后，就会被安装特洛伊木马的服务器程序，而拥有控制器程序的人就可以通过网络控制该计算机。此时通过运行实时网络连接监控程序可以发现异常连接，据此可以初步判断机器是被特洛伊木马入侵。所以答案是B。

试题 21　(2009 年上半年试题 66)

一个 B 类网络的子网掩码为 255.255.224.0，则这个网络被划分成了__(66)__个子网。

(66) A．2　　B．4　　C．6　　D．8

参考答案：(66)C。

要点解析：255.255.224.0 化成二进制为 1111 1111.1111 1111.1110 0000.0000 0000。

其中 B 类网络的网络号为 255.255.0.0，这里主机号中的前 3 位被用来划分子网，子网的个长为 2^3=8，还有减去全为 0 和全为 1 的子网号，即 8-2=6。故选 C。

试题 22　(2009 年上半年试题 67)

在 Windows 系统中设置默认路由的作用是__(67)__。

(67) A．当主机接收到一个访问请求时首先选择的路由
　　B．当没有其他路由可选时最后选择的路由
　　C．访问本地主机的路由
　　D．必须选择的路由

参考答案：(67)B。

要点解析：默认路由是一种特殊的静态路由，指的是当路由表中与包的目的地址之间没有匹配的表项时路由器能够做出的选择。如果没有默认路由器，那么目的地址在路由表中没有匹配表项的包将被丢弃。默认路由在某些时候非常有效，当存在末梢网络时，默认路由会大大简化路由器的配置，减轻管理员的工作负担，提高网络性能。

试题 23　(2009 年上半年试题 68)

HTML中<body>元素中，__(68)__属性用于定义超链接被鼠标点击后所显示的颜色。

(68) A．alink　　B．background　　C．bgcolor　　D．vlink

参考答案：(68)D。

要点解析：背景色彩和文字色彩的 HTML 代码如下。

<body bgcolor=# text=# link=# alink=# vlink=#>

bgcolor——背景色彩

text——非可链接文字的色彩

link——可链接文字的色彩

alink——正被点击的可链接文字的色彩

vlink——已经点击(访问)过的可链接文字的色彩

#=rrggbb

色彩是用十六进制的红－绿－蓝(red-green-blue, RGB) 值来表示。

依题意得答案为vlink。

试题 24 (2009 年上半年试题 69)

HTML中<tr>标记用于定义表格的__(69)__。

(69) A．行　　B．列　　C．单元格　　D．标题

参考答案：(69)A。

要点解析：表格中用到的标记如下。

<table>...</table>：定义表格；<tr>：定义表行；<th>：定义表头；<td>：定义表元(表格的具体数据)。

试题 25 (2009 年上半年试题 70)

以下不符合XML文档语法规范的是__(70)__。

(70) A．文档的第一行必须是 XML 文档声明　　B．文档必须包含根元素
C．每个开始标记必须和结束标记配对使用　　D．标记之间可以交叉嵌套

参考答案：(70)D。

要点解析：XML文档使用的是自描述的和简单的语法，一个 XML文档最基本的构成包括：声明、处理指令(可选)和元素。

所有XML元素都须有关闭标签，XML声明除外。因为声明不属于XML本身的组成部分，它不是 XML元素，也不需要关闭标签。

XML 必须正确地嵌套，如：<b><i>This text </i></b>。即由于 <i> 元素是在 <b> 元素内打开的，那么它必须在 <b> 元素内关闭。因此D错误。

XML 文档必须有根元素，XML 文档必须有一个元素是所有其他元素的父元素。该元素称为根元素。

5.4 强化训练

5.4.1 综合知识试题

试题 1

ADSL 是一种宽带接入技术，这种技术使用的传输介质是__(1)__。

(1) A．电话线　　B．CATV 电缆　　C．基带同轴电缆　　D．无线通信网

试题 2

下面关于网络系统设计原则的论述，正确的是__(2)__。

(2) A．应尽量采用先进的网络设备获得最高的网络性能
B．网络总体设计过程中，只需要考虑近期目标即可，不需要考虑扩展性
C．系统应采用开放的标准和技术
D．网络需求分析独立于应用系统的需求分析

试题 3

TCP/IP 在多个层引入了安全机制，其中 TLS 协议位于__(3)__。

(3) A. 数据链路层 B. 网络层 C. 传输层 D. 应用层

试题 4

运行 Web 浏览器的计算机与网页所在的计算机要建立__(4)__连接，采用__(5)__协议传输网页文件。

(4) A. UDP B. TCP C. IP D. RIP

(5) A. HTTP B. HTML C. ASP D. RPC

试题 5

下面的选项中，属于本地回路地址的是__(6)__。

(6) A. 120.168.10.1 B. 10.128.10.1 C. 127.0.0.1 D. 172.16.0.1

试题 6

Internet 上的 DNS 服务器中保存有__(7)__。

(7) A. 主机名 B. 域名到 IP 地址的映射表
C. 所有主机的 MAC 地址 D. 路由表

试题 7

某银行为用户提供网上服务，允许该用户通过浏览器管理自己的银行账户信息。为保障通信的安全性，Web 服务器可选的协议是__(8)__。

(8) A. POP B. SNMP C. HTTP D. HTTPS

试题 8

__(9)__不属于电子邮件协议。

(9) A. POP3 B. SMTP C. IMAP D. MPLS

试题 9

某客户端在采用 ping 命令检测网络连接故障时，发现可以 ping 通 127.0.0.1 及本机的 IP 地址，但无法 ping 通同一网段内其他工作正常的计算机的 IP 地址，说明该客户端故障是__(10)__。

(10) A. TCP/IP 不能正常工作 B. 本机网卡不能正常工作
C. 本机网络接口故障 D. 本机 DNS 服务器地址设置错误

试题 10

用户可以通过 http://www.a.com 和 http://www.b.com 访问在同一台服务器上__(11)__不同的两个 Web 站点。

(11) A. IP 地址 B. 端口号 C. 协议 D. 虚拟目录

试题 11

下面关于防火墙的说法，正确的是__(12)__。

(12) A. 防火墙一般由软件以及支持该软件运行的硬件系统构成
B. 防火墙只能防止未经授权的信息发送到内网

C．防火墙能准确地检测出攻击来自哪一台计算机

D．防火墙的主要支撑技术是加密技术

试题 12

如果希望别的计算机不能通过 ping 命令测试服务器的连通情况，可以__(13)__。如果希望通过默认的 Telnet 端口连接服务器，则下图中对防火墙配置正确的是__(14)__。

(13) A．删除服务器中的 ping.exe 文件

B．删除服务器中的 cmd.exe 文件

C．关闭服务器中的 ICMP 端口

D．关闭服务器中的 Net Logon 服务

(14)

A.

服务设置
服务描述(D)：
Telnet
在您的网络上主持此服务的计算机的名称或 IP 地址(N)(例如，192.168.0.12)：
202.1.1.1
此服务的外部端口号(E)：
23
TCP(T) UDP(U)
此服务的内部端口号(I)：
23
确定 取消

B.

服务设置
服务描述(D)：
Telnet
在您的网络上主持此服务的计算机的名称或 IP 地址(N)(例如，192.168.0.12)：
202.1.1.1
此服务的外部端口号(E)：
23
TCP(T) UDP(U)
此服务的内部端口号(I)：
23
确定 取消

C.

服务设置
服务描述(D)：
Telnet
在您的网络上主持此服务的计算机的名称或 IP 地址(N)(例如，192.168.0.12)：
202.1.1.1
此服务的外部端口号(E)：
110
TCP(T) UDP(U)
此服务的内部端口号(I)：
110
确定 取消

D.

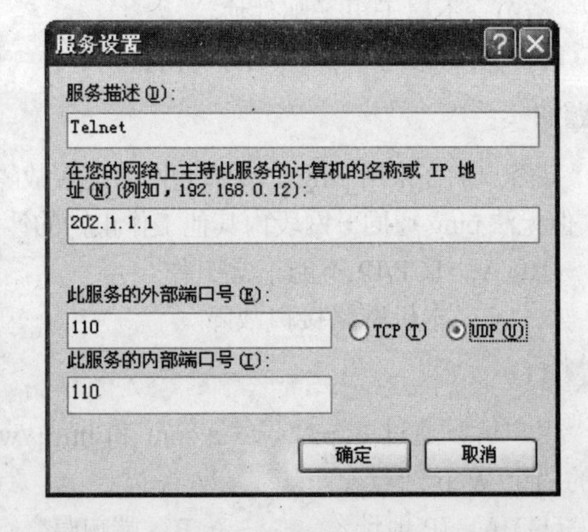

试题 13

HTML 中的<p></p>标记用来定义__(15)__。

(15) A．一个表格　　B．一个段落　　C．一个单元格　　D．一个标题

试题 14

下图是 HTML 文件 submit.html 在 IE 中的部分显示效果。

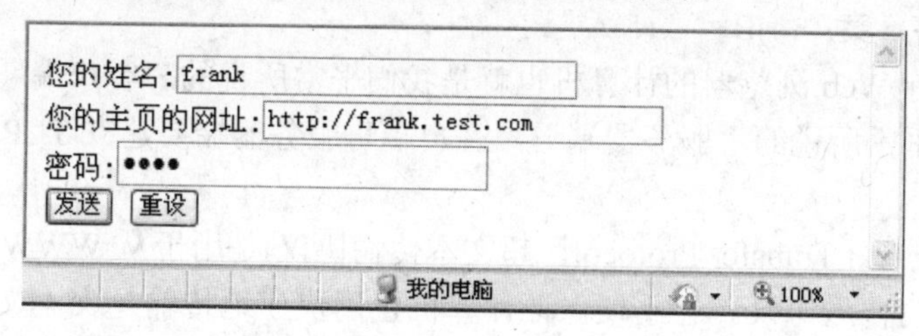

请完成下面 submit.html 中部分 html 代码。

```
<form action=/cgi-bin/post-query method=POST>
  您的姓名：
  <input type=text name=姓名><br>
您的主页的网址：
  <input type=text name=网址 vlaue=http://><br>
  密码：
  <input type=___(16)___ name=密码><br>
  <input type=submit value="发送" ><input type=___(17)___ value="重设" >
</form>
```

(16) A．text　　B．password　　C．passwd　　D．key

(17) A．send　　B．reset　　C．restart　　D．replace

5.4.2 综合知识试题参考答案

【试题 1】答　案：(1)A

分　析：ADSL(Asymmetric Digital Subscriber Line，非对称数字用户环路)因为上行(用户到电信服务提供商方向，如上传动作)和下行(从电信服务提供商到用户的方向，如下载动作)带宽不对称(即上行和下行的速率不相同)，因此称为非对称数字用户线路。它采用频分复用技术把普通的电话线分成了电话、上行和下行三个相对独立的信道，从而避免了相互之间的干扰。通常 ADSL 在不影响正常电话通信的情况下可以提供最高 3.5Mb/s 的上行速度和最高 24Mb/s 的下行速度。

【试题 2】答　案：(2)C

分　析：本题考查网络系统设计原则。

A 选项：在现实中，设计任何系统都是需要考虑成本的，虽然采用先进的网络设备能获得不错的网络性能，但同时会增加网络的建设成本。

B 选项：信息时代，计算机网络技术发展非常快，应用过程中也会有需求不断提出，所以必须考虑以后可能的扩展性。

D 选项：设计网络系统最终是为了应用，如果在进行网络需求分析时不考虑应用系统的需求分析，最终完成的网络系统可能在和应用系统协作工作时出现问题。

【试题 3】答　案：(3)C

分　析：TLS(Transport Layer Security，安全传输层协议)用于在两个通信应用程序之间提供保密性和数据完整性。该协议由两层组成： TLS 记录协议(TLS Record)和 TLS 握手协议(TLS Handshake)。较低的层为 TLS 记录协议，位于某个可靠的传输协议(例如 TCP)上面。

【试题 4】答　案：(4)B　　(5)A

分　析：运行 Web 浏览器的计算机也就是我们平常所说的“客户端”，网页所在的计算机指的是我们平常所说的“服务器端”，客户端与服务器端要建立 TCP 连接，才能看到网页上的内容。

HTTP (HyperText Transfer Protocol，超文本传输协议)是用于从 WWW 服务器传输超文本到本地浏览器的传送协议。它不仅保证计算机正确快速地传输超文本文档，还确定传输文档中的哪一部分，以及哪部分内容首先显示(如文本先于图形)等。这就是为什么在浏览器中看到的网页地址都是以 http: //开头的原因。所以，在本题条件下，传输网页文件要用 HTTP 协议。

【试题 5】答　案：(6)C

分　析：回送地址(127.×.×.×)是本机回送地址(Loopback Address)，即主机 IP 堆栈内部的 IP 地址，主要用于网络软件测试以及本地机进程间通信，无论什么程序，一旦使用回送地址发送数据，协议软件立即返回之，从不进行任何网络传输。

【试题 6】答　案：(7)B

分　析：DNS(Domain Name System，域名系统)为 Internet 上的主机分配域名地址和 IP 地址。用户使用域名地址，该系统就会自动把域名地址转为 IP 地址。域名服务是运行域名系统的 Internet 工具。执行域名服务的服务器称为 DNS 服务器，通过 DNS 服务器来应答域名服务的查询。

【试题 7】答　案：(8)D

分　析：POP(Post Office Protocol，邮局协议)用于电子邮件的接收。

SNMP(Simple Network Management Protocol，简单网络管理协议)最开始是为了解决 Internet 上的路由器管理问题而提出的，它可以在 IP、IPX、AppleTalk、OSI 以及其他用到的传输协议上被使用。

HTTP (HyperText Transfer Protocol，超文本传输协议)是用于从 WWW 服务器传输超文本到本地浏览器的传送协议。

HTTPS(HyperText Transfer Protocol over Secure Socket Layer)是以安全为目标的 HTTP 通道，简单讲是 HTTP 的安全版。它是一个 URL Scheme(抽象标识符体系)，句法类同 http: 体系，用于安全的 HTTP 数据传输。它的主要作用可以分为两种：一种是建立一个信息安全通道，来保证数据传输的安全；另一种就是确认网站的真实性。

综上所述，银行为用户提供网上服务最适合用 HTTPS 协议。

【试题 8】答　案：(9)D

分　析：当前常用的电子邮件协议有 SMTP、POP3、IMAP4，它们都隶属于 TCP/IP 协议簇，默认状态下，分别通过 TCP 端口 25、110 和 143 建立连接。

MPLS(多协议标签交换)是一种用于快速数据包交换和路由的体系，它为网络数据流量提供了目标、路由、转发和交换等能力。

【试题 9】答　案：(10)C

分　析：ping 是 Packet Internet Grope(因特网包探索器)的缩写，是用来检查网络是否通畅或者网络连接速度的命令。

本题中 ping 通 127.0.0.1 及本机的 IP 地址说明网卡安装配置没有问题，无法 ping 通同一网段内其他工作正常的计算机的 IP 地址，说明问题出在网络的连接接口上。

【试题 10】答 案：(11)A

分 析：IP 地址就是给每个连接在 Internet 上的主机分配的一个 32 位地址。一般来说，一个网卡对应一个 IP 地址，但是一个网卡可以绑定多个 IP 地址，尤其是服务器的网卡。

在 IIS 中，每个 Web 站点都具有唯一的、由 3 个部分组成的标识，用来接收和响应请求：IP 地址、端口号和主机名。这样，在 IIS 中，每个 IP 地址都可以对应一个 Web 站点，多个 IP 地址分配给多个站点，用户可以通过不同的 IP 地址来访问这些站点。

【试题 11】答 案：(12)A

分 析：所谓防火墙指的是一个由软件和硬件设备组合而成，在内部网和外部网之间、专用网与公共网之间的界面上构造的保护屏障，是一种获取安全性方法的形象说法，它是一种计算机硬件和软件的结合，使 Internet 与 Intranet 之间建立起一个安全网关(Security Gateway)，从而保护内部网免受非法用户的侵入。

防火墙最基本的功能就是控制在计算机网络中不同信任程度区域间传送的数据流。例如互联网是不可信任的区域，而内部网络是高度信任的区域。防火墙对流经它的网络通信进行扫描，这样能够过滤掉一些攻击，以免其在目标计算机上被执行。但是一旦计算机被攻击，防火墙并不能监测出攻击来自哪一台计算机。

随着防火墙的发展，其主要支撑技术分别有包过滤(Packet Filter)技术、状态监视(Stateful Inspection)技术和自适应代理(Adaptive Proxy)技术。

【试题 12】答 案：(13)C (14)A

分 析：ping 的工作流程是这样的：假如在主机 A 上运行 ping 192.168.0.5，首先，ping 命令会构建一个固定格式的 ICMP 请求数据包，然后由 ICMP 将这个数据包连同地址 192.168.0.5 一起交给 IP 层协议，IP 层协议将以地址 192.168.0.5 作为目的地址，本机 IP 地址作为源地址，加上一些其他的控制信息，构建一个 IP 数据包，并想办法得到 192.168.0.5 的 MAC 地址，以便交给数据链路层构建一个数据帧。所以，让别的计算机不能通过 ping 命令测试服务器的连通情况，可以关闭服务器中的 ICMP 端口。

对于(14)，Telnet 协议是 TCP/IP 协议簇中的一员，是 Internet 远程登录服务的标准协议和主要方式。另外，显示 Telnet 服务器侦听 Telnet 请求的端口默认是 23。本题显然选 A。

【试题 13】答 案：(15)B

分 析：定义表格的标记为<table></table>，定义一个单元格的标记为<td></td>，定义一个标题的标记为<title></title>。

【试题 14】答 案：(16)B (17)B

分 析：在表单中，属性 type=text 时，输入的文本以标准的字符显示；若 type=password，则输入的文本显示为“*”。对于重设按钮，其属性 type 的值为 reset。

[illegible]

[illegible]

[illegible]

[illegible]

[illegible]

[illegible] (Secure [illegible]

[illegible]

[illegible]

[illegible]

[illegible]

[illegible]

[illegible]

[illegible]

第6章 多媒体基础知识

6.1 备考指南

6.1.1 考纲要求

根据考试大纲中相应的考核要求，在“**多媒体基础知识**”模块上，要求考生掌握以下方面的内容。

1. 多媒体系统基础知识
2. 简单图形的绘制，图像文件的处理方法
3. 音频和视频信息的应用
4. 多媒体应用开发过程

6.1.2 考点统计

“**多媒体基础知识**”模块，在历次软件设计师考试试卷中出现的考核知识点及分值分布情况如表6.1所示。

表6.1 历年考点统计表

年份	题号	知识点	分值
2010年下半年	上午：13~14	图像分辨率	2分
	下午：无	无	0分
2010年上半年	上午：12~14	MPEG系列标准	3分
	下午：无	无	0分
2009年下半年	上午：12~14	RGB颜色数计算、矢量图和位图比较、媒体的含义	3分
	下午：无	无	0分
2009年上半年	上午：12~14	人耳能听到的音频范围、图像文件格式、模拟视频信息	3分
	下午：无	无	0分

6.1.3 命题特点

纵观历年试卷，本章知识点是以选择题的形式出现在试卷中。在历次考试上午试卷中，所考查的题量大约为3道选择题，所占分值为3分(约占试卷总分值75分中的4%)。本章试题主要考查考生对多媒体基本概念的理解，难度较低。

6.2 考点串讲

6.2.1 多媒体的基本概念

一、媒体的分类

媒体(Media)通常包括两方面的含义：一是指信息的物理载体(即存储和传递信息的实体)，如手册、磁盘、光盘、磁带以及相关的播放设备等；二是指承载信息的载体，即信息的表现形式(或者说传播形式)，如文字、声音、图像、动画和视频等，即CCITT定义的存储媒体和表示媒体。

可把媒体分为以下几类。

(1) 感觉媒体(Perception Medium)。指直接作用于人的感觉器官，使人产生直接感觉的媒体。如引起听觉反应的声音、引起视觉反应的图像等。

(2) 表示媒体(Representation Medium)。指传输感觉媒体的中介媒体，即用于数据交换的编码。如图像编码(JPEG、MPEG)、文本编码(ASCII、GB2312)和声音编码等。

(3) 表现媒体(Presentation Medium)。指进行信息输入和输出的媒体。如键盘、鼠标、扫描仪、话筒和摄像机等为输入媒体；显示器、打印机和喇叭等为输出媒体。

(4) 存储媒体(Storage Medium)。指用于存储表示媒体的物理介质，如硬盘、软盘、磁盘、光盘、ROM及RAM等。

(5) 传输媒体(Transmission Medium)。指传输表示媒体的物理介质，如电缆、光缆和电磁波等。

多媒体就是多种信息载体的表现形式和连接方式。为了使不同的媒体能够有机地连接起来，往往按照实际需要建立一种链接机制或结构，把这种链接机制或结构称为超媒体(HyperMedia)。在计算机中，超媒体是一个信息存储和检索系统，它把文字、图形、图像、动画、声音和视频等媒体集成为一个相关的基本信息系统。通常，如果信息主要是以文字的形式表示，那么称为超文本；如果还包含有图形、影视、动画、音乐或其他媒体，一般称为超媒体。

多媒体技术的内涵极其广泛，所涉及的技术也很多，其主要特性有：多样性、集成性、交互性、非线性、实时性、信息使用的方便性和信息结构的动态性。

二、虚拟现实基本概念

虚拟现实是将现实世界的多维信息映射到计算机的数字空间生成相应的虚拟世界，主要包括基本模型构建、空间跟踪、声音定位、视觉跟踪和视点感应等关键技术。其主要特征有如下 3 个方面。

(1) 多感知。就是说除了一般计算机所具有的视觉感知外，还有听觉感知、力觉感知、触觉感知、运动感知，甚至包括味觉感知和嗅觉感知等。理想的虚拟现实就是应该具有人所具有的感知功能。

(2) 沉浸(又称临场感)。是指用户感到作为主角存在于模拟环境中的真实程度。理想的模拟环境应该达到使用户难以分辨真假的程度。

(3) 交互。是指用户对模拟环境内物体的可操作程度和从环境得到反馈的自然程度(包括实时性)。

6.2.2 声音

一、基本概念

声音是通过空气传播的一种连续的波，即声波。声波在时间和幅度上都是连续的模拟信号，通常称为模拟声音(音频)信号。

声音信号的两个基本参数是幅度和频率。幅度是指声波的振幅，通常用分贝(dB)为单位来计量。频率指声波每秒钟变化的次数，通常用赫兹(Hz)为单位来表示。

数字音频可分为波形声音和合成声音两种。

1. 声音信号的数字化

计算机只能处理数字信号，而声音信号是一种模拟信号，所以要对其进行转换。简单来说，声音信号转换为数字信号的方法是：首先进行取样；对于取样的结果进一步地量化，得到数字形式的声音信号；为了便于计算机的存储、处理和传输，还必须按照一定的要求进行数据压缩和编码，即选择某一种或者几种方法对它进行压缩，以减少数据量，再按照某种规定的格式将数据组织成文件。

2. 波形声音

波形声音信息是一个用来表示声音振幅的数据序列，它是通过对模拟声音按一定间隔采样获得的幅度值，再经过量化和编码后得到的便于计算机存储和处理的数据格式。声音数字化后，其数据传输率与信号在计算机中的实时传输有直接关系，而其总数据量与计算机的存储空间有直接关系。未经压缩的数字音频数据传输率可按下式计算：

数据传输率(b/s)=采样频率(Hz)×量化位数(b)×声道数

波形声音经过数字化后所需占用的存储空间可用如下公式计算：

声音信号数据量=数据传输率×持续时间/8(B)

3. 数字语音的压缩方法

数字语音的数据压缩方法很多，从原理上可分为 3 类：波形编码、参数编码和混合编码。

(1) 波形编码：一种直接对取样、量化后的波形进行压缩处理的方法。

(2) 参数编码：一种基于声音生成模型的压缩方法，从语音波形信号中提取生成的语音参数，使用这些参数通过语音生成模型重构出语音。

(3) 混合编码：上述两种方法的结合，它既能达到高的压缩比，又能保证一定的质量，但算法相对复杂一些。

4. 声音合成

个人计算机和多媒体系统中的声音，除了数字波形声音之外，还有一类是使用符号表示的、由计算机合成的声音，包括语音合成和音乐合成。

- 语音合成目前主要指从文本到语音的合成，也称为文语转换。采用文语转换的方法输出语音，应预先建立语音参数数据库、发音规则库等。需要输出语音时，系统按需求先合成语音单元，再按语音学规律或者语音学规则连接成自然的语流。
- 音乐可以使用电子学原理合成出来(生成相应的波形)，各种乐器的音色也可以进行模拟。电子乐器由演奏控制器和音源两部分组成。演奏控制器是一种输入和记录实时乐曲演奏信息的设备。音源是具体产生声音波形的部分，即电子乐器的发声部分，它通过电子线路把演奏控制器送来的声音合成起来。

5. MIDI

MIDI(Musical Instrument Digital Interface，乐器数字接口)泛指数字音乐的国际标准。MIDI 标准规定了电子乐器与计算机连接的电缆硬件以及电子乐器之间、乐器与计算机之间传送数据的通信协议的规范；规定了音乐的数字表示，包括音符、定时、乐器指派等规范。

符合 MIDI 标准的设备称为 MIDI 设备。通过 MIDI 接口，不同 MIDI 设备之间可进行信息交换。MIDI 数据不是单个采样点的编码(波形编码)，而是乐谱的数字描述，称为 MIDI 消息。MIDI 文件是计算机中用于存储和交换 MIDI 消息的一种数据文件，它由一系列的 MIDI 消息组成。

二、声音文件格式

声音文件有如下几种格式。

(1) WAV 文件：Microsoft 公司的音频文件格式，它来源于对声音模拟波形的采样。

(2) Module 文件：该格式的文件里存放乐谱和乐曲使用的各种音色样本，具有回放效果优异、音色种类无限等优点。

(3) MPEG 音频文件：现在最流行的声音文件格式，因其压缩率大，在网络可视电话通信方面应用广泛，但和 CD 唱片相比，音质不能令人非常满意。

(4) RealAudio 文件：具有强大的压缩量和较小的失真，主要目标是压缩比和容错性，其次才是音质。

(5) MIDI 文件：目前较成熟的音乐格式，实际上已经成为一种产业标准，其科学性、兼容性、复杂程度等各方面当然远远超过前面介绍的所有标准。

(6) Voice 文件：Creative 公司波形音频文件格式，也是声霸卡使用的音频文件格式。

(7) Sound 文件：NeXT Computer 公司推出的数字声音文件格式，支持压缩。

(8) Audio 文件：Sun Microsystems 公司推出的一种经过压缩的数字声音文件格式，是互联网上常用的声音文件格式。

(9) AIFF 文件：Apple 计算机的音频文件格式，Windows 的 Convert 工具可以把 AIF 格式的文件转换成 Microsoft 的 WAV 格式的文件。

(10) CMF 文件：Creative 公司的专用音乐格式，与 MIDI 差不多，音色、效果上有些特色，专用于 FM 声卡，兼容性较差。

6.2.3　图形和图像

一、基础知识

1. 基本概念

1)　色彩三要素

为了能确切地表示某一彩色光的度量，可以用亮度、色调和色饱和度 3 个物理量描述，称之为色彩三要素。

- 亮度：描述光作用于人眼时引起的明暗程度感觉，是指彩色明暗深浅程度。
- 色调：指颜色的类别。
- 色饱和度：指某一颜色的深浅程度(或浓度)。

2)　三基色原理

从理论上讲，任何一种颜色都可以用 3 种基本颜色按不同比例混合得到。绝大多数颜色光可以分解成红、绿、蓝 3 种颜色光，这就是色度学中最基本的三基色原理。三基色的选择不是相互独立的，即任何一种颜色都不能由其他两种颜色合成。

3)　彩色空间

彩色空间指彩色图像所使用的颜色描述方法，也称为彩色模型，主要有 RGB 彩色空间、CMY 彩色空间、YUV 彩色空间。

2. 计算机中的图形数据表示

1)　矢量图形

矢量图形是用一系列计算机指令来描述和记录的一幅图的内容，即通过指令描述构成一幅图的所有直线、曲线、圆、圆弧、矩形等图元的位置、维数和形状，也可以用更为复杂的形式表示图像中的曲面、光照、材质等效果。矢量图形实际上是用数学的方式来描述一幅图形图像，在处理图形图像时根据图元对应的数学表达式进行编辑和处理。

2)　位图图像

位图图像是指用像素点来描述的图像。位图图像在计算机内存中由一组二进制位组成，这些位定义图像中每个像素点的颜色和亮度。屏幕上一个点也称为一个像素，显示一幅图像时，屏幕上的一个像素也就对应于图像中的某一个点。位图适合于表现比较细腻、层次较多、色彩较丰富、包含大量细节的图像，并可直接、快速地在屏幕上显示出来，但占用存储空间较大，一般需要进行数据压缩。

3. 图像的获取

图像的获取方式有如下几种。

- 利用数字图像库。
- 利用绘图软件创建图像。
- 利用数字转换设备采集图像。处理过程分为采样、量化和编码三步。

4. 图像的属性

1)　分辨率

- 显示分辨率：指显示屏上能够显示出的像素数目。

- 图像分辨率：指组成一幅图像的像素密度，也用水平和垂直的像素表示，即用每英寸多少点表示数字化图像的大小。

2) 图像深度

图像深度指存储每个像素所用的位数，也用于度量图像的色彩分辨率。

3) 真彩色和伪彩色

真彩色是指组成一幅彩色图像的每个像素值中，有R、G、B三个基色分量，每个基色分量直接决定显示设备的基色强度，这样产生的彩色称为真彩色。在一些场合把RGB8∶8∶8方式表示的彩色图像称为真彩色图像或全彩色图像。

图像中每个像素的颜色不是由三个基色分量的数值直接表达，而是把像素值作为地址索引，以便在彩色查找表中查找这个像素实际的R、G、B分量，人们将图像的这种颜色表达方式称为伪彩色。

5. 图形图像转换

1) 图形图像的硬件转换

一张工程图纸用扫描仪输入到Photoshop，它就变成图像信息。用数字化仪将它输入到AutoCAD后，它就变成图形信息。当然可以先将图形用扫描仪扫入计算机，变成图像信息，再用一定的软件人工或自动地勾勒出它的轮廓，这个过程称为向量化，也就是图像转换为图形的过程。这个过程必然会丢失许多细节，所以通常用于工程绘图领域。

2) 图形和图像的软件转换

较好的格式转换软件几乎提供所有常用图形图像文件格式之间的转化。一些较好的文件格式是兼并图形图像各自优点的文件格式。

6. 图像的压缩编码

图像分辨率越高，图像深度越深，则数字化后的图像效果越逼真，图像数据量越大。估算数据量的公式为：

图像数据量=图像的总像素×图像深度/8(B)

式中，图像的总像素为图像的水平方向像素数乘以垂直方向像素数。

数据压缩可分成两类：一类是无损压缩，一类是有损压缩。

- 无损压缩利用数据的统计冗余进行压缩，可以保证在数据压缩和还原过程中，图像信息没有损耗或失真，图像还原时可以完全恢复。
- 有损压缩方法利用人眼视觉对图像中的某些频率成分不敏感的特性，采用一些高效的有限失真数据压缩算法，允许压缩过程中损失一定的信息。

7. 多媒体数据压缩编码的国际标准

计算机中使用的图像压缩编码方法有多种国际标准和工业标准。目前使用相当广泛的编码及压缩标准有JPEG、MPEG和H.261。

(1) JPEG：一个由ISO和IEC两个组织机构联合组成的专家组，负责制定静态和数字图像数据压缩编码标准，这个专家组地区性的算法称为JPEG算法，并且成为国际上通用的标准，因此又称为JPEG标准。

(2) MPEG：由ISO和IEC两个组织机构联合组成的一个专家组制定的。1990年形成的草案中，将MPEG标准分成两个阶段。第一阶段(MPEG-1)是针对普通电视质量的视频信号的压缩；第二阶段(MPEG-2)目标则是对高清晰度电视的信号进行压缩。目前又推出了许多多媒体内容描述接口标准等。每个新标准的产生都极大地推动了数字视频的发展和更广泛的应用。

(3) H.261：是国际电话电报咨询委员会提出的电话/会议电视的建议标准。

二、图形、图像文件格式

1. BMP 格式

BMP 是标准的 Windows 操作系统采用的图像文件格式，是一种与设备无关的位图格式，目的是为了让 Windows 能够在任何类型的显示设备上输出所存储的图像。

2. GIF 格式

GIF 是压缩图像存储格式，它使用 LZW 压缩方法，压缩比较高，文件长度较小，支持黑白图像、16 色和 256 色的彩色图像。

3. TIFF 格式

TIFF 格式是工业标准格式，支持所有图像类型。TIFF 格式的文件分成压缩和非压缩两大类。

4. PCX 格式

PCX 格式的文件是指使用 RLE 行程编码方法进行压缩的图像文件格式文件，它支持黑白图像、16 色和 256 色的伪彩色图像、灰度图像以及 RGB 真彩色图像。

5. JPEG 格式

JPEG 格式使用 JPEG 方法进行图像数据压缩。这种格式的最大特点是文件非常小。它是一种有损压缩的静态图像文件存储格式，支持灰度图像、RGB 真彩色图像和 CMYK 真彩色图像。

6. PCD 格式

PCD 格式是 Photo-CD 的专用存储格式，文件中含有从专业摄影照片到普通显示用的多种分辨率的图像，所以数据量都非常大。

7. 其他格式

其他格式包括 Targe 文件、WMF 文件、EPS 文件和 DIF 文件等。

6.2.4　动画和视频

一、基础知识

1. 基本概念

动画是将静态的图像、图形及图画等按一定时间顺序显示而形成连续的动态画面。计算机动画是采用连续播放静止图像的方法产生景物运动的效果，即使用计算机产生图形、图像运动的技术。动画的本质是运动。根据运动的控制方式可将计算机动画分为实时动画和逐帧动画两种。

1)　实时动画

实时动画是采用各种算法来实现运动物体的运动控制。采用的算法有运动学算法、动力学算法、反向运动学算法、反向动力学算法、随机动力学算法等。

2)　矢量动画

矢量动画是由矢量图衍生出的动画形式。矢量图是利用数学函数来记录和表示图形，矢量动画通过各种算法实现各种动画效果。

3)　三维动画

三维与二维动画的区别主要在于采用不同的方法获得动画中的景物运动效果。根据剧情的要求，首先要建立角色、实物和景物的三维数据模型；再对模型进行光照着色；然后使模型动起来，即模型可以在计算机控制下在三维空间中运动；最后对运动的模型重新生成图像再刷新屏幕，形成运动图像。

2. 模拟视频

1)　模拟视频原理

电视信号通过光栅扫描的方法显示在荧光屏上，扫描从荧光屏的顶部开始，一行一行地向下扫描，直至荧光屏的最底部，然后返回到顶部，重新开始扫描。这个过程产生的一个有序的图像信号的集合，组成了电视图像中的一幅图像，称为一帧；连续不断的图像序列就形成了动态视频图像。

2)　彩色电视的制式

世界上现行的彩色电视制式主要有 NTSC 制、PAL 制和 SECAM 制 3 种。

我国电视制式(PAL) 采用 625 行隔行扫描光栅，分两项扫描。行扫描频率为 15625Hz，周期为 64μs，场扫描频率为 50Hz，周期为 20ms，帧频是 25 Hz，周期是 40ms。采用隔行扫描比采用逐行扫描所占用的信号传输带宽要减少一半，这样有利于信道的利用，有利于信号传输和处理；采用每秒 25 帧的帧频能以最少的信号容量有效地满足人眼的视觉暂留特性；采用 50Hz 的场频是因为我国的电网频率为 50Hz，采用 50Hz 的场刷新频率可有效地去掉电网信号的干扰。

3. 数字视频

对模拟视频信息进行数字化可采取如下方式。

(1)　先从复合彩色电视图像中分离出彩色分量，然后数字化。

(2)　先对全彩色电视信号数字化，然后在数字域中进行分离，以获得 YUV、YIQ 或 RGB 分量信号。

4. 数字视频标准

国际无线电咨询委员会(Consultative Committee of International Radio，CCIR)制定的广播级质量数字电视编码标准，即 CCIR601 标准，为 PAL、NTSC 和 SECAM 电视制式之间确定了公共的数字化参数。该标准规定了彩色电视图像转换成数字图像所使用的采样频率、采样结构、彩色空间转换等，这个标准对多媒体的开发和应用十分重要。

5. 视频压缩编码

视频压缩的目的是在尽可能保证视觉效果的前提下减少视频数据率。视频是连续的静态图像，其压缩编码算法与静态图像的压缩编码算法有某些共同之处，但是视频还有其自身的特性，在压缩时必须考虑其运动特性。

1) 无损压缩与有损压缩

无损压缩指压缩前和解压缩后的数据完全一致，多数的无损压缩都采用 RLE 行程编码算法。这种算法特别适合于由计算机生成的图像，它们一般具有连续的色调。但是无损算法一般对数字视频和自然图像的压缩效果不理想，因为其色调细腻，不具备大块的连续色调。

有损算法意味着解压缩后的数据与压缩前不一致，在压缩的过程中要丢失一些人眼和人耳所不敏感的图像或声音信息，而且丢失的信息不可恢复。

2) 帧内和帧间压缩

帧内压缩也称为空间压缩。当压缩一帧视频时，仅考虑本帧的数据而不考虑相邻帧之间的冗余信息。由于帧内压缩时各个帧之间没有考虑相互关系，所以压缩后的视频数据仍可以以帧为单位进行编码。帧内压缩一般达不到很好的压缩效果。

采用帧间压缩是由于许多视频或动画的连续前后两帧具有很大的相关性，或者说前后两帧信息变化很小。帧间压缩也叫时间压缩。它通过比较时间轴上不同帧之间的数据进行压缩。帧差值算法是一种典型的时间压缩法，它通过比较本帧与相邻帧之间的差异，仅记录本帧与其相邻帧的差值，这样可以大大减少数据量。

3) 对称和不对称编码

对称编码意味着压缩和解压缩需要相同的计算处理能力和时间。不对称或非对称意味着压缩时需要花费大量的处理能力和时间，而解压缩时则能较好地实时回放，即以不同的速度进行压缩和解压缩。

二、视频文件格式

下面介绍视频文件格式。

(1) GIF 文件：采用无损压缩方法中效率较高的 LZW 算法，主要用于图像文件的网络传输。

(2) Flic 文件：采用行程编码算法和 Delta 算法进行无损的数据压缩，具有较高的数据压缩率。

(3) AVI 文件：AVI 文件允许视频和音频交错在一起播放，支持 256 色和 RLE 压缩，但 AVI 文件并未限定压缩标准。AVI 文件扩展名为.AVI，采用了 Intel 公司的 Indeo 视频有损压缩技术，较好地解决了音频信息与视频信息同步的问题。目前主要应用在多媒体光盘上，用来保存电影、电视等各种影像信息。

(4) Quick Time 文件：该文件是 Apple 公司开发的一种音频、视频文件格式，用来保存音频和视频信息，具有先进的视频和音频功能。

(5) MPEG 文件：MPEG 文件是运动图像压缩算法的国际标准，它包括 MPEG 视频、MPEG 音频和 MPEG 系统 3 个部分。MPEG 压缩标准是针对运动图像设计的，基本方法是：单位时间内采集并保存第一帧信息，然后只存储其余帧对第一帧发生变化的部分，从而达到压缩的目的。

(6) RealVideo 文件：RealVideo 文件是 Real Networks 公司开发的一种新型流式视频文

件格式，它包含在公司所制定的音频视频压缩规范中，主要用来在低速率的广域网上实时传输活动视频影像，可以根据网络数据传输速率的不同而采用不同的压缩比率，从而实现影像数据的实时传输和实时播放。

6.2.5 多媒体网络

一、超文本与超媒体

1. 超文本的概念

超文本是一种文本，与一般的文本文件的差别主要是组织方式不同，它将文本中遇到的一些相关内容通过链接组织在一起，用户可以很方便地阅览这些相关内容。超文本是一种文本管理技术，它以节点为单位组织信息，在节点与节点之间通过表示它们之间关系的链加以连接，构成特定内容的信息网络。节点、链和网络是超文本所包含的3个基本要素。

(1) 节点：超文本中存储信息的单元，由若干个文本信息块组成。

(2) 链：建立不同节点之间的联系。每个节点都有若干个指向其他节点或被其他节点指向的指针，该指针称为链。链通常是有向的，即从链源(源节点)指向链宿(目的节点)。链源可以是热字、热区、图元、热点或节点等，一般链宿都是节点。

(3) 网络：由节点和链组成的一个非单一、非顺序的非线性网状结构。

文本中的词、短语、图像、声音剪辑之间的链接，或者其他文件、超文本文件的链接，称为超链接(热链接)。

2. 超媒体的概念

用超文本方式组织和处理多媒体信息就是超媒体。超媒体不仅包含文字，而且还可以包含图形、图像、动画、声音和影视图像片断，这些媒体之间也是用超链接组织的，而且它们之间的链接也是错综复杂的。超媒体与超文本之间的不同是：超文本主要是以文字的形式表示信息，建立的链接关系主要是文句之间的链接关系；超媒体除使用文字外，还使用图形、图像、动画、声音或影视片断等多种媒体来表示信息，建立的链接是图形、图像、动画、声音或影视片断等多种媒体之间的链接关系。

二、流媒体

流媒体是指在网络中使用流式传输技术的连续时基媒体，而流媒体技术是指把连续的影像和声音信息经过压缩处理之后放到专用的流服务器上，让浏览者一边下载一边观看、收听，而不需要等到整个多媒体文件下载完成就可以即时观看和收听的技术。

一个流媒体系统一般由3部分组成：流媒体开发工具，用来生成流式格式的媒体文件；流媒体服务器组件，用来通过网络服务器发布流媒体文件；流媒体播放器，用于客户端对流媒体文件的解压和播放。目前应用比较广泛的流媒体系统主要有Windows Media系统、Real System系统和Quick Time系统等。

6.2.6 多媒体计算机系统

通常将具有对多种媒体进行处理能力的计算机称为多媒体计算机(Multimedia Personal

Computer，MPC)。

1. 多媒体硬件

多媒体硬件系统可以看成是在 PC 的基础上进行了硬件扩充，以适应多媒体信息处理功能的需求。计算机硬件及声像等媒体输入输出设备构成了多媒体硬件平台。

多媒体计算机的主要硬件除了常规的硬件(如主机、软盘驱动器、硬盘驱动器、显示器、打印机)之外，还要有音频信息处理硬件、视频信息处理硬件及光盘驱动器等。

2. 多媒体计算机软件系统

多媒体计算机软件系统主要包括多媒体操作系统、多媒体应用软件的开发工具和多媒体应用软件。

1) 多媒体操作系统

多媒体操作系统必须具备如下功能：对多媒体环境下的各个任务进行管理和调度；支持多媒体应用软件运行；对多媒体声像及其他多媒体信息的控制和实时处理；支持多媒体的输入输出及相应的软件接口；对多媒体数据和多媒体设备的管理和控制以及图形用户界面管理等功能，也就是说它能够像一般操作系统处理文字、图形、文件那样去处理音频、图像、视频等多媒体信息，并能够对 CD-ROM 驱动器、录像机、MIDI 设备、数码相机、扫描仪等各种多媒体设备进行控制和管理。

2) 多媒体创作工具软件

多媒体创作工具软件是在多媒体操作系统之上的系统软件，它提供了建立多媒体节目的构件和框架的功能，可以实现媒体的组接和交互跳转功能，如 PowerPoint、Director、Flash、Authorware 等。

3) 多媒体素材编辑软件

在多媒体应用中，很重要的一个环节是制作所需要的各种媒体素材。多媒体素材编辑软件用于采集、整理和编辑各种媒体数据，如 Photoshop、Illustrator、Freehand、3DS Max、Premiere 等。

4) 多媒体应用软件

多媒体应用软件是具体实用的应用程序及演示软件，它是直接面向用户或信息发送和接收的软件。这类软件直接与用户接口，用户只要根据应用软件所给出的操作命令，通过最简单的操作便可使用这些软件。

6.3 真题详解

综合知识试题

试题 1 (2010 年下半年试题 13)

一幅彩色图像(RGB)，分辨率为 256×512，每一种颜色用 8bit 表示，则该彩色图像的数据量为 (13) bit。

(13) A．256×512×8　　B．256×512×3×8　　C．256×512×3/8　　D．256×512×3

参考答案：(13)B。

要点解析：图像分辨率是指组成一幅图像的像素密度。本题中，图像的分辨率为256×512，则像素点的个数为256×512。同时本题中的图像为真彩色，图像的每一个像素值中有R、G、B三个基色分量，每个分量用8位来表示，可以计算该彩色图像的数据量为256×512×3×8bit。

试题2 (2010年下半年试题14)

10000张分辨率为1024×768的真彩(32位)图片刻录到 DVD 光盘上，假设每张光盘可以存放4GB的信息，则需要 (14) 张光盘。

(14) A．7　　B．8　　C．70　　D．71

参考答案：(14)B。

要点解析：一张图像的数据量为1024×768×32bit=768×4KB，10000张图像的数据量总和为768×4×10000KB=30000MB，需要的光盘数为30000/1024/4=7.342，向上取整为8。

试题3 (2010年上半年试题12~14)

在ISO制定并发布的MPEG系列标准中， (12) 的音、视频压缩编码技术被应用到VCD中， (13) 标准中的音、视频压缩编码技术被应用到DVD中， (14) 标准中不包含音、视频压缩编码技术。

(12) A. MPEG-1　　B.MPEG-2　　C.MPEG-7　　D.MPEG-21
(13) A. MPEG-1　　B.MPEG-2　　C.MPEG-4　　D.MPEG-21
(14) A. MPEG-1　　B.MPEG-2　　C.MPEG-4　　D.MPEG-7

参考答案：(12)A；(13)B；(14)D。

要点解析：MPEG标准主要有：MPEG-1、MPEG-2、MPEG-4、MPEG-7及MPEG-21等。

MPEG-1分为3个层次：

- 层1(Layer 1)：编码简单，用于数字盒式录音磁带。
- 层2(Layer 2)：算法复杂度中等，用于数字音频广播(DAB)和VCD等。
- 层3(Layer 3)：编码复杂，用于互联网上的高质量声音的传输，如MP3音乐压缩10倍。

MPEG-2标准是针对标准数字电视和高清晰度电视在各种应用下的压缩方案和系统层的详细规定。电视节目、音像资料等可通过MPEG-2编码系统编码，保存到低成本的CD-R光盘或高容量的可擦写DVD-RAM上，也可利用DVD编著软件制作成标准的DVD视盘。

MPEG-4标准主要应用于视频电话、视频电子邮件等，对传输速率要求较低。MPEG-4利用很窄的带宽，通过帧重建技术、数据压缩，以求用最少的数据获得最佳的图像质量。利用MPEG-4的高压缩率和高的图像还原质量可以把DVD里面的MPEG-2视频文件转换为体积更小的视频文件。

MPEG-7是多媒体内容描述接口标准，并不是一种压缩编码方法，其目的是生成一种用来描述多媒体内容的标准。

MPEG-21是多媒体应用框架标准。

试题4 (2009年下半年试题12)

多媒体中的“媒体”有两重含义，一是指存储信息的实体；二是指表达与传递信息的载体。__(12)__是存储信息的实体。

(12) A．文字、图形、磁带、半导体存储器　　B．磁盘、光盘、磁带、半导体存储器
　　C．文字、图形、图像、声音　　　　　　D．声卡、磁带、半导体存储器

参考答案：(12)B。

要点解析：本题考查媒体的概念。

媒体(Media)通常包括两方面的含义：一是指信息的物理载体(即存储和传递信息的实体)，如手册、磁盘、光盘、磁带以及相关的播放设备等；二是指承载信息的载体，即信息的表现形式，如文字、声音、图像、动画和视频等。即CCITT定义的存储媒体和表示媒体。

试题 5　(2009 年下半年试题 13)

RGB8:8:8表示一帧彩色图像的颜色数为__(13)__种。

(13) A．2^3　　B．2^8　　C．2^{24}　　D．2^{512}

参考答案：(13)C。

要点解析：真彩色是指组成一幅彩色图像的每个像素值中，有R、G、B三个基色分量，每个基色分量直接决定显示设备的基色强度，这样产生的彩色称为真彩色。用RGB 8:8:8方式表示一幅彩色图像，也就是R、G、B分量用8位表示，可以生成的颜色数是2^{24} 种。

试题 6　(2009 年下半年试题 14)

位图与矢量图相比，位图__(14)__。

(14) A．占用空间较大，处理侧重于获取和复制，显示速度快
　　B．占用空间较小，处理侧重于绘制和创建，显示速度较慢
　　C．占用空间较大，处理侧重于获取和复制，显示速度较慢
　　D．占用空间较小，处理侧重于绘制和创建，显示速度快

参考答案：(14)A。

要点解析：矢量图也叫面向对象绘图，是用数学方式描述的曲线及曲线围成的色块制作的图形，它们在计算机内部中是表示成一系列的数值而不是像素点，这些值决定了图形如何在屏幕上显示。用户所作的每一个图形，打的每一个字母都是一个对象，每个对象都决定了其外形的路径。因此，可以自由地改变对象的位置、形状、大小和颜色。同时，由于这种保存图形信息的办法与分辨率无关，因此无论放大或缩小多少，都有一样平滑的边缘，一样的视觉细节和清晰度。矢量图形尤其适用于标志设计、图案设计、文字设计、版式设计等，它所生成文件也比位图文件要小一点。

位图也叫像素图，它由像素或点的网格组成，与矢量图形相比，位图的图像更容易模拟照片的真实效果。其工作方式就像是用画笔在画布上作画一样。如果将这类图形放大到一定的程度，就会发现它是由一个个小方格组成的，这些小方格被称为像素点。一个像素点是图像中最小的图像元素。一幅位图图像包括的像素可以达到百万个，因此，位图的大小和质量取决于图像中像素点的多少，通常说来，每平方英寸的面积上所含像素点越多，颜色之间的混合也越平滑，同时文件也越大。

试题 7　(2009 年上半年试题 12)

PC机处理的音频信号主要是人耳能听得到的音频信号，它的频率范围是__(12)__。

(12)A．300～3400Hz　　B．20Hz～20kHz

C．10Hz～20kHz　　　　　　　　D．20Hz～44kHz

参考答案：(12)B。

要点解析：声音信号由许多频率不同的信号组成，人耳能听到的音频信号的频率范围是20Hz～20kHz。声音信号的两个基本参数是幅度和频率，频率是指声波每秒变化的次数。通常，亚音信号是指频率小于20Hz的声波信号；音频信号是指频率范围为20Hz～20kHz的声波信号；超音频信号(超声波)是指高于20kHz的信号。

试题8 (2009年上半年试题13)

多媒体计算机图像文件格式分为静态图像文件格式和动态图像文件格式，__(13)__属于静态图像文件格式。

(13)A．MPG　　　B．AVS　　　C．JPG　　　D．AVI

参考答案：(13)C。

要点解析：多媒体数据编码和压缩方法有多种国际标准和工业标准。目前使用相当广泛的有：JPEG标准(静态图像)、MPEG标准(动态影像)和H.261。其中JPEG文件的扩展名为.jpg或.jpeg，属于静态文件格式。MPG和AVI是我们很熟悉的动态图像格式，而AVS (Audio Video codingStandard)是中国具备自主知识产权的第二代信源编码标准，它解决的重点问题是数字音视频海量数据的编码压缩问题，显然，也属于动态图像格式。

试题9 (2009年上半年试题14)

计算机获取模拟视频信息的过程中首先要进行 (14) 。

(14)A．A/D变换　　　B．数据压缩　　　C．D/A变换　　　D．数据存储

参考答案：(14)A。

要点解析：模拟视频是一种模拟信号，计算机要对它进行处理，必须将它转换成为数字视频信号，用二进制数字的编码形式来表示视频，即A/D转换。

6.4 强化训练

6.4.1 综合知识试题

试题1

MP3是目前最流行的数字音乐压缩编码格式之一，其命名中“MP”是指__(1)__，“3”是指__(2)__。

(1) A．media player　B．multiple parts　C．music player　D．MPEG-1 Audio

(2) A．MPEG-3　B．version 3　C．part 3　D．layer 3

试题2

某数码相机内置128MB的存储空间，拍摄分辨率设定为1600×1200像素，颜色深度为24位，若不采用压缩存储技术，使用内部存储器最多可以存储__(3)__张照片。

(3) A．12　　B．22　　C．13　　D．23

试题 3

一幅灰度图像，若每个像素有8位像素深度，则最大灰度数目为__(4)__。

(4) A．128　　B．256　　C．512　　D．1024

试题 4

当图像分辨率为 800×600，屏幕分辨率为 640×480 时，__(5)__。

(5) A．屏幕上显示一幅图像的 64%左右　　B．图像正好占满屏幕
C．屏幕上显示一幅完整的图像　　D．图像只占屏幕的一部分

试题 5

若视频图像每帧的数据量为6.4MB，帧速率为30帧/秒，则显示10 秒的视频信息，其原始数据量为__(6)__MB。

(6) A．64　　B．192　　C．640　　D．1920

试题 6

计算机要对声音信号进行处理时，必须将它转换成为数字声音信号。最基本的声音信号数字化方法是取样-量化法。若量化后的每个声音样本用 2 个字节表示，则量化分辨率是__(7)__。

(7) A．1/2　　B．1/1024　　C．1/65536　　D．1/131072

试题 7

CD上声音的采样频率为44.1kHz，样本精度为16b/s，双声道立体声，那么其未经压缩的数据传输率为__(8)__。

(8) A．88.2kb/s　B．705.6kb/s　　C．1411.2kb/s　　D．1536.0kb/s

试题 8

某幅图像具有 640×480 个像素点，若每个像素具有 8 位的颜色深度，则可表示__(9)__种不同的颜色，经5:1压缩后，其图像数据需占用__(10)__(Byte)的存储空间。

(9) A．8　　B．256　　C．512　　D．1024
(10) A．61440　　B．307200　　C．384000　　D．3072000

试题 9

MPC(Multimedia PC)与PC的主要区别是增加了__(11)__。

(11) A．存储信息的实体　　B．视频和音频信息的处理能力
C．光驱和声卡　　D．大容量的磁介质和光介质

6.4.2　综合知识试题参考答案

【试题 1】答　案：(1)D　　(2)D

分　析：MPEG系列标准包括两个标准MPEG-1，MPEG-2，MPEG-4，MPEG-7和MPEG-21。

MPEG-1和MPEG-2提供了压缩视频音频的编码表示方式，为VCD、DVD、数字电视等产业的发展打下了基础。MPEG-1音频分三层，其中第三层协议被称为MPEG-1 Layer 3，简称MP3。MP3目前已经成为广泛流传的音频压缩技术。

【试题2】答　案：(3)D

分　析：本题考查多媒体容量的计算问题。

题目中颜色深度为24，且不采用压缩存储技术，所以每一张照片的大小为：

$1600 \times 1200 \times 24 \div 8 = 5760000$字节 $= 5.49\text{MB}$

$128 \div 5.49 = 23.3$，所以最多存储23张这样的照片。

【试题3】答　案：(4)B

分　析：对于本题，每个像素有8位像素深度，所以最大灰度级为2^8=256。

【试题 4】答　案：(5)A

分　析：屏幕分辨率(resolution)是指显示器所能显示的像素的多少。

图像分辨率(ImageResolution)是指图像中存储的信息量。显示分辨率确定的是显示图像的区域大小。两者的关系是：

(1) 图像分辨率大于显示分辨率，在屏幕上只能显示一部分图像。例如，当图像分辨率为 800×600，屏幕分辨率为 640×480 时，屏幕上只能显示一幅图像的 64%左右。

(2) 图像分辨率小于显示分辨率，图像只占屏幕一部分。例如，当图像分辨率为 320×240，屏幕分辨率为 640×480 时，图像只占屏幕的四分之一。

【试题5】答　案：(6)D

分　析：本题考查图像数据量的计算。

图像数据量=图像总像素×图像深度/8(B)，对于本题，单位是统一的，直接计算即可：$6.4\text{MB}/帧 \times 30帧/秒 \times 10秒 = 1920\text{MB}$。

【试题 6】答　案：(7)C

分　析：本题考查模拟音频信号数字化的相关知识，求的是“量化分辨率”，虽然我们以前没有接触过这个概念，但是从字面上理解，不难猜出它和精度有关。

题目中给出条件“量化后的每个声音样本用2个字节表示”，2个字节也就是16位，16位的采样精度能表示的声音样本是$2^{16} = 65536$，现在凭我们的直觉就可以找到答案了。

【试题7】答　案：(8)C

分　析：本题考查的是波形声音信号的数据传输率。

数据传输率其实就是求1秒钟的采样数据量。未经压缩的数字音频数据传输率可按下式计算：

数据传输率(b/s)＝采样频率(Hz)×量化位数(b)×声道数

对于本题，数据传输率$= 44100 \times 16 \times 2 = 1411200\text{b/s} = 1411.2\text{kb/s}$

【试题8】答　案：(9)B　(10)A

分　析：本题考查多媒体计算问题，是常考知识点。

对于第9题，同试题3，有：2^8=256。

对于第10题，8位为1字节，所以这幅图像在压缩前需要的存储空间为：640×480×1=307200字节，经5:1压缩后实际占存储空间为307200/5=61440。

【试题9】答　案：(11)B

分　析：本题考查的是多媒体计算机的基本定义。

MPC(Multimedia Personal Computer，多媒体个人计算机)是在一般个人计算机的基础上，通过扩充使用视频、音频、图形处理软硬件来实现高质量的图形、立体声和视频处理能力。

第 7 章 数据库技术

7.1 备考指南

7.1.1 考纲要求

根据考试大纲中相应的考核要求，在“**数据库技术**”知识模块上，要求考生掌握以下方面的内容。

1. 数据库知识

- 数据库模型
- 数据模型、E-R 图、规范化
- 数据操作
- 数据库语言
- 数据库管理系统的功能和特征
- 数据库的控制功能
- 数据仓库和分布式数据库基础知识

2. 数据库应用分析与设计

- 设计关系模式
- 数据库语言(SQL)
- 数据库访问

7.1.2 考点统计

“**数据库技术**”知识模块，在历次软件设计师考试试卷中出现的考核知识点及分值分布情况如表 7.1 所示。

表 7.1 历年考点统计表

年份	题号	知识点	分值
2010 年下半年	上午：51~56	数据库概念结构设计中的冲突、属性和关系模式、主键和规范化	6 分
	下午：试题二	数据库分析与设计	15 分
2010 年上半年	上午：51~56	数据库设计各阶段的任务、关系代数、SQL 语句、关系分解	6 分
	下午：试题二	数据库分析与设计	15 分
2009 年下半年	上午：51~56	数据库恢复的概念、实体的属性、操作命令、关系模式	6 分
	下午：试题二	数据库分析与设计	15 分
2009 年上半年	上午：51~56	数据模型、范式、关系代数	6 分
	下午：试题二	数据库分析与设计	15 分

7.1.3 命题特点

纵观历年试卷，本章知识点是以选择题和综合分析题的形式出现在试卷中。在历次考试上午试卷中，所考查的题量大约为 6 道选择题，所占分值为 6 (约占试卷总分值 75 分中的 8%)；在下午试卷中，所考查的题量为 1 道综合分析题，所占分值为 15 分(约占试卷总分值 75 分中的 20%)。本章试题偏重于实践应用，检验考生是否理解相关的理论知识点和实践经验，考试难度中等偏上。数据库设计是下午考试必考的内容，要重点掌握，尤其是 E-R 图和关系模式。

7.2 考点串讲

7.2.1 基本概念

一、数据库与数据库管理系统

数据库系统(Database System，DBS)从广义上讲是由数据库、硬件、软件和人员组成，其中管理的对象是数据。数据是信息的符号表达，而信息是具有特定释义和意义的数据。

1. 数据库

数据库(Database，缩写为 DB)是指长期存储在计算机内的、有组织的、可共享的数据集合。数据库中的数据按一定的数据模型组织、描述和存储，具有较小的冗余度、较高的数据独立性和易扩展性，并可为各种用户共享。

2. 硬件

硬件是指构成计算机系统的各种物理设备，包括存储数据所需的外部设备。

3. 软件

软件包括操作系统、数据库管理系统及应用程序。数据库管理系统(Database Management System，DBMS)是数据库系统的核心软件，要在操作系统的支持下工作，解决如何科学地组织和存储数据、如何高效地获取和维护数据的系统软件问题。其主要功能包括数据定义功能、数据操纵功能、数据库的运行管理和数据库的建立与维护。

4. 人员

与数据库系统有关的人员主要有 4 类。

- 系统分析员和数据库设计人员。
- 应用程序员。
- 最终用户。
- 数据库管理员(Database Administrator，DBA)。

二、DBMS 的功能

1. 数据定义

DBMS 提供数据定义语言(Data Description Language，DDL)，用户可以对数据库的结构描述定义，包括外模式、模式和内模式的定义；数据库的完整性定义；安全保密定义。这些定义存储在数据字典中，是 DBMS 运行的基本依据。

2. 数据库操作

DBMS 向用户提供数据操纵语言(Data Manipulation Language，DML)，实现对数据的基本操作，如检索、插入、修改和删除。DML 分为两类：宿主型和自含型。所谓宿主型是指将 DML 语句嵌入到某种主语言中使用；自含型是指可以单独使用 DML 语句，供用户交互使用。

3. 数据库运行管理

数据库在运行期间多用户环境下的并发控制、安全性检查和存取控制、完整性检查和执行、运行日志的组织管理、事务管理和自动恢复等是 DBMS 的重要组成部分。

4. 数据组织、存储和管理

DBMS 分类组织、存储和管理各种数据，包括数据字典、用户数据、存取路径等；要确定以何种文件结构和存取方式在存储级上组织这些数据，以提高存取效率。实现数据间的联系、数据组织和存储的基本目标是提高存储空间的利用率。

5. 数据库的建立和维护

数据库的建立和维护包括数据库的初始建立、数据的转换、数据库的转储和恢复、数据库的重组和重构、性能监测和分析等。

6. 其他功能

如 DBMS 在网络中与其他软件系统的通信功能，一个 DBMS 与另一个 DBMS 或文件系统的数据转换功能等。

三、DBMS 的特征与分类

1. DBMS 的特征

DBMS 具有如下特征。

(1) 数据结构化且统一管理。

(2) 有较高的数据独立性。

(3) 数据控制功能。

2. DBMS的分类

DBMS通常可分为如下3类。

(1) 关系数据库系统(Relation Database System，RDBS)：是支持关系模型的数据库系统。

(2) 面向对象的数据库系统(Object-Oriented Database System，OODBS)：是支持以对象形式对数据建模的数据库管理系统。

(3) 对象关系数据库系统(Object-Oriented Relation Database System，ORDBS)：在传统的关系数据模型基础上，提供元组、数组、集合之类更丰富的数据类型以及处理新的数据类型操作的能力，这样形成的数据模型称为对象关系数据模型。基于对象关系数据模型的DBS称为对象关系数据库系统。

四、数据库系统的体系结构

站在不同的角度或不同层次上看，数据库系统体系结构也不同。站在最终用户的角度看，数据库系统体系结构分为集中式、分布式、C/S(客户端/服务器)和并行结构。

1. 集中式数据库系统

在集中式数据库系统中，不但数据是集中的，数据的管理也是集中的，数据库系统的所有功能，从形式的用户接口到DBMS核心都集中在DBMS所在的计算机上。

2. 客户端/服务器体系结构

客户端/服务器结构的数据库系统功能分为前端和后端。前端主要包括图形用户界面、表格生成和报表处理等工具；后端负责存取结构、查询计算和优化、并发控制以及故障恢复等。前端与后端通过SQL或应用程序来接口。数据库服务器一般可分为事务服务器和数据服务器。

3. 并行数据库系统

并行体系结构的数据库系统是多个物理上连在一起的CPU，而分布式系统是多个地理上分开的CPU。并行体系结构的数据库类型分为共享内存式多处理器和无共享式并行体系结构。

4. 分布式数据库系统

分布式DBMS包括物理上分布、逻辑上集中的分布式数据库结构和物理上分布、逻辑上分布的分布式数据库结构两种。

五、数据库的三级模式结构

1. 模式结构

数据库系统采用三级模式结构，这是数据库管理系统内部的系统结构。

- 概念模式(Schema)：也称模式，是数据库中全体数据的逻辑结构和特征的描述，它由若干个概念记录类型组成，只涉及行的描述，不涉及具体的值。概念模式的一个具体值称为模式的一个实例，同一个模式可以有很多实例。
- 外模式(External Schema)：也称用户模式或子模式，是用户与数据库系统的接口，是用户用到的那部分数据的描述，由若干个外部记录类型组成。描述外模式的数据定义语言称为外模式DDL。

- 内模式(Internal Schema)：也称存储模式，是数据物理结构和存储方式的描述，是数据在数据库内部的表示方式，定义所有的内部记录类型、索引和文件的组织方式，以及数据控制方面的细节。描述内模式的数据定义语言称为内模式DDL。

2. 两级映像

数据库系统在三级模式之间提供了两级映像：模式/内模式映像、外模式/模式映像。

- 模式/内模式映像：该映像存在于概念级和内部级之间，实现了概念模式到内模式之间的相互转换。
- 外模式/模式映像：该映像存在于外部级和概念级之间，实现了外模式到概念模式之间的相互转换。

DBMS的二级映像功能保证了数据的独立性。

7.2.2 数据模型

一、数据模型的基本概念

模型就是对现实世界特征的模拟和抽象，数学模型是对现实世界数据特征的抽象。从事物的客观特性到计算机里的具体表示经历了现实世界、信息世界和机器世界3个数据领域。

(1) 概念数据模型。也称信息模型，是按用户的观点对数据和信息建模，是现实世界到信息世界的第一层抽象，强调其语义表达功能，易于用户理解，是用户和数据库设计人员交流的语言，主要用于数据库设计。这类模型中最著名的是实体联系模型，简称E-R模型。

(2) 基本数据模型。它是按计算机系统的观点对数据建模，是现实世界数据特征的抽象，用于DBMS的实现。基本的数据模型有层次模型、网状模型、关系模型和面向对象模型(Object Oriented Model)。

二、数据模型的三要素

数据模型是用来描述数据的一组概念和定义。数据模型的三要素是数据结构、数据操作、数据的约束条件。

- 数据结构：是所研究的对象类型的集合，是对系统静态特性的描述。
- 数据操作：是对数据库中各种对象(型)的实例(值)允许执行的操作的集合，包括操作及操作规则。数据操作是对系统动态特性的描述。
- 数据的约束条件：是一组完整性规则的集合。也就是说，对于具体的应用数据必须遵循特定的语义约束条件，以保证数据的正确、有效、相容。

三、E-R模型

实体-联系模型简称E-R模型，所采用的3个主要概念是实体、联系和属性。E-R模型是软件工程设计中的一个重要方法，因为它接近于人的思维方式，容易理解并且与计算机无关，所以用户容易接受。一般遇到实际问题，应先设计一个E-R模型，然后再把它转换成计算机能接受的数据模型。

1. 实体

实体是现实世界中可以区别于其他对象的“事件”或“物体”。每个实体由一组特性(属性)来表示，其中的某一部分属性可以唯一表示实体。实体集是具有相同属性的实体集合。

2. 联系

实体集之间的对应关系称为联系。实体的联系分为实体内部的联系和实体与实体之间的联系。实体集内部的联系反映数据在同一记录内部各字段间的联系。而实体集之间的联系类型有一对一联系、一对多联系和多对多联系。

(1) 一对一联系。如果对于实体集 A 中的每一个实体，实体集 B 中至多有一个实体与之联系；反之亦然，则称实体集 A 与实体集 B 具有一对一联系。记为 1∶1。

(2) 一对多联系。如果对于实体集 A 中的每一个实体，实体集 B 中有 n 个实体($n \geq 0$)与之联系；反之，对于实体集 B 中的每一个实体，实体集 A 中至多只有一个实体与之联系，则称实体集 A 与实体集 B 有一对多联系。记为 1∶n。

(3) 多对多联系。如果对于实体集 A 中的每一个实体，实体集 B 中有 n 个实体($n \geq 0$)与之联系；反之，对于实体集 B 中的每一个实体，实体集 A 中也有 m 个实体($m \geq 0$)与之联系，则称实体集 A 与实体集 B 具有多对多联系。记为 m∶n。

多个实体集间的联系类型有多个实体集间的一对一联系、多个实体集间的一对多联系和多个实体集间的多对多联系。

同一个实体集内部的各实体之间也存在 1∶1、1∶n 和 m∶n 的联系。

3. 属性

属性是实体某方面的特性。在同一实体集中，每个实体的属性及其域是相同的，但可能取不同的值。E-R 模型中的属性有如下分类。

- 简单属性和复合属性：简单属性是原子的、不可再分的，复合属性可以细分为更小的部分(即划分为别的属性)。
- 单值属性和多值属性：若定义的属性对于一个特定的实体只有单独的一个值，这样的属性叫做单值属性；若定义的属性对应一组值，则称为多值属性。
- NULL 属性：当实体在某个属性上没有值或属性值未知时，使用 NULL 值，表示无意义或不知道。
- 派生属性：可以从其他属性得来。

4. E-R 方法

概念模型中最常用的方法是实体-模型方法，简称 E-R 方法。该方法直接从现实世界中抽象出实体和实体间的联系，然后用非常直观的 E-R 图来表示数据模型。在 E-R 图中有如表 7.2 所示的几个主要构件。

表 7.2　E-R 图中的主要构件

构件名	构件符号	说明
矩形	▭	表示实体集

续表

构 件 名	构件符号	说　明
菱形	（菱形）	表示联系集
椭圆	（椭圆）	表示属性
线段	（线段）	将属性与相关的实体集连接，或将实体集与联系集相连
双椭圆	（双椭圆）	表示多值属性
虚椭圆	（虚椭圆）	表示派生属性
双线	（双线）	表示一个实体全部参与到联系集中

5. 扩充的 E-R 模型

扩充的 E-R 模型包括弱实体、特殊化、概括、聚集等概念。

四、层次模型

层次模型采用树型结构表示数据与数据间的联系。在层次模型中，每一个节点表示一个记录类型(实体)，记录之间的联系用节点之间的连线表示，并且根节点以外的其他节点有且仅有一个双亲节点。

层次模型不能直接表示多对多的联系。若要表示多对多的联系，可采用如下两种方法。

(1) 冗余节点法。两个实体的多对多的联系转换为两个一对多的联系。该方法的优点是节点清晰，允许节点改变存储位置。缺点是需要额外的存储空间，有潜在的数据不一致性。

(2) 采用虚拟节点分解法，将冗余节点转换为虚拟节点。虚拟节点是一个指引元，指向所代替的节点。该方法的优点是减少对存储空间的浪费，避免数据不一致性。缺点是改变存储位置可能引起虚拟节点中指针的修改。

五、网状模型

采用网状结构表示数据与数据间的联系的数据模型称为网状模型。在网状模型中，允许一个以上的节点无双亲，一个节点可以有多于一个的双亲。

网状模型是一个比层次模型更具普遍性的数据结构，是层次模型的一个特例。它去掉了层次模型的两个限制，并允许两个节点之间有多种联系(称之为复合联系)。

网状模型中的每个节点表示一个记录类型(实体)，每个记录类型可以包含若干个字段(实体的属性)，节点间的连线表示记录类型之间一对多的联系。

六、关系模型

关系数据库系统采用关系模型作为数据的组织方式，在关系模型中用表格结构表达实体集以及实体集之间的联系，其最大特色是描述的一致性。关系模型是由若干个关系模式组成的集合。一个关系模式相当于一个记录型，对应于程序设计语言中类型定义的概念。

关系模型与网状模型、层次模型的最大区别是：用主码而不是用指针导航数据，表格简单、通俗易懂，用户只需要简单的查询语句就可以对数据库进行操作，无须涉及存储结构和访问技术等细节。

关系模型的优点是：概念单一，存储路径对用户是透明的，所以具有更好的数据独立性和安全保密性，简化了程序的开发和数据库的建立工作。

7.2.3 关系代数

一、关系数据库的基本概念

1. 属性和域

在现实世界中，要描述一个事物，常常取其若干特征来表示。这些特征称为属性。每个属性的取值范围所对应一个值的集合，称为该属性的域。

一般在关系数据库模型中，对域还加了一个限制，所有的域都应是原子数据的集合。关系数据模型的这种限制称为第一范式(1NF)条件。如果关系数据模型突破了 1NF 的限制，则称为非 1NF 的。

2. 笛卡儿积与关系

【定义 7-1】 设 D_1，D_2，…，D_n 为任意集合，定义 D_1，D_2，…，D_n 的笛卡儿积为

$$D_1 \times D_2 \times \cdots \times D_n = \{(d_1, d_2, \cdots, d_n) \mid d_i \in D_i, i = 1, 2, \cdots, n\}$$

其中，每一个元素$(d_1,d_2,\cdots,d_n)$叫做一个 n 元组，元组的每一个值 d_i 叫做元组的一个分量，若 $D_i(i=1,2,\cdots,n)$为有限集，其基数为 $m_i(i=1,2,\cdots,n)$，则 $D_1\times D_2\times\cdots\times D_n$ 的基数 M 为

$$M = \prod_{i=1}^{n} m_i$$

笛卡儿积可以用二维表来表示。

【定义 7-2】 $D_1\times D_2\times\cdots\times D_n$ 的子集叫做在域 D_1，D_2，…，D_n 上的关系，记为

$$R(D_1,D_2,\cdots,D_n)$$

称关系 R 为 n 元关系。

定义 7-2 可以得出一个关系也可以用二维表来表示。关系中属性的个数称为元数，元组的个数称为基数。

3. 关系的相关名词

下面介绍关系的相关名词。

(1) 目或度：常用 R 表示关系的名字，n 表示关系的目或度。

(2) 候选码：若关系中的某一属性或属性组的值能唯一标识一个元组，则称该属性或属性组为候选码。

(3) 主码：若一个关系有多个候选码，则选定其中一个为主码。

(4) 主属性：包含在任何候选码中的诸属性称为主属性。不包含在任何候选码中的属性称为非码属性。

(5) 外码：如果关系模式 R 中的属性或属性组非该关系的码，但它是其他关系的码，那么该属性集对关系模式 R 而言是外码。

(6) 全码：关系模式的所有属性组是这个关系模式的候选码，称为全码。

4. 关系的三种类型

下面介绍关系的三种类型。

(1) 基本关系(通常又称为基本表、基表)：是实际存在的表，它是实际存储数据的逻辑表示。

(2) 查询表：查询结果对应的表。

(3) 视图表：是由基本表或其他视图表导出的表。由于它本身不独立存储在数据库中，数据库中只存放它的定义，所以常称为虚表。

5. 关系数据库模式

在数据库中要区分型和值。关系数据库中的型也称为关系数据库模式，是关系数据库结构的描述，它包括若干域的定义以及在这些域上定义的若干关系模式。关系数据库的值是这些关系模式在某一时刻对应的关系的集合，通常称之为关系数据库。

【定义7-3】 关系的描述称为关系模式。可以形式化地表示为

$$R(U,D,\mathrm{dom},F)$$

式中，R为关系名；U为组成该关系的属性名集合；D为属性的域；dom为属性向域的映像集合；F为属性间数据的依赖关系集合。

通常将关系模式简记为

$$R(U)\text{或}R(A_1,A_2,\cdots,A_n)$$

式中，R为关系名；A_1，A_2，…，A_n为属性名或域名，属性向域的映像常常直接说明属性的类型、长度。通常在关系模式主属性上加下划线表示该属性为主码属性。

6. 完整性约束

完整性规则提供了一种手段来保证当授权用户对数据库作修改时不会破坏数据的一致性，因此，完整性规则防止的是对数据的意外破坏。关系模型的完整性规则是对关系的某种约束条件。完整性共分为3类：实体完整性、参照完整性(也称引用完整性)和用户定义完整性。

(1) 实体完整性：规定基本关系R的主属性A不能取空值。

(2) 参照完整性：现实世界中的实体之间往往存在某种联系，在关系模型中实体与实体之间的联系是用关系来描述的，这样自然就存在着关系与关系间的引用。参照完整性规定，若F是基本关系R的外码，它与基本关系S的主码相对应(基本关系R和S不一定是不同的关系)，则对于R中每个元组在F上的值必须为：或者取空值(F的每个属性值均为空值)，或者等于S中某个元组的主码值。

(3) 用户定义完整性：就是针对某一具体的关系数据库的约束条件，反映某一具体应用所涉及的数据必须满足的语义要求，由应用的环境决定。

7. 关系运算

关系操作的特点是操作对象和操作结果都是集合，而非关系数据模型的数据操作方式则为一次一个记录的方式。关系数据语言分为3类：关系代数语言、关系演算语言和具有关系代数和关系演算双重特点的语言(如SQL)。关系演算语言包括元组关系演算语言和域关系演算语言。

关系代数语言、元组关系演算和域关系演算是抽象查询语言，它与具体的 DBMS 中实现的实际语言并不一样，但是可以用它作为评估实际系统中的查询语言能力的标准。

关系运算符有 4 类：集合运算符、专门的关系运算符、算术比较符和逻辑运算符。

二、五种基本的关系代数运算

五种基本的关系代数运算包括并、差、笛卡儿积、投影、选择，其他运算可以通过基本的关系运算导出。

1. 并

关系 R 与 S 具有相同的关系模式，即 R 与 S 的元数相同(结构相同)。关系 R 和关系 S 的并(Union)由属于 R 或属于 S 的元组构成的集合组成，记作

$$R \cup S = \{t \mid t \in R \vee t \in S\}$$

式中 t 为元组变量。

2. 差

关系 R 与 S 具有相同的关系模式。关系 R 与 S 的差(Difference)由属于 R 但不属于 S 的元组构成的集合组成，记作

$$R - S = \{t \mid t \in R \wedge t \notin S\}$$

3. 广义笛卡儿积

两个元数分别为 n 目和 m 目的关系 R 和 S 的广义笛卡儿积(Extended Cartesian Product)是一个$(n+m)$列的元组的集合。元组的前 n 列是关系 R 的一个元组，后 m 列是关系 S 的一个元组。若 R 有 k_1 个元组，S 有 k_2 个元组，则关系 R 和 S 的广义笛卡儿积有 $k_1 \times k_2$ 个元组。记作

$$R \times S = \{t \mid t = \langle t_n, t_m \rangle \wedge t_n \in R \wedge t_m \in S\}$$

4. 投影

投影(Projection)运算是从关系的垂直方向进行运算，在关系 R 中选择出若干属性列 A 组成新的关系。记作

$$\pi_A(R) = \{t[A] \mid t \in R\}$$

5. 选择

选择(Selection)运算是从关系的水平方向进行运算，是从关系 R 中选择满足给定条件的诸元素，记作

$$\sigma_F(R) = \{t \mid t \in R \wedge F(t) = \text{true}\}$$

式中，F 中的运算对象是属性名(或列的序号)或常数，运算符是算术比较符和逻辑运算符。

三、扩展的关系代数运算

扩展的关系代数运算可以从基本的关系运算中导出，主要包括以下几种。

1. 交

关系 R 与 S 具有相同的关系模式。关系 R 和 S 的交由属于 R 同时又属于 S 的元组构成的集合组成。关系 R 和 S 的交记作：

$$R \cap S = \{t \mid t \in R \wedge t \in S\}$$

显然，$R \cap S = R-(R-S)$，或者 $R \cap S = S-(S-R)$。

2. 连接

连接(Join，也作联接)分为 θ 连接、等值连接和自然连接 3 种。连接运算是从两个关系的笛卡儿积中选取满足条件的元组。

(1) θ 连接：从关系 R 和 S 的笛卡儿积中选取属性间满足一定条件的元组。记作

$$R \underset{X\theta Y}{\bowtie} S = \{t \mid t = \langle t_n, t_m \rangle \wedge t_n \in R \wedge t_m \in S \wedge t_n[X]\theta t_m[Y]\}$$

(2) 等值连接：当 θ 为“=”时称为等值连接。可以表示为

$$R \underset{X=Y}{\bowtie} S = \{t \mid t = \langle t_n, t_m \rangle \wedge t_n \in R \wedge t_m \in S \wedge t_n[X] = t_m[Y]\}$$

(3) 自然连接：是一种比较特殊的等值连接，它要求两个关系中进行比较的分量必须是相同的属性组，并且在结果集中把重复属性列去掉。

3. 除

除(Division)运算是同时从关系的水平方向和垂直方向进行运算。给定关系 $R(X, Y)$和 $S(Y,Z)$，X、Y、Z 为属性组。$R \div S$ 应当满足元组在 X 上的分量值 x 的象集 Y_x 包含关系 S 在属性组 Y 上投影的集合。其形式定义为

$$R \div S = \{t_n[X] \mid t_n \in R \wedge \pi_y(S) \subseteq Y_x\}$$

式中，Y_x 为 x 在 R 中的象集，$x=t_n[X]$，且 $R \div S$ 的结果集的属性组为 X。

4. 广义投影

广义投影(Generalized Projection)运算允许在投影列表中使用算术运算，实现了对投影运算的扩充。

若有关系 R，条件 F_1，F_2，…，F_n 中的每一个都是涉及 R 中常量和属性的算术表达式，那么广义投影运算的形式定义如下：

$$\pi_{F_1,F_2,\cdots,F_n}(R)$$

5. 外连接

外连接(Outer Join)运算是连接运算的扩展，可以处理缺失的信息。外连接运算有 3 种：左外连接、右外连接和全外连接。

左外连接：取出左侧关系中所有与右侧关系中任一元组都不匹配的元组，用空值 NULL 来填充所有来自右侧关系的属性，构成新的元组，将其加入自然连接的结果中。

右外连接：取出右侧关系中所有与左侧关系中任一元组都不匹配的元组，用空值 NULL 来填充所有来自左侧关系的属性，构成新的元组，将其加入自然连接的结果中。

全外连接：完成左外连接和右外连接的操作。即填充左侧关系中所有与右侧关系中任一元组都不匹配的元组，填充右侧关系中所有与左侧关系中任一元组都不匹配的元组，将产生的新元组加入自然连接的结果中。

7.2.4　关系数据库 SQL 语言简介

一、SQL 数据库体系结构

SQL(Structured Query Language)是在关系数据库中最普遍使用的语言，它不仅包含数据

查询功能，还包括插入、删除、更新和数据定义功能。目前，主要有3个标准：ANSI SQL；对ANSI SQL进行修改后在1992年采用的标准SQL-92或SQL2；最近的SQL-99标准(也称SQL3)。

SQL具有综合统一、高度非过程化、面向集合的操作方式、两种使用方式、语言简洁且易学易用等特点。

SQL支持关系数据库的三级模式结构：视图对应外模式、基本表对应模式、存储文件对应内模式。

二、SQL的基本组成

SQL的基本组成如下。

(1) 数据定义语言(DDL)：SQL DDL提供定义关系模式和视图、删除关系和视图、修改关系模式的命令。

(2) 交互式数据操纵语言(DML)：SQL DML提供查询、插入、删除和修改的命令。

(3) 事务控制(Transaction Control)：SQL提供的定义事务开始和结束的命令。

(4) 嵌入式SQL和动态SQL：用于嵌入到某种通用的高级语言(C、C++、Java、PL/I、COBOL、VB等)中混合编程。其中SQL负责操纵数据库，高级语言负责控制程序流程。

(5) 完整性(Integrity)：SQL DDL包括定义数据库中的数据必须满足的完整性约束条件的命令，对于破坏完整性约束条件的更新将被禁止。

(6) 权限管理(Authorization)：SQL DDL中包括说明对关系和视图的访问权限的命令。

三、SQL数据定义

1. 创建表

语句格式：

```
CREATE TABLE <表名>(<列名><数据类型>[列级完整性约束条件]
                    [,<列名><数据类型>[列级完整性约束条件]]…
                    [,<表级完整性约束条件>]);
```

列级完整性约束条件有NULL、UNIQUE，如NOT NULL UNIQUE表示取值唯一，不能取空值。

2. 修改表和删除表

1) 修改表

语句格式：

```
ALERT TABLE <表名>[ADD<新列名><数据类型>[列级完整性约束条件]]
    [DROP <完整性约束名>]
    [MODIFY <列名><数据类型>];
```

2) 删除表

语句格式：

```
DROP TABLE <表名>;
```

3. 定义和删除索引

索引分聚集索引和非聚集索引。聚集索引是指索引表中索引项的顺序与表中记录的物理顺序一致的索引。

1) 建立索引

语句格式：

```
CREATE [UNIQUE] [CLUSTER] INDEX <索引名>
    ON <表名>(<列名>[<次序>][,<列名>[<次序>]]…);
```

参数说明如下。

- <次序>：可选 ASC(升序)或 DSC(降序)，默认值为 ASC。
- UNIQUE：表明此索引的每一个索引值只对应唯一的数据记录。
- CLUSTER：表示要建立的索引是聚集索引，意为索引项的顺序是与表中记录的物理顺序一致。

2) 删除索引

语句格式：

```
DROP INDEX <索引名>;
```

4. 视图创建与删除

视图是从一个或多个表或视图中导出的表，其结构和数据是建立在对表的查询基础上的。视图不是真实存在的基础表而是一个虚拟表，视图所对应的数据并不实际地以视图结构存储在数据库中，而是存储在视图所引用的表中。

1) 视图的创建

语句格式：

```
CREATE VIEW 视图名 (列表名)
    AS SELECT 查询子句
    [WITH CHECK OPTION];
```

注意：视图的创建中，必须遵循如下规定。

- 子查询可以是任意复杂的 SELECT 语句，但通常不允许含有 ORDER BY 子句和 DISTINCT 短语。
- WITH CHECK OPTION 表示对 UPDATE、INSERT、DELETE 操作时要保证更新、插入或删除的行满足视图定义中的谓词条件(即子查询中的条件表达式)。
- 组成视图的属性列名或者全部省略或者全部指定。如果省略属性列名，则隐含该视图由 SELECT 子查询目标列的主属性组成。

2) 视图的删除

语句格式：

```
DROP VIEW 视图名;
```

四、SQL 数据查询

1. SELECT 基本结构

语句格式：

```
SELECT [ALL|DISTINCT]<目标列表达式>[,<目标列表达式> ]…
        FROM <表名或视图名>[,<表名或视图名>]
```

```
[WHERE<条件表达式>]
[GROUP BY <列名 1>[HAVING<条件表达式>]]
[ORDER BY<列名 2>[ASC|DESC]…];
```

SQL 查询中的子句顺序：SELECT、FROM、WHERE、GROUP BY、HAVING 和 ORDER BY。SELECT、FROM 是必须的，HAVING 子句只能与 GROUP BY 搭配使用。

(1) SELECT 子句对应的是关系代数中的投影运算，用来列出查询结果中的属性。其输出可以是列名、表达式、集函数(AVG、COUNT、MAX、MIN、SUM)，DISTINCT 选项可以保证查询的结果集中不存在重复元组。

(2) FROM 子句对应的是关系代数中的笛卡儿积，它列出的是表达式求值过程中须扫描的关系，即在 FROM 子句中出现多个基本表或视图时，系统首先执行笛卡儿积操作。

(3) WHERE 子句对应的是关系代数中的选择谓词。WHERE 子句的条件表达式中可以使用的运算符如表 7.3 所示。

表 7.3 WHERE 子句的条件表达式中可以使用的运算符

运算符		含义	运算符		含义
集合成员运算符	IN	在集合中	算术运算符	>	大于
	NOT IN	不在集合中		≥	大于等于
字符串匹配运算符	LIKE	与_和%进行单个、多个字符匹配		<	小于
				≤	小于等于
				=	等于
				≠	不等于
空值比较运算符	IS NULL	为空	逻辑运算符	AND	与
	IS NOT NULL	不为空		OR	或
				NOT	非

2. 简单查询

SQL 最简单的查询是找出关系中满足特定条件的元组，这些查询与关系代数中的选择操作类似。简单查询只需要使用 3 个保留字 SELECT、FROM 和 WHERE。

3. 连接查询

若查询涉及两个以上的表，则称为连接查询。

4. 子查询与聚集函数

1) 子查询

子查询也称为嵌套查询，是指一个 SELECT-FROM-WHERE 查询可以嵌入另一个查询块之中。在 SQL 中允许多重嵌套。

2) 聚集函数

聚集函数是一个值的集合为输入，返回单个值的函数。SQL 提供了 5 个预定义集合函数：平均值 AVG、最小值 MIN、最大值 MAX、求和 SUM 以及计数 COUNT。

使用 ANY 和 ALL 谓词必须同时使用比较运算符，其含义及等价的转换关系如表 7.4 所示。

表 7.4 ANY、ALL 谓词含义及等价的转换关系

谓 词	语 义	等价转换关系
>ANY	大于子查询结果中的某个值	>MIN
>ALL	大于子查询结果中的所有值	>MAX
<ANY	小于子查询结果中的某个值	<MAX
<ALL	小于子查询结果中的所有值	<MIN
>=ANY	大于等于子查询结果中的某个值	>=MIN
>=ALL	大于等于子查询结果中的所有值	>=MAX
<=ANY	小于等于子查询结果中的某个值	<=MAX
<=ALL	小于等于子查询结果中的所有值	<=MIN
<>ANY	不等于子查询结果中的某个值	
<>ALL	不等于子查询结果中的任何一个值	NOT IN
=ANY	等于子查询结果中的某个值	IN
=ALL	等于子查询结果中的所有值	

5. 分组查询

1) GROUP BY 子句

在 WHERE 子句后面加上 GROUP BY 子句可以对元组进行分组，保留字 GROUP BY 后面跟着一个分组属性列表。最简单的情况是，FROM 子句后面只有一个关系，根据分组属性对其元组进行分组。SELECT 子句中使用的聚集操作符仅用在每个分组上。

2) HAVING 子句

假如元组在分组前按照某种方式加上限制，使得不需要的分组为空，可以在 GROUP BY 子句后面跟一个 HAVING 子句即可。

当元组含有空值时，应该注意以下两点。

- 空值在任何聚集操作中被忽略。它对求和、求平均值和计数都没有影响，也不能是某列的最大值或最小值。
- NULL 值可以在分组属性中看做一个一般的值。

6. 更名运算

SQL 提供可为关系和属性重新命名的机制，这是通过使用具有如下形式的 AS 子句来实现的。

```
old-name AS new-name
```

AS 子句既可出现在 SELECT 子句，也可以出现在 FROM 子句中。

7. 字符串操作

对于字符串进行的最通常的操作是使用 LIKE 操作符的模式匹配。使用两个特殊的字符来描述模式：“%”匹配任意字符串；“_”匹配任意一个字符。

8. 视图查询

查询视图表时，系统先从数据字典中取出该视图的定义，然后将定义中的查询语句和对该视图的查询语句结合起来，形成一个修正的查询语句。

五、SQL 数据更新

1. 插入

要在关系数据库中插入数据，可以指定被插入的元组，或者用查询语言选出一批待插入的元组。插入语句的基本格式如下。

```
INSERT INTO 基本表名 [(字段名[,字段名>]…)]
          VALUE(常量[,常量]…);
INSERT INTO 基本表名(列表名)
          SELECT 查询语句;
```

2. 删除

语句格式：

```
DELETE FROM 基本表名
          [WHERE 条件表达式];
```

3. 修改

语句格式：

```
UPDATE 基本表名
          SET 列名=值表达式[,列名=值表达式…]
          [WHERE 条件表达式];
```

六、SQL 的访问控制

数据控制是控制用户的数据存储权利，是由 DBA 来决定的。DBMS 数据控制应具有如下功能。

- 通过 GRANT 和 REVOKE 将授权通知系统，并存入数据词典。
- 当用户提出请求时，根据授权情况检查是否执行操作请求。

SQL 标准包括 DELETE、INSERT、SELECT 和 UPDATE 权限。

1. 授权的语句格式

授权的语句格式如下。

```
GRANT <权限>[,<权限>]…
        [ON<对象类型><对象名>]
        TO<用户>[,<用户>]…
[WITH GRANT OPTION];
```

不同类型的操作对象有不同的操作权限，常见的操作权限如表 7.5 所示。

表 7.5　常见的操作权限

对　象	对象类型	操作权限
属性列	TABLE	SELECT、INSERT、UPDATE、DELETE、ALL PRIVILEGES(4 种权限总和)
视图	TABLE	SELECT、INSERT、UPDATE、DELETE、ALL PRIVILEGES(4 种权限总和)
基本表	TABLE	SELECT、INSERT、UPDATE、DELETE、ALTER、INDEX、ALL PRIVIL_EGES(6 种权限总和)
数据库	DATABASE	CREATETAB 建立表的权限，可由 DBA 授予普通用户

说明如下。

(1) PUBLIC：接受权限的用户可以是单个或多个具体的用户，PUBLIC 参数可将权限赋给全体用户。

(2) WITH GRANT OPTION：若指定了此子句，获得权限的用户还可以将权限赋给其他用户。

2. 收回权限语句格式

收回权限的语句格式如下。

```
REVOKE<权限>[,<权限>]…[ON<对象类型><对象名>]
    FROM<用户>[,<用户>]…,
```

七、嵌入式 SQL

SQL 提供了将 SQL 语句嵌入到某种高级语言中的使用方式，识别嵌入在高级语言中的 SQL 语句通常采用预编译的方法。该方法的关键问题是必须区分主语言中嵌入的 SQL 语句，以及主语言和 SQL 间的通信问题。采用的方法是由 DBMS 的预处理程序对源程序进行扫描，识别出 SQL 语句，把它们转换为主语言调用语句，以使主语言编译程序能识别它，最后由主语言的编译程序将整个源程序编译成目标码。

嵌入式 SQL 与主语言之间的通信采用 3 种方式。

(1) SQL 通信区：向主语言传递 SQL 语句执行的状态信息，使主语言能够根据此信息控制程序流程。

(2) 主变量：也称共享变量。主语言向 SQL 语句提供参数主要通过主变量，主变量由主语言的程序定义，并用 SQL 的 DECLARE 语句说明。

(3) 游标：SQL 语言是面向集合的，一条 SQL 语句可产生或处理多条记录。而主语言是面向记录的，一组主变量一次只能放一条记录，所以引入游标，通过移动游标指针来决定获取哪一条记录。

7.2.5 关系数据库的规范化

一、函数依赖

数据依赖是通过一个关系中属性间值的相等与否体现出来的数据间的相互关系，是现实世界属性间相互联系和约束的抽象，是数据内在的性质，是语义的体现。函数依赖则是一种最重要、最基本的数据依赖。

(1) 函数依赖：设 $R(U)$是一个属性集 U 上的关系模式，X 和 Y 是 U 的子集。若对 $R(U)$ 的任何一个可能的关系 r，r 中不可能存在两个元组在 X 上的属性值相等，而在 Y 上的属性值不等，则称 X 函数决定 Y 或 Y 函数依赖于 X，记作 $X \to Y$。

(2) 非平凡的函数依赖：如果 $X \to Y$，但 $Y \not\subset X$，则称 $X \to Y$ 是非平凡的函数依赖。

(3) 平凡的函数依赖：如果 $X \to Y$，但 $Y \subset X$，则称 $X \to Y$ 是平凡的函数依赖。

(4) 完全函数依赖：在 $R(U)$中，如果 $X \to Y$，并且对于 X 的任何一个真子集 X'，都有 X'不能决定 Y，则称 Y 对 X 完全函数依赖，记作 $X \xrightarrow{f} Y$。

(5) 部分函数依赖：如果 $X \to Y$，但 Y 不完全函数依赖于 X，则称 Y 对 X 部分函数依赖，记作 $X \xrightarrow{p} Y$。部分函数依赖也称局部函数依赖。

(6) 传递依赖：在 $R(U,F)$ 中，如果 $X \to Y$，$Y \not\subseteq X$，Y 不能函数决定 X，$Y \to Z$，则称 Z 对 X 传递依赖。

(7) 码：设 K 为 $R(U,F)$ 中的属性的组合，若 $K \to U$，且对于 K 的任何一个真子集 K'，都有 K' 不能决定 U，则 K 为 R 的候选码，若有多个候选码，则选一个作为主码。候选码通常也称候选关键字。

(8) 主属性和非主属性：包含在任何一个候选码中的属性叫做主属性，否则叫做非主属性。

(9) 外码：若 $R(U)$ 中的属性或属性组 X 非 R 的码，但 X 是另一个关系的码，则称 X 为外码。

(10) 函数依赖的公理系统(Armstrong 公理系统)：设关系模式 $R(U,F)$ 中，U 为属性集，F 是 U 上的一组函数依赖，那么有如下的推理规则。

- A1 自反律(Reflexivity)：若 $Y \subseteq X \subseteq U$，则 $X \to Y$ 为 F 所蕴涵。
- A2 增广律(Augmentation)：若 $X \to Y$ 为 F 所蕴涵，且 $Z \subseteq U$，则 $XZ \to YZ$ 为 F 所蕴涵。
- A3 传递律(Transitivity)：若 $X \to Y$，$Y \to Z$ 为 F 所蕴涵，则 $X \to Z$ 为 F 所蕴涵。

根据以上 3 条推理规则可以推出下面 3 条推理规则。

- 合并规则：若 $X \to Y$，$X \to Z$，则 $X \to YZ$ 为 F 所蕴涵。
- 伪传递率：若 $X \to Y$，$WY \to Z$，则 $XW \to Z$ 为 F 所蕴涵。
- 分解规则：若 $X \to Y$ 及 $Z \subseteq Y$，则 $X \to Z$ 为 F 所蕴涵。

引理：$X \to A_1 A_2 \cdots A_k$ 成立的充分必要条件是 $X \to A_i$ 成立($i=1,2,\cdots,k$)。

二、规范化

关系数据库设计的方法之一就是设计满足适当范式的模式，通常可以通过判断分解后的模式达到几范式来评价模式规范化的程度。范式有 1NF、2NF、3NF、BCNF、4NF 和 5NF，其中 1NF 级别最低。这几种范式之间 5NF⊂4NF⊂BCNF⊂3NF⊂2NF⊂1NF 成立。通过分解，可以将一个低一级范式的关系模式转换成若干个高一级范式的关系模式，这种过程叫做规范化。

1. 1NF(第一范式)

【定义 7-4】 若关系模式 R 的每一个分量是不可再分的数据项，则关系模式 R 属于第一范式(1NF)。

1NF 存在下面 4 个问题。

- 冗余度大。
- 引起修改操作的不一致性。
- 插入异常。
- 删除异常。

2. 2NF(第二范式)

【定义 7-5】 若关系模式 $R \in$ 1NF，且每一个非主属性完全依赖于码，则关系模式 $R \in$ 2NF。

换句话说，当 1NF 消除了非主属性对码的部分函数依赖，则称为 2NF。

3. 3NF(第三范式)

【定义 7-6】 若关系模式 $R(U,F)$中不存在这样的码 X、属性组 Y 及非主属性 Z(Z 不属于 Y)，使得 $X \to Y$，$Y \nrightarrow X$，$Y \to Z$ 成立，则称关系模式 $R \in$3NF。

即当 2NF 消除了非主属性对码的传递函数依赖，则称为 3NF。

3NF 的模式必是 2NF 的模式。产生冗余和异常的两个重要原因是部分依赖和传递依赖。因为 3NF 模式中不存在非主属性对码的部分依赖和传递函数依赖，所以具有较好的性能。对于非 3NF 的 1NF、2NF，因其性能弱，一般不宜作为数据库模式，通常要将它们变换成为 3NF 或更高级别的范式，这种变换过程称为“关系模式的规范化处理”。

4. BCNF(巴克斯范式)

【定义 7-7】 若关系模式 $R \in$1NF，若 $X \to Y$，且 Y 属于 X，X 必含有码，则关系模式 $R \in$BCNF。

即当 3NF 消除了主属性对码的部分和传递函数依赖，则称为 BCNF。

一个满足 BCNF 的关系模式，应具有如下性质。

- 所有非主属性对每一个码都是完全函数依赖。
- 所有非主属性对每一个不包含它的码，也是完全函数依赖。
- 没有任何属性完全函数依赖于非码的任何一组属性。

三、模式分解及分解应具有的特性

1. 分解

【定义 7-8】 关系模式 $R(U,F)$的一个分解是指 $\rho=\{R_1(U_1,F_1),R_2(U_2,F_2),\cdots,R_n(U_n,F_n)\}$，其中 $U=U_1 \cup U_2 \cup \cdots \cup U_n$，并且没有 $U_i \subseteq U_j$，$1 \leqslant i, j \leqslant n$；$F_i$ 为 F 在 U_i 上的投影，$F_i=\{X \to Y \mid X \to Y \in F^+ \wedge XY \subseteq U_i\}$。

对一个给定的模式进行分解，使得分解后的模式是否与原来的模式等价有 3 种情况。

- 分解具有无损连接性。
- 分解要保持函数依赖。
- 分解既要有无损连接性，又要保持函数依赖。

2. 无损连接

【定义 7-9】 $\rho=\{R_1(U_1,F_1),R_2(U_2,F_2),\cdots,R_n(U_n,F_n)\}$是关系模式 $R(U,F)$的一个分解，若对 R 的任何一个关系 r 均有 $r=m_\rho(r)$ 成立，则称分解 ρ 具有无损连接性(简称无损分解)。其中 $m_\rho(r)=\bowtie_{i=1}^{k}\pi_{R_i}(r)$。

定理：关系模式 $R(U,F)$的一个分解 $\rho=\{R_1(U_1,F_1),R_2(U_2,F_2)\}$具有无损连接的充分必要条件是：

$$U_1 \cap U_2 \to U_1 - U_2 \in F^+ \text{ 或 } U_1 \cap U_2 \to U_2 - U_1 \in F^+$$

3. 保持函数依赖

【定义 7-10】 设关系模式 $R(U,F)$的一个分解 $\rho=\{R_1(U_1,F_1),R_2(U_2,F_2),\cdots,R_k(U_k,F_k)\}$，如果 $F^+=(\bigcup_{i=1}^{k}\pi_{R_i}(F^+))$，则称分解 ρ 保持函数依赖。

7.2.6 数据库的控制功能

一、事务管理

事务是一个操作序列，是数据库环境中不可分割的逻辑工作单位。

事务的4个特性是：原子性、一致性、隔离性和持久性。

- 原子性：事务的所有操作在数据库中要么全做，要么全都不做。
- 一致性：一个事务独立执行的结果，将保持数据的一致性，即数据不会因为事务的执行而遭受破坏。
- 隔离性：一个事务的执行不能被其他事务干扰。
- 持久性：一个事务一旦提交，它对数据库中数据的改变必须是永久的，即便系统出现故障时也是如此。

二、数据库的备份与恢复

1. 故障类型

人为错误、硬盘损坏、计算机病毒、断电或是天灾人祸等都有可能造成数据的丢失，所以应该强调备份的重要性。备份意识实际上是数据的保护意识，在危机四伏的网络环境中，数据随时有被毁灭的可能。在数据库中的 4 类故障有事务内部故障、系统故障、介质故障和计算机病毒。

2. 备份方法

恢复的基本原理是“建立数据冗余”(重复存储)。建立冗余数据的方法是进行数据转储和登记日志文件。数据的转储分为静态转储和动态转储、海量转储和增量转储。

(1) 静态转储和动态转储。静态转储是指在转储期间不允许对数据库进行任何存取、修改操作；动态转储是指在转储期间允许对数据库进行存取、修改操作，因此，转储和用户事务可并发执行。

(2) 海量转储和增量转储。海量转储是指每次转储全部数据；增量转储是指每次只转储上次转储后更新过的数据。

(3) 日志文件。在事务处理的过程中，DBMS 把事务开始、事务结束以及对数据库的插入、删除和修改的每一次操作写入日志文件。一旦发生故障，DBMS 的恢复子系统利用日志文件撤销事务对数据库的改变，回退到事务的初始状态。因此，DBMS 利用日志文件来进行事务故障恢复和系统故障恢复，并可协助后备副本进行介质故障恢复。

3. 恢复

数据恢复有 3 个步骤。

(1) 反向扫描文件日志，查找该事务的更新操作。

(2) 对事务的更新操作执行逆操作。

(3) 继续反向扫描日志文件，查找该事务的其他更新操作，并做同样的处理，直到事务的开始标志。

4. 数据库镜像

为了避免磁盘介质出现故障影响数据库的可用性，许多 DBMS 提供数据镜像功能用于

数据库恢复。数据库镜像是通过复制数据实现的，但频繁地复制数据会降低系统的运行效果，因此实际应用中往往对关键的数据和日志文件镜像。

三、并发控制

所谓并发操作是指在多用户共享的系统中，许多用户可能同时对同一数据进行操作。并发操作带来的问题的原因是事务的并发操作破坏了事务的隔离性。DBMS 的并发控制子系统负责协调并发事务的执行，保证数据库的完整性不受破坏，避免用户得到不正确的数据。

1. 并发操作带来的问题

并发操作带来的数据不一致性有3类：丢失修改、不可重复读和读“脏”数据。

2. 并发控制技术

并发控制的主要技术是封锁。

1) 封锁

(1) 排他锁(X锁)：若事务T对数据对象A加上X锁，则只允许T读取和修改A，其他事务都不能再对A加任何类型的锁，直到T释放A上的锁。

(2) 共享锁(S锁)：若事务T对数据对象A加上S锁，则只允许T读取A，但不能修改A，其他事务只能再对A加S锁，直到T释放A上的S锁。

2) 三级封锁协议

(1) 一级封锁协议：事务在修改数据R之前必须先对其加X锁，直到事务结束才释放。一级封锁协议可以解决丢失更新问题。

(2) 二级封锁协议：在一级封锁协议的基础上，加上事务T在读取数据R前必须先对其加S锁，读完后即可释放S锁。二级封锁协议可以解决读“脏”数据的问题，但是由于二级封锁协议读完数据后即可释放S锁，所以它不能保证可重复读。

(3) 三级封锁协议：在一级封锁协议的基础上，加上事务T在读取数据R之前必须先对其加S锁，直到事务结束才释放。三级封锁协议可以防止丢失修改、读“脏”数据和不可重复读。

3. 活锁和死锁

活锁是指当事务T_1封锁了数据R，事务T_2请求封锁数据R，于是T_2等待。T_3也请求封锁R，当T_1释放R上的封锁后，系统首先批准了T_3的请求，于是T_2仍等待。然后T_4又请求封锁R，当T_3释放R上的封锁之后，系统首先批准了T_4的请求……T_2可能永远等待。

死锁是指两个以上的事务分别请求封锁对方已经封锁的数据，导致长期等待而无法继续运行下去的现象。

4. 并发调度的可串行性

【定义7-11】 多个事务的并行执行是正确的，当且仅当其结果与某一次序串行地执行它们时的结果相同时，这种调度策略称为可串行化的调度。

可串行性是并行事务正确性的准则，按这个准则规定，一个给定的并发调度，当且仅当它是可串行化的才认为是正确调度。

5. 两段封锁协议

所谓两段封锁协议是指所有事务必须分两个阶段对数据加锁和解锁：第一阶段是获得

封锁；第二阶段是释放封锁。

6. 封锁的粒度

封锁对象的大小称为封锁的粒度。封锁的对象可以是逻辑单元，也可以是物理单元。

7.2.7 数据库的分析与设计

一、数据库分析与设计简介

数据库设计属于系统设计的范畴。通常把使用数据库的系统统称为数据库应用系统，把对数据库应用系统的设计简称为数据库设计。数据库设计的任务是针对一个给定的应用环境，在给定的(或选择的)硬件环境和操作系统及数据库管理系统等软件环境下，创建一个性能良好的数据库模式，建立数据库及其应用系统，使之能有效地存储和管理数据，满足各类用户的需求。

合理的数据库结构是数据库应用系统性能良好的基础和保证，但数据库的设计和开发却是一项庞大而复杂的工程。从事数据库设计的人员，不仅要具备数据库知识和数据库设计技术，还要有程序开发的实际经验，掌握软件工程的原理和方法。数据库设计人员必须深入应用环境，了解用户具体的专业业务。在数据库设计的前期和后期，与应用单位人员密切联系，共同开发，可大大提高数据库设计的成功率。

二、数据库设计的步骤

1. 数据库应用系统的生命周期

按照软件工程对系统生命周期的定义，软件生命周期分为 6 个阶段工作：制订计划、需求分析、设计、程序编制、测试及运行维护。在数据库设计中也参照这种划分，把数据库应用系统的生命周期分为数据库规划、需求描述与分析、数据库与应用程序设计、数据库系统实现、测试和运行维护 6 个阶段。

(1) 数据库规划。数据库规划是创建数据库应用系统的起点，是数据库应用系统的任务陈述和任务目标。任务陈述定义了数据库应用系统的主要目标，而每个任务目标定义了系统必须支持的特定任务。数据库规划过程还必然包括对工作量的估计、使用的资源和需要的经费等。同时，还应当定义系统的范围和边界，以及它与公司信息系统的其他部分的接口。

(2) 需求描述与分析。需求描述与分析是站在用户的角度，从系统中的数据和业务规则入手，收集和整理用户的信息，以特定的方式加以描述，是下一步工作的基础。

(3) 数据库与应用程序设计。数据库设计是对用户数据的组织和存储设计；应用程序设计是在数据库设计基础上对数据操作及业务实现的设计，包括事务设计和用户界面设计。

(4) 数据库系统实现。数据库系统实现是依照设计，使用 DBMS 支持的数据定义语言(DDL)实现数据库的建立，用高级语言(Basic、Delphi、C、C++和 PowerBuilder 等)编写应用程序。

(5) 测试阶段。测试阶段是在数据系统投入使用之前，通过精心制定的测试计划和测试数据来测试系统的性能是否满足设计要求，并发现问题。

(6) 运行维护。数据库应用系统经过测试、试运行后即可正式投入运行。运行维护是系统投入使用后，必须不断地对其进行评价、调整与修改，直至系统消亡。

在任一设计阶段，一旦发现不能满足用户数据需求时，均需返回到前面的适当阶段进行必要的修正。经过如此的迭代求精过程，直到能满足用户需求为止。在进行数据库结构设计时，应考虑满足数据库中数据处理的要求，将数据和功能两方面的需求分析、设计和实现在各个阶段同时进行，相互参照和补充。

在数据库设计中，每一个阶段设计成果都应该通过评审。评审的目的是确认某一阶段的任务是否全部完成，从而避免出现重大的错误或疏漏，保证设计质量。评审后还需要根据评审意见修改所提交的设计成果，有时甚至要回溯到前面的某一阶段，进行部分重新设计乃至全部重新设计，然后再进行评审，直至达到系统的预期目标为止。

2. 数据库设计的方法

在确定了数据库设计的策略以后，就需要相应设计方法和步骤。多年来，人们提出了多种数据库设计方法、多种设计准则和规范。

1978 年 10 月召开的新奥尔良(New Orleans)会议提出的关于数据库设计的步骤(简称新奥尔良法)是目前得到公认的、较完整的、较权威的数据库设计方法，它把数据库设计分为以下 4 个主要阶段。

(1) 用户需求分析。数据库设计人员采用一定的辅助工具对应用对象的功能、性能和限制等要求所进行的科学分析。

(2) 概念设计。概念设计是对信息进行分析和定义，如视图模型化、视图分析和汇总。该阶段对应用对象精确地进行抽象和概括，以形成独立于计算机系统的企业信息模型。描述概念模型的较理想工具是 E-R 图。

(3) 逻辑设计。逻辑设计是将抽象的概念模型转化为与选用的 DBMS 产品所支持的数据模型相符合的逻辑模型，它是物理设计的基础。包括模式初始设计、子模式设计、应用程序设计、模式评价及模式求精。

(4) 物理设计。物理设计是逻辑模型在计算机中的具体实现方案。

当各阶段发现不能满足用户需求时，均需返回到前面适当的阶段进行必要的修正。如此经过不断地迭代和求精，直到各种性能均能满足用户的需求为止。

7.3 真题详解

7.3.1 综合知识试题

试题 1 (2010 年下半年试题 51)

在某企业的营销管理系统设计阶段，属性“员工”在考勤管理子系统中被称为“员工”，而在档案管理子系统中被称为“职工”，这类冲突称为 (51) 冲突。

(51) A. 语义　B. 结构　C. 属性　D. 命名

参考答案：(51)D。

要点解析：题目中，“员工”和“职工”有着相同的意义，但在不同的子系统中有着不同的命名，这为命名冲突。

如果是同一实体在不同的子系统中有不同的属性，这就为结构冲突。

如果同一属性“员工”在不同的子系统中，属性的类型、取值范围或者数据单位等不一致，这就为属性冲突。

试题 2 (2010 年下半年试题 52~53)

设有学生实体 Students(学号，姓名，性别，年龄，家庭住址，家庭成员，关系，联系电话)，其中“家庭住址”记录了邮编、省、市、街道信息；“家庭成员，关系，联系电话”分别记录了学生亲属的姓名、与学生的关系以及联系电话。

学生实体 Students 中的“家庭住址”是一个 (52) 属性；为使数据库模式设计更合理，对于关系模式 Students (53) 。

(52) A．简单　　B．多值　　C．复合　　D．派生

(53) A．可以不作任何处理，因为该关系模式达到了 3NF

B．只允许记录一个亲属的姓名、与学生的关系以及联系电话的信息

C．需要对关系模式 Students 增加若干组家庭成员、关系及联系电话字段

D．应该将家庭成员、关系及联系电话加上学生号，设计成为一个独立的实体

参考答案：(52)C；(53)D。

要点解析：简单属性是原子的、不可再分的属性，如学号、姓名、性别、年龄等。复合属性则可细分为更小的部分，本题中的家庭地址就是复合属性。属性也有单值属性和多值属性之分，单值属性对于一个特定的实体只有单独的一个值，如学生的学号、姓名、性别、年龄、家庭地址等；而多值属性，一个属性可能对应一组值，如家庭成员。而派生属性，则是从其他属性得来的。

试题 3 (2010 年下半年试题 54~56)

设有关系模式 R (课程，教师，学生，成绩，时间，教室)，其中函数依赖集 F 如下：

F= {课程→教师，(学生，课程)→成绩，(时间，教室)→课程，
(时间，教师)→教室，(时间，学生)→教室}

关系模式 R 的一个主键是 (54) ，R 规范化程度最高达到 (55) 。若将关系模式 R 分解为 3 个关系模式 R1(课程，教师)、R2(学生，课程，成绩)、R3(学生，时间，教室，课程)，其中 R2 的规范化程度最高达到 (56) 。

(54) A．(学生，课程)　B．(时间，教室)　C．(时间，教师)　D．(时间，学生)

(55) A．1NF　　B．2NF　　C．3NF　　D．BCNF

(56) A．2NF　　B．3NF　　C．BCNF　　D．4NF

参考答案：(54)D；(55)B；(56)D。

要点解析：由函数依赖关系可知，(时间，学生)是关系模式 R 的一个主键。非主属性完全依赖于主键，规范化程度可达到 2NF；2NF 消除了对非主属性对主键的传递函数依赖，规范化程度为 3NF；4NF 限制关系模式的属性之间不允许有非平凡且非函数依赖的多值依赖。

试题 4 (2010 年上半年试题 51)

确定系统边界和关系规范化分别在数据库设计的 (51) 阶段进行。

(51) A．需求分析和逻辑设计　　B．需求分析和概念设计

C．需求分析和物理设计　　D．逻辑设计和概念设计

参考答案：(51)A。

要点解析：需求分析阶段的任务是：对现实世界要处理的对象(组织、部门、企业等)进行详细调查，在了解现行系统的概况，确定新系统功能的过程中，确定系统边界、收集支持系统目标的基础数据及其处理方法。

逻辑设计阶段的任务就需要做部分关系模式的处理，分解、合并或增加冗余属性，提高存储效率和处理效率。

试题 5　(2010 年上半年试题 52)

若关系 R、S 如下图所示，则关系代数表达式 $\pi_{1,3,7}(\sigma_{3<6}(R\times S))$与 (52) 等价。

A	B	C	D
1	2	4	6
2	3	3	1
3	4	1	3

R

C	D	E
3	4	2
8	9	3

S

(52) A. $\pi_{A,C,E}(\sigma_{C<D}(R\times S))$　　B. $\pi_{A,R.C,E}(\sigma_{R.C<S.D}(R\times S))$

C. $\pi_{A,S.C,S.E}(\sigma_{R.C<S.D}(R\times S))$　　D. $\pi_{R.A,R.C,R.E}(\sigma_{R.C<S.D}(R\times S))$

参考答案：(52)B。

要点解析：本题要求关系代数表达式 $\pi_{1,3,7}(\sigma_{3<6}(R\times S))$的结果集，其中，R×S 的属性列名分别为：R.A，R.B，R.C，R.D，S.C，S.D 和 S.E，其结果如下表所示。

R.A	R.B	R.C	R.D	S.C	S.D	S.E
1	2	4	6	3	4	2
1	2	4	6	8	9	3
2	3	3	1	3	4	2
2	3	3	1	8	9	3
3	4	1	3	3	4	2
3	4	1	3	8	9	3
R×S						

$\sigma_{3<6}(R\times S)$的含义是从 R×S 结果集中选取第三个分量(R.C)小于第六个分量(S.D)的元祖，故 $\sigma_{3<6}(R\times S)$与 $\sigma_{R.C<S.D}(R\times S)$等价。从上表中可以看出，满足条件的结果如下表所示。

R.A	R.B	R.C	R.D	S.C	S.D	S.E
1	2	4	6	8	9	3
2	3	3	1	3	4	2
2	3	3	1	8	9	3
3	4	1	3	3	4	2
3	4	1	3	8	9	3
$\sigma_{3<6}(R\times S)$						

$\pi_{1,3,7}(\sigma_{3<6}(R\times S))$的含义是从 $\sigma_{3<6}(R\times S)$结果集中选取第一列 R.A(或 A)、第三列 R.C 和第七列 S.E(或 E)，故 $\pi_{1,3,7}(\sigma_{3<6}(R\times S))$与 $\pi_{A,R.C,E}(\sigma_{R.C<S.D}(R\times S))$等价。需要说明的是第三列不能简写为 C，因为关系 S 的第一列属性名也为 C，故必须标上关系名加以区别。

试题 6　(2010 年上半年试题 53~56)

某销售公司数据库的零件 P(零件号，零件名称，供应商，供应商所在地，库存量)关系如下表所示，其中同一种零件可由不同的供应商供应，一个供应商可以供应多种零件。零件关系的主键为<u>　(53)　</u>。

零件号	零件名称	供应商	供应商所在地	单价(元)	库存量
010023	P2	S1	北京市海淀区 58 号	22.80	380
010024	P3	S1	北京市海淀区 58 号	280.00	1350
010022	P1	S2	陕西省西安市雁塔区 2 号	65.60	160
010023	P2	S2	陕西省西安市雁塔区 2 号	28.00	1280
010024	P3	S2	陕西省西安市雁塔区 2 号	260.00	3900
010022	P1	S3	北京市新城区 65 号	66.80	2860
…	…	…	……	…	…

查询各种零件的平均单价、最高单价与最低单价之间差距的 SQL 语句为：

SELECT 零件号，<u>　(54)　</u>

FROM P<u>　(55)　</u>;

(53) A．零件号，零件名称　　B．零件号，供应商

C．零件号，供应商所在地　　D．供应商，供应商所在地

(54) A．零件名称，AVG(单价)，MAX(单价)−MIN(单价)

B．供应商，AVG(单价)，MAX(单价)−MIN(单价)

C．零件名称，AVG 单价，MAX 单价−MIN 单价

D．供应商，AVG 单价，MAX 单价−MIN 单价

(55) A．ORDER BY 供应商　　B．ORDER BY 零件号

C．GROUP BY 供应商　　D．GROUP BY 零件号

该关系存在冗余以及插入异常和删除异常等问题。为了解决这一问题需要将零件关系分解为<u>　(56)　</u>。

(56) A．P1(零件号，零件名称，单价)、P2(供应商，供应商所在地，库存量)

B．P1(零件号，零件名称)、P2(供应商，供应商所在地，单价，库存量)

C．P1(零件号，零件名称)、P2(零件号，供应商，单价，库存量)、P3(供应商，供应商所在地)

D．P1(零件号，零件名称)、P2(零件号，单价，库存量)、P3(供应商，供应商所在地)、P4(供应商所在地，库存量)

参考答案：(53)B；(54)A；(55)D；(56)C。

要点解析：根据题意，零件 P 关系的主键为(零件号，供应商)。所以试题(53)的正确选项为 B。

试题要求查询各种零件的平均单价、最高单价与最低单价之间差距，因此，首选需要在结果列中的空(54)填写“零件名称，AVG(单价)，MAX(单价)-MIN(单价)”。其次必须用分组语句按零件号分组，故空(55)应填写“GROUP BY 零件号”。完整的 SQL 语句为：

```
SELECT 零件号,零件名称,AVG(单价),MAX(单价)-MIN(单价)
FROMP
GROUP BY 零件号;
```

故，空(54)的正确选项为 A，空(55)的正确选项为 D。

空(56)的正确选项为 C。为了解决关系 P 存在冗余以及插入异常和删除异常等问题，需要将零件关系 P 分解。选项 A、选项 B 和选项 D 是有损连接的，且不保持函数依赖，故分解是错误的。例如，分解为选项 A、选项 B 和选项 D 后，用户无法查询某零件有哪些供应商供应，原因是分解时有损连接的，且不保持函数依赖。

试题 7　(2009 年下半年试题 51~52)

假设有学生S(学号，姓名，性别，入学时间，联系方式)，院系D(院系号，院系名称，电话号码，负责人)和课程C(课程号，课程名)三个实体，若一名学生属于一个院系，一个院系有多名学生；一名学生可以选择多门课程，一门课程可被多名学生选择，则图中(a)和(b)分别为 __(51)__ 联系。假设一对多联系不转换为一个独立的关系模式，那么生成的关系模式 __(52)__ 。

D —(a)— S —(b)— C

(51) A．1 : *和1 : *　　B．1 : *和* : 1　　C．1 : *和* : *　　D．* : 1和* : *

(52) A．S中应加入关系模式D的主键　　B．S中应加入关系模式C的主键

C．D 中应加入关系模式 S 的主键　　D．C 中应加入关系模式 S 的主键

参考答案：(51)C；(52)A。

要点解析：因为一名学生属于一个院系，一个院系有多名学生，因此可知学生S和院系D是多对一的关系；一名学生可以选择多门课程，一门课程可被多名学生选择，因此学生S和课程C是多对多的关系。因此空(51)的答案为C。

一个 1∶n 的联系(一对多联系)可转换为一个关系模式，或与 n 端的关系模式合并。若独立转换为一个关系模式，那么两端关系的码及其联系的属性为该关系的属性，而 n 端的码为关系的码。因此 S 中应加入关系模式 D 的主键。空(52)的答案为 A。

试题 8　(2009 年下半年试题 53)

软硬件故障常造成数据库中的数据破坏。数据库恢复就是 __(53)__ 。

(53) A．重新安装数据库管理系统和应用程序

B．重新安装应用程序，并将数据库做镜像

C．重新安装数据库管理系统，并将数据库做镜像

D．在尽可能短的时间内，把数据库恢复到故障发生前的状态

参考答案：(53)D。

要点解析：本题考查数据库恢复的概念。

数据库恢复技术是指如何在系统出现故障后能够及时使数据库恢复到故障前的正确状态。因此答案为选项 D。

试题 9　(2009 年下半年试题 54~56)

设有员工实体 Emp(员工号，姓名，性别，年龄，出生年月，联系方式，部门号)，其中“联系方式”要求记录该员工的手机号码和办公室电话，部门号要求参照另一部门实体 Dept 的主码“部门号”。Emp 实体中存在派生属性和多值属性： __(54)__ ；对属性部门号应该进行 __(55)__ 约束；可以通过命令 __(56)__ 修改表中的数据。

(54) A．年龄和出生年月　　B．年龄和联系方式

C．出生年月和联系方式　　D．出生年月和年龄

(55) A．非空主键　　B．主键　　C．外键　　D．候选键
(56) A．INSERT　　B．DELETE　　C．UPDATE　　D．MODIFY

参考答案：(54)B；(55)C；(56)D。

要点解析：属性可以分为单值属性和多值属性。如果定义的属性对于一个特定的实体都只有单独的一个值，称为单值属性，而在某些特定的情况下，一个属性可能对应一组值。本题中的联系方式包括手机号码和办公室电话两个值，属于多值属性。

而派生属性可以从其他属性得来。本题中的年龄可以由其出生年月得到，因此属于派生属性。

第55空中，部门号作为员工实体Emp中的外键，因此应该加以外键约束。

第56空，INSERT是插入命令，DELETE是删除命令，UPDATE是更新命令，MODIFY是修改命令。所以修改表中的数据要通过命令MODIFY，答案为选项D。

试题10 (2009年上半年试题51)

采用二维表格结构表达实体类型及实体间联系的数据模型是__(51)__。

(51) A．层次模型　　B．网状模型　　C．关系模型　　D．面向对象模型

参考答案：(51)C。

要点解析：关系(relation)：由若干列和行组成的一个二维表，称为一个关系，即一个表table。关系模式(relational schema)：一个关系的名称及其一组属性的集合。

层次模型：用树型(层次)结构表示实体类型及实体间联系的数据模型称为层次模型(Hierarchical Model)。

网状模型 ：用有向图结构表示实体类型及实体间联系的数据结构模型称为网状模型(Network Model)。

面向对象模型：一种用面向对象术语描述数据库结构的标准化语言。

试题11 (2009年上半年试题52~54)

假设员工关系EMP(员工号，姓名，部门，部门电话，部门负责人，家庭住址，家庭成员，成员关系)如下表所示。如果一个部门可以有多名员工，一个员工可以有多个家庭成员，那么关系EMP属于__(52)__，且__(53)__问题；为了解决这一问题，应该将员工关系EMP分解为__(54)__。

员工号	姓名	部门	部门电话	部门负责人	家庭住址	家庭成员	成员关系
0011	张晓明	开发部	808356	0012	北京海淀区1号	张大军	父亲
0011	张晓明	开发部	808356	0012	北京海淀区1号	胡敏铮	母亲
0011	张晓明	开发部	808356	0012	北京海淀区1号	张晓丽	妹妹
0012	吴俊	开发部	808356	0012	上海昆明路15号	吴胜利	父亲
0012	吴俊	开发部	808356	0012	上海昆明路15	王若圭	母亲
0021	李立丽	市场部	808358	0021	西安雁塔路8号	李国庆	父亲
0021	李立丽	市场部	808358	0021	西安雁塔路8号	罗明	母亲
0022	王学强	市场部	808356	0021	西安太白路2号	王强	父亲
0031	吴俊	财务部	808356		西安科已路18号	吴建	父亲

(52) A．1NF　　B．2NF　　C．3NF　　D．BCNF

(53) A．无冗余、无插入异常和删除异常

B．无冗余，但存在插入异常和删除异常

C．存在冗余，但不存在修改操作的不一致

D．存在冗余、修改操作的不一致，以及插入异常和删除异常

(54) A．EMP1(员工号，姓名，家庭住址)
EMP2(部门，部门电话，部门负责人)
EMP3(员工号，家庭成员，成员关系)

B．EMP1(员工号，姓名，部门，家庭住址)
EMP2(部门，部门电话，部门负责人)
EMP3(员工号，家庭成员，成员关系)

C．EMP1(员工号，姓名，家庭住址)
EMP2(部门，部门电话，部门负责人，家庭成员，成员关系)

D．EMP1(员工号，姓名，部门，部门电话，部门负责人，家庭住址)
EMP2(员工号，家庭住址，家庭成员，成员关系)

参考答案：(52)A；(53)D；(54)B。

要点解析：

对于员工关系EMP(员工号，姓名，部门，部门电话，部门负责人，家庭住址，家庭成员，成员关系)有下列函数依赖：员工号→姓名，部门，部门电话，部门负责人，家庭住址。员工号、成员关系→家庭成员。部门→部门电话，部门负责人 。由此可见主键为{员工号，成员关系}。

第一个函数依赖：员工号→姓名，部门，部门电话，部门负责人，家庭住址。右边为非键属性，而员工号为键的组成部分。不符合2NF，故是1NF。

关系模式设计中可能出现各种冗余，即同一事实在多个元组中重复。造成冗余的原因通常是将同一个对象的单值和多值特征混合在同一个关系中。例如，表中的员工号为0011的三个元组存在冗余信息。

修改异常：修改某个元组的信息，而重复的信息可能未修改而破坏一致性。或插入数据时，某些有用信息暂时无法插入。

删除异常：删除某个对象时，必须删除多个元组而不是一个元组，操作不当有可能破坏数据一致性。或删除元组时，同时删除了其他有用信息。例如删除员工号为0011的对象时，必须删除三个元组。

为了避免异常，用几个关系代替原有的关系，且保持数据一致性，从而进行关系的分解，可将函数依赖{员工号→姓名，部门，部门电话，部门负责人，家庭住址}分解为EMP1(员工号，姓名，部门，家庭住址)和EMP2(部门，部门电话，部门负责人)；函数依赖{员工号，成员关系→家庭成员}形成EMP3(员工号，家庭成员，成员关系)。三个关系的主键依次为员工号，部门，员工号和成员关系。

试题 12 （2009 年上半年试题 55～56）

关系R、S如下图所示，关系代数表达式$\pi_{3,4,5}(\sigma_{1<6}(R\times S)=$ __(55)__ ，对关系R、S 进行自

然连接后的属性列数和元组个数分别为 (56) 。

(55) A.

A	B	C
1	2	3
3	4	5
4	5	9
5	6	6

B.

A	B	C
5	3	3
4	6	1
9	8	3
6	9	1

C.

A	B	C
1	2	4
5	3	3

D.

A	B	C
5	3	4
9	8	4

A	B	C
5	3	3
9	8	3

A	B	C
1	2	4
3	4	5

(56) A．3和0　　B．3和2　　C．6和0　　D．6和2

参考答案：(55)B；(56)A。

要点解析：R×S后的结果如表7.6所示。

表 7.6　R×S 结果

R.A	R.B	R.C	S.A	S.B	S.C
1	2	4	5	3	3
1	2	4	4	6	1
1	2	4	9	8	3
1	2	4	6	9	1
3	4	5	5	3	3
3	4	5	4	6	1
3	4	5	9	8	3
3	4	5	6	9	1
4	5	9	5	3	3
4	5	9	4	6	1
4	5	9	9	8	3
4	5	9	6	9	1
5	6	6	5	3	3
5	6	6	4	6	1
5	6	6	9	8	3
5	6	6	6	9	1

$\pi_{3,4,5}(\sigma_{1<6}(R\times S)$ ＝

3、4、5 列对应的是 R.C、S.A、S.B，其中第一列小于第 6 列的值(即 1＜6)是第一、第三元组。故第 55 题的答案选 B。

设A1,A2,…,An是R和S的公共属性，当且仅当R的元组r与S的元组s在A1,A2,…,An上都一致时，元组s和r组合成为R和S自然连接的一个元组。

由此可得，R和S的公共属性为A、B、C，但R和S在属性A、B、C上的值不等，故自然连接后，属性列数为3，元组个数为0。

7.3.2　案例分析试题

试题 1　(2010年下半年下午试题二)

阅读以下说明，回答问题 1 至问题 3。

【说明】

某公司拟开发一套小区物业收费管理系统。初步的需求分析结果如下。

(1) 业主信息主要包括：业主编号，姓名，房号，房屋面积，工作单位，联系电话等。房号可唯一标识一条业主信息，且一个房号仅对应一套房屋；一个业主可以有一套或多套的房屋。

(2) 部门信息主要包括：部门号，部门名称，部门负责人，部门电话等；一个员工只能属于一个部门，一个部门只有一位负责人。

(3) 员工信息主要包括：员工号，姓名，出生年月，性别，住址，联系电话，所在部门号，职务和密码等。根据职务不同员工可以有不同的权限，职务为“经理”的员工具有更改(添加、删除和修改)员工表中本部门员工信息的操作权限；职务为“收费”的员工只具有收费的操作权限。

(4) 收费信息包括：房号，业主编号，收费日期，收费类型，数量，收费金额，员工号等。收费类型包括物业费、卫生费、水费和电费，并按月收取，收费标准如表 7.7 所示。其中：物业费=房屋面积(平方米)×每平方米单价，卫生费=套房数量(套)×每套单价，水费=用水数量(吨)×每吨水单价，电费＝用电数量(度)×每度电单价。

表 7.7　收费标准

收费类型	单　位	单　价
物业费	平方米	1.00
卫生费	套	10.00
水　费	吨	0.70
电　费	度	0.80

(5) 收费完毕应为业主生成收费单，收费单示例如表 7.8 所示。

表 7.8　收费单示例

房号：A1608　　　　业主姓名：李斌

序　号	收费类型	数　量	金　额
1	物业费	98.6	98.6
2	卫生费	1	10.00
3	水费	6	4.20
4	电费	102	81.60
合计	壹佰玖拾肆元肆角整		194.40

收费日期：2010-9-2　　　　员工号：001

【概念模型设计】

根据需求阶段收集的信息，设计的实体联系图(不完整)如图 7.1 所示。图 7.1 中收费员和经理是员工的子实体。

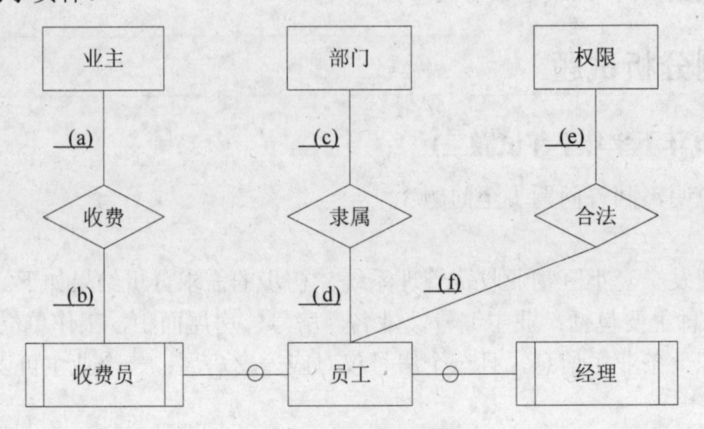

图 7.1　实体联系图

【逻辑结构设计】

根据概念模型设计阶段完成的实体联系图，得出如下关系模式(不完整)。

业主(__(1)__，姓名，房屋面积，工作单位，联系电话)

员工(__(2)__，姓名，出生年月，性别，住址，联系电话，职务，密码)

部门(__(3)__，部门名称，部门电话)

权限(职务，操作权限)

收费标准(__(4)__)

收费信息(__(5)__，收费类型，收费金额，员工号)

【问题 1】(8 分)

根据图 7.1，将逻辑结构设计阶段生成的关系模式中的空(1)～(5)补充完整，然后给出各关系模式的主键和外键。

【问题 2】(5 分)

填写图 7.1 中空(a)～(f)处联系的类型(注：一方用 1 表示，多方用 *m* 或 *n* 或 * 表示)，并补充完整图 7.1 中的实体、联系和联系的类型。

【问题 3】(2 分)

业主关系属于第几范式？请说明存在的问题。

参考答案

【问题 1】

(1) 房号，业主编号；主键：房号；外键：无。

(2) 员工号，部门号；主键：员工号；外键：部门号。

(3) 部门号，部门负责人；主键：部门号；外键：部门负责人。

(4) 收费类型，单位，单价；主键：收费类型；外键：无。

(5) 房号，收费日期，数量；主键：房号，收费日期，收费类型；外键：房号，收费类型，员工号。

【问题 2】

(a) m　(b)n　(c)1　(d)*　(e)1　(f)*

添加一个实体：收费标准，与“收费”连接，类型是*，如图 7.2 所示。

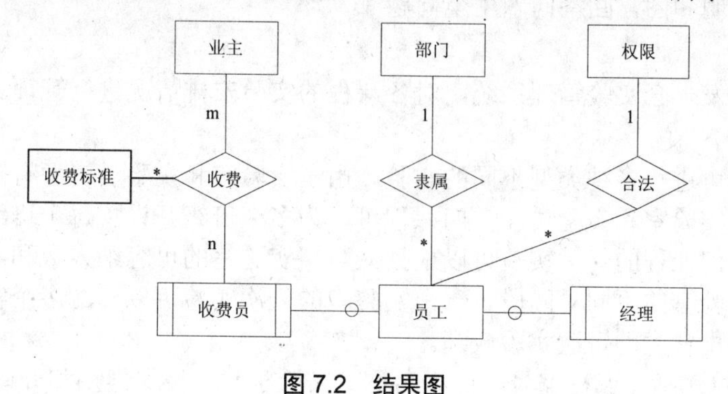

图 7.2　结果图

【问题 3】

业主关系是 2NF。

存在的问题：

(1) 数据冗余，当一个业主有多套房时，重复存储多份姓名、工作单位、联系电话。

(2) 可能产生更新不一致，比如更新业主个人信息时，需同时更新多处，可能漏了某处，造成不一致。

要点解析

【问题 1】

房号可唯一标识一条业主信息，且一个房号仅对应一套房屋，所以房号是业主的主键。

员工信息包括员工号、姓名、出生年月、性别、住址、联系电话、所在部门号、职务和密码等。员工号可唯一标识一名员工，是关系模式“员工”的主键，部门号是关系模式“部门”的主键，因此为关系模式“员工”的外键。

由表 7.7 可知，收费关系模式包括属性收费类型、单位、单价，其中收费类型是主键。

收费信息包括：房号、业主编号、收费日期、收费类型、数量、收费金额、员工号等。房号、收费日期、收费类型是主键；房号、收费类型、员工号都是外键。

【问题 2】

一个员工只能属于一个部门，一个部门可以有多个员工，因此部门和员工之间的关系为一对多。根据职务不同员工可以有不同的权限，每个员工只有一种权限，多个员工可拥有相同的权限，如职务为“经理”的员工具有更改的操作权限，职务为“收费”的员工只具有收费的操作权限，所以职务和员工之间是一对多的关系。

【问题 3】

首先没有非主属性对码的部分依赖，满足 2NF，但存在传递依赖，故达不到 3NF。

传递依赖例如：房号→业主编号→｛姓名，工作单位，联系电话｝。

把原“业主”关系分解成两个关系的，这样就解决了冗余问题，成为第三范式了，即：

房屋(房号，业主编号，房屋面积)

业主信息(业主编号，姓名，工作单位，联系电话)；

这样分解，“房屋”关系的主键还是房号，外键就是业主编号了。

试题2 (2010年上半年下午试题二)

阅读下列说明和图，回答问题1至问题3。

【说明】

某学校拟开发一套实验管理系统，对各课程的实验安排情况进行管理。

【需求分析】

一个实验室可进行多种类型不同的实验。由于实验室和实验员资源有限，需根据学生人数分批次安排实验室和实验员。一门课程可以为多个班级开设，每个班级每学期可以开设多门课程。一门课程的一种实验可以根据人数、实验室的可容纳人数和实验类型，分批次开设在多个实验室的不同时间段。一个实验室的一次实验可以分配多个实验员负责辅导实验，实验员给出学生的每次实验成绩。

(1) 课程信息包括：课程编号、课程名称、实验学时、授课学期和开课的班级等信息；实验信息记录该课程的实验进度信息，包括：实验名、实验类型、学时、安排周次等信息，如表7.9所示。

表7.9　课程及实验信息

课程编号	15054037	课程名称	数字电视原理		实验学时	12
班级	电0501，信0501，计0501	授课院系	机械与电气工程		授课学期	第三学期
序号	实验名		实验类	难度	学时	安排周次
1505403701	音视频AD-Da实验		验证性	1	2	3
1505403702	音频编码实验		验证性	2	2	5
1505403703	视频编码实验		演示性	0.5	1	9

(2) 以课程为单位制定实验安排计划信息，包括：实验地点，实验时间、实验员等信息，实验计划如表7.10所示。

表7.10　实验安排计划

课程编号	15054037	课程名称	数字电视原理	安排学期	2009年秋	总人数	220
实验编号	实验名		实验员	试验时间	地点	批次号	人数
1505403701	音视频AD-DA实验		盛×，陈×	第3周周四晚上	实验三楼310	1	60
1505403701	音视频AD-DA实验		盛×，陈×	第3周周四晚上	实验三楼310	2	60
1505403701	音视频AD-DA实验		吴×，刘×	第3周周五晚上	实验三楼311	3	60
1505403701	音视频AD-DA实验		吴×	第3周周五晚上	实验三楼311	4	40
1505403702	音频编码实验		盛×，刘×	第5周周一下午	实验四楼410	1	70

(3) 由实验员给出每个学生每次实验的成绩，包括：实验名、学号、姓名、班级、实验成绩等信息，实验成绩如表7.11所示。

表7.11　实验成绩

实验员：盛×

实验名	音视频AD-DA实验	课程名	数字电视原理
学　号	姓　名	班　级	实验成绩
030501001	陈民	信0501	87

续表

学　号	姓　名	班　级	实验成绩
030501002	刘志	信 0501	78
040501001	张勤	计 0501	86

(4) 学生的实验课程总成绩根据每次实验的成绩以及每次实验的难度来计算。

【概念模型设计】

根据需求阶段收集的信息，设计的实体联系图(不完整)如图 7.3 所示。

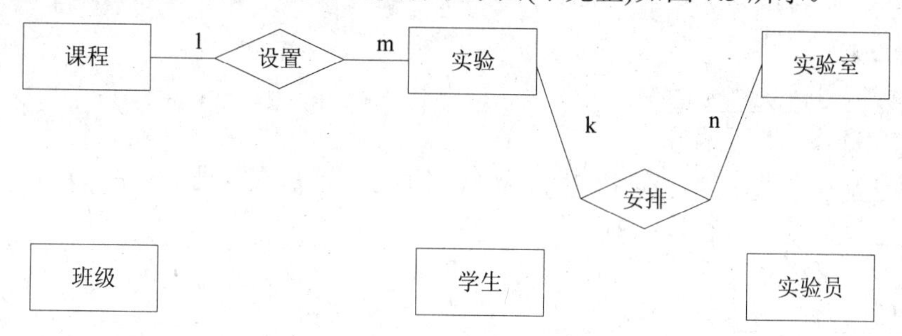

图 7.3　实体联系图

【逻辑结构设计】

根据概念模型设计阶段完成的实体联系图，得出如下关系模式(不完整)：

课程(课程编号，课程名称，授课院系，实验学时)

班级(班级号，专业，所属系)

开课情况(__(1)__，授课学期)

实验(__(2)__，实验类型，难度，学时，安排周次)

实验计划(__(3)__，实验时间，人数)

实验员(__(4)__，级别)

实验室(实验室编号，地点，开放时间，可容纳人数，实验类型)

学生(__(5)__，姓名，年龄，性别)

实验成绩(__(6)__，实验成绩，评分实验员)

【问题 1】(6 分)

补充图 7.3 中的联系和联系的类型。

【问题 2】(6 分)

根据图 7.3，将逻辑结构设计阶段生成的关系模式中的空(1)～(6)补充完整并用下划线指出这 6 个关系模式的主键。

【问题 3】(3 分)

如果需要记录课程的授课教师，新增加“授课教师”实体。请对图 7.3 进行修改，画出修改后的实体间联系和联系的类型。

参考答案

【问题 1】

实体联系图为：

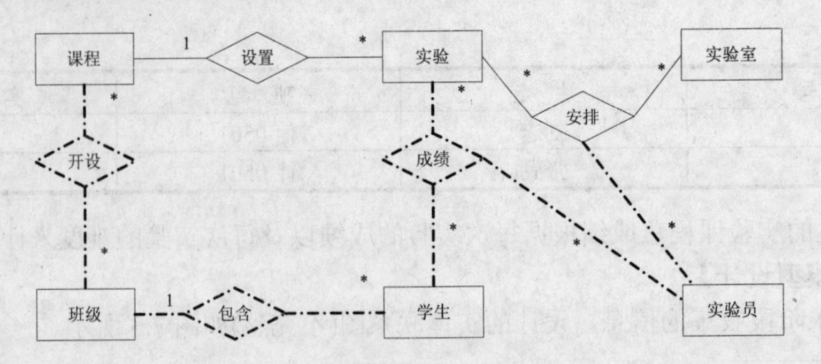

【问题 2】

(1) 课程编号，班级号

(2) 实验编号，课程编号

(3) 实验编号，批次号，安排学期，实验室编号，实验员编号

(4) 实验员编号，实验员姓名

(5) 学号，班级号

(6) 实验编号，学号

其他关系模式主键如下。

课程(课程编号，课程名称，授课院系，实验学时)

班级(班级号，专业，所属系)

实验室(实验室编号，地点，开放时间，可容纳人数，实验课类型)

【问题 3】

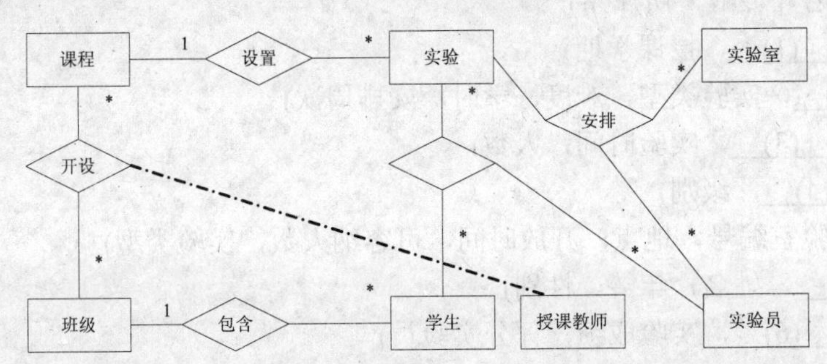

要点解析

本题考查数据库概念结构设计及向逻辑结构转换的方法。

【问题 1】

根据题意，由“一门含实验的课程可以开设给多个班级，每个班级每学期可以开设多门含实验的课程”可知，课程和班级之间的开设关系为 m∶n 联系。由“一个实验室的一次实验可以分配多个实验员负责辅导实验”可知，实验、实验室与实验员之间的安排关系为 k∶n∶m 联系。由“实验员给出学生的每次实验成绩”可知，实验、学生与实验员之间的成绩关系为 k∶n∶m 联系。班级和学生之间的包含关系为 1∶n 联系。

【问题 2】

根据题意可知课程编号是课程的主键，班级号是班级的主键。从表 7.9 可知，开课情况是体现课程与班级间的 m∶n 联系，因此开课情况关系模式应该包含课程编号和班级号，并共同作为主键。一门课程包含多次实验，实验与课程之间是 m∶1 关系，因此，根据表 7.9，实验关系模式应包含实验编号和课程编号，并且以实验编号为主键，以课程编号为外键。在制定试验计划时，每个班的每次实验可能按实验室被分成多个批次，每个批次的实验会有若干名实验员来辅导学生实验并打分。实验员关系模式应该记录实验员编号和实验员姓名，并以实验员编号为主键。实验室编号是实验室的主键。从表 7.10 可见，实验计划关系模式应记录实验编号、批次号和授课学期，并且共同作为主键。从表 7.11 可见，实验成绩关系模式记录每个学生的每次实验成绩，应包含学号和实验编号，并共同作为主键。

【问题 3】

由于授课教师负责给若干个班级开设若干门课程，因此，课程、班级和授课教师之间的关系是 $k:n:m$ 联系。

试题 3 （2009 年下半年下午试题二）

阅读下列说明，回答问题1至问题3。

【说明】

某公司拟开发一多用户电子邮件客户端系统，部分功能的初步需求分析结果如下。

(1) 邮件客户端系统支持多个用户，用户信息主要包括用户名和用户密码，且系统中的用户名不可重复。

(2) 邮件账号信息包括邮件地址及其相应的密码，一个用户可以拥有多个邮件地址(如userl@123.com)。

(3) 一个用户可拥有一个地址簿，地址簿信息包括联系人编号、姓名、电话、单位地址、邮件地址1、邮件地址2、邮件地址3等信息。地址簿中一个联系人只能属于一个用户，且联系人编号唯一标识一个联系人。

(4) 一个邮件账号可以含有多封邮件，一封邮件可以含有多个附件。邮件主要包括邮件号、发件人地址、收件人地址、邮件状态、邮件主题、邮件内容、发送时间、接收时间。其中，邮件号在整个系统内唯一标识一封邮件，邮件状态有已接收、待发送、已发送和已删除4种，分别表示邮件是属于收件箱、发件箱、已发送箱和废件箱。一封邮件可以发送给多个用户。附件信息主要包括附件号、附件文件名、附件大小。一个附件只属于一封邮件，附件号仅在一封邮件内唯一。

【问题1】

根据以上说明设计的E-R图如图7.4所示，请指出地址簿与用户、邮件账号与邮件、邮件与附件之间的联系类型。

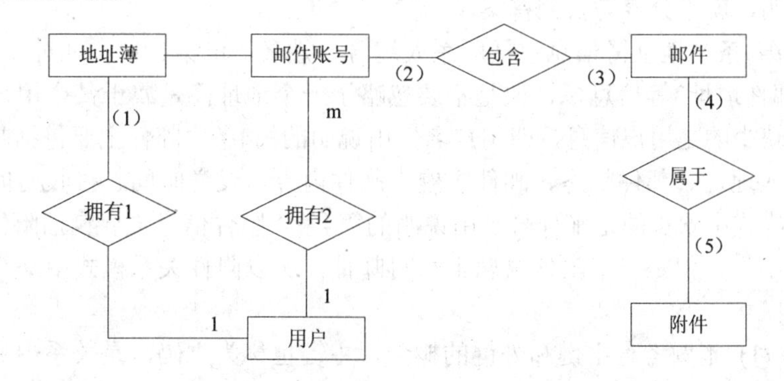

图 7.4　电子邮件客户端系统 E-R 图

【问题 2】

该邮件客户端系统的主要关系模式如下，请填补(a)~(c)的空缺部分。

用户(用户名，用户密码)

地址簿((a)，联系人编号，姓名，电话，单位地址，邮件地址1，邮件地址2，邮件地址3)

邮件账号(邮件地址，邮件密码，用户名)

邮件((b)，收件人地址，邮件状态，邮件主题，邮件内容，发送时间，接收时间)

附件((c)，附件号，附件文件名，附件大小)

【问题3】

(1) 请指出【问题2】中给出的地址簿、邮件和附件关系模式的主键，如果关系模式存在外键请指出。

(2) 附件属于弱实体吗？请用50字以内的文字说明原因。

参考答案

【问题1】一对一，一对多，一对多

【问题2】用户名，邮件号，邮件号

【问题3】(1) 地址簿主键：用户名和联系人编号；邮件主键：邮件号；附件中的主键：附件号，外键是邮件号。

(2) 附件属于弱实体。一个实体的键是由另一个实体的部分或全部属性构成，这样的实体叫做弱实体。附件的外键邮件号是属于邮件这个实体的，所以它属于弱实体，依赖于邮件这个实体。

要点解析

该题是一个数据库设计题，题目以多用户电子邮件客户端系统为背景，考查E-R模型、E-R模型转关系模式，求解主键、外键等知识点。值得注意的是本题中出现了一个不常考的概念："弱实体"。

【问题1】由说明的第3条可知，一个用户可拥有一个地址簿，一个地址簿只属于一个用户，所以地址簿和用户之间是一对一的关系；由说明中的第4条可知，一个邮件账号可以含有多封邮件，一封邮件可以含有多个附件，显然，电子邮件账号与邮件、邮件与附件之间的联系类型都是一对多。

【问题2】本题考查关系模式的补充，这种题和问题1中的题目都属于送分题，只要仔细阅读题目说明，就十分容易找到答案。

由说明的第3条"地址簿信息包括联系人编号、姓名、电话、单位地址、邮件地址1、邮件地址2，邮件地址3等信息"，但是不要忽略了一个地址簿是属于某个用户的，所以这个关系模式中缺少的是用户信息，即用户名。由说明的第4条"邮件主要包括邮件号、发件人地址、收件人地址、邮件状态、邮件主题、邮件内容、发送时间、接收时间"可知，在邮件这个关系模式中缺少的是邮件号。由说明的第4条"附件信息主要包括附件号、附件文件名、附件大小"，但是一个附件只属于一封邮件，所以附件关系模式中缺少的是标识邮件的邮件号。

【问题3】(1) 本题考查主键和外键的概念。主键也称为主码，是关系中的一个或一组属性，其值能唯一标识一个元组。如果公共关键字在一个关系中是主关键字，那么这个公共关键字被称为另一个关系的外键。由此可见，外键表示了两个关系之间的联系。以另一个关系的外键作主关键字的表被称为主表，具有此外键的表被称为主表的从表。外键又称作外关键字。由说明的第3条“地址簿中一个联系人只能属于一个用户，且联系人编号唯一标识一个联系人”可知，联系人编号必定是地址簿的主键，但是不同用户的地址簿中有相同的联系人编号，所以地址簿的主键还应该加上用户名。由说明的第4条“邮件号在整个系统内唯一标识一封邮件，邮件状态有已接收、待发送、已发送和已删除4种，分别表示邮件是属于收件箱、发件箱、已发送箱和废件箱”，显然邮件关系模式的主键是邮件号。由说明的第4条“一个附件只属于一封邮件，附件号仅在一封邮件内唯一”，再由主键和外键的概念可知，附件关系模式的主键是附件号，外键是邮件号。

(2) 本题考查弱实体的概念，知道弱实体的概念就能解答出该问题。弱实体是一种依赖联系 ：在现实世界中，有些实体对另一些实体有很强的依赖关系，即一个实体的存在必须以另一实体的存在为前提，前者就称为“弱实体”，如在人事管理系统中，职工子女的信息就是以职工的存在为前提的，子女实体是弱实体，子女与职工的联系是一种依赖联系。在本题中，一个附件是属于一封邮件的，所以它是弱实体，依赖于邮件。

试题 4　(2009 年上半年下午试题二)

阅读下列说明，回答问题1至问题3。

【说明】

某集团公司拥有多个大型连锁商场，公司需要构建一个数据库系统以方便管理其业务运作活动。

【需求分析结果】

(1) 商场需要记录的信息包括商场编号(编号唯一)、商场名称、地址和联系电话。某商场信息如表7.12所示。

表 7.12　商场信息表

商场编号	商场名称	地址	联系电话
PS2101	淮海商场	淮海中路918号	021-64158818
PS2902	西大街商场	西大街时代盛典大厦	029-87283229
PS2903	东大街商场	碑林区东大街239号	029-87450287
PS2901	长安商场	雁塔区长安中路38号	029-85264950

(2) 每个商场包含有不同的部门，部门需要记录的信息包括部门编号(集团公司分配)、部门名称、位置分布和联系电话。某商场的部门信息如表 7.13 所示。

表 7.13　部门信息表

部门编号	部门名称	位置分布	联系电话
DT002	财务部	商场大楼6层	82504342
DT007	后勤部	商场地下副一层	82504347
DT021	安保部	商场地下副一层	82504358
DT005	人事部	商场大楼6层	82504446
DT004	管理部	商场裙楼3层	82504668

(3) 每个部门雇用多名员工处理日常事务，每名员工只能隶属于一个部门(新进员工在培训期不隶属于任何部门)。员工需要记录的信息包括员工编号(集团公司分配)、姓名、岗位、电话号码和工资。员工信息如表 7.14 所示。

表 7.14 员工信息表

员工编号	姓名	岗位	电话号码	工资
XA3310	周超	理货员	13609257638	1500.00
SH1075	刘飞	防损员	13477293487	1500.00
XA0048	江雪花	广播员	15234567893	1428.00
BJ3123	张正华	部门主管	13345698432	1876.00

(4) 每个部门的员工中有一名是经理，每个经理只能管理一个部门，系统需要记录每个经理的任职时间。

【概念模型设计】

根据需求阶段收集的信息，设计的实体联系图和关系模式(不完整)如图7.5所示。

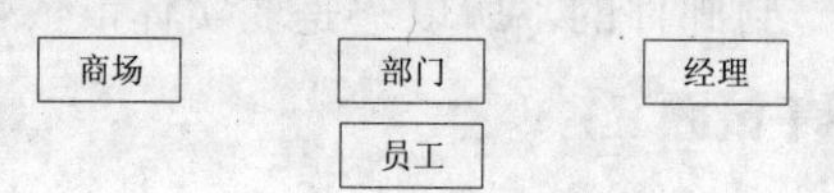

图 7.5 实体联系图

【关系模式设计】

商场(商场编号，商场名称，地址，联系电话)

部门(部门编号，部门名称，位置分布，联系电话，__(a)__)

员工(员工编号，员工姓名，岗位，电话号码，工资，__(b)__)

经理(__(c)__，任职时间)

【问题1】(6分)

根据问题描述，补充四个联系，完善图7.5的实体联系图。联系名可用联系1、联系2、联系3和联系4代替，联系的类型分为1∶1、1∶n和m∶n。

【问题2】(6分)

根据实体联系图，将关系模式中的空(a)~(c)补充完整，并分别给出部门、员工和经理关系模式的主键和外键。

【问题3】(3分)

为了使商场有紧急事务时能联系到轮休的员工，要求每位员工必须且只能登记一位紧急联系人的姓名和联系电话，不同的员工可以登记相同的紧急联系人。则在图7.5中还需添加的实体是__(1)__，该实体和图7.5中的员工存在__(2)__联系(填写联系类型)。给出该实体的关系模式。

参考答案

【问题1】

联 系 人	关系实体	联系类型
联系1	商场与部门	1∶n
联系2	部门员工	1∶n
联系3	部门与经理	1∶1
联系4	员工与经理	1∶1

完整的实体联系图如图7.6所示。

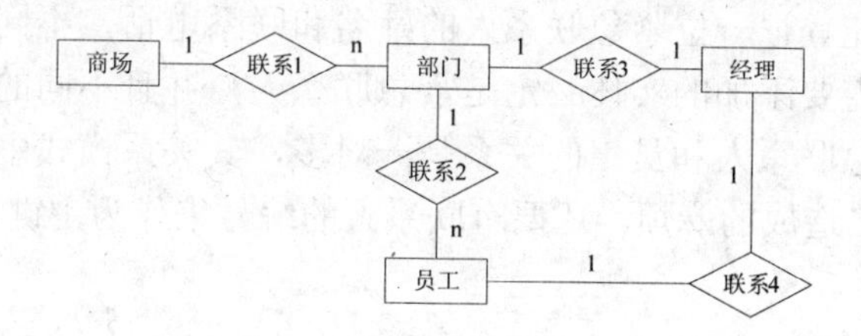

图7.6　完整实体联系图

【问题2】(a) 所在商场编号

(b) 所在部门编号

(c) 员工编号

表　名	主　键	外　键
商场	商场编号	无
部门	部门编号	所在商场编号
员工	员工编号	所在部门编号
经理	员工编号	员工编号

【问题3】(1) 紧急联系人

(2) 1：n

紧急联系人(紧急联系人编号，姓名，联系电话)

主键：紧急联系人编号

要点解析

本题考查数据库的基本知识，如E-R图的画法，主键、外键的概念等。

【问题1】根据题目的描述可知，需要补充的4个联系是商场和部门之间、部门和员工之间、部门和经理之间以及员工和经理之间的关系。显然，一个商场对应多个部门(一对多)，一个部门有多个员工(一对多)，一个部门对应一个经理(一对一)，每个员工只有一个经理(一对一)。

【问题2】本题考查关系模式设计的相关知识，需仔细分析需求分析结果来解题。由需求分析结果的第2条或者部门信息表可知，部门需要记录的信息包括部门编号(集团公司分配)、部门名称、位置分布和联系电话。但是在本题中设置部门是为了服务商场，所以必须记录其对应的商场。所以部门关系缺少的属性是：商场编号，主键为部门编号，外键是商场编号。

由需求分析结果的第3条或者员工信息表可知，每名员工只能隶属于一个部门(新进员工在培训期不隶属于任何部门)。员工需要记录的信息包括员工编号(集团公司分配)、姓名、岗位、电话号码和工资。除培训期外的员工必然是归属于某个部门的，所以在此缺少的是员工所在的部门编号，主键是员工编号，外键是其所在部门的编号。

经理的情况比较特殊，首先他是员工，所以必须记录其员工编号，所以记录中必须有一个部门编号，但是每个员工都对应了一个部门，即知道经理的员工编号，就知道了经理的部门。

【问题3】题目已经说得很明白了，为了使商场有紧急事务时能联系到轮休的员工，要求每位员工必须且只能登记一位紧急联系人的姓名和联系电话，不同的员工可以登记相同的紧急联系人。所以需要添加的实体必定是紧急联系人，并且不同的员工可以对应同一个紧急联系人，所以紧急联系人和员工的关系是一对多，其关系模式中必然有姓名和联系电话，但是为了避免重名造成的麻烦，还要有联系人的编号来作为主键。

7.4 强化训练

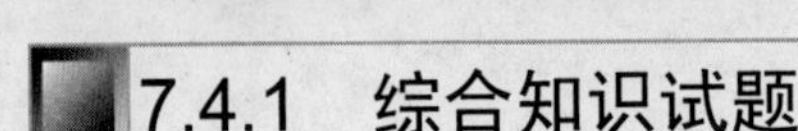

7.4.1 综合知识试题

试题 1

从数据库管理系统的角度看，数据库系统一般采用如下图所示的三级模式结构。图中①②处应填写__(1)__，③处应填写__(2)__。

(1) A．外模式/概念模式　　B．概念模式/内模式
　　C．外模式/概念模式映像　　D．概念模式/ 内模式映像

(2) A．外模式/概念模式　　B．概念模式/内模式
　　C．外模式/概念模式映像　　D．概念模式/内模式映像

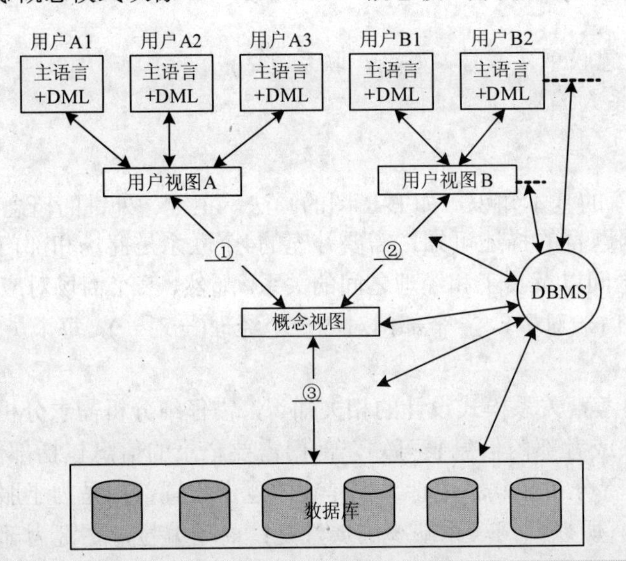

试题 2

关系R、S 如下图所示，关系代数表达式 $\pi_{1,5,6}(\sigma_{2=5}(R\times S))$=__(3)__，该表达式与__(4)__等价。

关系R

A	B	C
3	0	3
2	5	6
5	8	9
8	11	12

关系S

A	B	C
3	10	11
4	11	6
5	19	13
6	11	14

(3) A.

A	B	C
3	0	3
4	8	9

B.

A	B	C
8	11	6
8	11	14

C.

A	B	C
5	10	11
5	10	13

D.

A	B	C
2	11	6
2	11	14

(4) A. $\pi_{A,B,C}(\sigma_{B=B}(R\times S))$　　B. $\pi_{R.A,R.B,R.C}(\sigma_{R.B=R.B}(R\times S))$

C. $\pi_{R.A,S.B,S.C}(\sigma_{R.B=S.B}(R\times S))$　　D. $\pi_{R.A,S.B,S.C}(\sigma_{R.B=S.C}(R\times S))$

试题 3

若关系 R、S 如下图所示，则 R 与 S 自然连接后的属性列数和元组个数分别为__(5)__；$\pi_{1,4}(\sigma_{3=6}(R\times S))=$__(6)__。

A	B	C	D
a	b	c	d
a	c	d	c
a	d	g	f
a	b	g	f

R

C	D
c	d
g	f

S

(5) A. 4 和 3　　B. 4 和 6　　C. 6 和 3　　D. 6 和 6

(6) A. $\pi_{A,D}(\sigma_{C=D}(R\times S))$　　B. $\pi_{A,R.D}(\sigma_{S.C=R.D}(R\times S))$

C. $\pi_{A,R.D}(\sigma_{R.C=S.D}(R\times S))$　　D. $\pi_{R.A,R.D}(\sigma_{S.C=R.D}(R\times S))$

试题 4

某学校学生、教师和课程实体对应的关系模式如下。

学生(学号，姓名，性别，年龄，家庭住址，电话)

课程(课程号，课程名)

教师(职工号，姓名，年龄，家庭住址，电话)

如果一个学生可以选修多门课程，一门课程可以有多个学生选修；一个教师只能讲授一门课程，但一门课程可以由多个教师讲授。由于学生和课程之间是一个__(7)__的联系，所以__(8)__。又由于教师和课程之间是一个__(9)__的联系，所以__(10)__。

(7) A. 1对1　　B. 1对多　　C. 多对1　　D. 多对多

(8) A. 不需要增加一个新的关系模式

B. 不需要增加一个新的关系模式，只需要将 1 端的码插入多端

C. 需要增加一个新的选课关系模式，该模式的主键应该为课程号

D. 需要增加一个新的选课关系模式，该模式的主键应该为课程号和学号

(9) A. 1对1　　B. 1对多　　C. 多对1　　D. 多对多

(10) A. 不需要增加一个新的关系模式，只需要将职工号插入课程关系模式

B．不需要增加一个新的关系模式，只需要将课程号插入教师关系模式

C．需要增加一个新的选课关系模式，该模式的主键应该为课程号

D．需要增加一个新的选课关系模式，该模式的主键应该为课程号和教师号

试题5

设有职工EMP(职工号，姓名，性别，部门号，职务，进单位时间,电话)，职务JOB(职务，月薪)和部门DEPT(部门号，部门名称，部门电话，负责人)实体集。一个职务可以由多个职工担任，但一个职工只能担任一个职务，并属于一个部门，部门负责人是一个职工。下图所示的a、b处的实体名分别为__(11)__；图中a、b之间为__(12)__联系。

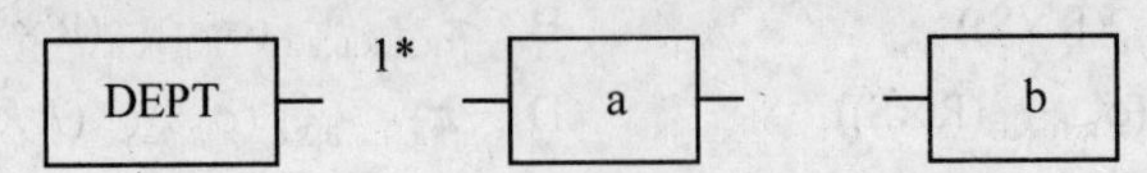

(11) A．DEPT、EMP　　B．EMP、DEPT　　C．JOB、EMP　　D．EMP、JOB

(12) A．1 1　　B．1 *　　C．* 1　　D．* *

试题6

某企业职工和部门的关系模式如下所示，其中部门负责人也是一个职工。职工和部门关系的外键分别是__(13)__。

职工(职工号，姓名，年龄，月工资，部门号，电话，办公室)

部门(部门号，部门名，负责人代码，任职时间)

查询每个部门中月工资最高的“职工号”的 SQL 查询语句如下。

```
Select 职工号 from 职工 as E
   where 月工资=(Select Max(月工资)from 职工 as M (14))。
```

(13) A．职工号和部门号　　B．部门号和负责人代码

C．职工号和负责人代码　　D．部门号和职工号

(14) A．where M.职工号=E.职工号　　B．where M.职工号=E.负责人代码

C．where M.部门号=部门号　　D．where M.部门号=E.部门号

7.4.2　案例分析试题

试题1

阅读下列说明和图，回答问题1至问题4，将解答填入答题纸的对应栏内。

【说明】

某宾馆拟开发一个宾馆客房预订子系统，主要是针对客房的预订和入住等情况进行管理。

【需求分析结果】

(1) 员工信息主要包括：员工号、姓名、出生年月、性别、部门、岗位、住址、联系电话和密码等信息。岗位有管理和服务两种。岗位为“管理”的员工可以更改(添加、删除和修改)员工表中的本部门员工的岗位和密码，要求将每一次更改前的信息保留；岗位为“服务”的员工只能修改员工表中本人的密码，且负责多个客房的清理等工作。

(2) 部门信息主要包括：部门号、部门名称、部门负责人、电话等信息；一个员工只能属于一个部门，一个部门只有一位负责人。

(3) 客房信息包括：客房号、类型、价格、状态等信息。其中类型是指单人间、三人间、普通标准间、豪华标准间等；状态是指空闲、入住和维修。

(4) 客户信息包括：身份证号、姓名、性别、单位和联系电话。

(5) 客房预订情况包括：客房号、预订日期、预订入住日期、预订入住天数、身份证号等信息。一条预订信息必须且仅对应一位客户，但一位客户可以有多条预订信息。

【概念模型设计】

根据需求阶段收集的信，设计好的实体联系图(不完整)如图7.7所示。

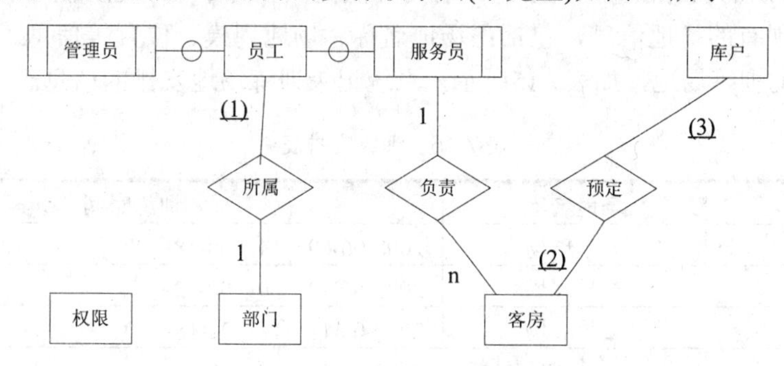

图 7.7　实体联系图

【逻辑结构设计】

逻辑结构设计阶段设计的部分关系模式(不完整)如下。

员工(<u>(4)</u>，姓名，出生年月，性别，岗位，住址，联系电话，密码)

权限(岗位，操作权限)

部门(部门号，部门名称，部门负责人，电话)

客房(<u>(5)</u>，类型，价格，状态，入住日期，入住时间，员工号)

客户(<u>(6)</u>，姓名，性别，单位，联系电话)

更改权限(员工号，<u>(7)</u>，密码，更改日期，更改时间，管理员号)

预定情况(<u>(8)</u>，预定日期，预定入住日期，预定入住天数)

【问题1】(3分)

根据问题描述，填写图7.7中空(1)～(3)处联系的类型。联系类型分为一对一、一对多和多对多三种，分别使用1∶1、1∶n或1∶*、m∶n或*∶*表示。

【问题2】(2分)

补充图7.7中的联系并指明其联系类型。

【问题3】(7分)

根据需求分析结果和图7.7，将逻辑结构设计阶段生成的关系模式中的空(4)～(8)补充完整。(注：一个空可能需要填多个属性)

【问题4】(3分)

若去掉权限表，并将权限表中的操作权限属性放在员工表中(仍保持管理和服务岗位的操作权限规定)，则与原有设计相比有什么优缺点(请从数据库设计的角度进行说明)？

试题 2

阅读下列说明，回答问题1至问题3，将解答填入答题纸的对应栏内。

【说明】

某地区举行篮球比赛，需要开发一个比赛信息管理系统来记录比赛的相关信息。

【需求分析结果】

(1) 登记参赛球队的信息。记录球队的名称、代表地区、成立时间等信息。系统记录球队每个队员的姓名、年龄、身高、体重等信息。每个球队有一个教练负责管理球队，一个教练仅负责一个球队。系统记录教练的姓名、年龄等信息。

(2) 安排球队的训练信息。比赛组织者为球队提供了若干个场地，供球队进行适应性训练。系统记录现有的场地信息，包括：场地名称、场地规模、位置等信息。系统可为每个球队安排不同的训练场地，如表7.15所示，系统记录训练场地安排的信息。

表 7.15　训练安排表

球队名称	场地名称	训练时间
解放军	一号球场	2008-06-09　14：00-18：00
解放军	一号球场	2008-06-12　09：00-12：00
解放军	二号球场	2008-06-11　14：00-18：00
山西	一号球场	2008-06-10　09：00-12：00

(3) 安排比赛。该赛事聘请专职裁判，每场比赛只安排一个裁判。系统记录裁判的姓名、年龄、级别等信息。系统按照一定的规则，首先分组，然后根据球队、场地和裁判情况，安排比赛(每场比赛的对阵双方分别称为甲队和乙队)。记录参赛球队名称、比赛时间、比分、比赛场地等信息，如表 7.16 所示。

表 7.16　比赛安排表

A组：

甲队——乙队	场地名称	比赛时间	裁　判	比　分
解放军——北京	一号球场	2008-06-17　15：00	李大明	
天津——山西	一号球场	2008-06-17　17：00	胡学海	

B组：

甲队——乙队	场地名称	比赛时间	裁　判	比　分
上海——安徽	二号球场	2008-06-17　15：00	丁鸿平	
山东——辽宁	二号球场	2008-06-17　19：00	郭爱琪	

(4) 所有球员、教练和裁判可能表出现重名情况。

【概念模型设计】

根据需求阶段收集的信息，设计的实体联系图和关系模式(不完整)如下。

(1) 实体联系图(如图7.8所示)

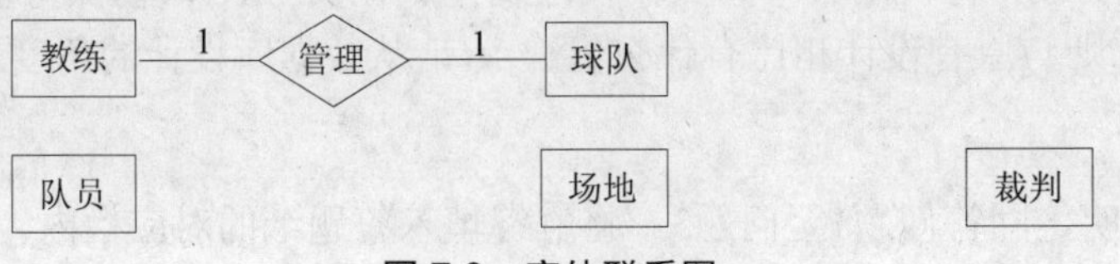

图 7.8　实体联系图

(2) 关系模式

教练(教练编号，姓名，年龄)

队员(队员编号，姓名，年龄，身高，体重，(a))

球队(球队名称，代表地区，成立时间，(b))

场地(场地名称，场地规模，位置)

训练记录((c))

裁判(裁判编号，姓名，年龄，级别)

比赛记录((d))

【问题1】(4分)

根据问题描述，补充联系及其类型，完善实体联系图7.8。(联系及其类型的书写格式参照教练与球队之间的联系描述，联系名称也可使用联系1、联系2、...)

【问题2】(8分)

根据实体联系图7.8，填充关系模式中的(a)、(b)、(c)和(d)，并给出训练记录和比赛记录关系模式的主键和外键。

【问题3】(3分)

如果考虑记录一些特别资深的热心球迷的情况，每个热心球迷可能支持多个球队。热心球迷包括：姓名、住址和喜欢的俱乐部等基本信息。根据这一要求修改图 7.8 的实体联系图，给出修改后的关系模式。(仅给出增加的关系模式描述)

7.4.3　综合知识试题参考答案

【试题1】答　案：(1)C　　(2)D

分　析：本题主要考查数据库系统的三级模式，是常考的考点之一。

数据库系统系统是由外模式、模式和内模式 3 部分构成。

概念/内模式映像于概念级和内部级之间，以此定义概念和内模式之间的对应性。

概念/外模式映像于外部级和概念级之间，以此定义概念和外模式之间的对应性。故得出答案为 C、D。

【试题2】答　案：(3)B　　(4)C

分　析：本题考查数据库中的关系代数。

所求表达式的含义是：对 R、S 笛卡儿积的结果中 2、5 列值相等的记录进行选择操作，然后对 1、5、6 列做投影操作。

首先做R、S的笛卡儿积，结果如下。

关系 R			关系 S		
R.A	R.B	R.C	S.A	S.B	S.C
3	0	3	3	10	11
3	0	3	4	11	6
3	0	3	5	10	13
3	0	3	6	11	14
2	5	6	3	10	11

续表

关系 R			关系 S		
2	5	6	4	11	6
2	5	6	5	10	13
2	5	6	6	11	14
5	8	9	3	10	11
5	8	9	4	11	6
5	8	9	5	10	13
5	8	9	6	11	14
8	11	12	3	10	11
8	11	12	4	11	6
8	11	12	5	10	13
8	11	12	6	11	14

然后执行选择操作，条件是第 2、5 列的值相等，结果如下。

关系 R			关系 S		
R.A	R.B	R.C	S.A	S.B	S.C
8	11	12	4	11	6
8	11	12	6	11	14

最后对 1、5、6 列进行投影操作，得：

R.A	S.B	S.C
8	11	6
8	11	14

由此可知，第 5 题的答案为 B。而第 6 题答案非常明显，即先是对 2、5 列进行选择，再对 1、5、6 列进行投影，答案为 C。

【试题3】答　案：(5)A　　(6)C

分　析：本题考查的知识点是关系代数的基本运算。

自然连接是一种等值连接，R有4个属性，S有2个属性且与R中的相同，因此进行等值连接之后，会有4列，而记录有3条，答案选A。

而第二个空的表达式的意义是将R与S进行笛卡儿积，然后进行选择和投影操作。所以答案为C。

【试题4】答　案：(7)D　　(8)D　　(9)C　　(10)A

分　析：本题主要考查实体之间的基本关系以及E-R模型向关系模型的转换。每个实体类型转换成一个关系模式。

一个1∶1的联系(一对一联系)可转换为一个关系模式，或与任意一段的关系模式合并。若独立转换为一个关系模式，那么两端关系的码及其联系的属性为该关系的属性；若与一段合并，那么将另一端的码及属性合并到该端。

一个1∶*n*的联系(一对多联系)可转换为一个关系模式，或与*n*段的关系模式合并。若独立转换为一个关系模式，那么两端关系的码及其联系的属性为该关系的属性，而*n*端的码为关系的码。

一个$n:m$的联系(多对多联系)可转换为一个关系模式，两端关系的码及其联系的属性为该关系的属性，而关系的码为两端实体的码的组合。

三个或三个以上多对多的联系可转换为一个关系模式，诸关系的码及联系的属性为关系的属性，而关系的码为各实体的码的组合。

本题中，一个学生可以选修多门课程，一门课程可以由多个学生选修，所以学生和课程属于多对多的关系。由于是多对多的关系，需要增加一个新的关系模式，用于记录联系的数据，而且此关系模式应含两端关系模式的主键及联系自身的属性，主键是二者主键的组合。

而一个教师只能讲授一门课程，但一门课程可以由多个教师讲授，所以教师和课程的关系属于多对一。多对一可以不增加新的关系模式，而将联系的属性及一端的主键加入到n端。

【试题5】答　案：(11)D　　(12)B

分　析：本题考查的知识点是数据库的实体及其联系。

实体：客观存在并且可以相互区分的事务，是对现实世界的抽象。一个实体一般可以抽象为数据库的一张表，实体内部的联系通常是指实体的各属性之间的联系。

本题中DEPT与实体a之间是一对多的关系，很显然，一个部门可以有很多员工，因此a为职工EMP，那么b为JOB。

而职工和职务之间的关系是一个职务可以由多个职工担任，但是一个职工一般只担任一个职务，因此职工和职务是多对一的关系。因此，本题答案为D、B。

【试题6】答　案：(13)B　　(14)D

分　析：本题主要考查如何区分主键和外键及SQL语句的使用。

首先我们可以找到这两个关系的主键。职工的主键是职工号，部门的主键是部门号。而部门号在职工关系中不是主键，因此部门号对于职工关系是外键。再看部门关系表，题目说“其中部门负责人也是一个职工”，说明部门中的负责人代码和职工关系中的职工号有关系，所以负责人代码对部门关系来讲是外键，由此得出答案为B。

本题要求查询每个部门中月工资最高的“职工号”，所以肯定与部门有关。我们看括号外的语句作用是查询拥有月工资的职工号，整个SQL语句只有外层语句的部门号可以作为内层SQL语句的查询条件，而两者有相同的部门号属性，因此可以得出本题答案为D。

7.4.4　案例分析试题参考答案

试题 1　答案与解析

答　案：

【问题1】(1) n或m或*　　(2) n或m或*　　(3) n或m或*

【问题2】员工到权限的联系，联系类型为$m:1$

【问题3】(4)员工号，部门号(5)客房号 (6)身份证号 (7)岗位 (8) 客房号，身份证号

【问题4】如果合为一个表，只查一次表就能得出岗位和操作权限信息，增加查找速度。缺点：合为一个表，则岗位、操作权限多次重复出现，产生冗余数据，增加数据库存储量。

分　析：

本题考查数据库设计。涉及的考点有：概念模型设计(E-R图的补充)和逻辑模型设计。

下面具体分析试题。

【问题1】(1) 按常规来说，一个员工只能属于一个部门，一个部门只有一个负责人，所以部门与员工之间的关系是一对多的关系，所以(1)应该填写n。

(2) 由于一条预定信息必须仅对应一个客户，但一个客户可以有多条预定信息，所以客户与预定信息之间是一对多的关系。需要注意，题目要求的是客户与客房之间的预定信息，一位客户可以预定多个客房，而一个客房在不同的时间也可以被多个客户预定，所以客户与客房的预定关系是多对多的。所以(2)和(3)都应填写n。

【问题2】由图可知，需要增加的是员工与权限的关系，因为“管理员”和“服务员”都属于“员工”；一类员工(比如服务员A、服务员B、…、服务员N)使用同一权限，所以员工与权限之间是多对一的关系。

【问题3】由需求分析结果第1条可知，员工信息主要包括：员工号、姓名、出生年月、性别、部门、岗位、住址、联系电话和密码等信息，即员工信息包括员工本身的信息和他所在的部门信息，员工本身最具代表性的信息就是员工号了，而部门在该系统中是一个关系，所以在空(4)处要记录部门相关信息，只需记录部门号即可，其余相关信息可以通过部门号查询获得。

由需求分析结果第3条可知，客房信息包括：客房号、类型、价格、状态等信息，显然空(5)处要填写：客房号。

由需求分析结果第4条可知，客户信息包括：身份证号、姓名、性别、单位和联系电话。显然空(6)处应填写：身份证号。

岗位有管理和服务两种，岗位为“管理”的员工可以更改(添加、删除和修改)员工表中的本部门员工的岗位和密码，要求将每一次更改前的信息保留。所以“更改权限”这个关系模式是指岗位为“管理”的员工可以更改员工表中本部门员工的岗位和密码。“更改前的信息”包括该员工所涉及的全部信息。该关系中已经记录了“员工号”，从员工号可查询获得该员工所有的个人信息和部门信息，同时记录了员工的密码及本次修改的时间、操作和管理员。仔细观察，不难发现该关系中唯一缺少的是岗位的信息，而本系统的设计时由岗位确定该员工的权限的，因此空(7)处应填写：岗位。

由需求分析结果第5条可知，客房预订情况包括：客房号、预订日期、预订入住日期、预订入住天数、身份证号等信息，显然空(8)处应填写：客房号，身份证号。

【问题4】本题考查考生对数据库规范化的理解。

去掉“权限表”后的缺点：去掉“权限表”后，权限字段就得添加到员工表中，员工表中有很多员工记录，而同一类员工的权限都相同，权限数据却要多次重复存储，显然有大量的数据冗余。同时，此时若要对权限字段进行更新，很有可能产生更新异常，若某一岗位的员工全部离职，将导致权限数据的丢失(删除异常)。

去掉“权限表”的优点：获取某一员工权限数据时，不必再将员工表与权限表进行连接查询，可以提高存储速度。

试题2 答案与解析

答 案：

【问题1】完整的实体联系图如图7.9所示。

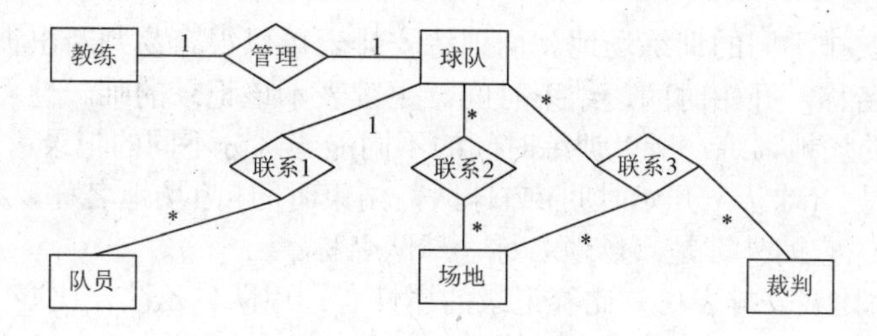

图 7.9　完整实体联系图

【问题2】(a) 球队名称 (b) 教练编号 (c) 球队名称，场地名称，开始时间，结束时间
(d) 甲队，乙队，比赛时间，球场名称，比分，裁判，分组

训练记录	主　键	(球队，开始时间)或(球队，结束时间)或(场地名称，开始时间)或(场地名称，结束时间)
	外　键	球队名称，场地名称
比赛记录	主　键	(甲队，比赛时间)或(场地名称，比赛时间)或(裁判，比赛时间)或(乙队，比赛时间)
	外　键	甲队，乙队，场地名称，裁判

【问题 3】修改后的实体联系图如图 7.10 所示。

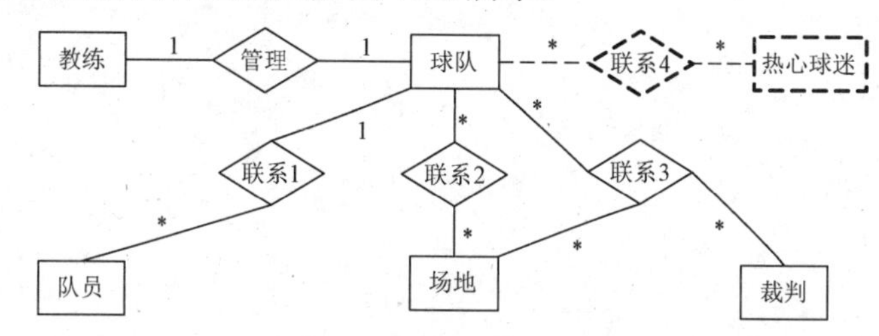

图 7.10　改后实体联系图

关系模式：

热心球迷(球迷编号，姓名，住址，俱乐部)

支持球队(球迷编号，球队)

分　析：

本题考查数据库设计，设计考点有：数据库的概念结构设计和逻辑结构设计。

【问题1】一个球队必然有多名队员，所以球队和队员之间的关系是一对多；一个球队可到多个场地进行比赛，同时一个场地也可以给多个球队来比赛，所以球队和场地之间的关系是多对多；由于球队和场地之间的关系有“比赛”和“训练”，所以图7-9中在它们之间设置了两个关系。一个球队在参加比赛时可以任意聘请裁判，同时一个裁判可以给多个球队的比赛做裁定，因此球队和裁判之间的关系是多对多。

【问题2】本题要求补充完整各关系模式，考查的是数据库的逻辑结构设计。考生仔细分析题目中的需求分析结果，此题不难做出。

(1) 记录中已有队员的基本信息，另外，一个队员必然是属于某个球队的，所以(a)空填写：球队名称。

(2) 需求分析结果已经说明，每个球队有一个教练负责管理球队，所以(b)空中填写：教练编号。

(3) 由需求分析结果，比赛组织者为球队提供若干个场地，供球队进行适应性训练。系统可为每个球队安排不同的训练场地。由训练安排表可以很容易判断出训练记录的属性：球队名称，场地名称，开始时间，结束时间。主键表示该记录的唯一性。不同时间段有不同的球队在不同的场地训练，所以训练时间的不同能够区分不同的记录，所以“训练记录”关系模式的主键是：(球队，开始时间)或(球队，结束时间)或(场地名称，开始时间)或(场地名称，结束时间)。它的外键是：场地名称，球队名称。

(4) 同样，由比赛安排表可知比赛记录的属性有：甲队，乙队，比赛时间，球场名称，比分，裁判，分组。一支球队在某个时间进行一场比赛，可以确定一条比赛记录，所以可以用(甲/乙队，比赛时间)来做比赛记录关系模式的主键；一个场地在某个时间进行一场比赛，也可以确定一条比赛记录，所以可以用(场地名称，比赛时间)来做比赛记录关系模式的主键；某个时间的一场比赛由一个裁判来执行，也可以确定一条比赛记录，所以可以用(裁判，比赛时间)来做比赛记录关系模式的主键。它的外键是：甲队，乙队，场地名称，裁判。

【问题3】此题新增加一个实体——热心球迷，每个球迷可能支持多个球队，当然一个球队有许多个球迷在支持，所以热心球迷和球队之间的关系是多对多。题目中已经指出热心球迷包括：姓名、住址和喜欢的俱乐部等基本信息，但是球迷之间可能有重名现象，所以要加一个“球迷编号”属性。

第 8 章 数据结构

8.1 备考指南

8.1.1 考纲要求

根据考试大纲中相应的考核要求，在“**数据结构**”知识模块上，要求考生掌握以下方面的内容。

1. 数组(静态数组、动态数组)，线性表，链表(单向链表、双向链表、循环链表)，队列，栈，树(二叉树、查找树、线索树、哈夫曼树、堆)，图的定义、存储和操作

2. Hash(存储地址计算、冲突处理)

3. 排序算法、查找算法、数据压缩算法、图的相关算法

8.1.2 考点统计

“**数据结构**”知识模块，在历次软件设计师考试试卷中出现的考核知识点及分值分布情况如表 8.1 所示。

表 8.1 历年考点统计表

年 份	题 号	知 识 点	分 值
2010 年下半年	上午：57～61	队列、哈夫曼树、拓扑排序、折半查找、树的结点数计算	5 分
	下午：试题四	堆排序及算法复杂度计算	15 分
2010 年上半年	上午：57～63	折半查找、压缩矩阵、二叉树的结点总数计算、栈、直接插入排序、哈希表、二叉树排序	7 分
	下午：试题四	有向图的拓扑排序	15 分
2009 年下半年	上午：57～62、64～65	单向链表的头节点、栈、队列、串的基本运算、二叉树的遍历、图的存储结构	8 分
	下午：试题七	数据结构“栈”	15 分

续表

年份	题号	知识点	分值
2009年上半年	上午：57～61	二叉树的基本概念、图的基本概念、查找运算和查找表、二叉排序树	5分
	下午：试题五	二叉树的遍历	15分

8.1.3 命题特点

纵观历年试卷，本章知识点是以选择题和综合分析题的形式出现在试卷中的。在历次考试上午试卷中，所考查的题量大约为5～8道选择题，所占分值为5～8分（约占试卷总分值75分中的7%～11%）；在下午试卷中，所考查的题量大约为1道综合分析题，所占分值大约为15分（约占试卷总分值75分中的20%）。本章试题理论与实践应用并重，难度中等偏难。

8.2 考点串讲

8.2.1 线性结构

一、线性表

1. 线性表的定义

线性表是n个元素的有限序列，通常记为$(a_1,a_2,\cdots,a_n)$，其特点如下。

- 存在唯一的一个称作“第一个”的元素。
- 存在唯一的一个称作“最后一个”的元素。
- 除了表头外，表中的每一个元素均只有唯一的直接前驱。
- 除了表尾外，表中的每一个元素均只有唯一的直接后继。

2. 线性表的存储结构

1) 顺序存储

线性表的顺序存储是用一组地址连续的存储单元依次存储线性表中的数据元素，从而使得逻辑关系相邻的两个元素在物理位置上也相邻。在这种存储方式下，存储逻辑关系无须占用额外的存储空间。其优点是可以随机存取表中的元素，缺点是插入和删除操作需要移动大量的元素。

在线性表的顺序存储结构中，第i个元素a_i的存储位置为

$$LOC(a_i) = LOC(a_1)+(i-1)\times L$$

式中，$LOC(a_1)$是表中第一个元素的存储位置，L是表中每个元素所占空间的大小。

2) 链式存储

线性表的链式存储是指用节点来存储数据元素，节点的空间可以是连续的，也可以是不连续的，因此存储数据元素的同时必须存储元素之间的逻辑关系。节点空间只有在需要的时候才申请，无须事先分配。最基本的节点结构如图8.1所示。

其中，数据域用于存储数据元素的值，指针域则存储当前元素的直接前驱或直接后继信息，指针域中的信息称为指针(链)。n 个节点通过指针连成一个链表，若节点中只有一个指针域，则称为线性链表(单链表)。

图 8.1　最基本的节点结构

线性表采用链表作为存储结构时，不能进行数据元素的随机访问，但其优点是插入和删除操作不需要移动元素。

常用的链表结构还有以下几种。

(1) 双向链表：每个节点包含两个指针，指明直接前驱和直接后继元素，可在两个方向上遍历链表。

(2) 循环链表：表尾节点的指针指向表中的第一个节点，可在任何位置上开始遍历整个链表。

(3) 静态链表：借助数组来描述线性表的链式存储结构。

在链式存储结构中，只需要一个指针(头指针)指向第一个节点，就可以顺序访问到表中的任意一个元素。为了简化对链表状态的判定和处理，特别引入一个不存储数据元素的节点，称为头节点，将其作为链表的第一个结点并令头指针指向该节点。

3. 线性表的插入和删除运算

1) 基于顺序存储结构的运算

插入元素前要移动元素以挪出空的存储单元，然后再插入元素；删除元素时同样需要移动元素，以填充被删除出来的存储单元。在等概率下平均移动元素的次数分别是：

$$E_{\text{insert}}=\sum_{i=1}^{n+1}P_i\times(n-i+1)=\frac{1}{n+1}\sum_{i=1}^{n+1}(n-i+1)=\frac{n}{2}$$

$$E_{\text{delete}}=\sum_{i=1}^{n}q_i\times(n-i)=\frac{1}{n}\sum_{i=1}^{n}(n-i)=\frac{n-1}{2}$$

2) 基于链式存储结构的运算

在链式存储结构下进行插入和删除，其实质都是对相关指针的修改。

- 在单向链表中插入节点时，指针的变化情况如图 8.2 所示。
- 在单向链表中删除节点时，指针的变化情况如图 8.3 所示。

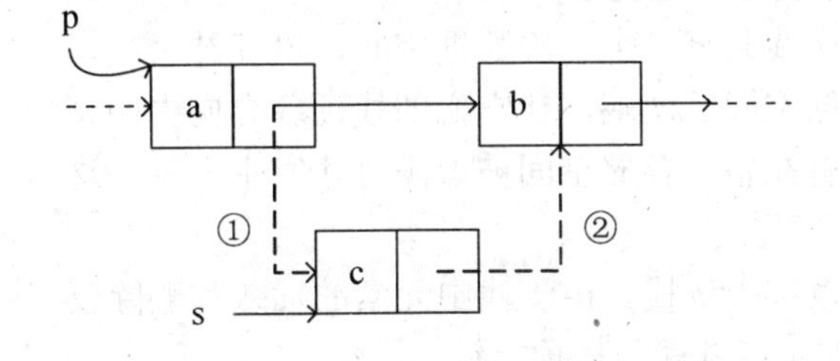

图 8.2　单向链表插入时的指针变化情况

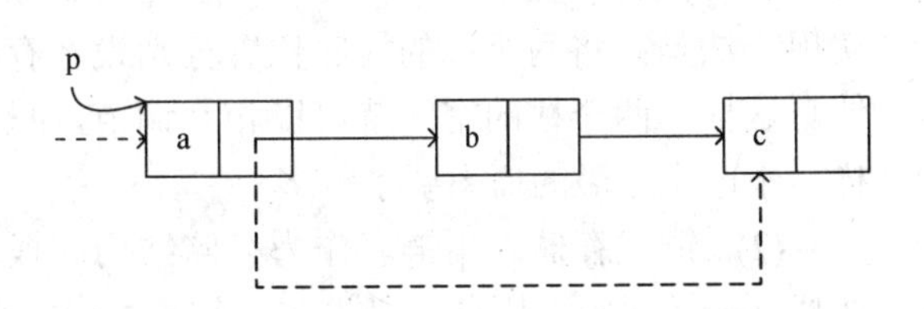

图 8.3　单向链表删除节点时的指针变化情况

- 在双向链表中插入节点时，指针的变化情况如图 8.4 所示。
- 在双向链表中删除节点时，指针的变化情况如图 8.5 所示。

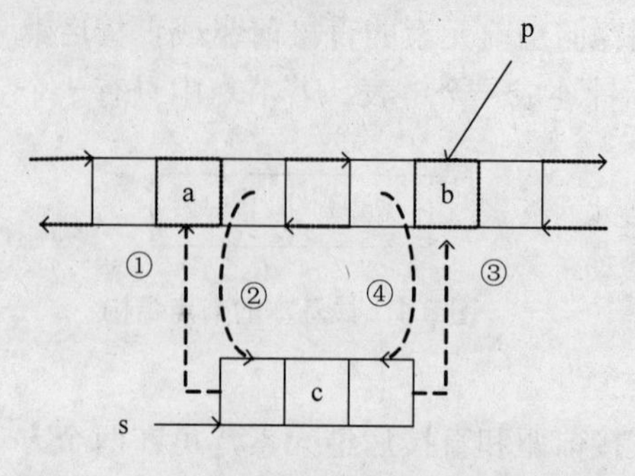

图 8.4　双向链表插入节点时的指针变化情况

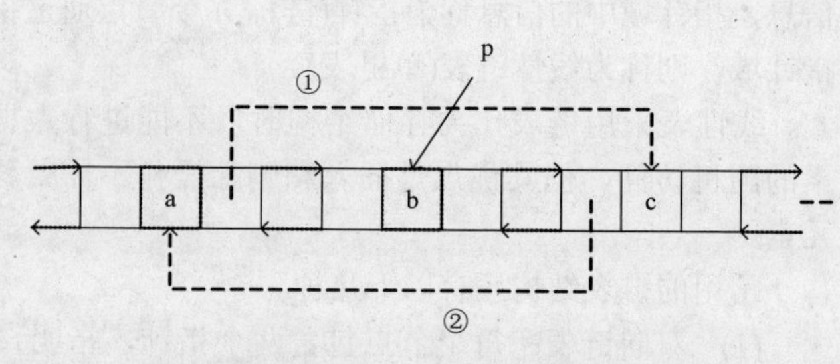

图 8.5　双向链表删除节点时的指针变化情况

二、栈和队列

1. 栈

1)　栈的定义及基本运算

栈是只能通过访问它的一端来实现数据存储和检索的一种线性数据结构。栈的修改是按先进后出的原则进行的。因此，栈又称为先进后出(FILO，或后进先出)的线性表。栈进行插入和删除操作的一端称为栈顶，另一端称为栈底。不含数据元素的栈称为空栈。

对栈进行的基本操作有如下几种。

- 置空栈 InitStack(S)：创建一个空栈 S。
- 判栈空 Empty(S)：当栈 S 为空栈时返回真值，否则返回假值。
- 入栈 Push(S,x)：将元素 x 加入栈顶，并更新栈顶指针。
- 出栈 Pop(S)：将栈顶元素从栈中删除，并更新栈顶指针。若需要得到栈顶元素的值，可将 Pop(S)定义为一个函数，它返回栈顶元素的值。
- 读栈顶元素 Top(S)：返回栈顶元素的值，但不修改栈顶指针。

2)　栈的存储结构

(1)　顺序存储。栈的顺序存储是指用一组地址连续的存储单元依次存储自栈顶到栈底的数据元素，同时附设指针 top 指示栈顶元素的位置。在顺序存储方式下，需要预先定义或申请栈的存储空间，也就是说栈空间的容量是有限的。因此在顺序栈中，当一个元素入栈时，需要判断是否栈满，若栈满，则元素入栈会发生上溢现象。

利用栈底位置不变的特性，可以让两个顺序栈共享一个一维数据空间，以互补余缺，实现方法是：将两个栈的栈底位置分别设在存储空间的两端，让它们的栈顶各自向中间延伸。这样，两个栈的空间就可以相互调节，只有在整个存储空间被占满时才发生上溢，这样一来产生上溢的概率要小得多。

(2)　链式存储。用链表作为存储结构的栈也称为链栈。由于栈中元素的插入和删除仅在栈顶一端进行，因此不必设置头结点，链表的头指针就是栈顶指针。

3)　栈的应用

栈的典型应用包括表达式求值、括号匹配等。在计算机语言的实现以及将递归过程转变为非递归过程的处理中，栈有重要的作用。

2. 队列

1)　队列的定义及基本运算

队列是一种先进先出(FIFO)的线性表，它只允许在表的一端插入元素，而在表的另一端删除元素。在队列中，允许插入元素的一端称为队尾(Rear)，允许删除元素的一端称为队头(Front)。

对队列进行的基本操作如下。

(1)　置队空 InitQueue(Q)：创建一个空的队列 Q。

(2)　判队空 Empty(Q)：判断队列是否为空。

(3)　入队 EnQueue(Q,x)：将元素 x 加入到队列 Q 的队尾，并更新队尾指针。

(4)　出队 DeQueue(Q)：将队头元素从队列 Q 中删除，并更新队头指针。

(5)　读队头元素 Frontque(Q)：返回队头元素的值，但并不更新队头指针。

2)　队列的存储结构

(1)　顺序存储。队列的顺序存储结构是利用一组地址连续的存储单元存放队列中的元素。由于队列中元素的插入和删除限定在队列的两端进行，因此设置队头指针和队尾指针，分别指示当前的队首元素和队尾元素。

在顺序队列中，为了降低运算的复杂度，元素入队时，只需修改队尾指针，元素出队时，只需修改队头指针。由于顺序队列的存储空间是提前设定的，所以队尾指针会有一个上限值，当队尾指针达到其上限时，就不能只通过修改队尾指针来实现新元素的入队操作了。此时，可通过整除取余运算将顺序队列假想成一个环状结构，称之为循环队列。在队列空和队列满的情况下，循环队列的队头、队尾指针指向的位置是相同的。为了区别队空和队满的情况，可采用两种处理方式：其一是设置一个标识位，以区别头、尾指针的值相同时队列是空还是满；其二是牺牲一个元素空间，约定以“队列的尾指针所指位置的下一个位置是头指针”时表示队列满，头、尾指针的值相同时表示队列空。

(2)　链式存储。用链表表示的队列简称为链队列。为了便于操作，给链队列添加一个头结点，并令头指针指向头结点。队列为空的判定条件是：头指针和尾指针的值相同，且均指向头结点。

3)　队列的应用

队列结构常用于处理需要排队的场合，如操作系统中处理打印任务的打印队列、离散事件的计算机模拟等。

三、串

1.　串的定义及基本运算

串是仅由字符构成的有限序列，是取值范围受限的线性表。一般记为 S=“$a_1\,a_2\cdots a_n$”，其中 S 是串名，$a_1\,a_2\cdots a_n$ 是串值。

下面介绍串的几个基本概念。

(1)　空串：长度为零的串，空串不包含任何字符。

(2)　空格串：由一个或多个空格组成的串。

(3)　子串：由串中任意长度的连续字符构成的序列。含有子串的串称为主串。子串在主串中的位置指子串首次出现时，该子串的第一个字符在主串中的位置。空串是任意串的子串。

(4)　串相等：指两个串长度相等且对应位置上的字符也相同。

(5)　串比较：两个串比较大小时以字符的 ASCII 码值作为依据。比较操作从两个串的第一个字符开始进行，字符的 ASCII 码值大者所在的串为大；若其中一个串先结束，则以串长较大者为大。

对串进行的基本操作有如下几种。

(1) 赋值操作 StrAssign(s,t)：将串 t 的值赋给串 s。

(2) 连接操作 Concat(s,t)：将串 t 接续在串 s 的尾部，形成一个新串。

(3) 求串长 StrLength(s)：返回串 s 的长度。

(4) 串比较 StrCompare(s,t)：比较两个串的大小。

(5) 求子串 SubString(s,start,len)：返回串 s 中从 start 开始的、长度为 len 的字符序列。

2. 串的存储结构

1) 串的静态存储：定长存储结构

串的顺序存储结构是用一组地址连续的存储单元来存储串值的字符序列。由于串中的元素为字符，所以可通过程序语言提供的字符数组定义串的存储空间，也可以根据串长的需要动态申请字符串的空间。

2) 串的链式存储：块链

串也可采用链表方式作为存储结构。当用链表存储串中的字符时，每个节点中可以存储一个字符，也可以存储多个字符，要考虑存储密度问题。在链式存储结构中，节点大小的选择和顺序存储方法中数组空间大小的选择一样重要，它直接影响对串处理的效率。

3. 串的模式匹配

子串的定位操作通常称为串的模式匹配，它是各种串处理系统中最重要的运算之一。子串也称为模式串。

1) 朴素的模式匹配算法

朴素的模式匹配算法也称为布鲁特-福斯算法，其基本思想是：从主串的第一个字符起与模式串的第一个字符比较，若相等，则继续逐个字符进行后续的比较，否则从主串的第二个字符起与模式串的第一个字符重新比较，直至模式串中的每个字符依次和主串中的一个连续的字符序列相等，则称匹配成功。如果不能在串中找到与模式串相同的子串，则匹配失败。

2) 改进的模式匹配算法

改进的模式匹配算法又称为 KMP 算法，其改进之处在于：每当匹配过程中出现相比较的字符不相等时，不需要回溯主串的指针，而是利用已经得到的“部分匹配”的结果，将模式串向后“滑动”尽可能远的距离，再继续进行比较。

8.2.2 数组、矩阵和广义表

一、数组

1. 数组的定义及基本运算

n 维数组是一种“同构”的数据结构，其每个元素类型相同，结构一致。数组是定长线性表在维数上的扩张，即线性表中的元素又是一个线性表。

数组结构的特点是：数据元素数目固定；数据元素具有相同的类型；数据元素的下标

关系具有上下界的约束且下标有序。

对数组进行的基本运算有如下两种。

(1) 给定一组下标，存取相应的数据元素。

(2) 给定一组下标，修改相应的数据元素中某个数据项的值。

2. 数组的顺序存储

一旦定义了数组，结构中的数据元素个数和元素之间的关系就不再发生变动，因此数组适合于采用顺序存储结构。

由于计算机的内存结构是一维线性的，因此存储多维数组时必须按照某种方式进行降维处理，即将数组元素排成一个线性序列，这就产生了次序约定问题。对二维数组有两种存储方式：一种是以列为主序的存储方式；另一种是以行为主序的存储方式。

设每个数据元素占用 L 个单元，m、n 为数组的行数和列数，那么以行为主序优先存储的地址计算公式为

$$\mathrm{Loc}(a_{ij})=\mathrm{Loc}(a_{11})+((i-1)\times n+(j-1))\times L$$

同样，以列为主序优先存储的地址计算公式为

$$\mathrm{Loc}(a_{ij})=\mathrm{Loc}(a_{11})+((j-1)\times m+(i-1))\times L$$

二、矩阵

1. 特殊矩阵

若矩阵中元素(或非 0 元素)的分布有一定的规律，则称之为特殊矩阵。常见的特殊矩阵有对称矩阵、三角矩阵、对角矩阵等。

对称矩阵：若矩阵 $A_{n\times n}$ 中的元素具有以下特点：

$$a_{ij}=a_{ji}\quad (1\leqslant i，j\leqslant n)$$

则称之为 n 阶对称矩阵。

上(下)三角矩阵：矩阵的下(上)三角(不包括对角线)中的元素均为常数或 0。

对角矩阵：矩阵中的非 0 元素都集中在以主对角线为中心的带状区域中，即除了主对角线上和直接在对角线上、下方若干条对角线上的元素外，其余的矩阵元素都为 0。

2. 稀疏矩阵

在一个矩阵中，若非 0 元素的个数远远少于 0 元素的个数，且非 0 元素的分布没有规律，则称之为稀疏矩阵。存储稀疏矩阵的非 0 元素时必须同时存储其位置(行、列号)，用三元组(i,j,a_{ij})可唯一确定矩阵中的一个元素。因此，一个稀疏矩阵可由表示非 0 元素的三元组及其行、列数唯一确定。

稀疏矩阵的三元组表的顺序存储结构称为三元组顺序表，常用的三元组表的链式存储结构是十字链表。

三、广义表

1. 广义表的定义

广义表是线性表的推广，是由 0 个或多个单元素或子表所组成的有限序列。

广义表与线性表的区别在于：线性表的元素都是结构上不可分的单元素，而广义表的元素既可以是单元素，也可以是有结构的表。

广义表一般记为

$$LS=(\alpha_1,\alpha_2,\cdots,\alpha_n)$$

式中，$\alpha_i(1\leqslant i\leqslant n)$既可以是单个元素，又可以是广义表，分别称为原子和子表。

广义表的长度是指广义表中元素的个数；深度是指广义表展开后所含的括号的最大层数。

2. 广义表的基本操作

下面介绍广义表的基本操作。

(1) 取表头 head(LS)。非空广义表 LS 的第一个元素称为表头，它可以是一个单元素，也可以是一个子表。

(2) 取表尾 tail(LS)。在非空广义表中，除表头元素之外，由其余元素所构成的表称为表尾。非空广义表的表尾必定是一个表。

3. 广义表的存储结构

广义表通常采用链式存储结构。若广义表不空，则可分解为表头和表尾两部分；反之，一对确定的表头和表尾可唯一决定一个广义表。

8.2.3 树

一、树的定义及基本运算

树是 $n(n\geqslant 0)$个节点的有限集合，$n=0$ 时称为空树，在任一非空树中：

(1) 有且仅有一个称为根的节点；

(2) 其余的节点可分为 $m(m\geqslant 0)$个互不相交的子集 T_1，T_2，…，T_m，其中每个子集本身又是一棵树，并称其为根节点的子树。

树的递归定义表明了树的固有特性，也就是一棵树由若干棵子树构成，而子树又由更小的子树构成。

树中的基本概念如下。

(1) 双亲和孩子：节点的子树的根称为该节点的孩子；该节点称为其子节点的双亲。

(2) 兄弟：具有相同双亲的节点互为兄弟。

(3) 节点的度：一个节点的子树的个数记为该节点的度。

(4) 叶子节点：也称为终端节点，指度为 0 的节点。

(5) 内部节点：度不为 0 的节点称为分支节点或非终端节点。除根节点之外，分支节点也称为内部节点。

(6) 节点的层次：根为第一层，根的孩子为第二层，依此类推。

(7) 树的高度：一棵树的最大层次数记为树的高度(或深度)。

(8) 有序(无序)树：若将树中的节点的各子树看成是从左到右具有次序的，即不能交换，则称该树为有序树；否则称为无序树。

(9) 森林：是 $m(m\geqslant 0)$棵互不相交的树的集合。

二、二叉树

1. 二叉树的定义

二叉树(Binary Tree)是 $n(n\geqslant 0)$个节点的有限集合，它或者是空树(n=0)，或者是由一个根节点及两棵互不相交的、分别称为左子树和右子树的二叉树所组成。

二叉树与树的区别如下。

- 二叉树节点的子树要区分左子树和右子树，即使在节点只有一棵子树的情况下也要明确指出该子树是左子树还是右子树。
- 二叉树结点的最大度为 2，而树中不限制节点的度数。

2. 二叉树的运算

二叉树的基本运算是遍历，其他运算可建立在遍历运算的基础上。

3. 二叉树的性质

二叉树具有如下性质。

(1) 二叉树第 i 层上的节点数目最多为 $2^{i-1}(i\geqslant 1)$。

(2) 深度为 k 的二叉树至多有 2^k-1 个节点($k\geqslant 1$)。

(3) 在任意一棵二叉树中，若终端节点数为 n_0，度为 2 的节点数为 n_2，则 $n_0=n_2+1$。

(4) 具有 n 个节点的完全二叉树的深度为$\lfloor \log_2 n \rfloor+1$。

(5) 对一棵有 n 个节点的完全二叉树，则节点按层次自左至右进行编号，则对任一节点 i 有：

- 若 i=1，则结点 i 是二叉树的根，无双亲；若 I>1，则其双亲为$\left\lfloor \frac{i}{2} \right\rfloor$。
- 若 $2i>n$，则节点 i 无左孩子，否则其左孩子为 $2i$。
- 若 $2i+1>n$，则节点 i 无右孩子，否则其右孩子为 $2i+1$。

若深度为 k 的二叉树有 2^k-1 个节点，则称其为满二叉树。

深度为 k、有 n 个节点的二叉树，当且仅当其每一个节点都与深度为 k 的满二叉树编号从 1～n 的节点一一对应时，称之为完全二叉树。

4. 二叉树的存储结构

1) 顺序存储结构

用一组地址连续的存储单元存储二叉树中的数据元素，必须把节点排成一个适当的线性序列，并且节点在这个序列中的相互位置能反映出节点之间的逻辑关系。

2) 链式存储结构

由于二叉树中节点包含有数据元素、左子树的根、右子树的根及双亲等信息，因此可以用三叉链表或二叉链表来存储二叉树，链表的头指针指向二叉树的根节点。

5. 二叉树的遍历

遍历是按某种策略访问树中的每个节点，且仅访问一次。由于二叉树所具有的递归性质，一棵非空的二叉树可以看做由根节点、左子树和右子树 3 部分构成，因此若能依次遍历这 3 个部分中的每个节点信息，也就遍历了整棵二叉树。按照遍历左子树要在遍历右子树之前进行的约定，根据访问根节点位置的不同，可得到二叉树的前序、中序和后序 3 种遍历方法。

遍历二叉树的基本操作就是访问结点，不论按照哪种次序遍历，对含有 n 个结点的二叉树，遍历算法的时间复杂度都为 $O(n)$。在最坏情况下，二叉树是有 n 个结点且深度为 n 的单枝树，遍历算法的空间复杂度也为 $O(n)$。

对二叉树还可以进行层序遍历。层序遍历就是从树的根结点出发，首先访问第 1 层的根结点，然后从左到右依次访问第 2 层上的结点，依此类推，自上而下、自左到右逐层访问树中各层上结点的过程。

6. 线索二叉树

若 n 个结点的二叉树采用链表作存储结构，则链表中含有 $n+1$ 个空指针域，可以利用这些空指针域来存放指向结点的前驱和后继信息。线索链表的结点结构如图 8.6 所示。

ltag	lchild	data	rchild	rtag

图 8.6 线索链表的结点结构

若二叉树的二叉链表采用如图 8.6 所示的结点结构，则相应的链表称为线索链表，其中指向结点前驱、后继的指针称为线索，加上线索的二叉树称为线索二叉树。对二叉树以某种次序遍历使其变为线索二叉树的过程称为线索化。

7. 二叉树的应用：最优二叉树

哈夫曼树又称最优二叉树，是一类带权路径长度最短的树。

路径：是指从树中一个结点到另一个结点之间的通路，路径上的分支数目称为路径长度。

树的路径长度：是从树根到每一个叶子的路径长度之和。结点的带权路径长度为从该结点到树根之间的路径长度与该结点权的乘积。

树的带权路径长度：指树中所有叶子结点的带权路径长度之和，记为

$$\mathrm{WPL}=\sum_{i=1}^{n} w_i l_i$$

式中，n 为带权叶子结点的数目；w_i 为叶子结点的权值；l_i 为叶子结点到根的路径长度。

哈夫曼树：是指权值为 w_1，w_2，…，w_n 的 n 个叶子结点的二叉树中带权路径长度最小的二叉树。

构造最优二叉树的哈夫曼算法如下。

(1) 根据给定的 n 个权值 w_1，w_2，…，w_n，构成 n 棵二叉树的集合 $F=\{T_1,T_2,\cdots,T_n\}$，其中每棵二叉树 T_i 中只有一个带权为 w_i 的根结点，其左右子树均空。

(2) 在 F 中选取两棵根结点的权值最小的树作为左右子树，构造一棵新的二叉树，置新构造二叉树的根结点的权值为其左右子树根结点的权值之和。

(3) 从 F 中删除这两棵树，同时将新得到的二叉树加入到 F 中。

重复步骤(2)、(3)，直到 F 中只含一棵树时为止。这棵树便是哈夫曼树。

8. 树和森林

1) 树的存储结构

- 树的双亲表示法：用一组地址连续的单元存储树的结点，并在每个结点中附设一个指示器，指示其双亲结点在该存储结构中的位置。

- 树的孩子表示法：在存储结构中用指针指示出结点的每个孩子，由于树中每个结点的子树数目不尽相同，因此在采用链式存储结构时可以考虑多重链表。
- 树的孩子兄弟表示法：又称二叉链表表示法。在链表的结点中设置两个指针域分别指向该结点的第一个孩子和下一个兄弟。利用这种存储结构便于实现树的各种操作。

2)　树和森林的遍历

(1)　树的遍历。树的遍历分为先根遍历和后根遍历两种。

① 先根遍历：先访问树的根结点，然后依次先根遍历根的各棵子树。对树的先根遍历等同于对转换所得的二叉树进行先序遍历。

② 后根遍历：先依次后根遍历树根的各棵子树，然后访问树根结点。树的后根遍历等同于对转换所得的二叉树进行中序遍历。

(2)　森林的遍历。森林的遍历分为前序遍历和后序遍历两种。

① 前序遍历：若森林非空，访问森林中第一棵树的根结点，前序遍历第一棵子树根结点的子树森林，再前序遍历除第一棵树之外剩余的树所构成的森林。

② 后序遍历：若森林非空，中序遍历森林中第一棵树的子树森林，访问第一棵树的根结点，中序遍历除第一棵树之外剩余的树所构成的森林。

3)　树、森林与二叉树的转换

(1)　树、森林转换为二叉树。利用树的孩子兄弟表示法可导出树与二叉树的对应关系，在树的孩子兄弟表示法中，从物理结构上看与二叉树的二叉链表表示法相同，因此就可以用这种同一存储结构的不同的解释将一棵树转换为一棵二叉树。

将一个森林转换为一棵二叉树的方法是：先将森林中的每一棵树转换为二叉树，再将第一棵树的根作为转换后的二叉树的根，第一棵树的左子树作为转换后二叉树根的左子树，第二棵树作为转换后二叉树的右子树，第三棵树作为转换后二叉树根的右子树的右子树，依此类推，森林就可以转换为一棵二叉树。

(2)　二叉树转换为树和森林。若二叉树非空，则二叉树根及其左子树为第一棵树的二叉树型式，二叉树根的右子树又可以看做一个由森林转换后的二叉树，应用同样的方法，直到最后产生一棵没有右子树的二叉树为止，这样就得到了一个森林。为了进一步得到树，可用树的二叉链表表示的逆方法，即结点的右子树的根、右子树的右子树的根……找出原本是同一个双亲的兄弟。二叉树转换为树或森林是唯一的。

8.2.4　图

一、图的定义

图 G 是由两个集合 V 和 E 构成的二元组，记作 $G=(V,E)$，其中 V 是图中顶点的非空有限集合，E 是图中边的有限集合。从数据结构的逻辑关系来看，图中任一顶点都有可能与图中其他顶点有关系，而图中所有顶点都有可能与某一顶点有关系。在图中，数据结构中的数据元素用顶点表示，数据元素之间的关系用边表示。

(1)　有向图：若图中每条边都是有方向的，则称 G 为有向图。顶点间的关系用 $<v_i,v_j>$ 表示，它说明从 v_i 到 v_j 的一条有向边(也称为弧)。v_i 是有向边的起点，称为弧尾；v_j 是有向边的终点，称为弧头。

(2) 无向图：若图中的每条边都是无方向的，则顶点 v_i 和 v_j 之间的边用 (v_i, v_j) 表示。

(3) 无向完全图：若一个无向图具有 n 个顶点，而每一个顶点与其他 $n-1$ 个顶点之间都有边，则称之为无向完全图。显然，含有 n 个顶点的无向完全图共有 $n(n-1)/2$ 条边。

(4) 有向完全图：有 n 个顶点的有向完全图中弧的数目为 $n(n-1)$，即任何两个不同顶点之间都有方向相反的两条弧存在。

(5) 度、入度和出度：顶点的度是指关联于该顶点的边的数目，记为 $D(v)$。若 G 为有向图，顶点的度表示该顶点的入度和出度之和。顶点的入度是指以该顶点为终点的有向边的数目，而顶点的出度是指以该顶点为起点的有向边的数目，分别记为 $ID(v)$ 和 $OD(v)$。无论有向图还是无向图，顶点数 n、边数 e 与各顶点的度之间有以下关系：

$$e = \frac{1}{2}\sum_{i=1}^{n} D(v_i)$$

(6) 路径：在无向图 G 中，从顶点 v_p 到顶点 v_q 的路径是指存在一个顶点序列 v_p，$v_{i1}, v_{i2}, \cdots, v_{in}$，$v_q$，使得 (v_p, v_{i1})，(v_{i1}, v_{i2})，…，(v_{in}, v_q) 均属于 $E(G)$。

(7) 子图：对于两个图 $G=(V,E)$ 和 $G'=(V',E')$，如果 V' 是 V 的子集，E' 是 E 的子集，则称 G' 为 G 的子图。

(8) 连通图：在无向图 G 中，若从顶点 v_i 到顶点 v_j 有路径，则称顶点 v_i 和顶点 v_j 是连通的。如果无向图 G 中任意两个顶点都是连通的，则称其为连通图。无向图 G 的极大连通子图称为 G 的连通分量。

(9) 强连通图：在有向图 G 中，如果对于每一对顶点 v_i，v_j 且 $v_i \neq v_j$，从顶点 v_i 到顶点 v_j 和从顶点 v_j 到顶点 v_i 都存在路径，则称图 G 为强连通图。有向图 G 中任意两个不同的顶点 v_i 和 v_j，都存在从 v_i 到 v_j 以及从 v_j 到 v_i 的路径，则称 G 是强连通图。

(10) 网：边(或弧)带权值的图称为网。

(11) 生成树：一个连通图的生成树是一个极小的连通子图，它包含图中的全部顶点，但只有构成一棵树的 $n-1$ 条边。

(12) 有向树和生成森林：如果一个有向图恰有一个顶点的入度为 0，其余顶点的入度均为 1，则是一棵有向树。有向图的生成森林由若干棵有向树组成，含有图中全部顶点，但只有足以构成若干棵不相交的有向树的弧。

二、存储结构

1) 邻接矩阵表示法

对于具有 n 个顶点的图 $G(V,E)$ 来说，其邻接矩阵是一个 n 阶方阵，且满足：

$$A[i][j] = \begin{cases} 1, \text{若}(v_i, v_j)\text{或} < v_i, v_j > \text{是}E\text{中的边} \\ 0, \text{若}(v_i, v_j)\text{或} < v_i, v_j > \text{不是}E\text{中的边} \end{cases}$$

由邻接矩阵的定义可知，无向图的邻接矩阵是对称的，有向图的邻接矩阵就不一定对称了。借助于邻接矩阵易判定任意两个顶点之间是否有边(或弧)相连，并且容易求得各个顶点的度。

网(赋权图)的邻接矩阵可定义为

$$A[i][j] = \begin{cases} W_{ij}, \text{若}(v_i, v_j)\text{或} < v_i, v_j > \text{是}E\text{中的边} \\ \infty, \text{若}(v_i, v_j)\text{或} < v_i, v_j > \text{不是}E\text{中的边} \end{cases}$$

2)　邻接链表表示法

邻接链表指的是为图的每个顶点建立一个单链表，第 i 个单链表中的结点表示依附于顶点 v_i 的边(对于有向图是以 v_i 为尾的弧)。邻接链表中的结点有表结点和表头结点两种类型。

邻接矩阵和邻接链表表示法对有向图和无向图都适用。

三、图的遍历

1. 深度优先遍历

从图 G 中任一个顶点 v 出发，深度优先遍历(DFS)的算法步骤如下。

(1)　设立搜索指针 p，使 p 指向顶点 v。

(2)　访问 p 所指顶点，并使 p 指向与其相邻接的且尚未被访问过的顶点。

(3)　若 p 不空，则重复步骤(2)，否则执行步骤(4)。

(4)　沿着刚才访问的次序、方向回溯到一个尚有邻接顶点且未被访问过的顶点，并使 p 指向这个未被访问的邻接顶点，然后重复步骤(2)，直至所有的顶点均被访问为止。

这个算法的特点是尽可能先对纵深方向搜索，因此可以很容易得到其遍历的递归算法。

2. 广度优先遍历

广度优先遍历(BFS)的遍历过程是：假设从图中某一个顶点 v 出发，在访问 v 之后依次访问 v 的各个未被访问过的邻接点，然后分别从这些邻接点出发依次访问它们的邻接点，并使“先被访问的顶点的邻接点”先于“后被访问的顶点的邻接点”被访问，直至图中所有已被访问过的顶点的邻接点都被访问到。若此时还有未被访问的顶点，则另选其中一个没有被访问的顶点作为起点，重复上述过程，直至图中所有的顶点都被访问到为止。

广度优先遍历图的特点是尽可能先进行横向搜索，即最先访问的顶点的邻接点亦先被访问。

四、生成树和最小生成树

1. 生成树

设图 $G=(V,E)$是个连通图，当从图中任一个顶点出发遍历图 G 时，将边集 $E(G)$分为两个集合 $A(G)$和 $B(G)$。其中 $A(G)$是遍历时所经过的边的集合，$B(G)$是遍历时未经过的边的集合。$G_1=(V,A)$是图 G 的子图，称子图 G_1 为连通图 G 的生成树。

2. 最小生成树

对于连通网来说，边是带权值的，生成树的各边也带权值，如果把生成树各边的权值总和称为生成树的权，则把权值最小的生成树称为最小生成树。

构造生成树有多种算法，其中多数算法利用了最小生成树的 MST 性质：假设 $G=(V,E)$是一个连通图，U 是顶点集 V 的一个非空子集。若(u,v)是一条最小权值的边，其中 $u\in U, v\in V-U$，则必存在一棵包含边(u,v)的最小生成树。

五、拓扑排序和关键路径

1. AOV 网

在有向图中，若用顶点表示活动，用有向边表示活动之间的优先关系，则称这样的有向图为以顶点表示活动的网，简称 AOV 网。

在 AOV 网中不应出现有向环。不存在回路的 AOV 网称为有向无环图，或 DAG 图。检测的方法是对有向图构造其顶点的拓扑有序序列，若图中所有顶点都在它的拓扑有序序列中，则该 AOV 网中必定不存在环。

2. 拓扑排序及其算法

拓扑排序是将 AOV 网中所有顶点排成一个线性序列，该序列满足：若在 AOV 网中从顶点 v_i 到 v_j 有一条路径，则在该线性序列中，顶点 v_i 必然在顶点 v_j 之前。拓扑排序即指对 AOV 网构造拓扑序列的操作。

对 AOV 网进行拓扑排序的方法如下。

(1) 在 AOV 网中选择一个入度为 0 的顶点且输出它。

(2) 从网中删除该顶点及与该顶点有关的所有边。

(3) 重复上述两步，直至网中不存在入度为 0 的顶点为止。

若在 AOV 网中考察各顶点的出度，并按下列步骤进行排序，则称为逆拓扑排序。

(1) 在 AOV 网中选择一个没有后继的顶点且输出它。

(2) 从网中删除该顶点，并删去所有到达该顶点的弧。

(3) 重复上述两步，直至网中不存在出度为 0 的顶点为止。

拓扑排序的时间复杂度为 $O(n+e)$。

3. AOE 网

若在带权有向图 G 中以顶点表示事件，以有向边表示活动，边上的权值表示该活动持续的时间，则这种带权有向图称为用边表示活动的网，简称 AOE 网。AOE 网中不应存在有向回路。

六、最短路径

1. 单源点最短路径

单源点最短路径是指给定带权有向图 G 和源点 v，求从 v 到 G 中其余各顶点的最短路径。迪杰斯特拉(Dijkstra)提出了按路径长度递增的次序产生最短路径的算法。

2. 每对顶点间的最短路径

若每次以一个顶点为源点，重复执行迪杰斯特拉算法 n 次，便可求得网中每一对顶点之间的最短路径。弗洛伊德(Floyd)提出了求最短路径的算法，该算法在形式上要简单一些。

8.2.5 查找

一、查找的基本概念

1. 基本概念

查找是一种常用的基本运算。查找表指由同一类型的数据元素构成的集合。

- 静态查找表：对查找表经常要进行的两种操作是查询和检索。
- 动态查找表：对查找表经常要进行的操作是插入和删除。

- 关键字：是数据元素的某个数据项的值，用它来识别这个数据元素。
- 主关键字：能唯一标识一个数据元素的关键字。
- 次关键字：能标识多个数据元素的关键字。
- 查找：根据给定的某个值，在查找表中确定是否存在一个其关键字等于给定值的记录或数据元素的过程称为查找。

2. 查找操作的性能分析

通常以“其关键字和给定值进行过比较的记录个数的平均值”作为衡量查找算法好坏的依据。

平均查找长度：为确定记录在查找表中的位置，需与给定关键字值进行比较的次数的期望值称为查找算法在查找成功时的平均查找长度。

对于含有 n 个记录的表，平均查找长度 ASL 定义为：

$$\mathrm{ASL}=\sum_{i=1}^{n}p_ic_i$$

式中，p_i 为对表中第 i 个记录进行查找的概率，且 $\sum_{i=1}^{n}p_i=1$。一般情况下，均认为查找每个记录的概率是相等的，即 $p_i=1/n$；c_i 为找到表中其关键字与给定值相等的记录(为第 i 个记录)，和给定值已经进行过比较的关键字个数。

二．静态查找表

1. 顺序查找

顺序查找的基本思想是：从表的一端开始，逐个进行记录的关键字和给定值的比较，若找到一个记录的关键字与给定值相等，则查找成功；若整个表中的记录均比较过，仍未找到关键字等于给定值的记录，则查找失败。

顺序查找的性能分析如下。

一般情况下，$c_i=n-i+1$，因此在等概率情况下，顺序查找成功的平均查找长度为：

$$\mathrm{ASL}_{ss}=\sum_{i=1}^{n}p_ic_i=\frac{1}{n}\sum_{i=1}^{n}(n-i+1)=\frac{n+1}{2}$$

也就是说，成功查找的平均次数约为表长的一半。与其他方法相比，顺序查找方法在 n 值较大时，其平均查找长度较大，查找效率较低。但这种方法也有优点，就是算法简单且适应面广，对查找表的结构没有要求，无论记录是否按关键字有序排列均可使用。

2. 折半查找

折半查找的基本思想是：设查找表的元素存储在一维数组 $r[1\cdots n]$ 中，那么在表中的元素已经按关键字递增(或递减)的方式排序的情况下，可进行折半查找。其方法是：首先将待查的 key 值与表 r 中间位置上(下标为 mid)的记录的关键字进行比较，若相等，则查找成功；若 key$>r[\mathrm{mid}]$.key，则说明待查记录只可能在后半个子表 $r[\mathrm{mid}+1\cdots n]$ 中，下一步应在后半个子表中再进行折半查找，若 key$<r[\mathrm{mid}]$.key，说明待查记录只可能在前半个子表 $r[1\cdots \mathrm{mid}-1]$ 中，下一步应在 r 的前半个子表中进行折半查找。这样通过逐步缩小范围，直到查找成功或子表为空时失败为止。

折半查找的性能分析：折半查找的过程可以用一棵二叉树描述，方法是以当前查找区间的中间位置序号作为根，左半个子表和右半个子表中的记录序号分别作为根的左子树和右子树上的节点，这样构造的二叉树称为折半查找判定树。不妨设结点总数为$n=2^h-1$，则判定树是深度为$h=\log_2(n+1)$的满二叉树。在等概率情况下，折半查找的平均查找长度为

$$ASL_{bs}=\sum_{i=1}^{n}p_ic_i=\frac{1}{n}\sum_{j=1}^{h}j\times 2^{j-1}=\frac{n+1}{n}\log_2(n+1)-1。$$

当n值较大时，$ASL_{bs}\approx\log_2(n+1)-1$。

折半查找比顺序查找的效率要高，但它要求查找表进行顺序存储并且按关键字有序排列，因此对表进行元素的插入和删除时，需要移动大量的元素，所以折半查找适用于表不易变动，且又经常进行查找的情况。

3. 分块查找

分块查找又称为索引顺序查找，是对顺序查找方法的一种改进，其性能介于顺序查找和折半查找之间。

分块查找的基本思想：在分块查找过程中，首先把表分成若干块，每一块中的关键字不一定有序，但块之间是有序的，即后一块中所有记录的关键字均大于前一个块中最大的关键字；此外，还建立了一个索引表，索引表按关键字有序。所以分块查找的过程分为两步：第一步在索引表中确定待查记录所在的块；第二步在块内顺序查找。

三、动态查找表

1. 二叉排序树

二叉排序树又称二叉查找树，它或者是一棵空树，或者是满足如下性质的二叉树。

(1) 若它的左子树非空，则左子树上所有结点的值均小于根结点的值。

(2) 若它的右子树非空，则右子树上所有结点的值均大于根结点的值。

(3) 左、右子树本身就是两棵二叉排序树。

二叉排序树的查找过程是：若二叉排序树非空，则将给定值与根结点的关键字值相比较，若相等，则查找成功；若不等，则当根结点的关键字值大于给定值时，到根的左子树中进行查找，否则到根的右子树中进行查找。若找到，则查找过程是走了一条从树根到所找到结点的路径；否则查找过程终止于一棵空树。

二叉排序树中插入结点的操作：每读入一个元素，建立一个新结点，若二叉树非空，则将新结点的值与根结点的值相比较，如果小于根结点的值，则插入到左子树中，否则插入到右子树中；若二叉排序树为空，则新结点作为二叉排序树的根结点。

二叉排序树中删除结点的操作：在二叉树中删除一个结点，不能把以该结点为根的子树都删除，只能删除这个结点并仍旧保持二叉排序树的特性，也就是说删除二叉排序树上一个结点相当于删除有序数列中的一个元素。假设二叉排序树上的被删除结点为*p(p 指针指向被删除结点)，*f为其双亲结点，则删除结点*p 的过程可分为 3 种情况。

- 若*p结点为叶子结点，即p→lchild及p→rchild均为空，则由于删去叶子结点后不破坏整棵树的结构，因此只需修改*p 结点的双亲结点*f 的相应指针即可，即 f→lchild(或f→rchild)=NULL。
- 若*p结点只有左子树或者只有右子树，此时只要将*p的左子树或右子树接成其双亲结点*f的左子树或右子树，即令f→lchild(或f→rchild)=p→lchild，或f→lchild(或

$f \to$ rchild)= $p \to$ rchild。

- 若*p 结点的左右子树均不空，此时不能像上面那样简单处理，删除*p 结点时应将*p 的左子树、右子树连接到适当的位置，并保持二叉排序树的特性。可采用如下两种方法进行处理：一是令*p 的左子树为*f 的左(或右)子树，而将*p 的右子树下接到*p 的中序遍历的直接前驱结点*s 的右孩子指针上；二是用*p 的中序直接前驱(或后继)结点*s 代替*p 结点，然后删除*s 结点。

2. 平衡二叉树

平衡二叉树又称为 AVL 树，它或者是一棵空树，或者是具有下列性质的二叉树：它的左、右子树都是平衡二叉树，且左子树和右子树的深度之差的绝对值不超过 1；若将二叉树结点的平衡因子定义为该结点的左子树的深度减去其右子树的深度，则平衡树上所有结点的平衡因子只可能是-1、0 和 1；只要树上有一个结点的平衡因子的绝对值大于 1，则该二叉树就是不平衡的。

平衡二叉树上的插入操作：失去平衡后进行调整的规律可归纳为 4 种情况：①单向右旋平衡处理；②单向左旋平衡处理；③双向旋转(从左到右)平衡处理；④双向旋转(从右到左)平衡处理。

平衡二叉树上的删除操作：若删除结点的两个子树都不为空，就用该结点左子树上的中序遍历的最后一个结点(或其右子树上的第一个结点)替换该结点，将情况转化为待删除的结点只有一个子树后再进行处理。当一个结点被删除后，从被删结点到树根的路径上所有结点的平衡因子都需要更新，对于每一个位于该路径上的平衡因子为±2 的结点来说，都要进行平衡处理。

3. B-树

B-树的定义：一棵 m 阶的 B-树，或为空树，或为满足下列特性的 m 叉树。

(1) 树中每个结点至多有 m 棵子树。

(2) 若根结点不是叶子结点，则至少有两棵子树。

(3) 除根之外的所有非终端结点至少有 $\left\lceil \frac{m}{2} \right\rceil$ 棵子树。

(4) 所有的非终端结点中包含下列数据信息：

$$(n, A_0, K_1, A_1, K_2, A_2, \cdots, K_n, A_n)$$

式中，K_i (i=1，2，…，n)为关键字，且 $K_i < K_{i+1}$ (i=1,2,…,n−1)； A_i (i=1,2,…,n)为指向子树根结点的指针，且指针 A_{i-1} 所指子树中所有结点的关键字均小于 K_i (i=1,2,…,n)， A_n 所指子树中所有结点的关键字均大于 K_n， $n(\left\lceil \frac{m}{2} \right\rceil - 1 \leqslant n \leqslant m-1)$ 为结点中关键字的个数。

(5) 所有的叶子结点都出现在同一层次上，并且不带信息(可以看做外部结点或查找失败的结点，实际上这些结点不存在，指向这些结点的指针为空)。

B-树上进行查找的过程：首先在根结点所包含的关键字中查找给定的关键字，若找到则成功返回；否则，确定待查找的关键字所在的子树并继续进行查找，直到查找成功或查找失败(指针为空)时为止。

B-树上的插入和删除运算较为复杂，因为要保证运算后结点中关键字的个数大于等于

$\left\lceil \frac{m}{2} \right\rceil -1$，因此涉及结点的“分裂”及“合并”问题。

在 B-树中插入一个关键字时，不是在树中加一个叶子结点，而是首先在低层的某个终端结点添加一个关键字，若该结点中关键字的个数不超过 $m-1$，则完成插入；否则，要进行结点的“分裂”处理。所谓“分裂”，就是把结点中处于中间位置上的关键字取出来插入到其父结点中，并以该关键字为分界线，把原结点分成两个结点，“分裂”过程可能会一直持续到树根。

在 B-树中删除一个结点时，首先找到关键字所在的结点，若该结点在含有信息的最后一层，且其中关键字的数目不少于 $\left\lceil \frac{m}{2} \right\rceil -1$，则完成删除；否则需进行结点的“合并”运算。若待删除的关键字所在结点不在含有信息的最后一层上，则将该关键字用其在 B-树中的后继替代，然后再删除其后继元素，即将需要处理的情况统一转化为在含有信息的最后一层再进行删除运算。

四、哈希表及其查找

1. 定义

根据设定的哈希函数和处理冲突的方法，将一组关键字映射到一个有限的连续的地址集(区间)上，并以关键字在地址集中的“像”作为记录在表中的存储位置，这种表称为哈希表，这一映射过程称为哈希造表或散列，所得的存储位置称为哈希地址或散列地址。

对于哈希表，主要考虑两个问题：其一是如何构造哈希函数；其二是如何解决冲突。

2. 哈希函数的构造方法

常用的哈希函数构造方法有直接定址法、数字分析法、平方取中法、折叠法、随机数法和除留余数法等。

3. 处理冲突的方法

常见的处理冲突的方法有开放地址法、链地址法、再哈希法、建立一个公共溢出区。

4. 哈希表的查找及其性能分析

从哈希表的查找过程可知以下两点。

- 虽然哈希表在关键字与记录的存储位置之间建立了直接映像，但由于冲突的产生，使得哈希表的查找过程仍然是一个给定值和关键字进行比较的过程，因此，仍需以平均查找长度衡量哈希表的查找效率。
- 查找过程中需与给定值进行比较的关键字的个数取决于哈希函数、处理冲突的方法和哈希表的装填因子 3 个因素。哈希表的装填因子定义为

$$\alpha = \frac{\text{表中装入的记录数}}{\text{哈希表的长度}}$$

式中，α 标志哈希表的装满程度。直观地看，α 越小，发生冲突的可能性就越小；反之，α 越大，表中已填入的记录越多，再填记录时，发生冲突的可能性就越大，则查找时，给定值需与之进行比较的关键字的个数也就越多。

8.2.6　排序

一、排序的基本概念及运算

排序：假设含 n 个记录的文件内容为$\{R_1,R_2,\cdots,R_n\}$，其相应的关键字分别为$\{K_1,K_2,\cdots,K_n\}$。经过排序确定一种排列：R_{i1}，$R_{i2},\cdots,R_{in}$，使得它们的关键字满足关系 $K_{i1}\leqslant K_{i2}\leqslant\cdots\leqslant K_{in}$(或 $K_{i1}\geqslant K_{i2}\geqslant\cdots\geqslant K_{in}$)，这样的运算称为排序。

内部排序：指待排序记录全部存放在内存中的排序过程。

外部排序：指待排序记录的数量很大，以至内存不能容纳全部记录，在排序过程中尚需对外存进行访问的过程。

二、简单排序

下面介绍几种简单排序的方法。

- 直接插入排序：在插入第 i 个记录时，$R_1,R_2,\cdots,R_{i-1}$ 已经排好序，这时将关键字 k_i 依次与关键字 $k_{i-1},k_{i-2},\cdots,k_1$ 进行比较，从而找到应该插入的位置，然后将 k_i 插入，插入位置及其后的记录依次向后移动。
- 冒泡排序：首先将第一个记录的关键字和第二个记录的关键字进行比较，若为逆序，则交换两个记录的值，然后比较第二个记录和第三个记录的关键字，依此类推，直至第 $n-1$ 个记录和第 n 个记录的关键字进行过比较为止。上述过程称作第一趟冒泡排序，其结果是关键字最大的记录被安置到第 n 个记录的位置上，然后进行第二趟冒泡排序，对前 $n-1$ 个记录进行同样的操作，其结果是关键字次大的记录被安置到第 $n-1$ 个记录的位置上。当进行完第 $n-1$ 趟时，所有记录有序排列。
- 简单选择排序：通过 $n-i$ 次关键字之间的比较，从 $n-i+1$ 个记录中选出关键字最小的记录，并和第 i 个记录进行交换，当 i 等于 n 时所有记录有序排列。

三、希尔排序

希尔排序又称为缩小增量排序，是对直接插入排序方法的改进。

希尔排序的基本思想：先将整个待排记录序列分割成若干个子序列，然后分别进行直接插入排序，待整个序列中的记录基本有序时，再对全体记录进行一次直接插入排序。具体做法：先取定一个小于 n 的整数 d_1 作为第一个增量，把文件的全部记录分成 d_1 个组，将所有距离为 d_1 倍数的记录放在同一个组中，在各组内进行直接插入排序；然后取第二个增量 $d_2<d_1$，重复上述分组和排序工作，依此类推，直至所取的增量 $d_i=1(d_i<d_{i-1}<\cdots<d_2<d_1)$，即所有记录放在同一组进行直接插入排序为止。

四、快速排序

快速排序的基本思想：通过一趟排序将待排的记录分割为独立的两部分，其中一部分记录的关键字均比另一部分记录的关键字小，然后再分别对这两部分记录继续进行排序，以达到整个序列有序。

具体做法是：附设两个指针 low 和 high，它们的初值分别指向第一个记录和最后一个记录。设枢轴记录的关键字为 Pivotkey，则首先从 high 所指位置起向前搜索，找到第一个关键字小于 Pivotkey 的记录并与枢轴记录互相交换，然后从 low 所指位置起向后搜索，找到第一个关键字大于 Pivotkey 的记录并与枢轴记录相互交换，重复这两步直至 low=high 为止。

在所有同数量级($O(n\log_2 n)$)的排序方法中，快速排序被认为是平均性能最好的一种，但是，若初始记录序列按关键字有序或基本有序时，快速排序将退化为冒泡排序，此时算法的时间复杂度为$O(n^2)$。

五、堆排序

对于 n 个元素的关键字序列 K_1，K_2，…，K_n，当且仅当所有关键字都满足下列性质称其为堆：

$$\begin{cases} K_i \leqslant K_{2i} \\ K_i \leqslant K_{2i+1} \end{cases} 或 \begin{cases} K_i \geqslant K_{2i} \\ K_i \geqslant K_{2i+1} \end{cases} (i=1,2,\cdots,\left\lfloor \frac{n}{2} \right\rfloor)$$

若堆顶为最小元素，则称为小根堆；若堆顶为最大元素，则称为大根堆。

堆排序的基本思想是：对一组待排序记录的关键字，首先把它们按堆的定义排成一个堆序列，从而输出堆顶的最小关键字(对于小根堆而言)，然后将剩余的关键字再调整成新堆，便得到次小的关键字，如此反复进行，直到全部关键字排成有序序列为止。

对于记录数较少的文件来说，堆排序的优越性并不明显，但对于大量的记录来说堆排序是很有效的。对排序的整个算法时间是由建立堆和不断调整堆这两部分时间代价构成的，堆排序算法的时间复杂度为$O(n\log_2 n)$。此外，堆排序只需要一个记录大小的辅助空间。但是堆排序是一种不稳定的排序方法。

六、归并排序

所谓归并，是将两个或两个以上的有序文件合并成为一个新的有序文件。

归并排序是把一个有 n 个记录的无序文件看成是由 n 个长度为 1 的有序子文件组成的文件，然后进行两两归并，如此重复，直至最后形成一个包含 n 个记录的有序文件为止。这种反复将两个有序文件归并成一个有序文件的排序方法称为两路归并排序。

七、基数排序

基数排序的思想是：设立 r 个队列，队列的编号分别为$0,1,2,\cdots,r-1$。首先按最低有效位的值，把 n 个关键字分配到这 r 个队列中；然后从小到大将各队列中关键字再依次收集起来；接着按次低有效位的值把刚收集起来的关键字再分配到 r 个队列中。重复上述收集过程，直至最高有效位，这样便得到了一个从小到大有序的关键字序列。为了减少记录移动的次数，队列可以采用链式存储分配，称为链队列。每个链队列设有两个指针，分别指向队头和队尾。

对于 n 个记录，执行一次分配和收集的时间为$O(n+r)$，如果关键字有 d 位，则要执行 d 遍，所以总的运算时间为$O(d(n+r))$。基数排序适用于链式分配的记录的排序，是一种稳定的排序方法。

八、内部排序方法的比较和选择

1. 内部排序方法的比较

内部排序方法的比较参见表 8.2。

表 8.2 内部排序方法的比较

排序方法	最好时间	平均时间	最坏时间	辅助时间	稳 定 性
直接插入	$O(n)$	$O(n^2)$	$O(n^2)$	$O(1)$	稳定

续表

排序方法	最好时间	平均时间	最坏时间	辅助时间	稳定性
简单选择	$O(n^2)$	$O(n^2)$	$O(n^2)$	$O(1)$	不稳定
冒泡排序	$O(n)$	$O(n^2)$	$O(n^2)$	$O(1)$	稳定
希尔排序	—	$O(n^{1.25})$	—	$O(1)$	不稳定
快速排序	$O(n\log_2 n)$	$O(n\log_2 n)$	$O(n^2)$	$O(n\log_2 n)$	不稳定
堆排序	$O(n\log_2 n)$	$O(n\log_2 n)$	$O(n\log_2 n)$	$O(1)$	不稳定
归并排序	$O(n\log_2 n)$	$O(n\log_2 n)$	$O(n\log_2 n)$	$O(n)$	稳定
基数排序	$O(d(n+rd))$	$O(d(n+rd))$	$O(d(n+rd))$	$O(rd)$	稳定

2. 内部排序方法的选择

选择排序方法时需要考虑的因素有：①待排序的记录个数 n；②记录本身的大小；③关键字的分布情况；④对排序稳定性的要求；⑤语言工具的条件、辅助空间的大小。

依据这些因素，可以得到以下几点结论。

- 若待排序的记录数目 n 较小时，可采用插入排序和选择排序。
- 若待排序记录按关键字基本有序，则宜采用直接插入排序或冒泡排序。
- 当 n 很大且关键字的位数较少时，采用链式基数排序较好。
- 若 n 较大，则应采用时间复杂度为 $O(n\log_2 n)$ 的排序方法：快速排序、堆排序或归并排序。

九、外部排序

常用的外部排序法是归并排序，这种方法一般分为两个阶段：在第一阶段，把文件中的记录分段读入内存，利用某种内部排序方法对这段记录进行排序并输出到外存的另一个文件中，在新文件中形成许多有序的记录段，称为归并段；在第二阶段，对第一阶段形成的归并段用某种归并方法进行一趟趟地归并，使文件的有序段逐渐加长，直到将整个文件归并为一个有序段时为止。

8.3 真题详解

8.3.1 综合知识试题

试题 1 (2010 年下半年试题 57)

设循环队列 Q 的定义中有 rear 和 len 两个域变量，其中 rear 表示队尾元素的指针，len 表示队列的长度，如下图所示(队列长度为 3，队头元素为 e)。设队列的存储空间容量为 M，则队头元素的指针为 __(57)__ 。

(57) A．(Q.rear+Q.len−1)　　B．(Q.rear+Q.len−1+M)%M

C．(Q.rear−Q.len+1)　　D．(Q.rear−Q.len+1+M)%M

参考答案：(57)D。

要点解析： 设队列的队头指针为 front，front 指向队头元素。队列的存储空间容量为 M，说明队列中最多可以有 M 个元素；队列的长度为 len，说明当前队列中有 len 个元素。则有：

Q.rear=(Q.front+Q.len−1)%M

Q.front=(Q.rear−Q.len+1+M)%M

试题 2 （2010 年下半年试题 58）

下面关于哈夫曼树的叙述中，正确的是 __(58)__ 。

(58) A．哈夫曼树一定是完全二叉树

B．哈夫曼树一定是平衡二叉树

C．哈夫曼树中权值最小的两个结点互为兄弟结点

D．哈夫曼树中左孩子结点小于父结点、右孩子结点大于父结点

参考答案： (58)C。

要点解析： 哈夫曼树即最优二叉树，是一类带权路径长度的最短的树。树的带权路径为书中所有叶子节点的带权路径长度之和，记为：

$$WPL=\sum_{k=1}^{n} w_k l_k$$

其中，n 为带权叶子节点的数目，w_k 为叶子节点的权值，l_k 为叶子节点到根的路径长度。则哈夫曼树是指权值为 $w_1,w_2,\ldots,w_n$ 的 n 个叶子节点的二叉树中带权路径长度最小的二叉树。

哈夫曼树与完全二叉树、平衡二叉树之间没有必然的联系。选项 A、B 中的说法是错误的。在哈夫曼树的构建中，由哈夫曼树的构造算法可知，哈夫曼树中权值最小的两个结点互为兄弟结点，根结点的权值为其左、右子树根结点的权值之和。

试题 3 （2010 年下半年试题 59）

__(59)__ 是右图的合法拓扑序列。

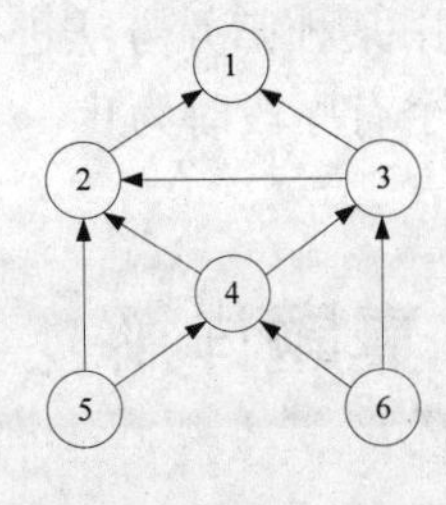

(59) A．6 5 4 3 2 1　　B．1 2 3 4 5 6

C．5 6 3 4 2 1　　D．5 6 4 2 1 3

参考答案： (59)A。

要点解析： 拓扑排序是将 AOV 网中所有顶点排成一个线性序列的过程。对 AOV 网进行拓扑排序的方法为：

(1) 在 AOV 网中选择一个入度为 0 的顶点，输出它。

(2) 从网中删除该顶点及其与该顶点有关的所有边。

(3) 重复上述两步，直至网中不存在入度为 0 的顶点为止。

本题的拓扑排序过程如下。

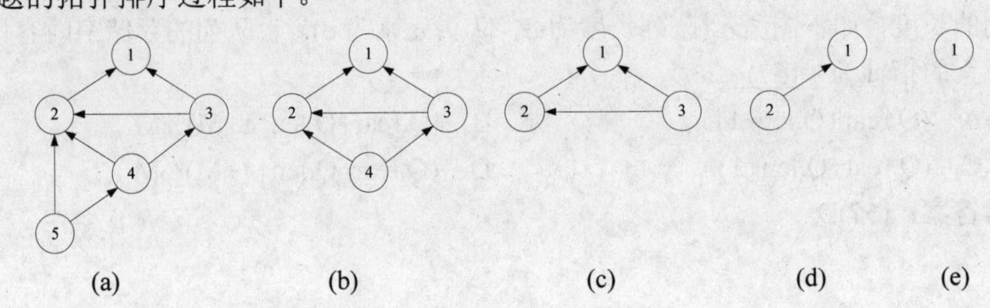

(a)　(b)　(c)　(d)　(e)

得到的拓扑序列为 6 5 4 3 2 1。

试题 4（2010 年下半年试题 60）

某一维数组中依次存放了数据元素 15,23,38,47,55,62,88,95,102,123，采用折半(二分)法查找元素 95 时，依次与___(60)___进行了比较。

(60) A．62,88,95　　B．62,95　　C．55,88,95　　D．55,95

参考答案：(60)D。

要点解析：折半查找要求线性表是有序排列的，本题中数据已按升序排好，设元素保存在一维数组 r[low..high]。进行折半查找的具体方式是：

首先确定数组的中间位置 mid，mid=(low+high)/2。

将待查的 k 值与 r 中间位置上元素进行比较，如果相等，则查找成功；若 k<r[mid]，则待查的 k 值必定在子区间 r[low..mid−1]中，因此新的区间为 r[low..mid−1]；如果 k>r[mid]，则待查的 k 值必定在子区间 r[mid+1..high]中，因此新的区间为 r[mid+1..high]。

然后在新的区间进行查找。

本题中第一次查找时，low=1，high=10，mid=5，r[mid]=55，95> r[mid]；将 low 设置为 mid+1=6，high=10，则 mid=8，r[mid]=95，查找成功。

试题 5（2010 年下半年试题 61）

已知一棵度为 3 的树(一个节点的度是指其子树的数目，树的度是指该树中所有节点的度的最大值)中有 5 个度为 1 的节点，4 个度为 2 的节点，2 个度为 3 的节点，那么，该树中的叶子节点数目为___(61)___。

(61) A．10　　B．9　　C．8　　D．7

参考答案：(61)B。

要点解析：树的结点总数为：5+4×2+2×3+1=20，叶子节点数为：20−5−4−2=9。

试题 6（2010 年上半年试题 57）

对 n 个元素的有序表 A[1..n]进行二分(折半)查找(除 2 取商时向下取整)，查找元素 A[i](1≤i≤n)时，最多于 A 中的___(57)___个元素进行比较。

(57) A. n　　B. $\lfloor \log_2 n \rfloor -1$　　C. $n/2$　　D. $\lfloor \log_2 n \rfloor +1$

参考答案: (57) D。

要点解析：二分查找是一种效率较高的查找方法，在 10 个元素构成的有序表中进行折半查找的过程可用折半查找判定树表示，如下图所示。

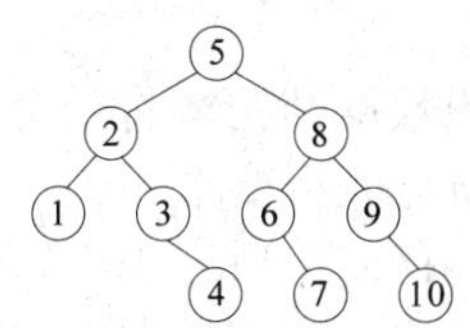

其中，节点中数字表示元素在表中的序号。以节点 10 为例，它所在的位置说明若要查找表中的第 10 个元素，则依次与第 5 个、第 8 个、第 9 个和第 10 个元素进行了比较。若有序表中有 n 个元素，则对其进行折半查找的判定树的高度为$\lfloor \log_2 n \rfloor$+1(与具有 n 个结点的完全二叉树高度一样)，因此，查找过程中最多与$\lfloor \log_2 n \rfloor$+1 个元素进行比较。

试题 7 (2010 年上半年试题 58)

设有如下所示的下三角矩阵 A[0..8,0..8]，将该三角矩阵的非零元素(即行下标不小于列下标的所有元素)按行优先压缩存储在数组 M[1..*m*]中，则元素 A[*i*,*j*](0≤*i*≤8，*j*≤*i*)存储在数组 M 的 (58) 中。

$$\begin{bmatrix} A_{0,0} & & & & & \\ A_{1,0} & A_{1,1} & & & 0 & \\ . & & . & & & \\ . & & & . & & \\ . & & & & & \\ A_{7,0} & A_{7,1} & A_{7,2} & \cdots & A_{7,7} & \\ A_{8,0} & A_{8,1} & A_{8,2} & A_{8,3} & \cdots & A_{8,8} \end{bmatrix}$$

(58) A. $M[\frac{i(i+1)}{2}+j+1]$　　B. $M[\frac{i(i+1)}{2}+j]$

C. $M[\frac{i(i-1)}{2}+j]$　　D. $M[\frac{i(i-1)}{2}+j+1]$

参考答案：(58) A。

要点解析：如图所示，按行方式压缩存储时，A[*i*,*j*]之前的元素数目为(1+2+⋯+*i*+*j*)个，数组 M 的下标从 1 开始，因此 A[*i*,*j*]的值存储在 $M[\frac{i(i+1)}{2}+j+1]$ 中。

试题 8 (2010 年上半年试题 59)

若用 *n* 个权值构造一棵最优二叉树(哈夫曼树)，则该二叉树的结点总数为 (59) 。

(59) A．2*n*　　B．2*n*−1　　C．2*n*+1　　D．2*n*+2

参考答案：(59)B。

要点解析：二叉树具有以下性质：度为 2 的节点(双分支节点)数比度为 0(叶子节点)数正好少 1。而根据最优二叉树(哈夫曼树)的构造过程可知，最优二叉树中只有度为 2 和 0 的结点，因此，其节点总数为 2*n*−1。

试题 9 (2010 年上半年试题 60)

栈是一种按“后进先出”原则进行插入和删除操作的数据结构，因此， (60) 必须用栈。

(60) A．实现函数或过程的递归调用及返回处理时

B．将一个元素序列进行逆置

C．链表节点的申请和释放

D．可执行程序的装入和卸载

参考答案：(60)A。

要点解析：栈是一种后进先出的数据结构。将一个元素序列逆置时，可以使用栈也可以不用。链表节点的申请和释放次序与应用要求相关，不存在“先申请后释放”的操作要求。可执行程序的装入与卸载，也不存在“后进先出”的操作要求。对于函数的递归调用与返回，一定是后被调用执行的先返回。

试题 10 (2010 年上半年试题 61)

对以下 4 个序列用直接插入排序方法由小到大进行排序时，元素比较次数最少的是 (61) 。

(61) A．89, 27, 35, 78, 41, 15　　B．27, 35, 41, 16, 89, 70

C．15, 27, 46, 40, 64, 85　　　　D．90, 80, 45, 38, 30, 25

参考答案：(61)C。

要点解析：当序列基本有序时，直接插入排序过程中元素比较的次数较少，当序列为逆序时，元素的比较次数最多。

试题 11　(2010 年上半年试题 62)

对于哈希表，如果将装填因子α定义为表中装入的记录数与表的长度之比，那么向表中加入新记录时，<u>(62)</u>。

(62) A．α的值随冲突次数的增加而递减　　B．α越大发生冲突的可能性就越大
C．α等于 1 时不会再发生冲突　　D．α低于 0.5 时不会发生冲突

参考答案：(62)B。

要点解析：装填因子α表示了哈希表的装满程度，显然，α越大发生冲突的可能性就越大。

试题 12　(2010 年上半年试题 63)

用关键字序列 10、20、30、40、50 构造的二叉树排序(二叉查找树)为<u>(63)</u>。

(63) A.　　B.　　C.　　D.

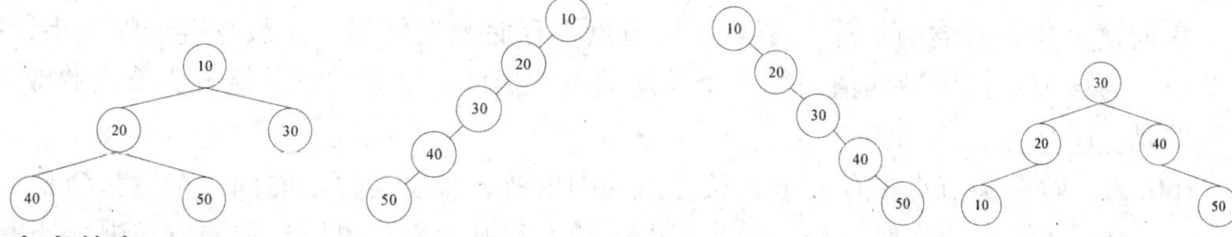

参考答案：(63)C。

要点解析：根据关键字序列构造二叉排序树的基本过程是：若需插入的关键字大于树根，则插入到右子树上，若小于树根，则插入到左子树上，若为空，则作为树根节点。

试题 13　(2009 年下半年试题 57、58)

已知一个二叉树的先序遍历序列为①、②、③、④、⑤，中序遍历序列为②、①、④、③、⑤，则该二叉树的后序遍历序列为<u>(57)</u>。对于任意一棵二叉树，叙述错误的是<u>(58)</u>。

(57) A．②、③、①、⑤、④　　B．①、②、③、④、⑤
C．②、④、⑤、③、①　　D．④、⑤、③、②、①

(58) A．由其后序遍历序列和中序遍历序列可以构造该二叉树的先序遍历序列
B．由其先序遍历序列和后序遍历序列可以构造该二叉树的中序遍历序列
C．由其层序遍历序列和中序遍历序列可以构造该二叉树的先序遍历序列
D．由其层序遍历序列和中序遍历序列不能构造该二叉树的后序遍历序列

参考答案：(57)C；(58)C。

要点解析：本题考查二叉树的遍历。

二叉树的先序遍历为根、左、右，中序遍历的顺序为左、根、右。根据二叉树的先序遍历序列为①、②、③、④、⑤，中序遍历序列为②、①、④、③、⑤，可知该二叉树的根为①，而在中序遍历中②在①的左边，是左子树，④、③、⑤为其右子树，以此类推，可知②是左子树的根，③是右子树的根，④是③的左孩子，⑤是③的右孩子。由此可知，该二叉树的后序遍历为②、④、⑤、③、①。

同样的道理，知道二叉树的先序、后序和中序中的任何两种遍历，都可以构造出来该

二叉树，进而可以构造另外一种遍历，而如果知道其层遍历序列和中序遍历序列，并无法知道该二叉树的根，无法构造该二叉树的先序遍历或后序遍历，因此答案为C。

试题 14 （2009 年下半年试题 59）

邻接矩阵和邻接表是图(网)的两种基本存储结构，对于具有 n 个顶点、e 条边的图，__(59)__。

(59) A．进行深度优先遍历运算所消耗的时间与采用哪一种存储结构无关

B．进行广度优先遍历运算所消耗的时间与采用哪一种存储结构无关

C．采用邻接表表示图时，查找所有顶点的邻接顶点的时间复杂度为 $O(n*e)$

D．采用邻接矩阵表示图时，查找所有顶点的邻接顶点的时间复杂度为 $O(n^2)$

参考答案：(59)D。

要点解析：深度优先遍历图的实质上是对某个顶点查找其邻接点的过程，其耗费的时间取决于所采用的存储结构。当图采用邻接矩阵表示时，查找所有邻接点所需要的时间是 $O(n^2)$，若以邻接表作为图的存储结构，则需要 $O(e)$的时间复杂度查找所有顶点的邻接点。广度优先遍历和深度优先遍历的时间复杂度相同，其实质都是通过边或弧找邻接点的过程。

试题 15 （2009 年下半年试题 60）

单向链表中往往含有一个头节点，该节点不存储数据元素，一般令链表的头指针指向该节点，而该节点指针域的值为第一个元素节点的指针。以下关于单链表头节点的叙述中，错误的是__(60)__。

(60) A．若在头节点中存入链表长度值，则求链表长度运算的时间复杂度为$O(1)$

B．在链表的任何一个元素前后进行插入和删除操作可用一致的方式进行处理

C．加入头节点后，代表链表的头指针不因为链表为空而改变

D．加入头节点后，在链表中进行查找运算的时间复杂度为 $O(1)$

参考答案：(60)D。

要点解析：本题考查单链表头节点的相关知识。

A选项：由于在头节点中存入链表长度值，在遍历链表时先从头指针开始，头指针指向头节点，头节点的数据域即为链表长度，故选项A正确。

B选项：插入运算是将值为x的新节点插入到表的第i个节点的位置上，即插入到a_{i-1}与a_i之间。因此，必须首先找到a_{i-1}的存储位置p，然后生成一个数据域为x的新节点，并令q指针指向该新节点，新节点的指针域指向节点a_i。从而实现三个节点a_{i-1}，x和a_i之间的逻辑关系的变化。

定位 a_{i-1} 并将指针 p 指向它，如下。

```
q = new LNode;
q->data=x;
q->next=p->next;
p->next=q;
```

删除运算是将表的第 i 个节点删去。因为在单链表中节点 a_i 的存储地址是在其直接前区节点 a_{i-1} 的指针域 next 中，所以必须首先找到 a_{i-1} 的存储位置 p。然后令 p–>next 指向 a_i 的直接后继节点，即把 a_i 从链上摘下。最后释放节点 a_i 的空间。

```
r=p->next;
p->next=r->next;
```

```
delete r;
```

故选项 B 正确。

C 选项：增加一个表头节点，数据域可根据需要使用或不用。带头节点的链表特点如下。

a、表中第一个节点和在表的其他位置上的操作一致，无需进行特殊处理。

b、无论链表是否为空，其头指针是指向头节点。因此空表和非空表的处理统一。

故选项 C 正确。

D 选项：查找过程从开始节点出发，顺着链表逐个将节点的值和给定值 key 作比较。算法如下。

```
LNode *locatenode(head, key)
{  LNode *p;
     p=head->next;
     while( p && p->data!=key)
        p=p->next;
     return p;
}
```

该算法的执行时间亦与输入实例中的取值 key 有关，其平均时间复杂度的分析类似于按序号查找。故选项 D 错误。

试题 16 （2009 年下半年试题 61）

对于长度为 $m(m>1)$的指定序列，通过初始为空的一个栈、一个队列后，错误的叙述是＿(61)＿。

(61) A．若入栈和入队的序列相同，则出栈序列和出队序列可能相同

B．若入栈和入队的序列相同，则出栈序列和出队序列可以互为逆序

C．入队序列与出队序列关系为 1∶1，而入栈序列与出栈序列关系是 1∶$n(n\geqslant1)$

D．入栈序列与出栈序列关系为 1∶1，而入队序列与出队序列关系是 1∶$n(n\geqslant1)$

参考答案：(61)D。

要点解析：如果入栈和入队的序列相同，则出栈序列和出对序列既可以相同，也可以互为逆序。例如，设入栈和入队序列为1，2，3。对于栈来说，如果每次进去一个后就出来，则出栈序列为1，2，3；而出队序列也为1，2，3。因为栈是“后进先出”的数据结构，而队列是“先进先出”的数据结构，因此二者可互为逆序。如果入队序列与出队序列关系为1∶1，那么由于栈的后进先出的特性，则入栈序列与出栈序列关系是1∶$n(n\geqslant1)$，比如，abcde入队，它出队只可能是abcde，而入栈abcde，则出栈的序列却不止一种。所以A选项、B选项、C选项都是正确的。

试题 17 （2009 年下半年试题 62）

字符串采用链表存储方式时，每个节点存储多个字符有助于提高存储密度。若采用节点大小相同的链表存储串，则串比较、求子串、串连接、串替换等串的基本运算中，＿(62)＿。

(62) A．进行串的比较运算最不方便　　B．进行求子串运算最不方便

C．进行串连接最不方便　　D．进行串替换最不方便

参考答案：(62)B。

要点解析：在用链表作为字符串的存储方式时，如果每个节点存储多个字符，进行串连接、串替换和串的比较等操作时，不会有很大影响，但是在进行子串求解时，因为有可能涉及所求的子串不在一个节点上存储，所以会比较麻烦，即进行求子串时最不方便。

试题 18 (2009 年下半年试题 64、65)

以下关于快速排序算法的描述中，错误的是__(64)__。在快速排序过程中，需要设立基准元素并划分序列来进行排序。若序列由元素｛12,25,30,45,52,67,85｝构成，则初始排列为__(65)__时，排序效率最高(令序列的第一个元素为基准元素)。

(64) A．快速排序算法是不稳定的排序算法

B．快速排序算法在最坏情况下的时间复杂度为 $O(\log_2 n)$

C．快速排序算法是一种分治算法

D．当输入数据基本有序时，快速排序算法具有最坏情况下的时间复杂度

(65) A．45,12,30,25,67,52,85　　B．85,67,52,45,30,25,12

C．12,25,30,45,52,67,85　　D．45,12,25,30,85,67,52

参考答案： (64)B；(65)A。

要点解析： 本题考查快速排序的知识点。快速排序的基本思想是：通过一趟排序将待排的记录分割成独立的两部分，其中一部分记录的关键字均不大于另一部分记录的关键字，然后再分别对这两部分记录继续进行排序，以达到整个序列有序。

快速排序是一种不稳定的排序方法，其平均时间复杂度是 $O(n\log_2 n)$，空间复杂度是 $O(n\log_2 n)$。如果初始记录序列按关键字有序或基本有序时，快速排序则退化为冒泡排序，此时，算法的时间复杂度为 $O(n^2)$，因此快速排序最坏情况下的时间复杂度不是 $O(n\log_2 n)$，而是 $O(n^2)$，答案 B 错误。

对有序列由元素｛12,25,30,45,52,67,85｝构成的一组元素，如果要使排序效率最高，则应该选择基准元素为 45，即让 45 作为第一个元素，然后让 25 作为左边元素的基准元素，67 作为右边元素的基准元素，进行排序，因此答案为 A。

试题 19 (2009 年上半年试题 57)

下面关于查找运算及查找表的叙述中，错误的是__(57)__。

(57) A．哈希表可以动态创建

B．二叉排序树属于动态查找表

C．折半查找要求查找表采用顺序存储结构或循环链表结构

D．顺序查找方法既适用于顺序存储结构，也适用于链表结构

参考答案：(57)C。

要点解析：对于选项A，哈希函数即在记录的关键字与记录的存储位置之间建立的一种对应关系。应用哈希函数，由记录的关键字确定记录在表中的位置信息，并将记录根据此信息放入表中，这样构成的表叫哈希表。

对于选项B，若在查找过程中同时插入查找表中不存在的数据元素，或者从查找表中删除已存在的某个数据元素，即为动态查找表。显然在二叉排序树中，进行排序时也插入了新节点。故正确。

对于选项C，二分查找法只适用于顺序存储结构。

对于选项D，以顺序表或线性链表表示静态查找表，则查找函数可用顺序查找来实现。

试题 20 (2009 年上半年试题 58)

下面关于图(网)的叙述中，正确的是__(58)__。

(58) A．连通无向网的最小生成树中，顶点数恰好比边数多 1

B．若有向图是强连通的，则其边数至少是顶点数的 2 倍

C．可以采用 AOV 网估算工程的工期

D．关键路径是 AOE 网中源点至汇点的最短路径

参考答案：(58)A。

要点解析：生成树即极小连通子图，包含图的所有 n 个节点，但只含图的 n-1 条边。在生成树中添加一条边之后，必定会形成回路或环。所以 A 选项正确。

在有向图 G 中，如果对于每一对顶点 $V_i,V_j \in$ V，$V_i \neq V_j$,从 V_i 到 V_j 和从 V_j 到 V_i 都存在路径，则称 G 是强连通图。右图为强连通图，但其边数等于顶点数。

AOV 网：用顶点表示活动，用弧表示活动间的优先关系的有向图。

A　B　C

AOE 网：用顶点表示事件，弧表示活动，权表示活动持续的时间。通常 AOE 网用来估算工程的完成时间。

关键路径：由于在 AOE 网中有些活动可以并行地进行，所以完成工程的最短时间是从开始点到完成点的最长路径的长度(指路径上各活动持续时间之和，不是路径上弧的数目)，路径最长的路径叫做关键路径。

试题 21　(2009 年上半年试题 59)

下面关于二叉排序树的叙述中，错误的是__(59)__。

(59) A．对二叉排序树进行中序遍历，必定得到节点关键字的有序序列

B．依据关键字无序的序列建立二叉排序树，也可能构造出单支树

C．若构造二叉排序树时进行平衡化处理，则根节点的左子树节点数与右子树节点数的差值一定不超过 1

D．若构造二叉排序树时进行平衡化处理，则根节点的左子树高度与右子树高度的差值一定不超过 1

参考答案：(59)C。

要点解析：二叉排序树(Binary Sort Tree)又称二叉查找树。它或者是一棵空树，或者是具有下列性质的二叉树。

(1) 若左子树不空，则左子树上所有节点的值均小于它的根节点的值。

(2) 若右子树不空，则右子树上所有节点的值均大于它的根节点的值。

(3) 左、右子树也分别为二叉排序树。

中序遍历二叉树，即是先遍历左子树，再访问根节点，最后遍历右子树，根据二叉排序树的定义可知，进行中序遍历后，得到有序序列。

而平衡二叉树的是这样的，要求任何一个节点的左、右子树的高度差都不大于 1，显然，D 选项的说法是正确的，而 C 选项的说法是不正确的。

试题 22　(2009 年上半年试题 60)

下面关于栈和队列的叙述中，错误的是__(60)__。

(60) A．栈和队列都是操作受限的线性表

B．队列采用单循环链表存储时，只需设置队尾指针就可使入队和出队操作的时间复杂度都为 $O(1)$

C．若队列的数据规模 n 可以确定，则采用顺序存储结构比链式存储结构效率更高

D．利用两个栈可以模拟一个队列的操作，反之亦可

参考答案:(60)D。

要点解析:栈(Stack)是限制在表的一端进行插入和删除运算的线性表，通常称插入、删除的这一端为栈顶(Top)，另一端为栈底(Bottom)。当表中没有元素时称为空栈。栈的修改是按后进先出的原则进行的，所以，栈称为后进先出(Last In First Oust)的线性表，简称 LIFO 表。

队列(Queue)也是一种运算受限的线性表。它只允许在表的一端进行插入，而在另一端进行删除。允许删除的一端称为队首(front)，允许插入的一端称为队尾(rear)。先进入队列的成员总是先离开队列。队列亦称作先进先出(First In First Out)的线性表，简称FIFO表。

尾指针是指向终端节点的指针，用它来表示单循环链表可以使得查找链表的开始节点和终端节点都很方便，设一带头节点的单循环链表，其尾指针为 rear，则开始节点和终端节点的位置分别是 rear→next→next 和 rear，查找时间都是 $O(1)$。

链表是指用一组任意的存储单元来依次存放数据，这组存储单元既可以是连续的，也可以是不连续的，甚至是零散分布在内存中的任意位置上的。因此，链表中节点的逻辑次序和物理次序不一定相同。

顺序存储是把数据按逻辑顺序依次存放在一组地址连续的存储单元里。因此，如果队列的数据规模确定，则在顺序存储结构中存取数据的速度会比链式存储结构中的要快。

假设两个栈 A 和 B，且都为空。可以认为栈 A 为提供入队列的功能，栈 B 提供出队列的功能。

入队列：入栈 A。

出队列：①如果栈 B 不为空，直接弹出栈 B 的数据；②如果栈 B 为空，则依次弹出栈 A 的数据，放入栈 B 中，再弹出栈 B 的数据。

因此两个栈可以模拟一个队列的操作，但反之不可。

试题 23 （2009 年上半年试题 61）

下面关于二叉树的叙述，正确的是 (61) 。

(61) A．完全二叉树的高度 h 与其节点数 n 之间存在确定的关系

B．在二叉树的顺序存储和链式存储结构中，完全二叉树更适合采用链式存储结构

C．完全二叉树中一定不存在度为 1 的节点

D．完全二叉树中必定有偶数个叶子节点

参考答案:(61)A。

要点解析:本题考查二叉树的概念。

如果一棵具有 n 个节点的深度为 k 的二叉树，它的每一个节点都与深度为 k 的满二叉树中编号为 1～n 的节点一一对应，称之为完全二叉树。由其性质：具有 n 个节点的完全二叉树的深度为 $\lfloor \log_2 n \rfloor + 1$，可知选项 A 正确。

对于选项B，按照顺序存储结构的定义，用一组地址连续的存储单元依次自上而下，自左至右存储完全二叉树的节点元素。因此用顺序存储结构更利于完全二叉树的节点访问。

对于选项C，如下图左为完全二叉树，但它有度为1的节点，即2号节点。

对于选项D，如下图右为完全二叉树，但它有奇数个叶子节点。

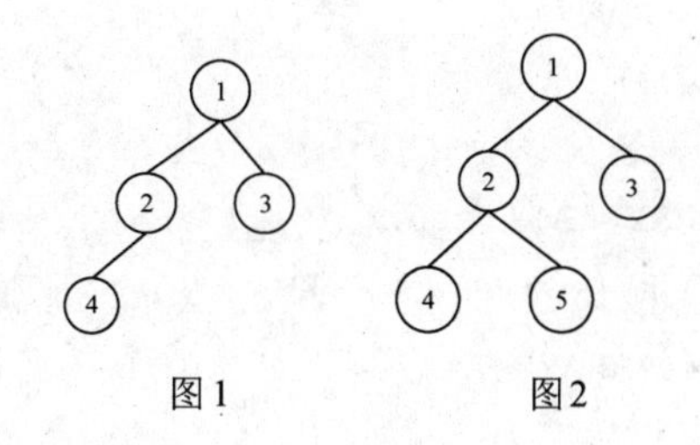

图1 图2

8.3.2 案例分析试题

试题1 (2010年下半年下午试题四)

阅读下列说明和C代码，回答问题1至问题3，将解答写在答题纸的对应栏内。

【说明】

堆数据结构定义如下。

对于 n 个元素的关键字序列 $\{a_1, a_2, \ldots, a_n\}$，当且仅当满足下列关系时称其为堆。

$$\begin{cases} a_i \leqslant a_{2i} \\ a_i \leqslant a_{2i+1} \end{cases} \text{或} \begin{cases} a_i \geqslant a_{2i} \\ a_i \geqslant a_{2i+1} \end{cases} \quad \text{其中，} i = 1,2,\cdots,\lfloor n/2 \rfloor$$

在一个堆中，若堆顶元素为最大元素，则称为大顶堆；若堆顶元素为最小元素，则称为小顶堆。堆常用完全二叉树表示，图8.7是一个大顶堆的例子。

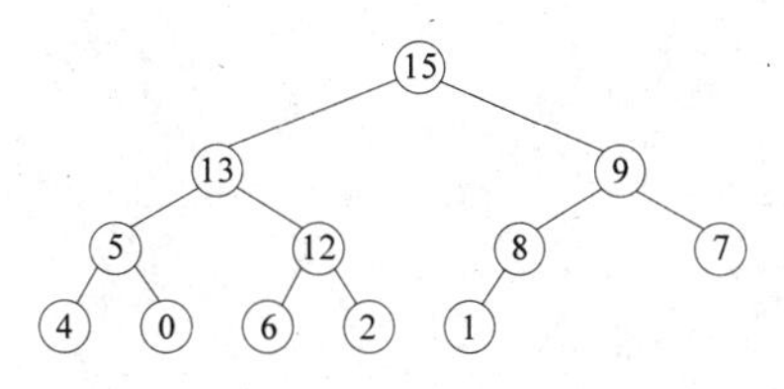

图8.7 大顶堆示例

堆数据结构常用于优先队列中，以维护由一组元素构成的集合。对应于两类堆结构，优先队列也有最大优先队列和最小优先队列，其中最大优先队列采用大顶堆，最小优先队列采用小顶堆。以下考虑最大优先队列。

假设现已建好大顶堆A，且已经实现了调整堆的函数heapify(A,*n*,index)。

下面将C代码中需要完善的3个函数说明如下。

(1) heapMaximum(A)：返回大顶堆A中的最大元素。

(2) heapExtractMax(A)：去掉并返回大顶堆A的最大元素，将最后一个元素“提前”到堆顶位置，并将剩余元素调整成大顶堆。

(3) maxHeapInsert(A, key)：把元素key插入到大顶堆A的最后位置，再将A调整成大顶堆。

优先队列采用顺序存储方式，其存储结构定义如下。

```
#define PARENT(i) i/2
typedef struct array{
    int *int_array;//优先队列的存储空间首地址
    int array_size;//优先队列的长度
    int capacity; //优先队列存储空间的容量
}ARRAY;
```

【C 代码】

(1) 函数 heapMaximum

```
int heapMaximum(ARRAY *A){return __(1)__;}
```

(2) 函数 heapExtractMax

```
int heapExtractMax(ARRAY *A){
    int max;
    max=A->int_array[0];
    __(2)__;
    A->array_size--;
    Heapify(A,A->array_size,0);//将剩余元素调整成大顶堆
    return max;
}
```

(3) 函数 maxHeapInsert

```
int maxHeapInsert(ARRAY *A,int key){
    int i,*p;
    if (A->array-size==A->capacity){//存储空间的容量不够时扩充空间
        p=(int*)realloc(A->int array, A->capacity *2*sizeof(int));
        if(!p) return-1;
        A->int_array=P;
        A->capacity=2*A->capacity;
    }
    A->array_size++:
    i=__(3)__;
    while(i>0&&__(4)__){
        A->int_array[i]=A->int_array[PARENT(i)];
        i=PARENT(i);
    }
    __(5)__;
    return 0;
}
```

【问题 1】(10 分)

根据以上说明和 C 代码，填充 C 代码中的空(1)～(5)。

【问题 2】(3 分)

根据以上 C 代码，函数 heapMaximum, heapExtractMax 和 maxHeapInsert 的时间复杂度的紧致上界分别为__(6)__、__(7)__和__(8)__(用 O 符号表示)。

【问题 3】(2 分)

若将元素 10 插入到堆 A=(15，13，9，5，12，8，7，4，0，6，2，1)中，调用 maxHeapInsert 函数进行操作，则新插入的元素在堆 A 中第__(9)__个位置(从 1 开始)。

参考答案

【问题 1】

(1) A->int_array[0]

(2) A->int_array[0]=A->int_array[A->array_size-1]

(3) A->array_size

(4) key>A->int_array[PARENT(i)]

(5) A->int_array[i]=key

【问题 2】

(6) $O(1)$

(7) $O(\log_2 n)$

(8) $O(\log_2 n)$

【问题 3】

(9) 3

要点解析

【问题 1】

heapMaximum(A)函数返回大顶堆 A 中的最大元素。大顶堆 A 的优先队列采用顺序存储方式，指针 int_array 指向优先队列的存储空间首地址，其内容为大顶堆 A 中的最大元素，因此空(1)处应填入 A->int_array[0]。

heapExtractMax(A)的功能是去掉并返回大顶堆 A 的最大元素，将最后一个元素“提前”到堆顶位置，并将剩余元素调整成大顶堆。可知空(2)处所填的语句应该是将最后一个元素的值存储在原最大元素所在的位置，即存储空间的首地址。

maxHeapInsert(A, key)的功能是把元素 key 插入到大顶堆 A 的最后位置，再将 A 调整成大顶堆。在将 A 调整成大堆的过程中需要用到上滤策略。maxHeapInsert(A, key)函数中，首先用 i 指示元素 key 的位置，则 i=array_size；然后将 int_array[i]与其父节点进行比较，如果大于其父节点的值，将两者的位置进行交换，key 的位置 i=PARENT(i)；往上比较，直至 key 的值不大于其父节点的值。

【问题 2】

heapMaximum 函数不需要进行比较，直接输出存储空间首地址中的内容。时间复杂度的紧致上界 $O(1)$。

heapExtractMax 函数将最后一个元素“提前”到堆顶位置，并将剩余元素调整成大顶堆，在最坏的情况下，需要从根节点下滤比较到最底层，时间复杂度的紧致上界 $O(\log_2 n)$。

maxHeapInsert(A, key)函数把元素 key 插入到大顶堆 A 的最后位置，再将 A 调整成大顶堆。在最坏的情况下，需要从最底层上滤比较到根节点，时间复杂度的紧致上界 $O(\log_2 n)$。

【问题 3】

调用 maxHeapInsert 函数进行排序的过程如下。

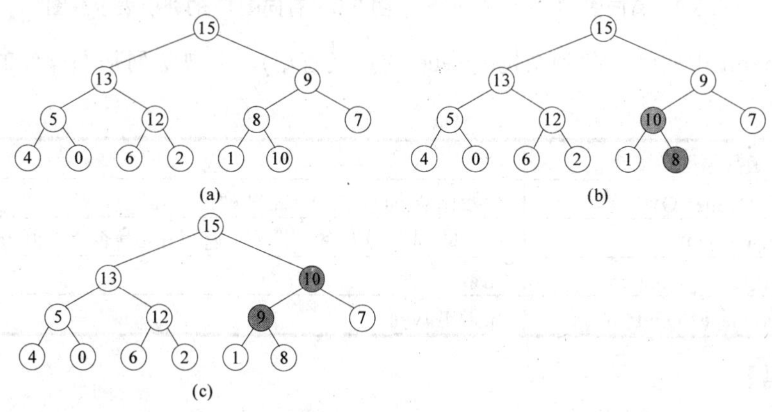

可见，元素 10 在堆 A 的第 3 个位置。

试题 2 (2010 年上半年下午试题四)

阅读下列说明和 C 代码，回答问题 1 至问题 3。

【说明】

对有向图进行拓扑排序的方法是：

(1) 初始时拓扑序列为空。

(2) 任意选择一个入度为 0 的顶点，将其放入拓扑序列中，同时从图中删除该顶点以及从该顶点出发的弧。

(3) 重复(2)，直到不存在入度为 0 的顶点为止(若所有顶点都进入拓扑序列则完成拓扑排序，否则由于有向图中存在回路无法完成拓扑排序)。

函数 int* TopSort(LinkedDigraph G)的功能是对有向图 G 中的顶点进行拓扑排序，返回拓扑序列中的顶点编号序列，若不能完成拓扑排序，则返回空指针。其中，图 G 中的顶点从 1 开始依次编号，顶点序列为 $v_1,v_2,\ldots,v_n$，图 G 采用邻接表示，其数据类型定义如下。

```
#define MAXVNUM 50                          /*最大顶点数*/
typedef struct ArcNode{                      /*表节点类型*/
    int adjvex;                              /*邻接顶点编号*/
    struct ArcNode *nextarc;                 /*指示下一个邻接顶点*/
}ArcNode;
typedef struct AdjList{                      /*头节点类型*/
    char vdata;                              /*顶点的数据信息*/
    ArcNode *firstarc;                       /*指向邻接表的第一个表结点*/
}AdjList;
typedef struct LinkedDigraph{                /*图的类型*/
    int n;                                   /*图中顶点个数*/
    AdjList Vhead[MAXVNUM];                  /*所有顶点的头结点数组*/
}LinkedDigraph;
```

例如，某有向图 G 如图 8.8 所示，其邻接表如图 8.9 所示。

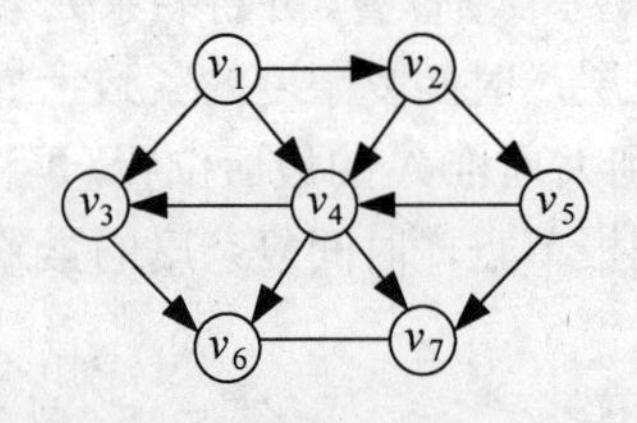

图 8.8　有向图 G

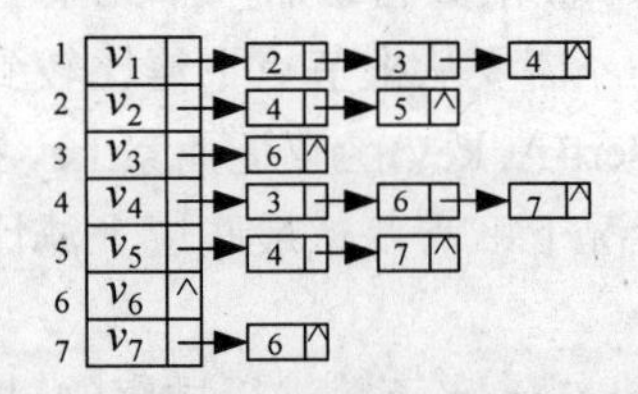

图 8.9　有向图 G 的邻接表示意图

函数 TopSort 中用到了队列结构(Queue 的定义省略)，实现队列基本操作的函数原型如下表所示：

函数原型	说　明
void InitQueue(Queue* Q)	初始化队列(构造一个空队列)
bool IsEmpty(Queue Q)	判断队列是否为空，若是则返回 true，否则返回 false
void EnQueue(Queue* Q,int e)	元素入队列
void DeQueue(Queue* Q,int* p)	元素出队列

【C 代码】

```
int *TopSort(LinkedDigraph G) {
```

```
    ArcNode *p;                              /*临时指针，指示表结点*/
    Queue Q; /*临时队列，保存入度为 0 的顶点编号*/
    int k = 0;                                   /*临时变量，用作数组元素的下标*/
    int j = 0, w = 0;                                 /*临时变量，用作顶点编号*/
    int *topOrder, *inDegree;
    topOrder = (int *)malloc((G.n+1) * sizeof(int));/*存储拓扑序列中的顶点编号*/
    inDegree = (int *)malloc((G.n+1) * sizeof(int));/*存储图 G 中各顶点的入度*/
    if (!inDegree || !topOrder) return NULL;
      ___(1)___ ;                                /*构造一个空队列*/
       for ( j = 1; j <= G.n; j++ ) {                          /*初始化*/
           topOrder[j] = 0;       inDegree[j] = 0;
        }
  for (j = 1; j <= G.n; j++)                         /*求图 G 中各顶点的入度*/
      for( p = G.Vhead[j].firstarc; p; p = p->nextarc )
          inDegree[p-> adjvex] += 1;
  for (j = 1; j <= G.n; j++)              /*将图 G 中入度为 0 的顶点保存在队列中*/
      if ( 0 == inDegree[j] ) EnQueue(&Q,j);
  while (!IsEmpty(Q)) {
      ___(2)___;                           /*队头顶点出队列并用 w 保存该顶点的编号*/
      topOrder[k++] = w;
      /*将顶点 w 的所有邻接顶点的入度减 1(模拟删除顶点 w 及从该顶点出发的弧的操作)*/
           for(p = G.Vhead[w].firstarc; p; p = p->nextarc) {
              ___(3)___ -= 1;
              if (0 ==___(4)___) EnQueue(&Q, p->adjvex);
           }/* for */
  }/* while */
  free(inDegree);
  if (___(5)___)
    return NULL;
      return topOrder;
  } /*TopSort*/
```

【问题 1】(9 分)

根据以上说明和 C 代码，填充 C 代码中的空(1)～(5)。

【问题 2】(2 分)

对于图 8.8 所示的有向图 G，写出函数 TopSort 执行后得到的拓扑序列。若将函数 TopSort 中的队列改为栈，写出函数 TopSort 执行后得到的拓扑序列。

【问题 3】(4 分)

设某有向无环图的顶点个数为 n、弧数为 e，那么用邻接表存储该图时，实现上述拓扑排序算法的函数 TopSort 的时间复杂度是__(6)__。

若有向图采用邻接矩阵表示(例如，图 8.8 所示有向图的邻接矩阵如图 8.10 所示)，且将函数 TopSort 中有关邻接表的操作修改为针对邻接矩阵的操作，那么对于有 n 个顶点、e 条弧的有向无环图，实现上述拓扑排序算法的时间复杂度是__(7)__。

$$
\begin{array}{c} \\ v_1 \\ v_2 \\ v_3 \\ v_4 \\ v_5 \\ v_6 \\ v_7 \end{array}
\begin{array}{c} v_1\ v_2\ v_3\ v_4\ v_5\ v_6\ v_7 \\ \begin{bmatrix} 0 & 1 & 1 & 1 & 0 & 0 & 0 \\ 0 & 0 & 0 & 1 & 1 & 0 & 0 \\ 0 & 0 & 0 & 0 & 0 & 1 & 0 \\ 0 & 0 & 1 & 0 & 0 & 1 & 1 \\ 0 & 0 & 0 & 1 & 0 & 0 & 1 \\ 0 & 0 & 0 & 0 & 0 & 0 & 0 \\ 0 & 0 & 0 & 0 & 0 & 1 & 0 \end{bmatrix} \end{array}
$$

图 8.10　有向图 G 的邻接矩阵

参考答案

【问题 1】

(1) InitQueue(&Q)

(2) DeQueue(&Q,&w)

(3) inDegree[p->adjvex]　或其等价形式

(4) inDegree[p->adjvex]　或其等价形式

(5) k<G.n　或 k!=G.n　或其等价形式

【问题 2】

队列方式：$v_1\ v_2\ v_5\ v_4\ v_3\ v_7\ v_6$　　或者 1 2 5 4 3 7 6

栈方式：$v_1\ v_2\ v_5\ v_4\ v_7\ v_3\ v_6$　　或者 1 2 5 4 7 3 6

【问题 3】

(6) $O(n+e)$　　(7) $O(n^2)$

要点解析

本题考查数据结构和算法中的拓扑排序算法。

【问题 1】

在拓扑排序过程中，需要将入度为 0 的顶点临时存储起来。函数中用一个队列暂存入度为 0 且没有进入拓扑序列的顶点。显然，空(1)处应填入 InitQueue(&Q)。

根据注释，空(2)处应填入 DeQueue(&Q,&w)，实现队头元素出队的处理。

题中图采用邻接表存储结构，当指针 p 指向 v_i 邻接表中的结点时，p->adjvex 表示 v_i 的一个邻接顶点，删除 v_i 至顶点 p->adjvex 的弧的操作实现为顶点 p->adjvex 的入度减 1，因此，空(3)处应填入 inDegree[p->adjvex]，当顶点 p->adjvex 的入度为 0 时，需要将其加入队列，因此空(4)处也应填入 inDegree[p->adjvex]。

空(5)处判断是否所有顶点都加入拓扑序列，算法中变量 k 用于对加入序列的顶点计数，因此，空(5)处应填入“k<G.n”或“k!=G.n”。

【问题 2】

使用栈和队列的差别在于拓扑序列中顶点的排列次序可能不同。对于本题中的有向图，在使用队列的方式下：

(1) 开始时仅顶点 v_1 的入度为 0，因此顶点 v_1 入队。

(2) 对队头顶点 v_1 出队，并进入拓扑序列，然后删除从顶点 v_1 出发的弧后，仅使顶点 v_2 的入度为 0，因此顶点 v_2 入队。

(3) 队头顶点 v_1 出队，并进入拓扑序列，然后删除从顶点 v_2 出发的弧后，仅使顶点 v_5 的入度为 i，因此顶点 v_5 入队。

(4) 队头顶点 v_5 出队，并进入拓扑序列，然后删除从顶点 v_5 出发的弧后，仅使顶点 v_4 的入度为 0，因此顶点 v_4 入队。

(5) 队头顶点 v_4 出队，并进入拓扑序列，然后删除从顶点 v_4 出发的弧后，仅使顶点 v_3 和 v 的入度为 0，因此顶点 v_3 和 v_7 依次入队。

(6) 队头顶点 v_3 出队，并进入拓扑序列，然后删除从顶点 v_3 出发的弧后，没有产生新的入度为 0 的顶点。

(7) 队头顶点 v_7 出队，并进入拓扑序列，然后删除从顶点 v_7 出发的弧后，使顶点 v_6 的入度为 0，因此顶点 v_6 入队。

(8) 队头顶点 v_6 出队，并进入拓扑序列，然后删除从顶点 v_6 出发的弧后，没有产生新的入度为 0 的顶点，队列已空，因此结束拓扑排序过程，得到的拓扑序列为 $v_1\ v_2\ v_5\ v_4\ v_3\ v_7\ v_6$。

使用栈保存入度为 0 的顶点时，前 4 步都是一样的，因为每次仅有一个元素进栈，因此出栈序列与入栈序列一致。到第 5 步时，v_3 和 v_7 依次入栈后，出栈时的次序为 v_7 和 v_3，因此得到的拓扑序列为 $v_1\ v_2\ v_5\ v_4\ v_7\ v_3\ v_6$。

【问题 3】

以邻接表为存储结构时，计算各顶点入度的时间复杂度为 $O(e)$，建立零入度顶点队列的时间复杂度为 $O(n)$。在拓扑排序过程中，(图中无环情况下)每个顶点进出队列各 1 次，入度减 1 的操作在 while 循环中共执行 e 次，所以总的时间复杂度为 $O(n+e)$。

以邻接矩阵为存储结构时，计算各顶点入度时需要遍历整个矩阵，因此时间复杂度为 $O(n^2)$，建立 0 入度顶点队列的时间复杂度为 $O(n)$。在拓扑排序过程中，(图中无环情况下)每个顶点进出队列各 1 次，实现入度减 1 操作时需遍历每个顶点的行向量 1 遍(时间复杂度为 $O(n)$)，所以总的时间复杂度为 $O(n^2)$。

试题 3（2009 年下半年下午试题七）

阅读以下说明和C程序，在 (n) 处填入适当的字句。

【说明】

现有n(n<1000)节火车车厢，顺序编号为1，2，3，…，n，按编号连续依次从A方向的铁轨驶入，从B方向铁轨驶出，一旦车厢进入车站(Station)就不能再回到A方向的铁轨上；一旦车厢驶入B方向铁轨就不能再回到车站，如图8.11所示，其中Station为栈结构，初始为空且最多能停放1000节车厢。

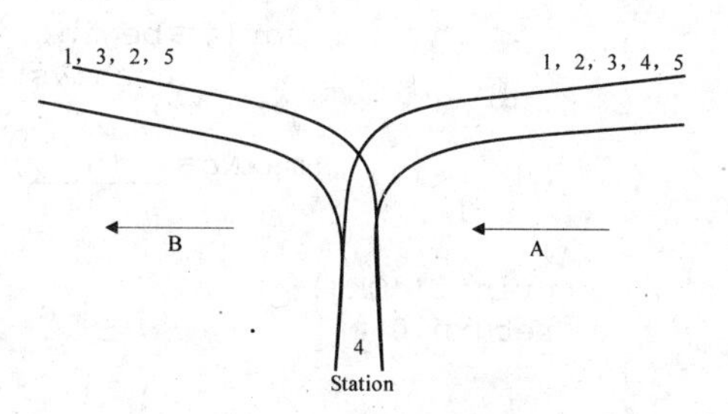

图 8.11　车站示意图

下面的 C 程序判断能否从 B 方向驶出预先指定的车厢序列，程序中使用了栈类型 STACK，关于栈基本操作的函数原型说明如下。

```
void InitStack(STACK *s)：初始化栈。
void Push (STACK *s,int e)：将一个整数压栈，栈中元素数目增 1。
void Pop (STACK *s)：栈顶元素出栈，栈中元素数目减 1。
int Top (STACK s)：返回非空栈的栈顶元素值，栈中元素数目不变。
int IsEmpty (STACK s)：若是空栈则返回 1，否则返回 0。
```

【C 程序】

```
#include<stdio.h>
/*此处为栈类型及其基本操作的定义，省略*/
int main(){
    STACK station;
    int state[1000];
    int n;              /*车厢数*/
    int begin, i, j, maxNo; /*maxNo 为 A 端正待入栈的车厢编号*/
    printf("请输入车厢数：");
    scanf("%d",&n);
    printf("请输入需要判断的车厢编号序列(以空格分隔)：");
    if(n<1=return-1;
    for (i=0; i<n; i++)    /*读入需要驶出的车厢编号序列，存入数组 state[]*/
      scanf("%d",&state[i]);
```

```
    (1)    ;                /*初始化栈*/
  maxNo=1;
  for(i=0; i<n; ){   /*检查输出序列中的每个车厢号 state[i]是否能从栈中获取*/
    if(  (2)   ){       /*当栈不为空时*/
        if (state[i]=Top(station)) {      /*栈顶车厢号等于被检查车厢号*/
            printf("%d",Top(station));
            Pop(&station);i++;
        }
        else
            if (  (3)   ) {
                printf("error\n");
                return 1;
            }
            else{
                begin=  (4)  ;
                for(j=begin+1;j <=state [i];j++){
                    Push(&station, j);
                }
            }
    }
    else{   /*当栈为空时*/
            begin=maxNo;
            for(j=begin; j<=state[i];j++) {
                Push(&station, j);
            }
            maxNo=  (5)  ;
    }
  }
  printf("OK");
  return 0;
}
```

参考答案

(1) InitStack(&station)

(2) !IsEmpty(station)

(3) state[i]<Top(station)

(4) maxNo-1

(5) j

要点解析

该题是一个C语言描述的数据结构试题，考查的是数据结构当中的“栈”。解答本题需要对栈有基本的了解，如栈有什么特点，入栈操作与出栈操作分别是怎么进行的。栈结构的具体实现主要有两种方式：顺序栈与链栈。顺序栈是用数组来模拟栈，而链栈是用链表方式来实现栈。本题所使用的数据结构为比较容易的顺序栈。

根据题意，要求程序判断能否从B方向驶出预先指定的车厢序列。对于第(1)空和第(2)空，是栈的基本操作：初始化栈和判断栈是否为空，非常简单，分别填：InitStack(&station)和!IsEmpty(station)。由于栈是先进后出的，因此state[i]的值不可能小于当前栈顶的值，因此需进行出错处理，所以第(3)空填state[i]<Top(station)。如果栈顶车厢号不等于被检查车厢号，则压入新的车厢号至栈顶，所以第(4)空填maxNo-1。maxNo为A端正待入栈的车厢编号，此时A端正待入栈的车厢编号为j，第(5)空显然为j。

试题 4 (2009 年上半年下午试题五)

试题四(共15分)

阅读下列说明和C函数代码，在 (n) 处填入适当的字句。

【说明】

对二叉树进行遍历是二叉树的一个基本运算。遍历是指按某种策略访问二叉树的每个节点，且每个节点仅访问一次的过程。函数InOrder()借助栈实现二叉树的非递归中序遍历运算。

设二叉树采用二叉链表存储，节点类型定义如下。

```
typedef struct BtNode{
    ElemType    data;          /*节点的数据域，ElemType 的具体定义省略*/
    struct BtNode *lchild,*rchild;          /*节点的左、右孩子指针域*/
}BtNode, *BTree;
```

在函数 InOrder()中，用栈暂存二叉树中各个节点的指针，并将栈表示为不含头节点的单向链表(简称链栈)，其节点类型定义如下。

```
typedef struct StNode{                          /*链栈的节点类型*/
     BTree elem;                 /*栈中的元素是指向二叉链表节点的指针*/
     struct StNode *link;
}StNode;
```

假设从栈顶到栈底的元素为 e_n，e_{n-1}，…，e_1，则不含头节点的链栈示意图如图 8.12 所示。

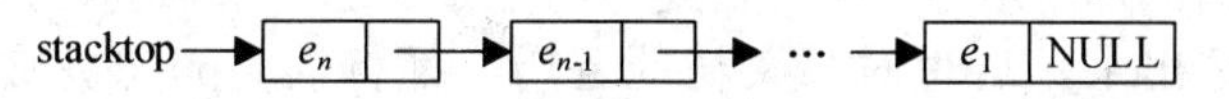

图 8.12　链栈示意图

【C 函数】

```
int InOrder(BTree root)                    /* 实现二叉树的非递归中序遍历  */
{
   BTree ptr;                              /* ptr 用于指向二叉树中的节点  */
   StNode *q;                              /* q 暂存链栈中新创建或待删除的节点指针*/
   StNode *stacktop = NULL;                /* 初始化空栈的栈顶指针 stacktop */
   ptr = root;                             /* ptr 指向二叉树的根节点  */
   while (    (1)      || stacktop != NULL) {
        while (ptr != NULL) {
            q = (StNode *)malloc(sizeof(StNode));
            if (q == NULL)
                return -1;
            q->elem = ptr;
             (2)     ;
            stacktop = q;                       /*stacktop 指向新的栈顶*/
            ptr =      (3)     ;                /*进入左子树*/
       }
        q = stacktop;
         (4)     ;                         /*栈顶元素出栈*/
        visit(q);                          /*visit 是访问节点的函数，其具体定义省略*/

        ptr =    (5)     ;                      /*进入右子树*/
        free(q);                           /*释放原栈顶元素的节点空间*/
     }
   return 0;
}/*InOrder*/
```

参考答案

(1) ptr!=NULL

(2) q->link=stacktop

(3) ptr=ptr->lchild

(4) stacktop=stacktop->link

(5) q->rchild

要点解析

本题表面上是求非递归中序遍历，其实大部分是链栈的内容。二叉树中序遍历非递归算法使用一个栈，其基本思想为：

```
根节点入栈S.
While (栈不空)
{
    读取将栈顶节点信息。
    依次将栈顶节点的左子树的根节点入栈。本步为一个循环，直到最左节点入栈时结束。
    将栈顶节点出栈，访问之。
    如果栈顶节点具有右子树，则将右子树的根节点入栈，下一次循环将中序遍历此右子树。
}
```

其实就是一个劲儿的找当前节点的左子树，直至最左为止，路上的左子树全部入栈。然后访问最左左子树的那个节点，再按照这个方法遍历这个节点的右孩子。

(1) 其实可以猜出来，这里对二叉树的遍历，都将依靠ptr来完成，所以是ptr不能为NULL。如果ptr和栈都是空的，就说明遍历完成了。

(2) 这里演示链栈的插入，新节点的下一个节点为栈顶节点，所以q->link=stacktop。

(3) 访问最左节点，自然ptr等于左孩子，即ptr->lchild。就算不懂算法也没有关系，题目中都提示了“进入左子树”。

(4) 这里是链栈的出栈，栈顶指针移动到下一个节点，即stacktop->link。

(5) 到节点的右子树，其实题目中提示了“进入右子树”，大胆写就行了。

8.4 强化训练

8.4.1 综合知识试题

试题 1

某双向链表中的节点如下图所示，删除 t 所指节点的操作为 (1) 。

(1) A．t->prior->next = t->next; t->next->prior = t->prior;

B．t->prior->prior = t->prior; t->next->next = t->next;

C．t->prior->next = t->prior; t->next->prior = t->next;

D．t->prior->prior = t->next; t->next->prior = t->prior;

t
prior
…
data
…
next
…
…

试题 2

给定一个有 n 个元素的有序线性表。若采用顺序存储结构，则在等概率前提下，删除其中的一个元素平均需要移动 __(2)__ 个元素。

(2) A．$(n+1)/2$　　B．$n/2$　　C．$(n-1)/2$　　D．1

试题 3

设 L 为广义表，将 head(L)定义为取非空广义表的第一个元素，tail(L)定义为取非空广义表除第一个元素外剩余元素构成的广义表。若广义表 L=((x,y,z),a,(u,t,w))，则从 L 中取出原子项 y 的运算是 __(3)__ 。

(3) A．head(tail(tail(L)))　　B．tail(head(head(L)))
　　C．head(tail(head(L)))　　D．tail(tail(head(L)))

试题 4

广义表中的元素可以是原子，也可以是表，因此广义表的适用存储结构是 __(4)__ 。

(4) A．链表　　B．静态数组　　C．动态数组　　D．散列表

试题 5

若有数组声明 a[0..3,0..2,1.. 4]，设编译时为 a 分配的存储空间首地址为 base_a，且每个数组元素占据一个存储单元。当元素以行为序存放(即按 a[0,0,1], a[0,0,2]，a[0,0,3]，a[0,0,4]，a[0,1,1]，a[0,1,2]，…，a[3,2,4]顺序存储)，则数组元素 a[2,2,2]在其存储空间中相对 base_a 的偏移量是 __(5)__ 。

(5) A．8　　B．12　　C．33　　D．48

试题 6

一个具有m个节点的二叉树，其二叉链表节点(左、右孩子指针分别用left和right表示)中的空指针总数必定为 __(6)__ 个。为形成中序(先序、后序)线索二叉树，现对该二叉链表所有节点进行如下操作：若节点p的左孩子指针为空，则将该左指针改为指向p在中序(先序、后序)遍历序列的前驱节点；若p的右孩子指针为空，则将该右指针改为指向p在中序(先序、后序)遍历序列的后继节点。假设指针s指向中序(先序、后序)线索二叉树中的某节点，则 __(7)__ 。

(6) A．$m+2$　　B．$m+1$　　C．m　　D．$m-1$

(7) A．s→right 指向的节点一定是 s 所指节点的直接后继节点
　　B．s→left 指向的节点一定是 s 所指节点的直接前驱节点
　　C．从 s 所指节点出发的 right 链可能构成环
　　D．s 所指节点的 left 和 right 指针一定指向不同的节点

试题 7

若将某有序树T转换为二叉树T_1，则T中节点的后根序列就是T_1中节点的 __(8)__ 遍历序列。例如，下图(a)所示的有序树转化为二叉树后如图(b)所示。

(8) A．先序　　B．中序　　C．后序　　D．层序

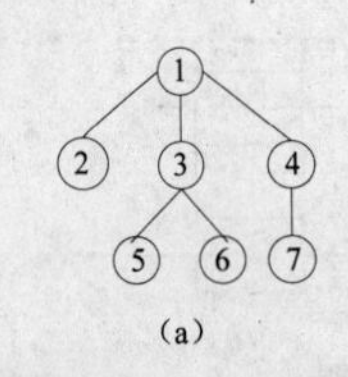

(a)

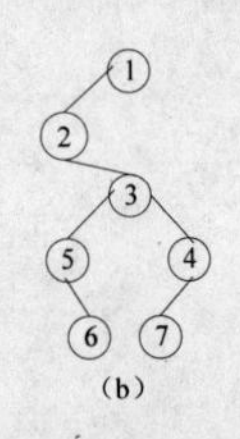

(b)

试题 8

(9) 的邻接矩阵是一个对称矩阵。

(9) A．无向图　　B．AOV 网　　C．AOE 网　　D．有向图

试题 9

具有n个顶点、e条边的图采用邻接表存储结构，进行深度优先遍历和广度优先遍历运算的时间复杂度均为 (10) 。

(10) A．$O(n^2)$　　B．$O(e^2)$　　C．$O(n*e)$　　D．$O(n+e)$

试题 10

设一个包含N个顶点、E条边的简单有向图采用邻接矩阵存储结构(矩阵元素A[i][j]等于1/0分别表示顶点i与顶点j之间有/无弧)，则该矩阵的元素数目为 (11) ，其中非零元素数目为 (12) 。

(11) A．E^2　　B．N^2　　C．N^2-E^2　　D．N^2+E^2

(12) A．N　　B．N+E　　C．E　　D．N－E

试题 11

将一个无序序列中的元素依次插入到一棵 (13) ，并进行中序遍历，可得到一个有序序列。

(13) A．完全二叉树　B．最小生成树　C．二叉排序树　D．最优叉二树

试题 12

某一维数组中依次存放了数据元素12，23，30，38，41，52，54，76，85，在用折半(二分)查找方法(向上取整)查找元素54时，所经历“比较”运算的数据元素依次为 (14) 。

(14) A．41, 52, 54　　B．41, 76, 54　　C．41, 76, 52, 54　　D．41, 30, 76, 54

试题 13

已知一个线性表(16, 25, 35, 43, 51, 62, 87, 93)，采用散列函数 H(Key)=Key mod 7 将元素散列到表长为 9 的散列表中。若采用线性探测的开放定址法解决冲突(顺序地探查可用存储单元)，则构造的哈希表为 (15) ，在该散列表上进行等概率成功查找的平均查找长度为 (16) (确定为记录在查找表中的位置，需和给定关键字值进行比较的次数的期望值称为查找算法在查找成功时的平均查找长度)。

(15) A.

0	1	2	3	4	5	6	7	8
35	43	16	51	25		62	87	93

B.

0	1	2	3	4	5	6	7	8
35	43	16	93	25	51	62	87	

C.

0	1	2	3	4	5	6	7	8
35	43	16	51	25	87	62	93	

D.

0	1	2	3	4	5	6	7	8
35	43	16	51	25	87	62		93

(16) A．(5*1+2+3+6) / 8　　B．(5*1+2+3+6) / 9

C．(8*1) / 8　　D．(8*1) / 9

8.4.2　案例分析试题

试题 1

阅读下列说明和 C 函数，在 (n) 处填入适当的字句。

【说明】

已知集合 A 和 B 的元素分别用不含头节点的单链表存储，函数 Difference()用于求解集合 A 与 B 的差集，并将结果保存在集合 A 的单链表中。例如，若集合 A={5，10，20，15，25，30}，集合 B={5，15，35，25}，如图 8.13(a)所示，运算完成后的结果如图 8.13(b)所示。

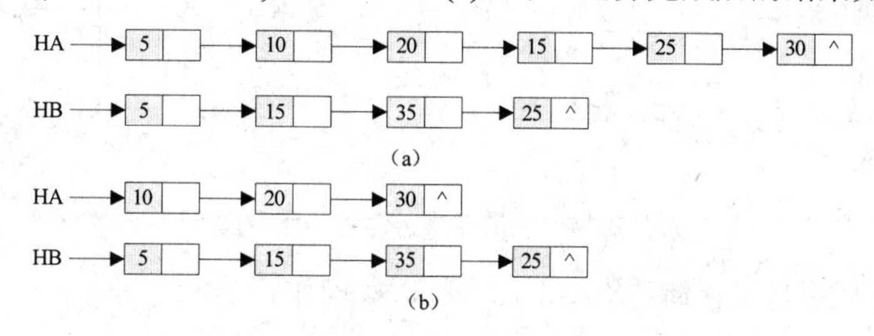

图 8.13　集合 A、B 运算前后示意图

链表节点的结构类型定义如下。

```
typedef struct Node{
    ElemType elem;
    struct Node *next;
}NodeType;
```

【C 函数】

```
void Difference(NodeType **LA, NodeType *LB)
{
     NodeType *pa, *pb, *pre, *q;
     pre = NULL;
     ___(1)___;
     while (pa) {
        pb = LB;
        while ___((2))___
        pb = pb->next;
        if ___((3))___ {
             if (!pre)
                 *LA = ___(4)___;
             else
                 ___(5)___ = pa->next;
             q = pa;
```

```
                pa = pa->next;
                free(q);
                }
                else {
                    (6);
                    pa = pa->next;
    }
    }
    }
```

试题2

阅读下列说明和 C 代码，在 (n) 处填入适当的子句。

【说明】

栈(Stack)结构是计算机语言实现中的一种重要数据结构。对于任意栈，进行插入和删除操作的一端称为栈顶(Stack Top)，而另一端称为栈底(Stack Bottom)。栈的基本操作包括：创建栈(NewStack)、判断栈是否为空(IsEmpty)、判断栈是否已满(IsFull)、获取栈顶数据(Top)、压栈/入栈(Push)、弹栈/出栈(Pop) 。

当设计栈的存储结构时，可以采取多种方式。其中，采用链式存储结构实现的栈中各数据项不必连续存储，如图8.14所示。

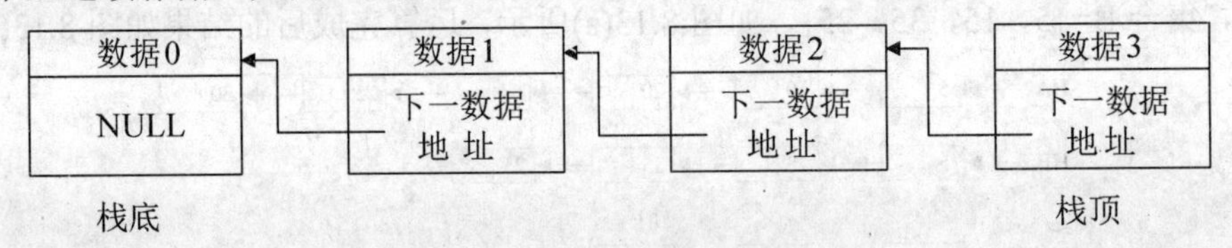

图 8.14　栈的链式存储结构示意图

以下 C 代码采用链式存储结构实现一个整数栈操作。

【C 代码】

```
typedef struct List {
    int data;                    //栈数据
    struct List* next;           //上次入栈的数据地址
}List;

typedef struct Stack{
    List* pTop; //当前栈顶指针
}Stack;

Stack* NewStack(){return (Stack*)calloc(1,sizeof(Stack));}

int IsEmpty(Stack* S){//判断栈 S 是否为空栈
    If((1)) return 1;
    return 0;
}

int Top(Stack* S){//获取栈顶数据。若栈为空，则返回机器可表示的最小整数
    if(IsEmpty(S)) return INT_MIN;
    return  (2)  ;
}

void Push(Stack* S, int theData ){//将数据 theData 压栈
    List* newNode;
```

```
    newNode=(List*)calloc(1,sizeof(List));
    newNode->data=theData;
    newNode->next=S->pTop;
    S->pTop=___(3)___;
}

void Pop(Stack* S){//弹栈
    List* lastTop;
    If(IsEmpty(S)) return;
    lastTop=S->pTop;
    S->pTop=___(4)___;
    Free(lastTop);
}

#define MD(a) a<<2

int main(){
    int i;
    Stack* myStack;
    myStack=NewStack();
    Push(myStack,MD(1));
    Push(myStack,MD(2));
    Pop(myStack);
    Push(myStack,MD(3)+1);
    while(!IsEmpty(myStack)){
        printf("%d",Top(myStack));
        Pop(myStack);
    }
    return 0;
}
```

以上程序运行时的输出结果为：__(5)__。

8.4.3 综合知识试题参考答案

【试题 1】答　案：(1)A

分　析：本题考查双向链表的基本操作。

双向链表每个数据节点中都有两个指针，分别指向直接后继和直接前驱。所以，从双向链表中的任意一个节点开始，都可以很方便地访问它的前驱节点和后继节点。

删除 t 节点，只需把 t 原来的前驱的后继指向 t 现在的后继，t 原来后继的前驱指向 t 现在的前驱即可。

【试题 2】答　案：(2)C

分　析：本题考查的是线性表在顺序存储结构下的特点。顺序存储结构是最简单的存储结构，其存储方式十分容易理解，所以本题也很好解答。

假如一个线性表的表长为 n，若删除第一个元素，则需要将后面的 n-1 个元素依次前移；若删除最后一个元素，则不需要移动元素，因此，等概率下删除元素时平均需要移动的元素个数为$(1+2+\cdots+n-1)/n=(n-1)/2$。

【试题 3】答　案：(3)C

分　析：对于广义表 L=((x,y,z),a,(u,t,w))，head(L)定义为取非空广义表的第一个元素，tail(L)定义为取非空广义表除第一个元素外剩余元素构成的广义表。head(tail(head(L)))即为先取 L 的第一个元素(x,y,z)，然后取除第一个元素外的剩余元素 y,z，最后取第一个元素即 y。

【试题 4】答　案：(4)A

分　析：本题考查广义表的特点。

广义表的特点有：①广义表的元素可以是子表，而子表还可以是子表，由此，广义表是一个多层的结构；②广义表可以被其他广义表共享；③ 广义表具有递归性。

由于广义表 GL=($d_1,d_2,d_3,\ldots,d_n$)中的数据元素既可以是单个元素，也可以是子表，因此对于广义表，我们难以用顺序存储结构来表示它，通常我们用链式存储结构来表示。表中的每个元素可用一个节点来表示。广义表中有两类节点，一类是单个元素节点，一类是子表节点。

综上所述，广义表的适用存储结构是链表。

【试题 5】答　案：(4)C

分　析：本题考查多维数组的结构。

由题可知，数组 a 的大小为 4 行、3 列、4 纵，而 a[2,2,2]处于数组的第 3 行、第 3 列、第 2 纵，知道这些再求偏移量就不难了。先求前两维的偏移位置为：$2\times3\times4=24$，再求 a[2,2,2]在第三维的偏移位置：$2\times4+2=10$。但偏移量是本位置之前，所以 $24+10-1=33$。

【试题 6】答　案：(6)B；(7)C

分　析：本题考查二叉树的基本性质。

二叉树的性质有：①在二叉树中，第i层的节点总数不超过2^{i-1}；②深度为h的二叉树最多有2^h-1个节点($h\geqslant=1$)，最少有h个节点；③对于任意一棵二叉树，如果其叶节点数为n_0，而度数为2的节点总数为n_2，则$n_0=n_2+1$；④具有n个节点的完全二叉树的深度为$\text{int}(\log_2 n)+1$；⑤具有n个节点的二叉树，其二叉链表节点中有n+1个空指针。

对于第(7)题，题中已经给出了线索二叉树的构造方法，若想比较明显地判断出题目的答案，举个例子构造个线索二叉树是很直观的。下图为一个中序的线索二叉树。

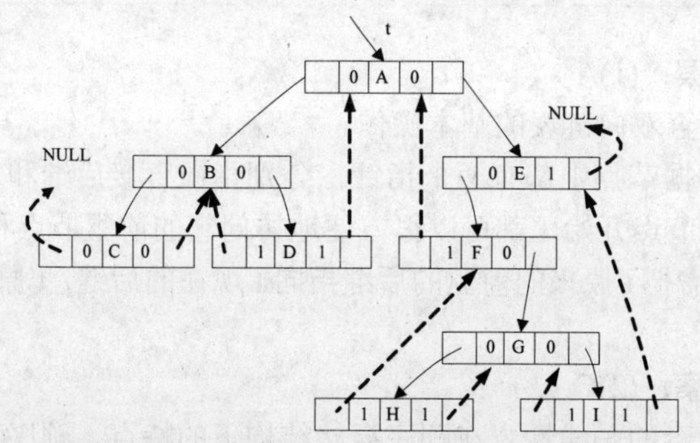

由图可知选项 C 是正确的，图中的 $A\rightarrow B\rightarrow D\rightarrow A$ 构成了环。

【试题 7】答　案：(8)B

分　析：树转换成二叉树的规则是：树中某节点M的孩子节点，在生成二叉树后放在M节点的左孩子位置；M的兄弟节点，在生成二叉树后放在M节点的右孩子位置。

图(a)的后序序列是 2、5、6、3、7、4、1，和图(b)的中序序列一样。

【试题 8】答　案：(9)A

分　析：邻接矩阵(Adjacency Matrix)：是表示顶点之间相邻关系的矩阵。其特点是无向图的邻接矩阵一定是对称的，而有向图的邻接矩阵不一定对称。

【试题9】答　案：(10)D

分　析：深度优先遍历要对每个节点都进行遍历，广度优先遍历是要把每条边都遍历一遍，所以是 $O(n+e)$。

【试题10】答　案：(11)B；(12)C

分　析：对于有N个节点的邻接矩阵有 N^2 个元素。对于有向图，其邻接矩阵中非零元素为正方向的边的个数，题目中给出此有向图有E条边，所以其邻接矩阵中的非零元素为E个。

【试题11】答　案：(13)C

分　析：本题考查二叉排序树的基本概念。二叉排序树又称二叉查找树，它或者是一棵空树；或者是具有下列性质的二叉树：①若左子树不空，则左子树上所有节点的值均小于它的根节点的值；②若右子树不空，则右子树上所有节点的值均大于它的根节点的值；③左、右子树分别为二叉排序树；④按中序遍历二叉排序树，所得到的中序遍历序列仍是一个有序序列。

【试题12】答　案：(14)B

分　析：本题考查折半查找的基本方法。其算法思想是：

将数列按有序化(递增或递减)排列，查找过程中采用跳跃式方式查找，即先以有序数列的中点位置为比较对象，如果要找的元素值小于该中点元素，则将待查序列缩小为左半部分，否则为右半部分。通过一次比较，将查找区间缩小一半。

需要注意的是，数列的个数是偶数时取靠前的数还是靠后的数，这个没有规定，根据自己的习惯取就可以了。

【试题13】答　案：(15)C；(16)A

分　析：哈希表的构造是软件设计师常考知识点，考生需重点掌握。在本题中，表长为9的散列表初始时为空，散列函数为：H(Key)=Key mod 7根据哈希表的构造方法有：H(16)=16 mod 7=2；H(25)=25 mod 7=4；H(35)=35 mod 7=0；H(43)=43 mod 7=1。

前4个数都不冲突，可以直接填入散列表的相应位置，即：

0	1	2	3	4	5	6	7	8
35	43	16		25				

继续取第五个元素51，有：H(51)=51mod 7=2，第2个单元已经填入16了，冲突了，所以要进行第一次线性探索，即：H(51)=(51+1) mod 7=3，第三单元为空，可以填入51。

依次往下做，做到第八个元素93的时候得到的散列表如C选项所示。

根据自己的解题过程，每个元素冲突的次数是显然的，所以在该散列表上进行等概率成功查找的平均查找长度为：(5*1+2+3+6) / 8。

8.4.4　案例分析试题参考答案

试题1　答案与解析

答　案：

(1) pa=*LA　　(2) pb&&pb->elem!=pa->elem　　(3) pb

(4) pa->next或(*pa).next或*pa.next

(5) pre->next或(*pre).next或*pre.next　　(6) pre=pa

分　析：

该题是一道C语言程序题。题目考查数据结构当中的链表操作。程序要实现的功能比较简单，即从链表A中，去除链表A和链表B均有的公共元素。其中的填空主要是对链表的一些基本操作，如：在链表中查询元素，将一个节点从链表中删除，及对此操作时需要注意的一些细节。只要掌握了链表基本操作，解本题还是非常容易的。

程序中的第(1)空是对 pa 的赋值，结合算法分析可知，pa 应指向链表 A 的首指针。

第(2)空对应的while循环的作用是在B链表中查找与A链表当前节点值相等的节点，所以循环结束条件有两个：一是B链表已查询完毕，即pb为NULL；二是找到与A链表当前节点值相等的节点(pb->elem= =pa->elem)。所以应该填写：pb&&pb->elem!=pa->elem。

从算法分析可知，第(3)空所做的if语句的真分支是将链表A当前节点删除的操作，这表明此时在B中找到了与A链表相等的节点，结合第(2)空的分析可知第(3)空应该填写pb。

第(4)空和第(5)空是处理删除节点的两种情况，当需要删除的节点是链表首节点时，删除该节点只要将链表头指针直接指向当前节点的next域即可，所以第(4)空填写：pa->next或(*pa).next或*pa.next；当需要删除的节点是链表的中间节点时，则将当前节点的前驱节点next域指向当前节点的后继节点，所以第(5)空填写：pre->next或(*pre).next或*pre.next。

第(4)空前面用到了pa的前驱节点pre进行相应的操作，为了保证pre始终指向pa的前驱节点。pre的值是随pa的值的变化而变化的，当pa指向下一个节点时，pre应指向pa的当前节点，所以第(6)空应填写：pre=pa。

试题 2　答案与解析

答　案：

(1) S= =NULL || S->pTop = =NULL　　　　(2) S->pTop->data

(3) newNode　　　(4) S->pTop->next　　　(5) 24 4

分　析：

该题考查考生对“栈”的掌握。用 C 代码实现一个整数栈操作。“栈”是数据结构复习中一个重要的知识点，在多年的考试中一直是个重点，也是在平时辅导当中强调的最多的。这类题要求考生平时多阅读程序，理解算法的精髓，方可轻松解决。

Stack 结构类型的定义是为了方便在函数体中修改 pTop 指针。要判断栈是否为空，则要看指针 S 的指向是否为 NULL 或者看栈顶指针 S->pTop 的指向是否为 NULL。所以第(1)空填：S= =NULL || S->pTop = =NULL。

函数 Top(Stack*S)用于获取栈顶数据。若栈为空，则返回机器可表示的最小整数；不为空则返回栈顶指针的值。在定义时，栈数据是 data，所以第(2)空填：S->pTop->data。

题中 void Push(Stack* S, int theData)是将数据压入栈中，由于栈是从一头插入和删除的，则要在栈顶新增加一个栈单元，将新值赋给新单元的值域，再修改栈顶指针，所以第(3)空是修改栈顶指针，指向新单元，即 S->pTop= newNode。

void Pop(Stack* S)是弹出栈，如栈是空栈，则直接返回；如果不是空栈，则修改栈顶指针，将栈顶指针指向它的下一个单元：S->pTop =S->pTop->next，所以第(4)空填：S->pTop->next。

第(5)空是比较麻烦的，也比较费时间，需要将数据代入采用手工的方式运行，得出结果。

第 9 章 算法设计和分析

9.1 备考指南

9.1.1 考纲要求

根据考试大纲中相应的考核要求，在“**算法设计和分析**”知识模块上，要求考生掌握以下方面的内容。

1. 算法与数据结构的关系、算法效率、算法设计、算法描述(流程图、伪代码、决策表)、算法的复杂性
2. 掌握 C 程序设计语言，能够进行编程和测试，并进行必要的优化
3. 灵活应用各种算法设计策略

9.1.2 考点统计

“**算法设计和分析**”知识模块，在历次软件设计师考试试卷中出现的考核知识点及分值分布情况如表 9.1 所示。

表 9.1 历年考点统计表

年 份	题 号	知 识 点	分 值
2010 年下半年	上午：62～65	递归式、动态规划、贪心算法	4 分
	下午：无	无	0 分
2010 年上半年	上午：64～65	递归式、算法的复杂度	2 分
	下午：无	无	0 分
2009 年下半年	上午：64	时间复杂度的计算	1 分
	下午：试题四	穷举法和回溯法	15 分

续表

年份	题号	知识点	分值
2009 年上半年	上午：62～65	分治法、几种经典算法的比较、归并排序	4 分
	下午：试题四	Floyd-Warshall 算法分析与复杂度	15 分

9.1.3 命题特点

纵观历年试卷，本章知识点是以选择题和综合分析题的形式出现在试卷中的。在历次考试上午试卷中，所考查的题量大约为 1～4 道选择题，所占分值为 1～4(约占试卷总分值 75 分中的 1%～5%)；在下午试卷中，2010 年两次考试中去掉了关于算法设计和分析的分析题，之前的考试中会有 1 道综合分析题，所占分值大约为 15 分 (约占试卷总分值 75 分中的 20%)。本章试题理论为主，难度较高。

9.2 考点串讲

9.2.1 算法设计与分析基础

一、算法

算法是对特定问题求解步骤的一种描述，它是指令的有限序列，其中每一条指令表示一个或多个操作。一个算法具有下列 5 个重要特性。

- 有穷性：一个算法必须总是在执行有穷步之后结束，且每一步都可在有穷时间内完成。
- 确定性：算法中的每一条指令必须有确切的含义，读者理解时不会产生二义性，并且在任何条件下，算法只有唯一的一条执行路径，即对于相同的输入只能得出相同的输出。
- 可行性：一个算法是可行的，即算法中描述的操作都是可以通过已经实现的基本运算执行有限次来实现的。
- 输入：一个算法有零个或多个输入，这些输入取自某个特定的对象的集合。
- 输出：一个算法有一个或多个输出，这些输出是同输入有着某些特定关系的量。

二、算法设计

通常求解一个问题可能会有多种算法可供选择，选择的主要标准首先是算法的正确性和可靠性、简单性和易理解性；其次是算法所需要的存储空间少和执行更快等。

算法设计是一件非常困难的工作，通常设计一个“好”的算法应考虑达到以下目标：正确性、可读性、健壮性、效率与低存储量需求。

经常采用的算法设计技术主要有迭代法、穷举搜索法、递推法、贪心法、回溯法、分治法和动态规划法等。

三、算法分析

算法分析是指对一个算法所需要的资源进行估算，这些资源包括内存、通信带宽、计算机硬件和时间等，所需要的资源越多，该算法的复杂性就越高。不言而喻，对于任何给定的问题，设计出复杂性尽可能低的算法是设计算法时追求的重要目标。另外，当给定问题有很多种算法时，选择其中复杂性最低者，是选用算法时应遵循的重要准则。

在计算机资源中，最重要的是时间和空间(存储器)资源，因此复杂性分析主要包括时间复杂性和空间复杂性。

四、算法的表示

常用的表示算法的方法有以下几种。

(1) 自然语言。最大的优点是容易理解，缺点是容易出现二义性，并且算法通常都很冗长。

(2) 流程图。优点是直观易懂，缺点是严密性不如程序设计语言，灵活性不如自然语言。

(3) 程序设计语言。优点是能用计算机直接执行，缺点是抽象性差，使算法设计者拘泥于描述算法的具体细节，忽略了“好”算法和正确逻辑的重要性。此外，还要求算法设计者掌握程序设计语言及编程技巧。

(4) 伪代码。伪代码是介于自然语言和程序设计语言之间的方法，它采用某一程序设计语言的基本语法，操作指令可以结合自然语言来设计。

五、时间复杂性

算法的时间复杂度分析主要是分析算法的运行时间，即算法所执行的基本操作数。即使对相同的输入规模，数据分布不相同也决定了算法执行不同的路径，因此所需要的执行时间也不相同。根据不同的输入，将算法的时间复杂度分析分为 3 种情况。

(1) 最佳情况。使算法执行时间最少的输入。一般情况下，不进行算法在最佳情况下的时间复杂度分析。应用最佳情况分析的一个例子是已经证明基于比较的排序算法的时间复杂度下限为 $\Omega(n\log_2 n)$，那么就不需要白费力气去想方设法将该类算法改进为线性时间复杂度。

(2) 最坏情况。使算法执行时间最多的输入。一般会进行算法在最坏情况下的时间复杂度分析，因为最坏情况是在任何输入下运行时间的一个上限，它给我们提供一个保障，情况不会比这更糟糕。另外，对于某些算法来说，最坏情况还是相当频繁的。而且大致上看，平均情况通常与最坏情况的时间复杂度一样。

(3) 平均情况。算法的平均运行时间。一般来说，这种情况很难分析。举个简单的例子，现要排序 10 个不同的整数，输入就有 10!种不同的情况，平均情况的时间复杂度要考虑每一种输入及该输入的概率。平均情况分析可以按如下 3 个步骤进行。

① 将所有的输入按其执行时间分类。

② 确定每类输入发生的概率。

③ 确定每类输入的执行时间。

下式给出了一般算法在平均情况下的复杂度分析。

$$T(n)=\sum_{i=1}^{m} p_i \times t_i$$

式中，p_i表示第 i 类输入发生的概率；t_i表示第 i 类输入的执行时间，输入分为 m 类。

六、渐进符号

渐进符号有如下几种。

(1) O记号。给出一个函数的渐进上界。

(2) Ω记号。给出一个函数的渐进下界。

(3) Θ记号。给出一个函数的渐进上界和下界，即渐进确界。

七、递归式

从算法的结构上看，算法可以分为非递归形式和递归形式。非递归算法的时间复杂度分析较简单，本节主要讨论递归算法的时间复杂度分析方法。

(1) 展开法。将递归式中等式右边的项根据递归式进行替换，称为展开。展开后的项被再次展开，如此下去，直到得到一个求和表达式，得到结果。

(2) 代换法。这一名称来源于当归纳假设用较小值时，用所猜测的值代替函数的解。用代换法解递归式时，需要两个步骤：猜测解的形式；用数学归纳法找出使解真正有效的常数。

(3) 递归树法。递归树法弥补了代换法猜测困难的缺点，它适于提供“好”的猜测，然后用代换法证明。在递归树中，每一个节点都代表递归函数调用集合中每一个子问题的代价。将树中每一层内的代价相加得到一个每层代价的集合，再将每层的代价相加得到递归式所有层次的总代价。当用递归式表示分治算法的时间复杂度时，递归树的方法尤其有用。

(4) 主方法。也称为主定理，给出求解如下形式的递归式的快速方法：

$$T(n)=aT(n/b)+f(n)$$

式中，a、b 是常数，$a\geqslant 1$，$b>1$；$f(n)$是一个渐进的正函数。

9.2.2 分治法

一、递归的概念

递归是指子程序(或函数)直接调用自己或通过一系列调用语句间接调用自己，是一种描述问题和解决问题的常用方法。

递归有两个基本要素：边界条件，即确定递归到何时终止，也称为递归出口；递归模式，即大问题是如何分解为小问题的，也称为递归体。

二、分治法的基本思想

分治法的设计思想是将一个难以直接解决的大问题分解成一些规模较小的相同问题，以便各个击破，分而治之。如果规模为 n 的问题可分解成 $k(1<k\leqslant n)$个子问题，这些子问题互相独立且与原问题相同。分治法产生的子问题往往是原问题的较小模式，这就为递归技术提供了方便。

一般来说，分治算法在每一层递归上都有 3 个步骤。

(1) 分解。将原问题分解成一系列子问题。

(2) 求解。递归地求解各子问题。若子问题足够小，则直接求解。

(3) 合并。将子问题的解合并成原问题的解。

三、典型应用：Hanoi 塔问题

Hanoi 塔问题描述如下：有 *n* 个盘子在 A 处，盘子从大到小，最上面的盘子最小。现在要把这 *n* 个盘子从 A 处搬到 C 处，可以在 B 处暂存，但任何时候都不能出现大盘子压在小盘子上面的情况。

当只有一个盘子时，直接从 A 移到 C 即可；如果已知 *n*-1 个盘子的移动方案，那么 *n* 个盘子的移动方案如下：先把前 *n*-1 个盘子从 A 借助 C 移动到 B 处，再把第 *n* 个盘子从 A 处直接移动到 C 处，然后再将 B 处的 *n*-1 个盘子从 B 处借助 A 处移动到 C 处。至此就完成了全部盘子的移动。具体 C 代码实现如下。

```
void Hanoi(int n, char a, char b, char c)//将n个盘子从a通过b移动到c
{
    if(n > 1){
        Hanoi(n-1, a, c, b);     //先将前n-1个盘子从a处通过c移动到b处
        move(n, a, c);           //将第n个盘子从a处直接移动到c处
        Hanoi(n-1, b, a, c);     //再将前n-1个盘子从b处通过a移动到c处
    }else{
        move(n, a, c);           //只有一个盘子时，直接从a移动到c。递归出口
    }
}
```

9.2.3 动态规划法

动态规划算法与分治法类似，其基本思想也是将待求解问题分解成若干个子问题，先求解子问题，然后从这些子问题的解得到原问题的解。与分治法不同的是，适合于用动态规划法求解的问题，经分解得到的子问题往往不是独立的。

动态规划算法通常用于求解具有某种最优性质的问题。在这类问题中，可能会有许多可行解，每个解都对应于一个值，我们希望找到具有最优值(最大值或最小值)的那个解。当然，最优解可能会有多个，动态规划算法能找出其中的一个最优解。设计一个动态规划算法，通常可按照以下几个步骤进行。

(1) 找出最优解的性质，并刻画其结构特征。

(2) 递归地定义最优解的值。

(3) 以自底向上的方式计算出最优值。

(4) 根据计算最优值时得到的信息，构造一个最优解。

对一个给定的问题，若其具有以下两个性质，则可以考虑用动态规划法来求解。

(1) 最优子结构。如果一个问题的最优解中包含了其子问题的最优解，就说该问题具有最优子结构。当一个问题具有最优子结构时，提示我们动态规划法可能会适用，但是此时贪心策略可能也是适用的。

(2) 重叠子问题。指用来解原问题的递归算法可反复地解同样的子问题，而不是总在产生新的子问题。即当一个递归算法不断地调用同一个问题时，就说该问题包含重叠子问题。此时若用分治法递归求解，则每次遇到子问题都会视为新问题，会极大地降低算法的效率，而动态规划法总是充分利用重叠子问题，对每个子问题仅计算一次，把解保存在一个在需要时就可以查看的表中，而每次查表的时间为常数。

9.2.4 贪心法

和动态规划法一样，贪心法也经常用于解决最优化问题。不过与动态规划法不同的是，贪心法在解决问题的策略上是仅根据当前已有的信息做出选择，而且一旦做出选择，不管将来有什么结果，这个选择都不会改变。换言之，贪心法并不是从整体最优考虑，它所做出的选择只是在某种意义上的局部最优。

用贪心法求解的问题一般具有两个重要的性质。

(1) 最优子结构。当一个问题的最优解包含其子问题的最优解时，称此问题具有最优子结构。问题的最优子结构是该问题可以采用动态规划法或者贪心法求解的关键性质。

(2) 贪心选择性质。指问题的整体最优解可以通过一系列局部最优的选择，即贪心选择来得到。这是贪心法和动态规划法的主要区别。

装箱问题是贪心法的一个典型应用。

装箱问题可简述如下：设有编号为 0，1，…，n-1 的 n 种物品，体积分别为 v_1，v_2，…，v_{n-1}，将这 n 种物品装到容量都为 v 的若干箱子里。约定这 n 种物品的体积均不超过 V。不同的装箱方案所需要的箱子数目可能不同，装箱问题要求使装它这 n 种物品的箱子数最少。

算法描述如下。

```
{
    输入箱子的容量 V;
    输入物品种类 n;
    按体积从大到小排列,输入各物品的体积;
    预置已用箱子链为空;
    预置已用箱子计数器 box_count 为 0;
    for(i = 0; i < n; i++){//物品 i 按以下步骤装箱
        从已用的第一只箱子开始顺序寻找能放入物品 i 的箱子 j;
        if(已用箱子都不能再放物品 i){
            另用一只箱子,并将物品 i 放入该箱子;
            box_count++;
        }else{
            将物品 i 放入箱子 j 中;
        }
    }
}
```

9.2.5 回溯法

回溯法也称为试探法，该方法首先暂时放弃关于问题规模大小的限制，并将问题的候选解按某种顺序逐一枚举和检验。当发现当前候选解不可能是解时，就选择下一个候选解；倘若当前候选解除了不满足问题规模要求外，满足所有其他要求时，继续扩大当前候选解的规模，并继续试探。如果当前候选解满足包括问题规模在内的所有要求时，该候选解就是问题的一个解。在回溯法中，放弃当前候选解，寻找下一个候选解的过程称为回溯；扩大当前候选解的规模，以继续试探的过程称为向前试探。

应用回溯法解问题时，首先应明确定义问题的解空间。问题的解空间应至少包含问题的一个(最优)解。

确定了解空间的组织结构后，回溯法从开始节点(根节点)出发，以深度优先的方式搜索整个解空间。这个开始节点就成为一个活节点，同时也成为当前的扩展节点。在当前的扩展节点处，搜索向纵深方向移至一个新节点。这个新节点就成为一个新的活节点，并成为当前扩展节点。如果在当前扩展节点处不能再向纵深方向移动，则当前的扩展节点就成为死节点。换句话说，这个节点不再是一个活节点。此时，应往回移动(回溯)至最近的一个活节点处，并使这个活节点成为当前的扩展节点。回溯法即以这种工作方式递归地在解空间中搜索，直至找到所要求的解或解空间中已无活节点时为止。

n 是后问题是回溯法的一个典型应用。*n* 是后问题是一个源于国际象棋的一个问题，要求在一个 $n \times n$ 格的棋盘上放置 *n* 个皇后，使得它们彼此不受攻击。按照国际象棋的规则，一个皇后可以攻击与之在同一行或同一列或同一条斜线上的其他任何棋子。因此 *n* 是后问题等价于要求在一个 $n \times n$ 格的棋盘上放置 *n* 个皇后，使得任何 2 个皇后不能被放在同一行或同一列或同一条斜线上。

求解算法如下。

```
{
    输入棋盘大小 n;      //一个 n×n 的棋盘
    m = 0;               //从空配置开始
    good = 1;            //空配置是一个合理的情况
    do{                  //循环找解
        if(good){
            if(m == n){//找到一个解
                输出解;
                改变之，形成下一个候选解;
            }else{
                扩展当前候选解至下一列;
            }
        }else{  //回溯调整
            改变之，继续寻找候选解;
        }
    }while(m != 0);
}
```

9.2.6　其他

注：本节不是考试重点，考生了解即可。

一、分支限界法

分支限界法类似于回溯法，也是一种在问题的解空间树上搜索问题解的算法。但在一般情况下，分支限界法与回溯法的求解目标不同。回溯法的求解目标是找出解空间树中满足约束条件的所有解，而分支限界法的求解目标则是找出满足约束条件的一个解，或是在满足约束条件的解中找出使某一目标函数值达到极大或极小的解，即在某种意义下的最优解。由于求解目标不同，导致分支限界法与回溯法在解空间树上的搜索方式也不相同。回溯法以深度优先的方式搜索解空间树，而分支限界法则以广度优先或以最小耗费优先的方式搜索解空间树。分支限界法的搜索策略是：每一个活节点只有一次机会成为扩展节点；活节点一旦成为扩展节点，就一次性产生其所有子节点；在这些子节点中，那些导致不可行解或非最优解的子节点被舍弃，其余子节点被加入到活节点表中；此后，从活节点表中取下一节点成为当前扩展节点，并重复上述节点扩展过程；这个过程一直持续到找到所需的解或活节点表为空时为止。

从活节点表中选择下一扩展节点的不同方式导致不同的分支限界法。最常用的有队列式分支限界法和优先队列式分支限界法。

二、概率算法

概率算法的一个基本特征是对所求解问题的同一实例用同一概率算法求解两次，可能得到完全不同的效果。这两次求解所需的时间甚至所得到的结果可能会有相当大的差别。

一般情况下，概率算法具有以下基本特征。

(1) 概率算法的输入包括两部分，一部分是原问题的输入，另一部分是一个供算法进行随机选择的随机数序列。

(2) 概率算法在运行过程中，包括一处或多处随机选择，根据随机值来决定算法的运行。

(3) 概率算法的结果不能保证一定是正确的，但能限制其出错概率。

(4) 概率算法在不同的运行过程中，对于相同的输入实例可以有不同的结果，因此，对于相同的输入实例，概率算法的执行时间可能不同。

一般情况下，可将概率算法大致分为数值概率算法、蒙特卡罗算法、拉斯维加斯算法和舍伍德算法4类。

(1) 数值概率算法常用于数值问题的求解。这类算法得到的往往是近似解，且近似解的精度随计算时间的增加不断提高。在多数情况下，要计算出问题的精确解是不可能的或没有必要的，因此数值概率算法可得到相当满意的解。

(2) 蒙特卡罗算法用于求问题的精确解。用蒙特卡罗算法求得问题的一个解，但这个解未必是正确的。求得正确解的概率依赖于算法所用的时间。算法所用的时间越多，得到正确解的概率就越高。蒙特卡罗算法的缺点也在于此。一般情况下，无法有效地判定所得到的解是否肯定正确。

(3) 拉斯维加斯算法不会得到不正确的解。一旦用拉斯维加斯算法找到一个解，这个解一定是正确解。拉斯维加斯算法找到正确解的概率随着它所用的计算时间的增加而提高。对于所求解问题的任一实例，用同一拉斯维加斯算法反复对该实例求解足够多次，可使求解实效的概率任意小。

(4) 舍伍德算法总能求得问题的一个解，且所求得的解总是正确的。当一个确定性算法在最坏情况下的计算复杂度与其在平均情况下的计算复杂度有较大差别时，可在这个确定性算法中引入随机性将它改造成一个舍伍德算法，消除或减少问题的好坏实例间的这种差别。舍伍德算法的精髓不是避免算法的最坏情况行为，而是设法消除这种最坏情形行为与特定实例之间的关联性。

三、近似算法

近似算法是解决难解问题的一种有效策略，其基本思想是放弃求最优解，而用近似最优解代替最优解，以换取算法设计上的简化和时间复杂度的降低。近似算法是这样一个过程：虽然它可能找不到一个最优解，但它总会为待求解的问题提供一个解。为了具有实用性，近似算法必须能够给出算法所产生的解与最优解之间的差别或者比例的一个界限，它保证任意一个实例的近似最优解与最优解之间相差的程度。显然，这个差别越小，近似算法越具有实用性。

衡量近似算法性能最重要的标准有如下两个。

(1) 算法的时间复杂度。近似算法的时间复杂度必须是多项式阶的，这是近似算法的基本目标。

(2) 解的近似程度。近似最优解的近似程度也是设计近似算法的重要目标。近似程度与近似算法本身、问题规模乃至不同的输入实例有关。

四、NP 完全性理论

NP 完全性的理论研究是基于某种计算模型针对语言识别问题而进行的。

1. P 类问题和 NP 类问题

(1) 判定问题。一个判定问题是仅仅要求回答 yes 或 no 的问题。

判定问题有一个重要特性：虽然在计算上对问题求解是困难的，但在计算上判定一个待定解是否解决了该问题却是简单的。

(2) 确定性算法。设 A 是求解问题 II 的一个算法，如果在算法的整个执行过程中，每一步只有一个确定的选择，则称算法 A 是确定性算法。

(3) P 类问题。如果对于某个判定问题 II，存在一个非负整数 k，对于输入规模为 n 的实例，能够以 $O(n^k)$ 的时间运行一个确定性算法，得到 yes 或 no 的答案，则该判定问题 II 是一个 P 类问题。

(4) 非确定性算法。设 A 是求解问题 II 的一个算法，如果算法 A 以如下猜测并验证的方式工作，就称算法 A 是非确定性算法。

① 猜测阶段。在这个阶段，对问题的输入实例产生一个任意字符串 y，在算法的每一次运行时，串 y 的值可能不同，因此，猜测以一种非确定的形式工作。

② 验证阶段。在这个阶段，用一个确定算法验证两件事：一方面，检查在猜测阶段产生的串 y 是否是合适的形式，如果不是，则算法停下来并得到 no；另一方面，如果串 y 是合适的形式，那么算法验证它是否是问题的解，如果是问题的解，则算法停下来并得到 yes，否则算法停下来并得到 no。

(5) NP 类问题。如果对于某个判定问题 II，存在一个非负整数 k，对于输入规模为 n 的实例，能够以 $O(n^k)$ 的时间运行一个非确定性算法，得到 yes 或 no 的答案，则该判定问题 II 是一个 NP 类问题。

P 类问题和 NP 类问题的主要差别如下。

- P 类问题可以用多项式时间的确定性算法来进行判定或求解。
- NP 类问题可以用多项式时间的非确定性算法来进行判定或求解。

2. NP 完全问题

令 II 是一个判定问题，如果问题 II 属于 NP 类问题，并且对 NP 类问题中的每一个问题 II'，都有 $\text{II}' \propto_{p} \text{II}$，则称判定问题 II 是一个 NP 完全问题。

NP 完全问题有一个重要性质：如果一个 NP 完全问题能在多项式时间内得到解决，那么 NP 完全问题中的每一个问题都可以在多项式时间内求解。

3. 典型的 NP 完全问题

常见的基本 NP 完全问题有 SAT 问题、最大团问题、图着色问题、哈密尔顿问题、TSP 问题、顶点覆盖问题、最长路径问题、子集和问题。

9.3 真题详解

9.3.1 综合知识试题

试题 1 (2010 年下半年试题 62)

某算法的时间复杂度可用递归式 $T(n)=\begin{cases}O(1) & ,n=1\\ 2T(n/2)+n\lg n, & n>1\end{cases}$ 表示，若用 Θ 表示该算法的渐进时间复杂度的紧致界，则正确的是__(62)__。

(62) A. $\Theta(n\lg^2 n)$　　B. $\Theta(n\lg n)$

C. $\Theta(n^2)$　　D. $\Theta(n^3)$

参考答案：(62)B。

要点解析：采用主定理来求解递归式。

a=2，b=2，$f(n)=n\lg n$，$\log_b a=1$，$f(n)=\Omega(n^{\log_b a+\varepsilon})$，其中 $\varepsilon\approx 0.2$，属于主定理的情况(3)，因此有 $T(n)=\Theta(f(n))=\Theta(n\lg n)$

试题 2 (2010 年下半年试题 63)

用动态规划策略求解矩阵连乘问题 $M_1*M_2*M_3*M_4$，其中 $M_1(20*5)$、$M_2(5*35)$、$M_3(35*4)$ 和 $M_4(4*25)$，则最优的计算次序为__(63)__。

(63) A. $((M_1*M_2)*M_3)*M_4$　　B. $(M_1*M_2)*(M_3*M_4)$

C. $(M_1*(M_2*M_3))*M_4$　　D. $M_1*(M_2*(M_3*M_4))$

参考答案：(63)C。

要点解析：由于矩阵乘法满足结合律，故计算矩阵的连乘积可以有许多不同的计算次序，最优的计算次序是使得矩阵连乘中乘法次数最少的次序。

选项 A，乘法的次数为 20*35*5+20*4*35+20*25*4=6700

选项 B，乘法的次数为 20*35*5+35*25*4+20*25*35=24 500

选项 C，乘法的次数为 5*4*35+20*4*5+20*25*4=3100

选项 D，乘法的次数为 35*25*4+5*25*35+20*25*5=10 375

可见，选项 C 中的计算次序为最优的计算次序。

试题 3 (2010 年下半年试题 64)

下面 C 程序段中 count++语句执行的次数为__(64)__。

```
for(int i=1;i<=11;i*=2)
    for(int j=1;j<=i;j++)
        count++;
```

(64) A. 15　B. 16　C. 31　D. 32

参考答案：(64)A。

要点解析：第 1 轮循环，*i*=1，count++执行 1 次，然后 *i*=2；第 2 轮循环，*i*=2，count++执行 2 次，然后 *i*=4；第 3 轮循环，*i*=4，count++执行 4 次，然后 *i*=8；第 4 轮循环，*i*=8，count++执行 8 次，然后 *i*=16，*i*>11，不满足循环条件，循环结束。可以计算 count++语句执行的次数为：1+2+4+8=15。

试题 4　(2010 年下半年试题 65)

__(65)__不能保证求得 0-1 背包问题的最优解。

(65) A．分支限界法　　B．贪心算法　　C．回溯法　　D．动态规划策略

参考答案：(65)B。

要点解析：贪心法在解决问题的策略上仅根据当前已有的信息做出选择，而且一旦做出选择，不管将来有什么结果，这个选择都不会改变。也就是说，贪心法并不是从整体最优考虑，它所做出的选择只是在某种意义上的局部最优。这种局部最优选择并不能保证总能获得全局最优解，但通常能得到较好的近似最优解。

试题 5　(2010 年上半年试题 64)

若某算法在问题规模为 n 时，其基本操作的重复次数可由下式表示，则该算法的时间复杂度为__(64)__。

$$T(n)=\begin{cases} 1 & n=1 \\ T(n-1)+n & n>1 \end{cases}$$

(64) A. $O(n)$　　B. $O(n^2)$　　C. $O(\log_2 n)$　　D. $O(n\log_2 n)$

参考答案: (64)B。

要点解析：根据题中给出的递归定义式进行推导，可得 $T(n)=n+n-1+\cdots+2+1$，因此时间复杂度为 $O(n^2)$。

试题 6　(2010 年上半年试题 65)

若对一个链表最常用的操作是在末尾插入结点和删除尾结点，则采用仅设尾指针的单向循环链表(不含头结点)时，__(65)__。

(65) A．插入和删除操作的时间复杂度都为 $O(1)$

B．插入和删除操作的时间复杂度都为 $O(n)$

C．插入操作的时间复杂度为 $O(1)$，删除操作的时间复杂度为 $O(n)$

D．插入操作的时间复杂度为 $O(n)$，删除操作的时间复杂度为 $O(1)$

参考答案：(65)C。

要点解析：设尾指针的单项循环链表(不含头结点)如下图所示。

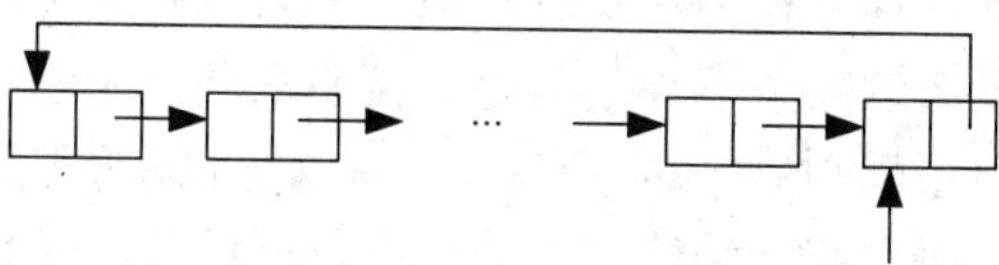

设节点的指针域为 next，新节点的指针为 s，则在尾指针所指节点后插入节点的操作为：

```
s->next=t->next;t->next=s;t=s;
```

也就是插入操作的时间复杂度为 $O(1)$。

要删除尾指针所指结点，必须通过遍历操作找到尾结点的前驱结点，其操作序列如下：

```
if (t->next==t) free(t);
else {
   p=t->next;
   while (p->next!=t)
      p=p->next;
   p->next=t->next;
```

```
    free(t);
    t=p;
}
```

也就是说，删除操作的时间复杂度为$O(n)$。

试题7 (2009年下半年试题63)

某算法的时间复杂度表达式为$T(n)=an^2+bn\lg n+cn+d$，其中，n为问题的规模，a、b、c和d为常数，用O表示其渐近时间复杂度为__(63)__。

(63) A．$O(n^2)$　　B．$O(n)$　　C．$O(n\lg n)$　　D．$O(1)$

参考答案：(63)A。

要点解析：本题考查时间复杂度的计算方法。本题中的时间复杂度不仅与输入规模有关，还与系数a、b、c和d有关，因此对该函数进行进一步的抽象，仅考虑运行时间的增长率或称为增长的量级，如忽略上式中的低阶项和高阶项的系数，因此可以得到本题的渐进时间复杂度是$O(n^2)$。

试题8 (2009年上半年试题63)

现有16枚外形相同的硬币，其中有一枚比真币的重量轻的假币，若采用分治法找出这枚假币，至少比较__(63)__次才能够找出该假币。

(63) A．3　　B．4　　C．5　　D．6

参考答案：(63)B。

要点解析：16枚硬币分成两份(各8枚)，选出质量轻的那8枚；继续分成两份(各4枚)，选出质量轻的那4枚；继续分成两份(各2枚)，选出质量轻的那两枚；继续分成两份(各1枚)，选出质量轻的那一枚，即为假币。故采用分治法共需比较4次。

试题9 (2009年上半年试题64)

以下的算法设计方法中，__(64)__以获取问题最优解为目标。

(64) A．回溯方法　　B．分治法　　C．动态规划　　D．递推

参考答案：(64)C。

要点解析：回溯法也称为试探法，该方法首先暂时放弃关于问题规模大小的限制，并将问题的候选解按某种顺序逐一枚举和检验。当发现当前候选解不可能是解时，就选择下一个候选解；倘若当前候选解除了不满足问题规模要求外，能满足所有其他要求，继续扩大当前候选解的规模，并继续试探。如果当前候选解满足包括问题规模在内的所有要求时，该候选解就是问题的一个解。在回溯法中，放弃当前候选解，寻找下一个候选解的过程称为回溯。扩大当前候选解的规模，以继续试探的过程称为向前试探。

动态规划算法通常用于求解具某种最优性质的问题。如果最优解有多个，动态规划算法能找出其中的一个最优解。

递推法是利用问题本身所具有的一种递推关系求问题解的一种方法。设要求问题规模为N的解，当N=1时，解或为已知，或能非常方便地得到。能采用递推法构造算法的问题有重要的递推性质，即当得到问题规模为i-1的解后，由问题的递推性质，能从已求得的规模为1，2，…，i-1的一系列解，构造出问题规模为i的解。这样，程序可从i=0或i=1出发，重复地，由已知至i-1规模的解，通过递推，获得规模为i的解，直至得到规模为N的解。

试题 10　(2009 年上半年试题 65)

归并排序采用的算法设计方法属于__(65)__。

(65) A．归纳法　　B．分治法　　C．贪心法　　D．回溯方法

参考答案：(65)B。

要点解析：归并的含义是将两个或两个以上的有序表组合成一个新的有序表。假设初始序列含有n个记录，则可看成是n个有序的子序列，每个子序列的长度为1，然后两两归并，得到$\lceil n/2 \rceil$个长度为2或1的有序子序列；再两两归并，如此重复，直至得到一个长度为n的有序序列为止，这种排序方法称为2-路归并排序。

将待排序元素分成大小大致相同的两个子集，分别对两个子集进行排序，最终将排好序的子集合并成所要求的排好序的集合。符合分治算法设计的思想。

9.3.2　案例分析试题

试题 1　(2009 年下半年下午试题四)

阅读下列说明，回答问题 1 至问题 2。

【说明】

0-1 背包问题可以描述为：有 n 个物品，对 i=1，2，…，n，第 i 个物品价值为 v_i，重量为 w_i(v_i 和 w_i 为非负数)，背包容量为 W(W 为非负数)，选择其中一些物品装入背包，使装入背包物品的总价值最大，即 $\max\sum_{i=1}^{n} v_i x_i$，且总重量不超过背包容量，即 $\sum_{i=1}^{n} w_i x_i \leqslant W$，其中，$x_i \in \{0,1\}$，$x_i$=0 表示第 i 个物品不放入背包，x_i=1 表示第 i 个物品放入背包。

【问题1】(8分)

用回溯法求解此 0-1 背包问题，请填充下面伪代码中(1)～(4)处空缺。

回溯法是一种系统的搜索方法。在确定解空间后，回溯法从根节点开始，按照深度优先策略遍历解空间树，搜索满足约束条件的解。对每一个当前节点，若扩展该节点已经不满足约束条件，则不再继续扩展。为了进一步提高算法的搜索效率，往往需要设计一个限界函数，判断并剪枝那些即使扩展了也不能得到最优解的节点。现在假设已经设计了BOUND(v,w,k,W)函数，其中 v, w, k 和 W 分别表示当前已经获得的价值、当前背包的重量、已经确定是否选择的物品数和背包的总容量。对应于搜索树中的某个节点，该函数值表示确定了部分物品是否选择之后，对剩下的物品在满足约束条件的前提下进行选择可能获得的最大价值，若该价值小于等于当前已经得到的最优解，则该节点无需再扩展。

下面给出0-1背包问题的回溯算法伪代码。

函数参数说明如下。

W：背包容量；n：物品个数；w：重量数组；v：价值数组；fw：获得最大价值时背包的重量；fp：背包获得的最大价值；X：问题的最优解。

变量说明如下。

cw：当前的背包重量；cp：当前获得的价值；k：当前考虑的物品编号；Y：当前已获得的部分解。

```
BKNAP(W,n,w,v,fw,fp,X)
1 cw ← cp ← 0
2   (1)
3 fp ← -1
4 while true
5 while k≤n and cw+w[k] ≤W do
6                   (2)
7                 cp ← cp+v[k]
8                 Y[k] ← 1
9                 k ← k+1
10    if k>n then
11          if fp<cp then
12               fp ← cp
13               fw ← cw
14               k ← n
15               X ← Y
16    else Y(k) ← 0
17    while BOUND(cp,cw,k,W) ≤fp do
18          while k≠0 and Y(k) ≠1 do
19                  (3)
20          if k=0 then return
21          Y[k]←0
22          cw ← cw - w[k]
23          cp ← cp- v[k]
24        (4)
```

【问题2】(7分)

考虑表9.2的实例，假设有3个物品，背包容量为22。图9.1中是根据上述算法构造的搜索树，其中节点的编号表示了搜索树生成的顺序，边上的数字1/0分别表示选择/不选择对应物品。除了根节点之外，每个左孩子节点旁边的上下两个数字分别表示当前背包的重量和已获得的价值，右孩子节点旁边的数字表示扩展了该节点后最多可能获得的价值。为获得最优解，应该选择物品__(5)__，获得的价值为__(6)__。

表 9.2　0-1 背包问题实例

	物品 1	物品 2	物品 3
重量	15	10	10
价值	30	18	17
单位价值	2	1.8	1.7

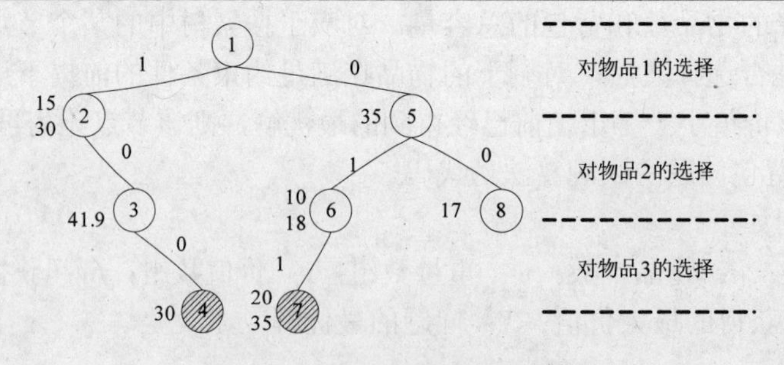

图 9.1　表 9.2 实例的搜索树

对于表 9.2 的实例，若采用穷举法搜索整个解空间，则搜索树的节点数为__(7)__，而用了上述回溯法，搜索树的节点数为__(8)__。

参考答案

【问题 1】(1) k ← 1　(2) cw ← cw+w[k]　(3) k ← k−1　(4) k ← k+1

【问题 2】(5) 2 和 3　(6) 35　(7) 8　(8) 8

要点解析

该题考查用回溯法求解 0-1 背包问题。回溯法是一种选优搜索法，按选优条件向前搜索，以达到目标。但当探索到某一步时，发现原先选择并不优或达不到目标，就退回一步重新选择(走不通就退回再走这个过程就是回溯)。

本题的回溯法从所给的程序信息可以看出，分如下步骤。

① 顺序将物品装入背包中(顺序搜索)，直到其物品总重量超过背包容量(即约束条件不满足)。

② 如果直到物品全部放入背包中，背包总重量都未超过背包容量(约束条件满足)，则最优解得到。对fw(获得最大价值时背包的重量)、fp(背包获得的最大价值)、X(问题的最优解)赋予相应的值。

③ 否则，用界限函数BOUND判断扩展点(编号为*k*的物品)的上界，如果该值比当前获得的最大价值小了，则加入*k*物品对最优解无意义，进行剪枝。回溯。直到找到它的另一个分支结点。转①。

【问题1】看代码可知，前3行是变量的初始化。当前的背包重量cw和当前获得的价值cp置0，当前考虑的物品编号k也需赋值，从1号物品开始。所以第(1)空填：*K* ← 1。第7行伪代码是对当前获得价值的更新，对照一下就可以得出第(2)空的答案：cw ← cw+w[*k*]。

BOUND函数用来计算上界，当这个上界小于等于背包获得的最大价值时，这个结点加入背包中无意义，回溯，因此第(3)空填写：*k* ← *k*-1。第(4)空比较好理解，修改物品编号，继续搜索：*k* ← *k*+1。

【问题 2】从图搜索树的结点可以看出，当选择根结点的右枝结点的时候，它的上界为35，比左枝结点大。所以，第(6)空为 35。而其选择的是 2 和 3 号物品，所以，第(5)空为：2 和 3 。

所谓穷举法是指枚举背包组合的所有可能，找出其最优解。有3个物品，为*x*、*y*、*z* ，其中*x*、*y*、*z*都可以取0或1，则有2×2×2=8种组合。所以，第(7)空填：8。而第(8)空，由图9-1可知，为8个结点，故填：8。

试题 2 (2009 年上半年下午试题四)

阅读下列说明，回答问题1和问题2。

【说明】

现需在某城市中选择一个社区建一个大型超市，使该城市的其他社区到该超市的距离总和最小。用图模型表示该城市的地图，其中顶点表示社区，边表示社区间的路线，边上的权重表示该路线的长度。

现设计一个算法来找到该大型超市的最佳位置，即在给定图中选择一个顶点，使该顶点到其他各顶点的最短路径之和最小。算法首先需要求出每个顶点到其他任一顶点的最短路径，即需要计算任意两个顶点之间的最短路径；然后对每个顶点，计算其他各顶点到该顶点的最短路径之和；最后，选择最短路径之和最小的顶点作为建大型超市的最佳位置。

【问题1】(12 分)

本题采用Floyd-Warshall算法求解任意两个顶点之间的最短路径。已知图G的顶点集合为V= {1,2,...,*n*}，W= {W_{ij}}$_{n*n}$ 为权重矩阵。设 $d_{ij}^{(k)}$ 为从顶点*i*到顶点*j*的一条最短路径的权重。

当*k*=0时，不存在中间顶点，因此 $d_{ij}^{(0)}=w_{ij}$。

当*k* >0时，该最短路径上所有的中间顶点均属于集合{1，2，...，*k*}，若中间顶点包括顶点*k*，则 $d_{ij}^{(k)}=d_{ik}^{(k-1)}+d_{kj}^{(k-1)}$，若中间顶点不包括顶点*k*，则 $d_{ij}^{(k-1)}=d_{ij}^{(k-1)}$。

于是得到如下递归式。

$$d_{ij}^{(k)}=\begin{cases} w_{ij} & k=0 \\ \min(d_{ij}^{(k-1)},\ d_{ik}^{(k-1)}+d_{kj}^{(k-1)}) & k>0 \end{cases}$$

因为对于任意路径，所有的中间顶点都在集合{1，2，...，*n*} 内，因此矩阵$D^{(n)}$ = { $d_{ij}^{(n)}$ }$_{n*n}$给出了任意两个顶点之间的最短路径，即对所有 $i, j\in V$, $d_{ij}^{(n)}$ 表示顶点*i*到顶点*j*的最短路径。

下面是求解该问题的伪代码，请填充其中空缺的(1)~(6)处。伪代码中的主要变量说明如下。

W：权重矩阵；

n：图的顶点个数；

SP：最短路径权重之和数组，SP[*i*]表示顶点*i*到其他各顶点的最短路径权重之和，*i*从1到*n*；

min_SP：最小的最短路径权重之和；

min_*v*：具有最小的最短路径权重之和的顶点；

i：循环控制变量；

j：循环控制变量；

k：循环控制变量；

```
LOCATE -SHOPPINGMALL(W, n)
1     D(0)=W
2     for      (1)
3              for i = 1 to n
4                     for j = 1 to n
5                  if d(k-1)ij≤d(k-1)ik+d(k-1)kj
6                                                (2)
7                            else
8                                                (3)
9     for i = 1 to n
10            SP[i] = 0
11            for j = 1 to n
12                           (4)
13     min_SP = SP[1]
14           (5)
15     for i = 2 to n
16          if min_SP > SP[i]
17                min_SP = SP[i]
18                min_v = i
19   return     (6)
```

【问题 2】(3 分)

问题 1 中伪代码的时间复杂度为 (7) (用 O 符号表示)。

参考答案

【问题1】(1) k=1 to n　　(2) $d_{ij}^{(k)}=d_{ij}^{(k-1)}$　　(3) $d_{ij}^{(k)}=d_{ik}^{(k-1)}+d_{kj}^{(k-1)}$

(4) SP[i]+=$d_{ij}^{(n)}$;　　(5) min_v=1;　　(6) min_v

【问题2】(7) $O(n^3)$

要点解析

(1) 这里面有i、j、k，其中i、j已经定了，就是k没有，所以第(1)空必定与k有关，是关于k的循环，那么是不是1 to n呢？当前计算第n个，需要第n-1个的数据。如果n=1，那么就是第0个的数据，而题中也讲了，$d_{ij}^{(0)}$就是W_{ij}，所以就是1～n。

(2)、(3)首先看题目：

$$d_{ij}^{(k)}=\begin{cases}W_{ij} & k=0\\ \min(d_{ij}^{(k-1)},d_{ik}^{(k-1)}+d_{kj}^{(k-1)}) & k>0\end{cases}$$

这就是说$d_{ij}^{(k)}$现在需要取值了，赋最小值给它，如果if成立，那么最小值就是$d_{ij}^{(k-1)}$；如果不成立，那么就小值就是$d_{ik}^{(k-1)}+d_{kj}^{(k-1)}$。

(4) 下面计算每个顶点的最小和，不管d_{ij}^{n}是怎么计算出来的，但是这里肯定是要把d_{ij}^{n}相加到SP[i]中：SP[i]= $d_{il}^{n}+d_{i2}^{n}+\ldots+d_{in}^{n}$。

(5) 这么多 SP[i]，谁是最小的呢？就记在 min_SP 中，最小值就记在 min_v 中，初始时假设第一个最小，于是 min_SP=SP[1]，min_v=1。

(6) 返回最小顶点，自然就是 min_v 了。

(7) 看前面 i、j、k 三个循环，就应该知道时间复杂度是 $O(n^3)$了。

9.4　强化训练

9.4.1　综合知识试题

试题 1

给定一组长度为 n 的无序序列，将其存储在一维数组 a[0..n−1]中。现采用如下方法找出其中的最大元素和最小元素：比较 a[0]和 a[n−1]，若 a[0]较大，则将二者的值进行交换；再比较 a[1]和 a[n−2]，若 a[1]较大，则交换二者的值；然后依次比较 a[2]和 a[n−3]、a[3]和 a[n−4]、…，使得每一对元素中的较小者被交换到低下标端。重复上述方法，在数组的前 n/2 个元素中查找最小元素，在后 n/2 个元素查找最大元素，从而得到整个序列的最小元素和最大元素。上述方法采用的算法设计策略是 (1) 。

(1) A．动态规划法　　B．贪心法　　C．分治法　　D．回溯法

试题 2

设某算法的计算时间表示为递推关系式 $T(n)=T(n-1)+n(n>0)$ 及 $T(0)=1$，则该算法的时间复杂度为__(2)__。

(2) A．$O(\lg n)$　　B．$O(n\lg n)$　　C．$O(n)$　　D．$O(n^2)$

试题 3

一个算法是对某类给定问题求解过程的精确描述，算法中描述的操作都可以通过将已经实现的基本操作执行有限次来实现，这句话说明算法具有__(3)__特性。

(3) A．有穷性　　B．可行性　　C．确定性　　D．健壮性

试题 4

斐波那契(Fibonacci)数列可以递归地定义为：

$$F(n)=\begin{cases}1 & n=0\\ 1 & n=1\\ F(n-1)+F(n-2) & n>1\end{cases}$$

用递归算法求解 F(5)时需要执行__(4)__次“+”运算，该方法采用的算法策略是__(5)__。

(4) A．5　　B．6　　C．7　　D．8

(5) A．动态规划　　B．分治　　C．回溯　　D．分支限界

试题 5

若总是以待排序列的第一个元素作为基准元素进行快速排序，那么最好情况下的时间复杂度为__(6)__。

(6) A．$O(\log_2 n)$　　B．$O(n)$　　C．$O(n\log_2 n)$　　D．$O(n^2)$

9.4.2 案例分析试题

试题 1

阅读下列说明，回答问题 1 至问题 3。

【说明】

某餐厅供应各种标准的营养套餐。假设菜单上共有n项食物$m_1,m_2,\ldots,m_n$，每项食物m_i的营养价值为v_i，价格为p_i，其中$i=1,2,\ldots,n$，套餐中每项食物至多出现一次。客人常需要一个算法来求解总价格不超过M营养价值最大的套餐。

【问题1】(9分)

下面是用动态规划策略求解该问题的伪代码，请填充其中的空缺(1)、(2)和(3)处。伪代码中的主要变量说明如下。

n：总食物项数。

v：营养价值组，下标从1～n，对应第1到第n项食物的营养价值。

p：价格数组，下标从1～n，对应第1到n项食物的价格。

M：总标准即套餐的价格不超过M。

x：解向量(数组)，下标从1～n，其元素值为0或1，其中元素值为0表示对应的食物不出现在套餐中，元素值为1表示对应的食物出现在套餐中。

nv：n+1 行 M+1 列的二维数组，其中行和列的下标均从 0 开始，nv[i][j]表示由前 i 项食物组合且价格不超过项 j 套餐的最大营养价值。问题最终要求的套餐的最大营养价值为 nv[n][M]。伪代码如下：

```
MaxNutrientValue(n, v, p, M, x)
1   for i = 0 to n
2      nv[i][0] = 0
3   for j = 1 to M
4      nv[0][j] = 0
5   for i = 1 to n
6     for j = 1 to M
7         if j < p[i] //若食物mi不能加入到套餐中
8             nv[i][j] = nv[i - 1][j]
9        else if  (1)
10            nv[i][j] = nv[i - 1][j]
11       else
12            nv[i][j] = nv[i - 1][j - p[i]] + v[i]
13   j = M
14   for i = n downto 1
15      if  (2)
16          x[i] = 0
17      else
18          x[i] = 1
19          (3)
20   return x and nv[n][M]
```

【问题 2】(4 分)

现有5项食物， 每项食物的营养价值和价格如表9.3所示。

表 9.3 食物营养价值及价格表

编 码	营养价值	价 格
m_1	200	50
m_2	180	30
m_3	225	45
m_4	200	25
m_5	50	5

若要求总价格不超过 100 的营养价值最大的套餐，则套餐应包含的食物有 (4) (用食物项的编码表示)，对应的最大营养价值为 (5) 。

【问题3】(2分)

问题1中伪代码的时间复杂度为 (6) (用O符号表示)。

试题 2

阅读下列说明，回答问题1至问题3。

【说明】

快速排序是一种典型的分治算法。采用快速排序对数组 A[$p..r$] 排序的 3 个步骤如下。

(1) 分解：选择一个枢轴(pivot)元素划分数组。将数组A[$p..r$] 划分为两个子数组(可能为空)A[$p..q$-1]和A[q+1..r]，使得A[q]大于等于A[$p..q$-1]中的每个元素，小于A[q+1..r]中的每个元素。q的值在划分过程中计算。

(2) 递归求解：通过递归的调用快速排序，对子数组A[*p*..*q*-1]和A[*q*+1..*r*]分别排序。

(3) 合并：快速排序在原地排序，故不需合并操作。

【问题1】(6分)

下面是快速排序的伪代码，请填补其中的空缺。伪代码中的主要变量说明如下。

A：待排序数组。

p, *r*：数组元素下标，从*p*到*r*。

q：划分的位置。

x：枢轴元素。

i：整型变量，用于描述数组下标。下标小于或等于 *i* 的元素的值小于或等于枢轴元素的值。

j：循环控制变量，表示数组元素下标。

```
QUICKSORT(A, p, r){
    if (p < r){
        q = PARTITION(A,p,r) ;
        QUICKSORT(A, p, q-1);
        QUICKSORT(A, q+1, r);
    }
}
PARTITION(A, p, r){
    x = A[r]; i = p - 1;
        for (j = p ; j≤r - 1; j++){
            if (A[j] ≤x){
                i = i + 1;
                交换 A[i]和 A[j]
                }
            }
交换___(1)___和___(2)___//注：空(1)和空(2)答案可互换，但两空全部答对方可得分
    return___(3)___
}
```

【问题2】(5分)

(1) 假设要排序包含*n*个元素的数组，请给出在各种不同的划分情况下，快速排序的时间复杂度，用O记号。最佳情况为___(4)___，平均情况为___(5)___，最坏情况为___(6)___。

(2) 假设要排序的*n*个元素都具有相同值时，快速排序的运行时间复杂度属于哪种情况？___(7)___。(最佳、平均、最坏)

【问题3】(4分)

(1) 待排序数组是否能被较均匀地划分对快速排序的性能有重要影响，因此枢轴元素的选取非常重要。有人提出从待排序的数组元素中随机地取出一个元素作为枢轴元素，下面是随机化快速排序划分的伪代码。利用原有的快速排序的划分操作，请填充其中的空缺处。其中，RANDOM(*i*,*j*)表示随机取 *i* 到 *j* 之间的一个数，包括 *i* 和 *j*。

```
RANDOMIZED-PARTITION(A,p,r){
    i = RANDOM(p,r);
    交换___(8)___和___(9)___;//注：空(8)和空(9)答案可互换，但两空全部答对方可得分
    return PARTITION(A,p,r);
}
```

(2) 随机化快速排序是否能够消除最坏情况的发生？___(10)___。(是或否)

9.4.3　综合知识试题参考答案

【试题 1】答　案：(1)C

分　析：分治法的设计思想是，将一个难以直接解决的大问题，分割成一些规模较小的问题，以便各个击破，分而治之。由题目可知，查找最大元素和最小元素的方法显然是分治法思想。

【试题 2】答　案：(2)D

分　析：本题考查简单的时间复杂度问题。

由题 $T(n)= T(n-1)+ n(n>0)$ 及 $T(0)=1$，只是求 1、1、2、3、…、n 的和，即 $1+n(n+1)/2$，显然，时间复杂度为 $O(n^2)$。

【试题 3】答　案：(3)B

分　析：本题考查算法的属性。算法的可行性指的是一个算法是可行的，即算法中描述的操作都是可以通过已经实现的基本运算执行有限次来实现。

【试题4】答　案：(4)C；(5)B

分　析：第(4)题是很简单的，求解F(5)简单写一下就知道是执行7次“+”运算。

分治法的设计思想是：将一个难以直接解决的大问题，分割成一些规模较小的问题，以便各个击破，分而治之。这样运算很明显是符合分治法思想。

【试题5】答　案：(6)C

分　析：快速排序(Quicksort)是对冒泡排序的一种改进。它的基本思想是：通过一趟排序将要排序的数据分割成独立的两部分，其中一部分的所有数据都比另外一部分的所有数据都要小，然后再按此方法对这两部分数据分别进行快速排序，整个排序过程可以递归进行，以此达到整个数据变成有序序列。

快速排序最好的情况就是第一个元素为中间值，那么最好的时间复杂度为 $O(n\log_2 n)$。

9.4.4　案例分析试题参考答案

试题 1　答案与解析

答　案：

【问题2】(1) $nv[i-1][j] >= nv[i-1][j-p[i]] + v[i]$　(2) $nv[i][j] == nv[i-1][j]$　(3) $j = j-p[i]$

【问题2】(4) m_2,m_3,m_4　(5) 605

【问题3】(6) $O(n*M)$

分　析：本题考查动态规划法。题目要求在 n 种食物中，找出 x 种食物，食物总价不超过 M，且食物的营养价值要尽可能大，这样的问题显然要用动态规划法来将问题分解，进而简化。动态规划法的基本理念是将问题拆解为很多相同的子问题，在求解子问题时，引入一个数组，不管它们是否对最终解有用，把所有子问题的解存于该数组中，最后再从数组中将最终结果导出，这样有效地缩短了解题的时间。而在本题中伪代码正是以此方法求解，将复杂的问题分解成了很多个子问题，而子问题的求解又是建立在之前子问题的结果基础之前，nv 正是用于记录子问题结果的数组。值得一提的是本题第(3)问的出题形式，形式比较新颖，但实际上非常简单，从程序循环层数即可看出复杂度。

接下来对代码进行详细分析：1～4 行是初始化语句，给 nv 数组赋值；5～12 行是程序主体部分，完成解决方案的构造过程；13～20 行，选出解方案对应的食物。

试题 2　答案与解析

答　案：

【问题1】(1) A[i+1]　　(2) A[r]

(3) (i+1)或++i　　(其中(1)和(2)的内容可互换)

{或者(1)A[++i]　(2)A[r]或A[q]　(3) i(其中(1)和(2)的内容可互换)}

【问题2】(4) $O(n\log_2 n)$　　(5) $O(n\log_2 n)$　　(6) $O(n^2)$(7) 最坏

【问题3】(8) A[i]　　(9) A[r] (其中(8)和(9)可互换)　　(10) 否

分　析：本题是一个算法分析题，一方面考查考生对分治算法的快速排序的理解，另一方面考查考生对伪代码、快速排序的复杂度的掌握，做题的关键是要读懂题干，理解题干中对算法的描述。

【问题1】本问题考查伪代码。题中QUICKSORT(A, p, r)函数是采用了递归方法来处理的。快速排序的核心就是找到可划分的位置q，当找到划分位置q以后，再用递归的方法分别对QUICKSORT(A,p,q-1)和QUICKSORT(A, q+1, r)继续找可划分位置。函数PARTITION(A, p, r)的功能是求划分位置。在PARTITION(A, p, r)中，是把最后一个元素作为枢轴元素，x=A[r]；for循环语句用于实现一趟划分，比x小的则在A[i+1]的前头，比x大的则在A[i]的后头。当循环结束以后，将枢轴元素与A[i+1]元素对换，对换以后A[i+1]这个元素的位置就确定了，将它返回作为前段数组的结束位置，作为后段数组的起始地址。所以第(1)空填A[i+1]，第(2)空填A[r]，第(3)空填(i+1)或++i。

【问题2】本问题考查快速排序的时间复杂度。快速排序的时间主要耗费在划分操作上，对长度为k的区间进行划分，共需要k−1次关键字的比较。时间复杂度都分三种情况：最坏情况、平均情况和最好情况。最坏情况是每次划分选取的基准都是当前无序区中关键字最小(或最大)的记录，划分结果是基准左边的子区间为空(或右边的子区间为空)，而划分所得的另一个非空的子区间中记录数目，仅仅比划分前的无序区中记录个数减少一个。因此，快速排序必须做n−1次划分，第i次划分开始时区间长度为n−i+1，所需的比较次数为$n-i(1 \leqslant i \leqslant n-1)$，故总的比较次数达到最大值：$n(n-1)/2$。这样，每次取当前无序区的第1个记录为基准，那么当文件的记录已按递增或递减排列时，每次划分所取的基准就是当前无序区中关键字最小(或最大)的记录，因此快速排序所需的比较次数最多，此时时间复杂度是$O(n^2)$。最好情况下，每次划分所需的基准都是当前无序区的“中值”记录，划分的结果是基准的左、右两个无序子区间的长度大致相等，总的关键字比较次数为：$O(n\log_2 n)$。就平均性能而言，它是基于关键字比较的内部排序算法中速度最快的，快速排序因此得名，它的平均时间复杂度为：$O(n\log_2 n)$。若n个元素都具有相同的值，无论怎么选择，所选取的基准都是当前无序区中关键字最大(或最小)的记录，属于最坏情况。

【问题 3】本问题考查快速排序随机化排序方法。随机化的快速排序与一般的快速排序算法差别很小。但随机化后，算法的性能大大提高了，尤其是对初始化有序的文件，一般不可能导致最坏情况发生。算法的随机化不仅仅适用于快速排序，也适用于其他需要数据随机分布的算法。但是也不能绝对消除最坏情况的发生，所以第(10)空填：否。

第10章 面向对象技术

10.1 备考指南

10.1.1 考纲要求

根据考试大纲中相应的考核要求，在“**面向对象技术**”知识模块上，要求考生掌握以下方面的内容。

1. 面向对象技术基础

- 面向对象开发概念(类、对象、属性、封装性、继承性、多态性、对象之间的引用)
- 面向对象开发方法的优越性以及有效领域
- 面向对象设计方法(体系结构、类的设计、用户接口设计)
- 面向对象实现方法(选择程序设计语言、类的实现、方法的实现、用户接口的实现、准备测试数据)
- 面向对象数据库、分布式对象的概念

2. 面向对象的分析与设计

UML 描述方法

3. 面向对象程序设计语言(如 C++、Java、Visual C++)的基本机制

10.1.2 考点统计

“**面向对象技术**”知识模块，在历次软件设计师考试试卷中出现的考核知识点及分值分布情况如表 10.1 所示。

表 10.1　历年考点统计表

年份	题号	知识点	分值
2010 年下半年	上午：37~47	面向对象的设计原则、UML 中关联关系、UML 类图、面向对象设计模式	11 分
	下午：试题三、试题五/试题六	UML 面向对象分析，类图、状态图和关联关系 C++程序设计或 Java 程序设计	30 分
2010 年上半年	上午：37~47	继承的概念、动态绑定和静态绑定、面向对象分析方法、面向对象设计的概念、UML 类图、面向对象设计模式、UML 类图中的关系	11 分
	下午：试题三、试题五/试题六	UML 顶层用例图和类图 C++程序设计或 Java 程序设计	30 分
2009 年下半年	上午：37~47	类和对象、面向对象设计的概念、面向对象分析、设计模式分类及特点	11 分
	下午：试题三、试题五/试题六	UML 面向对象分析，顶层用例图和活动图 C++程序设计或 Java 程序设计	30 分
2009 年上半年	上午：37~47	面向对象分析与面向对象设计、控制类、边界类、实体类、软件类的概念、类之间的关系、UML 的组成、设计模式分类	11 分
	下午：试题三、试题六/试题七	UML 面向对象分析，顶层用例图和序列图 C++程序设计或 Java 程序设计	30 分

10.1.3　命题特点

纵观历年试卷，本章知识点是以选择题和综合分析题的形式出现在试卷中。在历次考试上午试卷中，所考查的题量大约为 11 道选择题，所占分值为 11 (约占试卷总分值 75 分中的 15%)；在下午试卷中，所考查的题量为 2 道综合分析题，所占分值为 30 分 (约占试卷总分值 75 分中的 40%)。本章试题理论与实践应用并重，难度中等偏难。C++程序设计题、Java 程序设计题在考试中二选一，要重点掌握其中一种面向对象程序设计语言。UML 面向对象分析是下午科目必考题目，要重点掌握。

10.2　考点串讲

10.2.1　面向对象的基本概念

Peter Coad 和 Edward Yourdon 提出用下面的等式识别面向对象方法：

面向对象＝对象(Object)+分类(Classification)+继承(Inherritance)+通过消息的通信(Communication with Messages)

1. 对象

在面向对象的系统中，对象是基本的运行时的实体，它既包括数据(属性)，也包括作用于数据的操作(行为)，所以一个对象把属性和行为封装为一个整体。封装是一种信息隐蔽技术，它的目的是使对象的使用者和生产者分离，使对象的定义和实现分开。从程序设计者来看，对象是一个程序模块；从用户来看，对象为他们提供了所希望的行为。在对象内的操作通常叫做方法。一个对象通常可由对象名、属性和操作 3 部分组成。

2. 消息

对象之间进行通信的一种构造叫做消息。但一个消息发送给某个对象时，包含要求接收对象去执行某些活动的信息，接收到消息的对象经过解释，然后予以响应，这种通信机制叫做消息传递。发送消息的对象不需要知道接收消息的对象如何对请求予以响应。

3. 类

一个类定义了一组大体上相似的对象，一个类所包含的方法和数据描述一组对象的共同行为和属性。类是在对象之上的抽象，对象是类的具体化，是类的实例。通常把一个类和这个类的所有对象称为“类及对象”或对象类。

4. 继承

继承是父类和子类之间共享数据和方法的机制。这是类之间的一种关系，在定义和实现一个类的时候，可以在一个已经存在的类的基础上来进行，把这个已经存在的类所定义的内容作为自己的内容，并加入若干新的内容。

一个父类可以有多个子类，这些子类都是父类的特例，父类描述了这些子类的公共属性和操作。一个子类可以继承它的父类(或祖先类)中的属性和操作，这些属性和操作在子类中不必定义，子类中还可以定义自己的属性和操作。

5. 多态

不同的对象收到同一消息可以产生完全不同的结果，这一现象叫做多态。在使用多态的时候，用户可以发送一个通用的消息，而实现的细节则由接收对象自行决定，这样，把具有通用功能的消息存放在高层次，而把不同的实现这一功能的行为放在较低层次，在这些低层次上生成的对象能够给通用消息以不同的响应。

6. 动态绑定

绑定是一个把过程调用和响应调用所需要执行的代码加以结合的过程。在一般程序设计语言中，绑定是在编译时进行的，叫做静态绑定。动态绑定则是在运行时进行的，因此，一个给定的过程调用和代码的结合是到调用发生时才进行的。

动态绑定是和类的继承以及多态相联系的。在继承关系中，子类是父类的一个特例，所以父类对象可以出现的地方，子类对象也可以出现。因此在运行过程中，当一个对象发送消息请求服务时，要根据接收对象的具体情况将请求的操作与实现的方法进行连接，即动态绑定。

10.2.2 面向对象程序设计

面向对象程序设计(Object Oriented Programming，OOP)的实质是选用一种面向对象程序设计语言(OOPL)，采用对象、类及其相关概念所进行的程序设计。

一、面向对象程序设计语言

1. Smalltalk

Smalltalk 并不是一种单纯的程序设计语言，而是反映面向对象程序设计思想的程序设计环境。这个系统在系统本身的设计中强调了对象概念的归一性，引入了类、方法、实例等概念和术语，应用了单重继承和动态绑定，成为OOPLs发展过程中的一个引人注目的里程碑。

2. Eiffel

Eiffel 的主要特点是全面的静态类型化、有大量的开发工具、支持多继承。Eiffel 也全面支持面向对象的概念。

3. C++

C++语言是一种面向对象的强类型语言，由AT&T的Bell实验室于1980年推出。C++语言是 C 语言的一个向上兼容的扩充，而不是一种新语言。C++是一种支持多范型的程序设计语言，它既支持面向对象的程序设计，也支持面向过程的程序设计。

C++支持基本的面向对象概念：对象、类、方法、消息、子类和继承。C++完全支持多继承，并且通过使用try/throw/catch模式提供了一个完整的异常处理机制。它同时支持静态类型和动态类型。C++不提供自动的无用存储单元收集。这必须通过程序员来实现，或者通过编程环境提供合适的代码库来予以支持。

4. Java

Java 语言起源于 Oak 语言，Oak 语言被设计成能运行在设备的嵌入芯片上。Java 编译成伪代码，这需要一个虚拟机来对其进行解释，Java 的虚拟机在几乎每一种平台上都可以运行。这实质上使得开发是与机器独立无关的，并且提供了通用的可移植性。

Java 把类的概念和接口的概念区分开来，并试图通过只允许接口的多继承来克服多继承的危险。Java Beans 是组件，即类和其所需资源的集合，它们主要被设计用来提供定制的GUI 小配件。Java 中关于面向对象概念的术语有对象、类、方法、实例变量、消息、子类和继承。

二、面向对象程序设计语言中的 OOP 机制

1. 类

类具有实例化功能，包括实例生成和实例消除完成。类的实例化决定了类及其实例具有下面的特征。

- 同一个类的不同实例具有相同的数据结构，承受的是同一方法集合所定义的操作，因而具有规律相同的行为。
- 同一个类的不同实例可以持有不同的值，因而可以具有不同的状态。
- 实例的初始状态(初值)可以在实例化时确定。

2. 继承和类层次结构

当执行一个子类的实例生成方法时，首先在类层次结构中从该子类沿继承路径上溯至它的一个基类，然后自顶向下地执行该子类的所有父类的实例生成方法，最后执行该子类实例生成方法的函数体。当执行一个子类的实例消除方法时，顺序正好与之相反：先执行该子类的实例消除方法，再沿继承路径自底向上地执行该子类所有父类的实例消除方法。

类的实例化过程是一种实例的合成过程，而不仅仅是根据单个类型进行的空间分配、

初始化和联编。指导编译程序进行这种合成的就是类层次结构。

3. 对象、消息传递和方法

对象是类的实例。尽管对象的表示在形式上与一般数据结构十分相似，但是它们之间存在本质区别：对象之间通过消息传递方式进行通信。

消息传递原是一种与通信有关的概念，OOP 使得对象具有交互能力的主要模型就是消息传递模型。对象被看成用传递消息的方式互相联系的通信实体，它们既可以接收，也可以拒绝外界发来的消息。一般情况下，对象接收它能够识别的消息，拒绝不能识别的消息。

发送一条消息至少应给出一个对象的名字和要发送给这个对象的那条消息的名字。通常，消息的名字就是这个对象中外界可知的某个方法的名字。在消息中，还经常有一组参数，将外界的有关信息传递给这个对象。

4. 对象自身引用

对象自身引用是 OOPLs 中的一种特有结构。这种结构在不同的 OOPLs 中有不同的名称，在 C++和 Java 中称为 this，在 Smalltalk-80、Object-C 和其他一些 OOPLs 中则称为 self。

对象自身引用的值和类型分别扮演了两种意义的角色：对象自身引用的值使得方法体中引用的成员名与特定的对象相关，对象自身引用的类型则决定了方法体被实际共享的范围。

对象自身引用机制使得在进行方法的设计和实现时并不需要考虑与对象联系的细节，而是从更高一级的抽象层次，也就是类的角度来设计同类型对象的行为特征，从而使得方法在一个类及其子类的范围内具有共性。

5. 重置

重置的基本思想是：通过一种动态绑定机制的支持，使得子类在继承父类界面定义的前提下，用适合于自己要求的实现去置换父类中的相应实现。

在 OOPLs 中，重置机制有相应的语法供开发人员选择使用。在 C++语言中，通过虚拟函数(Virtual Function)的定义来进行重置的声明，通过虚拟函数跳转表结构来实现重置方法体的动态绑定。在 Java 语言中，通过抽象方法(Abstract Method)来进行重置的声明，通过方法查找(Method Lookup)实现重置方法体的动态绑定。

6. 类属类

类属是程序设计语言中普遍注重的一种参数多态机制。类属类可以看做类的模板。一个类属类是关于一组类的一个特性抽象，它强调的是这些类的成员特征中与具体类型无关的那些部分，而与具体类型相关的部分则用变元来表示。这就使得对类的集合也可以按照特性的相似性再次进行划分。类属类的一个重要作用，就是对类库的建设提供强有力的支持。

7. 无实例的类

要创建无实例的类需要语言的支持。在 C++和 Java 语言中，抽象类就是这样的类。在 C++中通过在类中定义纯虚拟函数来创建一个抽象类，在 Java 中通过在类中定义抽象方法来创建一个抽象类，或者直接将一个类声明为抽象类。

10.2.3　面向对象开发技术

一、面向对象分析

面向对象分析的目的是为了获得对应用问题的理解。理解的目的是确定系统的功能、性能要求。

面向对象分析包含 5 个活动：认定对象、组织对象、描述对象间的相互作用、定义对象的操作和定义对象的内部信息。

二、面向对象设计

面向对象设计的含义是设计分析模型和实现相应源代码，在目标代码环境中这种源代码可被执行。设计期间必须充分考虑系统的稳定性，这会影响系统的结构。

对象标识期间的目标是分析对象，设计过程也是发现对象的过程，称之为再处理。对象可以用预先开发的源代码实现，称这样的部分为构件。

三、面向对象测试

就测试而言，用面向对象方法开发的系统测试与其他方法开发的系统测试没有什么不同，在所有开发系统中都是根据规范说明来验证系统设计的正确性。程序调试步骤是从最底层开始，从单元测试、综合测试到系统测试。一般来说，对面向对象软件的测试可分为下列 4 个层次。

(1) 算法层。测试类中定义的每个方法，基本上相当于传统软件测试中的单元测试。

(2) 类层。测试封装在同一个类中的所有方法与属性之间的相互作用。在面向对象软件中类是基本模块，因此可以认为这是面向对象测试中所特有的模块测试。

(3) 模板层。测试一组协同工作的类之间的相互作用。大体上相当于传统软件测试中的集成测试，但是也有面向对象软件的特点(例如，对象之间通过发送消息相互作用)。

(4) 系统层。把各个子系统组装成完整的面向对象软件系统，在组装过程中同时进行测试。

10.2.4　面向对象分析与设计

一、Peter Coad 和 Edward Yourdon 的 OOA 和 OOD 法

1. OOA

OOA 模型由下列 5 个层次和 5 个活动组成。

(1) 5 个层次：主题层、对象类层、结构层、属性层、服务层。

(2) 5 个活动：标识对象类、标识结构、定义主题、定义属性、定义服务。

在这种方法中定义了两种对象类之间的结构，一种称为分类结构，一种称为组装结构。

2. OOD

OOA 中的 5 个层次和 5 个活动继续贯穿在 OOD 过程中。OOD 模型由 4 个部分和 4 个活动组成。

4 个活动是设计问题域部件、设计人机交互部件、设计任务管理部件、设计数据管理部件。

二、Booch 的 OOD 法

Booch 认为软件开发是一个螺旋上升的过程，在螺旋上升的每个周期中有以下步骤。

(1) 标识类和对象。

(2) 确定它们的含义。

(3) 标识它们之间的关系。

(4) 说明每一个类的界面和实现。

除了类图、对象图、模块图、进程图外，Booch 的 OOD 中还使用了两种动态描述图，一种是刻画特定类实例的状态转换图，另一种是描述对象间事件变化的时序图。

三、OMT 法

对象建模技术(OMT)定义了 3 种模型：对象模型、动态模型和功能模型。OMT 方法有 4 个步骤：分析、系统设计、对象设计和实现。

1. 对象模型、动态模型和功能模型

1) 对象模型

OMT 的对象模型中除了对象、类、继承外，还有一些其他的概念。

- 链和关联：链表示实例对象间的物理或概念上的连接。关联描述具有公共结构和公共语义的一组链。
- 泛化：泛化是一个类与它的一个或多个细化类之间的关系，即一般与特殊的关系。被细化的类称为父类，每个细化的类称为子类，子类可以继承父类的特性。
- 聚集：聚集是一种整体与部分的关系，在这种关系中表示整体的对象与表示部分的对象关联。
- 模块：模块是组合类、关联和泛化的一种逻辑结构，模块给出了某个主题的视图。

2) 动态模型

动态模型描述与时间和操作顺序有关的系统特征——激发事件、事件序列、确定事件先后关系以及事件和状态的组织。

3) 功能模型

功能模型描述与值的变换有关的系统特征——功能、映射、约束和函数依赖。

对象模型、动态模型和功能模型之间具有下述关系。

(1) 与功能模型的关系：对象模型展示了功能模型中的动作者、数据存储和流的结构，动态模型展示了执行加工的顺序。

(2) 与对象模型的关系：功能模型展示了类上的操作和每个操作的变量，因此它也表示了类之间的“供应者—客户”关系；动态模型展示了每个对象的状态以及它接收事件和改变状态时所执行的操作。

(3) 与动态模型的关系：功能模型展示了动态模型中未定义的不可分解的动作和活动的定义，对象模型展示了是谁改变了状态和承受了操作。

2. OMT 的步骤

(1) 分析：目的是建立可理解的现实世界模型。

(2) 系统设计：确定整个系统的体系结构，形成求解问题和建立解答的高层次策略。

(3) 对象设计：建立基于分析模型的设计模型，并考虑实现的细节，设计人员根据系

统设计期间建立的策略把实现细节加入到设计模型中。

(4) 实现：将对象设计阶段开发的对象类及其关系转换成特定的程序设计语言、数据库或硬件的实现。

四、UML 概述

统一建模语言(UML)是面向对象软件的标准化建模语言。UML 由 3 个要素构成：UML 的基本构造块、支配这些构造块如何放置在一起的规则和运用于整个语言的一些公共机制。UML 的词汇表包含 3 种构造块：事物、关系和图。事物是对模型中最具代表性的成分的抽象，关系把事物结合在一起，图聚集了相关的事物。

1. 事物

事物包括结构事物、行为事物、分组事物和注释事物。

(1) 结构事物(Structural Thing)。结构事物是 UML 模型中的名词。它们通常是模型的静态部分，描述概念或物理元素。结构事物包括类(Class)、接口(Interface)、协作(Collaboration)、用例(Use Case)、主动类(Active Class)、构件(Component)和节点(Node)。

(2) 行为事物(Behavior Thing)。行为事物是 UML 模型的动态部分。它们是模型中的动词，描述了跨越时间和空间的行为。共有两类主要的行为事物：交互(Interaction)和状态机(State Machine)。

(3) 分组事物(Grouping Thing)。分组事物是 UML 模型的组织部分。它们是一些由模型分解成的“盒子”。在所有的分组事物中，最主要的分组事物是包(Package)。

(4) 注释事物(Annotational Thing)。注释事物是 UML 模型的解释部分。这些注释事物用来描述、说明和标注模型的任何元素。注解(Note)是一种主要的注释事物。注解是一个依附于一个元素或者一组元素之上，对它进行约束或解释的简单符号。

2. 关系

UML 中有 4 种关系：依赖、关联、泛化和实现。

(1) 依赖(Dependency)。依赖是两个事物间的语义关系，其中一个事物(独立事物)发生变化会影响另一个事物(依赖事物)的语义。

(2) 关联(Association)。关联是一种结构关系，它描述了一组链，链是对象之间的连接。聚集(Aggregation)是一种特殊类型的关联，它描述了整体和部分间的结构关系。

(3) 泛化(Generalization)。泛化是一种特殊/一般关系，特殊元素(子元素)的对象可替代一般元素(父元素)的对象。用这种方法，子元素共享了父元素的结构和行为。

(4) 实现(Realization)。实现是类元之间的语义关系，其中一个类元指定了由另一个类元保证执行的契约。在两种地方要遇到实现关系：一种是在接口和实现它们的类或构件之间；另一种是在用例和实现它们的协作之间。

各种关系图例如图 10.1 所示。

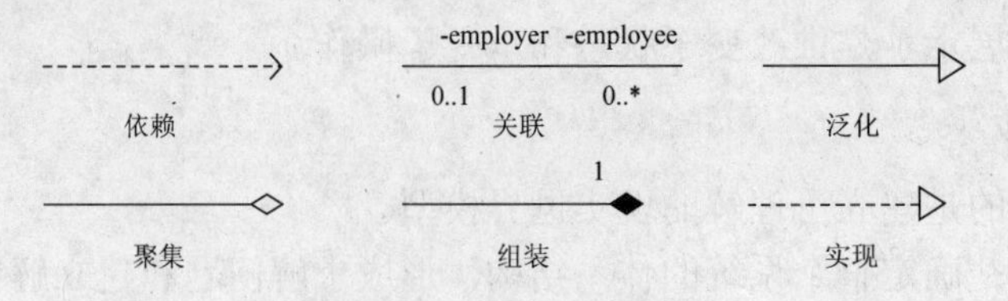

图 10.1　各种关系图例

3. UML 中的图

UML 各种视图及其主要概念如表 10.2 所示。

表 10.2　UML 各种视图及其主要概念

主要的域	视　图	图	主要概念
结构	静态视图	类图	类、关联、泛化、依赖关系、实现、接口
	用例视图	用例图	用例、参与者、关联、扩展、包括、用例泛化
	实现视图	构件图	构件、接口、依赖关系、实现
	部署视图	部署图	节点、构件、依赖关系、实现
动态	状态机视图	状态机图	状态、事件、转换、动作
	活动视图	活动图	状态、活动、完成转换、分叉、结合
	交互视图	顺序图	交互、对象、消息、激活
		协作图	协作、交互、协作角色、消息
模型管理	模型管理视图	类图	包、子系统、模型
可扩展性	所有	所有	约束、构造型、标记值

从历年考题来看，主要集中在用例图、类图、序列图及状态转换图上，尤其是类图、类的属性和方法的识别以及类间的各种关系需要重点掌握。

1) 类图

类图展现了一组对象、接口、协作及其之间的关系。在面向对象系统的建模中所建立的最常见的图就是类图(Class Diagram)。

类图给出了系统的静态设计视图，包含主动类的类图给出了系统的静态进程视图。作为模型管理视图还可以含有包或子系统，二者都用于把模型元素聚集成更大的组块。类图用于对系统的静态视图建模。这种视图主要支持系统的功能需求，即系统要提供给最终用户的服务。当对系统的静态设计建模时，通常以下述 3 种方式之一使用类图：对系统的词汇建模；对简单的协作建模；对逻辑数据库模式建模。

2) 用例图

用例图(Use Case Diagram)展现了一组用例、参与者(Actor)以及两者之间的关系。用例图通常包括用例、参与者、扩展关系、包含关系。用例图用于对系统的静态用例视图进行建模，主要支持系统的行为，即该系统在它的周边环境的语境中所提供的外部可见服务。当对系统的静态用例视图建模时，可以用下列两种方式来使用用例图：对系统的语境建模；对系统的需求建模。

3) 构件图

构件图(Component Diagram)展现了一组构件之间的组织和依赖关系。构件图专注于系统的静态实现视图。它与类图相关，通常把构件映射为一个或多个类、接口或协作。

4) 部署图

部署图(Deployment Diagram)展现了运行处理节点以及其中构件的配置。部署图给出了体系结构的静态实施视图。它与构件图相关，通常一个结点包含一个或多个构件。

5) 状态图

状态图(State Diagram)展现了一个状态机，它由状态、转换、事件和活动组成。

状态图关注系统的动态视图，它对接口、类和协作的行为建模尤为重要，它强调对象行为的事件顺序。状态图通常包含简单状态和组合状态、转换(事件和动作)。

可以用状态图对系统的动态方面建模。这些动态方面可以包括出现在系统体系结构的任何视图中的任何一种对象的按事件排序的行为，这些对象包括类(主动类)、接口、构件和节点。

6) 活动图

活动图(Activity Diagram)是一种特殊的状态图，它展现了在系统内从一个活动到另一个活动的流程。

活动图专注于系统的动态视图，它对于系统的功能建模特别重要，并强调对象间的控制流程。活动图一般包括活动状态和动作状态、转换和对象。当对一个系统的动态方面进行建模时，通常有两种使用活动图的方式：对工作流建模；对操作建模。

7) 交互图

顺序图(或称序列图)和协作图均被称为交互图，它们用于对系统的动态方面进行建模。一张交互图显示的是一个交互，由一组对象及其之间的关系组成，包含它们之间可能传递的消息。

顺序图是强调消息时间序列的交互图，协作图则是强调接收和发送消息的对象的结构组织的交互图。

交互图用于对一个系统的动态方面建模。在大多数情况下，它包括对类、接口、构件和节点的具体的或原型化的实例及其之间传递的消息进行建模。交互图可以单独使用，用于可视化、详述、构造和文档化一个特定的对象群体的动态方面，也可以用来对一个用例的特定控制流进行建模。

序列图有两个不同协作图的特征：

- 序列图有对象生命线。对象生命线是一条垂直的虚线，表示一个对象在一段时间内存在。
- 序列图有控制焦点。控制焦点是一个瘦高的矩形，表示一个对象执行一个动作所经历的时间段，既可以是直接执行，也可以是通过下级过程执行。

协作图有两个不同于序列图的特征：

- 协作图有路径。
- 协作图有顺序号。

序列图和协作图是同构的，它们之间可以互相转换。

10.2.5 设计模式

一、设计模式的要素

设计模式一般有如下 4 个要素。

(1) 模式名称(Pattern Name)。一个助记名，它用一两个词来描述模式的问题、解决方案和效果。命名一个新的模式增加了设计词汇。设计模式允许在较高的抽象层次上进行设计。基于一个模式词汇表，就可以讨论模式并在编写文档时使用它们。模式名可以帮助人们思考，便于人们与其他人交流设计思想及设计结果。

(2) 问题(Problem)。描述了应该在何时使用模式。它解释了设计问题和问题存在的前因后果，可能描述了特定的设计问题，如怎样用对象表示算法等；也可能描述了导致不灵活设计的类或对象结构。

(3) 解决方案(Solution)。描述了设计的组成成分、它们之间的相互关系及各自的职责和协作方式。因为模式就像一个模板，可应用于多种不同场合，所以解决方案并不描述一个特定而具体的设计或实现，而是提供设计问题的抽象描述和怎样用一个具有一般意义的元素组合(类或对象组合)来解决这个问题。

(4) 效果(Consequences)。描述了模式应用的效果及使用模式应权衡的问题。尽管描述设计决策时，并不总提到模式效果，但它们对于评价设计选择和理解使用模式的代价及好处具有重要意义。

二、创建型设计模式

创建型模式抽象了实例化过程。它们帮助一个系统独立于如何创建、组合和表示它的那些对象。一个类创建型模式使用继承改变被实例化的类，而一个对象创建型模式将实例化委托给另一个对象。

创建型模式中有两个不断出现的主旋律。第一，它们都将关于该系统使用哪些具体的类的信息封装起来。第二，它们隐藏了这些类的实例是如何被创建和放在一起的。整个系统关于这些对象所知道的是由抽象类所定义的接口。因此，创建型模式在什么被创建，谁创建它，它是怎样被创建的，以及何时创建这些方面给予了很大的灵活性。它们允许用结构和功能差别很大的“产品”对象配置一个系统。配置可以是静态的(即在编译时指定)，也可以是动态的(在运行时)。

三、结构性设计模式

结构性模式涉及如何组合类和对象以获得更大的结构。结构性模式采用继承机制来组合接口或实现。结构性对象模式不是对接口和实现进行组合，而是描述了如何对一些对象进行组合，从而实现新功能的一些方法。

Composite 模式是结构性对象模式的一个实例。它描述了如何构造一个类层次式结构，这一结构由两种类型的对象所对应的类构成。

Flyweight 模式为共享对象定义了一个结构。至少有两个原因要求对象共享：效率和一致性。Flyweight 模式的对象共享机制主要强调对象的空间效率。使用很多对象的应用必须考虑每一个对象的开销。

Facade 模式描述了如何用单个对象表示整个子系统。模式中的 Facade 用来表示一组对象，Facade 的职责是将消息转发给它所表示的对象。

Bridge 模式将对象的抽象和其实现分离，从而可以独立地改变它们。

Decorator 模式描述了如何动态地为对象添加职责。这一模式采用递归方式组合对象，允许添加任意多的对象职责。

四、行为设计模式

行为模式涉及算法和对象间职责的分配。行为模式不仅描述对象或类的模式，还描述它们之间的通信模式。这些模式刻画了在运行时难以跟踪的复杂的控制流。它们将用户的注意力从控制流转移到对象间的联系方式上来。

行为类模式使用继承机制在类间分派行为，主要有 TemplateMethod 和 Interpreter 两种模式。

行为对象模式使用对象复合而不是继承。一些行为对象模式描述了一组对等的对象怎样相互协作以完成其中任一个对象都无法单独完成的任务。

Observer 模式定义并保持对象间的依赖关系。典型的 Observer 的例子就是 Smalltalk 中的模型/视图/控制器，其中一旦模型的状态发生变化，模型的所有视图都会得到通知。

其他的行为对象模式常将行为封装在一个对象中并将请求指派给它。

10.2.6 C++程序设计

一、类和对象

1. 类的概念

类是数据以及用于操纵该数据的方法(函数)的集合，是逻辑上相关函数与数据的封装，它是对所要处理问题的抽象描述，它把数据(事物的属性)和函数(事物的行为/操作)封装为一个整体。

2. 类的定义格式

```
class 类名{
private:
    //私有数据和函数
public:
    //公有数据和函数
protected:
    //保护数据和函数
};
```

其中，private、public、protected 称为访问权限控制关键字，其作用是限制“可见性”。在类的定义中，以上 3 种关键字出现的次数和先后次序都没有限制，默认是私有成员。对应的访问可见性如下。

- private：私有成员，只能在成员函数内访问。
- public：公有成员，可以在对象的外部访问。
- protected：保护成员，只能由对象内部或其派生类对象访问。

面向对象的思想是：对对象的属性(成员变量)进行操作，应该通过对象的方法(成员函数)来进行，对象的方法是对象和外部的接口。将类的成员变量声明为 private，能保证对该成员的操作都是通过类的方法来进行的。这样，可以避免出错(如对成员变量不恰当的赋值)，也便于修改程序。在修改类的定义时，只要改类的成员函数就可以了，不需要修改使用该类成员的代码。如果某些成员函数只被其他成员函数调用，不作为对象的界面，那么也可以将它说明成私有。

成员函数定义通常在类的说明之后进行，其格式如下：

```
返回值类型类名::函数名(参数表)
{
    //函数体
}
```

其中运算符“::”称为作用域解析运算符，它指出该函数是属于哪一个类的成员函数。当然也可以在类的定义中直接定义函数。

3. 对象

对象即类的实例(Instance)。创建类的对象可以有两种常用方法。

(1) 第一种是直接创建对象，CGoods Car:，这个定义创建了 CGoods 类的一个对象 Car，同时为它分配了属于它自己的存储块，用来存放数据和对这些数据实施操作的成员函数(代码)。与变量定义一样，一个对象只在定义它的域中有效。通过“对象名.成员名”方式访问对象的成员。

(2) 第二种是采用动态创建类的对象的方法，当然变量同样也可动态创建。所谓动态指在程序运行时建立对象。通过对象指针访问对象成员。

二、构造函数和析构函数

1. 构造函数

构造函数是特殊的成员函数，其特征如下。

(1) 成员函数的一种，名字与类名相同，可以有参数，不能有返回值(void 也不行)。

(2) 作用是对对象进行初始化，如给成员变量赋初值。

(3) 如果定义类时没写构造函数，则编译器生成一个默认的无参数的构造函数。默认构造函数无参数，什么也不做。默认的构造函数，也可以由程序员自己来编，只要构造函数是无参的或者只要各参数均有默认值，C++编译器都认为是默认的构造函数，并且默认的构造函数只能有一个。

(4) 如果定义了构造函数，则编译器不生成默认的无参数的构造函数。

(5) 对象生成时构造函数自动被调用。

(6) 一个类可以有多个构造函数，它们的参数个数或类型不同，构成函数重载。

构造函数一般声明为 public，当然有时为了特殊需要也可定义为 private，详见真题详解部分。

2. 复制构造函数

同一个类的对象在内存中有完全相同的结构，如果作为一个整体进行复制是完全可行的。这个复制过程只需要复制数据成员，而函数成员是共用的(只有一份副本)。

在建立对象时可用同一类的另一个对象来初始化该对象，这时所用的构造函数称为复制初始化构造函数(Copy Constructor)，形如 X::X(X&)，只有一个参数——同类(Class)的对象，采用的是引用的方式。不允许有形如 X::X(X)的构造函数，如果把一个真实的类对象作为参数传递到复制构造函数，会引起无穷递归。如果没有定义，那么编译器生成默认复制构造函数。如果定义了自己的复制构造函数，则默认的复制构造函数不存在。

复制构造函数在以下 3 种情况被调用。

(1) 当用一个对象去初始化同类的另一个对象时。如：

```
Complex c2(c1);
Complex c2 = c1;
```

(2) 如果某函数有一个形参是类 A 的对象，那么该函数被调用时，类 A 的复制构造函数将被调用。如：

```
void f(A a){
    a.x = 1;
};
A aObj;
f(aObj);
//A的复制构造函数被调用，生成形参，在内存新建立一个局部对象，并把实参复制到新的对象中
```

(3) 如果函数的返回值是类A的对象时，则函数返回时，A的复制构造函数被调用。理由也是要建立一个临时对象，再返回调用者。如：

```
A f(){
    A a;
    return a; // 调用A(a);
}
int main( ) {
    A b; b = f();
    return 0;
}
```

为什么不直接用要返回的局部对象呢？因为局部对象在离开建立它的函数时就消亡了，不可能在返回调用函数后继续生存。所以编译系统会在调用函数的表达式中创建一个无名临时对象，该临时对象的生存周期只在函数调用处的表达式中。所谓返回对象，实际上是调用复制构造函数把该对象的值复制到临时对象中。

3. 析构函数

当一个对象定义时，C++自动调用构造函数建立该对象并进行初始化，那么当一个对象的生命周期结束时，C++也会自动调用一个函数注销该对象并进行善后工作，这个特殊的成员函数即析构函数(Destructor)。

折构函数具有如下特征。

(1) 析构函数名也与类名相同，但在前面加上字符“～”，如～CGoods()。

(2) 析构函数无函数返回类型，与构造函数在这方面是一样的。但析构函数不带任何参数。

(3) 一个类有一个也只有一个析构函数，这与构造函数不同。析构函数可以缺省。

(4) 对象注销时，系统自动调用析构函数。

4. 一些补充说明

对于不同作用域的对象类型，构造函数和析构函数的调用如下。

(1) 对全局定义的对象，当程序进入入口函数main之前对象就已经定义，这时要调用构造函数。整个程序结束时调用析构函数。

(2) 对于局部定义的对象，每当程序控制流到达该对象定义处时，调用构造函数。当程序控制走出该局部域时，则调用析构函数。

(3) 对于静态局部定义的对象，在程序控制首次到达该对象定义处时，调用构造函数。当整个程序结束时调用析构函数。

5. 成员对象

有成员对象的类叫封闭(Enclosing)类。对成员对象初始化，必须调用该成员对象的构造

函数来实现。

先调用所有对象成员的构造函数，然后才调用封闭类的构造函数。对象成员的构造函数调用次序和对象成员在类中的说明次序一致，与它们在成员初始化列表中出现的次序无关。当封闭类的对象消亡时，先调用封闭类的析构函数，然后再调用成员对象的析构函数，次序和构造函数的调用次序相反。

例如：

```
class base1 {
private:
    int i;
public :
    base1(){ i = 0; }
    base1(int n) { i=n; }
};
class Big {
private:
    int n;
    base1 b1;
public:
    Big() : b1(1){ }
    Big(int n ) : b1(n){ }
};
```

三、继承与派生

1. 基本概念

继承(Inheritance)机制是面向对象程序设计使代码可以复用的最重要手段，它允许程序员在保持原有类特性的基础上，调整部分成员的特性，也可以增加一些新成员。

通过继承，能够以已有的类为基础定义新的类，使新的类具有已有类的全部特点和功能，新的类还能添加自己的特点和功能，或修改老的类的特点和功能。已有的类(被继承的类)称为基类或父类，新的类(继承的类)称为派生类或子类。

具体的，派生类拥有基类的全部成员变量和成员函数，而且还能添加新的成员变量和成员函数，也可以重新定义从基类继承的成员变量和成员函数，即吸收基类成员、添加新的成员、改造基类成员。继承和派生机制大大地提高了软件的可重用性和可扩充性。

2. 继承方式

C++提供了 3 种继承方式，也是用 public、protected、private 三个关键字标识，一般采用公有继承 public。具体意义如表 10.3 所示。

表 10.3　三种继承方式的具体意义

派生方式	基类中的访问限定	在派生类中对基类成员的访问限定	在派生类对象外访问派生类对象的基类成员
公有派生 public	public	public	可直接访问
	protected	protected	不可直接访问
	private	不可访问	不可直接访问

续表

派生方式	基类中的访问限定	在派生类中对基类成员的访问限定	在派生类对象外访问派生类对象的基类成员
保护派生 protected	public	protected	不可直接访问
	protected	protected	不可直接访问
	private	不可访问	不可直接访问
私有派生 private	public	private	不可直接访问
	protected	private	不可直接访问
	private	不可访问	不可直接访问

3. 赋值兼容规则

在需要基类对象的地方可以使用共有派生类来替代，派生类对象能自动地当作其基类对象来使用，但基类对象不能当作其派生类对象来使用。这正是体现了“派生类对象是一个基类对象”。

具体使用情况如下。

- 派生类的对象可以赋值给基类对象：b = d。
- 派生类对象可以初始化基类引用：base &br = d。
- 派生类对象的地址可以赋值给基类指针：base *pb = &d。

4. 重置(覆盖)

派生类可以定义一个和基类成员同名的成员，这叫覆盖。派生类成员将覆盖所有基类的同名成员，默认的情况是引用派生类的成员，若想访问基类同名成员，需要通过域作用符“::”——基类名::数据成员名、基类名::函数成员名(参数表)。

四、多态

多态性(Polymorphism)同继承性一样是面向对象程序设计的标志性特征，是一个考查重点。

多态性是考虑在不同层次的类中，以及在同一类中，同名的成员函数之间的关系问题。函数的重载和运算符的重载，都属于多态性中的编译时的多态性。运行时的多态性，这是以虚基类为基础的多态性。

1. 多态的定义

多态是指同样的消息被不同类型的对象接受时导致不同的行为(不同的实现或调用了不同的函数)。所谓消息，是由“类::方法”(功能)和“方法的实参”(消息数据)共同组成的。

产生多态性的原因是：不同的对象在处理同样的消息时，使用的方法实现(成员函数的函数体)不同。“多态性”是与“类的派生和继承”联系在一起的，是基类中所定义方法的“多态性”，对于在派生类中新增加的方法，是没有多态性的。

2. 多态的类别

在C++中有两种多态性：

- 编译时的多态性：通过函数的重载和运算符的重载来实现。
- 运行时的多态性：是指在程序执行前，无法根据函数名和参数来确定该调用哪一个函数，必须在程序执行过程中，根据执行的具体情况来动态地确定。这种多态性是通过类继承关系和虚函数(Virtualfuction)来实现。

3. 虚函数

虚函数是前面有 virtual 关键字的类的成员函数，定义虚函数的格式如下：

```
virtual 返回类型函数名(参数表);
```

注意：virtual 关键字只用在类定义里的函数声明中，写函数体时不用。

另外，如果基类中的函数不是虚函数，即没有 virtual 关键字，即使派生类中写了 virtual 也没有用，不能实现多态。

使用虚函数时，需要注意以下几点。

- 派生类中定义虚函数除必须与基类中的虚函数同名外，还必须同参数表、同返回类型。基类中返回基类指针，派生类中返回派生类指针是允许的。
- 只有类的成员函数才能说明为虚函数。
- 静态成员函数不能作为虚函数。
- 实现动态多态性时，必须使用基类指针或引用，使该指针指向不同派生类的对象，并指向虚函数。
- 内联函数不能作为虚函数。
- 析构函数可定义为虚函数，构造函数不能为虚函数。在基类及其派生类中都有动态分配的内存空间时，必须把析构函数定义为虚函数，实现撤销对象时的多态性。

4. 纯虚函数和抽象类

(1) 纯虚函数(Pure Virtual Function)：指被标明为不具体实现的虚拟成员函数。定义纯虚函数的一般格式为：

```
virtual 返回类型函数名(参数表) = 0;
```

例如：

```
class A {
public:
    int a;
    virtual void Print() = 0 ; //纯虚函数
};
```

定义纯虚函数必须注意以下几点。

- 定义纯虚函数时，不能定义虚函数的实现部分。
- “=0”本质上是将指向函数体的指针定义为 NULL。
- 在派生类中必须有重新定义的纯虚函数的函数体，这样的派生类才能用来定义对象。

(2) 抽象类：包含纯虚函数的类叫抽象类。

抽象类只能作为基类来派生新类使用，不能创建抽象类的对象，可声明一个抽象类的指针和引用。

在抽象类的成员函数内可以调用纯虚函数，但是在构造函数或析构函数内部不能调用纯虚函数。因为在构造函数或析构函数内部调用虚函数采用的是静态联编，即编译时就要生成调用该函数的指令，而纯虚函数是没有代码的，所以这样的调用指令无法生成，因此编译会报错。在普通成员函数内调用纯虚函数，尽管纯虚函数是没有代码的，但是此时是动态联编，编译时不需要生成调用该函数的指令，所以编译可以通过。在运行时才决定到底调用的是自己还是派生类的函数，而自己是个抽象类，不可能生成对象，所以不可能调用自己的这个纯虚函数。

5. 虚析构函数

只要基类的析构函数是虚函数，那么派生类的析构函数，不论是否使用 virtual 关键字，不论是自己定义的还是编译器默认生成的，都自动成为虚函数。

一个类的构造函数会在执行自己代码之前，依派生顺序自动调用它的所有直接基类的构造函数；一个类的析构函数也会在执行完自己的代码之后，以与构造函数调用次序相反的顺序自动调用其所有直接基类的析构函数。一般来说，一个类如果定义了虚函数，则应该将析构函数也定义成虚函数。

10.2.7 Java 程序设计

一、基本概念

1. 应用领域

Java 目前主要应用于：服务器端的企业级应用(Servlet、JSP)、手持设备(J2ME、K-Java、无线 Java)、普通网页(Applet)、普通应用程序。

2. 优点

(1) 跨平台(大部分平台上都有 Java 虚拟机)，许多平台(计算机＋操作系统)上都有各自的 Java 虚拟机(Java VM)，Java 虚拟机不跨平台，要分别编写。编译生成的是中间代码，由统一的 Java 虚拟机指令组成。

(2) 代码可移动(与 html 相结合)。

(3) 完全面向对象。

(4) 编出来的程序不易出错(没有指针，内存垃圾自动回收，不会产生内存泄漏)。

此外，还有简单、安全、多线程等优点。

3. Java 与 C++的区别

(1) 完全面向对象：无全局变量、无结构和联合、自动回收内存垃圾。

(2) 没有指针。

(3) 没有多继承。

(4) 解释执行。

二、基本语法

1. 注释

与 C++相同，多行用“/*……*/”，单行用“//”。

2. 基本数据类型

与 C++相同：char(8 bit)、short(16 bit)、int(32 bit)、long(32 bit)、float(32 bit)、double (64 bit)。

不同：byte(8 bit)，boolean(boolean 类型的变量取值为 true 或者 false)。

3. 常量

与 C++不同，使用 final 关键字，如 final float pi = 3.14f，final byte c = 12。C++则是 const，浮点常数后面要加“f”，如 12.7f、1.02f。

4. 运算符

与 C++相同的有：算术运算符、赋值运算符、逻辑运算符、比较运算符、自增自减运算符、位运算符和移位运算符。

5. 类型转换

与 C++相同，如 int s = (int)4.7f。

6. 基本语句

与 C++相同：if、switch、while、do…while、for。

输出函数：System.out.println，与 C 语言的 printf 函数不同，各输出项目之间用“+”连接，如 System.out.println("Id=" + nNum)。

三、程序设计

1. 类和继承

1) 类

一个类是一些属性和方法的封装体，类的定义用关键字 class 声明，用关键字 public、protected、private 指定类的成员的存取控制属性：private(私有)成员只有类内部的方法才能访问；protected(保护)成员可被派生类和同一文件夹下的类访问；public(公有)成员可以从类的外部访问，默认是 public。这体现了面向对象的以下指导思想：尽量将类内部的细节隐藏起来，对类的属性的操作应该通过类的方法来进行。

另外，public 还可以用来修饰类，public 类能够被其他文件夹下的类访问，非 public 类只能被同一文件夹下的类访问。一个 java 文件中，可以包含多个类，会被编译成多个.class 文件，但只能有一个 public 类，而且该类名要和文件名一样。

2) 继承

Java 中用关键字 extends 表示类间的继承关系。父类的公有属性和方法成为子类的属性和方法，子类如果有和父类同名、同参数类型的方法，那么子类对象在调用该方法时，调用的是子类的方法，亦即方法的重置。如果想要调用父类的同名方法，需要用 super 关键字(属性同理)。

子类的对象可以作为祖先类的对象使用，即所谓类的向上转换，反之则不行。具体表现在：可以用子类对象来对祖先类对象赋值，可以用子类对象作为实参去调用以父类对象为形参的函数。

2. 对象的引用本质

Java 中的对象实际上是对象的引用，本质上和 C++中的指针是一样的；但也和 C++指针不尽相同，比如，不能自增、自减，不能强制转换成其他类型。

例如：

```
//ManKind.java 文件
```

```
public class ManKind {
    int sex;//默认是公有成员
    public void manOrWoman(){//公有方法
        if(sex ==0){//表示男人
            System.out.println("Man!");
        }else{//女人
            System.out.println("Woman!");
        }
    }
}
//Main.java 文件
public class Main {
    public static void main(String[] args){
        ManKind somePerson, somePerson2;
        //somePerson.sex = 1; //注意这里，出错，因 somePerson 尚未初始化
        somePerson = new ManKind();//初始化对象，注意后面的括号，不能省略
        somePerson.sex = 1;//初始化为 1，表示男人
        somePerson.manOrWoman();//输出“Woman”
        somePerson2 = somePerson;//将 somePerson 赋值给 somePerson2
        somePerson2.sex = 0;//修改 somePerson2 的 sex 属性为 0，即男人
        somePerson2.manOrWoman();//输出 somePerson2 的 sex，为“Man”
        somePerson.manOrWoman();//输出 somePerson，发现输出“Man”，可见通过
            //修改 somePerson2 的 sex 属性成功修改了 somePerson 的 sex 属性，亦即
            //somePerson 与 somePerson2 实际上是同一个对象
    }
}
```

3. 构造方法

构造方法就是类的对象生成时会被调用的方法。每个类至少有一个构造方法(Constructor)，也叫构造函数。构造方法的名字和类名相同，没有任何返回类型。每个类都有一个默认的构造方法，但当用户自定义了构造方法后，默认的构造函数就不再有效了。

4. 重载

同一个类中的两个或两个以上方法，名字相同，而参数个数不同或参数类型不同，叫做重载。注意，方法名字和参数都一样，而仅仅返回值类型不同，这不是重载。

5. 静态属性和静态方法

静态属性和静态方法的声明用关键字 static 实现。一个类的静态属性只有一个，由所有该类的对象共享。不需要创建对象也能访问类的静态属性和方法，访问方式为“类名.静态属性或静态方法”。静态方法与对象无关，因此不能在静态方法中访问非静态属性和调用非静态方法。

6. this 和 super 关键字

这两个关键字颇为重要。this 代表当前对象，super 代表当前对象的父类。

this 主要用途有以下两个。

(1) 一个构造函数调用另一个构造函数，对构造函数的调用必须是第一条语句。

(2) 将对象自身作为参数来调用一个函数。

super 的用途如下：在子类中调用父类的同名方法，或在子类的构造函数中调用父类的构造函数，此时亦必须是第一条语句。

7. 多态

所谓多态，是指通过基类对象调用一个基类和派生类都有的方法时，在运行时才能确定到底调用的是基类的方法还是派生类的方法。多态的好处是增加了程序的可扩展性。多态是通过动态联编实现的，即编译时不确定，程序运行时才确定调用哪个函数。

8. 抽象类与接口

1) 抽象类

抽象类通过关键字 abstract 实现，抽象类的目的是定义一个框架，规定某些类必须具有的一些共性。

包含抽象方法的类一定是抽象类，所谓抽象方法是指没有函数体的方法。

抽象类的直接派生类必须实现其抽象方法；抽象类只能用于继承，不能创建对象。

2) 接口(interface)

接口用关键字 interface 声明，只能用于继承，注意，此时关键字为 implements(实现)。

接口用于替代多继承的概念，能实现多继承的部分特点，又避免了多继承的混乱，还能起到规定程序框架的作用。注：接口也可以用于多态。

直接继承了接口的类，必须实现接口中的抽象方法；间接的则可以实现，也可以不实现。

3) 抽象类与接口的异同

接口和抽象类都不能创建对象。

抽象类不能参与多继承，抽象类可以有非静态的成员变量，可以有非抽象方法；接口可以参与多继承，所有属性都是静态常量，所有方法都是 public 抽象方法。

9. final 关键字

用 final 关键字定义的常量，在其初始化或第一次赋值后，其值不能被改变。常量必须先有值，然后才能使用。对于常量的第一次赋值只能在构造函数中进行。

final 对象的值不能被改变，指的是该对象不能再指向其他对象，而不是指不能改变当前对象内部的属性值。

函数参数声明为 final 后，函数中的值不能改变。

final 方法是不能被重置的方法。

final 类不能被继承，其所有方法都是 final 的，但属性可以不是 final 的。

10.3 真题详解

10.3.1 综合知识试题

试题 1 (2010 年下半年试题 37~42)

开-闭原则(Open-Closed Principle，OCP)是面向对象的可复用设计的基石。开-闭原则是指一个软件实体应当对__(37)__开放，对__(38)__关闭；里氏代换原则(Liskov Substitution Principle，LSP)是指任何__(39)__可以出现的地方，__(40)__一定可以出现。依赖倒转原则

(Dependence Inversion Principle，DIP)就是要依赖于__(41)__而不依赖于__(42)__，或者说要针对接口编程，不要针对实现编程。

(37) A．修改　B．扩展　C．分析　D．设计
(38) A．修改　B．扩展　C．分析　D．设计
(39) A．变量　B．常量　C．基类对象　D．子类对象
(40) A．变量　B．常量　C．基类对象　D．子类对象
(41) A．程序设计语言　B．建模语言　C．实现　D．抽象
(42) A．程序设计语言　B．建模语言　C．实现　D．抽象

参考答案：(37)B；(38)A；(39)C；(40)D；(41)D；(42)C。

要点解析：开-闭原则(Open-Closed Principle)可以说是面向对象设计的核心所在。开-闭原则的两个重要特点是“对扩展开放，对修改关闭”，即允许对程序作出扩展(以扩展的方式响应需求的变化)，但拒绝对程序作出修改(即修改之前运行良好的程序)。实现“开-闭原则”的重要机制就是“抽象”与“多态”。通过对“变化”进行抽象隔离，使程序具有更好的扩展性与可维护性。

里氏代换原则(Liskov Substitution Principle，LSP)在实现继承时，子类(subtype)必须能替换掉它们的基类(base type)。如果一个软件实体使用的是基类的话，那么也一定适用于子类；但反过来的代换不成立。

依赖倒转原则(Dependence Inversion Principle，DIP)是指在进行业务设计时，与特定业务有关的依赖关系应该尽量依赖接口和抽象类，而不是依赖具体类。具体类只负责相关业务的实现，修改具体类不影响与特定业务有关的依赖关系。

试题 2 (2010 年下半年试题 43~45)

__(43)__是一种很强的“拥有”关系，“部分”和“整体”的生命周期通常一样。整体对象完全支配其组成部分，包括它们的创建和销毁等；__(44)__同样表示“拥有”关系，但有时候“部分”对象可以在不同的“整体”对象之间共享，并且“部分”对象的生命周期也可以与“整体”对象不同，甚至“部分”对象可以脱离“整体”对象而单独存在。上述两种关系都是__(45)__关系的特殊种类。

(43) A．聚合　B．组合　C．继承　D．关联
(44) A．聚合　B．组合　C．继承　D．关联
(45) A．聚合　B．组合　C．继承　D．关联

参考答案：(43)B；(44)A；(45)D。

要点解析：本题考查 UML 中关联关系。

关联关系连接元素和链接实例，它用连接两个模型元素的实线表示，在关联的两端可以标注关联双方的角色和多重性标记。

聚合关系是一种特殊类型的关联关系。它描述元素之间部分和整体的关系，即一个表示整体的模型元素可能由几个表示部分的模型元素聚合而成。

组合也是关联关系的一种特例，这种关系比聚合更强，也称为强聚合；它同样体现整体与部分间的关系，但此时整体与部分是不可分的，整体的生命周期结束也就意味着部分的生命周期结束。

试题 3 （2010 年下半年试题 46~47）

下面的 UML 类图描绘的是__(46)__设计模式。关于该设计模式的叙述中，错误的是__(47)__。

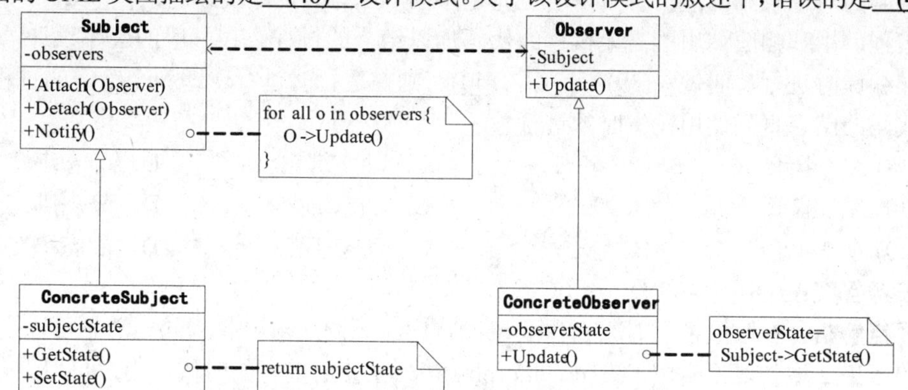

(46) A．桥接　　B．策略　　C．抽象工厂　　D．观察者

(47) A．该设计模式中的 Observer 需要维护至少一个 Subject 对象

B．该设计模式中的 ConcreteObserver 可以绕过 Subject 及其子类的封装

C．该设计模式中一个 Subject 对象需要维护多个 Observer 对象

D．该设计模式中 Subject 需要通知 Observer 对象其自身的状态变化

参考答案：(46)D；(47)B。

要点解析：

桥接模式将抽象部分和它的实现部分分离，使它们可以独立地变化。

策略模式定义一系列的算法，将每个算法封装到具有共同接口的独立的类中，从而使得算法可以相互替换，而不影响客户端。

抽象工厂模式提供一个创建一系列相关或相互依赖对象的接口，而无需指定它们具体的类。

观察者模式定义对象间的一种一对多的依赖关系，以便当一个对象的状态发生变化时，所有依赖于它的对象都得到通知并自动刷新。

ConcreteObserver 类继承于 Observer 类，而 Observer 与 Subject 之间相互依赖，因此 ConcreteObserver 不可以绕过 Subject 及其子类的封装。

试题 4 （2010 年上半年试题 37）

以下关于面向对象方法中继承的叙述中，错误的是__(37)__。

(37) A．继承是父类和子类之间共享数据和方法的机制

B．继承定义了一种类与类之间的关系

C．继承关系中的子类将拥有父类的全部属性和方法

D．继承仅仅允许单重继承，即不允许一个子类有多个父类

参考答案：(37)D。

要点解析：面向对象技术中，继承是父类和子类之间共享数据和方法的机制。这是类之间的一种关系，在定义和实现一个类的时候，可以在一个已经存在的类的基础上来进行，把这个已经存在的类所定义的内容作为自己的内容，并加入若干新的内容。可以存在多重继承的概念，但不同的程序设计语言可以有自己的规定。

试题 5 (2010 年上半年试题 38~40)

不同的对象收到同一消息可以产生完全不同的结果，这一现象叫做 (38) 。绑定是一个把过程调用和响应调用所需要执行的代码加以结合的过程。在一般的程序设计语言中，绑定在编译时进行，叫做 (39) ；而 (40) 则在运行时进行，即一个给定的过程调用和执行代码的结合直到调用发生时才进行。

(38) A．继承　B．多态　C．动态绑定　D．静态绑定
(39) A．继承　B．多态　C．动态绑定　D．静态绑定
(40) A．继承　B．多态　C．动态绑定　D．静态绑定

参考答案：(38)B；(39)D；(40)C。

要点解析：在收到消息时，对象要予以响应。不同的对象收到同一消息可以产生完全不同的结果，这一现象叫做多态(polymorphism)。在使用多态的时候，用户可以发送一个通用的消息，而实现的细节则由接收对象自行决定。这样，同一消息就可以调用不同的方法。绑定是一个把过程调用和响应调用所需要执行的代码加以结合的过程。在一般的程序设计语言中，绑定是在编译时进行的，叫做静态绑定。动态绑定则是在运行时进行的，因此，一个给定的过程调用和代码的结合直到调用发生时才进行。

动态绑定是和类的继承以及多态相联系的。在继承关系中，子类是父类一个特例，所以父类对象可以出现的地方，子类对象也可以出现。因此在运行过程中，当一个对象发送消息请求服务时，要根据接收对象的具体情况将请求的操作与实现的方法进行连接，即动态绑定。

试题 6 (2010 年上半年试题 41)

(41) 不是面向对象分析阶段需要完成的。

(41) A．认定对象　B．组织对象
C．实现对象及其相互关系　D．描述对象间的相互作用

参考答案：(41)C。

要点解析：面向对象分析包含 5 个活动：认定对象、组织对象、描述对象间的相互作用、定义对象的操作、定义对象的内部信息。

实现对象及其相互关系应该归入到系统的实现阶段，不属于分析阶段的任务。

试题 7 (2010 年上半年试题 42)

以下关于面向对象设计的叙述中，错误的是 (42) 。

(42) A．面向对象设计应在面向对象分析之前，因为只有产生了设计结果才可对其进行分析
B．面向对象设计与面向对象分析是面向对象软件过程中两个重要的阶段
C．面向对象设计应该依赖于面向对象分析的结果
D．面向对象设计产生的结果在形式上可以与面向对象分析产生的结果类似，例如都可以使用 UML 表达

参考答案：(42)A。

要点解析：面向对象分析与设计是面向对象软件开发过程中的两个重要阶段，面向对象分析产生分析模型，该分析模型可以使用 UML 表达，面向对象设计以分析模型为基础，继续对分析模型进行精化，得到设计模型，其表达仍然可以采用 UML 建模语言。

试题 8 (2010 年上半年试题 43~44)

如下 UML 类图表示的是__(43)__设计模式。以下关于该设计模式的叙述中，错误是__(44)__。

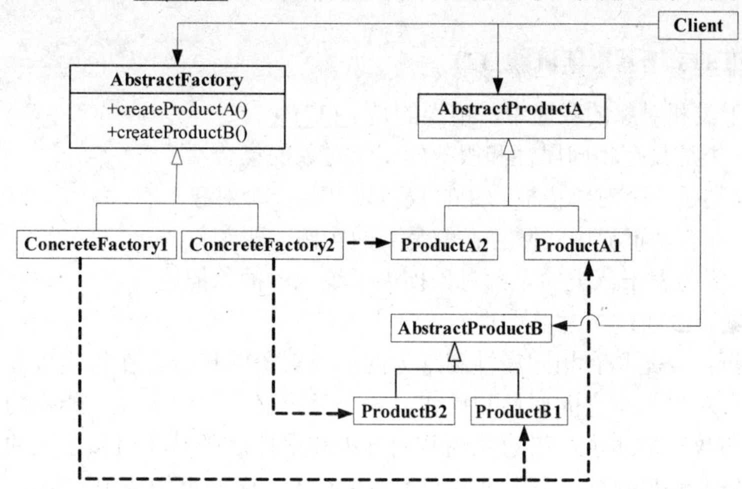

(43) A．工厂方法　　B．策略　　C．抽象工厂　　D．观察者

(44) A．提供创建一系列相关或相互依赖的对象的接口，而无需指定这些对象所属的具体类

B．可应用于一个系统要由多个产品系列中的一个来配置的时候

C．可应用于强调一系列相关产品对象的设计以便进行联合使用的时候

D．可应用于希望使用已经存在的类，但其接口不符合需求的时候

参考答案：(43)C；(44)D。

要点解析：题中的类图是抽象工厂设计模式，该设计模式的意图是提供一个创建一系列相关或相互依赖对象的接口，而无需指定它们具体的类。使用抽象工厂设计模式的常见情形是：一个系统要独立于其产品的创建、组合和表示时；一个系统要由多个产品系列中的一个来配置时；当需要强调一系列相关的产品对象的设计以便进行联合使用时；当提供一个产品类库，而只想显示它们的接口而不是实现时。对于希望使用已经存在的类，但其接口不符合需求的情形，应当考虑桥接设计模式。

试题 9 (2010 年上半年试题 45~47)

UML 类图中类与类之间的关系有五种：依赖、关联、聚合、组合与继承。若类 A 需要使用标准数学函数类库中提供的功能，那么类 A 与标准类库提供的类之间存在__(45)__关系；若类 A 中包含了其他类的实例，且当类 A 的实例消失时，其包含的其他类的实例也消失，则类 A 和它所包含的类之间存在__(46)__关系；若类 A 的实例消失时，其他类的实例仍然存在并继续工作，那么类 A 和它所包含的类之间存在__(47)__关系。

(45) A．依赖　　B．关联　　C．聚合　　D．组合

(46) A．依赖　　B．关联　　C．聚合　　D．组合

(47) A．依赖　　B．关联　　C．聚合　　D．组合

参考答案：(45)A；(46)D；(47)C。

要点解析：UML 类图中类与类之间的关系有五种：依赖、关联、聚合、组合与继承。依赖是几种关系中最弱的一种关系，通常，使用类库就是其中的一种关系。聚合与组合都

表示了整体和部分的关系。组合的程度比聚合高，当整体对象消失时，部分对象也随之消失，则属于组合关系；当整体对象消失而部分对象依然可以存在并继续被使用时，则属于聚合关系。

试题 10 (2009 年下半年试题 37)

以下关于类和对象的叙述中，错误的是__(37)__。

(37) A．类是具有相同属性和服务的一组对象的集合
B．类是一个对象模板，用它仅可以产生一个对象
C．在客观世界中实际存在的是类的实例，即对象
D．类为属于该类的全部对象提供了统一的抽象描述

参考答案：(37)B。

要点解析：类是具有相同属性和行为的一组对象的集合。在现实世界中，每个实体都是对象，每个对象都有它的属性和操作。一个类定义了一组大体上相似的对象，一个类所包含的方法和数据描述了一组对象的共同行为和属性。类是在对象之上的抽象，对象是类的具体化，是类的实例。一个类可以产生多个对象。因此可知选项B的说法是错误的。

试题 11 (2009 年下半年试题 38~40)

__(38)__是把对象的属性和服务结合成一个独立的系统单元，并尽可能隐藏对象的内部细节；__(39)__是指子类可以自动拥有父类的全部属性和服务；__(40)__是对象发出的服务请求，一般包含提供服务的对象标识、服务标识、输入信息和应答信息等。

(38) A．继承　B．多态　C．消息　D．封装
(39) A．继承　B．多态　C．消息　D．封装
(40) A．继承　B．多态　C．消息　D．封装

参考答案：(38)D；(39)A；(40)C。

要点解析：在基本的面向对象的系统中，对象是基本的运行时的实体，它既包括数据(属性)，也包括作用于数据的操作(行为)。所以，一个对象把属性和行为封装为一个整体，封装是一种信息隐蔽技术，它的目的是使对象的使用者和生产者分离，使对象的定义和实现分开。

继承是父类和子类之间共享数据和行为的机制。在定义和实现一个类的时候，可以在一个已经存在的类的基础上，把这个已经存在的类所定义的内容作为自己的内容，并加入新的内容。继承可以使子类拥有父类的全部属性和服务。

对象之间进行通信的一种机制叫做消息。当一个消息发送给某个对象时，包含要求接收对象去执行某些活动的信息，接收到信息的对象经过解释，予以响应，这种通信机制叫做消息传递。消息内容一般包含提供服务的对象标识、服务标识、输入信息和应答信息等。

试题 12 (2009 年下半年试题 42)

以下关于面向对象设计的叙述中，错误的是__(42)__。

(42) A．高层模块不应该依赖于底层模块　B．抽象不应该依赖于细节
C．细节可以依赖于抽象　D．高层模块无法不依赖于底层模块

参考答案：(42)D。

要点解析：在面向对象的设计中，存在依赖倒置原则：高层模块不应该依赖低层模块。

两个都应该依赖抽象。抽象不应该依赖细节，细节应该依赖抽象。

试题 13 （2009 年下半年试题 43~45）

采用__(43)__设计模式可保证一个类仅有一个实例；采用__(44)__设计模式可将对象组合成树型结构以表示“部分-整体”的层次结构，使用户对单个对象和组合对象的使用具有一致性；采用__(45)__设计模式可动态地给一个对象添加一些额外的职责。

(43) A．命令(Command)　　B．单例(Singleton)
　　C．装饰(Decorate)　　D．组合(Composite)

(44) A．命令(Command)　　B．单例(Singleton)
　　C．装饰(Decorate)　　D．组合(Composite)

(45) A．命令(Command)　　B．单例(Singleton)
　　C．装饰(Decorate)　　D．组合(Composite)

参考答案：(43)B；(44)D；(45)C。

要点解析：本题考查面向对象方法学的设计模式。命令模式(Command)把一个请求或者操作封装到一个对象中，从而达到用不同的请求对客户进行参数化的目标；单例模式(Singleton)的意图是保证一个类仅有一个实例，并提供一个访问它的全局访问点；装饰(Decorate)是在不能采用生成子类的方法进行扩充时，动态地给一个对象添加一些额外的功能；组合(Composite)模式将对象组合成树型结构以表示“部分-整体”的层次结构，Composite使得客户对单个对象和符合对象的使用具有一致性。

试题 14 （2009 年下半年试题 46~47）

下列UML类图表示的是__(46)__设计模式。该设计模式中__(47)__。

(46) A．备忘录(Memento)　　B．策略(Strategy)
　　C．状态(State)　　D．观察者(Observer)

(47) A．一个 Subject 对象可对应多个 Observer 对象
　　B．Subject 只能有一个 ConcreteSubject 子类
　　C．Observer 只能有一个 ConcreteObserver 子类
　　D．一个 Subject 对象必须至少对应一个 Observer 对象

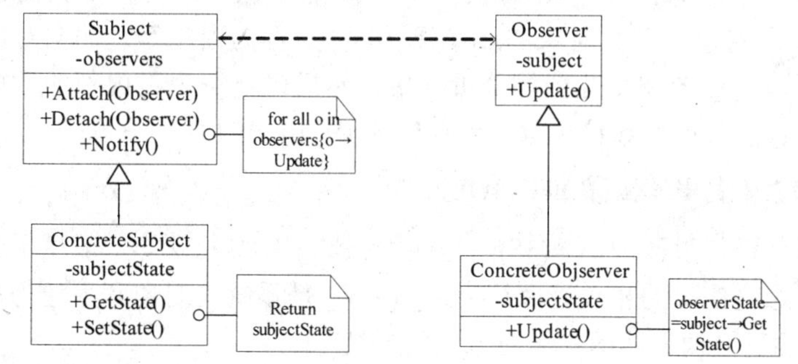

参考答案：(46)D；(47)A。

要点解析：本题考查行为设计模式。

(1) 备忘录模式(Memento Pattern)应用于保存和跟踪对象的状态，以便于必要的时候可以把对象恢复到以前的状态。备忘录模式(Memento Pattern)可以在不暴露对象的内部结构的情况

下完成这样的功能。

(2) 策略模式是对算法的包装，把使用算法的责任和算法本身分隔开，委派给不同的对象管理。策略模式通常把一系列的算法包装到一系列的策略类里面，作为一个抽象策略类的子类。简单地说，就是把会变化的内容取出并封装起来，以便以后可以轻易地改动或扩充部分，而不影响不需要变化的其他部分。

(3) 状态模式可以有效地替换充满在程序中的if...else语句，将不同条件下的行为封装在一个类里面，再给这些类一个统一的父类来约束他们。

(4) 观察者模式假定保存数据的对象和显示数据的对象是分开的，负责显示数据的对象观察保存数据对象中的改变。当我们要实现Observer模式时，通常将数据对象作为目标(Subject)，各个显示数据的对象作为观察者(Observer)。每一个观察者(Observer)通过调用目标(Subject)中的一个公有(public)方法，在他所感兴趣的数据中注册自己。这样，当数据改变时，每一个目标(Subject)通过观察者(Observer)的接口发送更新通知。

综上所述，本题UML类图表示的显然是观察者设计模式。观察者模式定义的是一种一对多的依赖关系，让多个观察者对象同时监听某一个主题对象。这个主题对象在状态上发生变化时，会通知所有观察者对象，使它们能够自动更新自己。所以第47题选项A正确。

试题 15 （2009 年上半年试题 37）

下面关于面向对象分析与面向对象设计的说法中，不正确的是__(37)__。

(37) A．面向对象分析侧重于理解问题

B．面向对象设计侧重于理解解决方案

C．面向对象分析描述软件要做什么

D．面向对象设计一般不关注技术和实现层面的细节

参考答案：(37)D。

要点解析：面向对象开发过程的核心是面向对象分析(OOA)和面向对象设计(OOD)两个阶段，但二者的界限比较模糊。 OOA是分析使用实例，提取用户需求，建立问题域逻辑模型的过程；OOD是建立面向对象的求解域模型的过程。从OOA到OOD实际是一个多次反复、逐步迭代模型的过程。

面向对象分析是采用面向对象思路进行需求分析建模的过程。面向对象的分析模型主要有用例模型、类/对象模型、对象-关系模型和对象-行为模型等。面向对象设计直接继承面向对象分析阶段的类图和交互图等分析结果，然后确定每个类内部的数据和方法，以及每个方法的处理算法、过程和接口等。因此D选项是错误的。

试题 16 （2009 年上半年试题 38~40）

在面向对象分析与设计中，__(38)__是应用领域中的核心类，一般用于保存系统中的信息以及提供针对这些信息的相关处理行为；__(39)__是系统内对象和系统外参与者的联系媒介；__(40)__主要是协调上述两种类对象之间的交互。

(38) A．控制类　B．边界类　C．实体类　D．软件类

(39) A．控制类　B．边界类　C．实体类　D．软件类

(40) A．控制类　B．边界类　C．实体类　D．软件类

参考答案：(38)C；(39)B；(40)A。

要点解析：实体类(entity class)是应用领域中的核心类，一般是从现实世界中的实体对象归纳和抽象出来的，用于长期保存系统中的信息，以及提供针对这些信息的相关处理行为。一般情况下，实体类的对象实例和应用系统本身有着相同的生命周期。

边界类(boundary class)是系统内的对象和系统外的参与者的联系媒体，外界的消息只能通过边界类的对象实例才能发送给系统。

控制类(control class)是实体类和边界类之间的润滑剂，是从控制对象中归纳和抽象出来的，用于协调系统内边界类和实体类之间的交互。

试题 17 (2009 年上半年试题 41~42)

若类A仅在其方法Method1中定义并使用了类B的一个对象，类A其他部分的代码都不涉及类B，那么类A与类B的关系应为__(41)__；若类A的某个属性是类B的一个对象，并且类A对象消失时，类B对象也随之消失，则类A与类B的关系应为__(42)__。

(41) A．关联　　B．依赖　　C．聚合　　D．组合

(42) A．关联　　B．依赖　　C．聚合　　D．组合

参考答案：(41)A；(42)B。

要点解析：关联体现的是两个类、或者类与接口之间语义级别的一种强依赖关系；这种关系比依赖更强，不存在依赖关系的偶然性，关系也不是临时性的，一般是长期性的，而且双方的关系一般是平等的，关联可以是单向、双向的；表现在代码层面为被关联类B以类属性的形式出现在关联类A中，也可能是关联类A引用了一个类型为被关联类B的全局变量。

当对象A被加入到对象B中，成为对象B的组成部分时，对象B和对象A之间为聚合关系。聚合是关联关系的一种，是较强的关联关系，强调的是整体与部分之间的关系。聚合是关联关系的一种特例，它体现的是整体与部分、拥有的关系，即has a的关系，此时整体与部分之间是可分离的，它们可以具有各自的生命周期，部分可以属于多个整体对象，也可以为多个整体对象共享。

对于两个相对独立的对象，当一个对象负责构造另一个对象的实例，或者依赖另一个对象的服务时，这两个对象之间主要体现为依赖关系。就是一个类A使用到了另一个类B，而这种使用关系是具有偶然性的、临时性的、非常弱的，但是B类的变化会影响到A；表现在代码层面，为类B作为参数被类A在某个method方法中使用。

组合也是关联关系的一种特例，它体现的是一种contains-a的关系，这种关系比聚合更强，也称为强聚合；它同样体现整体与部分间的关系，但此时整体与部分是不可分的，整体的生命周期结束也就意味着部分的生命周期结束。

试题 18 (2009 年上半年试题 43~45)

当不适合采用生成子类的方法对已有的类进行扩充时，可以采用__(43)__设计模式动态地给一个对象添加一些额外的职责；当应用程序由于使用大量的对象，造成很大的存储开销时，可以采用__(44)__设计模式运用共享技术来有效地支持大量细粒度的对象；当想使用一个已经存在的类，但其接口不符合需求时，可以采用__(45)__设计模式将该类的接口转换成我们希望的接口。

(43) A．命令(Command)　　B．适配器(Adapter)

　　C．装饰(Decorate)　　D．享元(Flyweight)

(44) A．命令(Command)　　B．适配器(Adapter)
C．装饰(Decorate)　　D．享元(Flyweight)
(45) A．命令(Command)　　B．适配器(Adapter)
C．装饰(Decorate)　　D．享元(Flyweight)

参考答案：(43)C；(44)D；(45)B。

要点解析：本题考查设计模式的相关知识，是一个重要的知识点。

命令模式把一个请求或者操作封装到一个对象中，也就是把发出命令的责任和执行命令的责任分割开，分派给不同的对象，使得请求的一方不必知道接收请求的一方的接口，更不必知道请求是怎么被接收、操作是否执行、何时被执行以及是怎么被执行的。

适配器模式把一个类的接口变换成客户端所期待的另一种接口，从而使原本因接口原因不匹配而无法一起工作的两个类能够一起工作。它还可以根据参数返还一个合适的实例给客户端将两个不兼容的类结合在一起使用。

享元模式以共享的方式高效地支持大量的细粒度对象。享元模式能做到共享的关键是区分内蕴状态和外蕴状态。内蕴状态存储在享元内部，不会随环境的改变而有所不同。外蕴状态是随环境的改变而改变的。外蕴状态不能影响内蕴状态，它们是相互独立的。将可以共享的状态和不可以共享的状态从常规类中区分开来，将不可以共享的状态从类里剔除出去。享元模式大幅度地降低了内存中对象的数量。

装饰模式以对客户端透明的方式扩展对象的功能，是继承关系的一个替代方案，提供比继承更多的灵活性，动态给一个对象增加功能，这些功能可以再动态地撤销。

试题 19 (2009 年上半年试题 46~47)

下图属于UML中的＿(46)＿，其中，AccountManagement需要＿(47)＿。

(46) A．组件图　　B．部署图　　C．类图　　D．对象图

(47) A．实现IdentityVerifier接口并被CreditCardServices调用
B．调用 CreditCardServices 实现的 IdentityVerifier 接口
C．实现 IdentityVerifier 接口并被 Logger 调用
D．调用 Logger 实现的 IdentityVerifier 接口

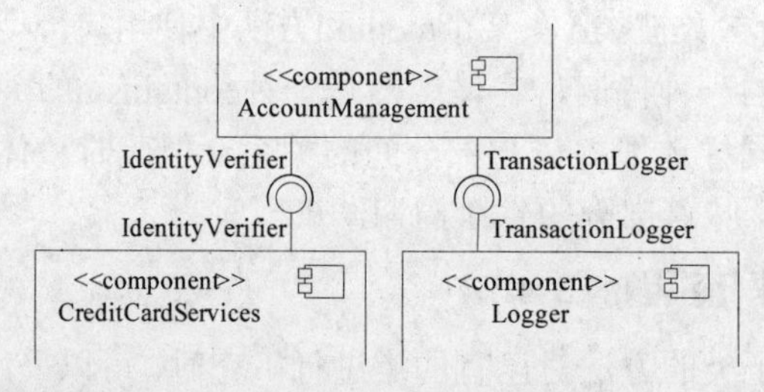

参考答案：(46)B；(47)B。

要点解析：类图把现实事物抽象出来，用图来表示。

用例图是从用户的观点对系统行为的一个描述。

状态图是描述一个实体基于事件反应的动态行为，显示了该实体如何根据当前所处的状态对不同的时间做出反应的。

时序图用来显示对象之间的关系，并强调对象之间消息的时间顺序，同时显示了对象

之间的交互。时序图中包括如下元素：类角色，生命线，激活期和消息。

协作图用来描述系统的工作目标是由哪些组元素相互协作完成的。

活动图和流程图很类似，它可以显示出工作步骤(活动)，判定点和分支。

构件图是软件组成中的一个单元。

部署图描述了一个运行时的硬件节点，以及在这些节点上运行的软件组件的静态视图。部署图显示了系统的硬件，安装在硬件上的软件，以及用于连接异构的机器之间的中间件，显示了基于计算机系统的物理系统结构。

由图可知，AccountManagement需要调用CreditCardServices实现的IdentityVerifier接口，调用Logger实现的TransactionLogger接口。

10.3.2　案例分析试题

试题 1　(2010 年下半年下午试题三)

阅读下列说明和图，回答问题 1 至问题 3。

【说明】

某网上药店允许顾客凭借医生开具的处方，通过网络在该药店购买处方上的药品。该网上药店的基本功能描述如下。

(1) 注册。顾客在买药之前，必须先在网上药店注册。注册过程中需填写顾客资料以及付款方式(信用卡或者支付宝账户)。此外顾客必须与药店签订一份授权协议书，授权药店可以向其医生确认处方的真伪。

(2) 登录。已经注册的顾客可以登录到网上药房购买药品。如果是没有注册的顾客，系统将拒绝其登录。

(3) 录入及提交处方。登录成功后，顾客按照“处方录入界面”显示的信息，填写开具处方的医生的信息以及处方上的药品信息。填写完成后，提交该处方。

(4) 验证处方。对于已经提交的处方(系统将其状态设置为“处方已提交”)，其验证过程为：

① 核实医生信息。如果医生信息不正确，该处方的状态被设置为“医生信息无效”，并取消这个处方的购买请求；如果医生信息是正确的，系统给该医生发送处方确认请求，并将处方状态修改为“审核中”。

② 如果医生回复处方无效，系统取消处方，并将处方状态设置为“无效处方”。如果医生没有在 7 天内给出确认答复，系统也会取消处方，并将处方状态设置为“无法审核”。

③ 如果医生在 7 天内给出了确认答复，该处方的状态被修改为“准许付款”。

系统取消所有未通过验证的处方，并自动发送一封电子邮件给顾客，通知顾客处方被取消以及取消的原因。

(5) 对于通过验证的处方，系统自动计算药品的价格并邮寄药品给已经付款的顾客。

该网上药店采用面向对象方法开发，使用 UML 进行建模。系统的类图如图 10.2 所示。

【问题 1】(8 分)

根据说明中的描述，给出图 10.2 中缺少的 C1~C5 所对应的类名以及(1)~(6)处所对应的多重度。

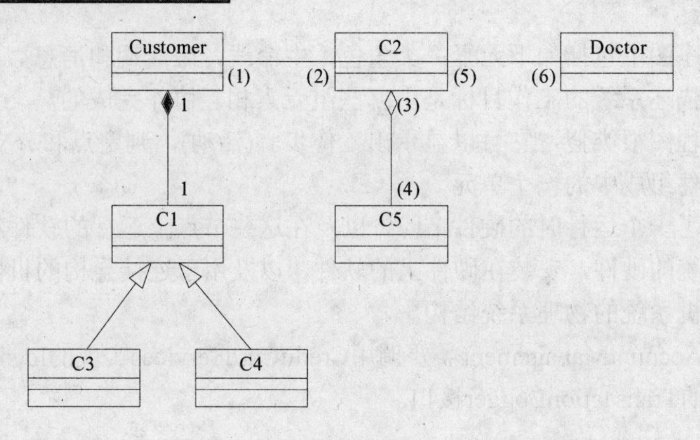

10.2 类图

【问题2】(4分)

图10.3给出了“处方”的部分状态图。根据说明中的描述，给出图10.3中缺少的Sl~S4所对应的状态名以及(7)~(10)处所对应的迁移(transition)名。

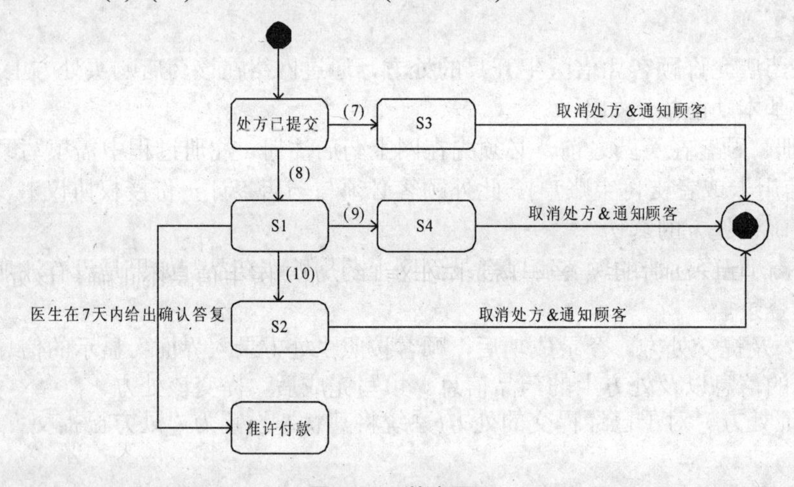

图10.3 状态图

【问题3】(3分)

图10.2中的符号“◆”和“◇”在UML中分别示类和对象之间的哪两种关系？两者之间的区别是什么？

参考答案

【问题1】

C1：付款方式 C2：处方 C3：信用卡 C4：支付宝账户 C5：药品

(1) 1 (2)0..* (3)1 (4)1..* (5)0..* (6)1

【问题2】

S1：审核中 S2：无法审核 S3：医生信息无效 S4：处方无效

(7) 医生信息不正确 (8) 医生信息正确

(9) 医生回复处方无效 (10) 医生没有在7天内给出确认答复

【问题 3】

◆表示组合，◇表示聚合

两者之前的区别为：在组合关系中，整体对象与部分对象具有同一的生存周期，当整体对象不存在时，部分对象也不存在；而聚合关系中，对整体对象和部分对象没有这样的要求。

要点解析

【问题 1】

本题考查类图。类图展现了一组对象、接口、协作和它们之间的关系。由题目描述知，客户有两种付款方式：信用卡或者支付宝账户，所以 C1 处填付费方式，C3、C4 处分别填入信用卡、支付宝账户。客户和医生间交互的是处方，处方中的内容为药品，所以 C2、C5 处分配填入处方、药品。

一个客户可以有多张处方单，当然一个客户也可能只是注册，而没有开处方单，所以(1)处是 1，(2)处是 0..*；既然医生开了处方，则一个处方上至少有一种药，所以(3)处为 1，(4)处为 1..*；一个医生可以开处方，也可以不开处方，所以(6)处为 1，(5)处为 0..*。

说明：

0..*表示一个集合中的一个对象对应另一个集合中的 0 个或多个对象。(可以不对应)

1..*表示一个集合中的一个对象对应另一个集合中的一个或多个对象。(至少对应一个)

*表示一个集合中的一个对象对应另一个集合中的多个的对象。

【问题 2】

客户在网上提交处方后，首先核实医生信息，如果医生信息不正确，该处方的状态被设置为“医生信息无效”，并取消这个处方的购买请求。可见(7)处为“医生信息不正确”，S3 为“医生信息无效”。

如果医生信息是正确的，系统给该医生发送处方确认请求，并将处方状态修改为“审核中”。所以(8)处为“医生信息正确”，S1 为“审核中”。

在审核的过程中，如果医生回复处方无效，系统取消处方，并将处方状态设置为“无效处方”。如果医生没有在 7 天内给出确认答复，系统也会取消处方，并将处方状态设置为“无法审核”。所以(9)、(10)分别“医生回复处方无效”、“医生没有在 7 天内给出确认答复”，对应的 S4 和 S2 分别为“处方无效”和“无法审核”。

【问题 3】

本题考查 UML 中的关联关系。

试题 2 (2010 年下半年下午试题五)

阅读下列说明和 C++代码，在__(n)__处填入正确的字句。

【说明】

某公司的组织结构图如图 10.4 所示，现采用组合(Composition)设计模式来构造该公司的组织结构，得到如图 10.5 所示的类图。

其中 Company 为抽象类，定义了在组织结构图上添加(Add)和删除(Delete)分公司 / 办事处或者部门的方法接口。类 ConcreteCompany 表示具体的分公司或者办事处，分公司或办事处下可以设置不同的部门。类 HRDepartment 和 FinanceDepartment 分别表示人力资源部和财务部。

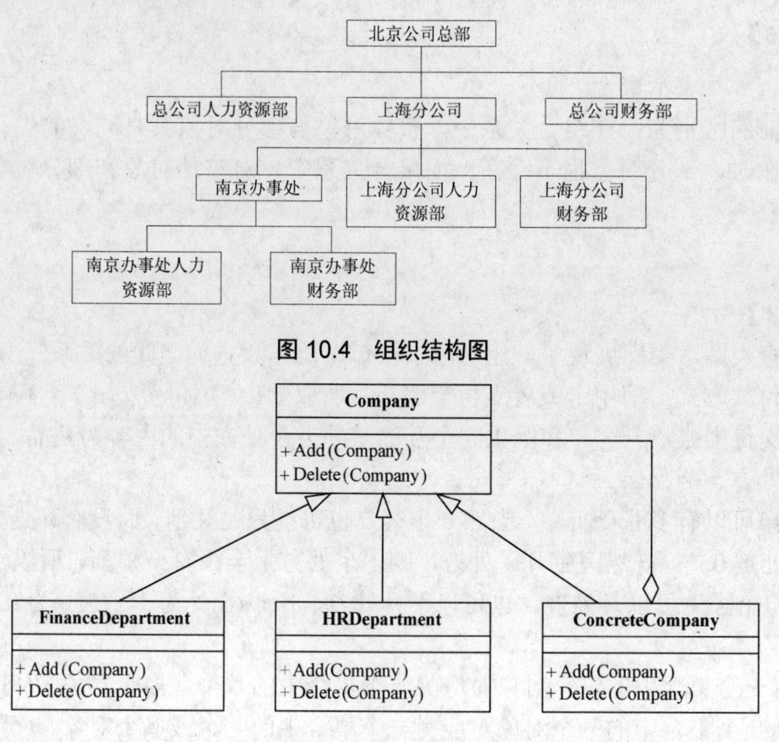

图 10.4 组织结构图

图 10.5 类图

【C++代码】

```
#include <iostream>
#include <list>
#include <string>
using namespace std;
class Company{//抽象类
protected:
    string name;
public:
    Company(string name){___(1)___=name;}
    ___(2)___;//增加子公司、办事处或部门
    ___(3)___;//删除子公司、办事处或部门
};
class ConcreteCompany: public Company{
private:
    list< ___(4)___ >children;//存储子公司、办事处或部门
public:
    ConcreteCompany(string name):Company(name){}
    void Add(Company* c){___(5)___.push_back(c);}
    void Delete(Company* c){___(6)___.remove(c);}
};
class HRDepartment: public Company{
public:
    HRDepartment(string name):Company(name){}//其他代码省略
};
class FinanceDepartment: public Company{
public:
    FinanceDepartment(string name):Company(name){}//其他代码省略
};
```

```
void main(){
    ConcreteCompany *root=new ComcreteCompany("北京总公司");
    root->Add(new HRDepartment("总公司人力资源部"));
    root->Add(new FinanceDepartment("总公司财务部"));
    ConcreteCompany *comp=new ConcreteCompany("上海分公司");
    comp->Add(new HRDepartment("上海分公司人力资源部"));
    comp->Add(new FinanceDepartment("上海分公司财务部"));
    ___(7)___;
    ConcreteCompany *comp1=new ConcreteCompany("南京办事处");
    comp 1->Add(new HRDepartment("南京办事处人力资源部"));
    comp 1->Add(new FinanceDepartment("南京办事处财务部"));
    ___(8)___;//其他代码省略
}
```

参考答案

(1) this->name　　(2) virtual void Add(Company* c)=0

(3) virtual void Delete(Company* c)=0　　(4) Company*

(5) Children　　(6) Children　　(7) root->Add(comp)　　(8) comp->Add(comp1)

要点解析

初始化函数中，将形参的值赋给成员 name，形参的变量名和成员变量的名称相同，需要使用 this 指针指示被赋值的 name 是类的成员。

增加、删除子公司、办事处或部门用到的函数是 Add 和 Delete。由于 Company 是抽象类，并作为 ConcreteCompany、HRDepartment、FinanceDepartment 的基类，ConcreteCompany、HRDepartment 继承了其父类的 Add 和 Delete 操作，因此在基类中要将 Add 和 Delete 设置为纯虚函数。

类 ConcreteCompany 表示具体的分公司或者办事处，其中的成员 children 用来存储子公司、办事处或部门，其数据类型应为 Company*，当进行增加操作时，要把增加的对象存储在 children 的最后；当进行删除操作，则需要从 children 中将对应的对象移除。

空(7) 处的操作是把上海分公司这个对象加入到北京公司总部中。

空(8) 处的操作是将南京办事处这个对象加入到上海分公司中。

试题 3 （2010 年下半年下午试题六）

阅读下列说明和 Java 代码，在 (n) 处填入正确的字句。

【说明】

某公司的组织结构图如图 10.6 所示，现采用组合(Composition)设计模式来设计，得到如图 10.7 所示的类图。

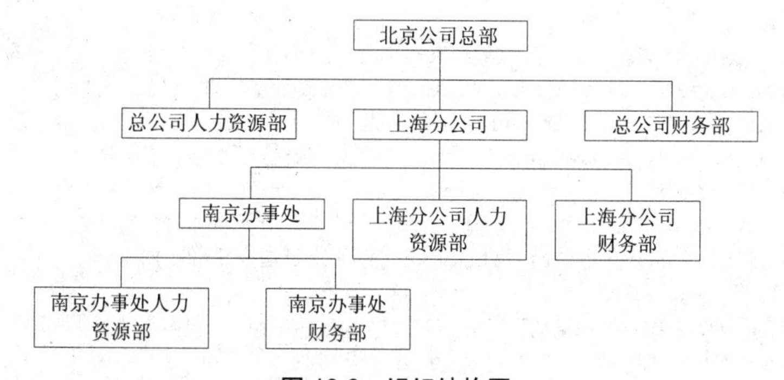

图 10.6　组织结构图

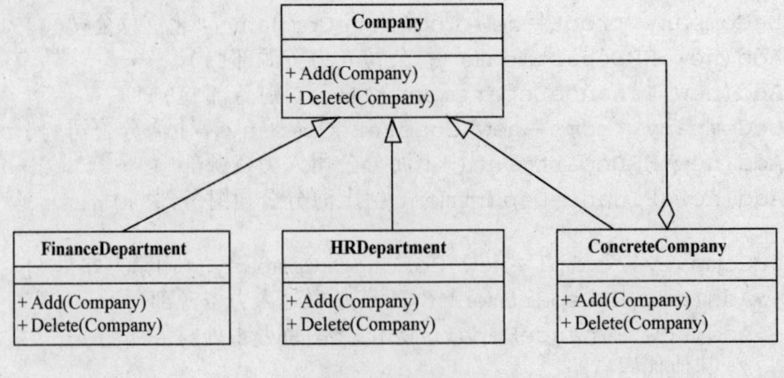

图 10.7　类图

其中 Company 为抽象类，定义了在组织结构图上添加(Add)和删除(Delete)分公司 / 办事处或者部门的方法接口。类 ConcreteCompany 表示具体的分公司或者办事处，分公司或办事处下可以设置不同的部门。类 HRDepartment 和 FinanceDepartment 分别表示人力资源部和财务部。

【Java 代码】

```
import javA. util.*:
    (1)  Company{
    protected String name;
    public Company(String name){ (2) =name;}
    public abstract void Add(Company c);//增加子公司、办事处或部门
    public abstract void Delete(Company c); //删除子公司、办事处或部门
}
class ConcreteCompany extends Company{
    private List< (3) > children=new ArrayList< (4) >();
                                        //存储子公司、办事处或部门
    public ConcreteCompany(String name){super(name);}
    public void Add(Company c){ (5) .add(c);}
    public void Delete(Company c){ (6) .remove(c);}
    }
class HRDepartment extends Company{
    public HRDepartment(String name){super(name);}
    //其他代码省略
}
class FinanceDepartment extends Company{
    public FinanceDepartment(String name){super(name);}
    //其他代码省略
}
public class Test{
    public static void main(String[] args){
    ConcreteCompany root=new ConcreteCompany("北京总公司");
    root.Add(new HRDepartment("总公司人力资源部"));
    root.Add(new FinanceDepartment("总公司财务部"));
    ConcreteCompany comp=new ConcreteCompany("上海分公司");
    comp.Add(new HRDepartment("上海分公司人力资源部"));
    comp.Add(new FinanceDepartment("上海分公司财务部"));
     (7)    ;
    ConcreteCompany comp1 =new ConcreteCompany("南京办事处");
    comp1.Add(new HRDepartment("南京办事处人力资源部"));
    comp1.Add(new FinanceDepartment("南京办事处财务部");
```

```
        (8)    ;//其他代码省略
    }
}
```

参考答案

(1) abstract class	(2) this.name	(3) Company	(4) Company
(5) children	(6) children	(7) root.Add(comp)	(8) comp.Add(comp1)

要点解析

Company 为抽象类，所以空(1)处肯定为 abstract class。

空(2) 所在的语句为构造函数，用来对 name 字段进行初始化。

子公司、办事处或部门都是 Company 这个抽象类的具体实现，所以空(3)处为 company，空(4)处为 Company。

空(5) 处所在的语句的作用是向 Company 列表的实例 children 中添加节点。

空(6) 处所在的语句的作用从 Company 列表的实例 children 中删除节点。

空(7) 处所在的语句的作用把上海分公司这个子节点加入到北京公司总部这个根节点中。

空(8) 处所在的语句的作用将南京办事处这个子节点加入到上海分公司这个父节点中。

试题 4 (2010 年上半年下午试题三)

阅读下列说明和图，回答问题 1 至问题 3。

【说明】

某运输公司决定为新的售票机开发车票销售的控制软件。图 10.8 给出了售票机的面板示意图以及相关的控制部件。

售票机相关部件的作用如下所述。

(1) 目的地键盘用来输入行程目的地的代码(例如，200 表示总站)。

(2) 乘客可以通过车票键盘选择车票种类(单程票、多次往返票和坐席种类)。

(3) 继续/取消键盘上的取消按钮用于取消购票过程，继续按钮允许乘客连续购买多张票。

(4) 显示屏显示所有的系统输出和用户提示信息。

(5) 插卡口接受 MCard(现金卡)，硬币口和纸币槽接受现金。

(6) 打印机用于输出车票。

假设乘客总是支付恰好需要的金额而无需找零，售票机的维护工作(取回现金、放入空白车票等)由服务技术人员完成。

系统采用面向对象方法开发，使用 UML 进行建模。系统的顶层用例图和类图分别如图 10.9 和图 10.10 所示。

【问题 1】(5 分)

根据说明中的描述，给出图 10.9 中 A1 和 A2 所对应的参与者，U1 所对应的用例，以及(1)、(2)处所对应的关系。

【问题 2】(7 分)

根据说明中的描述，给出图 10.10 中缺少的 C1~C4 所对应的类名以及(3)～(6)处所对应的多重度。

【问题 3】(3 分)

图 10.10 中的类图设计采用了中介者(Mediator)设计模式，请说明该模式的内涵。

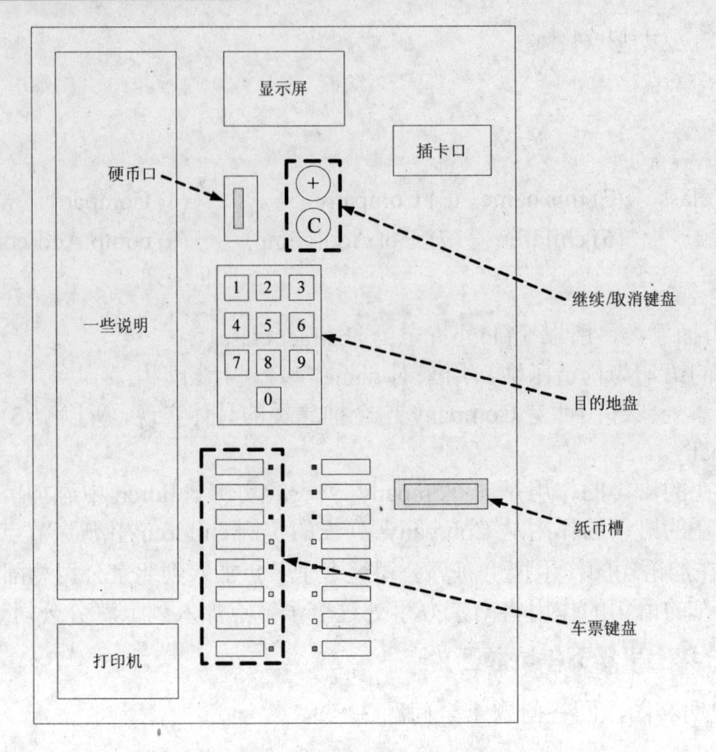

图 10.8　售票机面板示意图

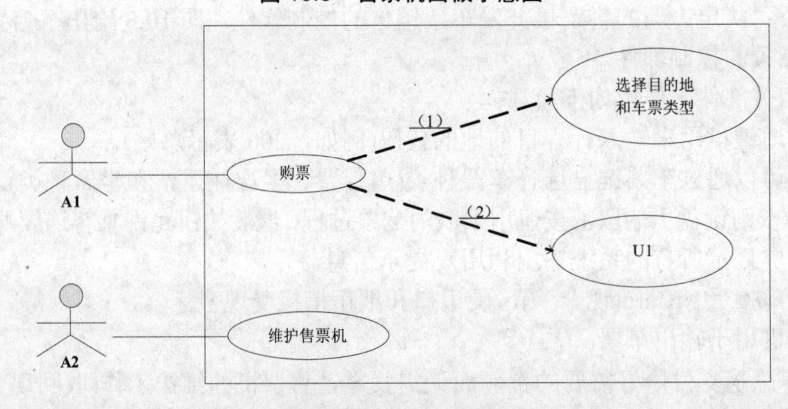

图 10.9　顶层用例图

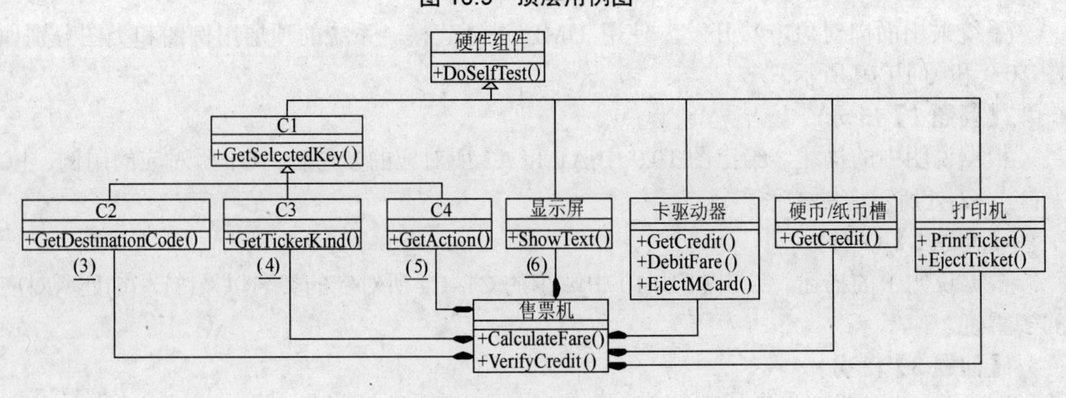

图 10.10　类图

参考答案

【问题 1】

A1：乘客　　A2：服务技术人员

U1：支付　　(1) <<include>>　　(2) <<include>>

【问题 2】

C1：键盘　　C2：目的地键盘　　C3：车票键盘　　C4：继续/取消键盘

(3)~(6)：1

【问题 3】

使用 Mediator 模式，可以使各个对象间的耦合松散，只需关心和 Mediator 的关系，使多对多的关系变成了一对多的关系，可以降低系统的复杂性，提高可修改扩展性。

要点解析

本题考查面向对象开发相关知识，设计 UML 用例图、类图以及类图设计时的设计模式。

【问题 1】

本题考查用例图。本题中对售票机的描述为“乘客可以通过车票键盘选择车票种类(单程票、多次往返票和坐席种类)；售票机的维护工作(取回现金、放入空白车票等)由服务技术人员完成”。由此可知，图 10.8 中 A1 为乘客，A2 为服务技术人员。

对购票用例，要选择目的地和车票类型、通过插卡口进行支付才可完成购票。因此 U2 为支付。

在考查用例之间的关系时，购票过程可以取消，也允许乘客连续购买多张票，因此，购票时可以包含多次选择目的地和车票类型、支付，即购票用例包含(关系<<include>>)选择目的地和车票类型以及支付。

【问题 2】

本问题考查类图。售票机的面板由多个控制部件组成。根据说明这些控制部件有目的地键盘、车票键盘和继续/取消键盘、显示屏、卡驱动器、硬币/纸币槽、打印机。图 10.10 中只有前 3 个部件在图中没有给出，而要填入 4 个类。从图中已经抽象出的硬件组件，给出了抽象的思路，从而可以把键盘抽象出来。由 C1 与 C2、C3、C4 的继承关系中 C1 为基类，可知 C1 为键盘。由 C2、C3 和 C4 给出的方法名称可知，C2 为目的地键盘获取目的地代码，C3 为车票键盘选择产品类型，C4 为继续/取消键盘。

本题中的重复度比较简单。从图 10.8 售票机的图示中可以看出，一个售票机只包含一个目的地键盘、一个车票键盘和一个继续/取消键盘，因此(3)~(6)均为 1。

【问题 3】

本题考查设计模式。本题题目中给出所采用的设计模式为 Mediator 模式，只需说明设计模式的内涵即可。使用 Mediator 模式，可以使各个对象间的耦合松散，只需关心和 Mediator 的关系，使多对多的关系变成了一对多的关系，可以降低系统的复杂性，提高可修改扩展性。

试题 5 (2010 年上半年下午试题五)

阅读下列说明和 C++代码，在<u>　(n)　</u>处填入适当的字句。

【说明】

某软件公司现欲开发一款飞机飞行模拟系统，该系统主要模拟不同种类飞机的飞行特征与起飞特征。需要模拟的飞机种类及其特征如表 10.4 所示。

表 10.4　飞机种类及特性

飞机种类	起飞特征	飞行特征
直升机(Helicopter)	垂直起飞(VerticalTakeOff)	亚音速飞行(SubSonicFly)
客机(AirPlane)	长距离起飞(LongDistanceTakeOff)	亚音速飞行(SubSonicFly)
歼击机(Fighter)	长距离起飞(LongDistanceTakeOff)	超音速飞行(SuperSonicFly)
鹞式战斗机(Harrier)	垂直起飞(VerticalTakeOff)	超音速飞行(SuperSonicFly)

为支持将来模拟更多种类的飞机，采用策略设计模式(Strategy)设计的类图如图 10.11 所示。

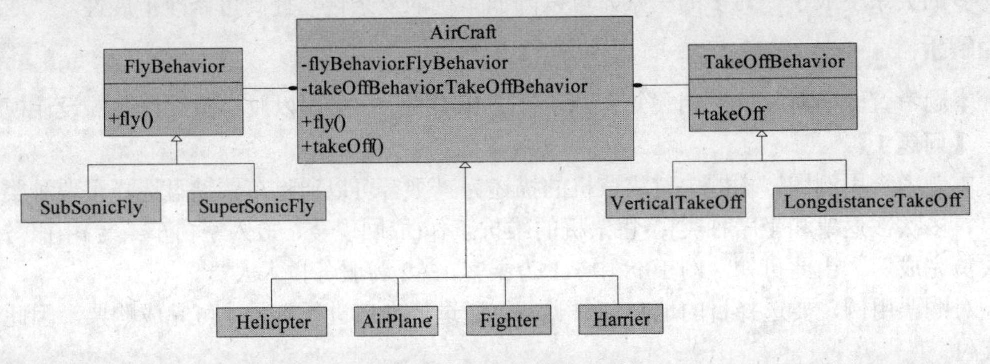

图 10.11　类图

图 10.11 中，AirCraft 为抽象类，描述了抽象的飞机，而类 Helicopter、AirPlane、Fighter 和 Harrier 分别描述具体的飞机种类，方法 fly()和 takeOff()分别表示不同飞机都具有飞行特征和起飞特征；类 FlyBehavior 与 TakeOffBehavior 为抽象类，分别用于表示抽象的飞行为与起飞行为；类 SubSonicFly 与 SuperSonicFly 分别描述亚音速飞行和超音速飞行的行为；类 VerticalTakeOff 与 LongDistanceTakeOff 分别描述垂直起飞与长距离起飞的行为。

【C++代码】

```
#include<iostream>
using namespace std;
class FlyBehavior {
public : virtual void fly() = 0;
};
class SubSonicFly:public FlyBehavior{
public: void fly(){ cout << "亚音速飞行！" << endl; }
};
class SuperSonicFly:public FlyBehavior{
public: void fly(){ cout << "超音速飞行！" << endl; }
};
class TakeOffBehavior {
public: virtual void takeOff() = 0;
};
class VerticalTakeOff:public TakeOffBehavior{
public: void takeOff(){ cout << "垂直起飞！" << endl; }
};
class LongDistanceTakeOff:public TakeOffBehavior {
public: void takeOff (){ cout << "长距离起飞！" << endl; }
```

```
};
class AirCraft{
protected:
    ___(1)___ ;
    ___(2)___ ;
public:
    void fly(){ ___(3)___; }
    void takeOff() { ___(4)___; }
};
class Helicopter: public AirCraft {
public:
    Helicopter (){
    flyBehavior = new ___(5)___;
    takeOffBehavior = new ___(6)___;
     }
     ___(7)___ {
            if(!flyBehavior) delete flyBehavior;
            if(!takeOffBehavior) delete takeOffBehavior;
      }
};
//其他代码省略
```

参考答案

(1) FlyBehavior* flyBehavior　　(2) TakeOffBehavior* takeOffBehavior

(3) flyBehavior->fly()　　(4) takeOffBehavior->takeoff()

(5) SubSonicFly()　　(6) VerticalTakeOff()　　(7) ~Helicopter()

注：空(1)与空(2)答案可互换

要点解析

本题考查了设计模式中的策略设计模式。

从本题的叙述中可以看出，存在 4 种不同的飞机类型，但每种飞机类型的起飞特征和飞行特征并不完全相同，这就使得我们很难采用比较直接的方法来实现重用。例如，定义一个抽象的飞机类，实现飞机的起飞特性，然后 4 种飞机直接重用该特征。但是，我们可以观察到，尽管飞机的起飞特征和飞行特征有所不同，有一点可以肯定的是，每一种飞机都具备了飞行特征和起飞特征。因此，可以抽象出一个飞机类，其中含有飞行特征与起飞特征，但关于两个特征的实现要单独抽取出来，所以又形成了 FlyBehavior 类和 TakeOffBehavior 类分别表示抽象的飞行和起飞特征，而这两个类的子类则分别实现不同的起飞和飞行特征，最终转化为，在创建一个具体的飞机时，给其配上不同的起飞特征和飞行特征即可。

本题中的空(1)和空(2)应该填写成员变量，根据类图可以得知，此处应该表示的是飞行和起飞特征变量，在 C++中可以采用指针来表示。空(3)和空(4)处需要实现飞行与起飞特征，但 AirCraft 是抽象的类，所以把实现代理给指针变量。Helicopter 类需要指定由父类继承而来的成员变量的初始值，因为 Helicopter 的特征是垂直起飞和亚音速飞行，因此生成这两个特征的对象，分别赋值给 flyBehavior 和 takeOffBehavior 变量。

试题 6 （2010 年上半年下午试题六）

阅读下列说明和 Java 代码，将应填入<u>　(n)　</u>处的字句写在答题纸的对应栏内。

【说明】

某软件公司现欲开发一款飞机飞行模拟系统，该系统主要模拟不同种类飞机的飞行特征与起飞特征。需要模拟的飞机种类及其特征如表 10.5 所示。

表 10.5　飞机种类的特性

飞机种类	起飞特征	飞行特征
直升机(Helicopter)	垂直起飞(VerticalTakeOff)	亚音速飞行(SubSonicFly)
客机(AirPlane)	长距离起飞(LongDistanceTakeOff)	亚音速飞行(SubSonicFly)
歼击机(Fighter)	长距离起飞(LongDistanceTakeOff)	超音速飞行(SuperSonicFly)
鹞式战斗机(Harrier)	垂直起飞(VerticalTakeOff)	超音速飞行(SuperSonicFly)

为支持将来模拟更多种类的飞机，采用策略设计模式(Strategy)设计的类图如图 10.12 示。

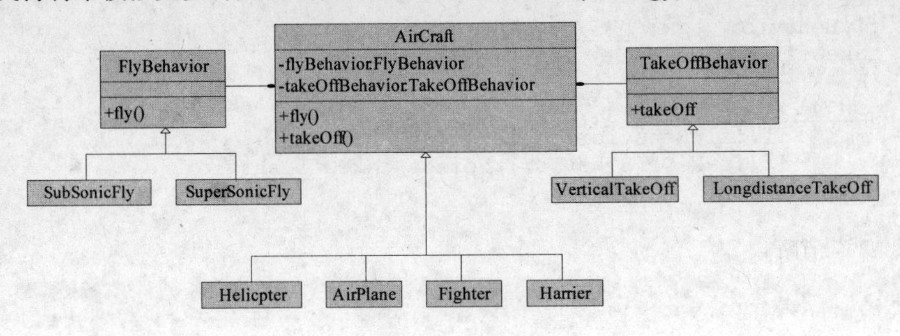

图 10.12　类图

图 10.12 中，AirCraft 为抽象类，描述了抽象的飞机，而类 Helicopter、AirPlane、Fighter 和 Harrier 分别描述具体的飞机种类，方法 fly()和 takeOff()分别表示不同飞机都具有飞行特征和起飞特征类 FlyBehavior 与 TakeOffBehavior 为抽象类，分别用于表示抽象的飞行为与起飞行为；类 SubSonicFly 与 SuperSonicFly 分别描述亚音速飞行和超音速飞行的行为；类 VerticalTakeOff 与 LongDistanceTakeOff 分别描述垂直起飞与长距离起飞的行为。

【Java 代码】

```
interface FlyBehavior {
public void fly();
};
class SubSonicFly implements FlyBehavior{
public void fly(){ System.out.println("亚音速飞行！"); }
};
class SuperSonicFly implements FlyBehavior{
public void fly(){ System.out.println("超音速飞行！" ); }
};
interface TakeOffBehavior {
public void takeOff();
};
class VerticalTakeOff implements TakeOffBehavior {
public void takeOff (){ System.out.println("垂直起飞！" ); }
};
class LongDistanceTakeOff implements TakeOffBehavior {
public void takeOff(){ System.out.println("长距离起飞！"); }
};
abstract class AirCraft {
    protected ___(1)___ ;
    protected ___(2)___ ;
    public void fly(){ ___(3)___ ; }
    public void takeOff() { ___(4)___ ; }
};
```

```
class Helicopter (5) AirCraft{
    public Helicopter (){
        flyBehavior = new  (6) ;
        takeOffBehavior = new (7) ;
    }
};
//其他代码省略
```

参考答案

(1) FlyBehavior flyBehavior　　(2) TakeOffBehavior takeOffBehavior

(3) flyBehavior.fly()　　(4) takeOffBehavior.takeOff()

(5) extends　　(6) SubSonicFly()　　(7) VerticalTakeOff()

要点解析

本题目考查设计模式中的策略设计模式。参见试题 6 的解析。

试题 7 (2009 年下半年下午试题三)

阅读下列说明和UML图，回答问题1至问题4。

【说明】

某企业为了方便员工用餐，餐厅开发了一个订餐系统(Cafeteria Ordering System，COS)，企业员工可通过企业内联网使用该系统。

企业的任何员工都可以查看菜单和今日特价。

系统的顾客是注册到系统的员工，可以订餐(如果未登录，需先登录)、注册工资支付、预约规律的订餐，在特殊情况下可以覆盖预订。

餐厅员工是特殊顾客，可以进行备餐、生成付费请求和请求送餐，其中对于注册工资支付的顾客生成付费请求并发送给工资系统。

菜单管理员是餐厅特定员工，可以管理菜单。

送餐员可以打印送餐说明，记录送餐信息(如送餐时间)以及记录收费(对于没有注册工资支付的顾客，由送餐员收取现金后记录)。

顾客订餐过程如下。

(1) 顾客请求查看菜单。

(2) 系统显示菜单和今日特价。

(3) 顾客选菜。

(4) 系统显示订单和价格。

(5) 顾客确认订单。

(6) 系统显示可送餐时间。

(7) 顾客指定送餐时间、地点和支付方式。

(8) 系统确认接收订单，然后发送Email给顾客以确认订餐，同时发送相关订餐信息通知给餐厅员工。

系统采用面向对象方法开发，使用UML进行建模。系统的顶层用例图和一次订餐的活动图初稿分别如图10.13和图10.14所示。

【问题 1】(2 分)

根据说明中的描述，给出图10.13中A1和A2所对应的参与者。

【问题 2】(8 分)

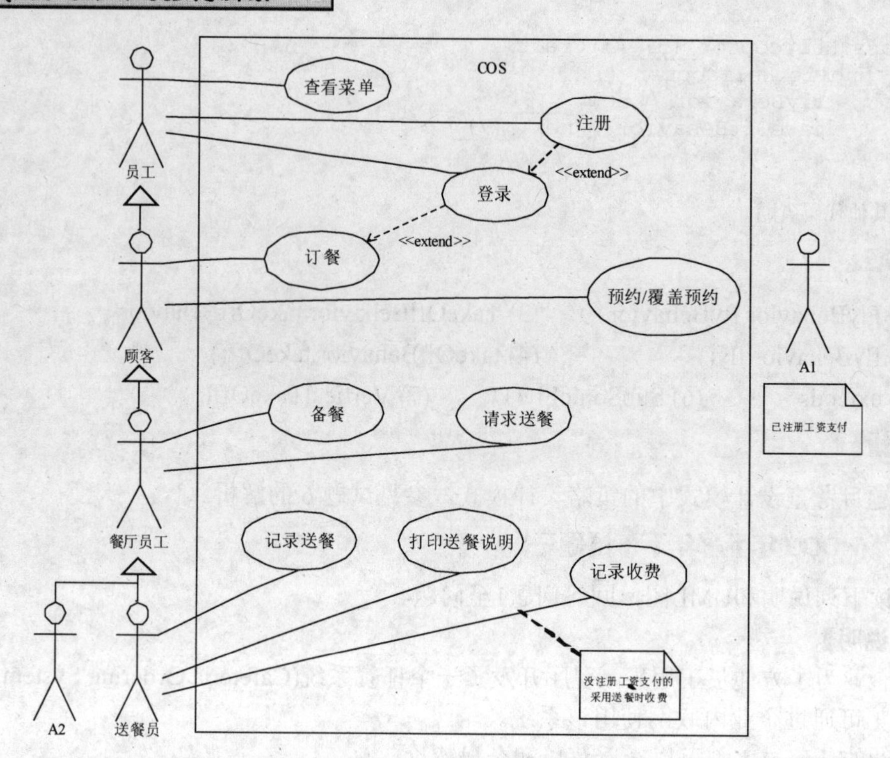

图 10.13　COS 系统顶层用例图

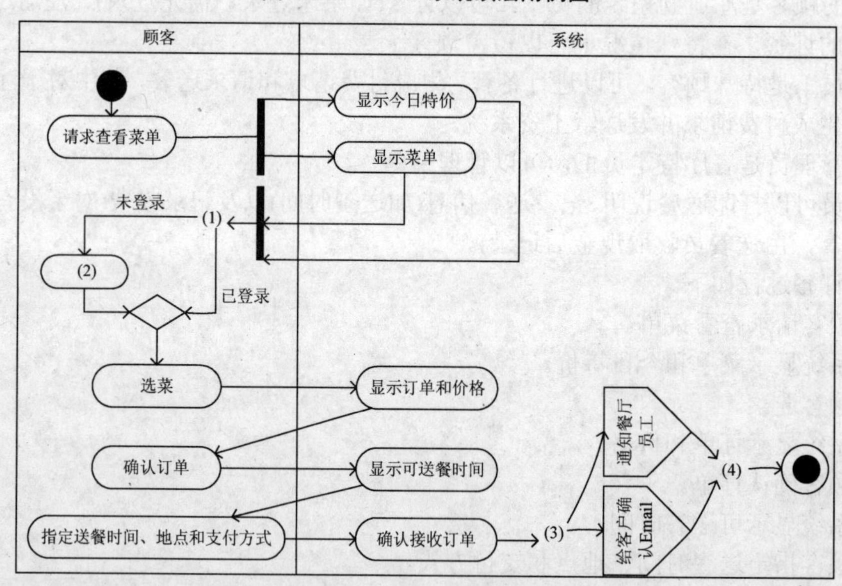

图 10.14　一次订餐的活动图

根据说明中的描述，给出图10.14缺少的4个用例及其所对应的参与者。

【问题 3】(4 分)

根据说明中的描述，给出图10.14中(1)~(4)处对应的活动名称或图形符号。

【问题 4】(1 分)

指出图10.13中员工和顾客之间是什么关系，并解释该关系的内涵。

参考答案

【问题 1】 A1：顾客　　A2：菜单管理员

【问题 2】

① 查看今日特价，参与者：员工

② 注册工资支付，参与者：顾客

③ 生成付费请求并发送给工资系统，参与者：餐厅员工

④ 管理菜单，参与者：菜单管理员

【问题 3】(1) 请求登录　(2) 注册到系统　(3) 发送订单信息 (4) 生成订单

【问题 4】

泛化关系。

泛化是一种特殊/一般关系，特殊元素(子元素)的对象可替代一般元素(父元素)的对象。本题中顾客和员工就是特殊/一般关系，且说明中有描述“系统的顾客是注册到系统的员工”。

要点解析

该题以订餐系统为题材，考查考生对UML用例图、活动图的掌握。UML中各种图的用法是软件设计师考查的重点。

【问题 1】

由说明中的“系统的顾客是注册到系统的员工，可以订餐(如果未登录，需先登录)、注册工资支付、预约规律的订餐，在特殊情况下可以覆盖预订”可知A1是顾客。由图10.13可知A2和送餐员都属于餐厅员工，说明中又有“菜单管理员是餐厅特定员工，可以管理菜单”，显然，A2是菜单管理员。

【问题 2】

仔细对照图10.13和说明的内容，标记图10.13中已经有的用例，很容易就能看出剩下的四个图10.13中没有的用例。

① 说明中有“企业的任何员工都可以查看菜单和今日特价”，可是图10.13中只有“查看菜单”而没有“查看今日特价”这个用例。

② 说明中有“系统的顾客是注册到系统的员工，可以订餐(如果未登录，需先登录)、注册工资支付、预约规律的订餐，在特殊情况下可以覆盖预订”，图10.13中没有显示用例“注册工资支付”。

③ 说明中有“餐厅员工是特殊顾客，可以进行备餐、生成付费请求和请求送餐，其中对于注册工资支付的顾客生成付费请求并发送给工资系统”，图10.13中没有显示“生成付费请求并发送给工资系统”这个用例。

④ 说明中有“菜单管理员是餐厅特定员工，可以管理菜单”，图10.13中没有显示“管理菜单”这个用例。

【问题 3】

顾客要想选菜，必然需要先登录系统，所以(1)处为登录，登录过后就可以进入系统。但是如果没有注册则需要先注册，所以(2)处为注册到系统。顾客订餐过程的最后一步是“系统确认接受订单，然后发送Email给顾客以确认订餐，同时发送相关订餐信息通知给餐厅员工”，可知系统确认接收订单后，要发送订单信息给顾客和餐厅员工，所以(3)处为发送订单信息。顾客Email确认订餐并且餐厅员工接到订单信息后，要生成最终的订单，然后结束

这次订餐活动，所以(4)处为生成订单。

【问题4】

本问题考查UML的关系。UML中有4种关系：依赖、关联、泛化和实现，其图形表示如图10.15所示。

图 10.15　UML 关系的图形表示

① 依赖。依赖是两个事物间的语义关系，其中一个事物(独立事物)发生变化会影响另一个事物(依赖事物)的语义。

② 关联。关联是一种结构关系，它描述了一组链，链式对象之间的连接。聚集是一种特殊的关联，它描述了整体和部分间的结构关系。

③ 泛化。泛化是一种特殊/一般关系，特殊元素(子元素)的对象可替代一般元素(父元素)的对象。用这种方法，子元素共享了父元素的结构和行为。

④ 实现。实现是类元之间的语义关系，其中一个类元指定了由另一个类元保证执行的契约。在两种地方要遇到实现关系：一种是在接口和实现它们的类型或构件之间；另一种是在用例和实现它们的协作之间。

本题的顾客和员工之间显然属于泛化关系，从图形也可以看出来。

试题8　(2009年下半年下午试题五)

阅读下列说明和C++代码，在 (n) 处填入适当的字句。

【说明】

现欲构造一文件/目录树，采用组合(Composite)设计模式来设计，得到的类图如10.16所示。

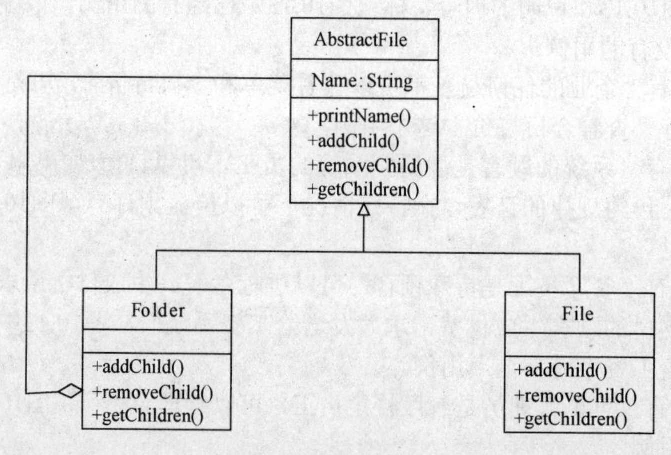

图 10.16　类图

【C++代码】

```
#include <list>
#include <iostream>
#include <string>
using namespace std;
class AbstractFile{
    protected:
```

```
        string name;    //文件或目录名称
    public:
        void printName(){cout<<name;}   //打印文件或目录名称
        virtual void addChild(AbstractFile *file)=0;  //给一个目录增加子目录
                                                          或文件
        virtual void removeChild(AbstractFile *file)=0;  //删除一个目录的子目
                                                            录或文件
        virtual list<AbstractFile*> *getChildren()=0;  //获得一个目录的子目录
                                                          或文件
};
class file:public AbstractFile{
public:
    File(string name) {__(1)__ = name;}
    void addChild(AbstractFile *file){return;}
    void removeChild(AbstractFile *file){return;}
    __(2)__getChildren(){return __(3)__;}
} ;
class Folder :public AbstractFile{
private:
    list <AbstractFile*> childList:  //存储子目录或文件
public:
    Folder(string name){__(4)__=name;}
    void addChild(AbstractFile*file){childList.push_back(file);}
    void removeChild(AbstractFile*file){childList.remove(file);}
    list<AbstractFile*>*getChildren(){return__(5)__;}
};
void main(){
    //构造一个树型的文件/目录结构
    AbstractFile *rootFolder=new Folder("c:\\ ");
    AbstractFile*compositeFolder=new Folder("composite");
    AbstractFile *windowsFolder=new Folder("windows");
    AbstractFile*file=new File("TestCompositejava");
    rootFolder->addChild(compositeFolder);
    rootFolder->addChild(windowsFolder);
    compositeFolder->addChild(file);
}
```

参考答案

(1) this->name　(2) list<AbstractFile*>*　(3) null　(4) this->name　(5) &childList

要点解析

这种类型的题需要对所考查的设计模式有一定的了解。如本题的组合设计模式，该模式的基本思想是将对象以树型结构组织起来，以达成“部分-整体”的层次结构。这种模式的优点在于：使客户端调用简单，客户端可以一致地使用组合结构或其中单个对象，用户就不必关心自己处理的是单个对象还是整个组合结构，这就简化了客户端代码。同时这种模式使得在组合体内加入对象部件变得更容易，客户端不必因为加入了新的对象部件而更改代码。题目中的实现主题正是“构造一文件／目录树”，这是组合设计模式的经典实例。

下面给出程序解释：

File(string name) { (1)this->name = name;}/*this 指针是一个隐含的指针，它指向对象本身，代表了对象的地址。此处是类 file 的构造函数，用于构造指定名称的文件。*/

第(2)空和第(3)空的解析：(2)list<AbstractFile*>*getChildren(){return (3)null;}/*类

AbstractFile 中的 virtual list<AbstractFile*> *getChildren()=0; 用于获得一个目录的子目录或文件，可知此处函数 getChildren()的类型。再由函数 addChild()和 removeChild()返回值为空，而且 file 类即是树中的叶子节点，它不可能包含子节点，因此应返回空。*/

Folder(string name){ (4)this->name =name;}/*this 指针是一个隐含的指针，它指向对象本身，代表了对象的地址。此处是类 folder 的构造函数，用于构造指定名称的文件目录。*/

list<AbstractFile*>*getChildren(){return (5)&childList;}/* 由函数 addChild() 和 removeChild()中的实现代码，再由类 Folder 中定义的 list <AbstractFile*> childList; 存储子目录或文件，可知此处应返回 childList 的地址，用以获取子目录或文件。*/

下面再给出程序的其他解释，帮助考生理解程序。

Composite 模式是构造型的设计模式之一，通过递归手段来构造诸如文件系统之类的树型的对象结构；Composite 模式所代表的数据构造是一群具有统一接口界面的对象集合，并可以通过一个对象来访问所有的对象(遍历)。

Component(此题中对应 AbstractFile)是树型结构的节点抽象，为所有的对象定义统一的接口(公共属性，行为等的定义)，提供管理子节点对象的接口方法，[可选]提供管理父节点对象的接口方法。

Leaf(此题中对应 file)树型结构的叶子节点，是 Component 的实现子类。Composite(此题中对应 folder)是树型结构的枝节点，也是 Component 的实现子类。

试题 9 (2009 年下半年下午试题六)

阅读下列说明和Java代码，在 (n) 处填入适当的字句。

【说明】

现欲构造一文件／目录树，采用组合(Composite)设计模式来设计，得到的类图如图10.17所示。

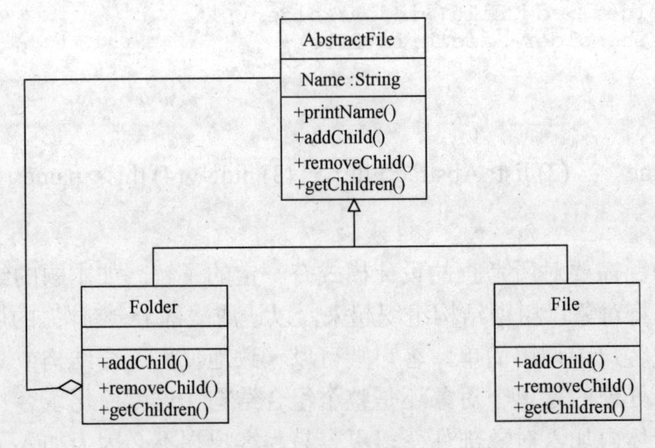

图 10.17 类图

【Java 代码】

```
import Java.util.ArrayList;
import java.util.List;
   (1)   class AbstractFile{
  protected String name;
  public void printName(){System.out.println(name);}
```

```
    public abstract boolean addChild(AbstractFile file);
    public abstract boolean removeChild(AbstractF ile file);
    public abstract List<AbstractFile> getChildren();
}
class File extends AbstractFile{
    public File(String name){this.name=name;}
    public boolean addChild(AbstractFile file){return false;}
    public boolean removeChild(AbstractFile file){return false;}
    public List<AbstractFile> getChildren(){return ___(2)___;}
}
class Folder extends AbstractFile{
    private List <AbstractFile> childList;
    public Folder(String name){
          this.name=name;
        this.childList=new ArrayList<AbstractFile>();
      }
    public boolean addChild(AbstractFile file) { return childList.add(file);}
    public boolean removeChild(AbstractFile file){return childLis t.remove(file);}
    public ___(3)___<AbstractFile> getChildren(){return ___(4)___;}
}
public class Client{
    public static void main(String[] args){
        //构造一个树型的文件 / 目录结构
        AbstractFile rootFolder= new Folder("c:\\ ");
        AbstractFile compositeFolder=new Folder("composite");
        AbstractFile windowsFolder=new Folder("windows");
        AbstractFile file=new File("TestComposite.java");
        rootFolder.addChild(compositeFolder) ;
        rootFolder.addChild(windowsFolder);
        compositeFolder.addChild(file) ;
        //打印目录文件树
        printTree(rootFolder);
    }
    private static void printTree(AbslractFile ifile){
        ifile.printName();
        List <AbslractFile> children=ifile.getChildren;
        if(children==null) return;
        for (AbstractFile ifile.children) {
              ___(5)___;
        }
     }
}
```

该程序运行后输出结果为：

```
c:\
composite
TestComposite.java
Windows
```

参考答案

(1) abstract　(2) Null　(3) List　(4) childList　(5) System.out.println(ifile.printName())

要点解析

下面给出程序解析：

(1)abstract class AbstractFile ｛/*由 class File extends AbstractFile 和 class Folder extends

AbstractFile 可知此处应为抽象类。*/

public List<AbstractFile> getChildren() {return (2)Null ;} //file 类即是树中的叶子节点，它不可能包含子节点，因此应返回空。*/

第(3)空和第(4)空：public (3)List <AbstractFile> getChildren( ) {return (4)childList ;} /*由类 AbstractFile 中的定义 public abstract List<AbstractFile> getChildren( );可知此处应填List。由类 Folder 中定义的 list <AbstractFile*> childList;用于存储子目录或文件，可知此处应返回 childList 的地址，用以获取子目录或文件。*/

(5)System.out.println(ifile.printName()); /*此处是遍历文件目录树，然后依次输出。实现打印目录文件树的功能。*/

辅助理解程序的知识点：Composite 模式是构造型的设计模式之一，通过递归手段来构造诸如文件系统之类的树型的对象结构；Composite 模式所代表的数据构造是一群具有统一接口界面的对象集合，并可以通过一个对象来访问所有的对象(遍历)。

Component(此题中对应 AbstractFile)是树型结构的节点抽象，为所有的对象定义统一的接口(公共属性，行为等的定义)，提供管理子节点对象的接口方法。

Leaf(此题中对应file)树型结构的叶子节点，是Component的实现子类。Composite(此题中对应folder)是树型结构的枝节点，也是Component的实现子类。

试题 10 (2009 年上半年下午试题三)

阅读下列说明和图，回答问题1至问题3。

【说明】

某银行计划开发一个自动存提款机模拟系统(ATM System)。系统通过读卡器(CardReader)读取 ATM 卡；系统与客户(Customer)的交互由客户控制台(CustomerConsole)实现；银行操作员(Operator)可控制系统的启动(System Startup)和停止(System Shutdown)；系统通过网络和银行系统(Bank)实现通信。

当读卡器判断用户已将 ATM 卡插入后，创建会话(Session)。会话开始后，读卡器进行读卡，并要求客户输入个人验证码(PIN)。系统将卡号和个人验证码信息送到银行系统进行验证。验证通过后，客户可从菜单选择如下事务(Transaction)。

(1) 从 ATM 卡账户取款(Withdraw)。

(2) 向ATM卡账户存款(Deposit)。

(3) 进行转账(Transfer)。

(4) 查询(Inquire)ATM卡账户信息。

一次会话可以包含多个事务，每个事务处理也会将卡号和个人验证码信息送到银行系统进行验证。若个人验证码错误，则转个人验证码错误处理(Invalid PIN Process)。每个事务完成后，客户可选择继续上述事务或退卡。选择退卡时，系统弹出 ATM 卡，会话结束。

系统采用面向对象方法开发，使用 UML 进行建模。系统的顶层用例图如图10.18所示，一次会话的序列图(不考虑验证)如图10.19所示。消息名称参见表10.6。

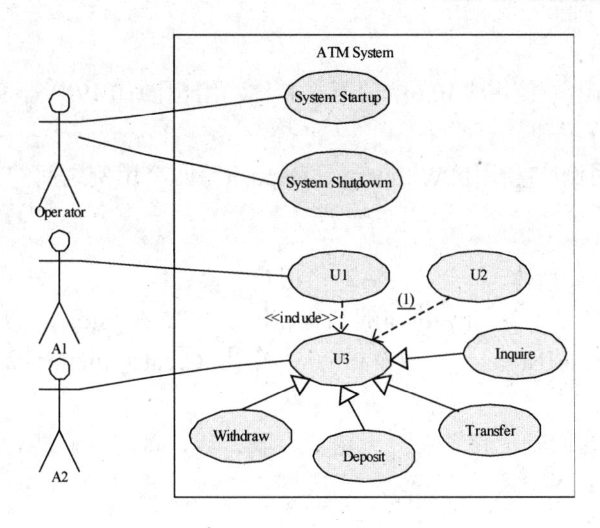

图 10.18　ATM 系统顶层用例图

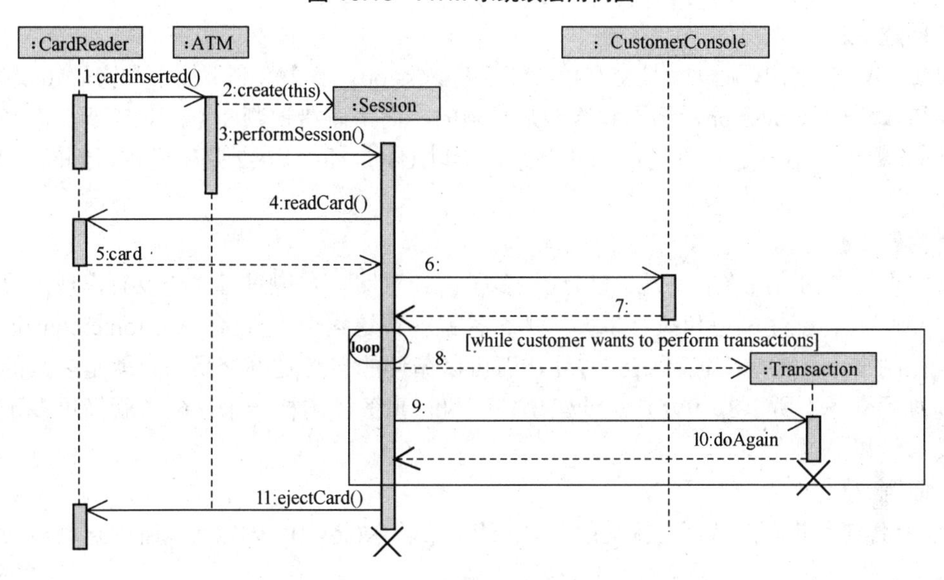

图 10.19　一次会话的序列图(无验证消息)

表 10.6　可能的消息名称列表

名　称	说　明	名　称	说　明
CardInserted()	ATM 卡已插入	PerformTransaction()	执行事务
PerformSession()	执行会话	readCard()	读卡
readPIN()	读取个人密码	PIN	个人验证码信息
Create(atm,this,card,pin)	为当前会话创建事物	create(this)	为当前 ATM 创建会话
Card	ATM 卡信息	doAgain	执行下一个事务
ejectCard()	弹出 ATM 卡		

【问题 1】(7 分)

根据说明中的描述，给出图18.18中 A1 和 A2 所对应的参与者，U1～U3所对应的用例，以及该图中空(1)所对应的关系。(U1～U3的可选用例包括：Session、Transaction、Insert Card、Invalid PIN Process和Transfer)

【问题2】(6分)

根据说明中的描述，使用表10.6中的英文名称，给出图10.19中6～9对应的消息。

【问题3】(2分)

解释图10.18中用例U3和用例Withdraw、Deposit等四个用例之间的关系及其内涵。

参考答案

【问题1】 A1：读卡器　　　　A2 ：用户

U1：InsertCard　　U2：Invalid PIN Process　　U3：Session　　(1)空处：extend

【问题2】 (6) readPIN()　　　(7) PIN　　　(8) Create(atm,this,card,pin)　　(9) performTransaction()

【问题3】 它们之间是泛化关系，无论存、取、转、查，它们拥有共同的结构和行为。

要点解析

这是一道UML的面向对象分析题目。

【问题1】

显然，A2 是用户，而 U3 是交互核心，就是 Session。那么就剩下插卡和密码错误处理。我们知道，要进入 Session，插卡和读卡是必须的，而密码错误判断不一定需要，而必须的是 include 关系，不一定要的是 extend 关系，所以 U1 是插卡，U2 是密码错误判断，A1 是读卡器。

【问题2】

其实表中的内容在图10.19已经出现很多了，一对比，发现只有 4 个没有出现，分别是PIN、PIN信息、创建事务和执行事务，那么答案就在这 4 个中选择。Customerconsole是人机交互控制平台，考虑到循环在8、9处，而可以循环的自然是办交易，也就是多次的创建事务和执行事务，所以8、9分别是创建事务和执行事务。这样一来，6、7就简单多了，自然是读密码和密码信息了。

【问题3】

4个用例具有共同的特征，就是读卡、读密码、输入(金额)、确定等，所以它们与Session刚好满足泛化要求。

试题 11　(2009 年上半年下午试题六)

阅读下列说明和C++代码，在__(n)__处填入适当的字句。

【说明】

现欲实现一个图像浏览系统，要求该系统能够显示BMP、JPEG 和GIF三种格式的文件，并且能够在Windows和Linux两种操作系统上运行。系统首先将BMP、JPEG 和GIF三种格式的文件解析为像素矩阵，然后将像素矩阵显示在屏幕上。系统需具有较好的扩展性以支持新的文件格式和操作系统。为满足上述需求并减少所需生成的子类数目，采用桥接(Bridge)设计模式进行设计所得类图如图10.20所示。

采用该设计模式的原因在于：系统解析BMP、GIF与JPEG文件的代码仅与文件格式相关，而在屏幕上显示像素矩阵的代码则仅与操作系统相关。

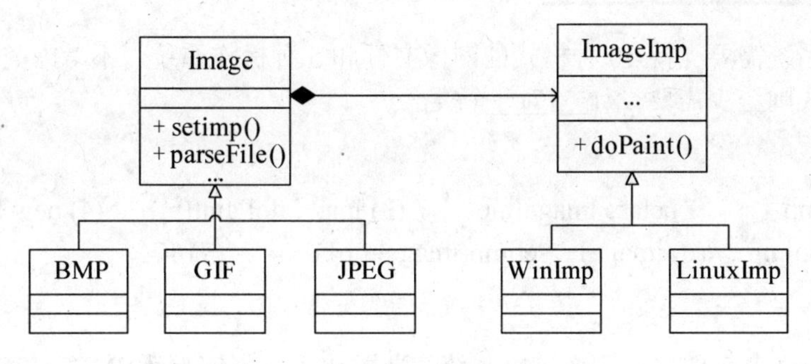

图 10.20　类图

【C++代码】

```
class Matrix{   //各种格式的文件最终都被转化为像素矩阵
    //此处代码省略
};
class ImageImp{
        public:
        virtual void doPaint(Matrix m) = 0;     //显示像素矩阵 m
    };
    class WinImp : public ImageImp{
        public:
        void doPaint(Matrix m){ /*调用 windows 系统的绘制函数绘制像素矩阵*/ }
    };
    class LinuxImp : public ImageImp{
        public:
        void doPaint(Matrix m){ /*调用 Linux 系统的绘制函数绘制像素矩阵*/  }
    };
    class Image {
        public:
        void setImp(ImageImp *imp){  ___(1)___ = imp;}
        virtual void parseFile(string fileName) = 0;
        protected:
       ___(2)___ *imp;
    };
    class BMP : public Image{
        public:
        void parseFile(string fileName){
            //此处解析 BMP 文件并获得一个像素矩阵对象 m
           ___(3)___ ;  // 显示像素矩阵 m
        }
    };
    class GIF : public Image{
    //此处代码省略
    };
    class JPEG : public Image{
    //此处代码省略
    };
    void main(){
        //在 Windows 操作系统上查看 demo.bmp 图像文件
        Image *image1 =      ___(4)___ ;
        ImageImp *imageImp1 =     ___(5)___ ;
       ___(6)___ ;
        image1->parseFile("demo.bmp");
    }
```

现假设该系统需要支持 10 种格式的图像文件和 5 种操作系统，不考虑类 Matrix，若采用桥接设计模式则至少需要设计__(7)__个类。

参考答案

(1) this->imp　(2) class ImageImp　(3) imp->doPaint(m)　(4) new BMP
(5) new WinImp　(6) image1->setImp(imageImp1)　(7) 17

要点解析

本题是用C++来实现一个图像浏览系统，要求该系统能够显示BMP、JPEG 和GIF三种格式的文件，并且能够在Windows和Linux两种操作系统上运行为背景，采用桥接设计模式进行设计。考查考生对面向对象程序设计类图的桥接设计模式的应用能力。下面对程序具体解析。

第(1)空和第(2)空是对 Image 类的定义，解释如下：

```
class Image {
        public:
        void setImp(ImageImp *imp){  (1)this→imp  = imp;}/*this 指针是一个隐含的指针，它指向对象本身，代表了对象的地址。这样本类中的同名指针变量 imp 就获得了 ImageImp 类的指针 imp 的地址。则本类的对象就可以调用 ImageImp 类及其派生子类中的函数，ImageImp 类和 Image 类就关联起来了*/
        virtual void parseFile(string fileName) = 0;//定义一个虚函数，用于实现多态 protected:
        (2)class ImageImp   *imp;/*要引用 ImageImp 类的指针变量，必须先加以声明，否则无法引用*/
};
```

第(3)空：

```
class BMP : public Image{
        public:
        void parseFile(string fileName){  //此处解析 BMP 文件并获得一个像素矩阵对象 m
        (3)imp->doPaint(m)  ; /* 显示像素矩阵 m  将图像文件解析完成后，得到像素矩阵，接下来自然是调用相应的函数将它显示出来。由于 imp 是父类中的 protected 成员，因此在子类中可以引用*/
        }
};
```

第(4)、(5)、(6)空在主函数中，解释如下：

```
void main(){
    //在 Windows 操作系统上查看 demo.bmp 图像文件
    Image *image1 =(4)new BMP ;/*创建 Image 类的指针对象，Image 类有三个子类分别为 BMP、GIF、JPEG，由于此处解析的是 BMP 文件，故是 BMP 类型并为它分配内存空间*/
    ImageImp *imageImp1 =(5)new WinImp ; /*创建 ImageImp 类的指针对象，ImageImp 类有两个子类,分别为 WinImp 类和 LinuxImp 类,由于此处是 Windows 操作系统,故是 WinImp 类型并为它分配内存空间*/
    (6)image1->setImp(imageImp1)    ;/*调用该函数，则 Image 类的对象就可以调用 ImageImp 类及其派生子类中的函数*/
    image1->parseFile("demo.bmp");   /*该函数的实现，需要调用到 ImageImp 类的子类 BMP 类中的 doPaint 函数*/
}
```

对于第(7)空，10 种格式的图像文件说明有 10 个 image 类的子类，再加上 image 类本身就是 11 个。5 种操作系统说明有 5 个 ImageImp 类的子类，再加上 ImageImp 类本身就是 6 个。故一共是 17 个类。

试题 12　(2009 年上半年下午试题七)

阅读下列说明和Java代码，在__(n)__处填入适当的字句。

【说明】

现欲实现一个图像浏览系统，要求该系统能够显示BMP、JPEG 和GIF三种格式的文件，并且能够在Windows和Linux两种操作系统上运行。系统首先将BMP、JPEG 和GIF三种格式的文件解析为像素矩阵，然后将像素矩阵显示在屏幕上。系统需具有较好的扩展性以支持新的文件格式和操作系统。为满足上述需求并减少所需生成的子类数目，采用桥接(Bridge)设计模式进行设计所得类图如图10.21所示。

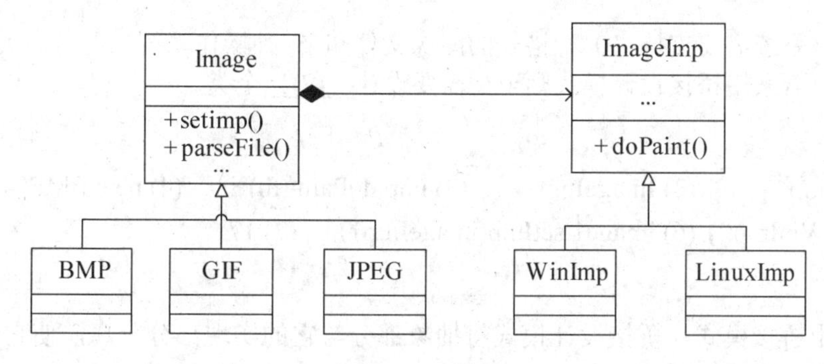

图 10.21　类图

采用该设计模式的原因在于：系统解析BMP、GIF与JPEG文件的代码仅与文件格式相关，而在屏幕上显示像素矩阵的代码则仅与操作系统相关。

【Java 代码】

```
class Matrix{    //各种格式的文件最终都被转化为像素矩阵
//此处代码省略
};
abstract class ImageImp{
    public  abstract void doPaint(Matrix m);     //显示像素矩阵m
};
class WinImp extends ImageImp{
  public void doPaint(Matrix m){ /*调用 windows 系统的绘制函数绘制像素矩阵*/ }
  };
class LinuxImp extends ImageImp{
    public void doPaint(Matrix m){/*调用 Linux 系统的绘制函数绘制像素矩阵*/}
      };
abstract class Image {
    public void setImp(ImageImp imp){ __(1)__ = imp; }
        public abstract void parseFile(String fileName);
        protected __(2)__ imp;

    };
class BMP extends Image{
    public  void parseFile(String fileName){
        //此处解析 BMP 文件并获得一个像素矩阵对象 m
        __(3)__;// 显示像素矩阵 m
```

```
        }
    };
    class GIF extends Image{
        //此处代码省略
    };
    class JPEG extends Image{
        //此处代码省略
    };
    public class javaMain{
        public static void main(String[] args){
            //在Windows操作系统上查看demo.bmp图像文件
            Image image1 = ___(4)___;
            ImageImp imageImp1 = ___(5)___;
            ___(6)___;
            image1.parseFile("demo.bmp");
        }
    }
```

现假设该系统需要支持 10 种格式的图像文件和 5 种操作系统，不考虑类 Matrix 和类 javaMain，若采用桥接设计模式则至少需要设计___(7)___个类。

参考答案

(1) this.imp　(2) ImageImp　(3) imp.doPaint(m)　(4) new BMP( )　(5) new WinImp( )　(6) image1.setImp(imageImp1)　(7) 17

要点解析

本题采用桥接模式，桥接设计模式将抽象部分与它的实现部分分离，使它们都可以独立地变化。程序解释如下。

(1)this.imp= imp;/*this在Java中所代表的意思是当前类，明确引用的是本类中的属性。*/

protected (2)ImageImp imp; /*要引用ImageImp类的对象，必须先加以声明，否则无法引用。*/

(3)imp.doPaint(m) ; /*显示像素矩阵m　将图像文件解析完成后，得到像素矩阵，接下来自然是调用相应的函数将它显示出来。由于imp是父类中的protected成员，因此在子类中可以引用。*/

Image image1 = (4)new BMP() ; /*创建Image类的对象，Image类有三个子类，分别为BMP、GIF、JPEG，由于此处解析的是BMP文件，故是BMP类型并为它分配内存空间。*/

ImageImp imageImp1 = (5)new WinImp() ;/*创建ImageImp类的对象，ImageImp类有两个子类，分别为WinImp类和LinuxImp类，由于此处是Windows操作系统，故是WinImp类型并为它分配内存空间。 */

(6)image1.setImp(imageImp1) ;/*调用该函数，则Image类的对象就可以调用ImageImp类及其派生子类中的函数。*/

10.4 强化训练

10.4.1 综合知识试题

试题 1

在面向对象系统中，用___(1)___关系表示一个较大的“整体”类包含一个或多个较小的

“部分”类。

(1) A．泛化　B．聚合　C．概化　D．合成

试题 2

__(2)__是指在运行时把过程调用和响应调用所需要执行的代码加以结合。

(2) A．绑定　B．静态绑定　C．动态绑定　D．继承

试题 3

__(3)__是指把数据以及操作数据的相关方法组合在同一个单元中，使我们可以把类作为软件中的基本复用单元，提高其内聚度，降低其耦合度。面向对象中的__(4)__机制是对现实世界中遗传现象的模拟，通过该机制，基类的属性和方法被遗传给派生类。

(3) A．封装　B．多态　C．继承　D．变异

(4) A．封装　B．多态　C．继承　D．变异

试题 4

__(5)__以静态或动态的连接方式，为应用程序提供一组可使用的类。__(6)__除了提供可被应用程序调用的类以外，还基本实现了一个可执行的架构。

(5) A．函数库　B．类库　C．框架　D．类属

(6) A．函数库　B．类库　C．框架　D．类属

试题 5

在选择某种面向对象语言进行软件开发时，不需要着重考虑的因素是，该语言__(7)__。

(7) A．将来是否能够占据市场主导地位　B．类库是否丰富
C．开发环境是否成熟　D．是否支持全局变量和全局函数的定义

试题 6

面向对象分析与设计中的__(8)__是指一个模块在扩展性方面应该是开放的，而在更改性方面应该是封闭的；而__(9)__是指子类应当可以替换父类并出现在父类能够出现的任何地方。

(8) A．开闭原则　B．替换原则　C．依赖原则　D．单一职责原则

(9) A．开闭原则　B．替换原则　C．依赖原则　D．单一职责原则

试题 7

在UML的各种视图中，__(10)__显示外部参与者观察到的系统功能；__(11)__从系统的静态结构和动态行为角度显示系统内部如何实现系统的功能；__(12)__显示的是源代码以及实际执行代码的组织结构。

(10) A．用例视图　B．进程视图　C．实现视图　D．逻辑视图

(11) A．用例视图　B．进程视图　C．实现视图　D．逻辑视图

(12) A．用例视图　B．进程视图　C．实现视图　D．逻辑视图

试题 8

采用UML进行软件设计时，可用__(13)__关系表示两类事物之间存在的特殊/一般关系，用聚集关系表示事物之间存在的整体/部分关系。

(13) A．依赖　　B．聚集　　C．泛化　　D．实现

试题 9

在 UML 类图中，类与类之间存在依赖(Dependency)、关联(Association)、聚合(Aggregation)、组合(Composition)和继承(Inheritance)五种关系，其中，__(14)__关系表明类之间的相互联系最弱，__(15)__关系表明类之间的相互联系最强，聚合(Aggregation)的标准UML 图形表示是__(16)__。

(14) A．依赖　　B．聚合　　C．组合　　D．继承

(15) A．依赖　　B．聚合　　C．组合　　D．继承

(16) A．◆——　　B．◇------　　C．◁——　　D．◄------

试题 10

__(17)__限制了创建类的实例数量，而__(18)__将一个类的接口转换成客户希望的另外一个接口，使得原本由于接口不兼容而不能一起工作的那些类可以一起工作。

(17) A．命令模式(Command)　　B．适配器模式(Adapter)
　　C．策略模式(Strategy)　　D．单例模式(Singleton)

(18) A．命令模式(Command)　　B．适配器模式(Adapter)
　　C．策略模式(Strategy)　　D．单例模式(Singleton)

试题 11

已知某子系统为外界提供功能服务，但该子系统中存在很多粒度十分小的类，不便被外界系统直接使用，采用__(19)__设计模式可以定义一个高层接口，这个接口使得这一子系统更加容易使用；当不能采用生成子类的方法进行扩充时，可采用__(20)__设计模式动态地给一个对象添加一些额外的职责。

(19) A．Facade(外观)　　B．Singleton(单件)
　　C．Participant(参与者)　　D．Decorator(装饰)

(20) A．Facade(外观)　　B．Singleton(单件)
　　C．Participant(参与者)　　D．Decorator(装饰)

试题 12

__(21)__设计模式将抽象部分与它的实现部分相分离，使它们都可以独立地变化。图10.22为该设计模式的类图，其中，__(22)__用于定义实现部分的接口。

(21) A．Singleton(单件)　　B．Bridge(桥接)
　　C．Composite(组合)　　D．Facade (外观)

(22) A．Abstraction　　B．ConcreteImplementorA
　　C．ConcreteImplementorB　　D．Implementor

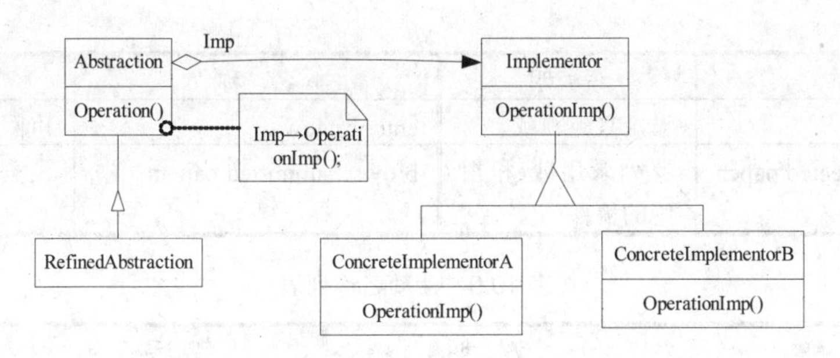

图 10.22　该设计模式的类图

10.4.2　案例分析试题

试题 1

阅读下列说明和图，回答问题1至问题4。

【说明】

在线会议审稿系统(ORS：Online Reviewing System)主要处理会议前期的投稿和审稿事务，其功能描述如下。

(1) 用户在初始使用系统时，必须在系统中注册(register)成为作者或审稿人。

(2) 作者登录(login)后提交稿件和浏览稿件审阅结果。提交稿件必须在规定提交时间范围内，其过程为先输入标题和摘要、选择稿件所属主题类型、选择稿件所在位置(存储位置)。上述几步若未完成，则重复；若完成，则上传稿件至数据库中，系统发送通知。

(3) 审稿人登录后可设置兴趣领域、审阅稿件给出意见以及罗列录用和(或)拒绝的稿件。

(4) 会议委员会主席是一个特殊审稿人，可以浏览提交的稿件、给审稿人分配稿件、罗列录用和(或)拒绝的稿件以及关闭审稿过程。其中关闭审稿过程须包括罗列录用和(或)拒绝的稿件。

系统采用面向对象方法开发，使用UML进行建模，在建模用例图时，常用的方式是先识别参与者，然后确定参与者如何使用系统来确定用例，每个用例可以构造一个活动图。参与者名称、用例和活动名称分别参见表10.7、表10.8和表10.9。系统的部分用例图和提交稿件的活动图分别如图10.23和图10.24所示。

表 10.7　参与者列表

名　称	说　明	名　称	说　明
User	用户	Author	作者
Reviewer	审稿人	PCChair	委员会主席

表 10.8　用例名称列表

名　称	说　明	名　称	说　明
login	登录系统	register	注册
submit paper	提交稿件	browse review results	浏览稿件审阅结果
close reviewing process	关闭审稿过程	assign paper to review	分配稿件给审稿人

续表

名　称	说　明	名　称	说　明
set preferences	设定兴趣领域	enter review	审阅稿件给出意见
list accepted/rejected paper	罗列录用或/和拒绝的稿件	browse submitted papers	浏览提交的稿件

表 10.9　活动名称列表

名　称	说　明	名　称	说　明
select paper location	选择稿件位置	upload paper	上传稿件
select subject group	选择主题类型	send notification	发送通知
enter title and abstract	输入标题和摘要		

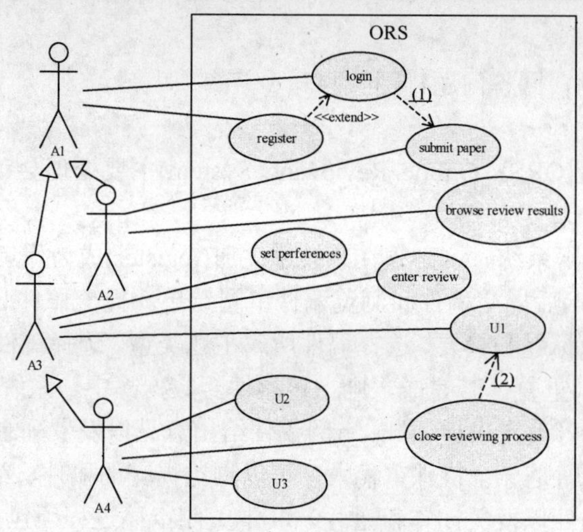

图 10.23　ORS 用例图

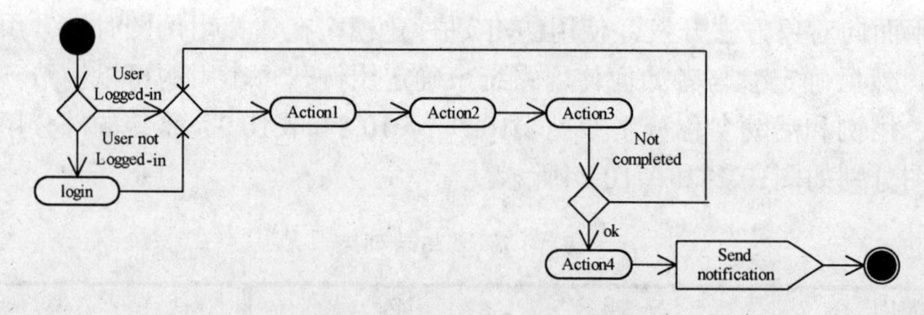

图 10.24　提交稿件过程的活动图

【问题1】

根据说明中的描述，使用表10.7中的英文名称，给出图10.22中A1～A4所对应的参与者。

【问题2】

根据说明中的描述，使用表10.8中的英文名称，给出图10.22中U1～U3所对应的用例。

【问题3】

根据说明中的描述，给出图10.22中(1)和(2)所对应的关系。

【问题4】

根据说明中的描述，使用表10.8和表10.9中的英文名称，给出图10.23中Action1～

Action4对应的活动。

试题 2

阅读下列说明和图，回答问题1至问题4。

【说明】

某汽车停车场欲建立一个信息系统，已经调查到的需求如下。

(1) 在停车场的入口和出口分别安装一个自动栏杆、一台停车卡打印机、一台读卡器和一个车辆通过传感器，示意图如图10.25所示。

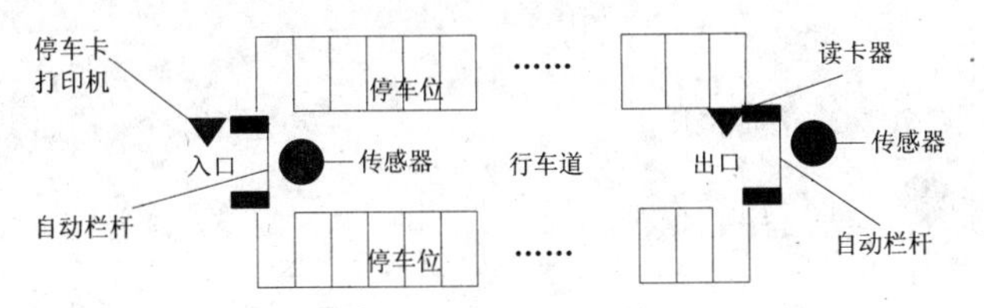

图 10.25 出入口示意图

(2) 当汽车到达入口时，驾驶员按下停车卡打印机的按钮获取停车卡。当驾驶员拿走停车卡后，系统命令栏杆自动抬起；汽车通过入口后，入口处的传感器通知系统发出命令，栏杆自动放下。

(3) 在停车场内分布着若干个付款机器。驾驶员将在入口处获取的停车卡插入付款机器，并缴纳停车费。付清停车费之后，将获得一张出场卡，用于离开停车场。

(4) 当汽车到达出口时，驾驶员将出场卡插入出口处的读卡器。如果这张卡是有效的，系统命令栏杆自动抬起；汽车通过出口后，出口传感器通知系统发出命令，栏杆自动放下。若这张卡是无效的，系统不发出栏杆抬起命令而发出警告信号。

(5) 系统自动记录停车场内空闲的停车位的数量。若停车场当前没有车位，系统将在入口处显示“车位已满”信息。这时，停车卡打印机将不再出卡，只允许场内汽车出场。

表 10.10 类/用例/状态列表

用例名	说 明	类 名	说 明	状态名	说 明
Car entry	汽车进入停车场	Central Computer	停车场信息系统	Idle	空闲状态，汽车可以进入停车场
Car exit	汽车离开停车场	PaymentMachine	付款机器	Disable	没有车位
Report Statistics	记录停车场的相关信息	CarPark	停车场，保存车位信息	Await Entry	等待汽车进入
		Barrier	自动护栏	Await Ticket Take	等待打印停车卡
Car entry when full	没有车位时，汽车请求进入停车场	EntryBarrier	入口的护栏	Await Enable	等待停车场内有空闲车位
		ExitBarrier	出口的护栏		

根据上述描述，采用面向对象方法对其进行分析与设计，得到了表 10.10 所示的类/用例/状态列表、图 10.26 所示的用例图、图 10.27 示的初始类图以及图 10.28 所示的描述入口自动栏杆行为的 UML 状态图。

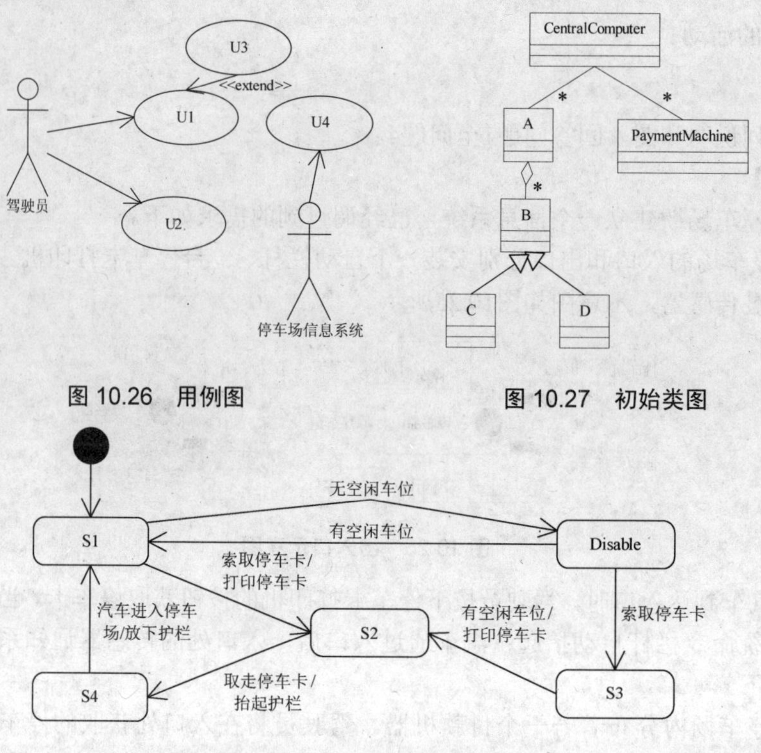

图 10.26　用例图

图 10.27　初始类图

图 10.28　入口护栏的状态图

【问题1】

根据说明中的描述，使用表10.10给出的用例名称，给出图10.26中U1、U2和U3所对应的用例。

【问题2】

根据说明中的描述，使用表10.10给出的类的名称，给出图10.27中的A~D所对应的类。

【问题3】

根据说明中的描述，使用表10.10给出的状态名称，给出图10.28中S1~S4所对应的状态。

【问题4】

简要解释图10.26中用例U1和U3之间的extend关系的内涵。

试题 3

阅读下列说明和C++代码，在 (n) 处填入适当的字句。

【说明】

已知某类库开发商提供了一套类库，类库中定义了Application类和Document类，它们之间的关系如图10.29所示，其中，Application类表示应用程序自身，而Document类则表示应用程序打开的文档。Application类负责打开一个已有的以外部形式存储的文档，如一个文件，一旦从该文件中读出信息后，它就由一个Document对象表示。

当开发一个具体的应用程序时，开发者需要分别创建自己的 Application 和 Document 子类，例如图 10.29 中的类 MyApplication 和类 MyDocument，并分别实现 Application 和 Document 类中的某些方法。

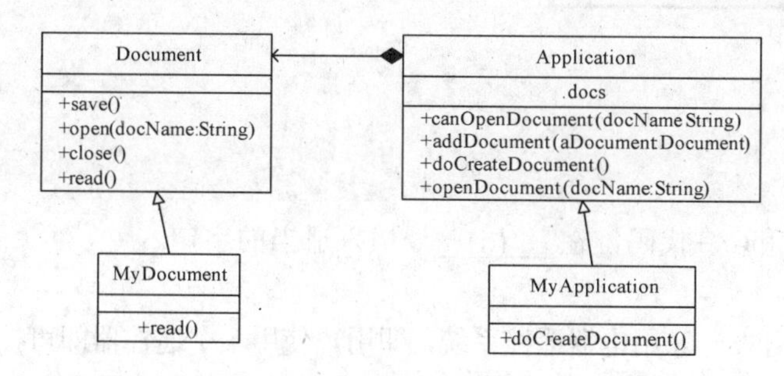

图 10.29　Application 与 Document 关系图

已知 Application 类中的 openDocument 方法采用了模板方法(Template Method)设计模式，该方法定义了打开文档的每一个主要步骤，如下所示。

(1) 首先检查文档是否能够被打开，若不能打开，则给出出错信息并返回。

(2) 创建文档对象。

(3) 通过文档对象打开文档。

(4) 通过文档对象读取文档信息。

(5) 将文档对象加入到 Application 的文档对象集合中。

【C++代码】

```
#include <iostream>
#include <vector>
using namespace std;      // 使用全局的命名域方式

class Document{
    public:
    void save(){ /*存储文档数据，此处代码省略*/ }
    void open(string docName){ /*打开文档，此处代码省略*/ }
    void close(){ /*关闭文档，此处代码省略*/ }
    virtual void read(string docName) = 0;
};

class Application{
    private:
    vector <(1)> docs; /*文档对象集合*/
    public:
    bool canOpenDocument(string docName){
    /*判断是否可以打开指定文档，返回真值时表示可以打开，返回假值表示不可打开，此处代码
省略*/
}
void addDocument(Document * aDocument){
    /*将文档对象添加到文档对象集合中*/
    docs.push_back(___(2)___);
}
virtual Document * doCreateDocument() = 0; /*创建一个文档对象*/
void openDocument(string docName){ /*打开文档*/
    if ___((3))___ {
        cout << "文档无法打开！" << endl;
        return;
    }
    ___(4)___ adoc = ___(5)___;
    ___(6)___;
    ___(7)___;
```

```
     ___(8)___;
    }
};
```

试题4

阅读下列说明和C++代码，在___(n)___处填入适当的字句。

【说明】

已知某企业欲开发一家用电器遥控系统，即用户使用一个遥控器即可控制某些家用电器的开与关。遥控器如图10.30所示。该遥控器共有4个按钮，编号分别是0至3，按钮0和2能够遥控打开电器1和电器2，按钮1和3则能遥控关闭电器1和电器2。由于遥控系统需要支持形式多样的电器，因此，该遥控系统的设计要求具有较高的扩展性。现假设需要控制客厅电视和卧室电灯，对该遥控系统进行设计所得类图如10.31所示。

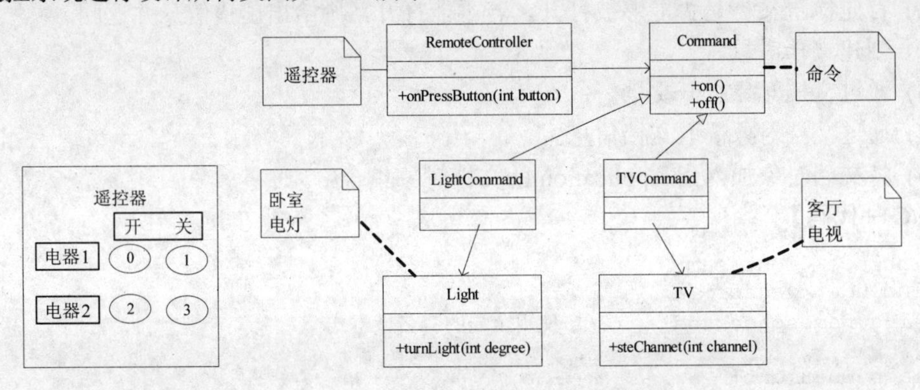

图 10.30　遥控器　　　　图 10.31　设计类图

图 10.31 中，类 RomoteController 的方法 onPressButton(int button) 表示当遥控器按键按下时调用的方法，参数为按键的编号； Command 接口中 on 和 off 方法分别用于控制电器的开与关； Light 中 turnLight(int degree)方法用于调整电灯光的强弱，参数 degree 值为 0 时表示关灯，值为 100 时表示开灯并且将灯光亮度调整到最大；TV 中 setChannel(int channel)方法表示设置电视播放的频道，参数 channel 值为 0 时表示关闭电视，为 1 时表示开机并将频道切换为第 1 频道。

【C++代码】

```
class Light{ //电灯类
    public:
    void turnLight(int degree){ //调整灯光亮度，0 表示关灯，100 表示亮度最大}
};
class TV{ //电视机类
    public:
    void setChannel(int channel){//调整电视频道，0 表示关机，1 表示开机并切换到 1
频道}
};
class Command{ //抽象命令类
    public:
    virtual void on()=0;
    virtual void off()=0;
};
class RemoteController{ //遥控器类
```

```
    protected:
    Command *commands[4]; //遥控器有 4 个按钮，按照编号分别对应 4 个 Command 对象
     public:
    void onPressButton(int button){ //按钮被按下时执行命令对象中的命令
        if(button % 2 == 0)commands[button]->on();
        else commands[button]->off();
    }
   void setCommand(int button,Command * command){
    __(1)__ = command; //设置每个按钮对应的命令对象
    }
};
class LightCommand : public Command{ //电灯命令类
    protected: Light *light; //指向要控制的电灯对象
    public:
    void on(){light->turnLight(100);}
    void off(){light->__(2)__;}
    LightCommand(Light * light){this->light = light;}
};
class TVCommand : public Command{ //电视机命令类
    protected: TV * tv; //指向要控制的对象
    public:
    void on(){tv->__(3)__;}
    void off(){tv->setChannel(0);}
    TVCommand(TV * tv){ this->tv = tv; }
};
void main(){
    Light light; TV tv; //创建电灯和电视对象
    LightCommand lightCommand(&light);
    TVCommand tvCommand(&tv);
    RemoteController remoteController;
    remoteController.setCommand(0,__(4))__; //设置按钮 0 的命令对象

    …//此处省略设置按钮 1、按钮 2 和按钮 3 的命令对象代码
}
```

本题中，应用命令模式能够有效让类__(5)__和类__(6)__、类__(7)__之间的耦合性降至最小。

试题 5

阅读下列说明和Java代码，在__(n)__处填入适当的字句。

【说明】

已知某类库开发商提供了一套类库，类库中定义了Application类和Document类，它们之间的关系如图10.32所示，其中，Application类表示应用程序自身，而Document类则表示应用程序打开的文档。Application类负责打开一个已有的以外部形式存储的文档，如一个文件，一旦从该文件中读出信息后，它就由一个Document对象表示。

当开发一个具体的应用程序时，开发者需要分别创建自己的 Application 和 Document 子类，例如图 10.32 中的类 MyApplication 和类 MyDocument，并分别实现 Application 和 Document 类中的某些方法。

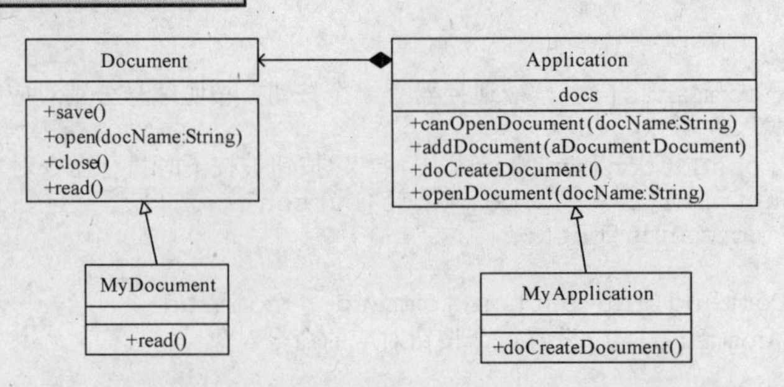

图 10.32 Application 与 Document 关系图

已知 Application 类中的 openDocument 方法采用了模板方法(Template Method)设计模式，该方法定义了打开文档的每一个主要步骤，如下所示。

(1) 首先检查文档是否能够被打开，若不能打开，则给出出错信息并返回。

(2) 创建文档对象。

(3) 通过文档对象打开文档。

(4) 通过文档对象读取文档信息。

(5) 将文档对象加入到 Application 的文档对象集合中。

【Java 代码】

```
abstract class Document{
    public void save(){ /*存储文档数据，此处代码省略*/ }
    public void open(String docName){ /*打开文档，此处代码省略*/ }
    public void close(){ /*关闭文档，此处代码省略*/ }
    public abstract void read(String docName);
};
abstract class Appplication{
    private Vector <___(1)___> docs; /*文档对象集合*/
    public boolean canOpenDocument(String docName){
    /*判断是否可以打开指定文档，返回真值时表示可以打开，返回假值表示不可打开，此处代码
省略*/
    }
    public void addDocument(Document aDocument){
        /*将文档对象添加到文档对象集合中*/
        docs.add___((2))___;
    }
    public abstract Document doCreateDocument(); /*创建一个文档对象*/
    public void openDocument(String docName){ /*打开文档*/
    if ___((3))___{
        System.out.println( "文档无法打开! " );
        return;
    }

    ___(4)___ adoc =___(5)___;
    ___(6)___;
    ___(7)___;
    ___(8)___;
    }
    };
```

试题 6

阅读下列说明和Java代码，在__(n)__处填入适当的字句。

【说明】

已知某企业欲开发一家用电器遥控系统，即用户使用一个遥控器即可控制某些家用电器的开与关。遥控器如图10.33所示。该遥控器共有4个按钮，编号分别是0至3，按钮0和2能够遥控打开电器1和电器2，按钮1和3则能遥控关闭电器1和电器2。由于遥控系统需要支持形式多样的电器，因此，该遥控系统的设计要求具有较高的扩展性。现假设需要控制客厅电视和卧室电灯，对该遥控系统进行设计所得类图如10.34所示。

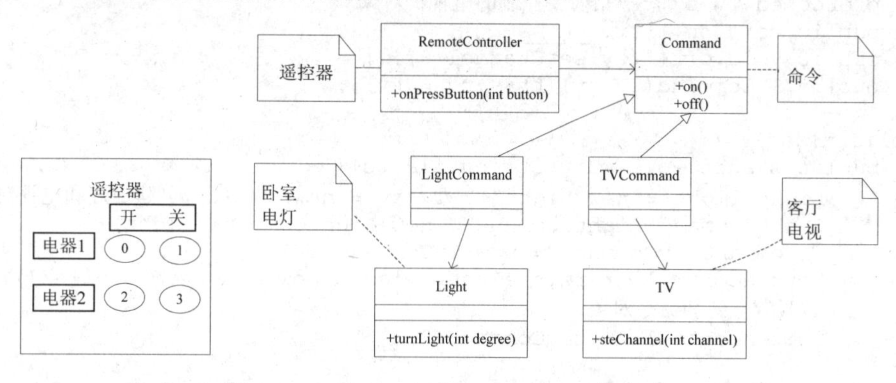

图 10.33　遥控器　　　　图 10.34 设计类图

图10.34中，类RomoteController的方法onPressButton(int button) 表示当遥控器按键按下时调用的方法，参数为按键的编号； Command接口中on和off方法分别用于控制电器的开与关；Light中turnLight(int degree)方法用于调整电灯光的强弱，参数degree值为0时表示关灯，值为100时表示开灯并且将灯光亮度调整到最大；TV中setChannel(int channel)方法表示设置电视播放的频道，参数channel值为0时表示关闭电视，为1时表示开机并将频道切换为第1频道。

【Java 代码】

```
class Light{ //电灯类
    public void turnLight(int degree){
//调整灯光亮度，0 表示关灯，100 表示亮度最大
}
};
class TV{ //电视机类
    public void setChannel(int channel){//0 表示关机，1 表示开机并切换到 1 频道
    }
};
interface Command{ //抽象命令类
    void on();
    void off();
};
class RemoteController{ //遥控器类
    protected Command []commands = new Command[4];
    //遥控器有 4 个按钮，按照编号分别对应 4 个 Command 对象
    public void onPressButton(int button){
        //按钮被按下时执行命令对象中的命令
        if(button % 2 == 0)commands[button].on();
        else commands[button].off();
    }
    public void setCommand(int button, Command command){
        ___(1)___ = command; //设置每个按钮对应的命令对象
    }
```

```
};
class LightCommand implements Command{ //电灯命令类
    protected Light light; //指向要控制的电灯对象
    public void on(){light.turnLight(100);};
    public void off(){light.__(2)__;};
    public LightCommand(Light light){this.light = light;};
};
class TVCommand implements Command{ //电视机命令类
    protected TV tv; //指向要控制的电视机对象
    public void on(){tv.__(3)__;};
    public void off(){tv.setChannel(0);};
    public TVCommand(TV tv){this.tv = tv;};
};
public class rs{
    public static void main(String []args){
        Light light = new Light(); TV tv = new TV();//创建电灯和电视对象
        LightCommand lightCommand = new LightCommand(light);
        TVCommand tvCommand = new TVCommand(tv);
        RemoteController remoteController = new RemoteController();
        //设置按钮和命令对象
        remoteController.setCommand(0, __(4)__;

        …//此处省略设置按钮 1、按钮 2 和按钮 3 的命令对象代码
    }
}
```

本题中，应用命令模式能够有效让类__(5)__和类__(6)__、类__(7)__之间的耦合性降至最小。

10.4.3 综合知识试题参考答案

【试题 1】答　案：(1)B

分　析：本题考查面向对象系统的基本概念。

泛化是一种特殊/一般关系，特殊元素(子元素)的对象可替代一般元素(父元素)的对象。它描述整体和部分的关系。

聚合是整体和多个较小部分之间的关系。没有“概化”和“合成”的概念。因此答案为B。

【试题 2】答　案：(2)C

分　析：绑定是指将对象置于运行的状态，允许调用它所支持的操作。根据其执行时间，它分为两种：静态绑定和动态绑定。静态绑定是指在编译时进行绑定；动态绑定是在运行时进行绑定的。

【试题3】答　案：(3)A　　(4)C

分　析：本题考查面向对象方法学的基本概念，是常考点。

封装是一种信息隐蔽技术，其目的是把定义与实现分离，保护数据不被对象的使用者直接存取。封装就是将抽象得到的数据和行为相结合，形成一个有机的整体，即将数据和操作数据的源代码进行有机结合，形成“类”。

多态性是指同一操作作用于不同对象可以有不同的解释，产生不同的执行结果。

继承性是指在某个类的关联中不同类共享属性和操作的一种机制。一个父类可以有多

个子类。如果一个子类只有唯一的父类，称为单一继承，如果一个子类拥有多个父类，称为多重继承。据此可知答案为A、C。

【试题4】答 案：(5)B (6)C

分 析：本题考查面向对象方法学中的类和框架的概念。

函数库是程序员经常购买那些包装成库的代码，在C语言中，代码库就是函数库；出现C++之后，函数库转变为类库。广义的类库是以库文件的形式存在，库文件中包含了事先定义好的类。二者的区别就是函数库只包含一系列的函数，而类库是用面向对象的原理设计的。

框架则是一种软件重用技术，它是一个应用软件系统的部分或整体的可重用设计，具体表现为一组抽象类及其实例(对象)之间的相互作用方式。它是对于一个软件系统的全部或部分的可重用设计。

明确了二者的概念之后，不难得出答案为B、C。

【试题5】答 案：(7)D

分 析：任何一种面向对象的语言都会对变量和函数提供相应的处理机制，因此不需要考虑“是否支持全局变量和全局函数的定义”这一项。

【试题6】答 案：(8)A (9)B

分 析：本题考查面向对象设计的5大原则。

单一职责原则：对于一个类来说，应该仅有一个引起它变化的原因，即一个类应该只有一个职责。如果有多个职责，相当于这些职责耦合在一起。因此在构造一个类时，将类的不同职责分离在两个或多个类中，确保引起该类变化的原因只有一个。

开放封闭原则：软件组成实体应该是可扩展的，但是不能修改的。开放封闭法则认为我们应该在视图区设计出永远也不需要改变的模块。我们可以通过添加代码来扩展系统的功能，但不能对已有的代码进行修改。

替换原则：子类应当可以替换父类并出现在父类能够出现的任何地方。

依赖原则：在进行业务设计时，与特定业务有关的依赖关系应该尽量依赖接口和抽象类，而不是依赖具体类。具体类只负责相关业务的实现，修改具体类不影响与特定业务有关的依赖关系。

接口分离原则：采用多个与特定客户类有关的接口比采用一个通用的涵盖多个业务方法的接口要好。

根据以上分析，答案为A、B。

【试题7】答 案：(10)A (11)D (12)C

分 析：本题考查的是UML中5个系统视图的相关知识。

逻辑视图是用来显示系统内部功能是怎样设计的，它利用系统的静态结构和动态行为来刻画系统的功能。静态结构描述类、对象和它们之间的关系等；动态行为主要描述对象之间的动态协作。

进程视图，又称并发视图，用来显示系统的并发工作状况。并发视图将系统划分为进程和处理机方式，通过划分引入并发机制，利用并发高效地使用资源、并行执行和处理异步事件。它是逻辑视图的一次执行实例。

实现视图，又称组件视图，主要用来显示代码组件的组织方式，主要描述了实现模块和它们之间的相互关系。

部署视图是用来显示系统的物理结构，也就是系统的物理展开。例如：计算机和设备以及它们之间的连接方式，而其中计算接和设备都称之为节点。

用例视图是最基本的需求分析模型，以外部参与者的角度来看待系统，它主要说明了谁要使用系统，以及它们使用该系统的目的。

【试题8】答　案：(13)C

分　析：本题考查面向对象系统的基本概念。

泛化关系是一种一般/特殊关系，利用这种关系，子类可以共享父类的结构和行为。

【试题9】答　案：(14)A　(15)D　(16)B

分　析：本题考查面向对象方法学中的UML，即统一建模语言。

依赖关系是指有两个元素A、B，如果元素A的变化会引起元素B的变化，则称元素B依赖(Dependency)于元素A。

聚合关系(Aggregation)是关联关系的特例。聚合关系是表示一种整体和部分的关系。如一个电话机包含一个话筒，一个电脑包含显示器，键盘和主机等就是聚合关系的例子。

继承关系是指是父类和子类之间共享数据和方法的一种机制。在定义和实现一个类的时候，可以在一个已经存在的类的基础上进行，把这个类所定义的内容作为自己的内容，并添加新的内容即可实现。

关于图形表示，教材上比较明确。

【试题10】答　案：(17)D　(18)B

分　析：本题主要考查常见设计模式的特点。命令模式把一个请求或者操作封装到一个对象中，从而达到用不同的请求对客户进行参数化的目标；适配器模式把一个类的接口变换成客户端所期待的另一种接口，从而使原本因接口原因不匹配而无法一起工作的两个类能够一起工作；单例模式的意图是保证一个类仅有一个实例，并提供一个访问它的全局访问点；策略模式可以将一个个算法封装起来，并且可以相互替换。

【试题11】答　案：(19)A　(20)D

分　析：本题考查的是设计模式。

外观(Facade)：为子系统中的一组功能调用提供一个一致的接口，这个接口使得这一子系统更加容易使用；装饰(Decorate)：当不能采用生成子类的方法进行扩充时，动态地给一个对象添加一些额外的功能；单件(Singleton)：保证一个类仅有一个实例，并提供一个访问它的全局访问点；模板方法(Template Method)：在方法中定义算法的框架，而将算法中的一些操作步骤延迟到子类中实现。

【试题12】答　案：(21)B　(22)D

分　析：本题考查面向对象方法学的设计模式。

设计模式是一套被反复使用、多数人知晓、经过分类编目、代码设计经验的总结。

使用设计模式的目的就是为了可重用代码，让代码更容易理解，保证代码的可靠性。

单件(Singleton)：保证一个类仅有一个实例，并提供一个访问它的全局访问点。

外观(Facade)：为子系统中的一组功能调用提供一个一致的接口，这个接口使得这一子系统更加容易使用。

组合(Composite)模式：将对象组合成树型结构以表示“部分-整体”的层次结构，Composite使得客户对单个对象和符合对象的使用具有一致性。

桥接(Bridge)模式：将抽象部分与它的实现部分分离，使他们都可以独立的变化。

第21空考查的是桥接设计模式，因此答案为B。

从题目中的类图可以看出，类Abstraction和类Implementation之间存在聚集关系(整体和部分的关系)，而ConcreteImplementorA和ConcreteImplementorB都是整体类Abstraction类的部分类，所以中间的Implementor用于定义实现部分的接口，因此22空答案为D。

10.4.4　案例分析试题参考答案

试题 1　答案与解析

参考答案：

【问题1】A1：User　A2：Author　A3：Reviewer　A4：PCChair

【问题2】U1：list accepted/rejected papers

U2：browse submitted papers

U3：assign Paper to reviewer

【问题3】(1)<<extend>>　(2)<<include>>

【问题4】Action1：enter title and abstract

Action2：select Subject group

Action3：select paper location

Action4：upload paper

分　析：本题考查UML用例图与活动图。

【问题1】本题的要求是补充图10.23中A1～A4所对应的参与者，题目中表10.7已经给出了本题的4类参与者：User、Author、Reviewer和PCChair，所以只要搞清楚他们之间的关系就可以了。需要注意的是，UML图中不允许出现中文，所以要按照表10.7的英文名称来答题。根据说明1的描述“用户在初始使用系统时，必须在系统中注册(register)成为作者或审稿人”可知，系统的用户有两类——作者和审稿人；再根据说明4中的描述“会议委员会主席是一个特殊审稿人”就可以判断出A1是User，A2是Author，A3是Reviewer，A4是PCChair。

【问题2】本题要求根据说明中的描述，使用表10.8的英文名称，给出图10.23中U1～U3所对应的用例，观察表10.8和图10.23很容易判断出此时还未使用过的用例有：List accepted/rejected papers、browse submitted papers和assign Paper to reviewer，下面需要判断这三个用例分别对应U1～U3中的哪一个。根据说明3中的描述“审稿人登录后可设置兴趣领域、审阅稿件给出意见以及罗列录用和(或)拒绝的稿件”，结合问题1分析出来的结果和OSR用例图，马上就可以判断出U1是list accepted/rejected papers；这样U2和U3就是browse submitted papers和assign Paper to reviewer了，U2或U3是browse submitted papers都可以。

【问题3】现在看(1)空，要求填的是“login”和“submit paper”之间的关系，根据我们的日常经验也知道，要提交什么东西首先要登录，如果没有账号就要先注册，所以“login”和“submit paper”之间的关系是扩展，即<<extend>>。

根据问题2的分析，U1是list accepted/rejected papers，而说明4中又有“其中关闭审稿过程须包括罗列录用和(或)拒绝的稿件”，很明显的包含关系，所以(2)处填写<<include>>。

【问题4】本题要求根据说明中的描述，使用表10.8和表10.9中的英文名称，给出图

10.24Action1～ Action4对应的活动，也就是补充活动图。图10.24描述的是作者提交稿件的过程，说明2中详细描述了这个过程，“作者登录(login)后提交稿件和浏览稿件审阅结果。提交稿件必须在规定提交时间范置围内，其过程为先输入标题和摘要、选择稿件所属主题类型、选择稿件所在位置(存储位置)。上述几步若未完成，则重复；若完成，则上传稿件至数据库中，系统发送通知”，因此Action1～ Action4对应的活动分别是：enter title and abstract、select Subject group、select paper location和upload paper。

试题2 答案与解析

参考答案：

【问题1】

U1：Car entry　　U2：Car exit　　U3：Car entry when full

【问题2】

A：CarPark　　B：Barrier　　C：EntryBarrier　　D：ExitBarrier

【问题3】

S1：Idle　　S2：Await Ticket Take　　S3：Await Enable　　S4：Await Entry

【问题 4】

U3是 U1 的扩展，当要汽车进入时判断是否有空车位。U1和U3的expend关系表示一种聚集关系，具体为“组合”关系。它表示U3是U1状态的一个子集，U3是U1的一部分。

分　析：本题考查面向对象分析中的类图、用例图和状态图。用例图描述了一组用例、参与者及他们之间的关系。包括以下几个部分：用例(Case)、参与者(Actor)。用例视图中的参与者与系统外部的一个实体以某种方式参与了用例的执行过程；用例是一个叙述型文档，用来描述参与使用系统、完成某个事情时发生的顺序。

【问题 1】题目中车辆入场和出场，而入场时分有空位和无空位的情形，当无车位时显示“车位已满”信息。这时，停车卡打印机将不再出卡，只允许场内汽车出场。说明入场时，没有车位入场是一种扩展关系。根据表 10.10 和图 10.26 可以得出 U1 为 Car entry，U2 为 Car exit，U3 为 Car entry when full。

【问题2】汽车出入口，当卡有效时，系统自动抬起栏杆；当卡无效时，则系统不抬栏杆，且发出警告，所以自动护栏类(Barrier)有两种子类：一个是入口的护栏类(EntryBarrier)，另一个就是出口的护栏类(ExitBarrier)。所以，在图10.27中，类B为护栏类(Barrier)，类C为入口护栏类(EntryBarrier)，类D为出口护栏类(ExitBarrier)。类A和类B之间存在聚集关系；题目中描述有：当有车位时允许入场，无车位时停车卡打印机将不再出卡，只允许场内汽车出场。所以一张卡片可以确定多个护栏抬起或不发卡入场，由表10.10可以得出类A为停车场保存卡位信息类(CarPark)。

【问题 3】考查对状态图的理解。根据题目的描述和表 10.10，黑点表示开始状态，到达 S1，很容易确定 S1 为状态：Idle(空闲状态，汽车可以进入停车场)。又因为状态 Disabled(没有车位)到 S3 有事件“索取停车卡”，而从 S3 到 S2 有事件“有空闲车位/打印停车卡”，由题目的说明 4、5 可知，车位满了以后，若有车辆出去，则释放一个车位；若没有，则等待打印停车卡。所以可以确定 S3 的状态为 Await Ticket Take(等待打印停车卡)。S1 到 S2 有事件“索取停车卡/打印停车卡”，S2 到 S4 有事件“取走停车卡/抬起护栏”，包括 S3 到 S2 有事件“有空闲车位/打印停车卡”，则说明 S2 这个状态都与“有车位，才发卡”有关，要等待有车位才发卡，或取卡放行后进入等待。所以 S2 为状态 Await Enable(等待停车场内有空位)。由于 S2 到 S4 有事件“取走停车卡/抬起护栏”，S4 到 S1 有事件“汽车进入停车场/放下护栏”。很显然，当取走停车卡/抬起护栏将车子放行后，管理系统的停车位的空闲车位数加 1；当汽车进入停车场/放下护栏后，管理系统将停车位的空闲车位数减 1。因此，S4 的为 Await Entry(等待汽车进入)。

【问题 4】本小题考查对扩展关系的理解。汽车的入场前提是有空位，当然若没有空位想入场的话就需要等待，这种关系就是扩展了入场关系。

试题 3　答案与解析

参考答案：

(1) Document*　　(2) aDocument

(3) !canOpenDocument(docName)　　(4) Document*

(5) docreateDocument()　　(6) adoc->open(docName)

(7) adoc->read(docName)　　(8) addDocument(adoc)

分　析：本题考查的是面向对象编程，题目中的类结构实际上是一个创建型的设计模式，如果对此设计模式了解，并了解基本语法，解题是比较容易的。程序解释如下。

```
    vector <(1)Document*> docs; /*文档对象集合*/ /* vector 是 C++标准模板库中的
部分内容，它是一个多功能的，能够操作多种数据结构和算法的模板类和函数库。vector 是一个能
够存放任意类型的动态数组，能够增加和压缩数据，vector 属于 std 命名域的，因此需要通过命
名限定。由 Application 类中的公有函数 void addDocument(Document * aDocument)将
文档对象添加到文档对象集合中可知此处数据类型是 Document。*/
bool canOpenDocument(string docName){
/*判断是否可以打开指定文档，返回真值时表示可以打开，返回假值表示不可打开，此处代码省略
*/
}
void addDocument(Document * aDocument){
    /*将文档对象添加到文档对象集合中*/
docs.push_back((2)aDocument); /*实现在尾部加入一个数据,由函数 addDocument()的参
数可知将文档对象 aDocument 加入到文档对象集合 docs 中。*/
}
virtual Document * doCreateDocument() = 0; /*创建一个文档对象*/
    void openDocument(string docName){ /*打开文档*/
    if ((3)!canOpenDocument(docName)){ /*由输出语句以及该函数的功能是打开文档可
知 if 语句的判定条件为当文档不能打开时执行 cout << "文档无法打开! " << endl;再由
Application 类的公有函数 bool canOpenDocument(string docName)判断是否可以打开指
定文档，返回真值时表示可以打开，返回假值表示不可打开可知此处应
填!canOpenDocument(docName)。*/
    cout << "文档无法打开! " << endl;
    return;
    }
(4)Document* adoc =(5)docreateDocument();//要对文档进行操作就要创建一个文档对象
(6)adoc->open(docName);  // 通过文档对象打开文档
(7)adoc->read(docName);  //通过文档对象读取文档信息
(8)addDocument(adoc);    //将文档对象加入到 Application 的文档对象集合中
}
};
```

试题4 答案与解析

参考答案：

(1) commands[button]　(2) turnLight(0)　(3) setChannel(1)
(4) &lightCommand　(5) RemoteController　(6) Light　(7) TV

分　析：本题是使用C++开发的家用电器遥控系统为背景，考查考生对面向对象程序设计类的用例和继承，要注意题目中给出的要求：按钮0和2能够遥控打开电器1和电器2，按钮1和3则能遥控关闭电器1和电器2。

(1)commands[button]= command; /*设置每个按钮对应的命令对象，在 RemoteController 类中定义的 Command *commands[4];即用来存储对应四个按钮的 Command 对象。再由此行注释可知应将命令即 command 存入数组 commands[button]当中。*/

void off(){light->(2)turnLight(0);}/*重载了父类 Command 类中的虚函数。Light 类中 turnLight(int degree)方法用于调整电灯光的强弱，参数 degree 值为 0 时表示关灯，值为 100 时表示开灯并且将灯光亮度调整到最大；由此题中所给信息可知实现关灯的函数应填 turnLight(0)。*/

void on(){tv->(3)setChannel(1);}/*TV 类中 setChannel(int channel)方法表示设置电视播放的频道，参数 channel 值为 0 时表示关闭电视，为 1 时表示开机并将频道切换为第 1 频道。由此题中信息可知实现开电视机的函数应填 setChannel(1)。*/

remoteController.setCommand(0,(4)&lightCommand); /*设置按钮 0 的命令对象。在 RemoteController 类中定义的具有公有属性的成员函数 void setCommand(int button,Command * command)，由于该函数的第二个参数是个 Command 类型的指针，而 Command 类的子类为 LightCommand 和 TVCommand，相应的对象分别为 lightCommand 和 tvCommand。*/

耦合性是程序结构中各个模块之间相互关联的度量。它取决于各个模块之间接口的复杂程度、调用模块的方式以及哪些信息通过接口。本题中问的是应用命令模式使某三个类之间的耦合性降至最小，因此只需将定义的所有类中去除命令类及其子类(Command LightCommand　TVCommand)，剩下的类即为答案。再由图 10.31 设计类图可知是 Command 类将 RemoteController、Light、TV 这三个类关联起来，故没有 Command 类，此三类的关联程度是很小的，即耦合性小。

试题5 答案与解析

参考答案：

(1) Document　(2) aDocument　(3) !canOpenDocument(docName)
(4) Document　(5) doCreateDocument()　(6) adoc.open(docName)
(7) adoc.read(docName)　(8) addDocument(adoc)

分　析：本题考查的是面向对象编程，题目中的类结构实际上是一个创建型的设计模式，如果对此设计模式了解，并了解基本语法，解题是比较容易的。程序解释如下。

```
abstract class Appplication{
      private Vector <(1)Document > docs; /*文档对象集合，由 Application 类中的
      公有函数 void addDocument(Document aDocument)将文档对象添加到文档对象集合中
      可知，此处数据类型是 Document。*/
```

```
public boolean canOpenDocument(String docName){
/*判断是否可以打开指定文档，返回真值时表示可以打开，返回假值表示不可打开，此处代码省略*/
}
public void addDocument(Document aDocument){
   /*将文档对象添加到文档对象集合中*/
   docs.add((2)aDocument);   /*实现添加一个新数据，由函数 addDocument()的参数可知将文档对象 aDocument 加入到文档对象集合 docs 中。*/
}
public abstract Document doCreateDocument(); /*创建一个文档对象*/
public void openDocument(String docName){ /*打开文档*/
if ((3)!canOpenDocument(docName)){/*由输出语句以及该函数的功能是打开文档可知，if 语句的判定条件为当文档不能打开时执行 cout << "文档无法打开！" << endl; 再由 Application 类的公有函数 boolean canOpenDocument(String docName)判断是否可以打开指定文档，返回真值时表示可以打开，返回假值表示不可打开，可知此处应填!canOpenDocument(docName)。*/
   System.out.println( "文档无法打开！" );
   return;
}
```

/*已知 Application 类中的 openDocument 方法采用了模板方法(Template Method)设计模式，该方法定义了打开文档的每一个主要步骤，如下所示：(1)首先检查文档是否能够被打开，若不能打开，则给出出错信息并返回；(2)创建文档对象；(3)通过文档对象打开文档；(4)通过文档对象读取文档信息；(5)将文档对象加入到 Application 的文档对象集合中，理解操作过程，即可对(4)~(8)填空。*/

```
(4)Document  adoc =(5)doCreateDocument();//要对文档进行操作就要创建一个文档对象
(6)adoc.open(docName); // 通过文档对象打开文档;
(7)adoc.read(docName); //通过文档对象读取文档信息;
(8)addDocument(adoc); //将文档对象加入到 Application 的文档对象集合中
}
};
```

试题 6　答案与解析

参考答案：

(1) commands[button]　　(2) turnLight(0)　　(3) setChannel(1)

(4) lightCommand　　(5) RemoteController　　(6) Light　　(7) TV

分　析：本题用 Java 开发的家用电器遥控系统为背景，考查考生对面向对象程序设计类的用例和继承，程序解释如下.

(1)commands[button]= command; //设置每个按钮对应的命令对象，在 RemoteController 类中定义的 Command []commands = new Command[4];即用来存储对应四个按钮的 Command 对象。再由此行注释可知，应将命令即 command 存入数组 commands[button]当中。*/

public void off(){light.(2)turnLight(0);} /*重载了抽象命令类 Command 类中的函数。Light 类中 turnLight(int degree)方法用于调整电灯光的强弱，参数 degree 值为 0 时表示关灯，值为 100 时表示开灯并且将灯光亮度调整到最大；由此题中所给信息可知这是实现关灯的函数，应填 turnLight(0)。*/

public void on(){tv.(3)setChannel(1);} /*(TV 类中 setChannel(int channel)方法表示设置电视播放的频道，参数 channel 值为 0 时表示关闭电视，为 1 时表示开机并将频道切换为第 1 频道。由此题中信息可知，此处实现开电视机的函数，应填 setChannel(1)。*/

remoteController.setCommand(0,(4)lightCommand); /*在 RemoteController 类中定义的具有公有属性的成员函数 void setCommand(int button,Command command)，由于该函数的第二个参数是个 Command 类型的对象，而 Command 类的子类为 LightCommand 和 TVCommand，相应的对象分别为 lightCommand 和 tvCommand。*/

耦合性是程序结构中各个模块之间相互关联的度量，它取决于各个模块之间接口的复杂程度、调用模块的方式以及哪些信息通过接口。本题中问的是应用命令模式使某三个类之间的耦合性降至最小，因此只需将定义的所有类中去除命令类及其子类(Command LightCommand TVCommand)，剩下的类即为答案。再由图 17-5 设计类图可知是 Command 类将 RemoteController、Light、TV 这三个类关联起来，故没有 Command 类，此三类的关联程度是很小的，即耦合性小。

第 11 章 标准化和软件知识产权基础知识

11.1 备考指南

11.1.1 考纲要求

根据考试大纲中相应的考核要求，在“**标准化和软件知识产权基础知识**”模块上，要求考生掌握以下方面的内容。

1. 标准化基础知识
- 标准化意识，标准化组织机构，标准化的内容、分类、代号与编号规定，标准制订过程
- 国际标准、国家标准、行业标准、企业标准
- 代码标准、文件格式标准、安全标准、互联网相关标准、软件开发规范和文档标准、基于构件的软件标准

2. 信息化基础知识
- 全球信息化趋势、国家信息化战略、企业信息化战略和策略
- 互联网相关的法律、法规
- 个人信息保护规则
- 远程教育、电子商务、电子政务等基础知识
- 企业信息资源管理基础知识

3. 知识产权基础知识
- 保护知识产权有关的法律、法规

11.1.2 考点统计

“**标准化和软件知识产权基础知识**”模块，在历次软件设计师考试试卷中出现的考核知识点及分值分布情况如表 11.1 所示。

表 11.1　历年考点统计表

年份	题号	知识点	分值
2010 年下半年	上午：10~12	软件商标权、商业秘密权	3 分
	下午：无	无	0 分
2010 年上半年	上午：10~11	专利权申请、著作权的归属	2 分
	下午：无	无	0 分
2009 年下半年	上午：10~11	专利权、软件经济权利的许可使用	2 分
	下午：无	无	0 分
2009 年上半年	上午：10~11	软件著作权的产生时间、软件著作权的侵权问题	2 分
	下午：无	无	0 分

11.1.3　命题特点

纵观历年试卷，本章知识点是以选择题的形式出现在试卷中。在历次考试上午试卷中，所考查的题量大约为两道选择题，所占分值为 2 分(约占试卷总分值 75 分中的 3%)。本章试题主要考查对基本概念的理解，难度不高。标准化很少考到，要重点掌握的是知识产权部分。

11.2　考点串讲

11.2.1　标准化基础知识

一、标准化的基本概念

1. 标准、标准化的概念

标准是对重复性事物或概念所做的统一规定。其主要形式有规范和规程。

标准化是在经济、技术、科学及管理等社会实践中，以改进产品、过程和服务的适用性，防止贸易壁垒，促进技术合作，促进最大社会效益为目的，对重复性事物和概念通过制定、发布和实施标准达到统一，获得最佳秩序和社会效益的过程。

2. 标准化的范围和对象

标准化的范围包括生产、经济、技术、科学及管理等社会实践中具有重复性的事物和概念以及需要建立统一技术要求的各个领域。

标准化对象分为两大类，一类是标准化的具体对象，即需要制定标准的具体事物；另一类是标准化的总体对象，即各种具体对象的全体所构成的整体。

在企业范围内，企业的经济活动、技术活动、科研活动和管理活动的各项过程及其要素都可成为标准化的范围和对象。

3. 标准化过程模式

标准是标准化活动的产物，其目的和作用都是通过制定和贯彻具体的标准来体现的。标准化不是一个孤立的事物，而是一个活动过程。标准化活动过程一般包括标准产生(调查、研究、形成草案、批准发布)子过程、标准实施(宣传、普及、监督、咨询)子过程和标准更新(复审、废止或修订)子过程等。

4. 标准的分类

我国标准分为国家标准、行业标准、地方标准和企业标准四级。对需要在全国范畴内统一的技术要求，应当制定国家标准。对没有国家标准而又需要在全国某个行业范围内统一的技术要求，可以制定行业标准。对没有国家标准和行业标准而又需要在省、自治区、直辖市范围内统一的工业产品的安全、卫生要求，可以制定地方标准。

企业生产的产品没有国家标准、行业标准和地方标准，应当制定相应的企业标准，作为组织生产的依据。企业标准由企业组织制定，并按省、自治区、直辖市人民政府的规定备案。对已有国家标准、行业标准或者地方标准的，鼓励企业制定严于国家标准、行业标准或者地方标准要求的企业标准，在企业内部适用。

5. 标准的代号和编号

1)　ISO 的代号和编号

ISO 的代号和编号的格式：ISO+标准号+[杠+分类号] +冒号+发布年号(方括号内的内容可有可无)。

2)　国家标准的代号和编号

强制性国家标准代号为 GB，推荐性国家标准的代号为 GB/T。

国家标准的编号由国家标准的代号、标准发布顺序号和标准发布年代号组成。

- 强制性国家标准：GB×××××—×××××。
- 推荐性国家标准：GB/T×××××—×××××。

3)　行业标准的代号和编号

行业标准代号由国家主管部门审查批准公布，已公布的有 QJ(航天)、SJ(电子)、JB(机械)、JR(金融系统)等。

行业标准编号由行业标准代号、标准发布顺序及标准发布年代号组成。

- 强制性行业标准：××　×××××—×××××。
- 推荐性行业标准：××/T　×××××—×××××。

4)　地方标准的代号和编号

地方标准的代号：由大写字母 DB 加上省、自治区、直辖市行政区划代码的前两位数字，再加上“/T”组成推荐性地方标准，不加“/T”的为强制性标准。

地方标准的编号：由地方标准代号、地方标准发布顺序号、标准发布年代号组成，表示方法如下。

- 强制性地方标准：DB××　×××—××××。
- 推荐性地方标准：DB××/T　×××—××××。

5)　企业标准的代号和编号

企业标准的代号由大写字母 Q 加斜线再加企业代号组成。

企业标准的编号由企业标准代号、标准发布顺序号和标准发布年代号组成，表示方法为“Q/×××　××××—××××。

6. 国际标准和国外先进标准

1)　国际标准

国际标准是指国际标准化组织(ISO)、国际电工委员会(IEC)所制定的标准，以及 ISO 出版的《国际标准题内关键词索引(KWIC Index)》中收录的其他国际组织制定的标准。

2) 国外先进标准

国外先进标准是指国际上有权威的区域性标准、世界上经济发达国家的国家标准和通行的团体标准，主要有下述几种。

(1) 有国际权威的区域性标准，如欧洲标准化委员会(CEN)、欧洲电工标准化委员会(CENELEC)、欧洲广播联盟(EBU)、亚洲大洋洲开放系统互连研讨会(AOW)、亚洲电子数据交换理事会(ASEB)等制定的标准。

(2) 世界经济技术发达国家的国家标准，如美国国家标准(ANSI)、德国国家标准(DIN)、英国国家标准(BS)、日本国家标准(JIS)。

(3) 国际公认的行业性团体标准，如美国材料与实验协会标准(ASTM)、美国石油协会标准(API)、美国军用标准(MIL)等。

(4) 国际公认的先进企业标准，如美国 IBM 公司、美国 HP 公司、芬兰诺基亚公司等。

二、信息技术标准化

1. 信息编码标准化

编码是一种信息交换的技术手段。对信息进行编码实际上是对文字、音频、图形、图像等信息进行处理，使之量化，从而便于进行信息处理。目前，国际上比较通用的标准代码是 ASCII 码。

2. 汉字编码标准化

汉字编码是对每一个汉字按照一定的规律用字母、数字、符号等表示出来。汉字编码的方法很多，主要有数字编码、拼音编码、字形编码。

3. 软件工程标准化

软件工程标准的类型也是多方面的，常常是跨越软件生存期各个阶段。现已得到国家批准的软件工程国家标准有如下几类。

1) 基础标准

- 信息处理——程序构造及其表示法的约定 GB/T 13502—92
- 信息处理系统——计算机系统配置图符号及其约定 GB/T 14082—1993
- 软件工程术语标准 GB/T 11457—89
- 软件工程标准分类法 GB/T 15538—1995

2) 开发标准

- 软件开发规范 GB 8566—88
- 计算机软件单元测试 GB/T 15532—1995
- 软件维护指南 GB/T 14079—1993

3) 文档标准

- 计算机软件产品开发文件编制指南 GB 8567—88
- 计算机软件需求说明编制指南 GB/T 9385—88
- 计算机软件测试文件编制指南 GB/T 9386—88

4) 管理标准

- 计算机软件配置管理计划规范 GB/T 12505—90

- 计算机软件质量保证计划规范 GB/T 12504—90
- 计算机软件可靠性和可维护性管理 GB/T 14394—2008(前一版本为 1993 年版)
- 信息技术、软件产品评价、质量特性及其使用指南 GB/T 16260—1996

三、标准化组织

1. 国际标准化组织

1) 国际标准化组织(ISO)

国际标准化组织(International Organization for Standardization，ISO)成立于 1947 年，是目前世界上最大、最有权威性的国际标准化专门机构。国际标准化组织的目的和宗旨是在全世界范围内促进标准化工作的发展，以便于国际物资交流和服务，并扩大在知识、科学、技术和经济方面的合作。其主要活动是制定国际标准，协调世界范围的标准化工作，组织各成员国和技术委员会进行情报交流，以及与其他国际组织进行合作，共同研究有关标准化问题。

2) 国际电工委员会(IEC)

国际电工委员会(International Electrotechnical Commission，IEC)成立于 1906 年，至今已有 100 多年的历史。它是世界上成立最早的国际性电工标准化机构，负责有关电气工程和电子工程领域中的国际标准化工作。

2. 区域标准化组织

区域标准化组织是指同处一个地区的某些国家组成的标准化组织。区域是指世界上按地理、经济或民族利益划分的区域。主要的组织有如下几个。

- 欧洲标准化委员会(CEN)。
- 欧洲电工标准化委员会(CENELEC)。
- 亚洲标准咨询委员会(ASAC)。
- 国际电信联盟 (International Telecommunicatons Union，ITU)。

3. 行业标准化组织

行业标准化组织是指制定和公布适用于某个业务领域的标准的专业标准化团体，以及在其业务领域开展标准化工作的行业机构、学术团体或国防机构。

1) 美国电气电子工程师学会(Institute of Electrical and Electronic Engineers，IEEE)是美国规模最大的专业学会，由计算机和工程学专业人士组成。IEEE 主要制定的标准内容有电气与电子设备、试验方法、元器件、符号、定义以及测试方法等。IEEE 通过的标准通常要报请 ANSI 审批，使之具有国家标准的性质，因此，IEEE 公布的标准常冠有 ANSI 字头。

2) 美国国防部批准和颁布适用于美国军队内部使用的标准，代号为 DOD(采用公制计量单位的以 DOD 表示)和 MIL。

3) 我国国防科学技术委员会批准和颁布适用于国防部门和军队使用的标准，代号为 GJB。例如，1988 年发布实施的 GJB437—88 军用软件开发规范。

4. 国家标准化组织

国家标准化组织是指在国家范围内建立的标准化机构，以及政府确认的标准化团体，或者接受政府标准化管理机构指导并具有权威性的民间标准化团体。主要有：

- 美国国家标准学会(ANSI)。

- 英国标准学会(BSI)。
- 德国标准化学会(DIN)。
- 法国标准化协会(AFNOR)。

四、ISO9000标准简介

1. ISO9000标准

ISO9000标准是一系列标准的统称，由ISO/TC176制定的所有国际标准。TC176专门负责制定品质管理和品质保证技术的标准。TC176于1986年6月15日正式颁布了ISO8402《质量—术语》标准，又于1987年3月正式公布了ISO9000至ISO9004五项标准，这五项标准和ISO8402: 1986一起统称为ISO9000系列标准。经过全面修订，2000年12月15日，ISO9000: 2000系列标准正式发布实施。ISO9000:2000系列标准采用了以过程为基础的质量管理体系机构模式，在标准构思和标准目的等方面体现了具有时代气息的变化，还将持续改进的思想贯穿于整个标准，把组织的质量管理体系满足顾客要求的能力和程度体现在标准的要求之中。

2. ISO9000: 2000系列标准文件结构

ISO9000: 2000系列标准现有13项标准，由4个核心标准、1个支持标准、6个技术报告、3个小册子和1个技术规范构成，ISO9000、ISO9001、ISO9004和ISO19011四项标准是ISO9000族标准的核心标准。

3. ISO9000: 2000核心标准简介

下面介绍ISO9000:2000的核心标准。

(1) ISO9000: 2000《质量管理体系——基础和术语》：该标准描述了质量管理体系的基础，并规定了质量管理体系的术语和基本原理。术语标准是讨论问题的前提；统一术语是为了明确概念，建立共同的语言。

(2) ISO9001: 2000《质量管理体系——要求》：该标准提供了质量管理体系的要求，供组织证实其具有提供满足顾客要求和适用法规要求的产品的能力时使用。该标准是用于第三方认证的唯一质量管理体系要求标准，通常用于企业建立质量管理体系以及申请认证。

(3) ISO9004: 2000《质量管理体系——业绩改进指南》：该标准给出了改进质量管理体系业绩的指南，描述了质量管理体系应包括持续改进的过程，强调通过改进过程，提高组织的业绩，使组织的顾客及其他相关方满意。

(4) ISO19011: 2000《质量管理体系和环境管理体系审核指南》：该标准提出了质量管理体系和环境管理体系审核的基本原则、审核方案的管理、环境和质量管理体系的实施以及对环境和质量管理体系评审员资格的要求。

五、SO/IEC15504过程评估标准简介

ISO/IEC15504是由ISO/IEC JTC1/SC7/WG10及其项目组SPICE和国际项目管理机构共同完成的标准。该标准提供了一个软件过程评估的框架，提供了一种有组织的、结构化的软件过程评估方法。在ISO/IEC15504中关于过程评估的文档主要有如下几种。

- 概念和绪论指南。
- 过程和过程能力参考模型。

- 实施评估。
- 评估实施指南。
- 评估模型和标志指南。
- 评估师能力指南。
- 过程改进应用指南。
- 确定供方能力应用指南。
- 词汇。

11.2.2　知识产权基础知识

一、知识产权基本概念

1. 工业产权的概念

知识产权又称为智慧财产权，是指人们通过自己的智力活动创造的成果和经营管理活动中的经验、知识而依法所享有的权利。传统的知识产权可分为“工业产权”和“著作权”(版权)两类。世界贸易组织(WTO)的与贸易有关的知识产权协议(TRIPS)还把“未披露过的信息专有权”(商业秘密)、“集成电路布图设计权”列为知识产权的范围。

知识产权包括如下内容。

- 关于文学、艺术和科学作品的权利。
- 关于表演艺术家的表演以及唱片和广播节目的权利。
- 关于人类一切活动领域的发明的权利。
- 关于科学发现的权利。
- 关于工业品外观设计的权利。
- 关于商标、服务标记以及商业名称和标志的权利。
- 关于制止不正当竞争的权利。
- 在工业、科学、文学艺术领域内由于智力创造活动而产生的一切其他权利。

我国承认并以法律形式加以保护的主要知识产权为著作权、专利权、商标权、商业秘密、其他有关知识产权。

1)　工业产权

工业产权包括专利、实用新型、工业品外观设计、商标、服务标记、厂商名称、产地标记或原产地名称、制止不正当竞争等项内容。此外，商业秘密、微生物技术、遗传基因技术等也属于工业产权保护的对象。发明、实用新型和工业品外观设计等属于创造性成果权利，它们都表现出比较明显的智力创造性。商标、服务标记、厂商名称、产地标记或原产地名称以及我国《反不正当竞争法》中规定的知名商品所特有的名称、包装、装潢等为识别性标记权利。

2)　著作权

著作权(又称为版权)是指作者对其创作的作品享有的人身权和财产权。包括发表权、署名权、修改权和保护作品完整权、复制权、发行权、出租权、展览权、表演权、放映权、广播权、信息网络传播权、摄制权、改编权、翻译权、汇编权、应当由著作权人享有的其他权利。著作权的保护对象包括文学、科学和艺术领域内的一切作品。

有些智力成果可以同时成为这两类知识产权保护的客体。例如，计算机软件和实用艺术品属著作权保护的同时，权利人还可以申请发明专利或外观设计专利，获得专利权，成为工业产权保护的对象。

2．知识产权的特点

知识产权具有以下特点。

(1) 无形性。知识产权是一种无形财产权。知识产权的客体是智力创作性成果，是一种没有形体的精神财富。

(2) 双重性。某些知识产权具有财产权和人身权双重属性，例如著作权。有的知识产权具有单一的属性，例如，发现权只具有名誉权属性；商业秘密只具有财产权属性，而没有人身权属性；专利权和商标权主要体现为财产权。

(3) 确认性。智力创作性成果的财产权需要依法审查确认。例如，发明人所完成的发明，其实用新型或外观设计，已经具有价值和使用价值，但是，其完成人并不能自动获得专利权，完成人必须依法提出专利申请，当获得专利局发布的授权公告后，才享有该项知识产权。文学艺术作品以及计算机软件的著作权虽然是自作品完成其权利即自动产生，但有些国家也要到登记后才能得到保护。

(4) 独占性。由于智力成果可以同时被多个主体所使用，因此，法律授予知识产权一种专有权，具有独占性。未经权利人许可使用的，就构成侵权。少数知识产权不具有独占性特征，例如技术秘密的所有人不能禁止第三方使用其独立开发的或者合法取得的相同技术秘密，商业秘密不具备完全的财产权属性。

(5) 地域性。知识产权具有严格的地域性特点，即各国的知识产权只能在其本国领域内受法律保护。著作权虽然自动产生，但受地域限制，我国法律对外国人的作品并不都给予保护，只保护共同参加国际条约国家的公民的作品。

(6) 时间性。知识产权具有法定的保护期限，一旦保护期届满，权利将自行终止，成为社会公众可以自由使用的知识。我国的发明专利保护期为20年，实用新型专利权和外观设计专利权的期限为10年，均自专利申请日起算；我国公民的作品发表权的保护期为作者终生及其死后50年；我国商标权的保护期限自核准注册之日起10年内有效，但可申请续展注册；商业秘密权受保护的期限是不确定的，一旦该秘密为公众所知悉，即成为公众可以自由使用的知识。

3．我国保护知识产权的法规

我国保护知识产权方面主要有如下法规。

- 《中华人民共和国著作权法》
- 《中华人民共和国专利法》
- 《中华人民共和国继承法》
- 《中华人民共和国公司法》
- 《中华人民共和国合同法》
- 《中华人民共和国产品质量法》
- 《中华人民共和国反不正当竞争法》
- 《中华人民共和国刑法》
- 《中华人民共和国计算机信息系统安全保护条例》

- 《中华人民共和国计算机软件保护条例》
- 《中华人民共和国著作权法实施条例》

二、计算机软件著作权

1. 计算机软件著作权的主体与客体

1) 计算机软件著作权的主体

计算机软件著作权的主体指享有著作权的人，包括公民、法人和其他组织。

2) 计算机软件著作权的客体

计算机软件的客体指著作权法保护的计算机软件著作权的范围，根据《著作权法》第三条和《计算机软件保护条例》第二条的规定，著作权法保护的是计算机程序及其有关文档。

(1) 计算机程序。根据《计算机软件保护条例》第三条第一款的规定，计算机程序是指为了得到某种结果而可以由计算机等具有信息处理能力的装置执行的代码化指令序列，或者可被自动转换成代码化指令序列的符号化语句序列。计算机程序包括源程序和目标程序，同一程序的源程序文本和目标程序文本视为同一软件作品。

(2) 计算机程序的文档。根据《计算机软件保护条例》第三条第二款的规定，计算机程序的文档是指用自然语言或者形式化语言所编写的文字资料和图表，用来描述程序的内容、组成、设计、功能规格、开发情况、测试结果及使用方法等。文档一般以程序设计说明书、流程图和用户手册等表现。

2. 计算机软件受著作权法保护的条件

计算机软件受著作权法保护应符合以下条件。

(1) 独立创作。受保护的软件必须由开发者独立开发创作，任何复制或抄袭他人开发的软件都不能获得著作权。软件开发的思想、概念不受著作权法的保护，但如果用了他人软件作品的逻辑步骤的组合方式，则对他人软件构成侵权。

(2) 可被感知。受著作权法保护的作品是作者创作思想在固定载体上的一种实际表达。如果作者的创作思想未表达出来或不可以被感知，就不能得到著作权法的保护。因此，《计算机软件保护条例》规定，受保护的软件必须固定在某种有形物体上。

(3) 逻辑合理。受保护的计算机软件作品必须具备合理的逻辑思想，并以正确的逻辑步骤表现出来。

3. 计算机软件著作的权利

1) 计算机软件著作权的人身权

计算机软件享有两种权利：人身权(精神权利)和财产权(经济权利)。软件著作人还享有发表权和开发者身份权。

发表权是指是否公布软件作品的权利；开发者身份权又称为署名权，指软件作者在作品中署自己名字的权利。

2) 计算机软件的著作财产权

著作财产权是指能够给著作权人带来经济利益的权利。通常是指由软件著作权人控制和支配，并能够为权利人带来一定经济效益的权利。主要内容有使用权、复制权、修改权、发行权、翻译权、注释权、信息网络传播权、出租权、使用许可权和获得报酬权、转让权。

3) 软件合法持有人的权利

软件合法持有人的权利主要有：根据使用的需要把软件装入计算机等装置内；根据需要进行必要的复制；为了防止复制品损坏而制作备份复制品；为了把该软件用于实际的计算机应用环境而做的必要修改，但不得向第三方提供修改后的软件。

4) 计算机软件著作权的行使

(1) 软件经济权利的许可使用。

软件经济权利的许可使用是指软件著作权人通过合同方式许可他人使用其软件，并获得一定报酬的软件贸易形式。主要有：独占许可使用，被授权方按合同规定取得软件使用的独占性，权利人不得将使用权授予第三方，自己也不得使用该软件；独家许可使用，权利人自己可以使用该软件，其他和独占许可使用相同；普通许可使用，权利人可以将使用权授予第三方，自己也可以使用；法定许可使用和强制许可使用，根据法律特殊规定，不经软件著作权人许可也可以使用其软件。

(2) 软件经济权利的转让使用。

软件经济权利的转让使用是指软件著作权人将其著作权中的经济权利全部转移给他人，受让者成为新的著作权主体。软件著作权的转让必须签订书面合同，同时转让不改变软件的保护期。转让方式包括卖出、赠与、抵押、赔偿等。

5) 计算机软件著作权的保护期

计算机软件著作权自软件开发完成之日起，保护期为 50 年。保护期满，除开发者身份权外，其他权利终止。计算机软件著作权人的单位终止和计算机软件著作权人的公民死亡无合法继承人时，除开发者身份权外的其他权利进入公有领域。

4. 计算机软件著作权的归属

我国《著作权法》规定著作权属于作者。《计算机软件保护条例》规定软件著作权属于软件开发者。

1) 职务开发软件著作权的归属

当公民作为某单位的雇员时，如其开发的软件属于执行本职工作的结果，则软件著作权应当归单位享有。若开发的软件不是执行本职工作的结果，其著作权不属于单位享有；如果该雇员主要使用了单位的设备，按照《计算机软件保护条例》第十三条第三款规定，不能属于该雇员所有。

对于公民在非职务期间创作的计算机程序，只有同时满足以下 3 个条件，其作品才属于非职务软件作品，软件著作权才归创作者所有。

(1) 所开发的软件不是执行本职工作的结果

(2) 开发的软件作品与开发者所在单位中从事的内容无直接联系

(3) 开发的软件作品未使用单位的物质技术条件

2) 合作开发软件著作权的归属

合作开发软件是指两个或两个以上公民、法人或其他组织订立协议，共同参加某项计算机软件的开发并分享软件著作权的形式。对合作开发软件著作权的归属应掌握以下 4 点。

(1) 由两个以上的单位、公民共同开发完成的软件属于合作开发的软件。

(2) 由于合作开发软件著作权是由两个以上单位或者个人共同享有，因而为了避免在软件著作权的行使中产生纠纷，规定“合作开发的软件，其著作权的归属由合作开发者签订书面合同约定”。

(3) 对于合作开发的软件著作权按以下规定执行：“无书面合同或者合同未作明确约定，合作开发的软件可以分割使用的，开发者对各自开发的部分可以单独享有著作权；但是，行使著作权时，不得扩展到合作开发的软件整体的著作权。”

(4) 合作开发者对于软件著作权中的转让权不得单独行使。

3) 委托开发软件著作权的归属

受委托创作的作品，著作权的归属由委托人和受托人通过合同约定。合同未作明确约定或者没有订立合同的，著作权属于受托人。委托开发的软件著作权的归属按以下标准确定。

(1) 委托开发软件作品需根据委托方的要求，由委托方与受托方以合同确定的权利和义务的关系而进行开发的软件。因此，软件作品著作权归属应当作为合同的重要条款予以明确约定。

(2) 若在委托开发软件活动中，委托者与受委托者没有签订书面协议，或者在协议中未对软件著作权归属作出明确的约定，则软件著作权属于受委托者，即属于实际完成软件的开发者。

4) 接受任务开发软件的著作权归属

接受任务开发软件的著作权归属一般按以下两条标准确定：①在合同中明确约定的，按照合同约定实行；②未明确约定的，著作权属于实际完成软件开发的单位。

5) 计算机软件著作权主体变更后软件著作权的归属

因主体变更引起的变化有以下几种。

(1) 公民继承的软件权利归属。合法继承人享有除署名权外的其他权利，例如著作权的使用权、使用许可权和获得报酬权等权利。

(2) 单位变更后软件权利归属。著作权属于法人或者其他组织的，法人或者其他组织变更、终止后，由承受其权利义务的法人或者其他组织享有；没有承受其权利义务的法人或者其他组织的，由国家享有。

(3) 权利转让后的软件著作权归属。权利转让根据签订的合同规定各方的权利。

(4) 司法判决、裁定引起的软件著作权归属问题根据法律的判决来执行。

(5) 保护期届满权利丧失。

5. 计算机软件著作权侵权的鉴别

1) 计算机软件著作权侵权行为

计算机软件著作权侵权行为主要有：未经软件著作权人的同意而发表或者登记其作品；将他人开发的软件当做自己的作品发表或者登记；未经合作者同意将与他人合作开发的软件当做自己独立完成的作品发表或者登记；在他人开发的软件上署名或者更改他人开发的软件上的署名；未经软件著作权人或者其合法受让者的许可，修改或翻译其软件作品；未经软件著作权人或其合法受让者的许可，复制或部分复制其软件；未经软件著作权人或其合法受让者的同意，向公众发行出租其软件的复制品；未经软件著作权人或其合法受让者的同意，向任何第三方办理软件权利许可或转让事宜；未经软件著作权人或其合法受让者的同意，通过信息网络传播著作权人的软件；共同侵权，两人以上共同实施的侵权行为。

2) 不构成计算机软件侵权的合理使用行为

根据已获得的软件使用权利进行的不超出使用权限的活动都是合法使用。区分合理使用和不合理使用可以按以下标准。

(1) 软件作品是否合法取得。

(2) 使用目的是否具有商业营业性，如果是，就不属于合理使用。

(3) 合理使用一般为少量的使用，超过通常认为的少量界限，即可认为不属于合理使用。

3) 计算机著作权软件侵权的识别

计算机软件作为《著作权法》保护的客体，具有以下特点。

(1) 技术性，指其创作和开发的高技术性。

(2) 依赖性，指人们对其的了解依赖于计算机。

(3) 多样性，指计算机程序表达的多样性。

(4) 运行性，指程序功能的可运行性。

识别侵权软件可采取下列方法：①将正版和盗版软件进行比对；②将 2 套软件同时或先后安装，观察其显示是否相同；③对其安装后的目录和各种文件尽心对比；④在使用过程中进行对比；⑤进行源程序的对比。

6. 计算机软件著作权侵权的法律责任

计算机软件著作权侵权的法律责任主要有民事责任、行政责任和刑事责任。

需要承担民事责任的侵权行为有：未经软件著作权人的许可发表或登记其软件的；将他人的软件当做自己的软件发表或登记的；未经合作者许可，将与他人合作开发的软件当做自己独立完成的作品发表或者登记的；在他人开发的软件上署名或者更改他人开发的软件上署名的；未经软件著作权人或者其合法受让者的许可，修改或翻译其软件的；其他侵犯软件著作权的行为。

需要承担行政责任的侵权行为有：复制或部分复制著作权人软件的；向公众发行、出租著作权人软件的；故意避开或者破坏著作权人为保护其软件而采取的技术措施的；故意删除或者改变软件权利管理电子信息的；许可他人行使或者转让著作权人的软件著作权的。

侵权行为构成犯罪的，侵权者应承担相应的刑事责任。

三、计算机软件的商业秘密权

1. 商业秘密

1) 商业秘密的定义

在我国的《反不正当竞争法》中规定商业秘密是“不为公众所熟悉的、能为权利人带来经济效益、具有实用性并经权利人采取保密措施的技术信息和经营信息”，主要包括经营秘密和技术秘密。

商业秘密权作为一种无形财产权受到法律的保护，在计算机软件中，包含商业秘密的可作为商业秘密权的保护对象。

2) 商业秘密的构成条件

商业秘密的构成条件是：商业秘密必须具有未公开性，即不为公众所知悉；商业秘密必须具有实用性，即能为权利人带来经济效益；商业秘密必须具有保密性，即采取了保密措施。

3) 商业秘密权

商业秘密是一种无形的信息财产。与有形财产相区别，商业秘密不占据空间，不易被权利人所控制，不发生有形损耗，其权利是一种无形财产权。商业秘密的权利人与有形财产所有权人一样，依法享有占有、使用和收益的权利，即有权对商业秘密进行控制与管理，防止他人采取不正当手段获取与使用；有权依法使用自己的商业秘密，而不受他人干涉；有权通过自己使用或者许可他人使用以至转让所有权，从而取得相应的经济利益；有权处理自己的商业秘密，包括放弃占有、无偿公开、赠与或转让等。

4)　商业秘密的丧失

一项商业秘密受到法律保护的依据，是必须具备上述构成商业秘密的三个条件，当缺少上述三个条件之一就会造成商业秘密丧失保护。

2. 计算机软件商业秘密的侵权

侵犯商业秘密是指未经权利人的许可，以非法手段获得商业秘密并加以公开或使用的行为。其具体行为主要有如下几种。

(1)　以盗窃、利诱、胁迫或以其他不正当手段获取权利人的计算机软件商业秘密。

(2)　披露、使用或允许他人使用以不正当手段获取的计算机软件商业秘密。

(3)　违反约定或违反权利人有关保守商业秘密的要求，披露、使用或允许他人使用其掌握的计算机软件商业秘密的。

(4)　第三方在明知前述违法行为的情况下，仍然从侵权人那里获取或使用他人计算机软件商业秘密的。该行为属于间接侵权。

3. 计算机软件商业秘密侵权的法律责任

下面介绍计算机软件商业秘密侵权的法律责任。

(1)　侵权者的行政责任：责令其停止侵权行为，处以 1 万元以上 20 万元以下的罚款。

(2)　侵权者的民事责任：侵权人承担损害赔偿责任，被侵权人可以向法院提起诉讼。

(3)　侵权者的刑事责任：侵权者的侵权行为造成重大损害的，侵权者承担刑事责任。

四、专利权概述

1. 专利权的保护对象与特征

专利权，是指由国务院专利行政部门授予的，发明创造者在规定的时间内享有的独占使用权，在这一规定的时间内，任何自然人、法人、其他组织，未经其许可，均不得制造其发明创造。依《中华人民共和国专利法》规定，我国国务院专利行政管理部门授予的专利有以下三种：发明专利、实用新型专利、外观设计专利。不属于专利权范围的有如下几种。

- 违反国家法律、社会公德或者妨碍公共利益的发明创造。
- 科学发现。
- 智力活动的规则和方法，如推理、分析、判断、处理等思维活动的方法。
- 疾病诊断手段和治疗方法。
- 动、植物品种。
- 用原子核变换方法获得的物质。

2. 授予专利的条件

授予专利的条件指发明创造获得专利的实质条件，包括新颖性、创造性和实用性三方面。

(1)　新颖性是指发明创造在申请日之前未被公开也没有同样的发明被申请的。新颖性是创造性的前提。

(2) 创造性是指发明创造要有实质性特点和显著的进步。

(3) 实用性是指发明创造要能够使用，并且能够产生积极的效果。申请专利的技术方案违背自然规律或利用独一无二的自然条件完成的，不具备实用性。

外观设计获得专利权的条件为新颖性和美观性。新颖性和上述相同，美观性是指该设计可以使产品产生美感。

3. 专利的申请

专利申请权是公民、法人或其他组织依据法律规定或者合同约定享有的就发明创造向专利局提出专利申请的权利。专利申请权可以转让、继承或赠与。

专利申请采用书面形式，一项专利申请文件只能申请一项专利。两个或两个以上的人就同样的发明创造申请专利的，专利权授予最先申请人。两个以上的申请人在同一日分别就同样的发明创造申请专利的，应在收到专利行政部门的通知后自行协商确定申请人。

专利申请日，又称关键日，是指专利主管部门收到完整的专利申请文件的日期。如果专利申请文件是邮寄的，以寄出的邮戳日为申请日。

对发明专利的审批要通过实质审查，即依法审查专利的新颖性、创造性和实用性。对实用新型和外观设计专利申请只进行初步审查，不进行实质审查。

申请人在法定期间或专利局指定的期限内未办理相关的手续或未能提供有关文件的，其申请将被撤回，丧失其申请权。

4. 专利权行使

1) 专利权的归属

依据《中华人民共和国专利法》及其实施细则的规定，专利权归下列人所有。

(1) 职务发明创造的专利申请权和专利权人为单位。

(2) 非职务发明创造的专利申请权和专利权人为个人。

(3) 利用本单位的物质技术条件所完成的发明创造，其专利申请权和专利权人依其合同约定决定。

(4) 两个以上单位或者个人合作完成的发明创造，除各方在协议中约定的以外，其专利申请权和专利权人属于完成或者共同完成的单位或者个人。

(5) 一个单位或者个人接受其他单位或者个人的委托完成的发明创造，除委托书中有约定的外，其专利申请权和专利权人属于完成或者共同完成的单位或者个人。

(6) 两个以上的申请人分别就同样的发明创造申请专利的，专利权授予最先申请的人。

(7) 委托开发的专利权根据委托开发的协议中的规定来确定，若未有明确规定，则专利权属于专利完成者。

2) 专利权人的权利

专利权是一种具有财产权属性的独占权以及由其衍生出来的相应处分权。专利权人的权利有独占实施权、转让权、实施许可权、放弃权、标记权等。专利实施许可包括独占许可、独家许可、普通许可和部分许可。

5. 专利权的限制

根据我国《专利法》的规定，发明专利的保护期限为20年，实用新型和外观设计专利为 10 年。

专利权因某种法律事实的发生而导致其效力消失的情形称为专利权终止。导致专利终止的事实有：保护期限届满；专利权人放弃专利权；专利权人没有按规定交纳年费的。

6. 专利侵权行为

专利侵权行为是指在专利保护期内，未经专利权人的许可擅自以营利为目的的使用专利的行为。主要有如下几种。

(1) 为生产经营目的制造、使用、销售其专利产品。或者使用其专利方法以及通过该专利方法获得产品。

(2) 为生产经营目的制造、销售其外观设计专利产品。

(3) 进口依照其专利方法直接获得的产品。

(4) 产品的包装上标明专利标记和专利号。

(5) 冒充专利产品或专利方法等。

对专利侵权行为，专利权人可以请求专利管理机关处理，也可以请求法院审理。侵犯专利的诉讼时效为两年，自专利权人知道或应当知道侵权之日起算起。

五、企业知识产权的保护

1. 知识产权的保护和利用

目前计算机技术和软件技术的知识产权保护以《著作权法》为主，《专利法》、《商标法》、《反不正当竞争法》、《合同法》为辅。例如，源程序及设计文档作为软件的表现形式受《著作权法》保护，同时作为技术秘密又受《反不正当竞争法》的保护。对企业来说，不能只依靠法律法规，要建立自己的知识产权保护措施，一般可采取以下方法。

(1) 明确软件知识产权归属。

(2) 及时对软件技术秘密采取保护措施。一旦发生泄露，要追究行为人的责任，保护企业权益。

(3) 依靠专利保护新技术和新产品。要及时申请专利，不能拖延导致新成果新颖性的丧失。

(4) 软件产品要尽快完成商标或服务标记的注册，保护产品的商标专有权。

(5) 软件产品进入市场前进行软件著作权登记。

2. 建立经济约束机制规范调整各种关系

软件企业需要建立企业内部以及企业与外部的各种经济约束机制。目前，软件企业应建立以下各项合同规范。

(1) 劳动关系合同。

(2) 软件开发合同。约定软件开发各方享有的权利和义务。

(3) 软件许可使用(或转让)合同。

11.3 真题详解

综合知识试题

试题1 （2010年下半年试题10）

软件商标权的权利人是指__(10)__。

(10) A．软件商标设计人　　B．软件商标制作人
C．软件商标使用人　　D．软件注册商标所有人

参考答案：(10)D。

要点解析：软件商标权的权利人是指软件注册商标所有人。

试题2 （2010年下半年试题11）

利用__(11)__可以对软件的技术信息、经营信息提供保护。

(11) A．著作权　　B．专利权　　C．商业秘密权　　D．商标权

参考答案：(11)C。

要点解析：在《反不正当竞争法》中商业秘密被定义为“不为公众所知悉的、能为权利人带来经济利益的、具有实用性并经权利人采取保密措施的技术信息和经营信息”。软件中包含着技术秘密和经营秘密，具有商业秘密的特征，即使软件尚未开发完成，在软件开发中所形成的知识内容也构成商业秘密。因此，可以利用商业秘密权对软件的技术信息、经营信息提供保护。

试题3 （2010年下半年试题12）

李某在某软件公司兼职，为完成该公司交给的工作，做出了一项涉及计算机程序的发明。李某认为该发明是自己利用业余时间完成的，可以个人名义申请专利。关于此项发明的专利申请权应归属__(12)__。

(12) A．李某　　B．李某所在单位
C．李某兼职的软件公司　　D．李某和软件公司约定的一方

参考答案：(12)C。

要点解析：《中华人民共和国专利法》规定，执行本单位的任务或者主要是利用本单位的物质条件所完成的职务发明创造，申请专利的权利属于该单位。李某所做的发明是其在软件公司兼职时本职工作的结果，因此专利申请权应归属软件公司。

试题4 （2010年上半年试题10）

两个以上的申请人分别就相同内容的计算机程序的发明创造，先后向国务院专利行政部门提出申请，__(10)__可以获得专利申请权。

(10) A．所有申请人均　　B．先申请人　　C．先使用人　　D．先发明人

参考答案：(10)B。

要点解析：在我国，审批专利遵循的基本原则是“先申请先得”原则，即对于同样的发明创造，谁先申请专利，专利权就授予谁。专利法第九条规定，两个以上的申请人分别就同样的发明创造申请专利的，专利权授予最先申请的。当有二者在同一时间就同样的发明创造提交了专利申请，专利局将分别向各申请人通报有关情况可以将两申请人作为一件申请的共同申请人，或其中一方放弃权利并从另一方得到适当的补偿，或两件申请都不授予专利权。但专利权的授予只能给一个人。

试题 5 （2010 年上半年试题 11）

王某是一名程序员，每当软件开发完成后均按公司规定完成软件文档，并上交公司存档，自己没有留存。因撰写论文的需要，王某向公司要求将软件文档原本借出复印，但遭到公司拒绝，理由是该软件文档属于职务作品，著作权归公司。以下叙述中，正确的是＿(11)＿。

(11) A．该软件文档属于职务作品，著作权归公司

B．该软件文档不属于职务作品，程序员享有著作权

C．该软件文档属于职务作品，但程序员享有复制权

D．该软件文档不属于职务作品，著作权由公司和程序员共同享有

参考答案：(11)A。

要点解析：《计算机软件保护条例》第十三条做出了明确规定：公民在单位任职期间所开发的软件，如果是执行本职工作的结果，即针对本职工作中明确指定的开发目标所开发的，或者是从事本职工作活动所预见的结果或自然的结果，则该软件的著作权属于该单位。题目中，软件文档属于职务作品，著作权归公司。

试题 6 （2009 年下半年试题 10）

下列智力成果中，能取得专利权的是＿(10)＿。

(10) A．计算机程序代码　　　B．游戏的规则和方法

C．计算机算法　　　D．用于控制测试过程的程序

参考答案：(10)C。

要点解析：授予专利权的条件是指一项发明创造获得专利权应当具备的实质性条件。一项发明或者实用新型获得专利权的实质条件为新颖性、创造性和实用性。因此容易得出答案为C。

试题 7 （2009 年下半年试题 11）

软件权利人与被许可方签订一份软件使用许可合同。若在该合同约定的时间和地域范围内，软件权利人不得再许可任何第三人以此相同的方法使用该项软件，但软件权利人可以自己使用，则该项许可使用是＿(11)＿。

(11) A．独家许可使用　　　B．独占许可使用

C．普通许可使用　　　D．部分许可使用

参考答案：(11)A。

要点解析：本题考查软件经济权利的许可使用。

软件经济权利的许可使用是指软件著作权人或权利合法受让者，通过合同方式许可他人使用其软件，并获得报酬的一种软件贸易形式。许可使用的方式可分为以下几种。

(1) 独占许可使用。权利人通过书面合同授权，被授权方可以根据合同规定的方式、条件和时间确定独占性，权利人不得将软件使用权授予第三方，权利人自己不能使用该软件。

(2) 独家许可使用。权利人通过书面合同授权，被授权方可以根据合同规定的方式、条件和时间确定独占性，权利人不得将软件使用权授予第三方，权利人自己可以使用该软件。

(3) 普通许可使用。权利人通过书面合同授权，被授权方可以根据合同规定的方式、条件和时间确定独占性，权利人可以将软件使用权授予第三方，权利人自己可以使用该软件。

(4) 法定许可使用和强制许可使用。在法律特定的条款下，不经软件著作权人许可，使用其软件。

根据题意，可知答案为A。

试题8 (2009年上半年试题10)

关于软件著作权产生的时间，下面表述正确的是 (10) 。

(10) A．自作品首次公开发表时　　B．自作者有创作意图时
C．自作品得到国家著作权行政管理部门认可时　　D．自作品完成创作之日

参考答案：(10)D。

要点解析：依《计算机软件保护条例》第十四条相关规定，软件著作权自软件开发完成之日起产生。

试题9 (2009年上半年试题11)

程序员甲与同事乙在乙家探讨甲近期编写的程序，甲表示对该程序极不满意，要弃之重写，并将程序手稿扔到乙家垃圾筒。后来乙将甲这一程序稍加修改，并署乙发表。以下说法正确的是 (11) 。

(11) A．乙的行为侵犯了甲的软件著作权
B．乙的行为没有侵犯甲的软件著作权，因为甲已将程序手稿丢弃
C．乙的行为没有侵犯甲的著作权，因为乙已将程序修改
D．甲没有发表该程序并弃之，而乙将程序修改后发表，故乙应享有著作权

参考答案：(11)A。

要点解析：《计算机软件保护条例》规定，软件著作权人享有软件修改权，即享有的修改或者授权他人修改软件作品的权利。本题中甲虽然将程序手稿扔到乙家垃圾筒，但是甲并未授修改权给乙，所以乙稍加修改后以自己的名字发表，侵犯了甲的著作权。

11.4 强化训练

11.4.1 综合知识试题

试题1

我国专利申请的原则之一是 (1) 。

(1) A．申请在先　　B．申请在先与使用在先相结合
C．使用在先　　D．申请在先、使用在先或者二者相结合

试题2

李某在《电脑与编程》杂志上看到张某发表的一组程序，颇为欣赏，就复印了一百份作为程序设计辅导材料发给了学生。李某又将这组程序逐段加以评析，写成评论文章后投到《电脑编程技巧》杂志上发表。李某的行为 (2) 。

(2) A．侵犯了张某的著作权，因为其未经许可，擅自复印张某的程序
B．侵犯了张某的著作权，因为在评论文章中全文引用了发表的程序
C．不侵犯张某的著作权，其行为属于合理使用
D．侵犯了张某的著作权，因为其擅自复印，又在其发表的文章中全文引用了张某的程序

试题3

关于软件著作权产生的时间，表述正确的是 (3) 。

(3) A．自软件首次公开发表时　　B．自开发者有开发意图时
C．自软件得到国家著作权行政管理部门认可时　　D．自软件完成创作之日起

试题 4

李某大学毕业后在M公司销售部门工作，后由于该公司软件开发部门人手较紧，李某被暂调到该公司软件开发部开发新产品，两周后，李某开发出一种新软件。该软件著作权应归__(4)__所有。

(4) A．李某　　B．M公司　　C．李某和M公司　　D．软件开发部

试题 5

下列标准代号中，__(5)__为推荐性行业标准的代号。

(5) A．SJ/T　　B．Q/T11　　C．GB/T　　D．DB11/T

试题 6

小王购买了一个“海之久”牌活动硬盘，而且该活动硬盘还包含有一项实用新型专利，那么，王某享有__(6)__。

(6) A．“海之久”商标专用权　　B．该盘的所有权
C．该盘的实用新型专利权　　D．前三项权利之全部

11.4.2　综合知识试题参考答案

【试题1】答　案：A

分　析：专利申请的原则之一是两个以上的申请人分别就同样的发明创造申请专利的，专利权授予最先申请的人。所以是申请在先的原则。

【试题2】答　案：C

分　析：根据《中华人民共和国著作权法》第二十二条规定在下列情况下使用作品，可以不经著作权人许可，不向其支付报酬，但应当指明作者姓名、作品名称，并且不得侵犯著作权人依照本法享有的其他权利。

(一) 为个人学习、研究或者欣赏，使用他人已经发表的作品。

(二) 为介绍、评论某一作品或者说明某一问题，在作品中适当引用他人已经发表的作品。

(三) 为报道时事新闻，在报纸、期刊、广播电台、电视台等媒体中不可避免地再现或者引用已经发表的作品。

(四) 报纸、期刊、广播电台、电视台等媒体刊登或者播放其他报纸、期刊、广播电台、电视台等媒体已经发表的关于政治、经济、宗教问题的时事性文章，但作者声明不许刊登、播放的除外。

(五) 报纸、期刊、广播电台、电视台等媒体刊登或者播放在公众集会上发表的讲话，但作者声明不许刊登、播放的除外。

(六) 为学校课堂教学或者科学研究，翻译或者少量复制已经发表的作品，供教学或者科研人员使用，但不得出版发行。

(七) 国家机关为执行公务在合理范围内使用已经发表的作品。

(八) 图书馆、档案馆、纪念馆、博物馆、美术馆等为陈列或者保存版本的需要，复制本馆收藏的作品。

(九) 免费表演已经发表的作品，该表演未向公众收取费用，也未向表演者支付报酬。

(十) 对设置或者陈列在室外公共场所的艺术作品进行临摹、绘画、摄影、录像。

(十一) 将中国公民、法人或者其他组织已经发表的以汉语言文字创作的作品翻译成少数民族语言文字作品在国内出版发行。

(十二) 将已经发表的作品改成盲文出版。

前款规定适用于对出版者、表演者、录音录像制作者、广播电台以及电视台的权利的限制。

根据此条规定李某的两种行为均属于合理使用，不侵犯张某的著作权。

【试题3】答　案：D

分　析：根据《计算机软件保护条例》第十四条相关规定，软件著作权自软件开发完成之日起产生。

【试题4】答　案：B

分　析：根据《计算机软件保护条例》第十三条规定：自然人在法人或者其他组织中任职期间所开发的软件有下列情形之一的，该软件著作权由该法人或者其他组织享有，该法人或者其他组织可以对开发软件的自然人进行奖励。

(一) 针对本职工作中明确指定的开发目标所开发的软件。

(二) 开发的软件是从事本职工作活动所预见的结果或者自然的结果。

(三) 主要使用了法人或者其他组织的资金、专用设备、未公开的专门信息等物质技术条件所开发并由法人或者其他组织承担责任的软件。

李某是在任职期间针对本职工作中明确指定的开发目标所开发的软件，所以软件著作权应归M公司所有。

【试题5】答　案：A

分　析：该题考查基本标准代号格式。常见的标准代号格式有：

(1) 强制性国家标准：GB XXXXX—XXXX

(2) 推荐性国家标准：GB/T XXXXX—XXXX

(3) 强制性行业标准编号XX　XXXX—XXXX

(4) 推荐性行业标准编号XX/T　XXXX—XXXX

(5) 强制性地方标准的编号：DBXX　XXX—XXXX

(6) 推荐性地方标准编号：DBXX/T　XXX—XXXX

(7) 企业标准的编号：Q/XXX　XXX—XXXX

从以上分析可以看出SJ/T为推荐性行业标准的代号，SJ/T是电子行业的推荐性标准。

【试题6】答　案：B

分　析：商标专用权是企业、事业单位和个体工商业者，对其生产、制造、加工、拣选或者经销的商品，向商标局申请商品商标注册，经商标局核准注册的商标为注册商标，所取得的专用权受法律保护，并且促使生产者、制造者、加工者或者经销者保证商品质量和维护商标信誉，对其使用注册商标的商品质量负责，便于各级工商行政管理部门通过商标管理，监督商品质量，制止欺骗消费者的行为。

实用新型专利权是受我国《专利法》保护的发明创造权利。实用新型专利权被授权后，除法律另有规定的以外，任何单位或者个人未经专利权人许可，不得以生产经营的目的制造、使用、销售其专利产品，或者使用其专利方法以及使用、销售依照该专利方法直接获得的产品。

因此，王某购买“海之久”牌活动硬盘，只享有该活动硬盘的所有权，而不享有题目中所提及活动硬盘的其他权利。

第 12 章 计算机专业英语

12.1 备考指南

12.1.1 考纲要求

根据考试大纲中相应的考核要求，在“**计算机专业英语**”知识模块上，要求考生具备以下能力。

1. 具有工程师所要求的英语阅读水平
2. 理解本领域的英语术语

12.1.2 考点统计

“**计算机专业英语**”知识模块，在历次软件设计师考试试卷中出现的考核知识点及分值分布情况如表 12.1 所示。

表 12.1 历年考点统计表

年 份	题 号	知 识 点	分 值
2010 年下半年	上午：71~75	计算机软件设计专业英语	5 分
	下午：无	无	0 分
2010 年上半年	上午：71~75	计算机软件设计专业英语	5 分
	下午：无	无	0 分
2009 年下半年	上午：71~75	计算机软件设计专业英语	5 分
	下午：无	无	0 分
2009 年上半年	上午：71~75	计算机软件设计专业英语	5 分
	下午：无	无	0 分

12.1.3 命题特点

纵观历年试卷，本章知识点是以选择题的形式出现在试卷中。在历次考试上午试卷中，所考查的题量为5道选择题，所占分值为5(约占试卷总分值75分中的6%)。本章考题主要考查应试者结合计算机专业技术知识对全文综合理解的程度和串联上下文的能力；应试者语法知识和对句法结构的辨识能力；应试者的词汇量和词汇运用能力。试题难度中等。

12.2 考点串讲

专业英语试题分析

计算机专业英语一般是以完形填空的形式出现在71～75题。具体而言，完形填空主要考查应试者对语篇中句法、词语和短语的把握能力，具有较强的测试性。每一个空处都要通过上下文进行综合考虑，仅仅依靠一个单句往往无法确立正确选项。

语篇的内容往往是对软件设计中相关知识的描述，需要应试者对于这些内容有一定的了解。

1. 完形填空中的句法

计算机英语的完形填空，句法强调时态、语态、倒装、复合，同时要求主语、谓语和宾语结构在数、格等方面的一致性。此外，连接手段包括关系代词、关系副词、连接词等，要求与整个语篇的行文相一致，起到或承接、或转折、或加强的作用，有着非常突出的个性特征。

时态在描述某项事务的发展历史时，一般采用过去时态；对目前尚还使用中的技术，采取完成时态或现在时；对未来技术的展望，大都采用将来时。句中几个受同一时间状态限制的动词时态在表达形式上要保持一致。这里包括并列的谓语动词以及主句和从句中谓语动词在表达形式上的一致。

计算机英语的语篇在描述技术类知识时，语态一般力求客观，采用描述性和被动语态较多。这里要注意只有及物动词及相当于及物动词的词组才有被动语态的表达形式。在并列结构中，同样的语义往往需要同样的语态表达形式。

2. 完形填空中的短语和固定用法

英语中有相当数量的动词短语、介词短语和固定搭配，其来源广泛，搭配方式丰富多变。因此需要应试者从动词入手，熟悉固定搭配，尤其是动词短语；从介词入手，了解介词本身的意义，进而了解同一个介词与不同动词、名词搭配产生的不同或相关的意义；理解固定搭配的外延，增强对语义提示的审查力。

3. 完形填空的答题要领

关于完形填空要注意如下答题要领。

(1) 通过首句或出现的核心词汇来推断全文的信息。短文的首句往往是主题句，或出现了核心词汇，能为理解文章的大意和主要内容提供必要线索。一般首句还提供背景资料，因此要特别注意首句，抓住整个段落的纲要。

(2) 把握文章发展的基本线索。文章总是按照一定思路发展起来的，不同的逻辑关系主要依靠使用逻辑连接词来表达，文章如果没有出现内在的逻辑关系，就会出现语义不清、逻辑混乱。所以通过表示逻辑关系的词汇把握文章发展的基本线索是至关重要的。

借助语法知识和专业背景知识确定正确的词汇选项。

计算机专业英语词汇的考查在试题中占一定比例，词汇选项的设计和文章难度的制定与语法都息息相关。应试者务必借助语法知识和专业背景知识来确定正确的词汇选项。同时注意填入的词汇和文中句子的结构要求相一致。

4. 完形填空的答题步骤

关于完形填空题可采取以下答题步骤。

(1) 通读全文。完形填空是考查在全面理解内容的基础上运用语言的能力，由于试题篇幅较短，完全有时间利用通读对全文内容有一个基本的了解。应试者要快速阅读段落，把握基本观点，通读时以浏览为主，可以忽略细节。

(2) 复读答题。在通读的基础上，应试者最好能立即复读，并结合选项，从语法结构、语义、词义、固定搭配等方面结合专业知识来考虑选项。选定之后，还需要回读。在整个答题过程中，切记全文的整体意义，保持思路的连贯性，从而做出正确选择。

(3) 重读检查。在确定所有选项以后，一定要重读全文，检查并核实每个选项在整篇文章中没有造成语义、结构、逻辑等方面的差错，确保短文是一个内容连贯、层次清晰、中心思想突出的整体。

5. 专业词汇

abstract class 抽象类
abstraction 抽象
access modifier 存取权限
accessor methods 存取器方法
acceptance 验收
action 动作
action sequence 动作序列
action state 动作状态
activation 激活
active class 主动类
activity 活动
active object 主动对象
activity graph 活动图
actor 主角
actor class 主角类
actor-generalization 主角泛化关系
actual parameter 实参
aggregate class 聚合类
artifact set 工件集
association 关联关系
aggregation 聚合关系
analysis 分析
analysis class 分析类
analysis & design 分析设计
analysis mechanism 分析机制
analysis pattern 分析模式
analyst 分析员
application programming interface(API) 应用程序编程接口
appraisal 评估
architectural baseline 构架基线
architectural mechanism 构架机制
architectural pattern 构架模式
architectural view 构架视图
architecture 构架
artifact 工件
artifact guidelines 工件指南
association class 关联类
association end 关联关系端
asynchronous action 异步动作

attribute 属性
base class 基类
baseline 基线
Bean 可用于构建应用程序的小构件
behavior 行为
behavioral feature 行为特性
behavioral model aspect 模型的行为侧重面
beta testing Beta 测试
binary association 二元关联关系
binding 绑定
boundary class 边界类
break point 断点
business actor 业务主角
business actor class 业务主角类
business creation 业务创建
business engineering 业务工程
business entity 业务实体
business improvement 业务改进
business object model 业务对象模型
business modeling 业务建模
business process 业务过程
business process engineering 业务过程工程
business reengineering 业务重建
business rule 业务规则
business use case 业务用例
business use-case instance 业务用例实例
business use-case model 业务用例模型
business use-case package 业务用例包
business use-case realization 业务用例实现
business worker 业务角色
capsule 封装体
cardinality 基数
causal analysis 因果分析
change control board (CCB)变更控制委员会
change management 变更管理
change request (CR)变更请求
checklist 检查表
checkpoints 检查点
class 类
class diagram 类图
asynchronous review 异步评审
class hierarchy 类分层结构
class library 类库
class method 类方法
classifier 分类器
client 客户端
client/server 客户机/服务器
collaboration 协作
collaboration diagram 协作图
comment 注释
commit 提交
Common Gateway Interface(CGI)公共网关接口
Common Object Request Broker Architecture (CORBA)公用对象请求代理程序体系结构
communicate-association 通信关联关系
communication association 通信关联关系
component 构件
component diagram 构件图
component model 构件模型
component-based development(CBD)基于构件的开发
composite aggregation 组装关系
composite class 组装类
composite state 组合状态
composite substate 组合子状态
composition 组装
concrete 具体
concrete class 具体类
concurrency 并行
concurrent substate 并行子状态
configuration 配置
configuration item 配置项
configuration management 配置管理
constraint 约束
construction 构建
constructor 构造函数
container 容器
containment hierarchy 容器分层结构
context 环境
control chart 控制图
control class 控制类
conversational 会话式
critical design review (CDR)关键设计评审
customer 客户
cycle 周期
database 数据库

database management system (DBMS)数据库管理系统
datatype 数据类型
deadlock 死锁
decision rule 决策规则
defect 缺陷
defect checklist 缺陷检查表
defect density 缺陷密度
defect log 缺陷日志
defining model 定义模型
delegation 委托
deliverable 可交付工件
de-marshal 串行化
demilitarized zone (DMZ)隔离带
dependency 依赖关系
deployment 部署
deployment diagram 部署图
deployment unit 部署单元
deployment view 部署视图
derived element 派生元素
deserialize 反串行化
design 设计
design mechanism 设计机制
design model 设计模型
design package 设计包
design pattern 设计模式
design subsystem 设计子系统
developer 开发人员
development case 开发案例
development process 开发过程
device 设备
diagram 图
disjoint substate 互斥子状态
distributed processing 分布式处理
document 文档
document description 文档说明
document template 文档模板
domain 领域
domain model 领域模型
domain name server 域名服务器
dynamic classification 动态分类
dynamic information 动态信息
e-Business 电子商务
elaboration 精化
element 元素
encapsulation 封装
enclosed document 附带文档
enhancement request 扩展请求
entity class 实体类
entry action 进入动作
error 错误
event 事件
event-to-method connection 事件-方法映射
evolution 演进
evolutionary 演进方式
executable architecture 可执行构架
exit action 退出动作
exit criteria 准出条件
export 导出
expression 表达式
extend 扩展
extend-relationship 扩展关系
facade 外观
factory 工厂
fault 故障
feature 特性
field 字段
file transfer protocol (FTP)文件传输协议
final state 最终状态
fire 击发
Firewall 防火墙
flatten 串行化
focus of control 控制焦点
follow-up 跟踪
formal review 正式评审
formal parameter 形参
framework 框架
gateway 网关
generalizable element 可泛化元素
generalization 泛化关系
generation 代
graphical user interface (GUI)图形用户界面
green-field development 零起点开发
guard condition 警戒条件
interface inheritance 接口继承
internal transition 内部转移

home page 主页
hyperlinks 超链接
hypertext 超文本
hypertext markup language (HTML)超文本标记语言
Idiom 代码模式
implementation 实施
implementation inheritance 实施继承
implementation mechanism 实施机制
implementation model 实施模型
implementation pattern 实施模式
implementation subsystem 实施子系统
implementation view 实施视图
import 导入
import-dependency 导入依赖关系
inception 先启
include 包含
include-relationship 包含关系
increment 增量
incremental 递增
informal review 非正式评审
inheritance 继承
injection rate 缺陷率
input 输入
inspection 审查
inspection effectiveness 审查有效性
inspection efficiency 审查效率
inspection package 审查包
inspection summary report 审查总结报告
inspector 审查者
issue 问题
issue log 问题日志
instance 实例
integrated development environment (IDE)集成开发环境
integration 集成
integration build plan 集成构建计划
interaction 交互
interaction diagram 交互图
interface 接口/界面
model element 模型元素
Model View Controller (MVC)模型视图控制器
modeling conventions 建模约定

Internet 互联网
Internet Protocol(IP) Internet 协议
Intranet 内部网
iteration 迭代
Java archive(JAR) Java 档案文件
Java Database Connectivity (JDBC)Java 数据库连接
Java Development Kit(JDK) Java 开发工具包
Java Foundation Classes(JFC) Java 基础类
key mechanism 关键机制
keyword 关键字
layer 层
link 链接
link end 链接端
listener 监听程序
Local Area Network (LAN)局域网
logical view 逻辑视图
major defect 主要缺陷
management 管理
marshal 反串行化
measurement dysfunction 测量混乱
mechanism 机制
message 消息
messaging 消息传递
metaclass 元类
meta-metamodel 元-元模型
metamodel 元模型
metaobject 元对象
method 方法
method call 方法调用
metric 度量
milestone 里程碑
minor defect 次要缺陷
model 模型
model aspect 模型侧重面
model elaboration 模型精化
palette 调色板
parameter 参数
parameter connection 参数连接
parameterized element 参数化元素
parent 父
parent class 父类
participates 参与

moderator 评审组长
module 模块
multiple classification 多重分类
multiple inheritance 多重继承
multiplicity 多重性
Multipurpose Internet Mail Extension (MIME)多用 Internet 邮件扩展
multi-valued 多值
mutator methods 存取器方法
n-ary association 多元关联关系
n-fold inspection N 重审查
namespace 名字空间
node 节点
object 对象
object class 对象类
object diagram 对象图
object flow state 对象流状态
object lifeline 对象生命线
object model 对象模型
Object Request Broker (ORB)对象请求代理
object-oriented programming (OOP)面向对象程序设计
online transaction processing (OLTP)联机事务处理
Open DataBase Connectivity (ODBC)开放数据库连接标准
operation 操作
operating system process 操作系统进程
organization unit 组织单元
originator 发起者
output 输出
outside link 外部链接
package 包
pair programming 结对编程
property 特征
property-to-property connection 特征-特征连接
protected 保护
protocol 协议
prototype 原型
proxy 代理
pseudo-state 伪状态
published model 已发布的模型
qualifier 限定词
quality assurance(QA)质量保证
partition 分区
passaround 轮查
pattern 模式
peer deskcheck 同级桌查
peer review 同级评审
peer review coordinator 同级评审协调者
persistent object 永久对象
phase 阶段
Port 端口
post-condition 后置条件
pre-condition 前置条件
preliminary design review(PDR) 初步设计评审
primitive type 基础类型
private 私有
process 进程、过程
process assets library 过程资产库
process owner 过程拥有者
process view 进程视图
processor 处理器
product 产品
product champion 产品推介人
product-line architecture 产品线构架
product requirements document(PRD) 产品需求文档
project 项目
project manager 项目经理
Project Review Authority(PRA) 项目评审委员会
projection 投影
promotion 晋升
reuse 复用
rework 返工
risk 风险
role 角色
RSA
rule 规则
sandbox 沙箱
scenario 场景
scope management 范围管理
semantic variation point 语义分歧点
send a message 发送消息
sender object 发送方对象
sequence diagram 序列图
serialize 串行化

race condition 竞争状态
rank 等级
rationale 理由
receive a message 接收消息
receiver object 接收方对象
reception 接收
reference 引用
refinement 改进
relationship 关系
release 发布版
release manager 发布经理
Remote Method Invocation(RMI) 远程方法调用
Remote Procedure Call(RPC) 远程过程调用
report 报告
repository 储存库
requirement 需求
requirement attribute 需求属性
requirements 需求
requirements management 需求管理
requirements tracing 需求跟踪
requirement type 需求类型
resource file 资源文件
responsibility 职责
result 结果
resurrect 反串行化
review 评审
static information 静态信息
stereotype 构造型
stimulus 激励
structural feature 结构特性
structural model aspect 模型的结构侧重面
stub 桩模块
subactivity state 子活动状态
subclass 子类
submachine state 子机状态
substate 子状态
subsystem 子系统
subtype 子类型
superclass 超类
supertype 超类型
supplier 提供端
swimlane 泳道
synch state 同步状态
server 服务器
severity 严重性
signal 信号
signature 签名
single inheritance 单重继承
single valued 单值
single-byte character set 单字节字符集
Socket Secure 套接字保护
software architecture 软件构架
software engineering process group(SEPG) 软件工程过程组
software requirement 软件需求
software requirements specifications(SRS) 软件需求规约
software specification review(SSR) 软件规约评审
specification 规约
stakeholder 涉众
stakeholder need 涉众需要
stakeholder request 涉众请求
Start page 起始页
state 状态
statechart diagram 状态图
static artifact 静态工件
static classification 静态分类
traceability 可追踪性
trace 追踪
transaction 事务
transaction processing 事务处理
transient object 临时对象
transition 产品化/转移
type 类型
type expression 类型表达式
typo list 微错清单
Unicode 统一编码
Unified Modeling Language(UML) 统一建模语言
uniform resource locator(URL) 统一资源定位符
usage 用途
use case 用例
use-case diagram 用例图
use-case instance 用例实例
use-case model 用例模型
use-case package 用例包
use-case realization 用例实现

synchronous action 同步操作
system 系统
system requirements review(SRR)系统需求评审
tagged value 标注值
task 任务
team leader 团队负责人
technical authority 技术权威
template 模板
test 测试
test case 测试用例
test coverage 测试覆盖
test driver 测试驱动程序
test item 测试项
test procedure 测试过程
thin client 瘦客户机
thread 线程
time event 时间事件
time expression 时间表达式
timing mark 时间标记
tool mentor 工具向导
web application　Web 应用程序
web browser　Web 浏览器
web server　Web 服务器
web site　Web 站点
web system　Web 系统
Widget 窗口组件
work breakdown structure 工作细分结构
work guideline 工作指南
work product 工作产品
worker 角色
workflow 工作流程
workflow detail 工作流程明细
workspace 工作区
workstation 工作站
World Wide Web(WWW)万维网
use-case view 用例视图
user interface (UI)用户界面
utility 实用工具
validation 确认
value 值
variable 变量
verification 验证
version 版本
vertex 顶点
view 视图
view element 视图元素
view projection 视图投影
virtual machine(VM) 虚拟机
visibility 可见性
vision 前景
visual programming tool 可视化编程工具
walkthrough 走查

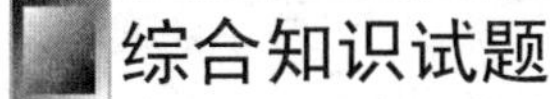

12.3 真题详解

综合知识试题

试题 1 （2010 年下半年试题 71~75）

People are indulging in an illusion whenever they find themselves explaining at a cocktail(鸡尾酒) party, say, that they are “in computers,” or “ in telecommunications,” or “in electronic funds transfer”. The implication is that they are part of the high-tech world. Just between us，they usually aren’t. The researchers who made fundamental breakthroughs in those areas are in a high-tech business. The rest of us are __(71)__ of their work. We use computers and other new technology components to develop our products or to organize our affairs. Because we go about this work in teams and projects and other tightly knit working group(紧密联系在一起的工作小组), we are mostly in the human communication business. Our successes stem from good human interactions by all participants in the effort，and our failures stem from poor human interactions.

The main reason we tend to focus on the __(72)__ rather than the human side of work is not because it's more __(73)__, but because it's easier to do. Getting the new disk drive installed is positively trivial compared to figurine out why Horace is in a blue funk(恐惧)or why Susan is dissatisfied with the company aver only a few months. Human interactions are complicated and never very crisp(干脆的，干净利落的) and clean in their effects, but they matter more than any other aspect of the work.

If you find yourself concentrating on the __(74)__ rather than the __(75)__, you're like the vaudeville character(杂耍人物)who loses his Keys on a dark street and looks for them on the adjacent street because, as he explains, "The light is better there!"

(71) A. creators　B. innovators　C. appliers　D. inventors
(72) A. technical　B. classical　C. social　D. societal
(73) A. trivial　B. crucial　C. minor　D. insignificant
(74) A. technology　B. sociology　C. physiology　D. astronomy
(75) A. technology　B. sociology　C. physiology　D. astronomy

参考答案： (71)C；(72)A；(73)B；(74)A；(75)B。

要点解析： 如果人们发现自己在鸡尾酒会上侃侃而谈自己从事于计算机、无线电通信或者电子资金转账行业，此时他们正沉湎于幻想之中。他们的意思是自己是高科技世界的一分子。而在我们之间，他们往往不是。在这些领域中，只有取得根本性突破的研究者才能称得上是高科技行业中人。剩下的我们只是他们的成果的应用者。我们使用计算机或者其他新的工艺元件去开发产品，或者去组织我们的事务。因为完成工作的是紧密联系在一起的工作小组，所以我们通常是处在人际交往行业中。我们的成功源于能够很好得处理与所有参与者之间的人际关系，失败则源于欠缺的人际交流。

工作中，我们倾向于关注技术而不是工作中人性的一面，这并不是因为技术更为重要，而是因为用起来简单。相对于指出为什么 Horace 不胜恐惧或者 Susan 最近几个月对公司不满的原因，安装一个新的硬盘驱动器是再普通不过的事了。人际交往是复杂的，它们的影响不会立竿见影，但是比工作中任何其他方面都要紧。

如果你发现自己专注于技术而不是社会学，你就像一个在黑暗的街上丢失了钥匙，而在邻街寻找的杂耍人员，按照他的解释，“那边的光线比较好。”

试题 2　(2010 年上半年试题 71~75)

Observe that for the programmer, as for the chef, the urgency of the patron(顾客)may govern the scheduled completion of the task, but it cannot govern the actual completion. An omelette(煎鸡蛋), promised in two minutes, may appear to be progressing nicely. But when it has not set in two minutes, the customer has two choices—waits or eats it raw. Software customers have had __(71)__ choices.

Now I do not think software __(72)__ have less inherent courage and firmness than chefs, nor than other engineering managers. But false __(73)__ to match the patron's desired date is much more common in our discipline than elsewhere in engineering. It is very __(74)__ to make a vigorous, plausible, and job risking defense of an estimate that is derived by no quantitative method, supported by little data, and certified chiefly by the hunches of the managers.

Clearly two solutions are needed. We need to develop and publicize productivity figures, bug-incidence figures, estimating rules, and so on. The whole profession can only profit from (75) such data. Until estimating is on a sounder basis, individual managers will need to stiffen their backbones and defend their estimates with the assurance that their poor hunches are better than wish derived estimates.

(71) A. no　B. the same　C. other　D. lots of

(72) A. Testers　B. constructors　C. managers　D. architects

(73) A. Tasks　B. jobs　C. Works　D. scheduling

(74) A. easy　B. difficult　C. simple　D. painless

(75) A. sharing　B. excluding　C. omitting　D. ignoring

参考答案：(71)B；(72)C；(73)D；(74)B；(75)A。

参考译文：观察一下程序员，你可能会发现，如同厨师一样，某项任务的计划进度可能受限于顾客要求的紧迫程度，但这并不能控制实际的完成情况。就像约好在两分钟内完成一个煎蛋，可能看上去进行得很好。但是，当它无法在两分钟内完成时，顾客只能有两种选择：等待或者生吃它。软件顾客的情况类似。

现在我并不认为软件经理比厨师或者其他工程经理缺少内在的勇气和坚持。但是，为了满足顾客期望的日期而造成的不合理的进度安排，在软件领域比其他工程领域都要普遍地多。很难产生一个健壮的、可靠的和规避风险的估计，这是因为没有量化的方法，很少的数据支持，并要完全借助于软件经理的直觉。

很显然，需要两种解决方案。我们需要开发和推行生产率图表、缺陷率图表、评估规则等。整个组织都会因为共享数据而获益。在基于可靠基础的估算出现之前，项目经理需要挺直腰杆并支持他们的估计，确信自己的经验和直觉总比从期望得出的估计要强得多。

试题 3 (2009 年下半年试题 71~75)

Why is (71) fun? What delights may its practitioner expect as his reward? First is the sheer joy of making things. As the child delights in his mud pie, so the adult enjoys building things, especially things of his own design. Second is the pleasure of making things that are useful to other people. Third is the fascination of fashioning complex puzzle-like objects of interlocking moving parts and watching them work in subtle cycles, playing out the consequences of principles built in from the beginning. Fourth is the joy of always learning, which springs from the (72) nature of the task. In one way or another the problem is ever new, and its solver learns something:sometimes (73) , sometimes theoretical, and sometimes both. Finally, there is the delight of working in such a tractable medium. The (74) , like the poet, works only slightly removed from pure thought-stuff. Few media of creation are so flexible, so easy to polish and rework, so readily capable of realizing grand conceptual structures.

Yet the program (75) , unlike the poet's words, is real in the sense that it moves and works, producing visible outputs separate from the construct itself. It prints results, draws pictures, produces sounds, moves arms. Programming then is fun because it gratifies creative longings built deep within us and delights sensibilities we have in common with all men.

(71)A．programming　B．composing　C．working　D．writing

(72)A．repeating　B．basic　C．non-repeating　D．advance

(73)A．semantic　B．practical　C．lexical　D．syntactical

(74)A．poet　B．architect　C．doctor　D．programmer

(75)A．construct　B．code　C．size　D．scale

参考答案：(71)A；(72)C；(73)B；(74)D；(75)A。

参考译文：为什么编程是如此有趣的事？是什么乐趣促使编程者从事该行业？首先是纯粹的做事情的乐趣。正如小孩子对泥饼感兴趣一样，成人也热衷于构建事物，尤其是自己设计的事物。第二是自己做出来的东西对别人有帮助的那种兴奋感。第三是着迷于塑造复杂的如谜题一般的交错作用部分的物体，并且观察它们微妙的循环工作着，从先前定义好的规则中演绎出结果。第四是不断学习的乐趣，它来自于任务的不重复性。从一种或是另一种角度，这个问题曾经是新的，但它的解决者学到了一些东西：一些实用的东西，一些理论上的东西，或者两者兼具的东西。最后是在一种易用的媒介上工作的乐趣。编程者，像诗人一样，从纯粹的思想中提炼出成品。很少有媒体的创作是如此灵活，如此容易加以润饰和返工，如此轻易实现宏伟概念结构的能力。

然而编程的构建，并不像诗人的词句，在某种意义上来说，它是真实移动和工作的，从构建的本身过程中产生出可视化的输出。它打印输出、画图、产生声音、移动。由此可见编程是有趣的，因为它使长期深埋在我们心中的创造性得到发挥，使我们共同具有的感情得到宣泄。

试题 4 (2009 年下半年试题 71~75)

For nearly ten years, the Unified Modeling Language (UML) has been the industry standard for visualizing, specifying, constructing, and documenting the __(71)__ of a software-intensive system. As the __(72)__ standard modeling language, the UML facilitates communication and reduces confusion among project __(73)__ The recent standardization of UML 2.0 has further extended the language's scope and viability.Its inherent expressiveness allows users to __(74)__ everything from enterprise information systems and distributed Web-based applications to real-time embedded systems. The UML is not limited to modeling software. In fact, it is expressive enough to model __(75)__ systems, such as workflow in the legal system, the structure and behavior of a patient healthcare system, software engineering in aircraft combat systems, and the design of hardware. To understand the UML, you need to form a conceptual model of the language, and this requires learning three major elements: the UML's basic building blocks, the rules that dictate how those building blocks may be put together, and some common mechanisms that apply throughout the UML.

(71) A．classes　B．components　C．sequences　D．artifacts

(72) A．real　B．legal　C．de facto　D．illegal

(73) A．investors　B．developers　C．designers　D．stakeholders

(74) A．model　B．code　C．test　D．modify

(75) A．non-hardware　　B．non-software　　C．hardware　　D．software

参考答案：(71)A；(72)C；(73)C；(74)A；(75)B。

参考译文：近十年来，统一建模语言(UML)已经成为可视化、具体化、精细化、文档化软件集成系统类的工业标准。作为事实上的标准模块化语言，UML使工程设计师之间能够减少困惑，更利于沟通。最近的标准版本UML 2.0进一步延伸了语言的范围和可行性。它固有的表达性允许用户模拟来自从企业信息系统和基于Web的分布式应用到实时的嵌入式系统中的事物。UML不仅仅局限于模拟软件。事实上，它的表达性使它足够能模拟非软件系统，例如在法律体系中的工作流程，病人的医疗保健系统的结构和行为，飞机战斗系统中的软件工程和硬件的设计。为了更好地理解UML，你必须建立该语言的概念模型，要做到这个则需要三个主要的元素：UML的基本建造块，规定这些块如何集成在一起的规则，适用于整个UML的一些普通机制。

12.4　强化训练

12.4.1　综合知识试题

试题 1

It should go without saying that the focus of UML is modeling. However, what that means, exactly, can be an open-ended question. __(1)__ is a means to capture ideas, relationships,decisions, and requirements in a well-defined notation that can be applied to many different domains. Modeling not only means different things to different people, but also it can use different pieces of UML depending on what you are trying to convey. In general, a UML model is made up of one or more __(2)__. A diagram graphically represents things, and the relationships between these things. These __(3)__ can be representations of real-world objects,pure software constructs, or a description of the behavior of some other objects. It is common for an individual thing to show up on multiple diagrams; each diagram represents a particular interest, or view, of the thing being modeled. UML 2.0 divides diagrams into two categories: structural diagrams and behavioral diagrams. __(4)__ are used to capture the physical organization of the things in your system, i.e., how one object relates to another. __(5)__ focus on the behavior of elements in a system. For example, you can use behavioral diagrams to capture requirements, operations, and internal state changes for elements.

(1) A．Programming　　B．Analyzing　　C．Designing　　D．Modeling

(2) A．views　　B．diagrams　　C．user views　　D．structure pictures

(3) A．things　　B．pictures　　C．languages　　D．diagrams

(4) A．Activity diagrams　　B．Use-case diagrams

C．Structural diagrams　　D．Behavioral diagrams

(5) A. Activity diagrams　　B. Use-case diagrams
C. Structural diagrams　　D. Behavioral

试题 2

Object-oriented analysis (OOA) is a semiformal specification technique for the object-oriented paradigm. Object-oriented analysis consists of three steps. The first step is __(6)__. It determines how the various results are computed by the product and presents this information in the form of a __(7)__ and associated scenarios. The second is __(8)__, which determines the classes and their attributes, then determines the interrelationships and interaction among the classes. The last step is __(9)__, which determines the actions performed by or to each class or subclass and presents this information in the form of __(10)__.

(6) A. use-case modeling　　B. class modeling
C. dynamic modeling　　D. behavioral modeling

(7) A. collaboration diagram　　B. sequence diagram
C. use-case diagram　　D. activity diagram

(8) A. use-case modeling　　B. class modeling
C. dynamic modeling　　D. behavioral modeling

(9) A. use-case modeling　　B. class modeling
C. dynamic modeling　　D. behavioral modeling

(10) A. activity diagram　　B. component diagram
C. sequence diagram　　D. state diagram

12.4.2 综合知识试题参考答案

【试题 1】答　案：(1)D　(2)B　(3)A　(4)C　(5)D

参考译文：不用说，UML 的聚焦点是建模。然而，这就意味着它是个开放式问题。建模是一种以规范好的符号(这些符号可以应用于许多不同的领域)记录概念、关系、决策和需求的方法。建模不仅意味着对不同的人有不同的事物，也可以根据你的需求来使用不同的 UML 块。一般意义上，UML 由一个或多个图组成。图能够形象化地表示事物以及这些事物之间的联系。这些事物能代表现实世界中的物体、纯软件结构或者一些其他物体行为的描述。在 UML 中用多个图形表示单个物体是非常普遍的；每个图形代表被建模事物的某个特定的方面。UML 2.0 将图形划分为两个范畴：结构图和行为图。结构图用于记录系统中事物的物理组织以及与其他模块怎样联系。行为图则把重心放在系统中元素的行为上。例如，你可以用行为图记录需求、操作以及元素的内部状态的变化。

【试题 2】答　案：(6)A　(7)C　(8)B　(9)C　(10)D

参考译文：面向对象分析是一个面向对象的半正式化的规范技术。它由三个阶段组成。第一阶段是用例建模，通过用例建模能计算出多种结果，并以用例图和相关场景的形式体现这些信息。第二阶段是类建模，通过类建模能够确定类及其属性，在此基础上就能确定类之间的内部联系和交互作用。最后一阶段是动态建模，通过动态建模能够确定每个类及其子类的行为作用，并以状态图来体现这些信息。

第13章 考前模拟卷

13.1 模拟试卷

13.1.1 模拟试卷一

上午科目

● 不属于计算机控制器中的部件。

(1) A．指令寄存器 IR　　B．程序计数器 PC
　　C．算术逻辑单元 ALU　　D．程序状态字寄存器 PSW

● 若内存按字节编址，用存储容量为 32K× 8 比特的存储器芯片构成地址编号 A0000H～DFFFFH 的内存空间，则至少需要 (2) 片。

(2) A．4　　B．6　　C．8　　D．10

● 高速缓存 Cache 与主存间采用全相联地址映像方式，高速缓存的容量为 4MB，分为 4 块，每块 1MB，主存容量为 256MB。若主存读写时间为 30ns，高速缓存的读写时间为 3ns，平均读写时间为 3.27ns，则该高速缓存的命中率为 (3) %。若地址变换表如下所示，则主存地址为 8888888H 时，高速缓存地址为 (4) H。

地址变换表

0	38H
1	88H
2	59H
3	67H

(3) A．90　　B．95　　C．97　　D．99

(4) A．488888　　B．388888　　C．288888　　D．188888

● 若每一条指令都可以分解为取指、分析和执行三步。已知取指时间 $t_{取指}=4\triangle t$，分析时间 $t_{分析}=3\triangle t$，执行时间 $t_{执行}=5\triangle t$。如果按串行方式执行完 100 条指令需要 (5) $\triangle t$。如果按照流水方式执行，执行完 100 条指令需要 (6) $\triangle t$。

(5) A．1190　　B．1195　　C．1200　　D．1205

(6) A．504　　B．507　　C．508　　D．510

● 下列行为不属于网络攻击的是__(7)__。

(7) A．连续不停 Ping 某台主机　　B．发送带病毒和木马的电子邮件
C．向多个邮箱群发一封电子邮件　　D．暴力破解服务器密码

● 以下不属于网络安全控制技术的是__(8)__。

(8) A．防火墙技术　　B．访问控制技术　　C．入侵检测技术 D．差错控制技术

● 关于路由器，下列说法中错误的是__(9)__。

(9) A．路由器可以隔离子网，抑制广播风暴　　B．路由器可以实现网络地址转换
C．路由器可以提供可靠性不同的多条路由选择 D．路由器只能实现点对点的传输

● 若某人持有盗版软件，但他本人确实不知道该软件是盗版的，则__(10)__承担侵权责任。

(10) A．应由该软件的持有者　　B．应由该软件的提供者
C．应由该软件的提供者和持有者共同　　D．该软件的提供者和持有者都不

● 如果两名以上的申请人分别就同样的发明创造申请专利，专利权应授予__(11)__。

(11) A．最先发明的人 B．最先申请的人 C．所有申请人　　D．协商后的申请人

● 对同一段音乐可以选用 MIDI 格式或 WAV 格式来记录存储。以下叙述中__(12)__是不正确的。

(12) A．WAV 格式的音乐数据量比 MIDI 格式的音乐数据量大
B．记录演唱会实况不能采用 MIDI 格式的音乐数据
C．WAV 格式的音乐数据没有体现音乐的曲谱信息
D．WAV 格式的音乐数据和 MIDI 格式的音乐数据都能记录音乐波形信息

● 在彩色喷墨打印机中，将油墨进行混合后得到的颜色称为__(13)__色。

(13) A．相减　　B．相加　　C．互补　　D．比例

● 设计制作一个多媒体地图导航系统，使其能根据用户需求缩放地图并自动搜索路径，最适合的地图数据应该是__(14)__。

(14) A．真彩色图像　　B．航拍图像　　C．矢量化图形　D．高清晰灰度图像

● 结构化开发方法中，数据流图是__(15)__阶段产生的成果。

(15) A．需求分析　　B．总体设计　　C．详细设计　　D．程序编码

● 以下关于原型化开发方法的叙述中，不正确的是__(16)__。

(16) A．原型化方法适应于需求不明确的软件开发
B．开发过程中，可以废弃不用早期构造的软件原型
C．原型化方法可以直接开发出最终产品
D．原型化方法利于确认各项系统服务的可用性

● 进行软件项目的风险分析时，风险避免、风险监控和风险管理及意外事件计划是__(17)__活动中需要考虑的问题。

(17) A．风险识别　　B．风险预测　　C．风险评估　　D．风险控制

● 软件能力成熟度模型(CMM)将软件能力成熟度自低到高依次划分为初始级、可重复级、定义级、管理级和优化级，并且高级别成熟度一定可以达到低级别成熟度的要求。其中__(18)__中的开发过程及相应的管理工作均已标准化、文档化，并已建立完善的培训制度和专家评审制度。

(18) A．可重复级和定义级　　B．定义级和管理级
C．管理级和优化级　　D．定义级、管理级和优化级

● 选择软件开发工具时，应考虑功能、__(19)__、稳健性、硬件要求以及性能、服务和支持。

(19) A．易用性　　B．易维护性　　C．可移植性　　D．可扩充性

● 下面关于编程语言的各种说法中，__(20)__是正确的。

(20) A．由于 C 语言程序是由函数构成的，因此它是一种函数型语言
B．Smalltalk、C++、Java、C#都是面向对象语言
C．函数型语言适用于编写处理高速计算的程序，常用于超级计算机的模拟计算
D．逻辑型语言是在 Client/Server 系统中用于实现负载分散的程序语言

● 在过程式程序设计(①)、数据抽象程序设计(②)、面向对象程序设计(③)、泛型(通用)程序设计(④)中，C++ 语言支持 (21) ，C 语言支持__(22)__。

(21) A．①　　B．②③　　C．③④　　D．①②③④
(22) A．①　　B．①③　　C．②③　　D．①②③④

● 在 UNIX 操作系统中，把输入/输出设备看作是__(23)__。

(23) A．普通文件　　B．目录文件　　C．索引文件　　D．特殊文件

● 某系统中有四种互斥资源 R1、R2、R3 和 R4，可用资源数分别为 3、5、6 和 8。假设在 T0 时刻有 P1、P2、P3 和 P4 四个进程，并且这些进程对资源的最大需求量和已分配资源数如下表所示，那么在 T0 时刻系统中 R1、R2、R3 和 R4 的剩余资源数分别为__(24)__。如果从 T0 时刻开始进程按__(25)__顺序逐个调度执行，那么系统状态是安全的。

(24)A．3、5、6 和 8　B．3、4、2 和 2　C．0、1、2 和 1　D．0、1、0 和 1
(25) A．P1→P2→P4→P3　　B．P2→P1→P4→P3
C．P3→P2→P1→P4　　D．P4→P2→P3→P1

资源 进程	最大需求量				已分配资源数			
	R_1	R_2	R_3	R_4	R_1	R_2	R_3	R_4
P_1	1	2	3	6	1	1	2	4
P_2	1	1	2	2	0	1	2	2
P_3	1	2	1	1	1	1	1	0
P_4	1	1	2	3	1	1	1	1

● 若文件系统容许不同用户的文件可以具有相同的文件名，则操作系统应采用__(26)__来实现。

(26) A．索引表　　B．索引文件　　C．指针　　D．多级目录

● 某虚拟存储系统采用最近最少使用(LRU)页面淘汰算法，假定系统为每个作业分配 3 个页面的主存空间，其中一个页面用来存放程序。现有某作业的部分语句如下：

```
Var A: Array[1..150,1..100] OF integer;
    i,j: integer;
    FOR i:=1 to 150 DO
        FOR j:=1 to 100 DO
            A[i,j]:=0;
```

设每个页面可存放 150 个整数变量，变量 i、j 放在程序页中。初始时，程序及变量 i、j 已在内存，其余两页为空，矩阵 A 按行序存放。在上述程序片段执行过程中，共产生__(27)__次缺页中断。最后留在内存中的是矩阵 A 的最后__(28)__。

(27) A．50　　B．100　　C．150　　D．300
(28) A．2 行　　B．2 列　　C．3 行　　D．3 列

● 统一过程(UP)的基本特征是“用例驱动、以架构为中心的和受控的迭代式增量开发”。UP 将一个周期的开发过程划分为 4 个阶段，其中__(29)__的提交结果包含了系统架构。

(29) A．初始阶段　　B．精化阶段　　C．构建阶段　　D．提交阶段

● 为验证程序模块 A 是否正确实现了规定的功能，需要进行__(30)__；为验证模块 A 能否与其他模块按照规定方式正确工作，需要进行__(31)__。

(30) A．单元测试　　B．集成测试　　C．确认测试　　D．系统测试

(31) A．单元测试　　B．集成测试　　C．确认测试　　D．系统测试

● 下图中的程序由 A、B、C、D、E 5 个模块组成，下表中描述了这些模块之间的接口，每一个接口有一个编号。此外，模块 A、D 和 E 都要引用一个专用数据区。那么 A 和 E 之间耦合关系是__(32)__。

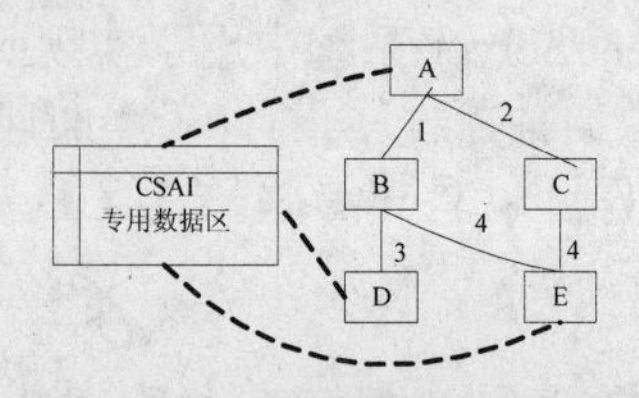

编　号	参　数	返 回 值
1	数据项	数据项
2	数据项	数据项
3	功能码	无
4	无	列表

(32) A．公共耦合　　B．数据耦合　　C．内容耦合　　D．无耦合

● 阅读下列流程图：

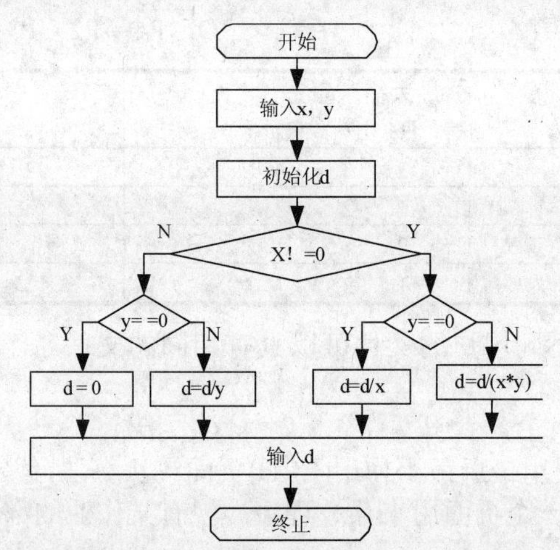

当用判定覆盖法进行测试时，至少需要设计__(33)__个测试用例。

(33) A．2　　B．4　　C．6　　D．8

● ISO/IEC 9126 软件质量模型中第一层定义了六个质量特性，并为各质量特性定义了相应的质量子特性，其中易分析子特性属于软件的(34)质量特性。

(34) A．可靠性　　B．效率　　C．可维护性　　D．功能性

● 某工程计划图如下图所示，弧上的标记为作业编码及其需要的完成时间(天)，作业 E 最迟应在第__(35)__天开始。

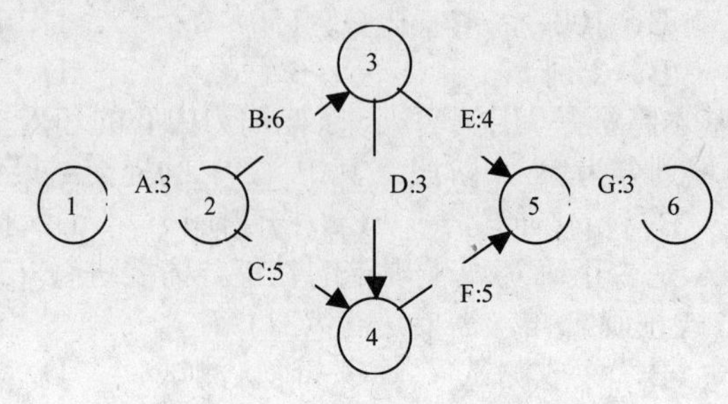

(35) A．7　　B．9　　C．12　　D．13

● LOC 是软件规模的一种量度，它表示__(36)__。

(36) A．软件功能数　　B．源代码行数　　C．每单位成本数　　D．工作量

● 采用 UML 进行软件建模过程中，类图是系统的一种静态视图，用__(37)__可明确表示两类事物之间存在的整体/部分形式的关联关系。

(37) A．依赖关系　　B．聚合关系　　C．泛化关系　　D．实现关系

● 在 UML 语言中，下图中的 a、b、c 三种图形符号按照顺序分别表示__(38)__。

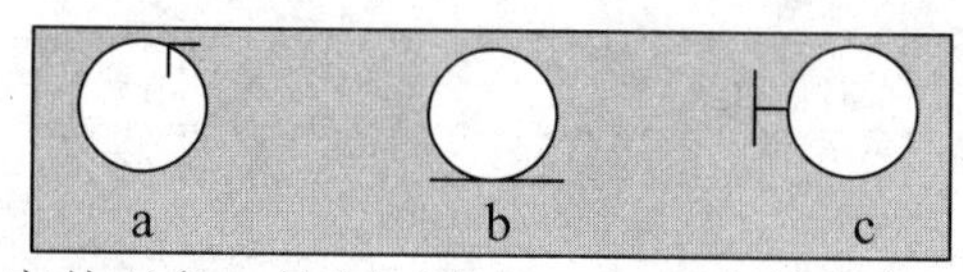

(38) A．边界对象、实体对象、控制对象　　B．实体对象、边界对象、控制对象
C．控制对象、实体对象、边界对象　　D．边界对象、控制对象、实体对象

● UML 中有多种类型的图，其中，__(39)__对系统的使用方式进行分类，__(40)__显示了类及其相互关系，
__(41)__显示人或对象的活动，其方式类似于流程图，通信图显示在某种情况下对象之间发送的消息，__(42)__与通信图类似，但强调的是顺序而不是连接。

(39) A．用例图　　B．顺序图　　C．类图　　D．活动图
(40) A．用例图　　B．顺序图　　C．类图　　D．活动图
(41) A．用例图　　B．顺序图　　C．类图　　D．活动图
(42) A．用例图　　B．顺序图　　C．类图　　D．活动图

● 在面向对象的语言中，__(43)__。

(43) A．类的实例化是指对类的实例分配存储空间　B．每个类都必须创建一个实例
C．每个类只能创建一个实例　　D．类的实例化是指对类进行初始化

● __(44)__设计模式定义了对象间的一种一对多的依赖关系，以便当一个对象的状态发生改变时，所有依赖于它的对象都得到通知并自动刷新。

(44) A. Adapter(适配器)　B. Iterator(迭代器)　C. Prototype(原型)　D. Observer(观察者)

● 面向对象分析需要找出软件需求中客观存在的所有实体对象(概念)，然后归纳、抽象出实体类。__(45)__是寻找实体对象的有效方法之一。

(45) A．会议调查　　B．问卷调查　　C．电话调查　　D．名词分析

● 在进行面向对象设计时，采用设计模式能够__(46)__。

(46) A．复用相似问题的相同解决方案　　B．改善代码的平台可移植性
C．改善代码的可理解性　　D．增强软件的易安装性

● 在采用标准 UML 构建的用例模型(Use Case Model)中，参与者(Actor)与用例(Use Case)是模型中的主要元素，其中参与者与用例之间可以具有__(47)__关系。

(47) A. 包含(include)　B. 递归(Recursive)　C. 关联(Association)　D. 组合(Composite)

● 对于下面的文法 G[S]，__(48)__是其句子(从 S 出发开始推导)。

G(S)：S→M1(S,M)　M→*P|MP　P→a|b|c|…|x|x|z

(48) A．(a,0)　　B．((fac,bb),g)　　C．(abc)　　D．(c,(da))

● 下图是一有限自动机的状态转换图，该自动机所识别语言的特点是__(49)__，等价的正规式为__(50)__。

(49) A．由符号 a、b 构成且包含偶数个 a 的串
B．由符号 a、b 构成且开头和结尾符号都为 a 的串
C．由符号 a、b 构成的任意串
D．由符号 a、b 构成且 b 的前后必须为 a 的串

(50) A．(a|b)*(aa)*　　B．a(a|b)*a　　C．(a|b)*　　D．a(ba)*a

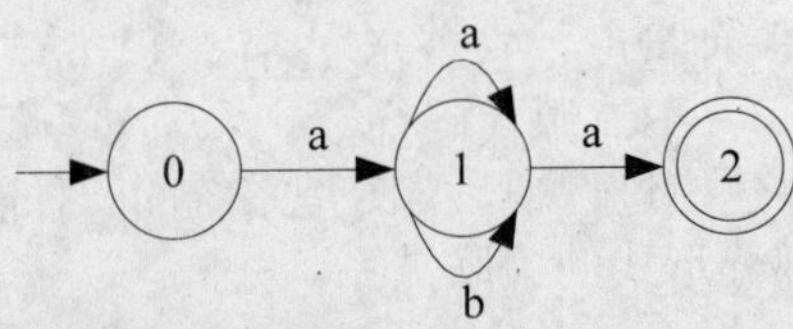

● 关系R、S如下图所示，关系代数表达式$\pi_{1,5,6}(\sigma_{1>5}(R\times S))$=(51)。

关系R

A	B	C
4	5	6
7	8	9
10	11	12

关系S

A	B	C
4	7	6
5	12	13
6	10	14

(51) A.

A	B	C
1	12	13
1	10	14

B.

A	B	C
10	7	11
10	7	6

C.

A	B	C
7	12	13
7	10	14

D.

A	B	C
4	7	6
4	7	11

● 给定供应关系SPJ(供应商号，零件号，工程号，数量)，查询某工程至少用了3家供应商(包含3家)供应的零件的平均数量，并按工程号的降序排列。

```
SELECT 工程号, (52) FROM SPJ GROUP BY 工程号 (53)
ORDER BY 工程号 DESC ;
```

(52) A．AVG(数量)At 平均数量　　B．AVG(数量)AS 平均数量
C．平均数量 At AVG(数量)　　D．平均数量 AS AVG (数量)

(53) A．HAVING COUNT(DISTINCT(供应商号))>2　　B．Where COUNT(供应商号)>2
C．HAVING(DISTINCT(供应商号))>2　　D．Where 供应商号 2

● 若某个关系的主码为全码，则该主码应包含 (54) 。

(54) A．单个属性　　B．两个属性　　C．多个属性　　D．全部属性

● 关系R、S如下图所示，元组演算表达式$\{t\,|\,(\forall u)(R(t)\wedge S(u)\wedge t[3]>u[1])\}$的结果为 (55) 。

关系R

A	B	C
1	2	3
4	5	6
7	8	9
10	11	12

关系S

A	B	C
3	7	11
4	5	6
5	10	14
6	10	14

(55) A.

A	B	C
1	2	3
4	5	6

B.

A	B	C
2	7	11
5	5	6

C.

A	B	C
7	8	9
10	11	12

D.

A	B	C
5	9	13
6	10	14

● 若事务 T1 对数据 A 已加排它锁，那么其他事务对数据 A (56)

(56) A．加共享锁成功，加排它锁失败　　B．加排它锁成功，加共享锁失败
C．加共享锁、加排它锁都成功　　D．加共享锁、加排它锁都失败

● 拓扑排序是指有向图中的所有顶点排成一个线性序列的过程，若在有向图中从顶点 vi 到 vj 有一条路径，则在该线性序列中，顶点 vi 必然在顶点 vj 之前。因此，若不能得到全部顶点的拓扑排序序列，则说明该有向图一定 (57) 。

(57) A．包含回路　　B．是强连通图　　C．是完全图　　D．是有向树

● 对于二叉查找树(Binary Search Tree)，若其左子树非空，则左子树上所有节点的值均小于根节点的值；若其右子树非空，则右子树上所有节点的值均大于根节点的值；左、右子树本身就是两棵二叉查找树。因此，对任意一棵二叉查找树进行 (58) 遍历可以得到一个节点元素的递增序列。在具有 n 个节点的二叉查找树上进行查找运算，最坏情况下的算法复杂度为 (59) 。

(58) A．先序　　B．中序　　C．后序　　D．层序

(59) A．$O(n^2)$　　B．$O(n\log_2^n)$　　C．$O(\log_2^n)$　　D．$O(n)$

● 下图所示平衡二叉树(树中任一节点的左右子树高度之差不超过 1)中，节点 A 的右子树 AR 高度为 h，节点 B 的左子树 BL 高度为 h，节点 C 的左子树 CL、右子树 CR 高度都为 h-1。若在 CR 中插入一个节点并使得 CR 的高度增加 1，则该二叉树 (60) 。

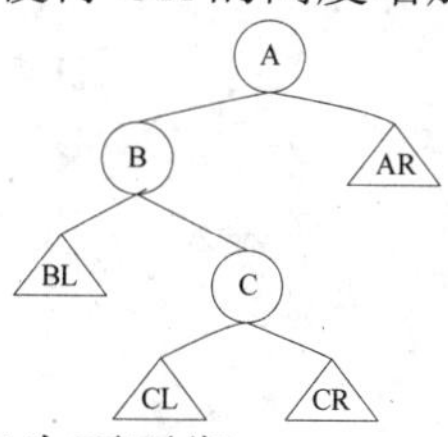

(60) A．以 B 为根的子二叉树变为不平衡　　B. 以 C 为根的子二叉树变为不平衡
C．以 A 为根的子二叉树变为不平衡　　D．仍然是平衡二叉树

● 对 n 个元素的数组进行 (61) ，其平均时间复杂度和最坏情况下的时间复杂度都是 O(nlogn) 。

(61) A．希尔排序　　B．快速排序　　C．堆排序　　D．选择排序

● 对于具有 n 个元素的一个数据序列，若只需得到其中第 k 个元素之前的部分排序，最好采用 (62) ，使用分治(Divide and Conquer)策略的是 (63) 算法。

(62) A．希尔排序　　B．直接插入排序　　C．快速排序　　D．堆排序

(63) A．冒泡排序　　B．插入排序　　C．快速排序　　D．堆排序

● 迪杰斯特拉(Dijkstra)算法按照路径长度递增的方式求解单源点最短路径问题，该算法运用了 (64) 算法策略。

(64) A．贪心　　B．分而治之　　C．动态规划　　D．试探＋回溯

● 设某算法的计算时间可用递推关系式 T(n)=2T(n/2)+n 表示，则该算法的时间复杂度。为 (65) 。

(65)A．O(lgn)　　B．O(nlgn)　　C．O(n)　　D．O(n2)

● 关于 ARP 表，以下描述中正确的是 (66) 。

(66) A．提供常用目标地址的快捷方式来减少网络流量

B．用于建立 IP 地址到 MAC 地址的映射

C．用于在各个子网之间进行路由选择

D．用于进行应用层信息的转换

● 在 Windows 操作系统中，采用 (67) 命令来测试到达目标所经过的路由器数目及 IP 地址。

(67) A．ping　　B．tracert　　C．arp　　D．nslookup

● 在 FTP 中，控制连接是由(68)主动建立的。

(68) A．服务器端　　B．客户端　　C．操作系统　　D．服务提供商

● 在进行金融业务系统的网络设计时，应该优先考虑 (69) 原则。在进行企业网络的需求分析时，应该首先进行 (70) 。

(69) A．先进性　　B．开放性　　C．经济性　　D．高可用性

(70) A．企业应用分析 B．网络流量分析 C．外部通信环境调研 D．数据流向图分析

● (71)analysis emphasizes the drawing of pictorial system models to document and validate both existing and/or proposed systems. Ultimately, the system models become the(72)for designing and constructing an improved system.(73)is such a technique. The emphasis in this technique is process-centered. Systems analysts draw a series of process models called(74).(75)is another such technique that integrates data and process concerns into constructs called objects.

(71) A．Prototyping　　B．Accelerated　　C．Model-driven　　D．Iterative

(72) A．image　　B．picture　　C．layout　　D．blueprint

(73) A．Structured analysis　　B．Information Engineering

C．Discovery Prototyping　　D．bject-Oriented analysis

(74) A．PERT　　B．DFD　　C．ERD　　D．UML

(75) A．Structured analysis　　B．Information Engineering

C．Discovery Prototyping　　D．Object-Oriented analysis

下午科目

说明：试题五、试题六选做一题。

试题一(共 15 分)

阅读以下说明和图，回答问题 1 至问题 4，将解答填入答题纸的对应栏内。

【说明】

某高校欲开发一个成绩管理系统，记录并管理所有选修课程的学生的平时成绩和考试成绩，其主要功能描述如下：

1. 每门课程都由 3 到 6 个单元构成，每个单元结束后会进行一次测试，其成绩作为这门课程的平时成绩。课程结束后进行期末考试，其成绩作为这门课程的考试成绩。

2. 学生的平时成绩和考试成绩均由每门课程的主讲教师上传给成绩管理系统。

3. 在记录学生成绩之前，系统需要验证这些成绩是否有效。首先，根据学生信息文件来确认该学生是否选修这门课程，若没有，那么这些成绩是无效的；如果他的确选修了这门课程，再根据课程信息文件和课程单元信息文件来验证平时成绩是否与这门课程所包含的单元相对应，如果是，那么这些成绩是有效的，否则无效。

4. 对于有效成绩，系统将其保存在课程成绩文件中。对于无效成绩，系统会单独将其保存在无效成绩文件中，并将详细情况提交给教务处。在教务处没有给出具体处理意见之前，系统不会处理这些成绩。

5. 若一门课程的所有有效的平时成绩和考试成绩都已经被系统记录，系统会发送课程完成通知给教务处，告知该门课程的成绩已经齐全。教务处根据需要，请求系统生成相应的成绩列表，用来提交考试委员会审查。

6. 在生成成绩列表之前，系统会生成一份成绩报告给主讲教师，以便核对是否存在错误。主讲教师须将核对之后的成绩报告返还系统。

7. 根据主讲教师核对后的成绩报告，系统生成相应的成绩列表，递交考试委员会进行审查。考试委员会在审查之后，上交一份成绩审查结果给系统。对于所有通过审查的成绩，系统将会生成最终的成绩单，并通知每个选课学生。

现采用结构化方法对这个系统进行分析与设计，得到如图 1-1 所示的顶层数据流图和图 1-2 所示的 0 层数据流图。

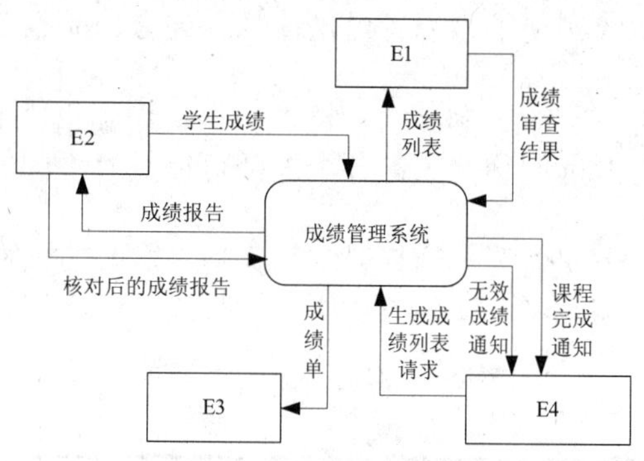

图 1-1　顶层数据流图

【问题 1】(4 分)

使用说明中的词语，给出图 1-1 中的外部实体 E1～E4 的名称。

【问题 2】(3 分)

使用说明中的词语，给出图 1-2 中的数据存储 D1～D5 的名称。

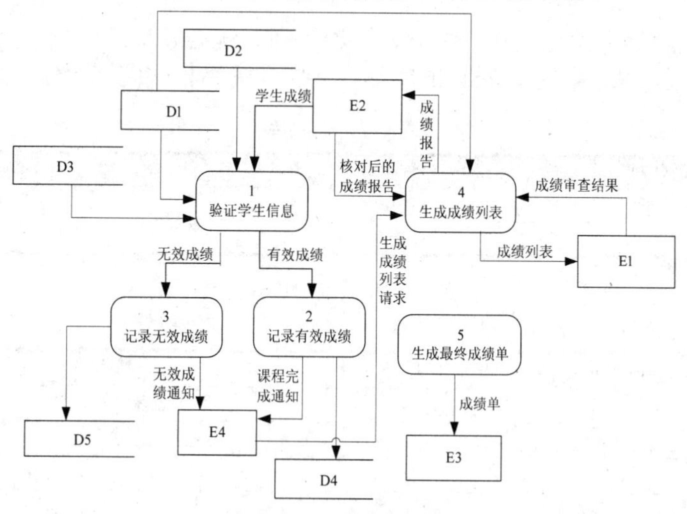

图 1-2　0 层数据流图

起　点	终　点

【问题 3】(6 分)

数据流图 1-2 缺少了三条数据流，根据说明及数据流图 1-1 提供的信息，分别指出这三条数据流的起点和终点。

【问题4】(2分)

数据流图是在系统分析与总体设计阶段宏观地描述系统功能需求的重要图形化工具，程序流程图也是软件开发过程中比较常用的图形化工具。简要说明程序流程图的适用场合与作用。

试题二(共15分)

阅读下列说明，回答问题1至问题3，将解答填入答题纸的对应栏内。

【说明】

某医院的门诊管理系统实现了为患者提供挂号、处方药品收费的功能。具体的需求及设计如下：

1. 医院医师具有编号、姓名、科室、职称、出诊类型和出诊费用，其中出诊类型分为专家门诊和普通门诊，与医师职称无关；各个医师可以具有不同的出诊费用，与职称和出诊类型无关。

2. 患者首先在门诊挂号处挂号，选择科室和医师，根据选择的医师缴纳挂号费(医师出诊费)。收银员为患者生成挂号单，如表2-1所示，其中，就诊类型为医师的出诊类型。

表2-1　XX医院门诊挂号单

收银员：13011　　　　时间：2007年2月1日 08：58

就诊号	姓　名	科　室	医　师	就诊类型	挂号费
20070205015	叶萌	内科	杨玉明	专家门诊	5元

3. 患者在医师处就诊后，凭借挂号单和医师手写处方到门诊药房交费买药。收银员根据就诊号和医师处方中开列的药品信息，查询药品库(如表2-2所示)，并生成门诊处方单(如表2-3所示)。

4. 由于药品价格会发生变化，因此，门诊管理系统必须记录处方单上药品的单价。

根据需求阶段收集的信息，设计的实体联系图和关系模式(不完整)如图2-1所示。

表2-2　药品库

药品编码	药品名称	类　型	库　存	货架编号	单　位	规　格	单　价
12007	牛蒡子	中药	51590	B1410	G	炒	0.0340
11090	百部	中药	36950	B1523	G	片	0.0313

表2-3　XX医院门诊处方单

时间：2007年2月1日 10：31

就诊号	20070205015	病人名称	叶萌	医师姓名	杨玉明
金额总计	0.65	项目总计	2	收银员	21081
药品编码	药品名称	数量	单位	单价	金额(元)
12007	牛蒡子	10	G	0.0340	0.34
11090	百部	10	G	0.0313	0.31

(1) 实体联系图

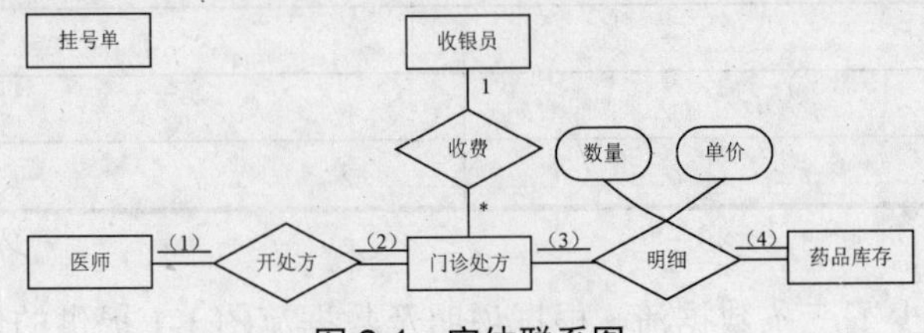

图2-1　实体联系图

(2) 关系模式

挂号单(就诊号,病患姓名,医师编号,时间,(5))

收银员(编号,姓名,级别)

医师(编号,姓名,科室,职称,出诊类型,出诊费用)

门诊处方((6),收银员,时间)

处方明细(就诊号,(7))

药品库 (药品编码,药品名称,(8))

【问题 1】(4 分)

根据问题描述，填写图 2-1 实体联系图中(1)~(4)处联系的类型。

【问题 2】(4 分)

图 2-1 中还缺少几个联系？请指出每个联系两端的实体名，格式如下：

实体 1 : 实体 2

例如，收银员与门诊处方之间存在联系，表示为：收银员 : 门诊处方 或 门诊处方 : 收银员

【问题 3】(7 分)

根据实体联系图 2-1，填写挂号单、门诊处方、处方明细和药品库关系模式中的空(5)~(8)处，并指出挂号单、门诊处方和处方明细关系模式的主键。

试题三(共 15 分)

阅读下列说明和图，回答问题 1 至问题 4，将解答填入答题纸的对应栏内。

【说明】

已知某唱片播放器不仅可以播放唱片，而且可以连接电脑并把电脑中的歌曲刻录到唱片上(同步歌曲)。连接电脑的过程中还可自动完成充电。

关于唱片，还有以下描述信息：

1．每首歌曲的描述信息包括：歌曲的名字、谱写这首歌曲的艺术家以及演奏这首歌曲的艺术家。只有两首歌曲的这三部分信息完全相同时，才认为它们是同一首歌曲。艺术家可能是一名歌手或一支由 2 名或 2 名以上的歌手所组成的乐队。一名歌手可以不属于任何乐队，也可以属于一个或多个乐队。

2．每张唱片由多条音轨构成；一条音轨中只包含一首歌曲或为空，一首歌曲可分布在多条音轨上；同一首歌曲在一张唱片中最多只能出现一次。

3. 每条音轨都有一个开始位置和持续时间。一张唱片上音轨的次序是非常重要的，因此对于任意一条音轨，播放器需要准确地知道，它的下一条音轨和上一条音轨是什么(如果存在的话)。

根据上述描述，采用面向对象方法对其进行分析与设计，得到了如表 3-1 所示的类列表、如图 3-1 所示的初始类图以及如图 3-2 所示的描述播放器行为的 UML 状态图。

表 3-1　类列表

类 名	说 明
Artist	艺术家
Song	歌曲
Band	乐队
Musician	歌手
Track	音轨
Album	唱片

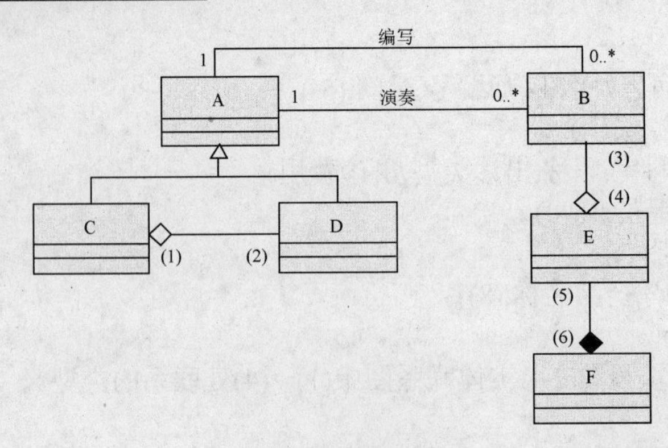

图 3-1 初始类图

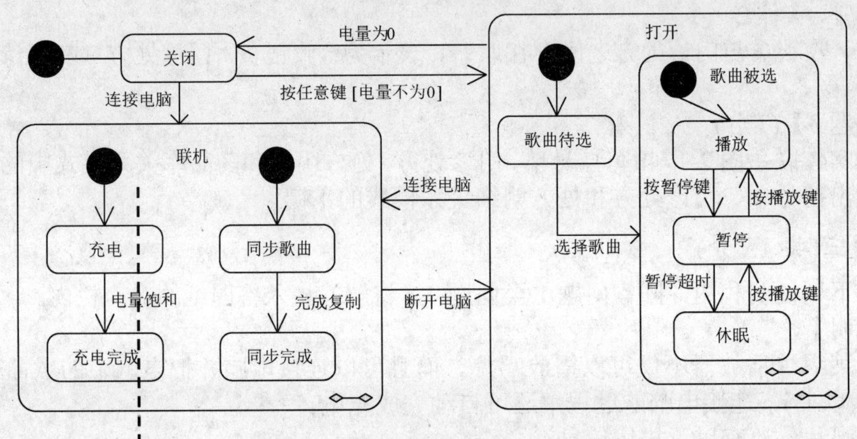

图 3-2 播放器行为 UML 状态图

【问题 1】(3 分)

根据说明中的描述，使用表 3-1 给出的类的名称，给出图 3-1 中的 A~F 所对应的类。

【问题 2】(6 分)

根据说明中的描述，给出图 3-1 中(1)~(6)处的多重度。

【问题 3】(4 分)

图 3-1 中缺少了一条关联，请指出这条关联两端所对应的类以及每一端的多重度。

类	多 重 度

【问题 4】(2 分)

根据图 3-2 所示的播放器行为 UML 状态图，给出从“关闭”状态到“播放”状态所经过的最短事件序列(假设电池一开始就是有电的)。

试题四(共 15 分)

阅读以下说明和 C 语言函数，将应填入(n)处的字句写在答题纸的对应栏内。

【说明】

在一个分布网络中，资源(石油、天然气、电力等)可从生产地送往其他地方。在传输过程中，资源会有损耗。例如，天然气的气压会减少，电压会降低。我们将需要输送的资源信息称为信号。在信号从信源地送往消耗地的过程中，仅能容忍一定范围的信号衰减，称为容忍值。分布网络可表示为一个树型结构，如图 4-1 所示。信号源是树根，树中的每个节点(除了根)表示一个可以放置放大器的子节点，其中某些节点同时也是信号消耗点，信号从一个节点流向其子节点。

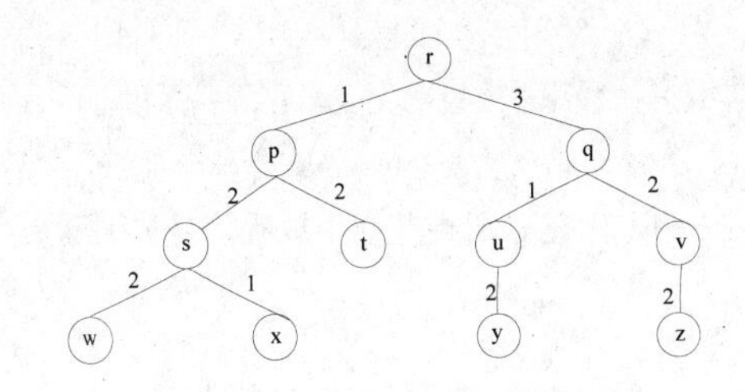

图 4-1 分布网络的树型结构

每个节点有一个 d 值，表示从其父节点到该节点的信号衰减量。例如，在图 4-1 中，节点 w、p、q 的 d 值分别为 2、1、3，树根节点表示信号源，其 d 值为 0。

每个节点有一个 M 值，表示从该节点出发到其所有叶子的信号衰减量的最大值。显然，叶子节点的 M 值为 0。对于非叶子 j，M(j)=max{M(k) + d(k) | k 是 j 孩子节点}，在此公式中，要计算节点的 M 值，必须先算出其所有子节点的 M 值。

在计算 M 值的过程中，对于某个节点 i，其有一个子节点 k 满足 d(k)+M(k) 大于容忍值，则应在 k 处放置放大器，否则，从节点 i 到某叶子节点的信号衰减量会超过容忍值，使得到达该叶子节点时信号不可用，而在节点 i 处放置放大器并不能解决到达叶子节点的信号衰减问题。例如，在图 4-1 中，从节点 p 到其所有叶子节点的最大衰减值为 4。若容忍值为 3，则必须在 s 处放置信号放大器，这样可使得节点 p 的 M 值为 2。同样，需要在节点 q、v 处放置信号放大器，如图 4-2 阴影节点所示。若在某节点放置了信号放大器，则从该节点输出的信号源输出的信号等价。

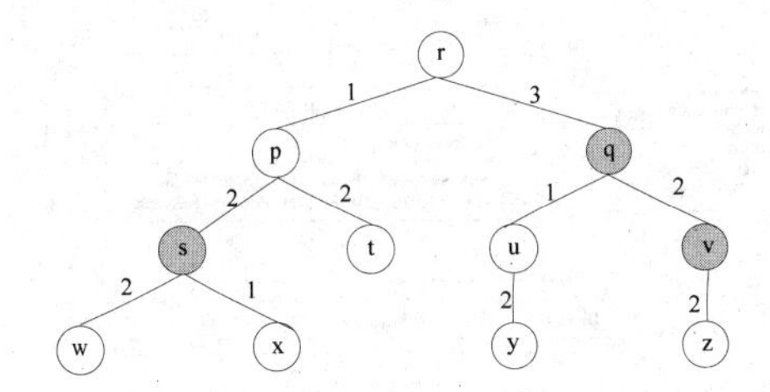

图 4-2 分布网络中的放大器

函数 placeBoosters(TreeNode *root)的功能是：对于给定树型分布网络中各个节点，计算其信号衰减量的最大值，并确定应在树中的哪些节点放置信号放大器。

全局变量 Tolerance 保存信号衰减容忍值。树的节点类型定义如下：

```
typedef struct TreeNode {
    int id; /*当前节点的识别号*/
    int ChildNum; /*当前节点的子节点数目*/
    int d; /*父节点到当前节点的信号衰减值*/
    struct TreeNode **childptr; /* 向量，存放当前节点到其所有子节点的指针*/
    int M; /*当前节点到其所有子节点的信号衰减值中的最大值*/
    bool boost; /*是否在当前节点放置信号放大器的标志*/
}TreeNode;
```

【C 语言函数】

```
void placeBooster(TreeNode *root)
{   /*计算 root 所指节点处的衰减量，如果衰减量超出容忍值，则放置放大器*/
    TreeNode *p;
    int i,degradation;
    if((1)){
        degradation=0;root->M=0;
        i=0;
```

```
            if(i>=root->ChildNum)
                return;
            p=(2);
            for(;i<root->ChildNum && p;i++,p=(3)){
                p->M=0;
        (4);
        if(p->d+p->M>Tolerance){/*在p所指节点中放置信号放大器*/
            p->boost=true;
            p->M=0;
        }
        if(p->d+p->M>degradation)
            degradation=p->d+p->M;
        }
            Root->M=(5);
        }
    }
```

试题五(共 15 分)

阅读下列说明和C++代码，将应填入 (n) 处的字句写在答题纸的对应栏内。

【说明】

已知某企业的采购审批是分级进行的，即根据采购金额的不同由不同层次的主管人员来审批，主任可以审批5万元以下(不包括5万元)的采购单，副董事长可以审批5万元至10万元(不包括10万元)的采购单，董事长可以审批10万元至50万元(不包括50万元)的采购单，50万元及以上的采购单就需要开会讨论决定。

采用责任链设计模式(Chain of Responsibility)对上述过程进行设计后得到的类图如图5-1所示。

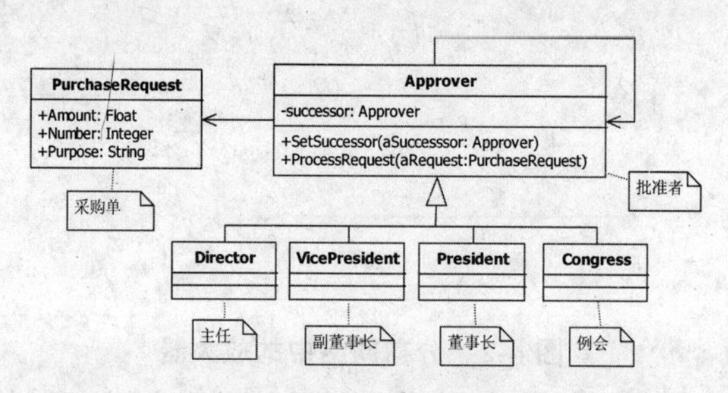

图 5-1 设计类图

【C++代码】

```
#include <string>
#include <iostream>
using namespace std;
class PurchaseRequest {
    public:
        double Amount;      // 一个采购的金额
        int Number;             // 采购单编号
        string Purpose;     // 采购目的
};
class Approver {                // 审批者类
    public:
        Approver(){ successor = NULL;   }
        virtual void ProcessRequest(PurchaseRequest aRequest){
            if (successor != NULL){  successor->____(1)____;    }
    }
    void SetSuccessor(Approver *aSuccessor){ successor = aSuccessor; }
private:
```

```
    ___(2)___ successor;
};
class Congress : public Approver {
public:
    void ProcessRequest(PurchaseRequest aRequest){
        if(aRequest.Amount >= 500000){ /* 决定是否审批的代码省略 */    }
        else ___(3)___ProcessRequest(aRequest);
    }
};
class Director : public Approver {
public:
    void ProcessRequest(PurchaseRequest aRequest){  /* 此处代码省略 */    }
};
class President : public Approver {
public:
    void ProcessRequest(PurchaseRequest aRequest){  /* 此处代码省略 */  }
};
class VicePresident : public Approver {
public:
    void ProcessRequest(PurchaseRequest aRequest){  /* 此处代码省略 */    }
};
void main(){
   Congress Meeting;  VicePresident Sam;  Director Larry ;  President Tammy;

    // 构造责任链
    Meeting.SetSuccessor(NULL);     Sam.SetSuccessor(___(4)___);
    Tammy.SetSuccessor(___(5)___);Larry.SetSuccessor(___(6)___);

    PurchaseRequest aRequest;   // 构造一采购审批请求
    cin >> aRequest.Amount;   // 输入采购请求的金额
    ___(7)___.ProcessRequest(aRequest);    // 开始审批
    return ;
}
```

试题六(共 15 分)

阅读下列说明和 Java 代码，将应填入 (n) 处的字句写在答题纸的对应栏内。

【说明】

已知某企业的采购审批是分级进行的，即根据采购金额的不同由不同层次的主管人员来审批，主任可以审批 5 万元以下(不包括 5 万元)的采购单，副董事长可以审批 5 万元至 10 万元(不包括 10 万元)的采购单，董事长可以审批 10～50 万元(不包括 50 万元)的采购单，50 万元及以上的采购单就需要开会讨论决定。

采用责任链设计模式(Chain of Responsibility)对上述过程进行设计后得到的类图如图 6-1 所示。

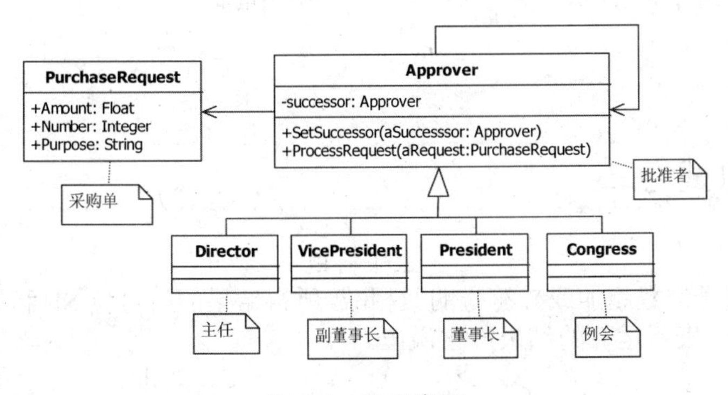

图 6-1　设计类图

【Java 代码】

```
class PurchaseRequest {
public  double Amount;   // 一个采购的金额
public  int Number;      // 采购单编号
public  String Purpose;   // 采购目的
};
class Approver {      // 审批者类
public   Approver(){   successor = null;   }
public  void ProcessRequest(PurchaseRequest aRequest){
        if (successor != null){ successor.  (1)  ;  }
    }
public  void SetSuccessor(Approver aSuccesssor){ successor = aSuccesssor; }
private   (2)   successor;
};

class Congress extends Approver {
public  void ProcessRequest(PurchaseRequest aRequest){
        if(aRequest.Amount >= 500000){ /* 决定是否审批的代码省略 */    }
        else   (3)  .ProcessRequest(aRequest);
    }
};
class Director extends Approver {
public  void ProcessRequest(PurchaseRequest  aRequest){  /* 此处代码省略  */
    }
};
class President extends Approver {
public  void ProcessRequest(PurchaseRequest aRequest){ /* 此处代码省略 */ }
};
class VicePresident extends Approver {
public  void ProcessRequest(PurchaseRequest aRequest){ /* 此处代码省略 */ }
};

public class rs {
    public static void main(String[] args) throws IOException {
        Congress Meeting = new Congress();
        VicePresident Sam = new VicePresident();
        Director Larry = new Director();
        President Tammy = new President();
        // 构造责任链
        Meeting.SetSuccessor(null);     Sam.SetSuccessor(  (4)  );
        Tammy.SetSuccessor(  (5)  );          Larry.SetSuccessor(  (6));
// 构造一采购审批请求
        PurchaseRequest aRequest = new PurchaseRequest();
        BufferedReader br =
new BufferedReader(new InputStreamReader(System.in));
        aRequest.Amount = Double.parseDouble(br.readLine());

  (7)  .ProcessRequest(aRequest);    // 开始审批

        return ;
    }
}
```

13.1.2 模拟试卷二

上午科目

● 两个同符号的数相加或异符号的数相减，所得结果的符号位 SF 和进位标志 CF 进行 (1) 运算为 1 时，表示运算的结果产生溢出。

(1) A．与　　B．或　　C．与非　　D．异或

● 在 CPU 与主存之间设置高速缓冲存储器 Cache，其目的是为了 (2) 。

(2) A．扩大主存的存储容量　　B．提高 CPU 对主存的访问效率

C．既扩大主存容量又提高存取速度　　　　D．提高外存储器的速度

● 若内存地址区间为 4000H～43FFH，每个存储单元可存储 16 位二进制数，该内存区域用 4 片存储器芯片构成，则构成该内存所用的存储器芯片的容量是<u>(3)</u>。

(3) A．512×16bit　　B．256×8bit　　C．256×16bit　D．1024×8bit

● 在指令系统的各种寻址方式中，获取操作数最快的方式是<u>(4)</u>。若操作数的地址包含在指令中，则属于<u>(5)</u>方式。

(4) A．直接寻址　　B．立即寻址　　C．寄存器寻址　　D．间接寻址

(5) A．直接寻址　　B．立即寻址　　C．寄存器寻址　　D．间接寻址

● 指令流水线将一条指令的执行过程分为四步，其中第 1、2 和 4 步的经过时间为△t，如下图所示。若该流水线顺序执行 50 条指令共用 153△t，并且不考虑相关问题，则该流水线的第 3 步的时间为<u>(6)</u>△t。

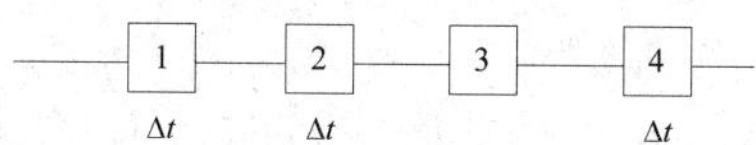

(6) A．2　　B．3　　C．4　　D．5

● 驻留在多个网络设备上的程序在短时间内同时产生大量的请求消息冲击某 Web 服务器，导致该服务器不堪重负，无法正常响应其他合法用户的请求，这属于 (7) 。

(7) A．网上冲浪　　B．中间人攻击　　C．DDoS 攻击　　D．MAC 攻击

● 设有两个子网 202.118.133.0/24 和 202.118.130.0/24，如果进行路由汇聚，得到的网络地址是<u>(8)</u>。

(8) A. 202.118.128.0/21　B．202.118.128.0/22　C. 202.118.130.0/22　D. 202.118.132.0/20

● 某校园网用户无法访问外部站点 210.102.58.74，管理人员在 Windows 操作系统下可以使用<u>(9)</u>判断故障发生在校园网内还是校园网外。

(9) A．ping 210.102.58.74　　　B．tracert 210.102.58.74

C．netstat 210.102.58.74　　　D．arp 210.102.58.74

● <u>(10)</u>不属于知识产权的范围。

(10) A．地理标志权　　B．物权　　C．邻接权　　D．商业秘密权

● 某开发人员不顾企业有关保守商业秘密的要求，将其参与该企业开发设计的应用软件的核心程序设计技巧和算法通过论文向社会发表，那么该开发人员的行为<u>(11)</u>。

(11) A．属于开发人员权利不涉及企业权利　　B．侵犯了企业商业秘密权

C．违反了企业的规章制度但不侵权　　D．未侵犯权利人软件著作权

● W3C 制定了同步多媒体集成语言规范，称为<u>(12)</u>规范。

(12) A．XML　　B．SMIL　　C．VRML　　D．SGML

● 以下显示器像素点距的规格中，最好的是<u>(13)</u>。

(13) A．0.39　　B．0.33　　C．0.31　　D．0.28

● 800×600 的分辨率的图像，若每个像素具有 16 位的颜色深度，则可表示<u>(14)</u>种不同的颜色。

(14) A．1000　　B．1024　　C．65536　　D．480000

● CVS 是一种<u>(15)</u>工具。

(15) A．需求分析　　B．编译　　C．程序编码　　D．版本控制

● 通常在软件的<u>(16)</u>活动中无需用户参与。

(16) A．需求分析　　B．维护　　C．编码　　D．测试

● 软件能力成熟度模型(CMM)是目前国际上最流行、最实用的软件生产过程标准和软件企业成熟度的等级认证标准。该模型将软件能力成熟度自低到高依次划分为初始级、可重复级、已定义级、已管理级、优化级。从<u>(17)</u>开始，要求企业建立基本的项目管理过程

的政策和管理规程，使项目管理工作有章可循。

(17) A．初始级　　B．可重复级　　C．已定义级　　D．已管理级

● 在软件开发中，(18) 不能用来描述项目开发的进度安排。在其他三种图中，可用 (19) 动态地反映项目开发进展情况。

(18) A．甘特图　　B．PERT 图　　C．PERT/CPM 图　　D．鱼骨图

(19) A．甘特图　　B．PERT 图　　C．PERT/CPM 图　　D．鱼骨图

● C 语言是一种 (20) 语言。

(20) A．编译型　　B．解释型　　C．编译、解释混合型　　D．脚本

● 若程序运行时系统报告除数为 0，这属于 (21) 错误。

(21) A．语法　　B．语用　　C．语义　　D．语境

● 集合 $L=\{a^m b^m \mid m \geqslant 0\}$ (22) 。

(22) A．可用正规式"a^*b^*"表示

B．不能用正规式表示，但可用非确定的有限自动机识别

C．可用正规式"$a^m b^m$"表示

D．不能用正规式表示，但可用上下文无关文法表示

● 设备驱动程序是直接与 (23) 打交道的软件模块。一般而言，设备驱动程序的任务是接受来自与设备 (24) 。

(23) A．硬件　　B．办公软件　　C．编译程序　　D．连接程序

(24) A．有关的上层软件的抽象请求，进行与设备相关的处理

B．无关的上层软件的抽象请求，进行与设备相关的处理

C．有关的上层软件的抽象请求，进行与设备无关的处理

D．无关的上层软件的抽象请求，进行与设备无关的处理

● 页式存储系统的逻辑地址是由页号和页内地址两部分组成，地址变换过程如下图所示。假定页面的大小为 8KB，图中所示的十进制逻辑地址 9612，经过地址变换后，形成的物理地址 a 应为十进制 (25) 。

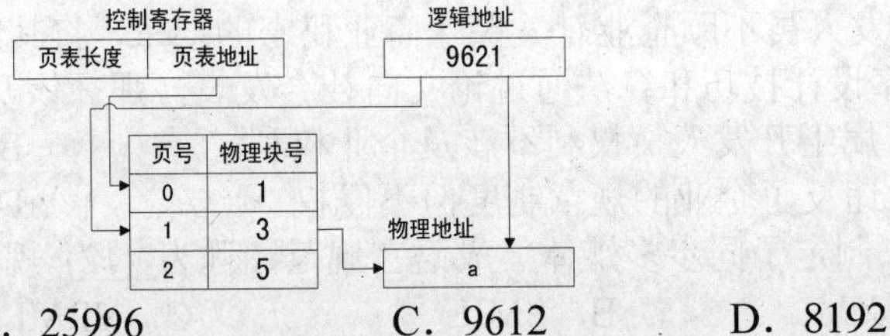

(25) A．42380　　B．25996　　C．9612　　D．8192

● 某系统的进程状态转换如下图所示，图中 1、2、3 和 4 分别表示引起状态转换的不同原因，原因 4 表示 (26) ；一个进程状态转换会引起另一个进程状态转换的是 (27) 。

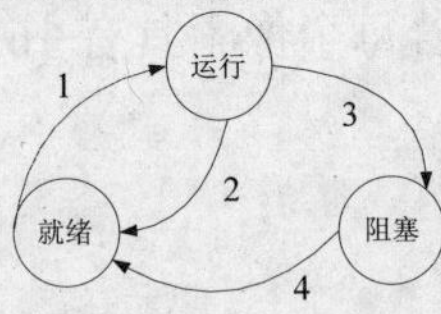

(26) A．就绪进程被调度　　B．运行进程执行了 P 操作

C．发生了阻塞进程等待的事件　　D．运行进程的时间片到了

(27) A．1→2　　B．2→1　　C．3→2　　D．2→4

● 在操作系统中，虚拟设备通常采用 (28) 设备来提供虚拟设备。

(28) A．Spooling 技术，利用磁带　　B．Spooling 技术，利用磁盘

C．脱机批处理技术，利用磁盘　　D．通道技术，利用磁带

● 某软件在应用初期运行在 Windows NT 环境中。现因某种原因，该软件需要在 UNIX 环境中运行，而且必须完成相同的功能。为适应这个要求，软件本身需要进行修改，而所需修改的工作量取决于该软件的__(29)__。

(29) A．可扩充性　　B．可靠性　　C．复用性　　D．可移植性

● 对于如下的程序流程，当采用语句覆盖法设计测试案例时，至少需要设计__(30)__个测试案例。

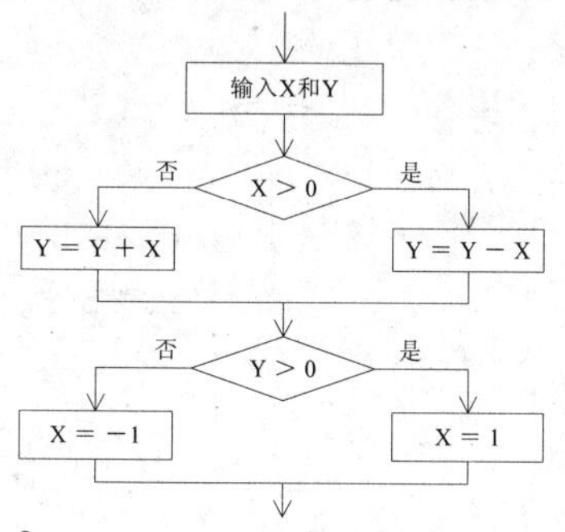

(30) A．1　　B．2　　C．3　　D．4

● 内聚性和耦合性是度量软件模块独立性的重要准则，软件设计时应力求 (31) 。

(31) A. 高内聚，高耦合　B. 高内聚，低耦合　C. 低内聚，高耦合　D. 低内聚，低耦合

● 统一过程(UP)是一种用例驱动的迭代式增量开发过程，每次迭代过程中主要的工作流包括捕获需求、分析、设计、实现和测试等。这种软件过程的用例图(Use Case Diagram)是通过__(32)__得到的。

(32) A．捕获需求　　B．分析　　C．设计　　D．实现

● 在某大学学生学籍管理信息系统中，假设学生年龄的输入范围为 16～40，则根据黑盒测试中的等价类划分技术，下面划分正确的是__(33)__。

(33) A．可划分为 2 个有效等价类，2 个无效等价类
　　B．可划分为 1 个有效等价类，2 个无效等价类
　　C．可划分为 2 个有效等价类，1 个无效等价类
　　D．可划分为 1 个有效等价类，1 个无效等价类

● 软件__(34)__的提高，有利于软件可靠性的提高。

(34) A．存储效率　　B．执行效率　　C．容错性　　D．可移植性

● 正式的技术评审 FTR(Formal Technical Review)是软件工程师组织的软件质量保证活动，下面关于 FTR 指导原则中不正确的是__(35)__。

(35) A．评审产品，而不是评审生产者的能力
　　B．要有严格的评审计划，并遵守日程安排
　　C．对评审中出现的问题要充分讨论，以求彻底解决
　　D．限制参与者人数，并要求评审会之前做好准备

● 某工程计划如下图所示，各个作业所需的天数如下表所示，设该工程从第 0 天开工，则该工程的最短工期是__(36)__天。

作　业	A	B	C	D	E	F	G	H	I	J
所需天数	7	6	8	10	7	3	2	4	3	7

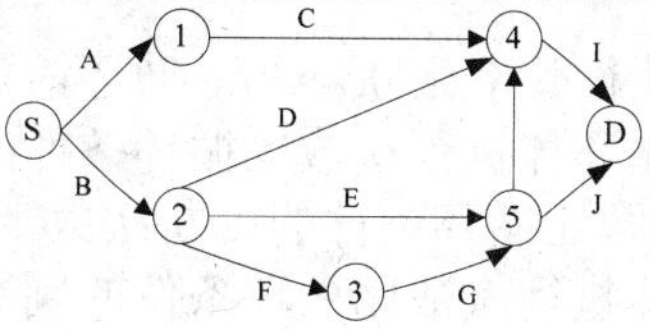

(36) A．17　　B．18　　C．19　　D．20

● (37) 表示了系统与参与者之间的接口。在每一个用例中，该对象从参与者处收集信息，并将之转换为一种被实体对象和控制对象使用的形式。

(37) A．边界对象　　B．可视化　　C．抽象对象　　D．实体对象

● 在下面的用例图(UseCase Diagram)中，X1、X2 和 X3 表示 (38) ，已知 UC3 是抽象用例，那么 X1 可通过 (39) 用例与系统进行交互。并且，用例 (40) 是 UC4 的可选部分，用例 (41) 是 UC4 的必须部分。

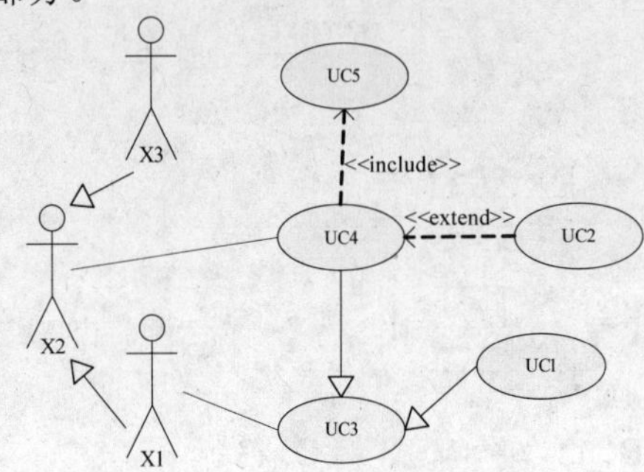

(38) A．人　　B．系统　　C．参与者　　D．外部软件

(39) A．UC4、UC1　　B．UC5、UC1　　C．UC5、UC2　　D．UC1、UC2

(40) A．UC1　　B．UC2　　C．UC3　　D．UC5

(41) A．UC1　　B．UC2　　C．UC3　　D．UC5

● 在统一建模语言(UML)中， (42) 用于描述系统与外部系统及用户之间的交互。

(42) A．类图　　B．用例图　　C．对象图　　D．协作图

● 面向对象分析与设计是面向对象软件开发过程中的两个重要阶段，下列活动中， (43) 不属于面向对象分析阶段。

(43) A．构建分析模型　　B．识别分析类　　C．确定接口规格　　D. 评估分析模型

● 在“模型－视图－控制器”(MVC)模式中， (44) 主要表现用户界面， (45) 用来描述核心业务逻辑。

(44) A．视图　　B．模型　　C．控制器　　D．视图和控制器

(45) A．视图　　B．模型　　C．控制器　　D．视图和控制器

● 当采用标准 UML 构建系统类模型(Class Model)时，若类 B 除具有类 A 的全部特性外，类 B 还可定义新的特性以及置换类 A 的部分特性，那么类 B 与类 A 具有 (46) 关系；若类 A 的对象维持类 B 对象的引用或指针，并可与类 C 的对象共享相同的类 B 的对象，那么类 A 与类 B 具有 (47) 关系。

(46) A．聚合　　B．泛化　　C．传递　　D．迭代

(47) A．聚合　　B．泛化　　C．传递　　D．迭代

● 序言性注释是指在每个程序或模块开头的一段说明，起辅助理解程序的作用，一般包括：程序的表示、名称和版本号，程序功能描述，接口与界面描述，输入/输出数据说明，开发历史，与运行环境有关的信息等。下列叙述中不属于序言性注释的是 (48) 。

(48) A．程序对硬件、软件资源的要求　B．重要变量和参数说明
　　C．嵌入在程序中的 SQL 语句　D．程序开发的原作者、审查者、修改者、编程日期等

● 程序设计语言中， (49) 。

(49) A．while 循环语句的执行效率比 do-while 循环语句的执行效率高
　　B．while 循环语句的循环体执行次数比循环条件的判断次数多 1，而 do-while 语句的循环体执行次数比循环条件的判断次数少 1
　　C．while 语句的循环体执行次数比循环条件的判断次数少 1，而 do-while 语句的

循环体执行次数比循环条件的判断次数多 1

D．while 语句的循环体执行次数比循环条件的判断次数少 1，而 do-while 语句的循环体执行次数等于循环条件的判断次数

● 正则表达式 $1^*(0|01)^*$ 表示的集合元素的特点是__(50)__。

(50) A．长度为奇数的 0、1 串　　B．开始和结尾字符必须为 1 的 0、1 串
C．串的长度为偶数的 0、1 串　　D．不包含子串 011 的 0、1 串

● 在数据库管理系统中，__(51)__不属于安全性控制机制。

(51) A．完整性约束　B．视图　C．密码验证　D．用户授权

● 设关系模式 R(A, B, C)，传递依赖指的是__(52)__；下列结论错误的是(53)。

(52) A．若 A→B，B→C，则 A→C　　B．若 A→B，A→C，则 A→BC
C．若 A→C，则 AB→C　　D．若 A→BC，则 A→B，A→C

(53) A．若 A→BC，则 A→B，A→C　　B．若 A→B，A→C，则 A→BC
C．若 A→C，则 AB→C　　D．若 AB→C，则 A→C，B→C

● 建立一个供应商、零件数据库。其中“供应商”表 S(Sno,Sname,Zip,City)分别表示：供应商代码、供应商名、供应商邮编、供应商所在城市，其函数依赖为：Sno→(Sname,Zip,City)，Zip→City。“供应商”表 S 属于__(54)__。

(54) A．1NF　B．2NF　C．3NF　D．BCNF

● 关系 R、S 如下图所示，R ⋈ S 可由__(55)__基本的关系运算组成，R ⋈ S =__(56)__。

关系R

A	B	C
a	b	c
b	a	d
c	d	e
d	f	g

关系S

A	C	D
a	c	d
d	f	g
b	d	g

(55) A．π、σ 和×　　B．−、σ 和×
C．∩、σ 和×　　D．π、σ 和∩

(56) A.

A	B	C
a	b	c
b	a	d
c	d	e

B.

A	B	C	D
a	b	c	d
b	a	d	g
d	f	g	g

C.

A	B	C
a	b	c
b	a	d

D.

A	B	C	D
a	b	c	d
b	a	d	g

● 设栈 S 和队列 Q 的初始状态为空，元素按照 a、b、c、d、e 的次序进入栈 S，当一个元素从栈中出来后立即进入队列 Q。若队列的输出元素序列是 c、d、b、a、e，则元素的出栈顺序是__(57)__，栈 S 的容量至少为__(58)__。

(57) A．a、b、c、d、e　　B．e、d、c、b、a
C．c、d、b、a、e　　D．e、a、b、d、c

(58) A．2　B．3　C．4　D．5

● 输入受限的双端队列是指元素只能从队列的一端输入、但可以从队列的两端输出，如下图所示。若有 8、1、4、2 依次进入输入受限的双端队列，则得不到输出序列(59)。

(59) A．2、8、1、4　B．1、4、8、2　C．4、2、1、8　D．2、1、4、8

● 对于 n(n≥0)个元素构成的线性序列 L，在 (60) 时适合采用链式存储结构。

(60) A．需要频繁修改 L 中元素的值　B．需要频繁地对 L 进行随机查找
C．需要频繁地对 L 进行删除和插入操作　D．要求 L 存储密度高

● 由权值为 29、12、15、6、23 的五个叶子节点构造的哈夫曼树为 (61) ，其带权路径长度为 (62) 。

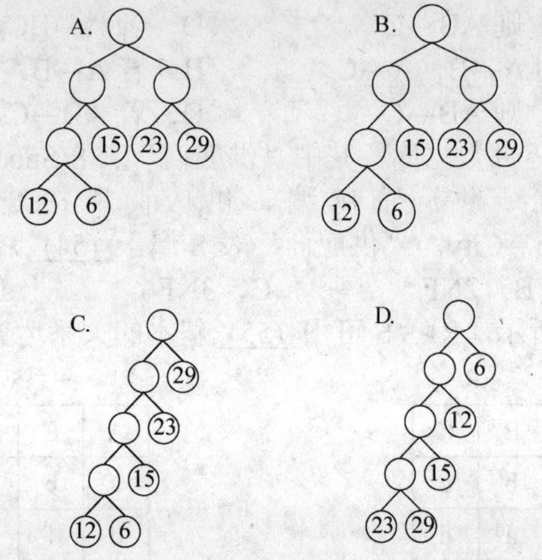

(61)

(62)　A．85　B．188　C．192　D．222

● 已知某二叉树的中序列为 CBDAEFI、先序列为 ABCDEFI，则该二叉树的高度为 (63) 。

(63) A．2　B．3　C．4　D．5

● 若一个问题既可以用迭代方式也可以用递归方式求解，则 (64) 方法具有更高的时空效率。

(64) A．迭代　B．递归　C．先递归后迭代　D．先迭代后递归

● 设商店有 10 元、5 元、2 元和 1 元的零币，每种零币数量充足。售货员给顾客找零钱时，零币的数量越少越好。例如给顾客找零 29 元：先选 2 张 10 元币，然后选择 1 张 5 元币，再选择两张 2 元币。以上的找零钱方法采用了 (65) 策略。

(65) A．分治　B．贪心　C．动态规划　D．回溯

● 分配给某校园网的地址块是 202.105.192.0/18，该校园网包含 (66) 个 C 类网络。

(66) A．6　B．14　C．30　D．62

● 以下关于 DHCP 服务的说法中正确的是 (67) 。

(67) A．在一个子网内只能设置一台 DHCP 服务器，以防止冲突
B．在默认情况下，客户机采用最先到达的 DHCP 服务器分配的 IP 地址
C．使用 DHCP 服务，无法保证某台计算机使用固定 IP 地址
D．客户端在配置时必须指明 DHCP 服务器的 IP 地址，才能获得 DHCP 服务

● 电子邮件应用程序利用 POP3 (68) 。

(68) A．创建邮件　B．加密邮件　C．发送邮件　D．接收邮件

● “<title style="italic">science</title>”是一个 XML 元素的定义，其中元素标记的属性值是 (69) 。

(69) A．title　　B．style　　C．italic　　D．science

● 与多模光纤相比较，单模光纤具有 (70) 等特点。

(70) A．较高的传输率、较长的传输距离、较高的成本
B．较低的传输率、较短的传输距离、较高的成本
C．较高的传输率、较短的传输距离、较低的成本
D．较低的传输率、较长的传输距离、较低的成本

● The Rational Unified Process (RUP) is a software engineering process, which captures many of best practices in modern software development. The notions of (71) and scenarios have been proven to be an excellent way to capture function requirements. RUP can be described in two dimensions-time and content. In the time dimension, the software lifecycle is broken into cycles. Each cycle is divided into four consecutive (72) which is concluded with a well-defined (73) and can be further broken down into (74) – a complete development loop resulting in a release of an executable product, a subset of the final product under development, which grows incrementally to become the final system. The content structure refers to the disciplines, which group (75) logically by nature.

(71) A．artifacts　　B．use-cases　　C．actors　　D．workers
(72) A．orientations　　B．views　　C．aspects　　D．phases
(73) A．milestone　　B．end-mark　　C．measure　　D．criteria
(74) A．rounds　　B．loops　　C．iterations　　D．circularities
(75) A．functions　　B．workflows　　C．actions　　D．activities

下午科目

说明：试题五、试题六选做一题。

试题一(共 15 分)

阅读以下说明和图，回答问题 1 至问题 3，将解答填入答题纸的对应栏内。

【说明】

某房屋租赁公司欲建立一个房屋租赁服务系统，统一管理房主和租赁者的信息，从而快速地提供租赁服务。该系统具有以下功能：

1. 登记房主信息。对于每名房主，系统需登记其姓名、住址和联系电话，并将这些信息写入房主信息文件。

2. 登记房屋信息。所有在系统中登记的房屋都有一个唯一的识别号(对于新增加的房屋，系统会自动为其分配一个识别号)。除此之外，还需登记该房屋的地址、房型(如平房、带阳台的楼房、独立式住宅等)、最多能够容纳的房客数、租金及房屋状况(待租赁、已出租)。这些信息都保存在房屋信息文件中。一名房主可以在系统中登记多个待租赁的房屋。

3. 登记租赁者信息。所有想通过该系统租赁房屋的租赁者，必须首先在系统中登记个人信息，包括：姓名、住址、电话号码、出生年月和性别。这些信息都保存在租赁者信息文件中。

4. 租赁房屋。已经登记在系统中的租赁者，可以得到一份系统提供的待租赁房屋列表。一旦租赁者从中找到合适的房屋，就可以提出看房请求。系统会安排租赁者与房主见面。对于每次看房，系统会生成一条看房记录并将其写入看房记录文件中。

5. 收取手续费。房主登记完房屋后，系统会生成一份费用单，房主根据费用单缴纳相应的费用。

6. 变更房屋状态。当租赁者与房主达成租房或退房协议后，房主向系统提交变更房屋状态的请求。系统将根据房主的请求，修改房屋信息文件。

数据流图 1-1 和图 1-2 分别给出了该系统的顶层数据流图和 0 层数据流图。

【问题1】(4分)

使用【说明】中给出的词汇，将数据流图1-1中(1)~(4)处的数据流补充完整。

【问题2】(4分)

使用【说明】中给出的词汇，将数据流图图1-2中的(5)~(8)补充完整。

【问题3】(7分)

数据流程图图1-2中缺失了三条数据流，请指出这三条数据流的起点、终点和数据流名称。

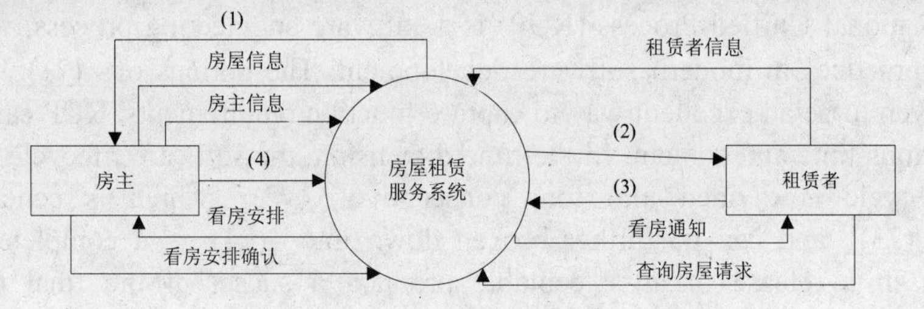

图1-1　顶层数据流图

图1-2　0层数据流图

试题二(15分)

阅读下列说明，回答问题1至问题4，将解答填入答题纸的对应栏内。

【说明】

某汽车维修站拟开发一套小型汽车维修管理系统，对车辆的维修情况进行管理。

1．对于新客户及车辆，汽车维修管理系统首先登记客户信息，包括：客户编号、客户名称、客户性质(个人、单位)、折扣率、联系人、联系电话等信息；还要记录客户的车辆信息，包括：车牌号、车型、颜色、车辆类别等信息。一个客户至少有一台车。客户及车辆信息如表2-1所示。

表2-1　客户及车辆信息

客户编号	GS0051	客户名称	××公司	客户性质	单位
折扣率	95%	联系人	杨浩东	联系电话	82638779
车牌号		颜色	车型	车辆类别	
**0765		白色	帕萨特	微型车	

2．记录维修车辆的故障信息。包括：维修类型(普通、加急)、作业分类(大、中、小修)、结算方式(自付、三包、索赔)等信息。维修厂的员工分为：维修员和业务员。车辆维修首先委托给业务员。业务员对车辆进行检查和故障分析后，与客户磋商，确定故障现象，生成

维修委托书。如表 2-2 所示。

3．维修车间根据维修委托书和车辆的故障现象，在已有的维修项目中选择并确定一个或多个具体维修项目，安排相关的维修工及工时，生成维修派工单。维修派工单如表 2-3 所示。

4．客户车辆在车间修理完毕后，根据维修项目单价和维修派工单中的工时计算车辆此次维修的总费用，记录在委托书中。

根据需求阶段收集的信息，设计的实体联系图(见图 2-1)和关系模式(不完整)如下所示。图 2-1 中业务员和维修工是员工的子实体。

表 2-2　维修委托书

No.20070702003　　　　登记日期：2007-07-02

车 牌 号	**0765	客户编号	GS0051	维修类型	普通
作业分类	中修	结算方式	自付	进厂时间	20070702 11:09
业 务 员	张小江	业务员编号	012	预计完工时间	
故障描述					
车头损坏，水箱漏水					

表 2-3　维修派工单

No.20070702003

维修项目编号	维修项目	工　时	维修员编号	维修员工种
012	维修车头	5.00	012	机修
012	维修车头	2.00	023	漆工
015	水箱焊接补漏	1.00	006	焊工
017	更换车灯	1.00	012	机修

【概念结构设计】

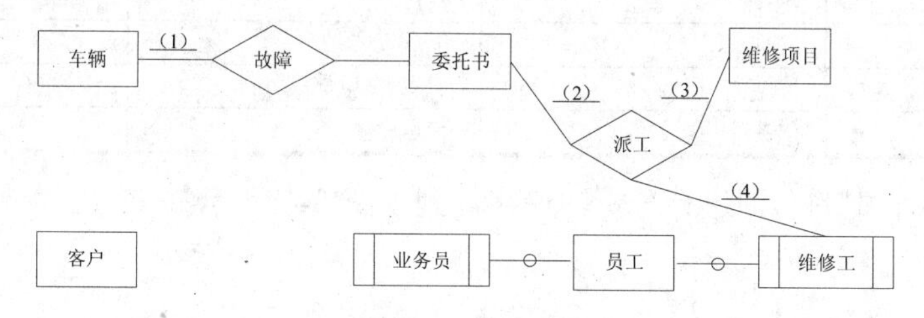

图 2-1　实体联系图

【逻辑结构设计】

客户(_____(5)_____，折扣率，联系人，联系电话)

车辆(车牌号，客户编号，车型，颜色，车辆类别)

委托书(_____(6)_____，维修类型，作业分类，结算方式，进厂时间，预计完工时间，登记日期，故障描述，总费用)

维修项目(维修项目编号，维修项目，单价)

派工单(_____(7)_____，工时)

员工(_____(8)_____，工种，员工类型，级别)

【问题 1】(4 分)

根据问题描述，填写图 2.1 中(1)～(4)处联系的类型。联系类型分为一对一、一对多和多对多三种，分别使用 1∶1、1∶n 或 1∶*、m∶n 或*∶*表示。

【问题 2】(4 分)

补充图 2.1 中的联系并指明其联系类型。联系名可为：联系 1，联系 2，……。

【问题 3】(4 分)

根据图 2-1 和说明，将逻辑结构设计阶段生成的关系模式中的空(5)～(8)补充完整。

【问题 4】(3 分)

根据问题描述，写出客户、委托书和派工单这三个关系的主键。

试题三(共 15 分)

阅读下列说明和图，回答问题 1 至问题 3，将解答填入答题纸的对应栏内。

【说明】

某图书管理系统的主要功能如下。

1．图书管理系统的资源目录中记录着所有可供读者借阅的资源，每项资源都有一个唯一的索引号。系统需登记每项资源的名称、出版时间和资源状态(可借阅或已借出)。

2．资源可以分为两类：图书和唱片。对于图书，系统还需登记作者和页数；对于唱片，还需登记演唱者和介质类型(CD 或者磁带)。

3．读者信息保存在图书管理系统的读者信息数据库中，记录的信息包括：读者的识别码和读者姓名。系统为每个读者创建了一个借书记录文件，用来保存读者所借资源的相关信息。

现采用面向对象方法开发该图书管理系统。识别类是面向对象分析的第一步。比较常用的识别类的方法是寻找问题描述中的名词，再根据相关规则从这些名词中删除不可能成为类的名词，最终得到构成该系统的类。表 3-1 给出了说明中出现的所有名词。

表 3-1　图书管理系统中的名词

图书管理系统	资源目录	读　者	资　源
索引号	系统	名称	出版时间
资源状态	图书	唱片	作者
页数	演唱者	介质类型	CD
磁带	读者信息	读者信息数据库	识别码
姓名	借书记录文件	信息	

通过对表 3-1 中的名词进行分析，最终得到了图 3-1 所示的 UML 表类图(类的说明见表 3-2)。

表 3-2　类说明

类　名	说　明
LibrarySystem	图书管理系统
BorrowerDB	保存读者信息的数据库
CatalogItem	资源目录中保存的每项资源
Borrower	读者
BorrowerItems	为每个读者创建的借书记录文件

【问题 1】(3 分)

表 3-2 所给出的类并不完整，根据说明和表 3-1，将图 3-1 中的(a)~(c)处补充完整。

【问题 2】(6 分)

根据【说明】中的描述，给出图 3-1 中的类 CatalogItem 以及(b)、(c)处所对应的类的关键属性(使用表 3-1 中给出的词汇)，其中，CatalogItem 有 4 个关键属性；(b)、(c)处对应的类各有 2 个关键属性。

【问题 3】(6 分)

识别关联的多重度是面向对象建模过程中的一个重要步骤。根据说明中给出的描述，完成图 3-1 中的(1) ~(6)。

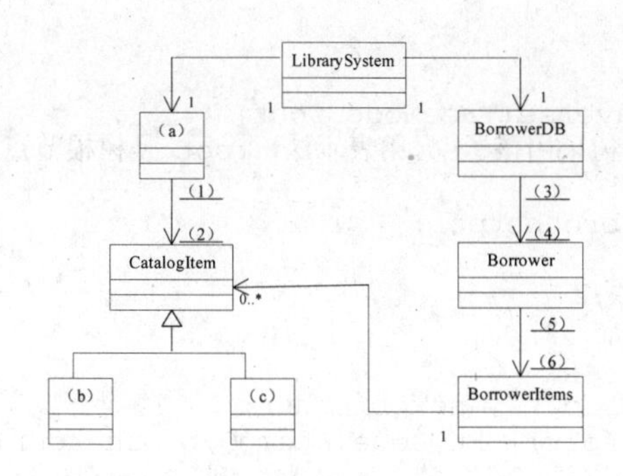

图 3-1 UML 类图

试题四(共 15 分)

阅读以下说明、图和 C 代码，将应填入 (n) 处的字句写在答题纸的对应栏内。

【说明】

一般的树结构常采用孩子-兄弟表示法表示，即用二叉链表作树的存储结构，链表中节点的两个链域分别指向该节点的第一个孩子节点和下一个兄弟节点。例如，图 4-1(a)所示的树的孩子-兄弟表示如图 4-1(b)所示。

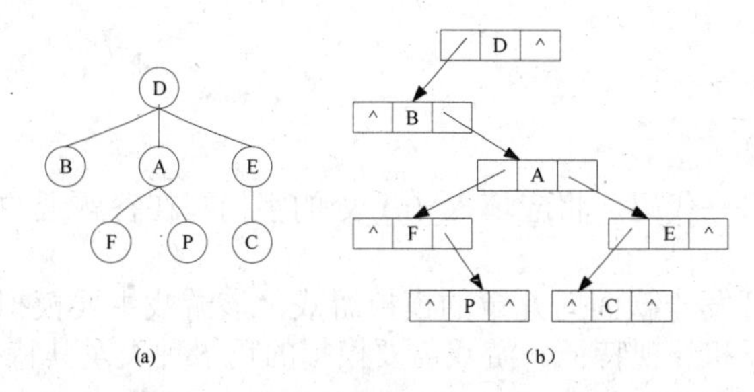

图 4-1 树及其孩子-兄弟表示示意图

函数 LevelTraverse()的功能是对给定树进行层序遍历。例如，对图 4-1 所示的树进行层序遍历时，节点的访问次序为：D B A E F P C 。

对树进行层序遍历时使用了队列结构，实现队列基本操作的函数原型如下表所示。

函数原型	说 明
void InitQueue(Queue *Q)	初始化队列
Bool IsEmpty(Queue Q)	判断队列是否为空，若是则返回TRUE，否则返回 FALSE
void EnQueue(Queue *Q,TreeNode p)	元素入队列
void DeQueue(Queue *Q,TreeNode *p)	元素出队列

Bool、Status 类型定义如下：

```
typedef enum {FALSE = 0,TRUE = 1} Bool;
typedef enum {OVERFLOW = -2,UNDERFLOW = -1,ERROR = 0,OK = 1} Status;
```

树的二叉链表节点定义如下：

```
typedef struct Node {
  char data;
  struct Node *firstchild,*nextbrother;
```

```
}Node,*TreeNode;
```

【函数】

```
Status LevelTraverse(TreeNode root)
{  /*层序遍历树，树采用孩子-兄弟表示法，root 是树根节点的指针*/
  Queue tempQ;
  TreeNode ptr,brotherptr;
  if (!root)
    return ERROR;
  InitQueue(&tempQ);
  __(1)__;
  brotherptr = root -> nextbrother;
  while (brotherptr){ EnQueue(&tempQ,brotherptr);
    __(2)__;
  }  /*end-while*/
  while (__(3)__) {
    __(4)__;
    printf("%c\t",ptr->data);
    if (__(5)__) continue;
    __(6)__;
    brotherptr = ptr->firstchild->nextbrother;
    while (brotherptr){ EnQueue(&tempQ,brotherptr);
      __(7)__;
    }  /*end-while*/
  }  /*end-while*/
  return OK;
}/*LevelTraverse*/
```

试题五(共 15 分)

阅读下列说明和 C++代码，将应填入 __(n)__ 处的字句写在答题纸的对应栏内。

【说明】

某游戏公司现欲开发一款面向儿童的模拟游戏，该游戏主要模拟现实世界中各种鸭子的发声特征、飞行特征和外观特征。游戏需要模拟的鸭子种类及其特征如表下表所示。

鸭子种类	发声特征	飞行特征	外观特征
灰鸭(MallardDuck)	发出“嘎嘎”声(Quack)	用翅膀飞行(FlyWithWings)	灰色羽毛
红头鸭(RedHeadDuck)	发出“嘎嘎”声(Quack)	用翅膀飞行(FlyWithWings)	灰色羽毛、头部红色
棉花鸭(CottonDuck)	不发声(QuackNoWay)	不能飞行(FlyNoWay)	白色
橡皮鸭(RubberDuck)	发出橡皮与空气摩擦的声音(Squeak)	不能飞行(FlyNoWay)	黑白橡皮色

为支持将来能够模拟更多种类鸭子的特征，采用策略设计模式 (Strategy)设计的类图如图 5-1 所示。

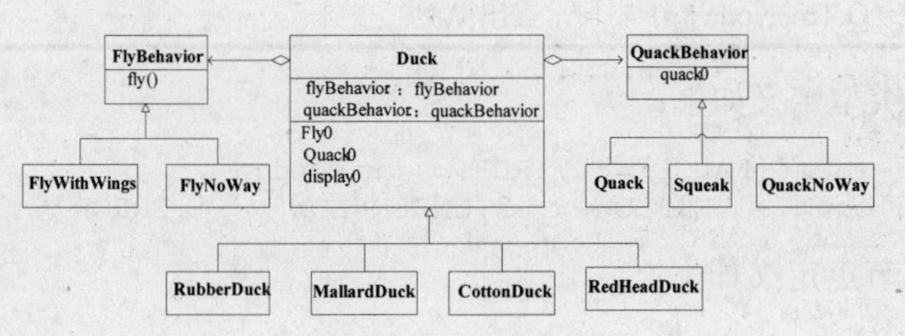

图 5-1 设计类图

其中，Duck 为抽象类，描述了抽象的鸭子，而类 RubberDuck、MallardDuck、CottonDuck 和 RedHeadDuck 分别描述具体的鸭子种类，方法 fly()、quack()和 display()分别表示不同种类的鸭子都具有飞行特征、发声特征和外观特征；类 FlyBehavior 与 QuackBehavior 为抽象类，分别用于表示抽象的飞行行为与发声行为；类 FlyNoWay 与 FlyWithWings 分别描述不能飞行的行为和用翅膀飞行的行为；类 Quack、Squeak 与 QuackNoWay 分别描述发出“嘎嘎”声的行为、发出橡皮与空气摩擦声的行为与不发声的行为。请填补以下代码中的空缺。

【C++代码】

```
#include<iostream>
    using namespace__(1)__;
    class FlyBehavior{
    public:__(2)__fly( )=0;
};
class QuackBehavior{
    public:__(3)__quack( )=0;
}

class FlyWithWings :public FlyBehavior{
    public: void fly( ){cout<<"使用翅膀飞行！"<<endl;}
};
class FlyNoWay :public FlyBehavior{
    public: void fly( ){cout<<"不能飞行！"<<endl;}
};
class Quack :public QuackBehavior{
    public: void quack( ){cout<<"发出\'嘎嘎'\声！"<<endl;}
};
class Squeak :public QuackBehavior{
    public: void quack( ){cout<<"发出空气与橡皮摩擦声！"<<endl;}
};
class QuackNoWay :public QuackBehavior{
    public: void quack( ){cout<<"不能发声！"<<endl;}
};
Class Duck{
protected:
    FlyBehavior *__(4)__;
QuackBehavior * __(5)__  ;

public:
void fly(){  __(6)__;  }
void quack() {  __(7)__; };
virtual void display()=0;
};
class RubberDuck: public Duck {
public:
RubberDuck( ){
flyBehavior=new __(8)__;
    quackBehavior=new __(9)__;
    }
    ~RubberDuck( ){
        if (!flyBehavior) delete flyBehavior;
        if (!quackBehavior) delete quackBehavior;
    }
    Void display( ){/*此处省略显示橡皮鸭的代码*/}
//其他代码省略
```

试题六(共 15 分)

阅读下列说明和 Java 代码，将应填入__(n)__处的字句写在答题纸的对应栏内。

【说明】

某游戏公司现欲开发一款面向儿童的模拟游戏，该游戏主要模拟现实世界中各种鸭子的发声特征、飞行特征和外观特征。游戏需要模拟的鸭子种类及其特征如下表所示。

鸭子种类	发声特征	飞行特征	外观特征
灰鸭(MallardDuck)	发出“嘎嘎”声(Quack)	用翅膀飞行(FlyWithWings)	灰色羽毛
红头鸭(RedHeadDuck)	发出“嘎嘎”声(Quack)	用翅膀飞行(FlyWithWings)	灰色羽毛、头部红色
棉花鸭(CottonDuck)	不发声(QuackNoWay)	不能飞行(FlyNoWay)	白色
橡皮鸭(RubberDuck)	发出橡皮与空气摩擦的声音(Squeak)	不能飞行(FlyNoWay)	黑白橡皮色

为支持将来能够模拟更多种类鸭子的特征，采用策略设计模式(Strategy)设计的类图如图 6-1 所示。

其中，Duck 为抽象类，描述了抽象的鸭子，而类 RubberDuck、MallardDuck、CottonDuck 和 RedHeadDuck 分别描述具体的鸭子种类，方法 fly( )、quack( )和 display( )分别表示不同种类的鸭子都具有飞行特征、发声特征和外观特征；接口 FlyBehavior 与 QuackBehavior 分别用于表示抽象的飞行行为与发声行为；类 FlyNoWay 与 FlyWithWings 分别描述不能飞行的行为和用翅膀飞行的行为；类 Quack、Squeak 与 QuackNoWay 分别描述发出“嘎嘎”声的行为、发出橡皮与空气摩擦声的行为与不发声的行为。请填补以下代码中的空缺。

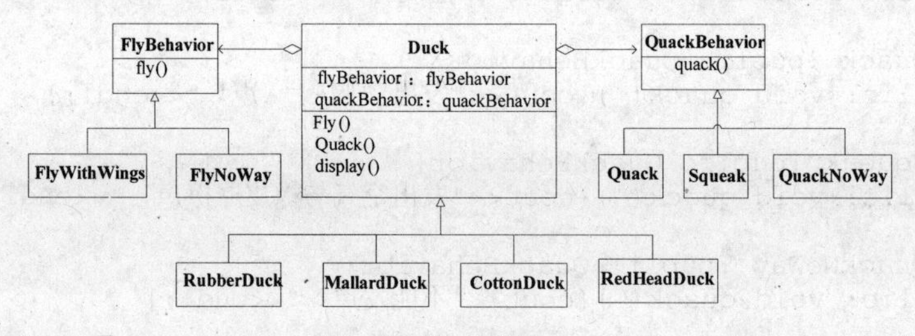

图 6-1 设计类图

【Java 代码】

```
 (1) FlyBehavior{
       public void fly( );
};
 (2) QuackBehavior{
       public void quack( );
};
class FlyWithWings implements FlyBehavior{
    public void fly( ){System.out.println("使用翅膀飞行！");}
};
class FlyNoWay implements FlyBehavior{
    public void fly( ){System.out.println("不能飞行！");}
};
class Quack implements QuackBehavior {
    public void quack( ){System.out.println(" 发出\'嘎嘎'\声！");}
};
class Squeak implements QuackBehavior {
    public void quack( ){System.out.println(" 发出空气与橡皮摩擦声！");}
};
class QuackNoWay implements QuackBehavior {
    public void quack( ){System.out.println(" 不能发声！");}
};
Abstract class Duck{
    protected FlyBehavior  (3) ;
    protected QuackBehavior  (4) ;
```

```
        public  void fly( ){ (5) ;};
        public  void quack( ){ (6) ; };
        public  (7)  void display( );
    };
    class RubberDuck extends Duck{
        public RubberDuck( ){
            flyBehavior=new (8) ;
            quackBehavior=new (9) ;
        }
    public void display( ){/*此处省略显示橡皮鸭的代码*/}
    };
    //其他代码省略
```

13.2　模拟试卷参考答案

13.2.1　模拟试卷一参考答案

上午科目答案与解析

(1) 答　案：C

解　析：CPU 主要由运算器、控制器、寄存器组和内部总线等部件组成。

运算器由算术逻辑单元 ALU、累加寄存器、数据缓冲寄存器和状态条件寄存器组成，显然，ALU 不属于控制器。

控制器一般包括指令控制逻辑、时序控制逻辑、总线控制逻辑和中断控制逻辑等几个部分，有程序计数器 PC，指令寄存器 IR，指令译码器，地址寄存器，程序状态字寄存器 PSW，中断机构等。

(2) 答　案：C

解　析：由题意知，芯片数量=内存空间大小/芯片容量。

需注意的是，在计算之前先把单位换算为相同的。具体运算如下：

DFFFFH−A0000H+1=40000H，$(40000H)_{10}=2^{18}$。题目中内存是按字节编址的，所以空间大小应为 2^8KB(256KB)，32K×8 比特即 32K×1 字节，所以有 256KB/32K＝8。

(3)~(4)答　案：(3)D；(4)D

解　析：对于高速缓存 Cache，设 H_c 为其命中率，t_c 为其存取时间，t_m 为主存的访问时间，t_a 为 Cache 存储器的等效加权平均访问时间，则有：$t_a=H_c t_c+(1-H_c)t_m$。

对于本题，则：$30*(1-H_c)+3*H_c=3.27$，可以求得 $H_c=0.99$，即 Cache 的命中率为 99%。

对于第(4)题，主存地址为 8888888H 时，转换为二进制地址为 1000 1000 1000 1000 1000 1000 1000 B，其中块号为 10001000H，即 88H。块内地址为 1000 1000 1000 1000 1000 B，即 88888。由地址变换表知 Cache 对应的块号为 1H，所以 Cache 的地址为 188888 H。

(5)~(6)答　案：(5)C；(6)B

解　析：指令的执行方式有串行、并行以及流水线方式，是考试的重点。

串行方式即一条指令执行结束后下一条指令再开始执行，所以串行执行 100 条题目中的指令需要的时间为$(4\triangle t+3\triangle t+5\triangle t)*100=1200\triangle t$。

如果按流水线方式执行时，由 2009 年 5 月真题 6 解析得：$(4\triangle t+3\triangle t+5\triangle t)+(100-1)*5\triangle t=507\triangle t$。

(7) 答　案：C

解　析：本题考查网络攻击的辨别。

首先，本题的答案是非常容易给出的，向多个邮箱群发一封电子邮件有时是传递信息的需要。

网络攻击是以网络为手段窃取网络上其他计算机的资源或特权，对其安全性或可用性进行破坏的行为。再看题面，B 和 D 选项毫无疑问属于网络攻击。而 A 选项中的 Ping 命令是用于网络检测的工具，Ping 某台主机可测试出当前主机到某台主机的网络是否畅通。但如果有多台机器，连续不停地 Ping 某台主机，则可能使主机无法响应这些数量庞大的请求，从而导致主机无法正常提供服务，这也就是 DDoS 攻击。

(8) **答　案**：D

解　析：本题考查的是网络安全的控制技术。A、B 和 C 选项都属于网络安全控制技术，下面做简单介绍。

访问控制技术：访问控制的目的是防止合法用户越权访问系统和网络资源。因此，系统要确定用户对哪些资源(比如 CPU、内存、I/O 设备程序、文件等)享有使用权以及可进行何种类型的访问操作(比如读、写、运行等)。为此，系统要赋予用户不同的权限，比如普通用户或有特殊授权的计算机终端或工作站用户、超级用户、系统管理员等，用户的权限等级是在注册时赋予的。

防火墙技术：防火墙是采用综合的网络技术设置在被保护网络和外部网络之间的一道屏障，用以分隔被保护网络与外部网络系统防止发生不可预测的、潜在破坏性的侵入。它是不同网络或网络安全域之间信息的唯一出入口，像在两个网络之间设置了一道关卡，能根据企业的安全政策控制出入网络的信息流，防止非法信息流入被保护的网络内，并且本身具有较强的抗攻击能力。它是提供信息安全服务，实现网络和信息安全的基础设施。

入侵检测技术：是防火墙的合理补充，帮助系统对付网络攻击，扩展了系统管理员的安全管理能力(包括安全审计、监视、进攻识别和响应)，提高了信息安全基础结构的完整性。它从计算机网络系统中的若干关键点收集信息，并分析这些信息，看网络中是否有违反安全策略的行为和遭到袭击的迹象。入侵检测被认为是防火墙之后的第二道安全闸门，在不影响网络性能的情况下对网络进行监测，从而提供对内部攻击、外部攻击和误操作的实时保护。

差错控制技术：由于通信线路上总有噪声存在，所以通常情况下噪声和信息是混在一起传输的，当噪声大到一定程度时，会干扰信息，使接收到的信息出现差错。差错控制是通过一些技术手段，对接收到的信息进行正确性检查并纠正，如海明校验编码就是一种具有纠错功能的编码。

从以上分析可以得知差错控制技术不属于网络安全控制技术。

(9) **答　案**：D

解　析：本题考查路由器的作用。

路由器是连接因特网中各局域网、广域网的设备，它会根据信道的情况自动选择和设定路由，以最佳路径，按前后顺序发送信号。路由器工作于网络层，路由器的主要功能如下。

① 选择最佳的转发数据的路径，建立非常灵活的连接，均衡网络负载。

② 利用通信协议本身的流量控制功能来控制数据传输，有效地解决拥挤问题。

③ 具有判断需要转发的数据分组的功能，不仅可根据 LAN 网络地址和协议类型，而且可根据网间地址、主机地址、数据类型(如文件传输、远程登录或电子邮件)等，判断分组是否应该转发。对于不该转发的信息(包括错误信息)，都过滤掉，从而可避免广播风暴，比网桥有更强的隔离作用，提高安全保密性能。

④ 把一个大的网络划分为若干个子网。

(10) **答　案**：B

解　析：根据《计算机软件保护条例》第二十八条规定，软件复制品的出版者、制作者不能证明其出版、制作有合法授权的，或者软件复制品的发行者、出租者不能证明其发行、出租的复制品有合法来源的，应当承担法律责任。但是根据第三十条规定，软件的复制品持有人不知道也没有合理理由应当知道该软件是侵权复制品的，不承担赔偿责任；但是，应当停止使用、销毁该侵权复制品。如果停止使用并销毁该侵权复制品将给复制品使用人造成重大损失的，复制品使用人可以在向软件著作权人支付合理费用后继续使用。

根据以上两条例应该是软件的提供者承担侵权责任，而持有者是不用承担的。

(11) 答　案：B

解　析：根据我国专利法第九条规定，“两个以上的申请人分别就同样的发明创造申请专利的，专利权授予最先申请的人。”针对两名以上的申请人分别就同样的发明创造申请专利，专利权应授予最先申请的人。

(12) 答　案：D

解　析：本题主要考查音频格式。

WAV 文件也称波形文件(Wave)，它来源于对声音模拟波形的采样和量化。通常使用三个参数来表示声音，量化位数，取样频率和声道数。声道有单声道和立体声之分，取样频率一般有 11025Hz(11kHz)，22050Hz(22kHz)和 44100Hz(44kHz)三种，不过尽管音质出色，但在压缩后的文件体积过大！相对其他音频格式而言是一个缺点。

乐器数字接口(Musical Instrument Digital Interface,MIDI)是 20 世纪 80 年代初为解决电声乐器之间的通信问题而提出的。MIDI 传输的不是声音信号，而是音符、控制参数等指令，它指示 MIDI 设备要做什么，怎么做，如演奏哪个音符、多大音量等。MIDI 仅仅是一个通信标准，MIDI 系统实际就是一个作曲、配器、电子模拟的演奏系统。从一个 MIDI 设备转送到另一个 MIDI 设备上去的数据就是 MIDI 信息。MIDI 数据不是数字的音频波形，而是音乐代码或称电子乐谱。由于 MIDI 文件记录的不是乐曲本身，而是一些描述乐曲演奏过程中的指令，因此它占用的存储空间比 WAV 文件小很多。

(13) 答　案：A

解　析：人眼可见光源有两种，一种是发射光，一种是反射光。像太阳、电灯、显示器等发出的光为发射光，而看书时，看到文字，看到图像都为反射光。如看到红色的文字，则说明该文字所用的颜料将其他颜色的光吸收掉了，而将红色的光反射出来，所以我们能看到红色的文字。因此发射光与反射光有着相反的特性。发射光利用相加混色法，反射光则以相减混色法，来进行颜色的混合。

用油墨或颜料进行混合得到的彩色称为相减混色。之所以称为相减混色，是因为减少(吸收)了人眼识别颜色所需要的反射光。

(14) 答　案：C

解　析：本题主要考查图形的格式。

计算机中显示的图形一般可以分为两大类——矢量图和位图。

矢量图形是用一系列计算机指令来描述和记录的一幅图的内容，即通过指令描述构成一幅图的所有直线、曲线、圆、圆弧、矩形等图元的位置、维数和形状，在屏幕上显示一幅矢量图时，首先要解释这些指令，然后将描述图形图像的指令转换成屏幕上显示的形状和颜色。

位图图像是指用像素点来描述的图，即把一幅彩色图或灰度图分成许许多多的像素(点)，每个像素用若干二进制位来指定该像素的颜色、亮度和属性。位图图像在计算机内存中由一组二进制位(bit)组成，这些位定义图像中每个像素点的颜色和亮度。

由于矢量图形可通过公式计算获得，所以矢量图形文件体积一般较小。矢量图形最大的优点是无论放大、缩小或旋转等不会失真；最大的缺点是难以表现色彩层次丰富的逼真图像效果。

位图图像适合于表现比较细腻，层次较多，色彩较丰富，包含大量细节的图像，并可直接、快速地在屏幕上显示出来。但占用存储空间较大，一般需要进行数据压缩。

本题当中的地图导航系统，要求缩放而不会影响图像的质量，采用矢量图像格式最合适。

(15) 答　案：A

解　析：结构化分析(Structured Analysis，SA)是一种面向数据流的需求分析方法，适用于分析大型数据处理系统。

(16) 答　案：C

解　析：本题考查软件开发方法之一：原型开发方法。

原型化开发方法是这样的，开发人员对用户提出的问题进行总结，就系统的主要需求取得一致意见后，开发一个原型，该原型是由开发人员与用户合作，共同确定系统的基本要求和主要功能，并在较短时间内开发的一个实验性的、简单易用的小型系统。原型应该是可以运行的，可以修改的。运行原型，反复对原型进行“补充需求-修改”这一过程，使之逐步完善，直到用户对系统满意为止。

总之，原型化开发方法的核心理念是通过原型不断地获取与完善需求，最终开发出符合用户需求的软件，一般不会直接就把最终产品开发出来。

(17) 答　案：D

解　析：本题考查软件项目的风险分析，是常考知识点。

风险分析在软件项目开发中具有重要作用，包括风险识别、风险预测、风险评估和风险控制。

风险识别：试图系统化地确定对项目估算、进度、资源分配等的威胁，常用的方法有风险识别问询法、财务报表法、流程图法、现场观察法、相关部门配合法和环境分析法等。

风险评估：对已识别的风险要进行估计和评价，风险估计的主要任务是确定风险发生的概率与后果，风险评价则是确定该风险的经济意义及处理的费/效分析，常用的方法有：概率分布、外推法、多目标分析法等。

风险预测：又称风险估算，软件项目管理人员可以从影响风险的因素和风险发生后带来的损失两方面来度量风险。为了对各种风险进行估算，必须建立风险度量指标体系；必须指明各种风险带来的后果和损失；必须估算风险对软件项目及软件产品的影响；必须给出风险估算的定量结果。

风险控制：包括对风险发生的监督和对风险管理的监督，前者是对已识别的风险源进行监视和控制，后者是在项目实施过程中监督人们认真执行风险管理的组织和技术措施。

综上所述，“风险避免、风险监控和风险管理及意外事件计划”应是风险控制中需要考虑的问题。

(18) 答　案：D

解　析：参见 2009 年 11 月真题 29 分析。

(19) 答　案：A

解　析：本题考查软件开发工具的相关知识。

对应于软件开发的各种过程，软件开发工具通常有需求分析工具、设计工具、编码和排错工具、测试工具等。

软件开发工具是给系统开发人员使用的。开发工具的选择主要决定于两个因素：所开发系统的最终用户和开发人员。最终用户需求是一切软件的来源和归宿，也是影响开发工具的决定性因素；开发人员的爱好、习惯、经验也影响着开发工具的选择。严格的软件工程管理和开发人员的技术水平是软件开发成功的关键。所以在选择时，应考虑功能、易用性、稳健性、硬件要求，以及性能、服务和支持。

(20) 答　案：B

解　析：本题考查程序设计语言的分类。

A 选项：C 语言提供了一个丰富的运算符集合和比较紧凑的语句格式，虽然 C 语言程序是由函数构成的，但它是典型的过程式(命令式)程序设计语言。

B 选项： C++、Java 和 C#都是我们十分熟悉的面向对象语言，而 Smalltalk 是第一个完全基于对象和消息概念的计算机语言。

C 选项：函数式语言是一类以 λ-演算为基础的语言，其概念来自于 LISP，一个在 1958 年为了人工智能应用而设计的语言。

D 选项：逻辑型语言是一类以形式逻辑为基础的语言，其代表是 PROLOG，关键操作是模式匹配。在 C/S 系统中，面向对象语言比较适合用于实现负载分散。

(21)~(22)答　案：(21)D；(22)A

解　析：按照用户的要求，程序设计有过程式程序设计与非过程式程序设计之分。前者是指使用过程式程序设计语言的程序设计，后者是指使用非过程式程序设计语言的程序设计。

C++语言是在 C 语言的基础上发展起来的面向对象程序设计语言，支持过程式程序设计，数据抽象程序设计、面向对象程序设计都要用到面向对象的程序设计语言。泛型(通用)程序设计就是使用模版的程序设计，也要用到高级程序设计语言。而 C 语言是典型的面向过程语言，只支持过程式程序设计。

(23) 答　案： D

解　析：本题考查 UNIX 操作系统中设备管理的基本概念。

UNIX 的设计者们遵循一条这样的规则：UNIX 操作系统中可以使用的任何计算机资源都用一种统一的方法表示。他们选择用“文件”这个概念作为一切资源的抽象表示方法。

UNIX 系统中包括两类设备：块设备和字符设备。设备特殊文件有一个索引节点，在文件系统目录中占据一个节点，但其索引节点上的文件类型与其他文件不同，是“块”或者是“字符”特殊文件。文件系统与设备驱动程序的接口是通过设备开关表。硬件与驱动程序之间的接口是控制寄存器和 I/O 指令，一旦出现设备中断，根据中断矢量转到相应的中断处理程序，完成用户所要求的 I/O 任务。

(24)~(25)答　案：(24)C；(25)C

解　析：安全状态，是指系统能按照某种顺序如 $<P_1,P_2,\ldots,P_n>$ 来为每个进程分配其所需资源，直至最大需求，使每个进程都可顺利完成。

先看第 24 题，首先求 T_0 时刻剩下的资源数：

$R_1=3-(1+0+1+1)=0$

$R_2=5-(1+1+1+1)=1$

$R_3=6-(2+2+1+1)=0$

$R_4=8-(4+2+0+1)=1$

可知在 T_0 时刻系统剩余的可用资源数分别为 0、1、0 和 1，且系统不再分配资源 R_1 和 R_3，所以不能一开始就运行需要分配 R_1 和 R_3 资源的进程。由题表可知，进程 P_2 的运行还需要分配 R_1 资源，进程 P_1 和 P_4 的运行都需要分配 R_3 资源，所以可以立即排除 A、B 和 D 选项，迅速判断出第 24 题的答案为 C。

现在看 25 题的 C 选项这个安全序列 $P_3\rightarrow P_2\rightarrow P_1\rightarrow P_4$，根据这个顺序系统先运行 P_3 进程，P_3 进程结束后释放它占用的资源，然后给进程 P_2 分配 P_2 需要的资源，依此类推，可知这个序列是安全序列。

(26) 答　案： D

解　析：常见的目录结构有三种：一级目录结构、二级目录结构和多级目录结构。

一级目录结构的整个目录组织是一个线性结构，在整个系统中只需建立一张目录表，系统为每个文件分配一个目录项。其优点是简单，缺点是文件不能重名，限制了用户对文件的命名。

二级目录结构实现了文件从名字空间到外存地址空间的映射：用户名 → 文件名 → 文件内容。该结构虽然能有效地将多个用户隔离开，这种隔离在各个用户之间完全无关时是一个优点；但当多个用户之间要相互合作去共同完成一个大任务，且一个用户又需要访问其他用户的文件时，这个隔离就成为一个缺点，因为这种隔离使诸用户之间不便于共享文件。

多级目录结构像一个倒置的有限树，从树根向下，每一个节点是一个目录，叶节点是文件。采用多级目录结构的文件系统，用户要访问一个文件，必须指出文件所在的路径名，路径名是从根目录开始到该文件的通路上所有各级目录名拼起来得到的。克服了一级和二级目录的缺点，便于文件分类，可为每类文件建立一个子目录；查找速度快，因为每个目录下的文件数目较少；可以实现文件共享；但缺点是比较复杂。

综上所述，结合题目给出的选项，只有D选项是正确的。

(27)~(28)答　案：(27)B；(28)C

解　析：本题考查缺页中断和LRU算法的基本知识。

系统为每个作业分配 3 个页面的主存空间，其中一个页面用来存放程序，那么剩下两个页用来存放矩阵中的数据。二维数组 A[150][100]共有 150 行 100 列，即每行 100 个整型变量。由题知每个页面可存放 150 个整型变量且矩阵 A 按行序存放，所以每两个页面可存放数组的三行数据，访问它们需要产生两次缺页中断。150 行总共产生 100 次缺页中断。

采用最近最少使用页面淘汰算法，每次淘汰最久未被访问的页面。因为用来存放程序的页面时都在调用，是不会被淘汰的，所以最后留在内存中的是矩阵 A 的最后 3 行。

(29) 答　案：B

解　析：参考 2009 年 5 月真题 30 分析。

(30)~(31)答　案：(30)A；(31)B

解　析：略。

(32) 答　案：A

解　析：本题考查模块的耦合性类型，通常有 7 种，如下表：

耦合类型	描　述
非直接耦合	两个模块之间没有直接关系
数据耦合	彼此之间通过数据参数来交换输入、输出信息
标记耦合	一组模块通过参数表传递记录信息
控制耦合	一个模块通过传送开关、标志、名字等控制信息，明显地控制选择另一模块的功能
外部耦合	一组模块都访问同一全局简单变量而不是同一全局数据结构，而且不是通过参数表传递该全局变量的信息
公共耦合	都访问同一个公共数据环境
内容耦合	一个模块直接访问另一个模块的内部数据； 一个模块不通过正常入口转到另一模块内部； 两个模块有一部分程序代码重叠(只可能出现在汇编语言中)； 一个模块有多个入口

由图模块 A 和模块 E 都引用的专用数据区的内容，所以是公共耦合。

(33) 答　案：B

解　析：本题考查白盒测试的六大覆盖方法之一——判定覆盖的相关知识。

判定覆盖又称为分支覆盖，它要求设计足够多的测试用例，使得程序中每个判定至少有一次为真值，有一次为假值，即程序中的每个分支至少执行一次。

由图，上层一个条件语句，下层两个条件语句。上层为真或假时，分别对应下层的两个判定也要各为真或假一次，共 4 次。

(34) 答　案：C

解　析：参考 2009 年 5 月真题 31 分析。

(35) 答　案：D

解　析：本题考查的还是关键路径的问题。

由图可知关键路径为：1→2→3→4→5→6，路径长度为 20 天。然后从终点反推，G 的最迟开始时间为 20-3=17 天，所以 E 的最迟开始时间为 17-4=13 天。

(36) 答　案：B

解　析：本题考查软件工程基础的常识。

软件规模代码行(LOC，Line of Code)是软件规模的一种量度，它表示源代码行数。

(37) 答　案：B

解　析：类图是最常用的 UML 图，显示出类、接口及它们之间的静态结构和关系；它用于描述系统的结构化设计。类图最基本的元素是类或者接口。

依赖关系指有两个元素 A、B，如果元素 A 的变化会引起元素 B 的变化，则称元素 B 依赖(Dependency)于元素 A。

在类中，依赖关系有多种表现形式，如一个类向另一个类发消息，一个类是另一个类的成员，一个类是另一个类的某个操作参数等。

泛化关系(Generalization，也称概括关系)描述了一般事物与该事物中的特殊种类之间的关系，即父类与子类之间的关系。继承关系是泛化关系的反关系，也就是说子类是从父类中继承的，而父类则是子类的泛化。

关联(Association)表示两个类的实例之间存在的某种语义上的联系。例如，一个老师为某个学校工作，一个学校有多间教室。我们就认为老师和学校、学校和教室之间存在着关联关系。

聚集关系(Aggregation)是关联关系的特例。聚集关系是表示一种整体和部分的关系。如一个电话机包含一个话筒，一个电脑包含显示器、键盘和主机等就是聚合关系的例子。

(38) 答　案：C

解　析：本题考查 UML 语言中各种对象的图形表示。

a、b、c 三种图形符号按照顺序分别表示为控制对象、实体对象和边界对象。答案为 C。

(39)~(42)答　案：(39)A；(40)C；(41)D；(42)B

解　析：本题主要考查 UML 中各图的意义。

用例图展现了一组用例、参与者(Actor)以及两者之间的关系。用例图通常包括用例、参与者、扩展关系、包含关系。用例图用于对系统的静态用例视图进行建模。主要支持系统的行为，即该系统在它的周边环境的语境中所提供的外部可见服务。

类图展现了一组对象、接口、协作和它们之间的关系。在面向对象系统的建模中所建立的最常见的图就是类图。

活动图专注于系统的动态视图。它对于系统的功能建模特别重要，并强调对象间的控制流程。活动图一般包括：活动状态和动作状态、转换和对象。当对一个系统的动态方面进行建模时，通常有两种使用活动图的方式：对工作流建模，对操作建模。

顺序图(或称序列图)和协作图均被称为交互图，它们用于对系统的动态方面进行建模。一张交互图显示的是一个交互，有一组对象和它们之间的关系组成，包含它们之间可能传递的消息。

顺序图是强调消息时间序列的交互图，协作图则是强调接收和发送消息的对象的结构组织的交互图。

(43) 答　案：A

解　析：本题考查类和实例的知识。

类是对某个对象的定义。它包含有关对象动作方式的信息，如名称、方法、属性和事件。实际上，类本身不是对象，因为它不存在于内存当中。当引用类的代码运行时，就会创建一个实例。虽然只有一个类，但可以在内存中创建多个对象。

并不是每个类都必须创建一个实例，例如接口类是不能进行实例化的。因此，答案为 A。

(44) 答　案：D

解　析：本题考查几种常见的设计模式及其特点。

Adapter(适配器)设计模式的意图是将一个类的接口转换成客户希望的另外的一个接口。这种模式使原本由于接口不兼容而不能一起工作的那些类可以一起工作；Iterator(迭代器)设计模式是提供一种方法顺序访问一个聚合对象中各个元素，而又不需要暴露该对象的内部表示；Prototype(原型)设计模式的意图是用原型实例指定创建对象的种类，并且通过复制这些原型创建新的对象。其适用在当要实例化的类是在运行时刻指定时；Observer(观察者)设计模式，定义对象间的一对多的依赖关系，当一个对象的状态发生改变时，所有依赖于它的对象，可以得到通知并且可以自动更新。因此可知答案为 D。

(45) 答 案：D

解 析：面向对象分析的过程包括：从用例中提取实体对象和实体类→提取属性→提取关系→添加边界类→添加控制类→绘制类图→绘制顺序图→编制术语表。

提取实体对象的方法，依据用例描述中出现的名词和名词短语提取实体对象，必须对原始的名词和名词短语进行筛选。得到实体对象后，对实体对象进行归纳、抽象出实体类。所以名词分析是寻找实体对象的有效方法之一。

(46) 答 案： A

解 析：本题主要考察设计模式的优点。模式是一种指导，在一个好的指导下，有助于问题的解决，而且会得到解决问题的最佳方法。

采用设计模式，能够复用相似问题的相同解决方案，加快设计的速度，提高一致性。

(47) 答 案：C

解 析：本题考查用例图中的相关知识点。

参与者用于表示使用系统的对象，可以是一个物体或者是一个系统。而用例是用户期待系统具有的动作。

参与者可以和多个用例有关，而用例也可以和多个参与者相关，所以参与者和用例之间可以有关联的关系。

(48) 答 案： B

解 析：本题考查文法到句子的推导。

S ⇒ (S,M) ⇒ ((S,M),M) ⇒ ((M,M),M) ⇒ ((MP,M),M) ⇒ ((MPP,M),M) ⇒ ((PPP,M),M) ⇒ ((fPP,M),M) ⇒ ((faP,M) ⇒ ((fac,M),M) ⇒ ((fac,MP),M) ⇒ ((fac,PP),M) ⇒ ((fac,bP),M) ⇒ ((fac,bb),M) ⇒ ((fac,bb),g)。其他选项不能由此文法推导出来。

(49)~(50)答 案：(49)B；(50)B

解 析：由图可知，从 0 状态输入 a 到达 1 状态，从 1 输入 a 或者 b 还是回到 1 状态，同时输入 a 也可到达 2 状态。该自动机所识别的语言特点显然是 B 选项所描述的，正规式为 a(a|b)*a。

(51) 答 案： B

解 析：本题还是考查的关系运算，是一个常考点。首先还是进行 R 和 S 的笛卡儿积运算，在此基础上进行选择和投影计算，答案为 B。

(52)~(53)答 案：(52)B；(53)A

解 析：本题考查属性重命名机制以及基本的 SQL 语句。

52 题是将查询出来的数量的平均值重新命名为平均数量。用法为：old-name as new-name，因此选 B。

53 题要求查询出至少用了 3 家供应商的供应零件，由于可能出现一个项目可能用同一供应商的多种零件，所以要加上 Distanct 加以避免。由此答案为 A。

(54) 答 案： D

解 析：本题考查主码、全码和候选码等基本概念。

如果一个关系有多个候选码，那么就选定其中一个作为主码。主码的诸属性为主属性。

不包含在任何候选码中的属性为非主属性。关系模型中的所有属性组是这个关系模式的候选码，称作全码。

(55) 答　案：C

解　析：本题考查元祖的计算。

此表达式的含义为：从关系 S 中选出元祖 t，t 应满足条件：对于任意的 U 元祖都有 t[3]>u[1]，即关系 R 中满足 C 值大于 S 中所有 A 值的元祖。由此经过对各选项进行比较，可得答案为 C。

(56) 答　案：D

解　析：本题主要考查排他锁与共享锁的区别。

排他锁：又称写锁(eXclusive lock，简称 X 锁)，如果一个事务 T 对数据 A 加排他锁，则事务 T 只能读取和修改 A，其他事务不能对 A 加任何类型的锁，直到 T 释放为止。其作用主要就是为了避免其他事务获取资源上的锁。一般在事务的更新操作过程中始终应用排他锁。

共享锁：又称读锁(Share lock，简称 S 锁)，如果事务 T 对数据 A 加共享锁，那么其他事务也只能对 A 加 S 锁，不能加其他锁，直到 T 释放 S 锁为止。因此，可以得出本题答案为 D。

(57) 答　案：A

解　析：本题考查拓扑排序的概念。

对一个有向无环图(Directed Acyclic Graph，DAG)G 进行拓扑排序，是将 G 中所有顶点排成一个线性序列，使得图中任意一对顶点 u 和 v，若<u，v> ∈E(G)，则 u 在线性序列中出现在 v 之前。通常，这样的线性序列称为满足拓扑次序(TopoiSicai Order)的序列，简称拓扑序列。需要注意的是：①若将图中顶点按拓扑次序排成一行，则图中所有的有向边均是从左指向右的；②若图中存在有向环，则不可能使顶点满足拓扑次序；③一个 DAG 的拓扑序列通常表示某种方案切实可行。由注意的第②点知，本题正确答案为 A。

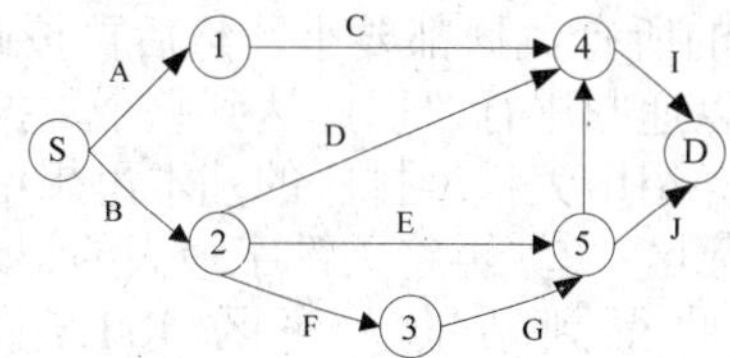

(58)～(59)答　案：(58)B；(59)D

解　析：参考 2008 年 12 月真题 60 的分析中的排序二叉树的性质可知 58 题应该是中序。对于 59 题，在具有 n 个节点的二叉树上进行查找运算时，最坏的情况就是单支树的情况，有 n 个节点，需要比较 n 次，所以时间复杂度为 $O(n)$。

(60) 答　案：C

解　析：平衡二叉树，或者是一棵空树，或者是具有下列性质的二叉树：它的左子树和右子树都是平衡二叉树，且左子树和右子树的高度之差的绝对值不超过 1。

题目已经说明图示二叉树是一棵平衡二叉树，当 CR 加入一个节点并使得 CR 的高度增加 1 以后：①以 C 为顶点的子树仍为一棵平衡二叉树，因为 CL 为 h-1，而 CR 为 h，相差 1；②以 B 为顶点的子树仍为一棵平衡二叉树，因为 BL 为 h，而 BR(以 C 为顶点)子树的高度为 h+1，相差 1；③以 A 为顶点的二叉树就不平衡了，因为 AR 的高度为 h，但 AL(以 B 为顶点)子树的高度为 h+2 了，相差 2。

(61) 答　案：C

解　析：本题考查各种排序算法的时间复杂度，在此做个总结。

排序方法	最好情况	平均时间	最坏情况
直接插入	$O(n)$	$O(n^2)$	$O(n^2)$

续表

排序方法	最好情况	平均时间	最坏情况
简单选择	$O(n^2)$	$O(n^2)$	$O(n^2)$
冒泡排序	$O(n)$	$O(n^2)$	$O(n^2)$
希尔排序	—	$O(n^{1.3})$	—
快速排序	$O(n\log n)$	$O(n\log n)$	$O(n^2)$
堆排序	$O(n\log n)$	$O(n\log n)$	$O(n\log n)$
归并排序	$O(n\log n)$	$O(n\log n)$	$O(n\log n)$
基数排序	$O(d(n+rd))$	$O(d(n+rd))$	$O(d(n+rd))$

根据题目选项和上表，显然C答案是正确的。

(62)~(63)答　案：(62)D；(63)C

解　析：此题考的事常见内部排序算法的思想。

(1) 希尔排序的思想是：先取一个小于 n 的整数 d1 作为第一个增量，把文件的全部记录分成 d1 个组。所有距离为 dl 的倍数的记录放在同一个组中。先在各组内进行直接插入排序；然后，取第二个增量 d2<d1 重复上述的分组和排序，直至所取的增量 dt=1(dt<dt-l<…<d2<d1)，即所有记录放在同一组中进行直接插入排序为止。该方法实质上是一种分组插入方法。

(2) 直接插入排序的思想是：每次从无序表中取出第一个元素，把它插入到有序表的合适位置，使有序表仍然有序。第一趟比较前两个数，然后把第二个数按大小插入到有序表中；第二趟把第三个数据与前两个数从后向前扫描，把第三个数按大小插入到有序表中；依次进行下去，进行了$(n-1)$趟扫描以后就完成了整个排序过程。

(3) 快速排序的思想是：通过一趟排序将要排序的数据分割成独立的两部分，其中一部分的所有数据都比另外一部分的所有数据都要小，然后再按此方法对这两部分数据分别进行快速排序，整个排序过程可以递归进行，以此达到整个数据变成有序序列。

(4) 堆排序的思想是(在此介绍用大根堆排序的基本思想)：① 先将初始文件 R[1..n]建成一个大根堆，此堆为初始的无序区；② 再将关键字最大的记录 R[1] (即堆顶)和无序区的最后一个记录 R[n]交换，由此得到新的无序区 R[1..$n-1$]和有序区 R[n]，且满足 R[1..$n-1$].keys≤R[n].key；③由于交换后新的根 R[1]可能违反堆性质，故应将当前无序区 R[1..$n-1$]调整为堆。然后再次将 R[1..$n-1$]中关键字最大的记录 R[1]和该区间的最后一个记录 R[$n-1$]交换，由此得到新的无序区 R[1..$n-2$]和有序区 R[$n-1$..n]，且仍满足关系 R[1..$n-2$].keys≤R[$n-1$..n].keys，同样要将 R[1..$n-2$]调整为堆。依此类推，直到无序区只有一个元素为止。

(5) 冒泡排序的思想是：在排序过程中总是小数往前放，大数往后放，相当于气泡往上升。

题目要求得到其中第 k 个元素之前的部分排序，显然堆排序最合适，因为希尔排序、直接插入排序和快速排序都不能实现部分排序。若要把所有元素排序完成，再从结果集中把需要的数列截取出来，很明显效率远远不及堆排序。

对于第(63)题，可以从快速排序基本思想得到答案。

(64) 答　案：A

解　析：贪心算法是指，在对问题求解时，总是做出在当前看来是最好的选择。也就是说，它所做出的仅是在某种意义上的局部最优解。而 Dijkstra 算法按照路径长度递增的次序生成从源点 s 到其他顶点的最短路径，则当前在生成的最短路径上除终点以外，其余顶点的最短路径均已生成。这是典型的贪心策略。

(65) 答　案：B

解　析：本题考查的是算法的时间复杂度的基本计算。

$T(n)=2T(n/2)+n$ 其实是在给 n 个元素进行快速排序时的最好情况下的时间递推关系式，其中 $T(n/2)$是一个子表需要的处理时间，n 为当次分割需要的时间。对此表达式变形得：$\frac{T(n)}{n}-\frac{T(n/2)}{n/2}=1$

用 $n/2$ 代替上式中的 n 有：$\frac{T(n/2)}{n/2}-\frac{T(n/4)}{n/4}=1$

依次替换到最后是：$\frac{T(2)}{2}-\frac{T(1)}{1}=1$

算法共需要$[\log_2 n]+1$ 次分割，将替换得到的$[\log_2 n]+1$ 个式子相加，最终得到：$\frac{T(n)}{n}-\frac{T(1)}{1}=[\log_2 n]+1$

将 $T(1)=1$ 代入得：$T(n)=n[\log_2 n]+2n$

因为$O(n)<O(n\log_2 n)$，而且对数的底可省略或为任意常数，所以：$T(n)=O(n\log n)=O(n\lg_{10} n)=O(n\lg n)$。

(66) 答　案：B

解　析：通过遵循 ARP(Address Resolution Protocol，地址解析协议)，只要我们知道了某台机器的 IP 地址，即可以知道其物理地址。在 TCP/IP 网络环境下，每个主机都分配了一个 32 位的 IP 地址，这种互联网地址是在网际范围标识主机的一种逻辑地址。为了让报文在物理网络上传送，必须知道对方目的主机的物理地址。这样就存在把 IP 地址变换成物理地址的地址转换问题。以以太网环境为例，为了正确地向目的主机传送报文，必须把目的主机的 32 位 IP 地址转换成为 48 位以太网的地址。这就需要在网络互联层有一组服务将 IP 地址转换为相应物理地址，这组协议就是 ARP。

(67) 答　案：B

解　析：PING(Packet Internet Grope)，因特网包探索器，是用来检查网络是否通畅或者网络连接速度的命令。原理是这样的：网络上的机器都有唯一确定的 IP 地址，我们给目标 IP 地址发送一个数据包，对方就要返回一个同样大小的数据包，根据返回的数据包可以确定目标主机的存在，可以初步判断目标主机的操作系统等。应用格式：ping IP 地址。该命令还可以加许多参数使用，具体是输入 ping 按 Enter 键即可看到详细说明。

Tracert(跟踪路由)是路由跟踪实用程序，用于确定 IP 数据报访问目标所采取的路径。Tracert 命令用 IP 生存时间(TTL)字段和 ICMP 错误消息来确定从一个主机到网络上其他主机的路由。其工作原理为，通过向目标发送不同 IP 生存时间值的“Internet 控制消息协议(ICMP)”回应数据包，Tracert 诊断程序确定到目标所采取的路由。要求路径上的每个路由器在转发数据包之前至少将数据包上的 TTL 递减 1。数据包上的 TTL 减为 0 时，路由器应该将“ICMP 已超时”的消息发回源系统。

ARP 是一个重要的 TCP/IP 协议，并且用于确定对应 IP 地址的网卡物理地址。使用 ARP 命令，能够查看本地计算机或另一台计算机的 ARP 高速缓存中的当前内容。此外，使用 ARP 命令，也可以用人工方式输入静态的网卡物理/IP 地址对，你可能会使用这种方式为默认网关和本地服务器等常用主机进行这项工作，有助于减少网络上的信息量。

Nslookup 是 Windows NT、2000 中连接 DNS 服务器，是一个非常有用的查询域名信息的命令。

(68) 答　案：B

解　析：FTP 是 File Transfer Protocol(文件传输协议)的英文简称，而中文简称为“文传协”，用于 Internet 上的控制文件的双向传输。同时，它也是一个应用程序。用户可以通过它把自己的 PC 与世界各地所有运行 FTP 的服务器相连，访问服务器上的大量程序和信息。

即其数据连接是客户端主动建立的。

(69)~(70)答　案：(69)D；(70)A

解　析：金融业务的特点是数据量大、数据类型多样、业务需求多样、业务需求变化快和子系统繁多。所以金融业务系统在进行网络设计时，最看重的是系统的有效性、安全性和高可用性。

利用网络技术，现代企业可以在供应商、客户、合作伙伴、员工之间实现优化的信息沟通。企业网络要求具有资源共享功能、通信服务功能、多媒体功能等，所以在进行企业网络需求分析时应着眼于企业的应用分析。

(71)~(75)答　案：(71)C；(72)D；(73)A；(74)B；(75)D

参考译文：原型分析强调图案系统模式的牵引作用，以记录和验证现有和/或拟议的系统。最终，该系统模型变为设计和构造一个改进的系统的蓝图。结构化分析是强调以过程为中心的技术。系统分析绘制了一系列的过程模型，称为DFD(数据流程图)。面向对象的分析也是这样一种技术，对象集成了数据和过程。

下午科目答案与解析

试题一答案与解析

答　案：

【问题1】：E1：考试委员会；E2：主讲教师；E3：学生或选课学生；E4：教务处

【问题2】：D1：学生信息文件；D2：课程单元信息文件；D3：课程信息文件；
D4：课程成绩文件；D5：无效成绩文件
注：D2和D3的答案可以互换。

【问题3】：

起点	终点
起点：D4或课程成绩文件	终点：4或生成成绩列表
起点：D1或学生信息文件	终点：5或生成最终成绩单
起点：4或生成成绩列表	终点：5或生成最终成绩单

【问题4】：程序流程图通常在进行详细设计时使用，用来描述程序的逻辑结构。

解　析：本题考查的是DFD的应用，属于比较传统的题目，考查点也与往年类似。

【问题1】外部实体是在系统边界之外的个人和组织，它提供数据，或者接受数据输出。根据主要功能描述："学生成绩均由每门课程的主讲教师上传给成绩管理系统"，所以主讲教师是一个外部实体，根据顶层流程图，得知E2处应填"主讲教师"；"对于无效成绩，系统会单独将其保存在无效成绩文件中，并将详细情况提交给教务处"、"成绩已经被系统记录，系统会发送课程完成通知给教务处，告知该门课程的成绩已经齐全。"在这里"教务处"是一个外部实体，应填在E4处。"根据主讲教师核对后的成绩报告，系统生成相应的成绩列表，递交考试委员会进行审查。考试委员会在审查之后，上交一份成绩审查结果给系统。"在这里考试委员会是一个外部实体，应填在E1处；"对于所有通过审查的成绩，系统将生成最终的成绩单，并通知每个选课学生。"在这里"选课学生"是一个外部实体，应填在E3处。

【问题2】数据存储是保存数据的地方，将来一个或者多个过程会访问这些数据。根据0层数据流图，在"验证学生信息"处有3个数据输入，根据"在记录学生成绩之前，系统需要验证这些成绩是否有效。首先，根据学生信息文件来确认该学生是否选修这门课程，若没有，那么这些成绩是无效的；如果他的确选修了这门课程，再根据课程信息文件和课程单元信息文件来验证平时成绩是否与这门课程所包含的单元相对应，如果是，那么这些成绩是有效的，否则无效。"得知由学生信息文件、课程单元信息文件、课程信息文件共3个文件帮助验证：在"生成成绩列表"处也要利用到D1文件，现已输入了成绩审查结果、核对后的成绩报告，只缺"学生信息文件"，所以D1处应填"学生信息文件"；D2和D3处分别填"课程单元信息文件"和"课程信息文件"。D4是"记录有效成绩"的一个输出文件，根据“对于有效成绩，系统将其保存在课程成绩文件中。”知 D4 处应填“课程成绩文件”；D5 处应填“无效成绩文件”。

【问题 3】在 0 层数据流图中的“4 生成成绩列表”处没有课程成绩文件输入，不可能生成成绩列表。所以在此处缺少一条从“D4 课程成绩文件”到“4 生成成绩列表”的数据流。“5 生成最终成绩单”没有任何输入，不符合数据输入输出平衡，根据“根据主讲教师核对后的成绩报告，系统生成相应的成绩列表，递交考试委员会进行审查。考试委员会在审查之后，上交一份成绩审查结果给系统。对于所有通过审查的成绩，系统将会生成最终的成绩单”，所以应根据“学生信息文件”和“生成成绩列表”才能生成最终成绩单，所以还应补充从“D1 学生信息文件”到“5 生成最终成绩单”的数据流和“4 生成成绩列表”到“5 生成最终成绩单”的数据流。

【问题 4】程序流程图通常在进行详细设计时使用，用来描述程序的逻辑结构(功能需求)。

试题二答案与解析

答　案：

【问题 1】：(1)1 (2)*，或 *n*，或 *m*　(3)*，或 *n*，或 *m*　(4)*，或 *n*，或 *m*

【问题 2】：缺少的联系数：3

挂号单：收银员；挂号单：医师；挂号单：门诊处方

【问题 3】：(5)收银员；(6)就诊号；(7)药品编码，数量，单价；

(8)类型，库存，货架编号，单位，价格，单价；

挂号单主键：就诊号；门诊处方主键：就诊号；处方明细主键：就诊号、药品编码

解　析：本题是一道数据库设计题，该类型的提问形式比较固定，在软设设计师考试下午题中是比较好得分的。

【问题 1】该问题是求实体间的联系，这类问题主要通过“生活常识”+“系统描述”解题。由于一名医生在不同时间段可以给多个病人看病，也就可以开多张门诊处方，而一张门诊处方由一名医生开出。所以对于医生实体与门诊处方实体之间的联系“开处方”，其联系的类型为一对多(1：*n*)。所以第(1)空的答案为 1，第(2)空的答案为 *n*。由于一张门诊处方包含多种库存中的药品(如“XX 医院门诊处方单”表所示)，一种库存中的药品也可以在多张门诊处方中。所以该联系的类型为多对多(*m*：*n*)。(3)空和(4)空均应填写：*n*。

【问题 2】根据“XX 医院门诊挂号单”可以看出，挂号单由收银员进行收费，同时收银员的编号记录到了该挂号单中，因此挂号单实体与收银员实体之间存在联系——挂号单：收银员。病人挂某个医师的号，将挂号信息记录在挂号单实体中，因此挂号单实体与医师实体之间存在联系——挂号单：医师。收银员根据挂号单和医师的手写处方生成门诊处方，所以挂号单实体与门诊处方实体之间存在联系——挂号单：门诊处方。

【问题 3】本题考查将 E-R 模型转换为关系模式。在此转化过程中，每一个实体转成一个关系模式，对于联系的转换，相对比较复杂。可单独转为关系模式，也可以将其并入实体关系模式中(注意：多对多的联系只能单独转成一个关系模式，且该关系模式的主键为各个与之关联实体主键的组合)。所以一个关系模式的属性有两类，一类是实体本身具备的属性，另一类是为了保存实体与实体之间联系而记录的属性。下面将根据实体及与之相关的联系类型结合系统说明来分析。

(1) 对于“挂号单”关系模式，由于挂号单与收银员实体有联系，且它们之间的联系没有单独转成关系模式，所以需要在“挂号单”关系模式中记录对应的收银员，因此，“挂号单”关系模式需补充属性为“收银员”。

(2) 从“XX 医院门诊处方单”可以得知“门诊处方”关系模式应具有的信息。但在此

需要注意的是，哪些信息是“门诊处方”关系模式应直接存储的，哪些信息是可以通过查询从其他关系模式获取的。结合题目可知该关系就缺“就诊号”，若补充“就诊号”，则其他信息可通过“明细”、“收费”、“挂号门诊联系”、“开处方”等联系查询出来。

(3) 由于多张门诊处方中包含多项药品信息，而一种药品也可以属于多张门诊处方，所以通过“处方明细”关系模式来表示这种多对多的联系。并且由于每种药品的具体信息已经在“药品库存”关系模式中记录，所以，“处方明细”关系模式主要记录的是门诊处方与药品的对应关系和处方所需药品的具体数量。并且，根据题目描述，由于药品价格会发生变化，门诊管理系统必须记录处方单上药品的当前单价。因此，“药品库存”关系模式补充属性：药品编号，数量，单价。其中就诊号和药品编号一起作为主键。

(4) “药品库存”关系模式主要记录药品的详细信息和库存信息，“药品库”表中已经说明需要记录的信息，所以应补充属性:类型，库存，货架编号，单位，规格，单价。

综上所述，挂号单与门诊处方主键均为“就诊号”。而处方明细是一个多对多的联系，它的主键应为与之关联的实体主键之组合，即：(就诊号，药品编码)。

试题三答案与解析

答 案：

【问题 1】：A：Artist B：Song C：Band D：Musician E：Track F：Album

【问题 2】：(1)0..*(2)2..*(3)0..1(4)1..*(5)1..*(6)1

【问题 3】：类：Track 多重度：0..1 类：Track 多重度：0..1

【问题 4】：按任意键，选择歌曲

解 析：本道题主要是考查学生对 UML 统一建模语言的类图、状态图的掌握。

【问题 1】根据“每首歌曲的描述信息包括：歌曲的名字、谱写这首歌曲的艺术家。”和图中类 A 与类 B 之间约束为“编写”“演奏”，所以类 A 与类 B 只能是艺术家和歌曲，又根据图上的标示的关联关系(1，0..*)，可以确定类 A 为艺术家(Artist)；类 B 为歌曲(Song)。类 B 与类 E 之间是聚集关系，根据题中“一条音轨中只包含一首歌曲或为空，一首歌曲可分布在多条音轨上”，可以得到类 E 为：音轨(Track)。接下来看，类 E 与类 F 之间存在组成关系，根据“每张唱片由多条音轨构成”，得到类 F 为唱片(Album)。再来看类 C 和类 D，它们与类 A 存在“泛化”关系，根据“艺术家可能是一名歌手或一支由 2 名或 2 名以上的歌手所组成的乐队。”可知，类 C 与类 D 为歌手和乐队，又因为类 C 与类 D 存在聚集关系，根据题中“一名歌手可以不属于任何乐队，也可以属于一个或多个乐队”可知，类 C 为乐队(Band)，类 D 为歌手(Musician)。

【问题 2】由第一问可知，类 C 为乐队，类 D 为歌手，题中“一支由 2 名或 2 名以上的歌手所组成的乐队。一名歌手可以不属于任何乐队，也可以属于一个或多个乐队”。则第(1)空处是 0..*；第(2)空处是 2..*。类 B 与类 E 存在聚集关系，题中“一条音轨中只包含一首歌曲或为空，一首歌曲可分布在多条音轨上”，所以第(3)空为 0..1，第(4)空为 1..*。类 E 与类 F 存在泛化关系，题中“每张唱片由多条音轨构成”，所以第(5)空为：1..*，第(6)空为：1。

【问题 3】考查的是类/对象关联中的一种特殊关联：递归关联，它描述的是同一个类的不同实例之间的关系。而类 Track 的不同实例之间恰好具有这种关系(因此对于任意一条音轨，播放器需要准确地知道，它的下一条音轨和上一条音轨是什么)。所以缺少的那条联系的两端都是类 Track，其多重度都为 0..1。下限为 0，是对应不存在上一条或下一条音轨的情况。

【问题 4】状态图是描述系统动态行为的一种模型。这里状态图的考查仅限于能够理解它所描述的行为。状态图由状态及状态之间的迁移构成，迁移可以由相关的事件触发。问题 4 给定了两个状态“关闭”和“播放”，要求找出从“关闭”到“播放”的最短事件序

列。这就要求我们能够在状态图上找到连接这两个状态的最短迁移，然后将迁移上的事件记录下来就可以了。从“关闭”状态到“播放”状态可以选择经过迁移“连接电脑”到达“联机”状态，再经过迁移“断开状态”到达状态“打开”，再从“打开”状态的初始状态“歌曲待选”，经过迁移“选择歌曲”到达“播放状态”。这样经过的事件序列为：连接电脑→电量饱和/完成复制→断开连接→选择歌曲。显然这样的事件序列远比“关闭”经过“按任意键”直接到达“打开”状态要长得多。所以从“关闭”到“播放”的最短事件序列是：按任意键，选择歌曲。

试题四答案与解析

答　案：(1) root　(2) root->childptr[0]　(3) root->childptr[*i*]
(4) placeBoosters(*p*)　(5) degradation

解　析：本题考查数据结构中树的基本操作。题目说明部分对树的结构，以及程序的目的有比较明确的说明。本程序的功能是在合适的位置安放信号放大器。通过对题目说明部分的分析可以得知放置信号放大器的原则是判断当前节点的 d[*i*]+M[*i*]是否大于容忍值。若大于，则在 *i* 处设信号放大器。如：对于节点 *s*，d[*s*]=2，M[*s*]=2，d[*s*]+M[*s*]=4，此时容忍值为 3，则 d[*s*]+M[*s*]>3。需要在此放置一个信号放大器。但在题目中，节点的 M 值是未提供的，所以程序应完成两个操作，第一个是求出节点的 M 值，第二个是确定当前节点是否需要加信号放大器。

下面进行具体的代码分析：

第(1)空是一个判断条件，当条件成立时，才能进入程序主体。这一空非常容易，在对树进行操作的过程中，只有当前节点不为空节点时才有必要进行相应的操作，所以此处应填：root。

通过对程序主体进行分析可知，指针 p 用于指向子节点，其初始值应为第一个子节点“childptr[0]”的指针，因此第(2)空应填 root->childptr[0]，此后 p 依次指向下一个子节点。因此第(3)空处应填：root->childptr[i]。

第(4)空是关键的一步，由于“要计算节点的 M 值，必须先算出其所有子节点的 M 值”，所以需要用到递归，利用递归来计算子节点的 M 值，故此处填：placeBoosters(p)。

第(5)空非常容易，是将已求得的 M 值，存入当前节点的 root->M 中，由于程序中计算出来的 M 记录在 degradation 中，所以此处填：degradation。

试题五答案与解析

答　案：(1)ProcessRequest(aRequest)　(2)Approver *　(3)Approver::
(4)&Tammy　(5)&Meeting　(6)&Sam　(7)Larry

解　析：本题以解决某企业的采购审批分级为背景，考查考生对面向对象程序设计类的用例和继承，程序解释如下：

```
(1)class Approver {                  // 审批者类
    public:
    Approver(){ successor = NULL;   }
    virtual void ProcessRequest(PurchaseRequest aRequest){
    if(successor!=NULL)
{successor->(1)ProcessRequest(aRequest)  ;}
/*Chain of Responsibility(CoR) 是用一系列类(classes)试图处理一个请求
aRequest，这些类之间是一个松散的耦合,唯一共同点是在它们之间传递 aRequest。也
就是说，来了一个请求，Director 类先处理，如果没有处理，就传递到 VicePresident
类处理，如果还没有处理，就传递到 President 类处理，构成责任链。审批者类定义一个
虚函数，其子类可以重载该虚函数，用于处理采购请求，如果继任者不为空则执行相应审
批者类的处理采购请求的函数 ProcessRequest(aRequest)。*/
    }
(2)void SetSuccessor(Approver *aSuccessor){ successor = aSuccessor; }
```

```
    private:
      (2)Approver *   successor;
    /* 注意到此处成员变量为私有属性，只能在 Approver 类中使用。由 void SetSuccessor
    (Approver *aSuccessor){ successor = aSuccessor; }中的参数是 Approver 指针
    类型，再由 successor = aSuccessor 可知 successor 也应为 Approver 指针类型，否
则无 法赋值。*/
};
(3)class Congress : public Approver {
    public:
    void ProcessRequest(PurchaseRequest aRequest){
        if(aRequest.Amount >= 500000){ /* 决定是否审批的代码省略 */ }
        else  (3)Approver::  ProcessRequest(aRequest);
    /*该类只处理 50 万元及以上的采购请求这种情况，如果是 50 万元以下，则需交给其他类
    处理。由于此处调用的是父类中的成员函数 void ProcessRequest(Purchase
    Request aRequest)，故需 Approver::ProcessRequest(aRequest)，
    此函数将请求传递给下一个继任者，即相应的子类。*/
    }
};
............
(4)void main(){
   Congress Meeting; VicePresident Sam; Director Larry ; President Tammy;

    // 构造责任链
    Meeting.SetSuccessor(NULL);    Sam.SetSuccessor( (4)&Tammy  );
    Tammy.SetSuccessor( (5)&Meeting );Larry.SetSuccessor( (6)&Sam  );
    /* 由 Approver 类中的函数 void SetSuccessor(Approver
*aSuccessor){ successor
    = aSuccessor; }可知这三处的参数值都是指针类型的，由于是一种责任链，当 Director
    类的对象 Larry 不能处理该请求时，必须将该请求传给上一级，即 VicePresident 类的对象
    Sam，此时需将该继任者的地址传给 Director 类的对象 Larry，否则无法传递该请求。同理
    其他上一级的对象也是如此。*/

(5)PurchaseRequest aRequest;    // 构造一采购审批请求
    cin >> aRequest.Amount;    // 输入采购请求的金额
      (7)Larry  .ProcessRequest(aRequest);
    /*开始审批。一般采购请求是先由 Director 类处理，看金额是否满足，不满足再交由上一级
    的 VicePresident 类处理，不满足再如此传递下去。由上述创建的类对象 Director Larry，
    可知此处应填 Larry.ProcessRequest(aRequest).*/
    return ;
}
```

试题六答案与解析

答　案：(1)ProcessRequest(aRequest)　(2)Approver　(3)super
(4)Tammy　(5)Meeting　(6)Sam　(7)Larry

解　析：本题以用 Java 解决以某企业的采购审批分级为背景，考查考生对面向对象程序设计类的用例和继承，程序解释如下：

```
if (successor != null){ successor.     (1)ProcessRequest(aRequest)      ;}/*
Chain of Responsibility(CoR) 是用一系列类(classes)试图处理一个请求 aRequest,这
些类之间是一个松散的耦合，唯一共同点是在它们之间传递 aRequest。也就是说，来了一个请求，
Director 类先处理，如果没有处理，就传递到 VicePresident 类处理，如果还没有处理，就传
递到 President 类处理，构成责任链。审批者类定义一个虚函数，其子类可以重载该虚函数，用于
处理采购请求，如果继任者不为空则执行相应审批者类的处理采购请求的函数
ProcessRequest(aRequest)。*/
  }
public  void SetSuccessor(Approver aSuccesssor){ successor = aSuccesssor; }
private   (2)  Approver  successor;      /* 注意到此处成员变量为私有属性，只能在
Approver 类中使用。由 void SetSuccessor(Approver aSuccessor){ successor
=aSuccessor; }中的参数是 Approver 类型，再由 successor =aSuccessor 可知，successor
也应为 Approver 类型，否则无法赋值。*/
```

```
};

class Congress extends Approver {
public  void ProcessRequest(PurchaseRequest aRequest){
        if(aRequest.Amount >= 500000){ /* 决定是否审批的代码省略 */    }
else   (3)super   .ProcessRequest(aRequest);  /*该类只处理 50 万元及以上的采购请
求这种情况，如果是 50 万元以下，则需交给其他类处理。由于此处调用的是父类中的成员函数 void
ProcessRequest(PurchaseRequest  aRequest)，故需 super.ProcessRequest
(aRequest)，此函数将请求传递给下一个继任者，即相应的子类。*/
    }
};
………………
public class rs {
    public static void main(String[] args) throws IOException {
        Congress Meeting = new Congress();
        VicePresident Sam = new VicePresident();
        Director Larry = new Director();
        President Tammy = new President();
        // 构造责任链
        Meeting.SetSuccessor(null);    Sam.SetSuccessor(  (4)Tammy  );
        Tammy.SetSuccessor(                (5)Meeting                 );
    Larry.SetSuccessor(  (6)Sam  );
/*由 Approver 类中的函数 void SetSuccessor(Approver aSuccessor){ successor =
aSuccessor; }可知，这三处的参数值都是 Approver 或者其子类类型的对象，由于是一种责任链，
当 Director 类的对象 Larry 不能处理该请求时，必须将该请求传给上一级，即 VicePresident
类的对象 Sam，此时需将该继任者的地址传给 Director 类的对象 Larry，否则无法传递该请求。
同理，其他上一级的对象也是如此。*/
// 构造一采购审批请求
        PurchaseRequest aRequest = new PurchaseRequest();
        BufferedReader  br  =  new  BufferedReader(new  InputStreamReader
(System.in));
        aRequest.Amount = Double.parseDouble(br.readLine());
         (7)Larry  .ProcessRequest(aRequest);
        /* 开始审批。一般采购请求是先由 Director 类处理，看金额是否满足，不满足再交由
上一级的 VicePresident 类处理，不满足再如此传递下去。由上述创建的类对象 Director Larry，
可知此处应填 Larry.ProcessRequest(aRequest).*/
```

13.2.2 模拟试卷二参考答案

上午科目答案与解析

(1) **答　案**：D

解　析：本题考查两个带符号数的减法。

两个带符号数算术运算的溢出可根据运算结果的符号位 SF 和进位标志 CF 判别。该方法适用于两同号数求和或异号数求差时判断溢出。溢出的逻辑表达式为：$VF=SF \oplus CF$。即 SF 和 CF 异或结果为 1 时表示发生溢出，异或结果为 0 时则表示没有溢出。

(2) **答　案**：B

解　析：本题考查 Cache 的设置目的，它是介于 CPU 和主存之间的小容量存储器。

由于 CPU 的速度比主存的读取速度快得多，为解决这种不匹配，在它们之间设置高速缓冲存储器 Cache，将主存中的内容事先调入 Cache 中，CPU 直接访问 Cache 的时间短得多，这样大大提高了 CPU 对主存的访问效率，同时也提高了整个计算机系统的效率。

(3) **答　案**：C

解　析：本题考查内存容量类似。本题每个存储单元存储 16 位二进制数，求芯片容量。

给定起始地址码的内存容量=终止地址-起始地址+1，所以计算过程如下：

43FFH-4000H+1=400H，$(400H)_{10}=2^{10}$，因此有：$2^{10}/4=2^8=256$。

(4)~(5)答　案：(4)B；(5)A

解　析：本题考查操作数的几种基本寻址方式。操作数的寻址方法在此考点的第 3 个重点中讲的比较清楚了，在此不再赘述。

其中立即寻址方式的特点是指令执行时间很短，因为不需要访问内存来取操作数。

(6) 答　案：B

解　析：在指令流水线上，执行周期取决于时间最长的子过程，由题目知该流水线的瓶颈为第 3 步，即第 3 步所用时间最长。

设第 3 步的时间为 $m\triangle t$，则由 2009 年 5 月真题 6 解析有：$(1+1+m+1)\triangle t+m(50-1)\triangle t=153\triangle t$，解方程得：m=3。

(7) 答　案：C

解　析：本题考查网络攻击的相关知识，常见的网络攻击方式如下。

中间人攻击(Man-in-the-Middle Attack， MITM 攻击)是一种“间接”的入侵攻击，这种攻击模式是通过各种技术手段将受入侵者控制的一台计算机虚拟放置在网络连接中的两台通信计算机之间，这台计算机就称为“中间人”。然后入侵者把这台计算机模拟一台或两台原始计算机，使“中间人”能够与原始计算机建立活动连接并允许其读取或篡改传递的信息，然而两个原始计算机用户却认为他们是在互相通信，因而这种攻击方式并不很容易被发现。所以中间人攻击很早就成了黑客常用的一种古老的攻击手段，并且一直到今天还具有极大的扩展空间。

在网络安全方面，MITM 攻击的使用是很广泛的，曾经猖獗一时的 SMB 会话劫持、DNS 欺骗等技术都是典型的 MITM 攻击手段。如今，在黑客技术越来越多地运用于以获取经济利益为目标的情况下，MITM 攻击成为对网银、网游、网上交易等最有威胁并且最具破坏性的一种攻击方式。

DDoS 全名是 Distribution Denial of Service (分布式拒绝服务攻击)。DoS 的攻击方式有很多种，最基本的 DoS 攻击就是利用合理的服务请求来占用过多的服务资源，从而使服务器无法处理合法用户的指令。DDoS 攻击手段是在传统的 DoS 攻击基础之上产生的一类攻击方式。单一的 DoS 攻击一般是采用一对一方式的，当被攻击目标 CPU 速度低、内存小或者网络带宽小等各项性能指标不高，它的效果是明显的。随着计算机与网络技术的发展，计算机的处理能力迅速增长，内存大大增加，同时也出现了千兆级别的网络，这使得 DoS 攻击的困难程度加大了——目标对恶意攻击包的“消化能力”加强了不少。例如你的攻击软件每秒钟可以发送 3000 个攻击包，但我的主机与网络带宽每秒钟可以处理 10000 个攻击包，这样一来攻击就不会产生什么效果。

MAC/CAM 攻击：交换机主动学习客户端的 MAC 地址，并建立和维护端口与 MAC 地址的对应表以此建立交换路径，这个表就是通常我们所说的 CAM 表。CAM 表的大小是固定的，不同的交换机的 CAM 表大小不同。MAC/CAM 攻击是指利用工具产生欺骗 MAC，快速填满 CAM 表，交换机 CAM 表被填满后，交换机以广播方式处理通过交换机的报文，这时攻击者可以利用各种嗅探攻击获取网络信息。CAM 表满了以后，流量以洪泛方式发送到所有接口，也就代表 TRUNK 接口上的流量也会发给所有接口和邻接交换机，会造成交换机负载过大、网络缓慢和丢包，甚至瘫痪。

(8) 答　案：A

解　析：本题考查路由汇聚算法。

路由汇聚的“含义”是把一组路由汇聚为一个单个的路由广播。其最终结果和最明显的好处是缩小网络上的路由表的尺寸。需要注意地址覆盖，即网络号部分是相同的。

由题目地址和选项地址，则有：

202.118.133.0/24　11001110.01110110.10000101

202.118.130.0/24　11001110.01110110.10000010

202.118.128.0/21　11001110.01110110.10000000
202.118.128.0/22　11001110.01110110.10000000
202.118.130.0/22　11001110.01110110.10000010
202.118.132.0/20　11001110.01110110.10000100

仔细观察便可知，题目中给出的 4 个地址只有前 21 位是相同的，所以 A 的地址是能够覆盖的。

(9) 答　案：B

解　析：tracert(跟踪路由)是路由跟踪实用程序，用于确定 IP 数据访问目标所采取的路径。因此，通过该命令可以查看在哪段路由出现问题。

(10) 答　案：B

解　析：著作权、邻接权、专利权、商标权、商业秘密权和集成电路分布图设计属于知识产权的范围。物权不属于知识产权的范围。

(11) 答　案：B

解　析：题目中非常明显地指出了“某开发人员不顾企业有关保守商业秘密的要求……”，所以其行为侵犯了企业商业秘密权。商业秘密的概念如下：

商业秘密是指不为公众所知，具有经济利益，具有实用性，并且已经采取了保密措施的技术信息与经营信息。在《反不正当竞争法》中对商业秘密进行了保护，以下均为侵犯商业秘密的行为：以盗窃、利诱、胁迫等不正当手段获取别人的商业秘密；披露、使用不正当手段获取的商业秘密；违反有关保守商业秘密要求的约定，披露、使用其掌握的商业秘密。

(12) 答　案：B

解　析：W3C 是英文 World Wide Web Consortium 的缩写，中文意思是 W3C 理事会或万维网联盟。W3C 组织是制定网络标准的一个非赢利组织，像 HTML、XHTML、CSS、XML 的标准就是由 W3C 来定制。

XML(Extensible Markup Language)即可扩展标记语言，它与 HTML 一样，都是 SGML(Standard Generalized Markup Language，标准通用标记语言)。

SMIL 是同步多媒体集成语言(Synchronized Multimedia Integration Language)的缩写，念做 smile。它是由 W3C(World Wide Web Consortium)组织规定的多媒体操纵语言。

VRML(Virtual Reality Modeling Language)即虚拟现实建模语言。是一种用于建立真实世界的场景模型或人们虚构的三维世界的场景建模语言，也具有平台无关性。是目前 Internet 上基于 WWW 的三维互动网站制作的主流语言。

(13) 答　案：D

解　析：点距指屏幕上相邻两个同色像素单元之间的距离，即两个红色(或绿、蓝)像素单元之间的距离。

显示器上显示的文本和图像都是由像素点组成的，像素点越密(即像素点距越小)，越不容易看出其中的间隙，这样的显示出来的图像越清晰。市场上常见的点距为 0.31mm、0.28mm、0.26mm 的显示器。对于本题应选点距最小的“0.28”。

(14) 答　案：C

解　析：2^{16}=65536。

(15) 答　案：D

解　析：本题考查软件工程中的版本控制工具。

CVS(Concurrent Versions System)是一种广泛应用的，开源的，透明于网络的版本控制系统，用于开发人员协作开发时保持版本一致的软件或标准。它只保存一份源码并记录所有对它的改动。当开发者需要文件的某个特定版本时，CVS 会根据那些记录重建出需要的版本。

(16) 答　案：C

解　析：软件生存周期包括：系统分析、软件项目计划、需求分析、设计(概要设计和详细设计)、编码、测试和维护。其中编码阶段只有高级程序员和程序员参与，无需用户参与。

(17) 答　案：B

解　析：略。

(18)～(19)答　案：(18)D；(19)A

解　析：本题考查软件开发项目管理中的进度管理技术。

甘特图：可以直观地表明任务计划在什么时候进行，以及实际进展与计划要求的对比。管理者由此可以非常方便地弄清每一项任务(项目)还剩下哪些工作要做，并可评估工作是提前还是滞后，抑或正常进行。

PERT(性能评审技术)图：是一个项目管理工具，用于规划、组织和调整项目内的任务。一个 PERT 图显示了一个项目的图形解释，这种图是网络装的，由号码标记的节点组成，节点由带标签的带方向箭头的线段连接，展现项目中的事件或转折点，以及展现项目中的任务。

PERT/CPM 图：是一个项目管理工具，用于规划、组织和调整项目内的任务。PERT 是基于性能评审技术，一种美国海军于 20 世纪 50 年代发展起来的管理潜艇导弹计划的方法。另外一种是关键途径方法(CPM)，它是在同样的时间内由私营部门发展的项目管理办法，现在已成为 PERT 的同义词。

鱼骨图：因其图形像鱼骨而得名。就是将造成某项结果的众多原因，以系统的方式图解之，也就是以图表的方式来表达结果与原因的关系，不能用来描述项目开发的进度安排。

(20) 答　案：A

解　析：本题考查编译型语言、解释型语言和脚本语言的基本概念的判断。编译型语言：用该语言编写的程序执行前需要编译器将源程序翻译为目标代码程序，然后在目标机器上运行代码程序。C 语言就是这种语言；解释型语言：用该语言编写的程序无需编译为目标代码即可执行；脚本语言：是为了缩短传统的编写-编译-链接-运行(edit-compile-link-run)过程而创建的计算机编程语言，通常是解释运行而非编译运行。

(21) 答　案：C

解　析：本题考查源程序的错误类型。源程序的错误类型有两种，分别是语法错误和语义错误(逻辑错误)。

编译系统往往比较容易诊断出来语法错误，常见的语法错误有：非法字符、拼写错误、缺少分号、该匹配的关键字不匹配等。对于语义错误，编译系统是很难诊断出来，也就是说程序运行时编译系统不报错，但是运行结果却不正确。常见的语义错误有：类型不一致，参数不匹配、死循环、作为除数的变量为 0 等。

(22) 答　案：D

解　析：正规式只能表示给定结构的固定次数的重复或者没有指定次数的重复。本题中指定了 m 的重复次数，但是 m 是不固定的，所以，不能用正规式表示(A、C 错误)。

对于每个非确定的有限自动机，都有一个与其等价的正规式，因此 B 不正确。

上下文无关文法的描述功能比正规式更强大，可以表示次数不固定的重复，所以 D 是正确的。

(23)～(24)答　案：(23)A；(24)B

解　析：本题考查设备驱动程序的基本概念和主要任务。

设备驱动程序是一种可以使计算机和设备通信的特殊程序，可以说相当于硬件的接口，操作系统只能通过这个接口来控制硬件设备的工作，假如某设备的驱动程序未能正确安装，便不能正常工作。

正因为这个原因，驱动程序在系统中所占的地位十分重要，一般当操作系统安装完毕后，首要的便是安装硬件设备的驱动程序。不过，大多数情况下，我们并不需要安装所有硬件设备的驱动程序，例如硬盘、显示器、光驱、键盘、鼠标等就不需要安装驱动程序，而显卡、声卡、扫描仪、摄像头、Modem 等就需要安装驱动程序。

第 24 题考查驱动程序的任务。驱动程序的作用是将硬件本身的功能告诉操作系统，然后完成硬件设备电子信号与操作系统及软件的高级编程语言之间的互相翻译。当操作系统需要使用某个硬件时，工作顺序为：上层软件→操作系统→驱动程序→硬件，由此可知，驱动程序在操作系统和硬件之间工作，与上层软件没有关系。所以 B 答案正确。

(25) 答　案：B

解　析：8KB=2^{13}，所以页内地址有 13 位。逻辑地址 9621 转换为二进制为：10 0101 1000 1100，最高一位为页号，低 13 位为页内偏移量，所以逻辑地址 9621 的页号为 1，由图可知其物理块号为 3，转换为二进制是 11。最后把物理块号和页内偏移地址拼合得：110 0101 1000 1100，即为十进制的 25996。

(26)~(27)答　案：(26)C；(27)B

解　析：本题考查对“进程三态模型”的理解。

其中：1 表示就绪进程被调度；

2 表示运行进程的时间片到了；

3 表示运行进程执行了 P 操作，进程进入阻塞状态；

4 表示被阻塞进程等待的事件发生了。

再看第 27 题，当一个正在运行的进程时间片到了以后，该进程将从运行态转换为就绪态(原因 2)，同时，需要调入另外一个处于就绪态的进程，使之转换为运行态(原因 1)。所以答案是 2→1。

(28) 答　案：B

解　析：SPOOLing (Simultaneous Peripheral Operation On-Line，外部设备联机并行操作)系统主要包括如下 3 部分：

① 输入井和输出井：这是在磁盘上开辟出来的两个存储区域。输入井模拟脱机输入时的磁盘，用于收容 I/O 设备输入的数据。输出井模拟脱机输入时的磁盘，用于收容用户程序的输出数据。

② 输入缓冲区和输出缓冲区：这是在内存中开辟的两个缓冲区。输入缓冲区用于暂存由输入设备送来的数据，以后再传送到输出井。输出缓冲区用于暂存从输出井送来的数据，以后再传送到输出设备。

③ 输入进程和输出进程：输入进程模拟脱机输入时的外围控制机，将用户要求的数据由输入设备送到输入缓冲区，再送到输入井。当 CPU 需要输入设备时，直接从输入井读入内存。输出进程模拟脱机输出时的外围控制机，把用户要求输入的数据，先从内存送到输出井，待输出设备空闲时，再将输出井中的数据，经过输出缓冲区送到输出设备上。

综上可知，SPOOLing 技术是利用磁盘提供虚拟设备，B 答案正确。

(29) 答　案：D

解　析：略。

(30) 答　案：B

解　析：本题考查白盒测试的六大覆盖方法之一——语句覆盖的相关知识。

语句覆盖是指选择足够的测试用例，使得运行这些测试用例时，被测程序的每一个语句至少执行一次。由图有两个判断语句 X>0 和 Y>0，但是是顺序执行的，且题目求至少需要的测试案例，所以只选择 2 个测试案例就可以了。

(31) 答　案：B

解　析：耦合是指模块之间联系的紧密程度，耦合度越高则模块的独立性越差；内聚是指模块内部各元素之间联系的紧密程度，内聚度越低模块的独立性越差。所以设计软件时，应力求高内聚低耦合。

(32) 答　案：A

解　析：统一过程(UP)的基本特征是“用例驱动、以架构为中心的和受控的迭代式增量开发”。其核心的工作是流，包括捕获用户需求、分析、设计、实现和测试等。

工作流程如下：① 开发人员通过和用户的沟通、了解，捕获用户需求并制作软件用例图，从而得到软件的用例模型；②然后分析并设计满足这些用例的系统，得到分析模型、设计模型和实施模型，进而实现该系统；③通过测试模型来验证系统是否满足用例中描述的功能。

由上可知，需求捕获过程中得到的用例将各个核心工作流结合为一个整体，驱动整个软件开发过程。

(33) 答　案：B

解　析：本题考查黑盒测试的等价类划分技术。

等价类是指某个输入域的子集合。在该子集合中，各个输入数据对于揭露程序中的错误都是等效的，并合理地假定：测试某等价类的代表值就等于对这一类其他值的测试，因此，可以把全部输入数据合理划分为若干等价类，在每一个等价类中取一个数据作为测试的输入条件就可以用少量代表性的测试数据取得较好的测试结果。等价类划分可有两种不同的情况：有效等价类和无效等价类。

① 有效等价类：是指对于程序的规格说明来说是合理的、有意义的输入数据构成的集合。利用有效等价类可检验程序是否实现了规格说明中所规定的功能和性能。

② 无效等价类：与有效等价类的定义恰好相反，指对程序的规格说明是不合理的或无意义的输入数据所构成的集合。对于具体的问题，无效等价类至少应有一个，也可能有多个。

对于本题，输入范围为 16～40，所以这个区域内的为有效等价类，小于 16 或大于 40 的为无效等价类，即一个有效等价类，两个无效等价类。

(34) 答　案：C

解　析：软件可靠性(Software Reliability)是软件系统固有特性之一，它表明了一个软件系统按照用户的要求和设计的目标，执行其功能的正确程度。软件可靠性与软件缺陷有关，也与系统输入和系统使用有关。理论上讲，可靠的软件系统应该是正确、完整、一致和健壮的。在 4 个选项中 A、B、D 都不属于软件可靠性。

(35) 答　案：C

解　析：本题考查 FTR 指导原则，包括如下几个方面：

① 软件评审是评审软件产品，不要涉及对软件生产者能力的评价；②评审前要制订严格的评审计划，并严格遵守预计的日程安排；③对评审中出现的问题要记录在案，不要过多地讨论解决方案，把问题留给软件生产者来解决；④要限制参与者人数，并要求参加评审的人员在评审会之前仔细阅读文档，做好充分的准备。

(36) 答　案：D

解　析：关键路径上的活动为关键活动。由图可知，本题的关键路径有两条：1.S→2→5→4→D；2.S→2→5→D。路径的长度均为 20。

(37) 答　案：A

解　析：边界类描述的是系统外部环境和系统内部运作之间的交互，它工作在外部环境和系统之间，边界对象表示一个交互窗口。实体类是存储和管理系统内部的信息，它可以有行为，但必须和他所代表的对象密切相关，实体类是独立于系统外部环境的。控制类主要描述特定的 Use Case 的控制行为，与特定的 Use Case，实现密切相关，可以有效地降低边界类和实体类之间的耦合，使系统对于外部环境的变化能更好适应。因此本题答案为 A。

(38)~(41)答 案：(38)C；(39)A；(40)B；(41)D

解 析：本题考查用例图的相关知识。

用例图通常包括用例(Use Case)、参与者(Actor)、系统边界和箭头。用例图用于对系统的静态用例视图进行建模。主要支持系统的行为，即该系统在它的周边环境的语境中所提供的外部可见服务。

本题中的 X1、X2、X3 表示参与者，椭圆表示用例，小人表示参与者。

用例图中包含泛化关系、扩展关系、包含关系三种关系。

泛化关系是一种一般-特殊关系，利用这种关系，子类可以共享父类的结构和行为。

包含关系把几个用例的公共步骤分离成一个单独的被包含用例。用例间的包含关系允许将提供者用例的行为包含到用户的用例事件中，把包含用例称为客户用例，被包含用例称为提供者用例，包含用例给客户用例提供功能。

扩展关系是把新行为插入到已有的用例中的方法。基础用例提供一组扩展点，在这些扩展点可以添加新的行为，而扩展用例提供了一组插入片段，这些片段能够被插入到基础用例的扩展点。

(42) 答 案：B

解 析：本题考查 UML 中各种图的功能。

类图展现了一组对象、接口、协作和它们之间的关系。在面向对象系统的建模中所建立的最常见的图就是类图。

用例图展现了一组用例、参与者(Actor)以及两者之间的关系。用例图通常包括用例、参与者、扩展关系、包含关系。用例图用于对系统的静态用例视图进行建模。主要支持系统的行为，即该系统在它的周边环境的语境中所提供的外部可见服务。

对象图展现一组对象和它们之间的关系。对象图描述了在类图中所建立的事物实例的静态快照。和类图相同，这些图给出系统的静态设计视图或静态进程视图，但是他们是从真实的或原型案例的角度建立的。

协作图主要强调收发信息的对象的结构组织序列图和协作图都是交互图。交互图展示了一种交互，它由一组对象和它们之间的关系组成，包括它们之间可能发送的消息。交互图管住系统的动态视图。序列图和协作图是同构的，它们可以相互转换。

(43)答 案：C

解 析：面向对象分析的目的是为了获得对应用问题的理解，理解的目的是确定系统的功能、性能要求。

面向对象分析阶段包含 5 个活动：认定对象、组织对象、描述对象间的相互作用、定义对象的操作、定义对象的内部信息。分析阶段最重要的是理解问题域的概念，其结果将影响整个工作。A、B、D 都属于面向对象分析阶段，而 C 答案确定接口规格是面向对象设计。

(44)~(45)答 案：(44)A；(45) B

解 析：本题考查 MVC 模式。

MVC 模式是一个复杂的架构模式，其实现起来也是非常复杂的一个过程。

视图代表用户交互的界面，对于 Web 应用来说，可以概括为 HTML 界面，也有可能是 XHTML、XML 和 Applet。

模型是业务流程/状态的处理以及业务规则的一些规定。业务模型的设计是 MVC 的主要核心。

控制可以理解为从用户接受请求，将模型和视图匹配在一起，共同完成用户的请求。

(46)~(47)答 案：(46)B；(47)D

解 析：本题考查 UML 中的基本概念。

泛化关系(Generalization，也称概括关系)描述了一般事物与该事物中的特殊种类之间的关系，即父类与子类之间的关系。

关联(Association)表示两个类的实例之间存在的某种语义上的联系。

聚合关系(Aggregation)是关联关系的特例。聚集关系是表示一种整体和部分的关系。

依赖：对于两个相对独立的对象，当一个对象负责构造另一个对象的实例，或者依赖另一个对象的服务时，这两个对象之间主要表现为依赖关系。

迭代：当对象 A 维持对象 B 的引用或指针，并与对象 C 共享相同对象 B 时，则 A 与 B 具有迭代关系。

(48) 答　案：C

解　析：题目中已经说明序言性注释是辅助理解程序的，往往是对程序的整体说明。嵌入在程序中的 SQL 语句是通过一些应用程序接口嵌套在程序中的，属于程序的一部分，不属于注释。

(49) 答　案：D

解　析：本题考查 while 循环和 do-while 循环的基本知识，这两个循环结构在程序中是非常常见的，只要搞清楚其执行顺序，结果不难判断。

while 循环先进行条件判断，如条件成立则执行循环体，否则退出循环，可知，条件不成立的那一次判断是没有执行循环体的，所以循环体的执行次数要比判断次数少 1。

do-while 循环先执行循环体，再进行条件判断，可知，在没有进行判断以前就已经执行了 1 次循环体，所以进行判断的次数和执行循环体的次数刚好相等。

(50) 答　案：D

解　析：$1^*(0|01)^* \Leftrightarrow 1^*0^* \& 1^*(01)^*$，可知得不出长度的奇偶性(A、C 错误)，也得不到开始和结尾字符都为 1 的串(B 错误)。

(51) 答　案：A

解　析：本题主要考查数据库管理系统中的安全控制机制。

首先我们来看数据库的完整性约束。数据库完整性(Database Integrity)是指数据库中数据的正确性和相容性。数据库完整性由各种各样的完整性约束来保证，因此数据库完整性设计就是数据库完整性约束的设计。这跟数据库的安全性并无关联。所以排除选项 A。再从备选答案来看，C 与 D 非常明显属于安全控制机制。

然后我们着重说明“视图”。视图是一个虚拟表，并不真实存在。其内容由查询定义。同真实的表一样，视图包含一系列带有名称的列和行数据。但是视图并不在数据库中以存储的数据值集形式存在。行和列数据来自由定义视图的查询所引用的表，并且在引用视图时动态生成。通过视图，可以使各种数据库用户只能访问其具备权限的数据，这样提高了数据的安全性。所以也属于安全机制的一种。据此答案为 A。

(52)~(53)答　案：(52)A；(53) D

解　析：本题主要考查传递依赖。

传递依赖：如果 X→Y，Y→A，且 Y 不依赖 X，A 不是 Y 的子集，那么称 X→A 是传递函数依赖。A 答案正确。B 答案满足函数依赖的合并规则；C 答案满足函数依赖的增广率；D 答案满足引理规则。

第 53 空，很明显是 D 答案错误，因为 A，B 依赖于 C，不可能得到 A、B 都完全依赖于 C。

(54) 答　案：B

解　析：本题主要考查的知识点是数据库的几个范式之间的区别。

首先表 S 中每个属性都是不可再分的，因此符合 1NF 的要求；

然后每一非主属性完全依赖于主属性 Sno，满足 2NF；

而 Zip→City 是传递依赖，不满足 3NF。因此表 S 最高满足 2NF。

(55)~(56)答　案：(55)A；(56)D

解　析：本题考查数据库关系运算。

⋈是连接运算符，它是由两个关系的笛卡儿积中选取属性间满足一定条件的元祖。构成笛卡尔积的要求：首先进行投影找到共同的元素，然后再通过选择不同属性的列。因此 55 题答案为 A。经过计算，可知 56 题答案为 D。

(57)~(58)答　案：(57)C；(58)B

解　析：本题考查栈和队列的插入和删除操作特点。

栈的操作特点是后进先出，而队列是先进先出。所以按照题中给的已知条件可知队列的出队序列也即栈的出栈序列：c、d、b、a、e。求栈的容量，须知栈底元素出栈前栈中元素最多时是几个。根据入栈序列 a、b、c、d、e 和出栈序列 c、d、b、a、e，不难看出栈容量至少为 3 个。

(59) 答　案： D

解　析：题目中已经把受限双队列的操作特性说清楚了。

A 选项：元素 8、1、4、2 依次进入队列，此时，元素 2 先出队列，元素 8、1、4 再依次出队，可得到输出序列 2、8、1、4。

B 选项：元素 8、1 先进入队列，然后元素 1 出队，元素 4 入队并出队，元素 2 入队，然后元素 8 出队最后元素 2 出队，得到输出序列 1、4、8、2。

C 选项：元素 8、1、4 依次进入队列，然后元素 4 出队，元素 2 入队并出队，最后元素 1 和 8 依次出队，得到输出序列 4、2、1、8。

D 序列是得不到的。

(60) 答　案： C

解　析：线性数据结构有顺序存储结构和链式存储结构，其特点分别是：

顺序存储结构是把逻辑上相邻的节点存储在物理位置相邻的存储单元里，节点间的逻辑关系由存储单元的邻接关系来体现。

链式存储结构不要求逻辑上相邻的节点在物理位置上亦相邻，节点间的逻辑关系是由附加的指针字段表示的。

因此，链式存储结构在插入或删除元素时就显得非常方便，因为不需要移动其他数据，由指针指示位置即可。

(61)~(62)答　案：(61)A；(62)B

解　析：哈夫曼树又称最优二叉树，是一种带权路径长度最短的二叉树。所谓树的带权路径长度，就是树中所有的叶节点的权值乘上其到根节点的路径长度(若根节点为 0 层，叶节点到根节点的路径长度为叶节点的层数)。

哈夫曼算法：

① 对给定的 n 个权值 $\{W_1,W_2,W_3,...,W_i,...,W_n\}$ 构成 n 棵二叉树的初始集合 $F=\{T_1,T_2,T_3,...,T_i,...,T_n\}$，其中每棵二叉树 T_i 中只有一个权值为 W_i 的根节点，它的左右子树均为空。(为方便在计算机上实现算法，一般还要求以 T_i 的权值 W_i 的升序排列。)

② 在 F 中选取两棵根节点权值最小的树作为新构造的二叉树的左右子树，新二叉树的根节点的权值为其左右子树的根节点的权值之和。

③ 从 F 中删除这两棵树，并把这棵新的二叉树同样以升序排列加入到集合 F 中。

④ 重复二和三两步，直到集合 F 中只有一棵二叉树为止。

由上述步骤构造出来的哈弗曼树是选项 A，带权路径长度为：$(12+6)\times3+(15+23+29)\times2=188$。

(63) 答　案： C

解　析：题目中已经给出了中序序列 CBDAEFI 和先序序列 ABCDEFI，要想求二叉树的高度，最直观的方法就是构造一棵二叉树，如下图所示。

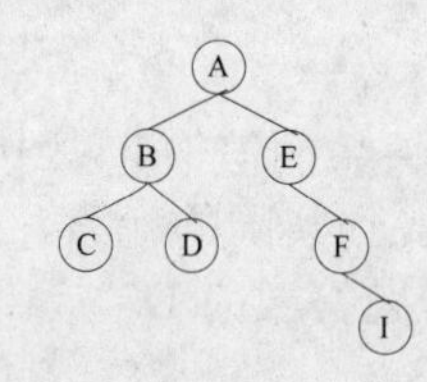

显然，该二叉树的高度为4。

(64) 答　案：A

解　析：由题可知，这类问题通常是把一个复杂的问题层层转化为一个规模较小的问题来求解。迭代算法是用计算机解决问题的一种基本方法。它利用计算机运算速度快、适合做重复性操作的特点，让计算机对一组指令(或一定步骤)进行重复执行，在每次执行这组指令(或这些步骤)时，都从变量的原值推出它的一个新值。

递归算法是一种直接或者间接地调用自身的算法。在计算机编写程序中，递归算法对解决一大类问题是十分有效的，它往往使算法的描述简洁而且易于理解。递归算法的实质是把问题转化为规模缩小了的同类问题的子问题，然后递归调用函数(或过程)来表示问题的解。

两种算法比较，显然迭代方法具有更高的时空效率。

(65) 答　案：B

解　析：贪心算法是指，在对问题求解时，总是做出在当前看来是最好的选择。也就是说，它所做出的仅是在某种意义上的局部最优解。这个找零钱的方法就是使用的这种思想。

(66) 答　案：D

解　析：本题考查IP地址的分类。

① A类IP地址。由1B的网络地址和3B的主机地址组成，网络地址的最高位必须是0，地址范围1.0.0.1～126.255.255.254可用的A类网络有126个，每个网络能容纳1677214个主机。

② B类IP地址。由2B的网络地址和2B的主机地址组成，网络地址的最高位必须是10，地址范围128.1.0.1～191.255.255.254可用的B类网络有16384个，每个网络能容纳65534个主机。

③ C类IP地址。一个C类IP地址由3B的网络地址和1B的主机地址组成，网络地址的最高位必须是110。地址范围192.0.1.1～223.255.255.254可用的C类网络可达2097152个，每个网络能容纳254个主机。

④ D类地址用于多点广播(Multicast)。D类IP地址第一个字节以1110开始，它是一个专门保留的地址。地址范围是224.0.0.1～239.255.255.254。

⑤ E类IP地址。以1111开始，为将来使用保留。

另外，一个C类IP地址的4段号码中，前3段号码为网络号码，剩下的1段号码为本地计算机的号码。如果用二进制表示IP地址的话，C类IP地址就由3B(24位)的网络地址和1B的主机地址组成。

在本题中，0/18说明前18位表示网络号，所以子网个数占24-18=6位，子网数为$2^6=64$个。另外，全零(0. 0. 0. 0)地址指任意网络。全1的IP地址(255. 255. 255. 255)是当前子网的广播地址。因此，该校园网包含64-2=62个C类网络。

(67) 答　案：B

解　析：DHCP(Dynamic Host Configuration Protocol，动态主机分配协议)分为两个部分：一个是服务器端，另一个是客户端。所有的IP网络设定数据都由DHCP服务器集中管理，并负责处理客户端的DHCP要求；而客户端则会使用从服务器分配下来的IP环境数据。

在DHCP中，需要IP地址的主机用它的MAC地址广播一个DHCP discover分组。DHCP

服务器用一个 DHCP offer 分组进行应答，应答分组中包括没被使用的 IP，主机在得到的 IP 地址中选择一个，并用 DHCP request 分组广播它的选择，被选定的服务器用 DHCP ack 进行确认。分配出的 IP 地址有生命期，必须定期刷新以保持它的有效性。当主机完成任务以后，发送一个 DHCP release 分组释放占用的 IP 地址，否则当超过生命期后，地址自动被释放。

从 DHCP 的原理可以看出子网内是可以有多个 DHCP 的，用户机以收到的第一个 DHCP 应答信号为准，进行 IP 获取。显然 B 描述是正确的。

(68) 答　案：D

解　析：POP3(Post Office Protocol 3)即邮局协议的第三个版本，它规定怎样将个人计算机连接到 Internet 的邮件服务器和下载电子邮件的电子协议。它是因特网电子邮件的第一个离线协议标准，POP3 允许用户从服务器上把邮件存储到本地主机(即自己的计算机)上，同时删除保存在邮件服务器上的邮件，而 POP3 服务器则是遵循 POP3 协议的接收邮件服务器，用来接收电子邮件的。

(69) 答　案：C

解　析："<title style= " italic " >science</title>"是一个 XML 元素的定义，其中，title 是元素标记名称；style 是元素标记属性名称；italic 是元素标记属性值；science 是元素内容。

(70) 答　案：A

解　析：本题考查多模光纤与单模光纤的区别。

多模光纤的特点是成本低，芯线宽，耗散大，低效，用于低速度、短距离的通信。

单模光纤的特点是成本高，芯线窄，需要激光源，耗散小，高效，用于高速度、长距离的通信。

(71)~(75)答　案：(71)B；(72)D；(73)A；(74)C；(75)D

参考译文：统一软件开发过程是一种软件工程的处理方式，它记录了许多现代软件发展过程中很好的惯例。用例和场景的概念已经被证明是一个用于记录功能需求的很好方法。RUP 能从两方面进行描述：时间和内容。在时间方面，软件生命周期被分解成许多个小周期。每个周期又被分成四个连续的状态，这些状态在定义好的界限点处结束并能进一步被分解成迭代块(迭代块是指最终使得一个可执行的产品能够生成发布的一个完整的循环块，处在不断演化中的最终产品的一个子集)，而这个迭代块将不断演化增加，最终成为一个完整的系统。而内容结构是指一种方法，该方法是指自然地逻辑性地组织活动。

下午科目答案与解析

试题一答案与解析

答　案：

【问题 1】：(1)费用单　(2)待租赁房屋列表　(3)看房请求　(4)变更房屋状态请求

【问题 2】：(5)房主信息文件　(6)租赁者信息文件　(7)房屋信息文件　(8)看房记录文件

【问题 3】：(1)起点：房主　终点：变更房屋状态　数据流名称：变更房屋状态请求
(2)起点：租赁者　终点：登记租赁者信息　数据流名称：租赁者信息
(3)起点：租赁者　终点：安排租赁者看房　数据流名称：看房请求

解　析：本题考查的是分层数据流图，该题型每年必考，是需要重点掌握的内容。

解题的两大原则：数据平衡原则，系统功能描述与数据流图的一致性原则。

首先根据数据平衡原则有：

在 0 层图中，与"房主"相关的数据流有 5 条。根据数据平衡原则顶层图应有与之对应的数据流，但"费用单"数据流在顶层图中找不到，所以(1)应是"费用单"数据流。

通过比较顶层图和 0 层图中与外部实体"租赁者"相关的数据流，可以发现：出现在 0

层图上的数据流“待租赁房屋列表”是顶层图上没有的，且与(2)处的数据流方向一致。由此可以判定，(2)处的数据流就是“待租赁房屋列表”。而顶层图中的数据流“租赁者信息”却是 0 层图上没有的。这样就找到了 0 层图上缺失的第 2 条数据流：租赁者信息，它的起点是“租赁者”，终点是加工“登记租赁者信息”。

根据系统功能描述与数据流图的一致性原则有：

由于(4)处缺失的数据流是一条输入数据流，从说明中可以看出，只有功能 6“当租赁者与房主达成租房或退房协议后，房主向系统提交变更房屋状态的请求”所描述的数据流没有在“房主”与系统之间体现出来。因此可以确定，(4)处缺失的数据流就是“变更房屋状态请求”。相应的，可以确定，在 0 层图中缺失的其中一条数据流也是它，其起点是“房主”，终点是“变更房屋状态”这个加工。

由于说明中有“租赁者”相关的功能“一旦租赁者从中找到合适的房屋，就可以提出看房请求”，这一功能未在图中体现出来。这样就能确定(3)处的数据流应该是“看房请求”。而 0 层图中也没有出现这条数据流。所以，0 层图中缺失的第 3 条数据流就是“看房请求”，它的起点是“租赁者”，终点是加工“安排租赁者看房”。

由说明的描述可以得知，本系统中的数据存储有：房主信息文件、房屋信息文件、租赁者信息文件、看房记录文件。下面就可以根据相应的加工对号入座了。显然，(5)处的是房主信息文件；(6)处的是租赁者信息文件；(7)处的是房屋信息文件；(8)处的是看房记录文件。

试题二答案与解析

答　案：

【问题 1】：(1)n 或 m 或*　(2)1　(3) n 或 m 或*　(4) n 或 m 或*

【问题 2】：完整的实体联系图如下图所示。

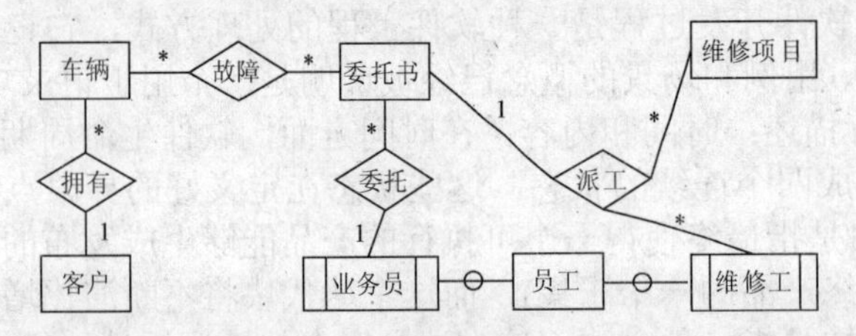

【问题 3】：(5)客户编号，客户名称，客户性质

(6)委托书编号，客户编号，车牌号，业务员编号　或　委托书编号，车牌号，业务员编号

(7)委托书编号，维修工编号，维修项目编号　　(8)员工编号，员工姓名

【问题 4】：客户：客户编号

委托书：委托书编号

派工单：委托书编号，维修项目编号，维修工编号

解　析：本题考查数据库设计，设计考点有：数据库的概念结构设计和逻辑结构设计。

【问题 1】由维修委托书的故障描述，维修类型、作业分类，可知，一台车可能有多个故障，对应多个维修委托书，所以(1)空填写：*；题目中“维修车间根据维修委托书和车辆的故障现象，在已有的维修项目中选择并确定一个或多个具体维修项目，安排相关的维修工及工时，生成维修派工单”，很明显，一份委托书包含了一个或多个维修项目，而每个维修项目可以由多个维修工来完成，每一个维修工又可以完成多个维修项目，所以(2)空填写：1，(3)、(4)填写：*。

【问题 2】需要补充车辆和客户之间以及委托书和业务员之间的关系。由题目“一个客户至少拥有一台车”可知，客户和车辆之间是“拥有”关系，且是一对多的关系；在由题目中“业务员对车辆进行检查和故障分析后，与客户磋商，确定故障现象，生成维修委托书”可知，业务员与委托书之间是“委托”关系，且一名业务员可以受理多份委托书，而一份委托书由一名业务员来生成。

【问题 3】本题又是补充逻辑结构设计题，几乎每年都考，这类题目只要仔细看需求分析结果或者仔细观察题目中已知的表，很容易就能做出，关键是需要细心，不要漏掉什么属性。根据客户和车辆信息表可知，客户关系应包括客户编号、客户名称、客户性质、折扣率、联系人等属性，主键显然为客户编号；而车辆关系应包括车牌号、客户编号、车型、颜色、车辆类别等属性，主键为车牌号。根据维修委托书表可知委托书应包括委托书编号、车牌号、客户编号、业务员编号、维修类型等属性，其主键为委托书编号。根据维修派工单可知，派工单应包括委托书编号、维修项目编号、维修工编号、工时等属性，主键是委托书编号、维修项目编号和维修员编号。根据实体联系图知，员工包括业务员和维修工，他们共有的属性是员工编号、员工姓名、工种、员工类型、级别等属性，主键为员工编号。

【问题 4】参考问题 3 的分析。

试题三答案与解析

答　案：

【问题 1】：(a)资源目录；(b)图书；(c)唱片

【问题 2】：CatalogItem 的属性：索引号、名称、出版时间、资源状态
图书的属性：作者、页数
唱片的属性：演唱者、介质类型

【问题 3】：(1)1，(2)0..*，(3)1，(4)0..*，(5)1，(6)1 或者 0..1

解　析：本题主要考查 UML 中的类图设计，题目 3 个问题都是对类图的元素进行补充。类图的设计是根据系统的功能需求而来的，所以解题的关键在于对“系统功能说明”的理解。下面我们将通过对“系统功能说明”的分析，来解答试题：

从系统功能说明中的“图书管理系统的资源目录中记录着所有可供读者阅读的资源”和“资源可分为两类：图书和唱片”，可以得知 1 个资源目录中对应着多个可供读者借阅的资源，这些资源分为图书类与唱片类，所以(a)为资源目录，(b)和(c)分别为图书和唱片，同时(1)应填：1，(2)应填：0..*。(所有的可供读者借阅资源数有可能为 0，即还未录入任何资源的状态)。

从“每项资源都有一个唯一的索引号。系统需登记每项资源的名称、出版时间和资源状态”。可以得知，资源目录中的每项资源，即类图中的 CatalogItem，有索引号、名称、出版时间和资源状态这 4 个关键属性。

从“对于图书，系统还需登记作者和页数；对于唱片，还需登记演唱者和介质类型(CD 或者磁带)”，可以得知图书有作者和页数 2 个关键属性，唱片有演唱者和介质类型 2 个关键属性。

Borrower 代表读者，而 BorrowerItems 为借书记录文件，同时系统功能说明中有“系统为每个读者创建了一个借书记录文件，用来保存读者所借资源的相关信息”，所以它们之间的关系应为 1 对 1，即第(5)空和第(6)空均填 1。

试题四答案与解析

答　案：(1)EnQueue(&tempQ,root)　　(2)brotherptr=brotherptr->nextbrother
(3)!IsEmpty(tempQ)　　(4)DeQueue(&tempQ,&ptr)　　(5)!ptr->firstchild
(6)EnQueue(&tempQ,ptr->firstchild)　　(7)brotherptr=brotherptr->nextbrother

解　析：解答此题的关键在于理解用队列层序遍历树的过程。算法的流程是这样的：

首先将树根节点入队，然后将其所有兄弟节点入队(当然，由于是根节点，故无兄弟节点)；完成这一操作以后，便开始出队、打印；在打印完了之后，需要进行一个判断，判断当前节点有无孩子节点，若有孩子节点，则将孩子节点入队，同时将孩子节点的所有兄弟节点入队；完了以后继续进行出队操作，出队后再次判断当前节点是否有孩子节点，并重复上述过程，直至所有节点输出。

接下来以本题为例来说明此过程。首先将树根节点 D 入队，并同时检查是否有兄弟节点，对于兄弟节点则一并入队。这里的 D 没有兄弟节点，所以队列此时应是：D。

接下来执行出队操作。D 出队，出队以后检查 D 是否有子节点，经检查，D 有子节点 B，所以将 B 入队，同时将 B 的兄弟节点 A 和 E 按顺序入队。得到队列：B、A、E。

接下来再执行出队操作。B 出队，同时检查 B 是否有子节点，B 无子节点，所以继续执行出队操作。A 出队，同时检查 A 是否有子节点，A 有子节点 F，所以将 F 入队，同时将 F 的兄弟节点 P 入队。得到队列：E、F、P。

接下来再次执行出队操作。E 出队，E 有子节点 C，所以 C 出队。得：F、P、C。

接下来再次执行出队操作。F 出队，F 无子节点，继续出队操作，P 出队，P 仍无子节点，最后 C 出队，整个过程结束。

通过对算法的详细分析，我们可以轻松得到答案。(1)应是对根节点 root 执行入队操作，即 EnQueue(&tempQ,root)。(2)在一个循环当中，循环变量是 brotherptr，此变量无语句对其进行更新，所以(2)必定是更新 brotherptr。结合前面的算法分析可知(2)应填：brotherptr=brotherptr->nextbrother。(3)、(4)加上后面的语句“printf(“%c\t”,ptr->data);”是控制数据的输出，这些数据应是从队列中得到，所以此处必有出队操作，同时在出队之前应判断队列是否为空，所以(3)、(4)填：!IsEmpty(tempQ)和 DeQueue(&tempQ,&ptr)。(5)实际上是问“在什么情况下，要持续进行出队操作？”，前面的算法分析中已指出：若出队节点无子节点，则继续进行出队操作，所以(5)填：!ptr->firstchild。(6)和(7)所在的语句段的功能是将刚出队节点的子节点及其兄弟节点入队，所以(6)填：EnQueue(&tempQ,ptr->firstchild)。(7)和(2)相同，填：brotherptr=brotherptr-> nextbrother。

试题五答案与解析

答　案：(1)std　　(2)virtual void　　(3)virtual void
(4)flyBehavior　　(5)quackBehavior　　(6)flyBehavior->fly()
(7)quackBehavior->quack()　　(8)FlyNoWay()　　(9)Squeak()

解　析：本题考查面向对象的程序设计的抽象类和多态。程序解释如下：

(1) using namespace (1) std;　　/*所谓 namespace，是指标识符的各种可见范围。C++标准程序库中的所有标识符都被定义于一个名为 std 的 namespace 中。*/

(2) 由题中信息：类 FlyBehavior 与 QuackBehavior 为抽象类，分别用于表示抽象的飞行行为与发声行为，而这两种行为对应的不止是一种方式，为了表示多种行为方式(即多态)，需要定义虚函数，用以给子类进行重载。再由子类中的函数 void fly( )及 void quack( )可知，父类中的对应函数返回值也应为 void。所以(2)和(3)的填空如下：

```
class FlyBehavior{
public: (2) virtual void fly( )=0;
};
class QuackBehavior{
public: (3) virtual void quack( )=0;
}
```

(3) Duck 类的定义，由子类 RubberDuck 类中出现的“flyBehavior=new lyNoWay();quackBehavior=new Squeak();”可知这两个指针类型对象为 flyBehavior 和 quackBehavior。所以(4)和(5)填空如下：

```
Class Duck{
    protected:
    FlyBehavior * (4) flyBehavior;
    QuackBehavior * (5) quackBehavior;
```

由“FlyBehavior * flyBehavior; QuackBehavior * quackBehavior;”及函数名可知，该函数体应调用 FlyBehavior 类中的 fly 函数和 QuackBehavior 类中的 quack 函数。所以(6)和(7)填空如下：

```
public:
    void fly(){  (6)flyBehavior->fly() ;  }
    void quack() {  (7)quackBehavior->quack() ; };
    virtual void display()=0;
};
```

(4) 由题中所给信息可知 RubberDuck 是“发出空气与橡皮摩擦声”并且“不能飞行”的鸭子种类，因此构造函数中创建的对象 flyBehavior 和 quackBehavior 对应的类型分别为 FlyNoWay，Squeak，所以第(8)和(9)空的填空如下：

```
class RubberDuck: public Duck {
public:
    RubberDuck( ){
    flyBehavior=new (8) FlyNoWay();
    quackBehavior=new (9) Squeak();
}
```

试题六答案与解析

答　案：(1)Interface　　(2)Interface　　(3)flyBehavior
(4)quackBehavior　　(5)flyBehavior.fly　　(6)quackBehavior.quack()
(7)abstract　　(8)FlyNoWay()　　(9)Squeak()

解　析：本题考查面向对象的程序设计的抽象类和多态，使用的语言是 Java。

(1) 由题中所给信息：接口 FlyBehavior 与 QuackBehavior 分别用于表示抽象的飞行行为与发声行为，可知(1)处和(2)处都应填 interface。

(2) 由子类 RubberDuck 类中出现的 flyBehavior 和 quackBehavior，而它们在之前并没有被定义过，可知(3)处和(4)处需声明这两个对象分别为 FlyBehavior、QuackBehavior 类型，否则出错。

(3) 由“FlyBehavior flyBehavior; QuackBehavior quackBehavior;”及函数名可知该函数体应调用 FlyBehavior 类中的 fly 函数和 QuackBehavior 类中的 quack 函数。所以(5)处和(6)处应分别填写：flyBehavior.fly 和 quackBehavior.quack()。

(4) 由于 Duck 类为抽象类，因此需要一个抽象函数来描述鸭子的总体外观特征，所以(7)处应填写 abstract。

对于题目第(8)处和第(9)处，由题中所给信息可知 RubberDuck 是“发出空气与橡皮摩擦声”并且“不能飞行”的鸭子种类，因此构造函数中创建的对象 flyBehavior 和 quackBehavior 对应的类型分别为 FlyNoWay、Squeak。

读者回执卡

欢迎您立即填妥回函

您好！感谢您购买本书，请您抽出宝贵的时间填写这份回执卡，并将此页剪下寄回我公司读者服务部。我们会在以后的工作中充分考虑您的意见和建议，并将您的信息加入公司的客户档案中，以便向您提供全程的一体化服务。您享有的权益：

★ 免费获得我公司的新书资料；
★ 寻求解答阅读中遇到的问题；
★ 免费参加我公司组织的技术交流会及讲座；
★ 可参加不定期的促销活动，免费获取赠品；

读者基本资料

姓　　名＿＿＿＿＿＿ 性　　别□男　□女 年　　龄＿＿＿＿＿＿
电　　话＿＿＿＿＿＿ 职　　业＿＿＿＿＿＿ 文化程度＿＿＿＿＿＿
E-mail＿＿＿＿＿＿ 邮　　编＿＿＿＿＿＿
通讯地址＿＿＿＿＿＿＿＿＿＿＿＿＿＿＿＿

请在您认可处打✓（6至10题可多选）

1、您购买的图书名称是什么：＿＿＿＿＿＿＿＿＿＿
2、您在何处购买的此书：＿＿＿＿＿＿＿＿＿＿
3、您对电脑的掌握程度：□不懂　□基本掌握　□熟练应用　□精通某一领域
4、您学习此书的主要目的是：□工作需要　□个人爱好　□获得证书
5、您希望通过学习达到何种程度：□基本掌握　□熟练应用　□专业水平
6、您想学习的其他电脑知识有：□电脑入门　□操作系统　□办公软件　□多媒体设计　□编程知识　□图像设计　□网页设计　□互联网知识
7、影响您购买图书的因素：□书名　□作者　□出版机构　□印刷、装帧质量　□内容简介　□网络宣传　□图书定价　□书店宣传　□封面，插图及版式　□知名作家（学者）的推荐或书评　□其他
8、您比较喜欢哪些形式的学习方式：□看图书　□上网学习　□用教学光盘　□参加培训班
9、您可以接受的图书的价格是：□ 20 元以内　□ 30 元以内　□ 50 元以内　□ 100 元以内
10、您从何处获知本公司产品信息：□报纸、杂志　□广播、电视　□同事或朋友推荐　□网站
11、您对本书的满意度：□很满意　□较满意　□一般　□不满意
12、您对我们的建议：＿＿＿＿＿＿＿＿＿＿

请剪下本页填写清楚，放入信封寄回，谢谢！

1 0 0 0 8 4

贴邮票处

北京100084—157信箱

读者服务部　收

邮政编码：□□□□□□

技术支持与资源下载：http://www.tup.com.cn　http://www.wenyuan.com.cn
读者服务邮箱：service@wenyuan.com.cn
邮　购　电　话：(010)62791865　(010)62791863　(010)62792097-220
组　稿　编　辑：魏　莹
投　稿　电　话：(010)62783457-319
投　稿　邮　箱：402750448@qq.com